"先进化工材料关键技术丛书"（第二批）编委会

U0385507

傅正义　武汉理工大学，中国工程院院士

高从堦　浙江工业大学，中国工程院院士

龚俊波　天津大学，教授

贺高红　大连理工大学，教授

胡迁林　中国石油和化学工业联合会，教授级高工

胡曙光　武汉理工大学，教授

华　炜　中国化工学会，教授级高工

黄玉东　哈尔滨工业大学，教授

蹇锡高　大连理工大学，中国工程院院士

金万勤　南京工业大学，教授

李春忠　华东理工大学，教授

李群生　北京化工大学，教授

李小年　浙江工业大学，教授

李仲平　中国工程院，中国工程院院士

刘忠范　北京大学，中国科学院院士

陆安慧　大连理工大学，教授

路建美　苏州大学，教授

马　安　中国石油规划总院，教授级高工

马光辉　中国科学院过程工程研究所，中国科学院院士

聂　红　中国石油化工股份有限公司石油化工科学研究院，教授级高工

彭孝军　大连理工大学，中国科学院院士

钱　锋　华东理工大学，中国工程院院士

乔金樑　中国石油化工股份有限公司北京化工研究院，教授级高工

邱学青　华南理工大学/广东工业大学，教授

瞿金平　华南理工大学，中国工程院院士

沈晓冬　南京工业大学，教授

史玉升　华中科技大学，教授

孙克宁　北京理工大学，教授

谭天伟　北京化工大学，中国工程院院士

汪传生　青岛科技大学，教授

王海辉　清华大学，教授

王静康　天津大学，中国工程院院士

王　琪　四川大学，中国工程院院士

王献红　中国科学院长春应用化学研究所，研究员

国家出版基金项目
NATIONAL PUBLICATION FOUNDATION

先进化工材料关键技术丛书（第二批）

中国化工学会 组织编写

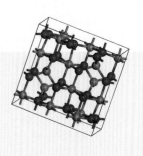

多孔氧化铝制备
与催化应用

Preparation Technology
and Catalysis Application of Porous Alumina

陆安慧　朱海波　贺　雷　等 编著

中国化工学会 CIESC

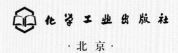

化学工业出版社

·北京·

内 容 简 介

《多孔氧化铝制备与催化应用》是"先进化工材料关键技术丛书"（第二批）的一个分册。

多孔氧化铝是工业催化剂的核心材料之一，也是非常重要的化工原料。本书基于多孔氧化铝的重要性、复杂性和广泛的适用性，对多孔氧化铝的结构、性质与催化应用进行详细梳理，包括多孔氧化铝的结构与表征、设计与合成、制备方法、成型技术、催化应用等方面，以期为相关领域的发展提供指导和借鉴。

《多孔氧化铝制备与催化应用》是多项国家重点研发计划项目、国家自然科学基金重点项目等成果的系统总结。适合化工、材料领域，尤其是炼油、石油化工、煤化工、精细化工、环保等行业中从事催化剂研究的科研、生产及管理人员阅读，也可供高等学校化学、化工、材料及相关专业师生参考。

图书在版编目（CIP）数据

多孔氧化铝制备与催化应用/中国化工学会组织编写；陆安慧等编著. —北京：化学工业出版社，2024.5

（先进化工材料关键技术丛书. 第二批）

国家出版基金项目

ISBN 978-7-122-45009-8

Ⅰ.①多… Ⅱ.①中… ②陆… Ⅲ.①氧化铝－生产工艺 Ⅳ.①TF821

中国国家版本馆 CIP 数据核字（2024）第 048370 号

责任编辑：丁建华　杜进祥　徐雅妮
责任校对：宋　玮
装帧设计：关　飞

出版发行：化学工业出版社（北京市东城区青年湖南街13号　邮政编码100011）
印　　装：中煤（北京）印务有限公司
710mm×1000mm　1/16　印张26　字数528千字
2024年10月北京第1版第1次印刷

购书咨询：010-64518888　售后服务：010-64518899
网　　址：http：//www.cip.com.cn
凡购买本书，如有缺损质量问题，本社销售中心负责调换。

定　　价：199.00元　　　　　　　　　　　　　版权所有　违者必究

作者简介

陆安慧，大连理工大学教授、博士生导师，精细化工国家重点实验室副主任，辽宁省低碳资源高值化利用重点实验室主任。2011年获辽宁省青年科技奖十大英才称号，2012年获国家杰出青年科学基金，2014年入选科技部中青年科技创新领军人才，2015年获教育部"长江学者"特聘教授，2016年入选中组部万人计划，同年获辽宁省优秀科技工作者称号。作为第一完成人获2014年辽宁省自然科学一等奖，2016年获中国化学会-巴斯夫公司青年知识创新奖，连续入选Elsevier化学领域中国高被引学者。面向国家重大战略需求和国际科技前沿，聚焦能源高效清洁利用领域，主要致力于新型吸附剂、催化剂的制备及在气体吸附分离、能源催化转化过程中的基础和应用研究，包括 CO_2 捕集、烷烃/

烯烃分离、烷烃脱氢制烯烃、乙醇制芳香醇与高碳醇等。提出"纳米空间限域热解"策略，创制胶体型炭，建立纳米碳材料孔道与形貌的精准调变及功能高效集成方法，显著提升 CO_2 及烷烃/烯烃吸附分离性能；在国际率先提出非金属硼基材料催化低碳烷烃制烯烃的路线，实现了低碳资源临氧催化转化过程创新；突破核心催化剂制备关键，研发出高效丙烷脱氢催化剂和乙醇催化转化制芳香醇醛催化剂。2021年作为首席科学家获批国家重点研发计划专项"高性能多孔氧化铝小球及相关催化剂创制与工业应用"。

朱海波，福州大学教授，博士生导师。2009年在上海交通大学（与中石化上海石油化工研究院联合培养）获得应用化学专业博士学位。2009～2010年在法国国家科学研究中心（CNRS）下属的表面化学实验室从事博士后研究（合作导师：Jean-Marie Basset 教授）。2010年随Basset教授到沙特阿卜杜拉国王科技大学（King Abdullah University of Science and Technology）工作，担任研究科学家，完成了来自DOW、SABIC和Crystal Global等多个国际公司的科研项目。2016年加入福州大学，并被聘为"闽江学者"特聘教授。主要从事催化材料的可控合成、催化剂的微观结构表征、催化反应工程等方面的基础理论研究与相关工业应用开发的工作。已完成自然科学基金1项，在研国家自然科学基金2项、国家重点研发计划课题1项、其他省部级项目3项。在国际催化主流学术期刊发表论文50余篇，申请发明专利20件。担任

多个国际著名期刊的审稿人，在国际、国内重要的学术会议上做10余次学术报告。近年来在多孔催化材料的研制及催化应用方面取得了系列研究进展，创制了系列新型氧化铝、分子筛催化材料，提出了多组分金属在多孔材料表面和分子筛孔道内的可控负载技术，构建了抗烧结、抗积炭的低碳烷烃脱氢催化剂。

贺雷，大连理工大学副教授、硕士生导师。2014年毕业于中国科学院大连化学物理研究所，获得工业催化博士学位。目前从事低碳小分子的催化转化相关领域的基础研究，包括催化材料设计合成和原位表征研究，重点关注甲烷、二氧化碳以及乙醇分子的催化转化过程，发展了系列氧化铝负载型高分散金属催化剂，创制了多组元氧化物纳米薄层熵稳定催化剂体系。主持国家自然科学基金青年基金、博士后基金等项目，作为骨干参与国家重点研发计划、国家自然科学基金中德合作项目、面上项目等10余项。已在 Angew Chem Int Ed、J Catal、AIChE J、ACS Catal 等国际权威期刊发表论文 30 余篇，他引 1000 余次。

丛书（第二批）序言

　　材料是人类文明的物质基础，是人类生产力进步的标志。材料引领着人类社会的发展，是人类进步的里程碑。新材料作为新一轮科技革命和产业变革的基石与先导，是"发明之母"和"产业食粮"，对推动技术创新、促进传统产业转型升级和保障国家安全等具有重要作用，是全球经济和科技竞争的战略焦点，是衡量一个国家和地区经济社会发展、科技进步和国防实力的重要标志。目前，我国新材料研发在国际上的重要地位日益凸显，但在产业规模、关键技术等方面与国外相比仍存在较大差距，新材料已经成为制约我国制造业转型升级的突出短板。

　　先进化工材料也称化工新材料，一般是指通过化学合成工艺生产的，具有优异性能或特殊功能的新型材料。包括高性能合成树脂、特种工程塑料、高性能合成橡胶、高性能纤维及其复合材料、先进化工建筑材料、先进膜材料、高性能涂料与黏合剂、高性能化工生物材料、电子化学品、石墨烯材料、催化材料、纳米材料、其他化工功能材料等。先进化工材料是新能源、高端装备、绿色环保、生物技术等战略新兴产业的重要基础材料。先进化工材料广泛应用于国民经济和国防军工的众多领域中，是市场需求增长最快的领域之一，已成为我国化工行业发展最快、发展质量最好的重要引领力量。

　　我国化工产业对国家经济发展贡献巨大，但从产业结构上看，目前以基础和大宗化工原料及产品生产为主，处于全球价值链的中低端。"一代材料，一代装备，一代产业。"先进化工材料因其性能优异，是当今关注度最高、需求最旺、发展最快的领域之一，与国家安全、国防安全以及战略新兴产业关系最为密切，也是一个国家工业和产业发展水平以及一个国家整体技术水平的典型代表，直接推动并影响着新一轮科技革命和产业变革的速度与进程。先进化工材料既是我国化工产业转型升级、实现由大到强跨越式发展的重要方向，同时也是保障我国制造业先进性、支撑性和多样性的"底盘技术"，是实施制造强国战略、推动制造业高质量发展的重要保障，关乎产业链和供应链安全稳定、绿色低碳发展以及民生福祉改善，具有广阔的发展前景。

"关键核心技术是要不来、买不来、讨不来的。"关键核心技术是国之重器，要靠我们自力更生，切实提高自主创新能力，才能把科技发展主动权牢牢掌握在自己手里。新材料是战略性、基础性产业，也是高技术竞争的关键领域。作为新材料的重要方向，先进化工材料具有技术含量高、附加值高、与国民经济各部门配套性强等特点，是化工行业极具活力和发展潜力的领域。我国先进化工材料领域科技人员从国家急迫需要和长远需求出发，在国家自然科学基金、国家重点研发计划等立项支持下，集中力量攻克了一批"卡脖子"技术、补短板技术、颠覆性技术和关键设备，取得了一系列具有自主知识产权的重大理论和工程化技术突破，部分科技成果已达到世界领先水平。中国化工学会组织编写的"先进化工材料关键技术丛书"（第二批）正是由数十项国家重大课题以及数十项国家三大科技奖孕育，经过 200 多位杰出中青年专家深度分析提炼总结而成，丛书各分册主编大都由国家技术发明奖和国家科技进步奖获得者、国家重点研发计划负责人等担纲，代表了先进化工材料领域的最高水平。丛书系统阐述了高性能高分子材料、纳米材料、生物材料、润滑材料、先进催化材料及高端功能材料加工与精制等一系列创新性强、关注度高、应用广泛的科技成果。丛书所述内容大都为专家多年潜心研究和工程实践的结晶，打破了化工材料领域对国外技术的依赖，具有自主知识产权，原创性突出，应用效果好，指导性强。

创新是引领发展的第一动力，科技是战胜困难的有力武器。科技命脉已成为关系国家安全和经济安全的关键要素。丛书编写以服务创新型国家建设，增强我国科技实力、国防实力和综合国力为目标，按照《中国制造 2025》《新材料产业发展指南》的要求，紧紧围绕支撑我国新能源汽车、新一代信息技术、航空航天、先进轨道交通、节能环保和"大健康"等对国民经济和民生有重大影响的产业发展，相信出版后将会大力促进我国化工行业补短板、强弱项、转型升级，为我国高端制造和战略性新兴产业发展提供强力保障，对彰显文化自信、培育高精尖产业发展新动能、加快经济高质量发展也具有积极意义。

中国工程院院士：

前言

多孔氧化铝是工业催化剂的重要载体，是支撑石油化工和化学工业高质量发展的基石和支柱，广泛应用于催化重整、烷烃脱氢、环氧化、异构化、加氢裂化、加氢脱硫脱硝等重要工业过程。多年来，对于氧化铝负载的催化剂，研究者重点进行活性组分筛选、负载方法创新及助剂优化，对于氧化铝载体的关注较少。随着对载体 – 活性组分间相互作用认识的深入，研究者们逐渐发现载体不再是传统意义上认为的一般并不具有催化活性，仅仅承担支撑和分散活性组分、增加催化剂强度的功能。载体本身的晶体结构、表面化学和孔隙结构对催化剂性能的影响越来越不容忽视。

氧化铝是形态复杂多变的两性化合物，传统而富有生命力。关于氧化铝的研究一直是热点、一直存在挑战。氧化铝的晶相、形态和表面结构复杂多样，作为催化剂载体在成型、活性组分担载及反应中的结构变化规律不容易掌握，结构的不确定性导致应用性能的不稳定性，氧化铝负载催化剂的产品重复性一直困扰着生产企业和用户。对于高品质氧化铝载体的市场需求逐年增加，特别是近年来随着丙烷脱氢（PDH）制丙烯技术在国内的大规模加速推进，以高品质氧化铝作载体的铂系催化剂国产化需求日益增加。在此背景下，大连理工大学陆安慧教授联合中国科学院大连化学物理研究所、福州大学、中石化石油化工科学研究院、南京大学、上海交通大学等国内从事基础催化材料合成及应用的优势研究单位，在国家重点研发计划支持下，开展了"高性能多孔氧化铝小球及相关催化剂创制与工业应用"的导向性基础研究，期望形成催化材料合成与成型的新认知和新技术，实现高端氧化铝产品的国产化制造，培养一批高素质专业人才，形成一支高水平研究队伍。

笔者在调研过程中发现，对于氧化铝这样一个传统而富有生命力的催化材料，已出版的著作以氧化铝的生产和应用技术为主，而缺少介绍氧化铝专业基础知识的书籍。因此，研究团队决定结合项目的实施，撰写一本关于氧化铝催化材料的专业书籍，涉及氧化铝的结构与表征、制备方法、成型技术、催化应用等，与大家分享。期望共同努力，深入理解氧化铝合成中的合成方法与结构和性能之间的关联规律，打破国外企业的产品垄断和技术封锁，将氧化铝制备技术应用到催化重整、烷烃脱氢领域，并辐射到石化其他支柱产业如环氧化、重油加氢等过程，提升我国在基础催化材料等领域整体水平，支撑我国石油化工和化学工业的高质量发展。

本书由大连理工大学陆安慧教授、福州大学朱海波教授和大连理工大学贺雷副教授共同编写完成。全书共分6章，陆安慧教授确定了本书的大纲，并负责编写了第二章、第三章及第四章的一、二节，朱海波教授负责编写了第四章的第三节，第五章和第六章，贺雷副教授编写了第一章并统稿。内容既包括大连理工大学团队近15年在多孔氧化铝方面的研究工作，又包括国内外在本领域有突出贡献的同行工作。参加本书编写的还有大连理工大学的李文翠教授、杜蕴哲老师，研究生高新芊、王浩维、周淑珍、谢亚东、张钰、吴凡、王旭、陈光浩、苏丽娟、李珂协助资料的收集整理工作。本书编写过程中，广泛参阅了国内外出版的相关图书和论文，在此向这些资料的作者表示衷心感谢。

本书的部分内容是依托精细化工国家重点实验室以及辽宁省低碳资源高值化利用重点实验室，在国家自然科学基金委员会、科技部、辽宁省、大连市及大连理工大学的支持下取得的。包括国家重点研发计划"高性能多孔氧化铝小球及相关催化剂创制与工业应用"（2021YFA1500300）、"低能耗高效丙烷脱氢氧化物催化剂的应用基础与工艺研究"（2021YFA1501300）和"颠覆性纳米介孔分子筛基"（2018YFA0209404），国家自然科学基金重点项目"非金属硼化物催化低碳烷烃氧化脱氢制烯烃的科学基础"（21733002），国家自然科学基金中德合作研究项目"乙醇直接脱氢多界面催化剂的纳米定制和性能调控研究"（21761132011），国家自然科学基金委员会（NSFC）- 辽宁联合基金项目"丙烷脱氢Pt基催化剂界面精准构筑基础"（U1908203），在此表示衷心感谢。

本书旨在提供一本适用于从事炼油、石油化工、煤化工、精细化工、环保等催化剂研究的科研、生产及管理的人员使用的书籍，也可供高等学校师生阅读。由于编著水平有限，书中论述不当和不妥之处在所难免，恳请广大读者批评指正，并提出宝贵意见，大家共同努力，推动我国氧化铝产品的高端化发展。

编者

2024年3月

目录

第三章
多孔氧化铝的设计合成　　　079

第四章
多孔氧化铝的工业制备与成型技术　127

第五章
催化活性组分负载方法　　　　213

第六章
氧化铝负载催化剂　　303

索引　　　　　391

第一章

绪　论

第一节
概述

铝是地壳中含量最多的金属，比铁的含量多一倍，大约占地壳中金属元素总量的三分之一。由于铝及其合金具有许多优良特性，用途广泛，因此全球的铝产量逐年增加，至 20 世纪 50 年代中叶，铝的产量已超过铜，成为有色金属首位，产量仅次于钢铁。

氧化铝是炼制金属铝的主要原料，工业界俗称铝氧，在矿业、制陶业和材料科学中又被称为矾土，为无嗅无味的白色固体，原料易得、成本低廉。随着金属铝行业的不断发展，氧化铝生产量也迅速增长[1]。目前，全球氧化铝生产主要分布在中国、澳大利亚、巴西等地区，我国是最大的氧化铝生产国。2022 年，全球氧化铝产量约达 14222.7 万吨[2]，其中我国产量为 8186.2 万吨[3]。

用于电解炼铝的氧化铝被称为冶金级氧化铝，除此之外的氧化铝统称为非冶金氧化铝。近年来发展的精细氧化铝产品，是通过控制生产或加工过程，使其化学纯度、晶相、颗粒形貌、比表面积、孔体积（孔容）及粒度分布与冶金级氢氧化铝或氧化铝有较大差别的铝基材料。精细氧化铝品种多，且具有不同的物理化学性质，按结构形态分为氧化铝水合物和氧化铝，包括拟薄水铝石、薄水铝石、超细氢氧化铝、活性氧化铝、煅烧氧化铝和刚玉等。由于具有良好的热稳定性和优异的机械强度，且结构变化多样，物理化学性质可调，精细氧化铝在新能源、电子信息、机械、航天航空、医药、材料、冶金等领域得到了广泛应用，可用作生产催化剂、人造大理石、阻燃线缆、黏合剂、催化剂载体、精细陶瓷、耐火材料、研磨抛光材料、透明陶瓷、荧光材料以及蓝宝石等的原料。随着经济的发展和科技的进步，精细氧化铝的应用领域不断扩大，在新能源、新光源和环保等高新技术领域的应用量不断增加，包括集成电路、消费电子、电力工程、电子通信、新能源汽车、平板显示、光伏发电等国家重点发展领域。

根据性能、纯度要求的不同和技术壁垒的高低，氧化铝产品可大致分为高、中、低三个层次，最主要的区别在于对氧化铝的纯度、晶体形貌和产品稳定性的控制。例如，电子陶瓷、锂电池隔膜制造等领域需要杂质含量低、纯度高的超细氧化铝；化工领域作为催化剂载体的氧化铝对晶体形貌有特殊的要求；而氧化铝材料结构、性质的复杂性要求对生产过程中的参数进行精确控制，从而提升产品不同批次的稳定性。因此，高端氧化铝的生产需要大量研发投入、工艺设计，并对产品的应用有深刻理解，前期投入较大，研发周期较长。目前，国内氧化铝产品仍以荧光粉等低端产品为主，高纯氧化铝、高性能活性氧化铝和纳米氧化铝等中高端产品的生产和应用技术仍基本由国外企业垄断。"十四五"期间，国家明确提出要走高质量发展之路，亟须整合多方力量，实现高端氧化铝材料的突破。

对于化工过程，80%以上的化学品和90%以上的液体燃料生产都与多相催化密切相关，而多相催化过程中应用最广泛的催化剂载体就是氧化铝[4]。例如，炼油工业中的加氢精制、石脑油重整制芳烃、烷烃脱氢制烯烃等工段，是生产液体燃料、大宗化学品原料的关键过程，为万亿级规模产业，其催化剂载体都是以氧化铝为主。氧化铝可直接作为催化剂或催化剂载体，具有多孔结构，因此又被称为多孔氧化铝。针对不同的工艺过程需求，在选择氧化铝的时候对其晶型、纯度、比表面积、孔隙构造和堆密度等参数均有特定的要求。商业氧化铝大多数均为已成型的，条状、球状、锭状的氧化铝多用作固定床反应器中催化剂的载体，微球状氧化铝载体大多用于流化床反应器中，异形载体如环状、三叶草状、蜂窝状、纤维状等是根据特定的催化过程进行制备的。成型后的氧化铝的强度、耐磨性、孔隙结构（孔结构）等都是影响其实际应用的关键参数。

本书基于多孔氧化铝的重要性、复杂性和广泛的适用性，重点对多孔氧化铝的合成、表征及催化应用技术进行详细梳理，结合影响材料性能的关键因素调控方法和手段，介绍基础研究的前沿进展和发展趋势，为相关领域的研究人员提供指导和借鉴。

第二节
氧化铝的基本结构

氧化铝（分子式 Al_2O_3），分子量为 102。仅看分子式，Al_2O_3 是一种简单的金属氧化物，但考虑空间晶体结构时，会发现氧化铝是一种非常复杂的两性金属氧化物。除了考虑体相晶型结构，在吸附、催化等实际应用中，氧化铝的表面结构和孔隙结构也是影响其性能的关键。

氧化铝迄今已知的晶型有 9 种（图 1-1），分别为 α-Al_2O_3、β-Al_2O_3、γ-Al_2O_3、δ-Al_2O_3、θ-Al_2O_3、κ-Al_2O_3、ρ-Al_2O_3、η-Al_2O_3、χ-Al_2O_3。影响氧化铝晶型的因素有很多，特别是当制备条件发生变化时，不同晶型的氧化铝易发生可逆的位移型相变，导致最终产品结构复杂多变，即使是同一种晶型的氧化铝，也可能表现出不同的物化性质。氧化铝最主要的晶型有 3 种，即 α、β 和 γ 型。其中 α-Al_2O_3 是氧化铝在高温下的稳定相态；β-Al_2O_3 并非纯氧化铝，而是含有碱金属离子的 $Na_2O(\text{-}K_2O)\cdot 11\ Al_2O_3$；$\gamma$-$Al_2O_3$ 则是氧化铝在低温下的稳定相态。天然氧化铝均

为 α 相态，其他 8 种相态的氧化铝目前均只能由人工合成得到。其中，γ-Al₂O₃是带缺陷的尖晶石型（立方晶系）结构，具备一系列良好的特性，例如高比表面积，多孔的性质以及热稳定性和化学稳定性等，因而在化工行业得到广泛应用，可用作催化剂、催化剂载体或者干燥剂等。其中，作为催化剂或催化剂载体是 γ-Al₂O₃的重要应用[5]，俗称的"活性氧化铝"即为活性 γ-Al₂O₃。

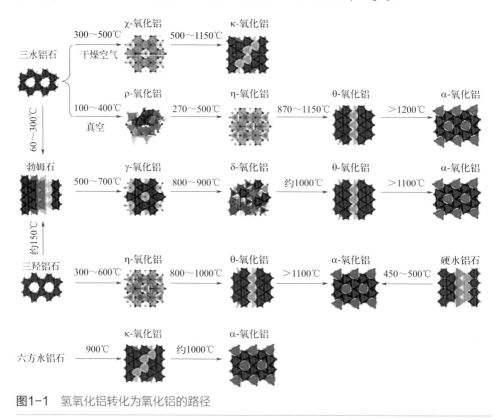

图1-1 氢氧化铝转化为氧化铝的路径

制备氧化铝的前驱体（前体）最常用的是氢氧化铝，又称含水氧化铝、水合氧化铝或者氧化铝水合物。在多种氢氧化铝前驱体中，薄水铝石（又称勃姆石或软水铝石），结构式为 AlO(OH)，分子式为 Al₂O₃·H₂O，是一类不完全结晶的氧化铝水合物，具有分散性好、孔隙率大及比表面积大等优点，是生产活性 γ-Al₂O₃的主要原料，经高温焙烧会经历 AlO(OH) → γ-Al₂O₃ → δ-Al₂O₃ → θ-Al₂O₃ → α-Al₂O₃的转变。需要注意的是，无论何种结构的氧化铝前驱体，在焙烧温度很高（如 1000℃以上）时，所得到的最终产物都是稳定的 α-Al₂O₃。因此，发展氧化铝结构精准控制与制备方法和技术，掌握控制氧化铝晶相转变的关键，得到重现性好、具有特定晶相的氧化铝材料，是实现高性能氧化铝材料国产化的前提。

在实际应用中，氧化铝表面结构也是影响吸附、催化性能的关键。氧化铝表面由氧原子、铝原子与氢原子构成，根据红外光谱学分析，存在五种类型的羟基，提供了不同强度的酸碱性位点，同时，表面配位不饱和铝离子的存在造成了大量的缺陷位点，能够为催化剂活性组分的分散提供锚定位点。不同氧化铝晶面暴露的羟基种类和数量有差别，而且原子排布的不同也对表面电荷分布产生影响，从而表现出性能的差异。例如，本书编著团队丁维平教授课题组利用油酸作为晶面保护剂，制备了暴露（111）晶面的 γ-Al$_2$O$_3$[6]，表现出优异的乙醇脱水性能；将该氧化铝作为载体时与 Pd 表现出更强的相互作用，能够促进 Pd 的分散，从而在选择加氢反应中表现出独特的性能优势。

对于表面性质的检测和确认，需要借助多种表征手段，包括红外光谱学、固体核磁、程序升温吸脱附等实验[7]。为了进一步得到材料在合成处理、吸附及催化反应等过程中的实时结构变化规律，目前的表征技术不断向原位条件（*in situ*）甚至工况条件（*operando*）发展，在特定的气氛、光、电、热等条件下进行实验。例如使用原位电子显微镜技术，能够揭示在真实还原环境下金属颗粒所能形成的热力学稳定结构和所具有的特定晶面，同时利用原子分辨的谱学技术证明了金属与氧化物之间的电荷转移，以及其对于催化性能的影响（图 1-2）[8]。

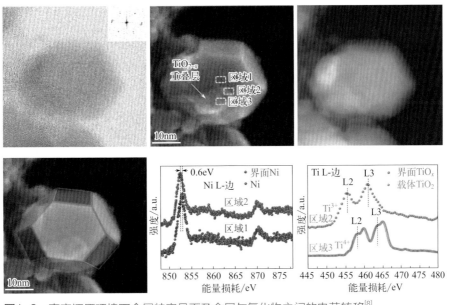

图1-2 真实还原环境下金属特定晶面及金属与氧化物之间的电荷转移[8]

此外，氧化铝的孔隙结构是影响其性能的关键，也是实际应用中选择氧化铝的重要指标，包括比表面积、孔体积、孔径分布、贯通性等参数。氧化铝材料的孔结构与颗粒内物质传递和热量传递密切相关[9]。一般来说，孔径越小，扩散阻力越大，孔径越大，比表面积越小。对于复杂催化反应过程来说，涉及多个化学反应，特别是既有平行反应又有串联反应时，孔结构对催化剂性能的影响会随着各反应之间速率差的增加而增大，较快的反应受扩散限制，而较慢的反应在动力学区进行，从而使得反应的总速率和选择性因传质扩散而受到影响。因此，最佳的比表面积和最有利的孔体积、孔径，应该根据特定的吸附或催化过程需要，由颗粒中的传递过程和各个反应的动力学共同确定，以便能够使目标分子自由地接近氧化铝孔的内表面，有效提升可接触面积，从而得到高的利用率。例如催化重整反应主要发生在催化剂孔道内，此时孔道不仅是反应物和产物的必经之路，而且影响制备过程中活性组分的分散状态和反应过程中焦炭的沉积，需要氧化铝载体兼顾高的比表面积和丰富的孔道，以达到最优的反应性能。

氧化铝结构和表征相关内容将在本书第二章进行详细介绍。

第三节
多孔氧化铝制备技术

氧化铝生产的历史悠久（图 1-3），目前，工业上氧化铝生产方法大致可分为 4 类，即碱法、酸法、酸碱联合法和热法，用于工业生产的仍以碱法为主，包括拜耳法、烧结法和拜耳-烧结联合法等多种流程[10]。随着对高端氧化铝的纯度、性能等各方面需求的提高，一些新型方法，如有机醇铝（水解）法（即铝醇盐水解法）、水热法等，也逐步由实验室推向了产业化，取得了迅速的发展。

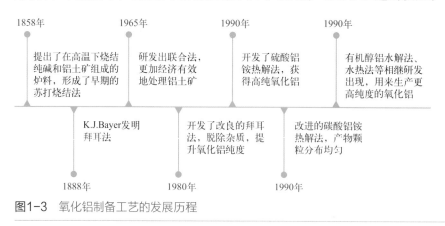

图1-3 氧化铝制备工艺的发展历程

一、传统合成工艺

　　拜耳法是工业上使用最广泛的方法[11]，1888 年由奥地利工程师卡尔·约瑟夫·拜耳发明，其基本原理是用浓碱将氢氧化铝转化为铝酸钠，通过稀释和添加晶种使氢氧化铝重新析出，剩余的氢氧化钠溶液重新用于处理下一批铝土矿，实现了氧化铝的连续化生产。由于机械、照明等领域需要高纯氧化铝作原料，故从 20 世纪 70 年代后期或 80 年代起，研究者在原料预处理、结晶、蒸发等过程中发展了多种杂质脱除方法，通过改良拜耳法制备高纯氧化铝。

　　随后研究者开发了硫酸铝铵热解法，不同于拜耳法用浓碱提取氢氧化铝，该法是用硫酸溶解铝的氢氧化物制备硫酸铝，并通过添加硫酸铵，控制反应 pH 值、配料比等条件制备硫酸铝铵，所得硫酸铝铵易于提纯，再经脱水后热解得到高纯氧化铝。但该法存在热溶解现象，且存在热解中产生污染环境的 SO_3 气体等问题。研究者又发展了碳酸铝铵热解法，克服了硫酸铝铵的热溶解现象，所得的氧化铝粒径较均匀，热解不产生污染环境的 SO_3 气体，但过程较复杂，需要对工艺条件进行控制。

　　我国氧化铝工业生产技术由烧结法起步。1954 年 7 月 1 日建成投产的我国第一个氧化铝厂——山东铝厂（中铝山东分公司的前身），采用的是碱石灰烧结法。烧结法适用于处理铝硅比较低的矿石和所有含铝资源生产氧化铝，具有产品有机物含量低、白度高等优点，且副产物赤泥碱含量相对较低，更有利于实现赤泥的综合利用。通过对工艺和设备的不断改进，烧结法在碱耗和氧化铝总回收率方面居各类生产方法之首。近十几年来，我国在烧结法生产氧化铝工艺技术方面进行了大量的试验研究，取得了一批先进的科研成果，随着强化烧结技术、管道化间接加热连续脱硅和常压脱硅技术、连续碳分砂状氧化铝生产技术在工业生产上的应用，烧结法生产氧化铝的技术指标进一步改善，为中国氧化铝工业的发展做出了贡献。

　　1965 年建成投产的我国第二个氧化铝厂——郑州铝厂（中铝河南分公司的前身）采用混联法工艺生产氧化铝。混联法是结合我国资源特点开发成功的一种氧化铝的生产方法，在世界上也只有我国采用这种生产方法，在 1978 年的全国科学大会上，荣获全国科学大会奖。混联法生产工艺稳定，指标先进，每吨氧化铝的碳酸钠消耗达到 70kg 以下，氧化铝总回收率达到 90% 以上，产品质量良好。生产实践证明，混联法是处理高硅低铁铝土矿的有效方法。于 1978 年投产的贵州铝厂（中铝贵州分公司的前身）和 1987 年投产的山西铝厂（中铝山西分公司的前身）均为混联法。

　　贵州铝厂 1978 年投产到 1989 年形成混联法之前，一直采用拜耳法生产。在拜尔法工艺中，郑州铝厂和贵州铝厂起步时都采用引进的苏联的直接加热溶出技术，这种溶出技术存在原矿浆预热温度低，矿浆稀释程度大，自蒸发级数少，能耗较高等缺点。20 世纪 90 年代初，中国有色金属工业总公司为了提高我国氧化铝溶出技术装备水平，于 1991 年由原郑州铝厂引进了原德国 VAW 公司管道化溶出技术和装备，经过 8 年的消化吸收和二次开发，形成了处理一水硬铝石的低碱高温成套的管道化溶出技术装备体系，成为当前中国拜耳法生产氧化铝的主导技术。在大量研究工作的基础上，山西铝厂在拜耳法系统中全面引进了法国的管道化预热-停留罐溶出技术和装备，在我国首次实现了拜耳法间接加热强化溶出技术的产业化，为我国氧化铝工业进一步提高产量、节能降耗、降低生产成本以及拜耳法溶出新技术的开发应用奠定了基础。1995 年建成投产的平果铝业公司（中铝广西分公司的前身），采用法国的管道化预热-停留罐溶出技术和装备，为我国第一个纯拜耳法氧化铝厂，在我国氧化铝工业的发展历史上具有重要的意义。

2004 年，年产 30 万吨的选矿拜耳法生产线在中铝中州分公司建成投产，技术经济指标先进，在世界上首次实现了选矿拜耳法的产业化。山东铝厂于 1993 年利用印度尼西亚三水铝石矿建成的规模为年产 6 万吨的拜耳法厂，采用低温溶出技术，目前生产能力已达到 63 万吨。该厂首开我国利用国外铝土矿资源在国内建厂生产氧化铝的先河。中国铝业郑州研究院（郑州轻金属研究院）氧化铝试验厂采用管道化预加热停留罐溶出技术，建成于 1987 年 5 月，初期规模为处理溶出矿浆 4 ~ 6m³/h，目前已发展成为年产氢氧化铝 5 万吨、在国际上享有较高知名度的工业规模氧化铝试验基地。

二、新的合成工艺

20 世纪 90 年代后，快速发展的现代科学技术对高纯氧化铝粉体材料需求量快速增加，国内外众多的研究者又陆续开发了许多新的合成工艺，主要有有机醇铝水解法、高纯铝水解法和水热法等，这些生产方法各有优缺点，制取的高纯氧化铝的性能也各有差别。其中，有机醇铝水解法是利用含铝醇盐水解获得高纯氧化铝，是国内外公认的制备 5N（99.999%）高纯氧化铝的有效方法 [12]，工艺较为简单，生产周期短，但工艺成本较高。高纯铝水解法过程简单，成本较低，但工艺控制要求严格，纯度受原料限制。水热法反应条件较为苛刻，需在高温、高压下进行，目前仍未实现大规模、连续化的工业生产。

尽管氧化铝的制备已有很长的发展历程，随着应用需求的不断拓展，对于材料性质和功能的调变仍具有新的挑战，迄今仍是十分活跃的研究领域，对新的制备方法和工艺探索具有重要的意义和研究价值。

随着材料科学的发展，特别是纳米技术的进步，人们可以从更微观的角度深入理解影响材料性能的关键因素。当材料的三维空间尺寸中，至少有一维的尺寸降至纳米量级（1 ~ 100nm）时，材料中晶体长程有序的周期性结构会逐渐消失，表现出量子尺寸效应、表面效应、宏观量子隧道效应等特性，从而使材料呈现出新的性质和功能。对于氧化铝材料也是如此，当材料中的最小结构单元处于纳米量级时，称为纳米氧化铝[13-17]。传统制备方法如醇铝水解法、酸碱沉淀法等得到的氧化铝通常是由大小不一的颗粒无序堆积形成的多孔性材料，微观结构上为无序状态。纳米氧化铝可通过合成过程的控制，实现形貌、孔隙结构、特定暴露晶面的可控制备，从而表现出远高于传统氧化铝的催化活性，因此成为研究的热点。

对于特定形貌纳米氧化铝的制备方法包括模板法、水/溶剂热法、沉淀法、电化学法、含铝化合物高温裂解、机械研磨法等。采用上述方法，能够合成一系列特殊形貌的氧化铝材料，如一维的棒状[18]、纤维状[19]，二维的盘状[20]、片状[21]，三维的球状[22]、花状等（图1-4）。

图1-4 不同形貌氧化铝的电子显微照片

其中，对模板法、水/溶剂热法和沉淀法的研究较为深入。模板法需要引入模板剂，使得氧化铝前驱体与模板剂物质发生相互作用，从而进行定向生长和自组装，最终获得具有特定形貌的氧化铝材料[23]。根据模板类型的不同，又可分为硬模板法和软模板法，可制备孔结构有序的多孔氧化铝材料[24,25]（图1-5）。

水/溶剂热法是两种方法的统称，当反应介质为水时，称为水热法；当反应介质为醇类等有机溶剂时，称为溶剂热法。水/溶剂热法是在密闭反应器中构造高温、高压的环境，使氧化铝前驱体达到过饱和后进行结晶和生长，通过控制反应过程的温度、压力及pH等关键因素，来达到控制晶体生长的目的。沉淀法是通过铝盐前驱体与沉淀剂作用，得到氢氧化铝、羟基氧化铝等氧化铝水合物，后经干燥、高温煅烧脱水得到氧化铝纳米粒子[26]。为了获得特定晶面对材料性能的影响，研究者们通过化学刻蚀、表面覆盖、晶面保护等方法，能够得到选择性暴露特定晶面的氧化铝，为理解晶面-性能的构效关系提供模型材料和理论依据。

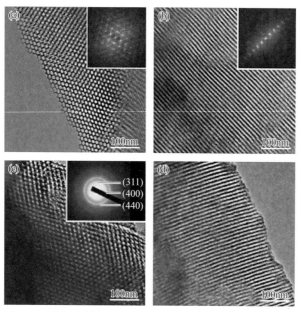

图1-5　模板法制备有序多孔氧化铝的电子显微照片

　　此外，拟薄水铝石 [AlO(OH)·xH$_2$O] 是生产氧化铝载体的重要前驱体，高胶溶指数拟薄水铝石是制备高强度氧化铝的关键。铝醇盐水解法，又称醇铝法，是制备拟薄水铝石的主要方法，其优点是产品纯度高，胶溶性好，产生副产物少，工艺绿色环保。目前本书编著团队已与国内相关公司合作，共同发展醇铝法工艺，在产品纯度、胶溶指数、溶剂回收等方面取得了突破，为实现光电级高纯氧化铝的国产化不断努力 [27,28]。上述内容将在本书的第三章和第四章进行介绍。

第四节
多孔氧化铝的催化应用

　　多孔氧化铝表面具有酸性，能够活化 H—H 键、C—H 键等，可直接作为催化剂实现多种反应过程 [29]。例如，克劳斯硫回收催化剂为 γ-Al$_2$O$_3$，将 H$_2$S 部分氧化成 SO$_2$ 后再与剩余 H$_2$S 反应成元素硫，实现硫的回收。乙醇在氧化铝的催化下，260℃可发生分子间脱水生成乙醚，在300℃以上则为分子内脱水生成乙烯。η-Al₂O₃和γ-Al₂O₃可作为烯烃双键转移的异构化催化剂，在600～700℃能实现1-戊烯的骨架异构化。

多孔氧化铝更广泛的应用是作为催化剂载体，占比超过50%，适用于固定床、移动床、流化床等构型的反应器，在石脑油催化重整、烷烃脱氢、烃类异构化、油品加氢精制、烃类水蒸气转化和克劳斯尾气处理等重要的催化反应中，在石油化工、精细化工和环境化工等与国计民生息息相关的产业中发挥着巨大的作用。作为载体材料，除了要考虑氧化铝的晶相、表面官能团及缺陷等本征微观结构[30]，还需要考虑成型催化剂的形状、强度、孔隙结构等宏观性质对反应过程多尺度的影响[31-33]。更重要的是，需要考虑载体与活性组分之间的作用强弱、活性组分在实际反应中的稳定状态、载体对活性组分的分散能力等等一系列因素，选择合适的负载方式，定向调控活性组分的赋存形式[34,35]，达到提升催化剂活性、选择性和使用寿命的目的。

对于氧化铝产品来说，我国是全球最大的氧化铝生产国，但一些特定用途的高端产品仍被国外公司垄断。特别是随着能源和环境要求的不断提升，在"双碳"目标的大背景下，化工领域的工艺过程不断转型升级，对于氧化铝载体材料的高端化要求越来越迫切。举例来说，氧化铝小球载体是基于移动床工艺的丙烷脱氢和石脑油重整产业专用基础材料，具有不可替代性（图1-6）。

图1-6

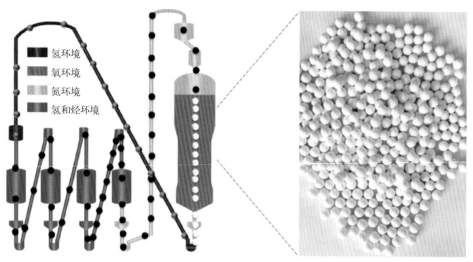

图1-6 连续重整装置、移动床示意图及氧化铝小球载体实物图

目前，我国的丙烷脱氢已经达到千亿级产业规模[36,37]，传统石脑油重整已是万亿级产业，国内石化产业对氧化铝小球需求量巨大。高质量的氧化铝小球是实现移动床正常运行的关键，对小球的性能要求十分严格：需要具有球形度好、粒度均匀等良好的物理性能，且具备高温（水）热稳定性好、高持氯等优异的化学性质，还需具有发达的孔隙结构和足够的力学性能。目前全世界数千家大型氧化铝生产企业中，只有 Sasol 和 UOP 这两家公司完全掌握了氧化铝小球的核心技术。我国共有 300 余家大中型氧化铝生产企业，尚无能够生产出满足目前移动床应用要求的氧化铝小球催化材料，相关产业安全受到威胁。

氧化铝产业"卡脖子"的关键原因在于，相关的基础理论和技术开发仍未取得根本性的突破，亟须开展高性能多孔氧化铝及相关催化剂的基础理论研究，并形成具有自主知识产权的氧化铝工业化技术。仍以催化用的载体氧化铝小球为例，成球过程包含多层次结构，包括从结构单元→微晶→聚集体→颗粒→小球的生长序列，结构具有复杂性、多样性甚至不确定性的特点。其中，氧-铝基本结构单元有 4 种结构，在一定条件下能发生相互转化，微晶至少有 9 种结构，且各类微晶易共生；微晶通过表面羟基的缩合搭接成大小不均一的无序聚集体；聚集体无规则堆积，形成具有一定形貌的颗粒；颗粒通过界面作用力组装在一起形成宏观的小球。因此，在这个过程中，需要在分子、纳米尺度对原子分布、结构转变、微晶搭接过程等进行精准控制，从微观、宏观角度对化学键合、氢键、范德华力、固体桥联力等作用力进行精细调变，最终突破材料设计的瓶颈，解决工程技术难题。该过程是一个系统性、复杂性的任务，仅依靠传统的单一学科或经验积累是不能完成的，需要多学科的交叉合作，不断创新，才能成功实现氧化铝高端产品的国产化。本书针对上述问题，分别在第五章和第六章对氧化铝在催化领域的应用进行详细介绍。

第五节
技术展望

氧化铝结构复杂多变，通过合成条件的精确控制，理解结构演化规律，是实现氧化铝结构定向调变，提高产品重现性的关键。随着表征手段的进步和理论方法的演变，从基础研究的角度，对氧化铝材料的研究需要进一步深入到分子、原子层面，借助相关学科的研究手段，通过多学科交叉，提供新的认识，催生新的方法。重点聚焦在以下几个方面：①结合表征手段确定 γ-Al_2O_3 及其他过渡态氧化铝结构中铝和氧的确切分布位置；②关联羟基种类、配位与表面酸性的对应规律；③研究去羟基化过程中氧化铝表面羟基重整以及缺陷位的形成和表征；④通过控制合成条件获取特定形貌、高比表面积、更多表面缺陷的活性氧化铝且能用理论基础或模型给予解释，从而反向指导氧化铝的合成。

在此过程中，涉及对氧化铝结构演化过程更深层次的理论认识，目前本书编著团队正在借助大数据机器学习方法，建设氧化铝的合成数据库，通过数据挖掘，对表面结构、晶相转变等具有决定性的因素进行优化和筛选，为合成方法的创新提供思路。基于数据分析在反应力场和第一性原理水平上开展动力学模拟，深化对氧化铝中间体在制备过程中的位移性、重构性、三重相变的动力学和热力学认识，建立氧化铝晶型、晶面、形貌、孔道、配位及缺陷协同调控的新方法和新理论，实现氧化铝催化材料的多尺度精准调控，突破氧化铝规模制备材料性质不可控的难题。

成型是实现氧化铝工业化应用的关键之一，针对不同的应用场合，对氧化铝成型工艺的要求也有所区别[38,39]。成型过程会影响应用过程中材料更宏观的性质，如孔隙结构影响扩散传质，机械强度影响适用性和寿命。目前，国产氧化铝仍存在力学性能与孔隙结构难以兼顾，规模化制备产品合格率较低等问题。因此，本书也对氧化铝成型过程进行了详细介绍。在此基础上，期望能够通过离散元模型结合流固耦合等力学方面的理论方法，对成型过程中多层次结构演化关键因素进行更深入的研究，从理论的角度揭示成型的规律和边界条件，进而指导成型方法的创新，催生新一代成型技术。

从微观到宏观的研究过程中，表征方法是实现氧化铝结构认知、物理化学性质鉴定的关键。由于氧化铝丰富的表面化学、多变的晶相和发达的孔隙结构，作为催化剂载体能够通过几何或电子效应，调节活性金属及助剂的颗粒大小、分散性和电子结构，从而影响催化剂的反应性能。在真正的催化应用中，监测氧化铝结构的变化，以及理解氧化铝和活性组分的相互作用规律，对于指导高性能催化剂的定向合成具有重要的意义。因此，本书对原位动态谱学和环境电镜等最新的表征技术，也进行了相关的介绍。

氧化铝作为催化剂载体，利用氧化铝高比表面积、丰富的孔隙结构特性，通过对活性组分进行分散，提升催化性能，广泛应用于催化重整、烷烃催化脱氢、加氢处理、异构化等重要过程中。由于反应温度、压力不同，反应工艺有差别，对于氧化铝载体的要求也不尽相同 [40,41]。针对固定床反应过程，氧化铝的多级孔隙结构、活性组分负载形式、稳定性等是影响其性能的关键。对于连续反应过程，如流化床或移动床，氧化铝的机械稳定性、活性组分的固载是更需要考虑的因素。根据催化过程的要求，反馈到氧化铝制备工艺和关键指标的差异。但也存在共通的规律，例如需要良好的抗压耐磨性质，对于活性组分的作用力要足够强，并能够保证多级孔结构的通透性，从而保持催化剂的高活性和高稳定运行。因此，在探索过程中不局限于已有工艺的改进，借鉴其他多孔材料合成的原理和方法 [42]，创新发展高效新型氧化铝，是有望实现突破的思路。

基于上述内容的介绍，本书将为相关领域的研究人员提供氧化铝材料结构、制备、成型及催化应用的全面信息，归纳氧化铝材料微观-宏观结构、性质的多层次定向调控规律，并总结近年来有突破性的最新进展，结合多学科交叉的特点，拓展氧化铝研究思路，指导合成方法的创新，为相关领域的研究人员提供借鉴和思路，助力实现氧化铝材料，特别是高端产品的全面国产化。

参考文献

[1] 于海滨. 氧化铝催化材料的生产与应用 [M]. 北京：化学工业出版社，2022.

[2] International Aluminium Institute Alumina Production [EB/OL]. [2024-1-1]. https://international-aluminium.org/statistics/alumina-production.

[3] 曹雅丽. 生产稳中有升　有色金属保持平稳运行 [N]. 中国工业报，2023-2-24：第 001 版.

[4] 朱洪法. 催化剂载体制备及应用技术 [M]. 2 版. 北京：石油工业出版社，2014.

[5] 唐国旗，张春富，孙长山，等. 活性氧化铝载体的研究进展 [J]. 化工进展，2011, 30(8): 1756-1765

[6] 丁维平，杨杰，王怡博，等. 一种暴露高能（111）晶面的伽马氧化铝的制备方法：CN114197029A[P]. 2022-03-18.

[7] 陈涌英, 王琴. 固体催化剂制备原理与技术 [M]. 北京: 化学工业出版社, 2012.

[8] Xu M, Qin X, Xu Y, et al. Boosting CO hydrogenation towards C_2^+ hydrocarbons over interfacial TiO_{2-x}/Ni catalysts[J]. Nature Communication, 2022, 13: 6720.

[9] 阎子峰, 陈涌英, 徐杰, 等. 催化反应工程 [M]. 北京: 科学出版社, 2018.

[10] 毕诗文. 氧化铝生产工艺 [M]. 北京: 化学工业出版社, 2021.

[11] 张德军, 张华. 铝的提炼与加工技术 [M]. 北京: 电子工业出版社, 2017.

[12] 王晶. 金属醇盐法高纯氧化铝制备工艺及性能 [M]. 北京: 冶金工业出版社, 2015.

[13] Wang J, Lu A, Li M, et al. Thin porous alumina sheets as supports for stabilizing gold nanoparticles[J]. ACS Nano, 2013, 7(6): 4902-4910.

[14] An A, Lu A, Sun Q, et al. Gold nanoparticles stabilized by a flake-like Al_2O_3 support[J]. Gold Bulletin, 2011, 44: 217-222.

[15] Wang J, Shang K, Guo Y, et al. Easy hydrothermal synthesis of external mesoporous γ-Al_2O_3 nanorods as excellent supports for Au nanoparticles in CO oxidation[J]. Microporous and Mesoporous Materials, 2013, 181: 141-145.

[16] 汪洁. 不同形貌氧化铝的可控制备及其 CO 催化氧化的应用研究 [D]. 大连: 大连理工大学, 2013.

[17] Miao Y, Li W, Sun Q, et al. Nanogold supported on manganese oxide doped alumina microspheres as a highly active and selective catalyst for CO oxidation in a H_2-rich stream[J]. Chemical Communications, 2015, 51: 17728-17731.

[18] Gao X, Lu W, Hu S, et al. Rod-shaped porous alumina-supported Cr_2O_3 catalyst with low acidity for propane dehydrogenation[J]. Chinese Journal of Catalysis, 2019, 40(2): 184-191.

[19] 穆建青. 静电纺丝法制备直径可控的氧化硅和氧化铝纳米纤维 [D]. 大连: 大连理工大学, 2014.

[20] 邓高明. Al_2O_3 担载 Pt 基催化剂的丙烷脱氢性能研究 [D]. 大连: 大连理工大学, 2016.

[21] Lu R, He L, Wang Y, et al. Promotion effects of nickel-doped Al_2O_3-nanosheet-supported Au catalysts for CO oxidation[J]. Chinese Journal of Catalysis, 2020, 41: 350-356.

[22] 苗雨欣. Au 催化剂的制备及 CO 催化氧化性能研究 [D]. 大连: 大连理工大学, 2016.

[23] Petkovich N, Stein A. Controlling macro-and mesostructures with hierarchical porosity through combined hard and soft templating[J]. Chemical Society Reviews, 2013, 42 (9): 3721-3739.

[24] Yuan Q, Yin A, Luo C, et al. Facile synthesis for ordered mesoporous γ-aluminas with high thermal stability[J]. Journal of American Chemical Society, 2008, 130(11): 3465-3472.

[25] Liu Q, Wang A, Wang X, et al. Mesoporous γ-alumina synthesized by hydro-carboxylic acid as structure directing agent[J]. Microporous Mesoporous Material, 2006, 92: 10-21.

[26] 李建华, 刘海燕, 冯瑶, 等. 热处理对 γ-Al_2O_3 和 θ-Al_2O_3 性质的影响 [J]. 化学反应工程与工艺, 2017, 33(05): 466-473.

[27] 李凡, 杨雨哲, 田朋, 等. 仲丁醇铝水解制备高纯拟薄水铝石 [J]. 无机盐工业, 2022, 54(07): 78-84+104.

[28] 田朋, 李伟, 杨雨哲, 等. 异丙醇铝水解制高纯拟薄水铝石 [J]. 无机盐工业, 2022, 54(02):54-59.

[29] Ertl G, Knözinger H, Schüth F, et al. Handbook of heterogeneous catalysis[M]. 2nd. Weinheim, Chichester : Wiley-VCH ; John Wiley [distributor], 2008.

[30] Busca G. The surface of transitional aluminas: A critical review[J]. Catalysis Today, 2014, 226: 2-13.

[31] 谭景奇. 多孔氧化铝的制备及其催化 CO 氧化的性能研究 [D]. 大连: 大连理工大学, 2018.

[32] 王静. 载体氧化铝的可控制备及其催化应用 [D]. 大连: 大连理工大学, 2017.

[33] 吴凡. 负载型 CO 氧化催化剂制备及载体成型工艺研究 [D]. 大连: 大连理工大学, 2020.

[34] Miao Y, Wang J, Li W. Enhanced catalytic activities and selectivities in preferential oxidation of CO over ceria-

promoted Au/Al$_2$O$_3$ catalysts[J]. Chinese Journal of Catalysis, 2016, 37: 1721-1728.

[35] 路饶. 非还原性载体的制备及其 CO 催化氧化性能研究 [D]. 大连：大连理工大学，2019.

[36] 高新芊. 载体氧化铝的制备及在烷烃脱氢中的应用 [D]. 大连：大连理工大学，2019.

[37] 文静. Pt 催化剂改性及其丙烷脱氢性能研究 [D]. 大连：大连理工大学，2020.

[38] 陆安慧，吴凡，柳一灵. 一种氧化铝载体的成型方法及应用：CN 114870824B[P]. 2023-03-31.

[39] 陆安慧，谢亚东. 一种电渗析法生产低钠氧化铝的方法：CN 114560484A[P]. 2022-05-31.

[40] 徐志康，黄佳露，王廷海，等. 丙烷脱氢制丙烯催化剂的研究进展 [J]. 化工进展，2021, 40(04): 1893-1916.

[41] 杨彦鹏，马爱增，聂骥，等. 不同形貌薄水铝石制备 γ-Al$_2$O$_3$ 及负载 Pt 稳定性的研究进展 [J]. 石油炼制与化工，2019, 50(07): 109-118.

[42] Lu A, Zhao D, Wan Y. Nanocasting: A Versatile Strategy for Creating Nanostructured Porous Materials[M]. London, Cambridge: RSC Publishing, 2009.

第二章
多孔氧化铝的结构与表征

氧化铝，分子式为 Al_2O_3，是一种白色无定形粉状物。作为吸附剂、催化剂或催化剂载体的氧化铝材料，需要大的比表面积和丰富的孔结构，以提供更多的吸附位点或使得活性组分具有更高的分散度。多孔氧化铝的晶型、表面酸碱性及孔隙结构是影响其应用性能的关键参数，决定了材料的热稳定性、吸附容量、反应活性、使用寿命等。

本章将从晶体结构、表面结构及孔隙结构三个方面对多孔氧化铝的微观结构性质进行详细介绍。不同的结构参数需要通过特定的仪器测试得到，即表征方法，例如能够得到晶体信息的 X 射线衍射（XRD）、检测材料官能团的红外光谱（IR）、研究微观结构变化的核磁共振（NMR）等。将结合实际例子，对表征方法的基本原理、适用范围进行介绍。

第一节
氧化铝晶体结构与表征

氧化铝由铝、氧两种元素组成，晶体结构十分复杂，具有多种不同晶型，除热力学稳定的刚玉（α-Al_2O_3）外，还有 β-Al_2O_3、γ-Al_2O_3 等多种热力学不稳定的过渡态氧化铝，各种结构氧化铝性质亦各不相同。如图 2-1 所示，氧化铝前驱体结构直接影响了相变起始温度和相变序列，最终生成刚玉的温度相差很大，温度范围与结晶度、原料纯度以及相关的热过程有关。

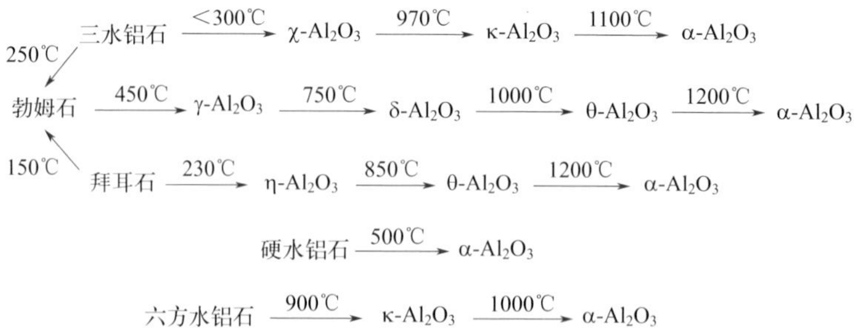

图2-1 不同氧化铝前驱体生成刚玉的路径[1]

氧化铝的前驱体常见为两种：第一类为氢氧化铝，又称水合氧化铝，分为一水合氧化铝和三水合氧化铝，不同类型的氢氧化铝相变所需要的温度不同，脱水后形成过渡态氧化铝的晶型也不同，相变序列也各有差异，但最终都在极高温度下生成结构稳定的刚玉。两种形式氢氧化铝都在450℃以上[2]的高温下可转化为Al$_2$O$_3$。目前工业中使用最广泛的为勃姆石，勃姆石具有较大的比表面积及适宜的孔结构，高温焙烧后转变为氧化铝，可作为催化剂载体及吸附剂等[3-5]。第二类为碳酸铝铵，此类前驱体多为人工获得，纯度较高，以此为前驱体制得不同晶型的氧化铝纯度高、结构可调并且能够维持前驱体的形貌。

根据氧化铝结构中氧离子的堆积方式，可将氧化铝划分为两类：第一类氧离子以面心立方堆积，代表晶型有 γ 相、θ 相；第二类氧离子以密排六方堆积，代表晶型有 α 相。根据铝离子在氧亚晶格所围成的四面体或八面体空穴中的分布不同可区分不同晶型的氧化铝。可以看出，铝离子的迁移方式控制着不同晶型氧化铝的形成，不同的合成方法、处理手段很容易导致铝离子产生新的迁移方式，进而形成新的晶型。因此，了解铝离子的迁移规律并不一定有用，而深入了解驱使铝离子迁移的能量获取途径、指导铝离子选择迁移方向的条件、通过实验数据结合理论模拟统计铝离子选择各种迁移方式的概率，对加深并掌控氧化铝相变规律有关键意义。目前，对于氧化铝及其前驱体的相变规律研究主要围绕三类：①不同类型氧化铝前驱体到 α 相氧化铝的相变规律和相变序列研究；②不同晶型氧化铝之间的相变转化规律研究；③不同形貌 γ 相氧化铝的相变规律研究。

一、氧化铝的晶型分类

氧化铝晶胞是由 32 个氧原子和 21$\frac{1}{3}$ 个铝原子组成，每个单位晶胞的晶格中都含有 2$\frac{2}{3}$ 个阳离子空缺位，其中氧原子晶格是由氧原子层的立方密堆积形成。为了能够更加深入地了解氧化铝的晶体结构，将氧化铝表面层理想化排列以定义晶粒中的晶体表面，得到仅含有一种优势晶面占据的氧化铝的最简单最理想的模型。以尖晶石型结构的 γ-Al$_2$O$_3$ 为例[6]，其晶体结构中含有两种不同阳离子分布的晶面层，均平行于（111）晶面，它们分别被记为 A 层和 B 层，如图 2-2（a）、（b）所示。A 层和 B 层均存在 24 个阳离子位，A 层中 8 个分布在四面体中，另外 16 个分布在八面体中，而 B 层中 24 个阳离子位均分布在八面体中。同样地，平行于（110）晶面的尖晶石晶格中还存在着两种阳离子结构，被称为 C 和 D 层，如图 2-2（c）、（d）所示。在 C 层中含有相同数量的铝离子分别在四面体和八面体中，铝离子位于氧离子行间，D 层中只存在八面体中的铝离子[7]。Al 原子的随机分布性导致了 γ-Al$_2$O$_3$ 的 XRD 衍射峰具有一定的宽化特征[8]。

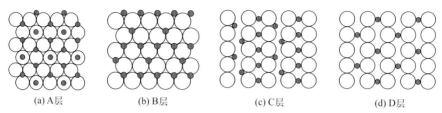

| (a) A层 | (b) B层 | (c) C层 | (d) D层 |

图2-2 氧化铝尖晶石晶格中（111）晶面[9]

氧化铝存在多种同质异晶体，它们有些呈分散相，有些呈过渡态，这与氧原子和铝原子在空间堆叠方式及含水量不同相关。表2-1归纳了国外对Al_2O_3的一些命名方法[10, 11]，不同结构的氧化铝性质也各不相同。当加热温度超过1000℃时，它们又都转变成同一种稳定的最终产物，即α-Al_2O_3[12]，这些不同的同质异晶体可以看作α-Al_2O_3的中间过渡态。

表2-1 氧化铝的命名

中文名	国际讨论会	美国	英国	法国	建议名称
氧化铝	χ-Al_2O_3	χ-Al_2O_3	χ+γ-Al_2O_3	χ+γ-Al_2O_3	χ-Al_2O_3
	η-Al_2O_3	η-Al_2O_3	γ-Al_2O_3	η-Al_2O_3	η-Al_2O_3
	γ-Al_2O_3	γ-Al_2O_3	δ-Al_2O_3	γ-Al_2O_3	γ-Al_2O_3
	δ-Al_2O_3	δ-Al_2O_3	δ+θ-Al_2O_3	δ-Al_2O_3	δ-Al_2O_3
	κ-Al_2O_3	κ-Al_2O_3	κ+θ-Al_2O_3	δ+κ-Al_2O_3	κ-Al_2O_3
		θ-Al_2O_3		ρ-Al_2O_3	θ-Al_2O_3
					ρ-Al_2O_3
氧化铝（刚玉）	α-Al_2O_3	α-Al_2O_3	α-Al_2O_3	α-Al_2O_3	α-Al_2O_3

按照不同氧化铝的生成温度可以分为两类：

① 低温氧化铝。化学组成为$Al_2O_3 \cdot nH_2O$，$0 < n < 0.6$，是前述各种氢氧化铝在不超过600℃的温度下的脱水产物，属于这一类的有ρ-Al_2O_3、χ-Al_2O_3、η-Al_2O_3及γ-Al_2O_3等，其中ρ-Al_2O_3是无定形态的过渡态氧化铝，γ-Al_2O_3及η-Al_2O_3是催化领域中常见的和应用最广泛的两种氧化铝。

② 高温氧化铝。化学组成几乎无水，是前述各种氢氧化铝在900～1200℃之间的温度下生成的，属于这一类的除α-Al_2O_3外还有κ-Al_2O_3、δ-Al_2O_3及θ-Al_2O_3等。

此外，β-Al_2O_3与其他几种氧化铝明显不同，它不是氧化铝的异构体，而是一种铝酸盐，通常表示为$M_2O \cdot xAl_2O_3$，其中M为一价阳离子，如K^+、Na^+等。表2-2给出不同晶型氧化铝的晶系、空间群、晶胞等信息。图2-3给出α-Al_2O_3和γ-Al_2O_3的晶体结构模型。其中，α-Al_2O_3属于六方晶系，氧原子可近似地看作六角密堆积，八面体空隙间为铝原子，其中有1/3的八面体是空着的，一个铝原子与六个氧原子配位，氧原子和铝原子的密置层系按 ABABAB 的方式堆积，晶体结构模型如图 2-3（a）所示。γ-Al$_2$O$_3$ 属于立方晶系，结构类似于尖晶石，其中氧原子近似为立方面心紧密堆积，$21\frac{1}{2}$ 个铝原子分布在 24 个八面体空隙，8 个铝原子分布在四面体空隙之中，晶体结构模型如图 2-3（b）所示。

表2-2　氧化铝的晶型和性质

性质		晶型						
		α	γ	η	δ	θ	κ	χ
晶系		六方	立方	立方	四方	单斜	正交	六方
空间		R-3c	Fd-3m	Fd-3m	P-4m2	A2/m	Pna21	P
晶胞分子数		6	10.7	10	12	4	8	5
晶胞参数	a	4.76	7.91	7.91	5.60	11.80	4.84	5.57
	b	4.76	7.91	7.91	5.60	2.91	8.33	5.57
	c	12.99	7.91	7.91	23.68	5.62	8.95	8.64
	α	90	90	90	90	90	90	90
	β	90	90	90	90	103.79	90	90
	γ	120	90	90	90	90	90	120
相对密度		4.05	3.67	3.652	2.740	3.622	3.748	3.647

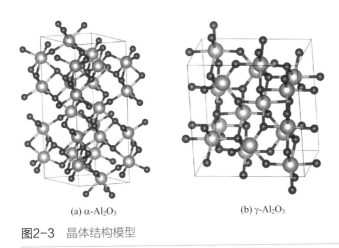

(a) α-Al$_2$O$_3$　　　　　　(b) γ-Al$_2$O$_3$

图2-3　晶体结构模型

二、氧化铝的晶型转变

氧化铝由前驱体氧化铝水合物在不同温度下煅烧制备而成，故氧化铝各种晶型的转化历程与前驱体的种类有很大关系。氧化铝的水合物种类多样,其中常用的氧化铝水合物英文命名如表2-3所示,对应的中文译名在不同的发展时期存在一定的差异,表2-4汇总了同一样品的不同中文译名和目前的建议名称,以方便对应查找。

表2-3 常见氧化铝水合物命名情况

外文名称	国际研讨会	美国	德国	法国
Gibbsite	$Al(OH)_3$	$\alpha\text{-}Al_2O_3 \cdot 3H_2O$	$\alpha\text{-}Al_2O_3 \cdot 3H_2O$	$\gamma\text{-}Al_2O_3 \cdot 3H_2O$
Bayerite	$Al(OH)_3$	$\beta\text{-}Al_2O_3 \cdot 3H_2O$	$\gamma\text{-}Al_2O_3 \cdot 3H_2O$	$\alpha\text{-}Al_2O_3 \cdot 3H_2O$
Nordstrandite/ Bayerite II	$Al(OH)_3$	新$\beta\text{-}Al_2O_3 \cdot 3H_2O$	—	—
Boehmite	$AlO(OH)$	$\alpha\text{-}Al_2O_3 \cdot H_2O$	$\gamma\text{-}Al_2O_3 \cdot H_2O$	$\gamma\text{-}Al_2O_3 \cdot H_2O$
Diaspore	$AlO(OH)$	$\beta\text{-}Al_2O_3 \cdot H_2O$	$\alpha\text{-}Al_2O_3 \cdot H_2O$	$\alpha\text{-}Al_2O_3 \cdot H_2O$

表2-4 常见氧化铝水合物中译名对照

外文名称	化学式	中译名称				建议名称	
Gibbsite/ Hydrargillite	$\alpha\text{-}Al(OH)_3$	三水铝石	水铝氧水矾土	水铝石	α-三水氧化铝	水铝石	α-三水铝石
Bayerite	$\beta_1\text{-}Al(OH)_3$	三羟铝石 β_1-三水铝石	湃铝石	拜耳石 白耳石	β_1-三水氧化铝	湃铝石	β_1-三水铝石
Nordstrandite/ Bayerit I	$\beta_2\text{-}Al(OH)_3$	—	诺水铝石	诺得石	—	诺铝石	β_2-三水铝石
Boehmite	$\alpha\text{-}AlO(OH)$	一水软铝石 单水铝矿	薄水铝石	勃姆石 波美石	α-单水氧化铝	薄铝石	一水软铝石
Diaspore	$\beta\text{-}AlO(OH)$	一水硬铝石	—	硬铝石	β-单水氧化铝	硬铝石	一水硬铝石
Pseudo-boehmite	$\alpha'\text{-}AlO(OH)$	假一水铝石	拟薄水铝石	类勃姆石	—	—	假一水软铝石

氧化铝水合物前驱体受热转化为氧化铝的过程中,氧化铝的晶型与加热温度密切相关。不同类型氧化铝前驱体转变为氧化铝的顺序如图2-4所示。值得注意的是,加热过程中水的分压及原料颗粒的粒度都会影响 Gibbsite 和 Bayerite 的转化顺序。这两种前驱体在 127～377℃间质量损失近28%,分别脱水形成 $\chi\text{-}Al_2O_3$ 和 $\eta\text{-}Al_2O_3$。而如果前驱体的颗粒较粗,因其不能迅速脱羟基失水,局部水热条件下会转变为 Boehmite,进而会在 377～577℃之间分解,最终形成 $\gamma\text{-}Al_2O_3$。对于 Diaspore 到 $\alpha\text{-}Al_2O_3$ 的转化,由于 Diaspore 和 $\alpha\text{-}Al_2O_3$ 晶格的相似性,转化需要相对较小的晶格重排,所需能量较低,$\alpha\text{-}Al_2O_3$ 能够在 Diaspore 上外延生长,降低了成核能,因此在转化过程中未观察到构型明确的中间体。

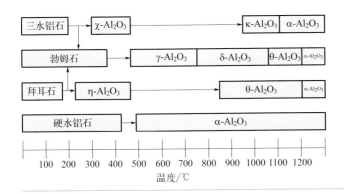

图2-4
氧化铝不同前驱体的相结构热转化[13]

三、氧化铝的晶体结构表征

氧化铝的晶体结构表征手段中，最常用的是 X 射线衍射（X-ray diffraction，XRD）。通过对材料进行 X 射线衍射，分析其衍射图谱，能够获得固体材料的成分、材料内部原子或分子的结构或形态等信息。

当 X 射线入射到晶体时，由于晶体是由原子规则排列成的晶胞组成，这些规则排列的原子间距离与入射 X 射线波长有相同数量级，故由不同原子散射的 X 射线相互干涉，在某些特殊方向上产生强 X 射线衍射，衍射线在空间分布的方位和强度，与晶体结构密切相关。

根据其原理，某晶体的衍射花样的特征最主要的是两个：衍射线在空间的分布规律和衍射线束的强度。其中，衍射线的分布规律由晶胞大小、形状和位向决定，衍射线强度则取决于原子的种类和它们在晶胞中的位置。因此，不同晶体具备不同的衍射图谱，根据衍射图谱可确定晶体的基本结构，这是快速获取所合成材料晶型的第一手信息的方法。

1．氧化铝的晶相分析

（1）晶相定性分析　利用 XRD 进行晶相的定性分析，可通过与数据库中标准样品的衍射峰位置和强度分布进行比对，从而进行物相种类的识别。标准样品的衍射文件通常被称为 PDF（粉末衍射文件）卡片，由国际衍射数据中心（ICDD）发布，常内嵌于 XRD 结果的分析软件中，方便研究人员在数据分析过程中进行比对。

不同的氧化铝晶相是由它们各自特有的 XRD 图样来鉴别的。同一前驱体，在不同处理条件下所得氧化铝的晶体结构有很大区别，对应的 XRD 峰位置、相对峰强度均有很大差别。如图 2-5 ～图 2-7 所示，分别给出了由三种最常用的氧化铝水合物为原料制得的不同晶型氧化铝的 XRD 图，其中 ρ-Al_2O_3 是一种结晶度很低的物质，无法用 XRD 给出有效信息，故不作详细介绍。

以三水铝石（Gibbsite）为前驱体，不同温度焙烧可分别得到 α-Al_2O_3 和

κ-Al$_2$O$_3$。当三水铝石在高于1200℃下焙烧时，可得到α-Al$_2$O$_3$，XRD结果如图2-5（a）所示，在2θ角为35.15°、43.35°、57.50°和25.58°处有四个特征衍射峰，对应 d 值为0.255nm、0.209nm、0.160nm和0.348nm。当三水铝石在流动气氛下加热至800～1150℃，则生成κ-Al$_2$O$_3$，所得XRD结果如图2-5（b）所示，在2θ角为34.73°、42.58°、31.82°及64.82°处有四个特征衍射峰，对应 d 值为0.258nm、0.212nm、0.281nm和0.144nm。

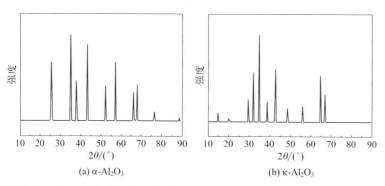

图2-5 由三水铝石得到不同晶相Al$_2$O$_3$的XRD图样

以拜耳石（Bayerite）为前驱体可分别得到η-Al$_2$O$_3$和χ-Al$_2$O$_3$。拜耳石在流动气氛下加热至400～750℃时生成η-Al$_2$O$_3$，图2-6（a）为所得XRD结果，在2θ角为45.88°、66.89°、37.71°、39.45°和31.99°处有五个特征峰，对应 d 值为0.198nm、0.140nm、0.238nm、0.228nm和0.280nm。拜耳石在流动气氛下加热至500～750℃时生成的是χ-Al$_2$O$_3$，XRD结果如图2-6（b）所示，在2θ角为67.31°、37.44°、42.82°和39.67°处有四个特征峰，对应 d 值为0.139nm、0.240nm、0.211nm和0.227nm。

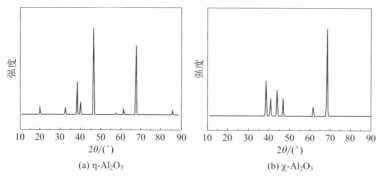

图2-6 由拜耳石得到的不同晶相Al$_2$O$_3$的XRD图样

勃姆石（Boehmite）是制备活性氧化铝（即γ-Al$_2$O$_3$）的关键前驱体，通常经水热处理制得，经不同温度热处理后能够得到不同晶相的氧化铝（图2-7）。

图 2-7（a）是勃姆石经 500～750℃处理得到 γ-Al₂O₃ 的 XRD 结果，在 2θ 角为 67.03°、45.86°、37.60°、39.49° 和 19.45° 处有五个特征峰，对应 d 值为 0.1395nm、0.1977nm、0.239nm、0.228nm 和 0.456nm。图 2-7（b）为勃姆石在 800～1050℃加热制得 δ-Al₂O₃ 的 XRD 图，在 2θ 角为 67.25°、32.80°、45.64°、36.76° 和 39.50° 处有五个特征峰，对应 d 值为 0.139nm、0.273nm、0.199nm、0.244nm 和 0.288nm。图 2-7（c）为勃姆石在 1050～1150℃加热制得 θ-Al₂O₃ 的 XRD 结果，在 2θ 角为 36.73°、32.79°、31.46°、67.31° 和 44.84° 处有五个特征峰，对应的 d 值为 0.244nm、0.273nm、0.284nm、0.139nm 和 0.202nm。

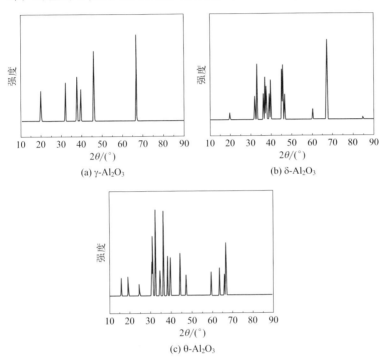

图2-7 由勃姆石得到的不同晶相Al₂O₃的XRD图样

对比图 2-6（a）和图 2-7（a）可以看出，虽然 γ-Al₂O₃ 与 η-Al₂O₃ 特征衍射峰的位置接近，但不同位置衍射峰的相对峰强度有很大差别。因此，判断未知粉体中是否有目标晶相，需要参照标准衍射峰的强度比例，当多个特征衍射峰比例接近标准卡片时，才能初步判断是否存在相应的晶相。如果出现多种晶相混合的情况，则需进一步借助 XRD 精修等方法进行定量分析。

（2）峰值位置和单位晶胞参数分析　将衍射峰的位置与数据库进行对比，可以定性分析确定样品的晶相结构。衍射峰的位置与晶胞参数直接相关，拟合后可提供关于单位晶胞尺寸的信息，如轴长、轴角和已知结构的晶胞体积。通常情况下，所有已知的缺陷类型，例如材料晶格中原子的缺失或额外原子的存在都会导致单位晶胞参数的变化，因此峰值位置和单位晶胞参数的分析还可以提供有关缺陷在材料中的浓度和分布的信息。通过该方法可以分析确定晶格中掺杂元素的存在，还可以对固溶体中的混合金属化合物（如氧化物）和纯混合金属（合金）中元素浓度进行定量测定。根据维加德定律（Vegard's Law），同晶体结构的原子形成的固溶体，其点阵常数是两者点阵常数的一个中间值，也就是说固溶体的形成意味着单位晶胞参数的变化是一个化合物浓度的线性函数。符合这一定律的前提是，形成固溶体的两种纯化合物必须表现出相同的晶体结构，不应该发生相变。

例如，丙烷脱氢固定床工艺中选用的 Al_2O_3-Cr_2O_3 催化剂，即为典型的连续的固溶体，溶质 Cr_2O_3 完全融入 Al_2O_3 晶格中。图2-8（a）为不同 Cr 含量掺杂氧化铝所得催化剂的 XRD 图，可以看出，系列样品中的 $Al_{2-x}Cr_xO_3$ 是单相，均为刚玉晶体结构[14]。随着 Cr 的掺杂，（104）和（110）晶面对应衍射峰的位置发生明显偏移，这可以从局部放大的 XRD 谱图［图2-8（b）］中看出。由于 Cr^{3+} 的离子半径比 Al^{3+} 的离子半径大，随着 Cr 含量的增加，晶格膨胀，样品相应的衍射峰向低角度偏移。根据结构精修计算出来的晶格常数与 Cr 浓度的关系如图2-9所示，两个晶格常数对 Cr 浓度均呈良好的线性关系，说明了固溶体的形成。

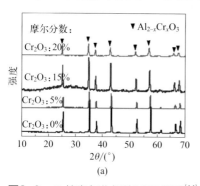

图2-8　Cr掺杂氧化铝的XRD谱图[14]

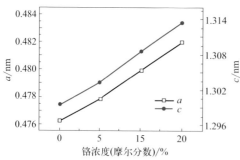

图2-9　Cr掺杂氧化铝的晶格常数[14]

（3）定量晶相分析　定量晶相分析是基于样品中已知标准样品的晶相，根据测定和计算样品中某一个或多个相的绝对衍射峰强度，与标准样品的衍射峰强度进行校准后，得到待测晶相的定量数据的分析方法。与定性晶相分析只分析一个相的相对强度并与数据库进行比较不同，定量相分析需要计算一个相的一条或一组衍射线的散射功率。被测衍射线的积分强度（峰面积）与其散射功率（由结构因子 F 表示）成正比。此外，被测峰面积与测量时间、样品量和测试仪器的参数（如 X 射线强度、孔径、探测器增益）有关。这些参数可归为一个比例因子，可以通过在待测样品中加入一个标准物质作为内标物，得到这个比例因子，从而进行定量晶相分析。首先将已知量的内标物称重后，均匀混合到样品中，然后根据内标物和样品相的峰面积之比，再考虑它们的散射功率，可以计算出特定晶相的绝对量。对于没有特定晶面取向的样品来说，通过强度最高的特征衍射峰即可进行定量晶相分析，同时使用多个衍射峰进行分析会进一步提高结果的准确性。而如果样品具有特定晶面取向，则更推荐用多个衍射峰进行定量分析，以减小误差。

为了避免标准衍射峰与待测样品的衍射峰重叠，影响定量结果，内标物应选用衍射线不太多的晶相和化学计量相。定量相分析常用的内标物为 Si、MgO、α-Al$_2$O$_3$ 或 SiO$_2$ 粉末。当然，也可以使用其他的化合物，如 NaCl 或 KCl，前提是这些内标物不与待测物发生反应或相转变。使用内标物进行定性相分析，还可以证明样品中是否存在其他的非晶态物相。如果样品中至少有两种晶相，则可以在没有内标物的情况下进行定量相分析，得到每种晶相的相对比例，但是无法准确获取非晶态物相的信息。定量相分析所必需的内标物和待测样品相的峰面积，需要通过对衍射峰进行拟合确定。

对于多晶体系，XRD 精修是一种定量分析的有效手段。最初是由荷兰科学家 Hugo M. Rietveld 提出，用于对中子衍射数据进行 Rietveld 全谱拟合的方法，克服了多晶衍射的不足。目前，XRD 中也采用 Rietveld 方法进行精修，可获得多种组分混合晶相的定量信息。其基本原理为利用最小二乘法，通过调整各个参数改变参考曲线的峰值大小、形状、位置等，使参考曲线与实验曲线相吻合，从而得到需要的实验结果。XRD 结果的信噪比是影响定量分析精度、绝对灵敏度和检测限的重要因素。因此，对于需要进行定量相分析的样品，往往需要进行长时间的数据获取，以获得更完整的晶体衍射信息，提高结果的信噪比，减小仪器误差，从而提供更精确的结果。高质量的 XRD 结果能够提高拟合过程的精度，从而给出更准确的定量信息。

2．氧化铝的峰形分析

峰值剖面分析也被称为晶体尺寸和应变或微应变分析。衍射峰廓线分析是通过将一条或多条衍射线与一个特定的峰廓线函数进行拟合，从而得到峰的位置、半峰宽（FWHM）、峰的最大强度和峰的面积等信息。FWHM用于计算晶体尺寸，使用Scherrer公式［式（2-1）］或使用Wilson公式［式（2-2）］。

$$FWHM = \frac{K\lambda \times 57.3}{D\cos\theta}$$ （2-1）

$$FWHM = 4\varepsilon\tan\theta$$ （2-2）

$$n\lambda = 2d\sin\theta$$ （2-3）

式中，FWHM为半峰宽，代表频谱曲线的宽度，该曲线在y轴上的两个点之间测量，这两个点是最大振幅的一半；K是晶体形状因子（对于球形晶体，$K=0.94$）；λ是X射线波长；D是晶体尺寸；θ为衍射峰最大值对应的布拉格角；ε为微应变；d是晶面间距；n为任意正整数。

应该提到的是，使用Scherrer公式的计算结果通常是初级晶粒大小，而不是样品颗粒的大小。衍射峰的半峰宽是相干散射畴尺寸的函数，相当于固体材料的晶粒尺寸。很明显，一个颗粒可以由一个以上的初级晶粒组成。只有在某些情况下，如对于非常小的颗粒，如纳米颗粒，特别是对于负载型纳米金属催化剂，初级晶粒的大小就是颗粒的大小，此时的Scherrer公式可以给出颗粒的尺寸值。固体和固体催化剂总是含有一定浓度的晶格缺陷，导致或多或少的微应变。因此，在催化剂中，晶体尺寸和微应变会影响衍射线的半峰宽。原则上可以通过三种不同的方法来分离这两种效应，这些方法依赖于多重衍射线分析（Warren Averbach和Williamson Hall方法）或直接单衍射线反褶积（也称反卷积、解卷积）分析。

Warren Averbach方法是一种用于分析材料微观结构尺寸的技术，通过对衍射峰进行傅里叶变换处理，可以得到晶粒尺寸分布、微应变和缺陷分布等信息。该方法的基础是X射线衍射技术，至少要求有两个衍射峰且具有不同的（hkl）值，例如，（001）/（002）或（111）/（222）或（210）/（420）。然后，该方法仅在这些方向提供关于（hkl）峰值的晶粒尺寸、晶粒尺寸分布和微应变的信息。其优点是可以确定晶体形状（晶粒形状）和缺陷分布（缺陷聚集），对于纳米颗粒和负载型纳米金属催化剂的研究非常重要。

Williamson Hall方法分析了衍射图样中线在2θ值范围内展宽的尺寸依赖性和微应变依赖性的不同贡献，得到了线性Williamson Hall曲线［式（2-4）］。晶粒大小直接由y轴截面得到，微应变由斜率线性图得到。

$$FWHM \times \cos\Theta = \frac{\lambda}{D + 4\varepsilon\sin\Theta}$$ （2-4）

片状、针状等各向异性的晶体，以及缺陷聚集或剪切缺陷引起的各向异性的微应变，原则上会导致结晶相衍射线的不均匀线展宽。因此，采用这种多线法无法分离晶体尺寸和衍射线的微应变线展宽，否则会得到错误的结果。

通过单衍射线的直接反褶积分析衍射峰剖面是基于对用于衍射峰拟合过程的解析剖面函数（例如 Pearson 或伪 voigt 函数）的高斯和洛伦兹剖面贡献的分析。该方法基于晶体尺寸展宽为洛伦兹峰剖面，微应变展宽为高斯峰剖面的实测衍射峰剖面。将实验峰剖面反褶积为高斯峰和洛伦兹峰，可直接得到高斯峰和洛伦兹峰两个半峰高，利用 Scherrer 公式［式（2-1）］或使用 Wilson 公式［式（2-2）］可直接计算晶体尺寸和微应变。

上述三种方法的影响因素包括形状因素、晶体缺陷和仪器分辨率。

① 形状因素：衍射线的宽度取决于晶体中原子的排列方式以及晶体的形状和大小。因此，如果晶体的形状和大小发生变化，衍射线的宽度也会发生变化。通过观察衍射峰的宽度和形状变化，可以确定衍射线宽化的原因是否为形状因素。

② 晶体缺陷：晶体中的缺陷和杂质也会导致衍射线宽化。缺陷包括点缺陷、线缺陷和面缺陷，它们会影响原子的位置和晶体结构的完整性。观察衍射峰的形状和宽度变化，可以确定衍射线宽化的原因是否为晶体缺陷。

③ 仪器分辨率：XRD 仪器的分辨率也会影响衍射线的宽度。分辨率取决于 X 射线源的性质、光学元件和检测器的性能等因素。通过比较同一样品在不同分辨率下的衍射图谱，可以确定衍射线宽化的原因是否为仪器分辨率。

多重衍射线分析是指对于一个晶体，在不同的入射角度下，同时分析多个衍射线的位置、强度和宽度等信息。这种方法主要用于分析多晶体材料的晶体结构、晶粒大小、晶格畸变等信息。在多重衍射线分析中，可以利用每个衍射线的位置和强度信息，通过傅里叶变换方法得到晶体中的原子排列方式和晶格畸变情况。

在数据处理方面，单衍射线分析主要采用峰形拟合方法，通过对单个衍射线的峰形进行分析来得到晶体结构和晶格参数等信息。而多重衍射线分析则采用全谱分析方法，利用所有衍射线的信息进行综合分析，得到晶体中的结构和性质信息。

在任何测量的 X 射线粉末衍射图案中，所有的衍射峰轮廓都受到衍射函数的影响（依赖于衍射几何、孔径、单色器特征等），这有助于确定样品的半峰宽，也有助于确定峰轮廓函数。因此，对于一般可比的和绝对的晶体尺寸和微应变值的测定，衍射函数必须使用高结晶标准样品单独分析。

与定量晶相分析的内标物相比，用于测定衍射函数的标准样品在用于样品峰廓线分析的整个衍射范围内应表现出许多密集的衍射线。对标准样品进行测量后，可以从催化剂样品的峰形中分离出衍射仪的本征线展宽和谱线，获得可靠的晶粒尺寸和微应变值。衍射峰剖面分析的局限性是由实测 XRD 图样的信噪比给出的。此外，较强的重叠衍射线和较宽的衍射线限制了峰廓线拟合结果的准确性，从而限制了获得的晶粒尺寸和微应变值的可靠性。在这种情况下，应采用全 X 射线粉末衍射图谱分析。

Farahmandjou 等在溶胶-凝胶法制备纳米氧化铝的新孔结构研究中，用 XRD 鉴定了氧化铝晶相，并估计了晶粒大小[15]。图 2-10 中（a）、（b）、（c）分别为氧化铝前驱体、500℃焙烧氧化铝和1000℃焙烧氧化铝的 XRD 谱图。可以看到，随着温度的升高，衍射峰强度增加。500℃焙烧氧化铝为 γ-Al$_2$O$_3$，1000℃焙烧氧化铝仅存在 α-Al$_2$O$_3$。采用标准数据鉴定了 α-Al$_2$O$_3$ 菱形结构的（012）、（104）、（110）、（113）、（024）、（116）、（018）、（214）、（300）和（119）。由 FWHM 和 Debye-Sherrer 公式估计了有序 Al$_2$O$_3$ 纳米颗粒的平均尺寸。

$$D = \frac{0.89\lambda}{FWHM\cos\theta} \tag{2-5}$$

式中，0.89 为形状因子；λ 为 X 射线波长；FWHM 为半峰宽；θ 为布拉格角。根据 Debye-Scherer 方程，制备的 Al$_2$O$_3$ 纳米颗粒的平均尺寸约为 20nm。

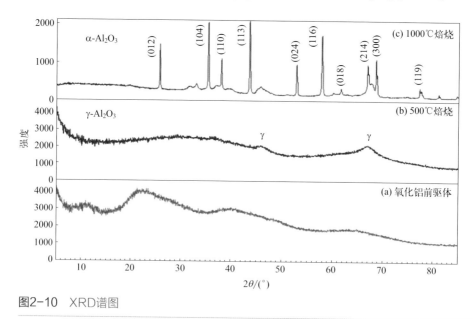

图2-10 XRD谱图

3. 氧化铝的原位 XRD 测试

XRD 技术原理上可以实现不同温度及气氛下的表征，因此通过实时跟踪样品随时间、温度、气氛的相变过程，可得到氧化铝材料在不同条件下处理时晶体结构的演变规律。此外，XRD 可以用来表征悬浮液中的固体，这使得该技术适用于在溶液合成材料的过程中晶体结构变化的识别。

监测动态过程，如固体的形成以及固体材料或固体催化剂与气相的反应，原则上需要高的时间分辨率。传统的 X 射线探测器，如闪烁计数器，测量单个衍射图形需要几分钟到几小时，取决于测量范围、分辨率和信噪比。在实现随温度变化的原位 XRD 实验时，仍然存在这个问题。时间分辨率方面的主要改进是基于新的 X 射线探测器的发展，这种探测器可以进行 XRD 测量，时间可达毫秒级。

一般来说，从全 XRD 谱图分析中获得的所有信息都可以从不同条件下（如温度、时间、气氛）记录的原位 XRD 模式中获得。催化剂样品反应条件的变化可以与结构变化相关联，特别是与结构数据的提取数值相关联。这种关联可以推测结构和活性之间的构效关系，对于更深入地理解催化剂影响活性的关键结构很重要。需要注意的是，在分析晶胞参数的温度依赖性时，应考虑所研究晶体的热膨胀系数，以消除晶面间距等计算结果的误差。

Peter J. Chupas 等在 γ-Al_2O_3 与 HCF_2Cl 氟化反应的原位 XRD 和固体核磁共振研究中，研究了通入反应气时在升温过程中 γ-Al_2O_3 的相变过程[16]。将 γ-Al_2O_3 样品在 300℃ 下原位脱水 1h，并通入 HCFC-22 气流。将温度保持在 300℃ 持续 1h，然后在 3h 内从 300℃ 升温至 500℃，在 500℃ 等温保持 1h。图 2-11 显示了原位实验中从 HCFC-22 流动开始到达到 425℃ 时收集的部分数据。γ-Al_2O_3 在 300℃ 时没有明显的结构变化，但衍射实验不排除表面低氟化的可能性。从 2θ 角为 30.4° 和 34.0° 处的两次强反射可以看出，在升温过程中，大约在 360℃ 处开始出现一个新的相位。

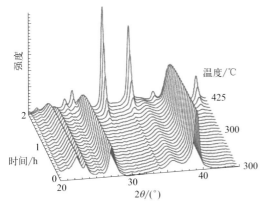

图2-11　HCFC-22气流下γ-Al_2O_3的原位XRD谱图

Feng 等通过 XRD 对不同温度下制备的催化剂的晶体结构进行分析，图 2-12 为不同催化剂反应前后的 XRD 谱图[17]。350℃时 γ-Al$_2$O$_3$ 未见明显结构变化。当活化温度升高到 400℃时，γ-Al$_2$O$_3$（JCPDS 10-0425）在 2θ 角为 37°、45°、67° 处的衍射峰明显减小。对比反应前后的结果，在 350℃活化时，γ-Al$_2$O$_3$ 在 2θ 角为 37°、45°、67° 处的衍射峰减小。结果表明，γ-Al$_2$O$_3$ 在异构化过程中可被 HCFO-1233zd(E) 进一步氟化。

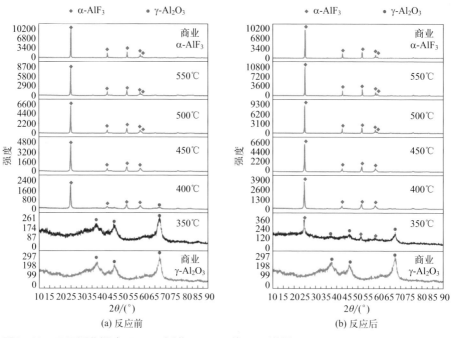

图2-12　不同活化温度下CHF$_3$活化γ-Al$_2$O$_3$的XRD谱图

第二节
表面结构与表征

氧化铝材料的晶体结构决定了表面的原子排布，但由于表面缺陷的存在，材料表面的结构并非理想状态。而催化反应过程往往发生在材料最表面，因此，确定氧化铝材料的表面结构非常关键。影响氧化铝性质的表面结构主要包括表面官能团和表面缺陷。其中，羟基是氧化铝表面最主要的官能团，构型复杂，种类多样，且会在不同处理条件下发生转化，这也是造成氧化铝性质敏感的主要因素之一。而表面缺陷主要来源为配位不饱和的铝离子，这些缺陷位有利于其他活性金属的锚定，从而提升催化剂的稳定性。催化材料的酸碱性位的种类、强度是影响催化性能的关键描述符，对于氧化铝材料，其酸碱性位基于表面官能团和缺陷，需要借助特定的仪器设备进行定性和定量的统一描述，以便于不同材料之间的性能对比。

本节基于氧化铝材料的表面结构特点，将介绍主要的表面官能团和缺陷种类，并对酸碱性位点的来源进行分类描述。在此过程中，将对不同表面结构的关键表征方法进行举例介绍。

一、氧化铝表面羟基

氧化铝表面具有由氧原子、铝原子与氢原子构成的空间结构，根据鲍林规则可知，如果晶体是以阳离子层结束，则表面层最可能是由 OH 组成。对于尖晶石结构的氧化铝，平行于尖晶石晶格中（111）晶面的表面层，其晶体结构中含有两种不同阳离子分布的晶面层，可分别记为 A 层和 B 层，其中 A 层和 B 层均存在 24 个阳离子位，A 层中 8 个分布在四面体中，另外 16 个分布在八面体中，而 B 层中 24 个阳离子位均分布在八面体中，如图 2-13 所示。

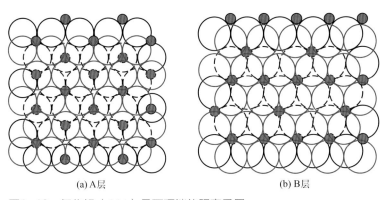

(a) A层　　　　　　　　　　(b) B层

图2-13　氧化铝（111）晶面顶端的阳离子层

A 层顶端的 OH 层的结构如图 2-13（a）所示。在这层中两种类型的 OH 能够很好地区别，顶端的 OH 基团与铝离子是四配位（四面体结构），称为Ⅰa 型，如图 2-14（a）所示。连接四面体和八面体阳离子的桥式 OH 基团，称为Ⅱa 型，该类型 OH 基团的出现频率是Ⅰa 型的 3 倍，如图 2-14（b）所示。同样地，在

B 层顶端的 OH 基团中含有两种 OH 结构，如图 2-13（b）所示。两种结构均是由桥式 OH 基团组成，在 Ⅱb 类型中，OH 基团是连接两个八面体阳离子所形成的，如图 2-15(a)所示。OH 基团是连接三个八面体结构的铝离子来进行配位的，称为Ⅲ型羟基，如图 2-15（b）所示。如果考虑可能的阳离子空缺位，第五种类型的 OH 基团存在，称为Ⅰb 型，OH 仅仅连接一个八面体结构，如图 2-15（c）所示。这种类型的 OH 基团可以从Ⅱa 型 OH 基团移除一个四面体获得，也可以从Ⅱb 型中移除一个八面体得到。

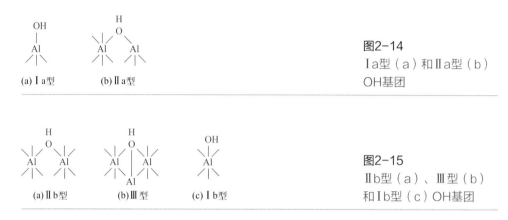

图 2-14
Ⅰa型（a）和Ⅱa型（b）OH基团

图 2-15
Ⅱb型（a）、Ⅲ型（b）和Ⅰb型（c）OH基团

1. 红外光谱技术

红外光谱（IR）法是一种鉴别化合物和确定物质分子结构的常用分析手段，不仅可以对物质进行定性分析，还可对单一组分或混合物中各组分进行定量分析。红外光谱作为"分子的指纹"是研究材料分子结构和物质化学组成的必备表征手段。

Peri 的模型[18]认为：全羟基化 γ-Al_2O_3 的（100）面下面，有定位于正八面体构型上的 Al^{3+}，当表面受热脱水时，成对的羟基按统计规律随机脱除。当温度为 770K 时脱羟基达 67%，不会产生氧离子缺位；当温度为 940K 时脱羟基达 90.4%，形成邻近的裸露铝离子位和氧离子位。一般认为，Al^{3+} 位为 L 酸中心，O^{2-} 位为碱中心。羟基邻近于 Al^{3+} 或 O^{2-} 的环境不同，导致环境对羟基的诱导效应存在差异，可区分为五种不同的羟基位，如图 2-16 所示。

Tsyganenko 等[19]用红外光谱学手段研究了系列氧化物的表面羟基物种，将红外波谱中羟基频率与各种晶格中羟基配位数关联在一起，忽略周围原子的影响，仅考虑羟基构型。Knözinger 等[9]认为除考虑邻近 O^{2-} 对羟基的诱导效应外，还需要考虑（100）面以外的晶面影响。表面羟基的 IR 波数差别，是由其净电荷所决定，这种净电荷取决于表面羟基的不同配位或构型差别。Morterra 等[20]认为四面体配位 Al 的羟基伸缩振动频率在 3760 ～ 3800cm^{-1}，而位于四面体和八面体间隙之间的羟基伸缩振动频率在 3800cm^{-1}；Digne 等[21]采用密度泛函理论（DFT）方法结合热力学模型确定了 γ 氧化铝的非尖晶石模型，给出了氧化铝详细的表面结构模型并在红外光谱上精确分配了羟基构型，证实影响 γ 氧化铝各个面稳定的性质和浓度与形貌、温度和表面水化等相关。此外，Parkyns 等把氧化铝近似成微球，球是由 26 个尖晶石结构的低折射率平面组成的菱形八面体，通过不同晶面的相对丰度分配羟基构型；Ionescu 等在缺陷尖晶石结构中八面体位置表面引入一个水分子，忽略了覆盖率和温度效应。

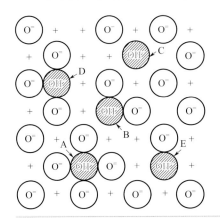

图2-16
Peri模型中氧化铝表面不同类型羟基

2. 固体核磁共振技术

固体核磁共振（NMR）谱学的重要特点之一是能够利用射频脉冲技术操控特定原子核从原子-分子尺度来探测核间的空间相关或键连结构信息。

羟基是金属氧化物表面的主要活性位点之一，然而羟基的光谱表征非常具有挑战性，特别是对于一些富羟基表面体系，所获得谱图的分辨率十分有限，且定量分析过程也比较烦琐。^{1}H NMR 技术得益于 NMR 对短程结构的高灵敏度、^{1}H 的 100% 天然丰度和高旋磁比，以及 ^{1}H 易定量分析等优势，在羟基表征中展现出较高的优越性。

此外，氧化铝上氧原子的形态（如羟基或缺陷）和配位状态影响其局部环境和表面性质（酸碱性），进而影响其催化性能。^{17}O NMR 谱学正逐渐成为表征氧化物材料的一种有效手段，但常受到核四极相互作用、相对较低旋磁比和极低 ^{17}O 丰度等多重因素的制约。利用动态核极化表面增强（DNP-SEN）NMR 技术结合 ^{17}O 同位素富集方法在 γ-Al$_2$O$_3$ 上获得 ^{17}O NMR 信号的两个数量级的增强，实现对其表面氧物种的直接观测。徐君等[22]借助稳态超高强磁场 35.2T（1.5GHz）在提升 NMR 观测灵敏度和分辨率上的优势，结合其团队前期自主开发的半整数四极核二维双量子（DQ-SQ）脉冲实验方法，在 γ-Al$_2$O$_3$ 上获得了第一张二维 ^{17}O-^{17}O 同核双量子固体 NMR 相关谱，揭示了不同配位状态的氧物种之间空间关联。此外，该团队还利用精密测量院的 800MHz（18.8T）谱仪平台，通过高速魔角旋转（MAS，40kHz）下的氢检测二维 ^{1}H-^{17}O 异核多量子相关脉冲 NMR 实验，成功区分 γ-Al$_2$O$_3$ 表面吸附水、羟基以及非羟基（裸氧）物种并获得它们之间空间临近的信息，实现了对 γ-Al$_2$O$_3$ 上氧物种结构从体相到表面的高效 NMR 表征，如图 2-17 所示。

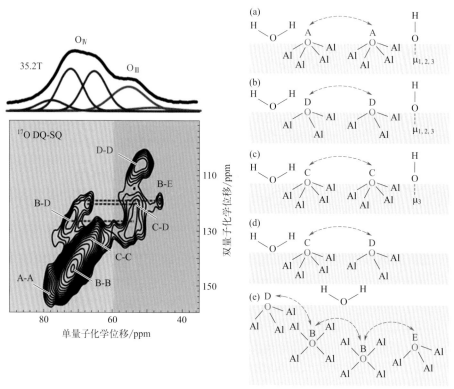

图2-17 γ-Al$_2$O$_3$的二维^{17}O–^{17}O DQ-SQ同核双量子NMR图谱以及氧物种的结构模型

二、氧化铝表面缺陷

金属氧化物作为负载型催化剂的载体时，活性相金属与载体之间往往形成强的金属-载体相互作用，这有利于金属的分散。对于还原性氧化物（如氧化铈、氧化钛等），电子缺陷的存在是形成强相互作用的关键，这对于锚定活性金属组分，调变活性组分的分散及几何形态起到重要作用。氧化铝是一种最常用的非还原性氧化物，不具备电子缺陷，不能形成强的金属-载体相互作用，但它仍具有高分散活性相金属的能力，这主要是由于其表面配位不饱和铝离子的存在。氧化铝前驱体表面为羟基所覆盖，当温度升高时，表面羟基与相邻的氢可通过结合生成水分子的形式脱除。随着表面羟基或水分子的除去，出现了配位不饱和（coordination unsaturated，CUS）的阳离子（Al^{3+} 或阴离子空位），这些缺陷位的存在可锚定活性金属，使得活性相金属不易团聚，表现出优异的抗烧结能力。

固体核磁共振是一种强大的材料表征技术。与传统表征方法相比，固体核磁共振可以探测特定原子核的局域结构和配位等重要信息，并且有着无伤探测、定量分析等优势，其中各种 ^{27}Al NMR 技术，包括 ^{27}Al MAS（魔角旋转）、^{1}H-^{27}Al CP/MAS（交叉极化魔角旋转）、^{1}H-^{27}Al HMQC（异核多量子相关）、^{27}Al DQ-MAS（双量子魔角旋转）和 MQ-MAS（多量子魔角旋转）NMR 已经被用于研究氧化铝材料。在普通 NMR 探头可访问的频率下，^{27}Al NMR 特性提供了良好的接收性，见表 2-5。因此，^{27}Al NMR 是辅助含铝材料结构解析的最佳选择。^{27}Al 的核自旋 5/2 导致核四极矩与局部电场梯度（EFG）相互作用。尽管这种相互作用明显拓宽了光谱，但它为固体中四极核的局部化学环境提供了极其灵敏的探针。

表2-5 ^{27}Al 原子核的NMR特性

性质	值	单位
自旋量子数（I）	5/2	—
核磁矩（μ）	4.30869	A·m^2
磁旋比（γ）	6.976×10^7	rad·T^{-1}·s^{-1}
共振频率（11.4T）	130.284	MHz
四极矩（Q）	146.6	m^2
弛豫时间（T_1）	<10	s
天然丰度	100	%
接受能力（相对于^1H）	0.207	—
接受能力（相对于^1C）	1220	—
各向同性化学位移（δ_{iso}）范围	>-25至<+100	ppm
四极耦合常数（C_Q）	>1至<20	MHz

对于 ^{27}Al，国际纯粹与应用化学联合会（International Union of Pure and Applied Chemistry，IUPAC）建议使用新鲜的 $Al(NO_3)_3$（1.1mol/L）水溶液（D_2O）作为 0 的 ^{27}Al 主要化学位移参考标准。0.5mol/L $Al(NO_3)_3$（或 0.5mol/L HNO_3）水溶液通常用于需要较长保质期的情况。不同 $Al-O_x$ 配位的 ^{27}Al 各向同性化学位移（δ_{iso}）的范围通常在 -20 ~ +90ppm 之间。六配位化合物（$Al-O_6$）的 ^{27}Al 各向同性化学位移在 -21 ~ +37ppm 之间，四配位物质（$Al-O_4$）则在 +39 ~ +85ppm

之间，五配位铝（Al-O$_5$）通常在 +20 ～ +52ppm 之间。由于每个配位都表现出典型的化学位移，^{27}Al NMR 提供了一种简单的方法来识别和量化材料中的 Al 结构单元。对于大多数材料，^{27}Al NMR 分辨率足以区分不同的配位。特别是在 Al（V）的情况下四极展宽小于 Al（IV）和 Al（VI）。

除了化学位移参考之外，脉冲校准对于 ^{27}Al 材料的表征也是必不可少的。^{27}Al 的半整数自旋四极杆在溶液状态下的章动与固态下不同。当四极频率（$v_Q=C_Q/[2I(2I-1)]$）高于章动频率时，为溶液标准校准的 90° 脉冲应除以因子 I+1/2 以获得固态系统的脉冲。在无限旋转频率下，只有二阶四极展宽的中心跃迁幸存下来。固态四极中心跃迁的章动在很大程度上取决于四极相互作用。因此，对于具有不同四极耦合的中心跃迁信号，建议将非常小的翻转角（π/12 或更低）保持在定量范围内。

一旦确保了正确的化学位移参考和脉冲校准，二阶四极耦合展宽的重叠共振贡献的分离就可以使用高分辨率 NMR 方法进行实验，例如双旋转（DOR）、动态角旋转（DAS）、多量子魔角旋转（MQ-MAS）和卫星跃迁魔角旋转（ST-MAS）。在 DOR 或 DAS 实验中，MAS 频率不能平均 ^{27}Al-^{27}Al 偶极相互作用，因此这两种方法并不适用于 ^{27}Al。而 MQ-MAS 或 ST-MAS 实验因为具有非常高的 MAS 频率而具有优势。使用正确获得的实验数据，可以通过 Czjzek 模型用每个 EFG 张量分量的高斯分布对其进行模拟来提取四极杆参数的分布，这一特征已被纳入更流行的 NMR 光谱分析程序之一——DMFIT。

MQ-MAS 是一种将单量子跃迁和多量子跃迁（3Q 和 5Q）相关联的二维实验，是在自旋 1/2 四极核（例如 ^{27}Al）表现出中心跃迁扩大的情况下通过顺序四极相互作用实现高分辨率的最流行和最方便的选择。各向同性化学位移可以从实验的间接维度获得。四极杆参数（C_Q 和 η_Q）及其分布可以通过拟合二维实验的解析单量子（水平）切片来提取。

四极耦合常数 C_Q（quadrupole coupling constant）受局部对称性的影响，揭示了有关 Al 原子配位的信息。完美八面体或四面体的畸变通常会导致大的四极相互作用（MHz 量级），特别是在氧化铝中的 Al-O 配位的情况下。与六配位物种相比，四配位物种表现出更大的四极耦合；五配位铝通常优先出现在固体表面和晶界处，在四极耦合和 / 或化学位移中表现出广泛的分布。因此，3D 相关的 δ_{iso}、C_Q 和 η_Q 产生了 ^{27}Al 原子核局部环境的指纹。

过渡氧化铝（γ、η、δ、θ、κ、χ、ρ）具有独特的吸附和催化性能，可用于众多实际应用。它们之间的结构差异源于 AlO(OH) 或 Al(OH)$_3$ 的热转化所导致的铝配位数和脱羟基度的变化。过渡氧化铝相结构的参数对 ^{27}Al 原子核的局部环境有直接或间接的影响，反映在其化学位移和四极参数中。^{27}Al MQ-MAS 是测量这些参数的理想工具，通过一次实验即可对任何过渡氧化铝进行直接的光谱鉴定。对于那些无法通过 X 射线衍射鉴定的相，固态 ^{27}Al NMR 能够给出高分辨的结果。Eric Breynaert 等 [13] 通过 ^{27}Al NMR 光谱给出了过渡相氧化铝的指纹库。如图 2-18 和表 2-6 所示，该工作将不同种类的 Al-O 配位以高精度和定量方式进行分类。氧化铝表面的性质和相关性以及材料对表面的物理性质的依赖性反映在 NMR 光谱中。该方法表明任何种类的结晶、非结晶、无定形、混合周期性或非周期性有序过渡氧化铝现在都可以使用当前手段进行表征。该工作为开发新的氧化铝 NMR 参数-结构-性能关系提供了方法指导。

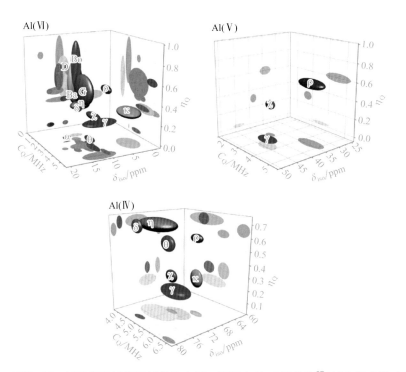

图2-18 过渡氧化铝相及其前体中四、五和六Al-O配位的[27]Al NMR参数（各向同性化学位移δ_{iso}、四极耦合常数C_Q和不对称参数η_Q）

表2-6 过渡氧化铝相及其前驱体的铝固体核磁共振参数

材料	配位（占比）	δ_{iso}/ppm	C_Q/MHz	η_Q
三水铝石	Al(VI$_1$) (50%)	11.3	2.2	0.7
	Al(VI$_2$) (50%)	13.6	4.6	0.4
拜尔石	Al(VI$_1$) (50%)	9.1	1.9	0.25
	Al(VI$_2$) (50%)	13.1	1.4	1.80
勃姆石	Al(VI) (100%)	12.6	1.8～2.8	1.5～1.0
水铝石	Al(VI) (100%)	17.0	3.4	0.8

材料	配位（占比）	δ_{iso}/ppm	C_Q/MHz	η_Q
α-Al₂O₃	Al(Ⅵ) (100%)	13.5 16.0	2.38 2.40	0.0 0.05
ρ-Al₂O₃	Al(Ⅵ) (30%～55%) Al(Ⅴ) (20%～50%) Al(Ⅳ) (15%～25%)	9.8 34.0 68.0	4.8 4.5 5.6	0.6 0.6 0.6
χ-Al₂O₃	Al(Ⅵ) (70%～75%) Al(Ⅴ) (5%～10%) Al(Ⅳ) (20%)	11.5 38.5 71.5	4.5 2.7 5.0	0.3 0.3 0.3
γ-Al₂O₃	Al(Ⅵ) (40%～70%) Al(Ⅴ) (0%～20%) Al(Ⅳ) (30%～60%)	10.0 44.0 71.5	5.1 3.55 5.1	0.31 0.00 0.19
δ-Al₂O₃	Al(Ⅵ) (55%～70%) Al(Ⅳ) (30%～45%)	15.2 78.5	3.6 4.7	0.4 0.7
θ-Al₂O₃	Al(Ⅵ) (50%) Al(Ⅳ) (50%)	10.5 80.0	3.5 6.4	0.0 0.65
η-Al₂O₃	Al(Ⅵ) (50%～80%) Al(Ⅳ) (20%～50%)	14.5～15.1 76.5～77.5	3.9 4.5～4.7	0.4 0.7
κ-Al₂O₃	Al(Ⅵ₁) (25%) Al(Ⅳ₂) (25%) Al(Ⅴ+Ⅰ) (25%) Al(Ⅳ) (25%)	0.0 5.0 4.4 68.5	3.33 5.07 >10 5.67	0.33 0.33 0.77 0.3

具有不同结构和形貌的过渡氧化铝被广泛用作催化材料。其中，具有高比表面积和热稳定性的典型过渡氧化铝——γ-Al₂O₃，作为工业催化剂载体在加氢脱硫、合成气制甲醇、脱硝和丙烷脱氢等反应中显示出优异的性能。γ-Al₂O₃ 表面的五配位 Al[Al(Ⅴ)]，被称为 "Super 5"，是一种非常重要的表面 Al 物种，既可以作为脱水反应的活性位点和负载型催化剂的金属锚定位点，还显著影响着 γ-Al₂O₃ 到 α-Al₂O₃ 的相变过程。

本书编著团队[23]从富含不饱和配位 Al³⁺ 的 γ-Al₂O₃ 纳米片合成创新出发，实现了 PtSn 纳米簇的二维分散和稳定，设计出具有高反应活性和产物选择性、优越抗积炭和抗烧结稳定性的 PtSn/γ-Al₂O₃ 丙烷脱氢催化剂。该项工作中通过二维 ²⁷Al 多量子魔角旋转 (MQ-MAS)NMR 光谱分析了 γ-Al₂O₃ 纳米片，获得了 Al³⁺ 局部的配位结构，如图 2-19 所示。在这项工作中合成的 γ-Al₂O₃ 纳米片包含 27% 的五配位 Al³⁺ 位点，远高于商业载体 γ-Al₂O₃ 的 5%。大量的配位不饱和 Al³⁺ 位点有效分散和锚定了 PtSn 簇。该研究通过载体结构的创新有效改善了 Pt 系丙烷脱氢催化剂的反应稳定性，实现了物理限制、化学锚定和动力学控制全方位的高稳定催化剂设计理念，为高效贵金属催化剂的研制提供了新思路。

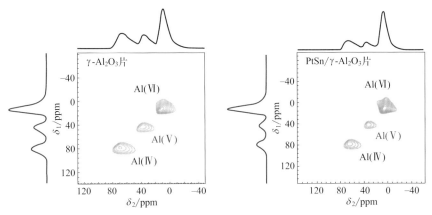

图2-19 γ-Al₂O₃纳米片二维^{27}Al MQ-MAS NMR光谱

    Konstantin Khivantsev 等[24] 结合了高场固体 ^{27}Al NMR、红外光谱和电子显微镜等表征手段，确定了菱形片状 γ-Al₂O₃ 上的乙醇脱水催化活性位点-规模重组（110）晶面上（100）片段的八面体、两性的 (O)₅Al(Ⅵ)-OH 位点。此类 (O)₅Al(Ⅵ)-OH 位点也存在于细长/棒状 γ-Al₂O₃ 宏观定义的（100）晶面。作者阐明了这些位点在热处理时脱羟基导致配位不饱和 Al^{+3}O₅ 位点的产生。这些五配位 Al 位点产生了热稳定的 Al-羰基化合物。该研究结果有助于理解 γ-Al₂O₃ 表面上的配位不饱和 Al 位点的性质及其作为催化活性位点的作用。

    侯广进等[25] 利用超高场固体核磁共振技术揭示了 γ-Al₂O₃ 表面五配位铝的相关空间结构信息，如图 2-20 所示。研究团队制备了富含五配位铝的无定形氧化铝纳米片（Al₂O₃-NS）与 γ-Al₂O₃ 进行对比研究，借助超高场条件下高灵敏度核

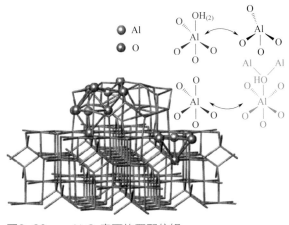

图2-20 γ-Al₂O₃表面的五配位铝

分辨率的 ^{27}Al MAS NMR 对 Al_2O_3-NS 和 γ-Al_2O_3 的铝物种分别进行定量分析。通过超高场的 ^{27}Al-^{27}Al DQ 相关实验，以及高场多核、多维固体核磁共振技术发现，γ-Al_2O_3 表面与 Al_2O_3-NS 的不同配位铝物种的 Al(n)-O-Al(n) 链接方式相同，且表面羟基分布及铝与羟基的链接方式也十分相似，进而表明 γ-Al_2O_3 表面存在一层富含五配位铝的无定形结构。该研究结果有助于进一步深入理解 γ-Al_2O_3 在金属分散、催化剂烧结等应用方面的构效关系。

三、氧化铝表面酸碱性

固体的酸性强度定义为能使吸附其表面的碱转化为相应的共轭酸的能力。假如这种转化包括转移给吸附物种一个质子时，成为 Brønsted 酸（B 酸）；假如表面以其一部分与吸附的物种共享一对电子时，成为 Lewis 酸（L 酸）。活性氧化铝是一种常用的固体酸催化剂载体，其酸性是由配位不饱和的铝离子和表面羟基两部分组成。

氧化铝中配位不饱和的铝离子的存在是其表面 L 酸的主要来源，而表面羟基的存在是其表面 B 酸的主要来源。表面羟基的酸碱特性，主要取决于表面羟基的数量和构型。前者与脱水温度有关，脱水温度越高，羟基数量越少；后者取决于与其相连的次表面层。次表面层的羟基与不同数量、不同配位形式的铝离子相连，形成了强度不同的酸位。对于 γ-Al_2O_3 而言，优先暴露（110）和（100）晶面，其表面羟基构型主要分为五类。Ⅰa 型羟基是连接单个四面体四配位 Al^{3+} 的线型羟基；Ⅰb 型羟基是连接单个八面体六配位 Al^{3+} 的线型羟基；Ⅱa 型羟基是分别连接一个四配位和一个六配位 Al^{3+} 的桥型羟基；Ⅱb 型羟基是连接两个六配位 Al^{3+} 的桥型羟基；Ⅲ 型羟基是连接三个八面体六配位 Al^{3+} 的羟基。对于羟基质子酸性而言，随净电荷变小而酸强度降低，五种羟基构型的净电荷顺序表现为：Ⅲ(0.5) > Ⅱa(0.25) > Ⅱb(0) > Ⅰa(−0.25) > Ⅰb(−0.25)。氧化铝是很重要的催化材料，在石油化工催化剂中常作为载体，其表面酸性对催化剂的性能有重要影响，为了表征催化剂表面的性质，需要测定其表面酸性部位的类型、强度和酸量。酸性测定方法有很多，常见的有程序升温脱附法、红外光谱法、拉曼光谱法、Hammett 指示剂法、气相碱吸附以及固体核磁技术等，它们各有优缺点。

1. 程序升温分析技术

氧化铝表面酸性的表征方法研究得很多，其中 NH_3-TPD（氨的程序升温脱附）法被认为是最有效的表征方法之一。以氨气分子作为吸附质的程序升温脱附曲线，虽然因氧化铝制备方法不同而呈现不同的形状，但其峰形弥散又相互重叠的特点，说明氧化铝表面酸性强度分布很不均匀。

一般认为，从定性上来说，低温脱附峰（100～200℃）对应于弱酸中心，中温脱附峰（200～400℃）对应于中等酸中心，高温脱附峰（＞400℃）对应于强酸中心，但这些只是定性地对氧化铝表面酸性的初步研究。由于氧化铝表面酸性强度分布很不均匀，脱附峰为"馒头"峰，常规的根据峰面积确定不同强度的酸性位（酸位）几乎不可能。为了得到定量或半定量的酸强度分布数据，Delmon 等[26]提出所谓分段计算脱附峰法，即把 NH₃-TPD 全程脱附曲线分成若干温度段，每段相隔 50K，每一段温度区有相应的脱附峰峰面积，将其换算成 NH₃ 脱附量（即酸量，mmol/g），作酸量对脱附温度图即为酸强度分布图，如图 2-21 所示。

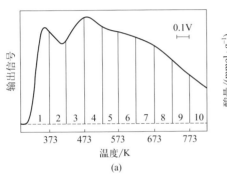
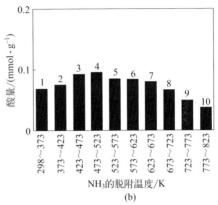

图2-21　Al₂O₃表面NH₃-TPD曲线（a）和酸强度分布图（b）

2. 红外光谱技术

催化剂表面可分为 L 酸位点和 B 酸位点，利用碱性吸附分子在催化剂表面不同酸位点进行吸附后，通过吸附分子红外响应信号的差别，可有效区分不同种类的酸性位点，因此，红外光谱法被广泛用来研究固体催化剂的表面酸性。常用的探针分子包括氨、吡啶、三甲基胺、正丁胺等碱性吸附质，其中应用比较广泛的是吡啶和氨。

Parry 等[27]首次提出利用吸附吡啶（C₅H₅N）测定氧化物表面上的 L 酸和 B 酸。实验时，首先在高真空系统中进行脱气净化催化剂表面，然后选择吡啶、氨等碱性气体，在一定蒸气压下进行气-固吸附，再采集红外光谱谱图。对于物理吸附的吡啶可在室温下抽真空脱除，而以氢键吸附在表面羟基上的吡啶要在 420K 才能抽去。吡啶在 B 酸位和 L 酸位的若干吸附谱带相距很近，甚至相互重叠，但 1545cm⁻¹ 处 B 酸吸收带和 1450cm⁻¹ 处 L 酸吸收带不受干扰，他们分别用作特征识别 B 酸和 L 酸位点。李春义等[28]借助吡啶红外表征了不同晶型氧化铝催化剂上的酸位点性质，氧化铝表面仅存在 L 酸位点，B 酸位点可忽略不计，结果如图 2-22 所示。

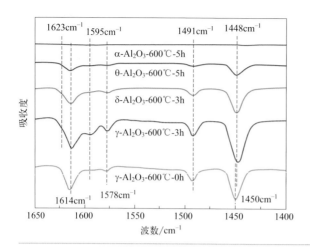

图2-22
吡啶在不同晶型氧化铝催化剂上的FT-IR光谱

3. 固体核磁技术

随着固体核磁技术的发展，NMR方法在固体表面酸中心的测定方面越来越显示出优越性。目前，主要发展了 ^{1}H MAS NMR谱以及利用吸附碱性探针分子的方法来研究表面酸性中心。

（1）^{1}H MAS NMR研究表面酸性　^{1}H MAS NMR是研究催化剂表面酸性最直接的手段，根据质子峰的共振位置能分辨不同类型的羟基（即酸种类和酸强度），同时共振峰强度可提供不同类型羟基的定量信息（即酸量）。采用MAS和多脉冲联合的CRAMPS技术，可以得到分辨率更高的 ^{1}H MAS NMR谱图，能为研究固体表面酸性提供更多、更准确的信息。通过 ^{1}H MAS NMR谱的研究，除了能得到酸强度及不同类型的羟基的信息，还可以确定Brønsted酸性位的几何构型等。然而，由于质子之间的偶极-偶极相互作用比较强，再加上质子的化学位移范围比较小，因此使 ^{1}H MAS NMR方法研究酸性受到一定程度的限制。虽然 ^{1}H MAS NMR能非常直接地获得羟基质子酸性方面的信息，但由于其谱线集中在一个较窄的范围内，导致分辨率不高，且 ^{1}H MAS NMR技术不能给出Lewis酸位的信息。因此，利用吸附碱性探针分子来检测酸性是一种十分常用的方法。

（2）三甲基膦（TMP）作为吸附剂　^{31}P的天然丰度为100%，自旋量子数为1/2，在核磁上是一个很容易检测的核，因此碱性有机磷分子是目前常用的检测酸位点的良好探针。Lunsford等[29]首先研究了三甲基膦（TMP）吸附在Y分子筛上的 ^{31}P MAS NMR谱，认为化学位移为 $-1 \sim -5$ppm处的共振峰归属为分子筛的Brønsted酸中心与吸附的三甲基膦形成的 $[(CH_3)_3P-H]^+$ 物种，化学位移为 $-32 \sim -60$ppm处的共振峰是由三甲基膦与分子筛Lewis酸中心形成的络合物（配位化合物，配合物）引起的，物理吸附的三甲基膦的共振信号在 -68ppm左右。由于三甲基膦分子在空气中很容易被氧化，因此对试验条件要求比较高。武汉物理与数学研究所郑安民研究员团队[30]利用含膦探针分子NMR相关技术，突破了常规 ^{1}H 和 ^{27}Al NMR 无法对三配位非骨架铝物种进行直接观测的瓶颈。首次采用三甲基膦（TMP）探针分子并结合二维 ^{31}P-^{31}P NMR 方法确定了工业中常用的 USY 分子筛中具有超强酸性的三配位非骨架铝物种的结构，结果如图 2-23 所示，建立了该分子筛中多种 B 酸与 L 酸之间的空间相互作用网络，并结合催化评价实验，证实了这种三配位铝物种在葡萄糖异构化反应中具有优良的催化活性。

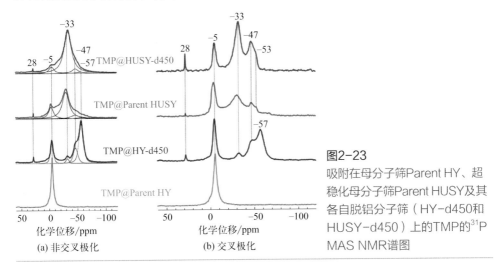

图2-23

吸附在母分子筛Parent HY、超稳化母分子筛Parent HUSY及其各自脱铝分子筛（HY-d450和HUSY-d450）上的TMP的 ^{31}P MAS NMR谱图

三甲基膦的氧化物是一个很好的碱性探针分子，与三甲基膦相比，三甲基膦的氧化物通过氧原子与分子筛的酸中心相互作用，磷原子核周围化学环境的变化是通过氧原子传递过来，因此反映在 ^{31}P MAS NMR 谱上表现为在不同酸性位吸附的 ^{31}P 的化学位移范围相对较窄，尽管如此，用吸附三甲基膦氧化物的方法依然能很好地区分不同强度的酸性位点，具有相似空间结构的有机磷化合物三苯基膦、三环己基膦，因其碱性强度的不同可成功地区分催化剂上不同强度的酸中心。此外，如三丁基膦等其他碱性有机磷分子也被应用到分子筛酸性的研究中。由于 B 酸位上吸附三甲基膦的共振峰远离其他信号，所以可直接测定表面 B 酸中心数目；而 L 酸络合物和物理吸附的共振峰很靠近，故较难直接定量测定 L 酸中心数目。中国科学院武汉物理与数学研究所邓风研究员团队与中国科学院山西煤炭化学研究所的樊卫斌研究员和法国里尔第一大学的 Lafon 教授合作[31]，实现了对以往"NMR 不可观测"骨架三配位铝物种的探测，揭示其独特的 Lewis 酸性特征，结果如图 2-24 所示。通过吸附三甲基氧膦（TMPO）探针分子，将"NMR 不可观测"的骨架三配位铝物种变为可观测的四配位铝物种。通过二维 ^{27}Al 多量子实验证实在 TMPO 吸附的 H-ZSM-5 分子筛上存在三种不同的 Al 物种，其中 Ala 来自骨架四配位铝，而 Alb 和 Alc 则来自骨架三配位铝。

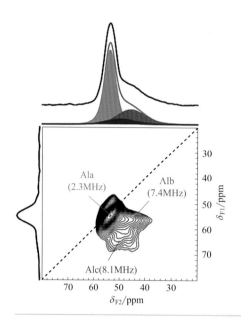

图2-24

脱水H-ZSM-5分子筛吸附TMPO探针分子的二维^{27}Al多量子MAS NMR谱图

（3）^{15}N 标记的碱性分子作为吸附剂　^{15}N 标记的吡啶或正丁胺等碱性分子的 ^{15}N MAS NMR 或 ^{15}N CP/MAS NMR 谱也是检测酸性位点的良好方法。由于 ^{15}N MAS NMR 谱的化学位移比较大，并且所吸附分子的化学位移在很大程度上依赖于吸附分子与样品 B 酸和 L 酸位的相互作用，所以能很好地区分不同的 B 酸和 L 酸中心。在自然界中 ^{15}N 的天然丰度仅为 0.37%，这限制了该技术的应用。

（4）^{13}CO 作为吸附剂　^{13}CO 可用来探测固体表面的 L 酸中心，吸附的 CO 的 ^{13}C 化学位移与其气态时相差较大，但无论在室温还是低温下，吸附在 L 酸上的 CO 与物理吸附及吸附在 B 酸位上的 CO 均存在互相交换，使得在谱图上无法直接检测吸附在 L 酸位上的 CO 化学位移，需通过计算才能获得，吸附在 L 酸上的 CO 的 ^{13}C 化学位移大约在 300～400ppm 之间。在自然界中 ^{13}C 的天然丰度为 1.1%，同样限制了该技术的应用。

第三节
孔隙结构与表征

用作催化剂载体的氧化铝往往需要有高的比表面积和发达的孔结构，一方面能够为活性组分的高分散提供必要的条件，另一方面为催化反应的顺利进行提供有利的场所。对于氧化铝的孔隙结构，通常关注的是粉体和成型后材料中的孔尺寸、形状、贯通性等，具体包括比表面积、孔体积、平均孔径、孔径分布等参数。对于不同尺度材料的孔结构，需要借助不同的表征手段进行描述。例如粉体材料中以微孔和介孔为主，可通过氮气吸脱附进行测定；而成型后的氧化铝中会出现大量的大孔，需要采用压汞法进行测量。在实际使用过程中，成型氧化铝的孔结构不但影响活性组分的负载方式，而且对于催化反应也会存在传质扩散的影响，甚至影响产物分布和催化剂使用寿命。因此，对于孔结构的准确描述及调控方法一直以来都是科研工作者关注的重要课题。

本节基于多孔氧化铝材料的特点，对孔结构的分类和表征方法进行介绍，特别是最新发展的成像技术，能够描述纳米尺度的精细结构，并结合氧化铝材料孔结构的特点，举例介绍调控孔隙结构的方法。

一、孔结构分类

目前工业上氧化铝载体的制备主要通过沉淀、干燥和焙烧氢氧化铝前体来实现[32-34]。然而采用这种方法得到的氧化铝孔径分布相当宽，同时存在微孔（＜2nm）、中孔（2～50nm）和大孔（＞50nm）[35,36]。根据 ISO 15901-1：2005 中的定义，不同的孔（微孔、介孔和大孔）可视作固体内的孔、通道或空腔，或者是形成床层、压制体以及团聚体的固体颗粒间的空间（如裂缝或空隙）。

1．按孔的连通程度分类

多孔固体中与外界连通的空腔和孔道称为开孔（open pore），包括交联孔、通孔和盲孔（图 2-25）。这些孔道的表面积可以通过气体吸附法进行分析。除了可测定孔外，固体中可能还有一些孔，这些孔与外表面不相通，且流体不能渗入，因此不在气体吸附法或压汞法的测定范围内。不与外界连通的孔称为闭孔（close pore）。开孔与闭孔大多为在多孔固体材料制备过程中形成的，有时也可在后处理过程中形成，如高温烧结可使开孔变为闭孔。

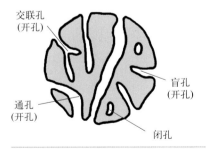

交联孔（开孔）
盲孔（开孔）
通孔（开孔）
闭孔

图2-25
孔的种类（按连通程度分类）

2．按孔形分类

工业催化剂或载体作为多孔材料，是具有发达孔系的颗粒集合体。一般情况是一定的原子（分子）或离子按照晶体结构规则组成含有微孔的纳米级晶粒；而因制备条件和化学组成的不同，若干晶粒又可聚集为大小不一的微米级颗粒，然后工业成型成更大的团粒或有不同几何外形的颗粒集合体。

不同的制备方法会生成不同的孔结构。例如，高温烧结或挤出成型的多孔固体的孔结构是无规则的；而由胶体在充水的初级结构中沉淀、收缩、老化，会产生特征性的微孔结构（典型例子如水泥和石膏）。沸石和分子筛具有稳定的晶体结构，它们内部的孔是由晶体内的孔道、缝隙或笼组成的，具有均匀尺寸和规则的形状。在沸石内部，笼是由直径 $0.4 \sim 1nm$ 的窗口相连。一个笼可以看作是一个球形孔。所以，实际体积中的孔结构都是复杂的，是由不同类型的孔组成的。从分子水平上看，孔的内表面几乎都是不光滑的。但是，可以从几个基本类型开始（见图 2-26），然后建立它们的各种组合。最典型的是筒形孔（圆柱孔），它是孔分布计算的一个基础模型。挤压固化但还未烧结的球形或多面体粒子多是锥形孔（楔形孔、棱锥形空隙）。裂隙孔是由颗粒间接触或堆砌而形成的空间，狭缝孔是其中一种典型情况。这个模型也是溶胀和凝聚现象的计算基础。墨水瓶孔都有孔颈。孔径是较大孔隙的颈口，因此墨水瓶孔也可以看成是球形孔与筒形孔的组合。沸石类的孔隙是稳定的，但被"颈口"所控制，它可以被看作是筒形孔和墨水瓶孔的中间状态。

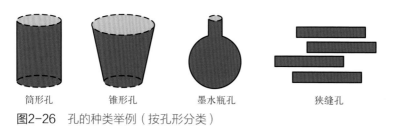

筒形孔　　　　锥形孔　　　　墨水瓶孔　　　　狭缝孔

图2-26　孔的种类举例（按孔形分类）

3．按照孔径分类

按照国际纯粹与应用化学联合会（IUPAC）在 1985 年的定义和分类，孔径即孔直径（对筒形孔）或两个相对孔壁间的距离（对裂隙孔）。即

① 微孔（micropore）是指内部孔径小于 2nm 的孔；

② 介孔（mesopore）是孔径介于 $2 \sim 50nm$ 的孔；

③ 大孔（macropore）是孔径大于 50nm 的孔。

2015 年，IUPAC 对孔径分类又进行了细分和补充，如图 2-27 所示，即

① 纳米孔（nanopore）：包括微孔、介孔和大孔，但上限仅到 100nm；

② 极微孔（ultra micropore）：孔径小于 0.7nm 的较窄微孔；

③ 超微孔（super micropore）：孔径大于 0.7nm 的较宽微孔。

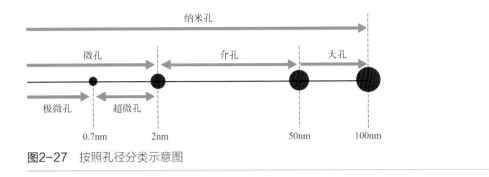

图2-27 按照孔径分类示意图

二、孔结构表征方法

可以用来表征多孔材料的孔结构的特征参数有比表面积、孔体积和孔径分布等。针对不同大小的孔结构通常采用不同的测试方法，有气体吸附法、压汞法、气体渗透法、泡点法、小角 X 射线衍射法和电镜观察法等。由于各种孔结构测试技术原理不同，使用范围也不同。

微孔和中孔的测试，一般采用低温氮气吸附法。在液氮温度 77.4K 下，以氮气作为吸附气体，测定多孔材料的吸附等温线，并解析得到比表面积、孔体积、孔径分布。这种方法可以比较全面地反映所测多孔材料的比表面积和孔径分布等特征。大孔的测试，一般采用压汞法测定。在不同压力下，汞被压入多孔材料不同孔径的孔隙中。根据压力和体积的变化量，换算出孔体积、孔径分布等数据。泡点法也用来测量大孔，但是它主要测试分离膜材料的孔径大小。

1. 气体吸附法

（1）测试原理　气体吸附法是测量材料比表面积和孔径分布的常用方法。其原理是依据气体在固体表面的吸附特性，在一定的压力下，被测样品表面在超低温下对气体分子可逆物理吸附作用，通过测定出一定压力下的平衡吸附量，利用理论模型求出被测样品的比表面积和孔径分布等与物理吸附有关的物理量。其中氮气低温吸附法是测量材料比表面积和孔径分布比较成熟而且广泛采用的方法。在液氮温度下，氮气在固体表面的吸附量取决于氮气的相对压力（p/p_0），p 为氮气分压，p_0 为液氮温度下氮气的饱和蒸气压，当 p/p_0 在 0.05 ~ 0.35 范围内时，吸附量与相对压力 p/p_0 符合 BET 方程（Brunauer-Emmett-Teller equation），这是氮气吸附法测定比表面积的依据；当 $p/p_0 \geqslant 0.4$ 时，由于产生毛细凝聚现象，氮气开始在微孔中凝聚，通过实验和理论分析，可以测定孔体积-孔径分布（孔体积随孔径的变化率）。

比表面积是多孔材料、超细粉体材料和催化剂的最重要物性之一。有两种常用的表示方法：一种是单位质量的固体所具有的表面积（m²/g），表示为

$$S_g = \frac{s}{m} \tag{2-6}$$

另一种方法是单位体积的固体所具有的表面积（m²/m³），表示为

$$S_v = \frac{s}{V} \tag{2-7}$$

式中　m——被测样品质量，g；

　　　V——被测样品体积，m³；

　　　s——被测样品表面积，m²。

一般多用第一种方法来表示比表面积，计算比表面积一般采用 BET 方程。假设 V_d 为吸附量（体积），V_m 为单分子层的饱和吸附量，p/p_0 为 N_2 的相对压力，C 为第一层吸附热与凝聚热有关的常数，p_0 为饱和蒸气压。则 BET 方程为

$$\frac{p}{V_d(p_0 - p)} = \frac{1}{V_m C} + \frac{C-1}{V_m C} p/p_0 \tag{2-8}$$

一般选择相对压力 p/p_0 在 0.05～0.35 范围内，仪器可以测得 V_d 值。根据式（2-8）将 $p/[V_d(p_0-p)]$ 对 p/p_0 作图，得到一条直线，此直线斜率为 $\alpha = (C-1)/(V_m C)$，截距为 $b=1/(V_m C)$。最后根据分子截面积及阿伏伽德罗常数可推算出样品的比表面积

$$S_g = 6.023 \times 10^{23} n_m A_m \tag{2-9}$$

式中　S_g——比表面积，m²/g；

　　　n_m——每克吸附剂所吸附的吸附质的量，mol/g；

　　　A_m——完全单层吸附时，每个吸附质分子所占据的平均面积，等于分子截面积，采用 BET 吸附法测量比表面积时，吸附质分子截面的数值是一个有争议的问题，通常认为 77.4K 时氮气分子的截面积为 0.162nm²。

由此得到

$$S_g = 4.36 V_m/m \tag{2-10}$$

式中，V_m 为标准状态下氮气分子单层饱和吸附量，mL。

如果只需要比表面积，只选 p/p_0=0.05～0.35 之间 5 点进行测量就可以了，也就是通常所说的"五点法确定比表面积"。

材料比表面积和孔结构密切相关，而且孔径大小、形状、数量与材料表面特性（如吸附、催化等）有着密切关系，因此除了测定比表面积外，多孔材料的孔

径分布也非常重要。对于孔径分布的计算在不同的吸附相对压力区域，采用不同方法解析。在微孔区，有多种方法，如 HK 方程或 DA 方程。对于中孔的解析，吸附法测定孔径分布的基础是 Kelvin 公式

$$r = \frac{2\sigma}{RT} V_0 \ln \frac{p_0}{p}$$ （2-11）

式中 r——孔半径，m；

p——蒸气压，Pa；

p_0——同温度时同种液体在平面上的饱和蒸气压，Pa；

σ——液体的表面张力系数，N/m；

V_0——液体的摩尔体积，m^3/mol。

测量时首先通过实验作出吸附-脱附等温线，再利用此式计算出相对压力下发生毛细凝聚的孔半径，并作出吸附量 V 随 r 的变化曲线，由此得到曲线斜率对 r 的关系曲线，即孔径分布曲线。

实际上，随孔尺寸减小，该公式的准确性大为降低，在微孔范围即分子尺度是完全不适用的。因此，BET 吸附法对微孔特别是超微孔材料，给出的比表面积只具有参考价值，而对中孔的表征则与实际情况相对比较接近。

（2）气体吸附质特性　在测定材料的比表面积和孔径分布过程中，气体吸附法对吸附质气体最基本的要求是其化学性质稳定，在吸附过程中不会发生化学反应以及样品本身的性能和表面吸附特性不变，且必须是可逆的物理吸附。氮气和液氮由于价格低廉、制备简单、纯度高、气-固间作用力较强且有公认的分子截面积 $0.162nm^2$，因此是最常用的吸附剂。实践表明，绝大多数物质的测定选择氮气作为吸附质，测试结果的准确性和重复性都很理想。

此外，根据不同的情况，可以选择其他吸附质进行测量，如 CO_2、Ar 等。不同吸附剂分子的截面积（A_m）和沸点见表 2-7。

表2-7　常用吸附剂分子的截面积和沸点

吸附质	沸点/K	液体密度法 A_m/（nm^2/分子）	范德华常数法 A_m/（nm^2/分子）	吸附参比法 A_m/（nm^2/分子）
N_2	77.3	0.162（77K）	0.153	0.162
Ar	87.4	0.142（77K）	0.136	0.147
CO_2	194.5	0.170（195K）	0.164	0.218
Kr	120.8	0.195（77K）	—	—
O_2	90.15	0.141（77K）	0.135	0.136
H_2O	373.15	0.105（298K）	0.130	0.125
CH_4	112.1	0.158（77K）	0.165	0.178

对于微孔为主的样品，若微孔尺度非常小，基本接近氮气分子直径时，一方面氮气分子很难或根本无法进入微孔内，导致吸附不完全；另一方面，气体分子在与其直径相当的孔内吸附特性非常复杂，受很多额外因素影响，因此吸附量大小不能完全反映样品表面积的大小。如沸石分子筛、炭分子筛等微孔材料，它们的孔径小且孔体积分析比较困难。这是因为对孔径为 $0.5 \sim 1nm$ 的孔的填充要在相对压力为 $10^{-7} \sim 10^{-5}$ 间才会发生，而此时扩散运动速度和吸附平衡都很慢。此外，氮气分子的四极矩使它和沸石孔壁的吸附作用增强，从而使沸石的孔径分布难以确定。对于这类样品，一般采用分子直径更小的氩气或氪气作为吸附质，以利于样品的吸附，保证测试结果的有效性。

与氮气吸附（77.4K 下）相比，由于与孔壁的吸引作用较弱（缺少四极矩），氩气在 87.3K（液氩温度）时填充孔径为 $0.5 \sim 1nm$ 的孔时相对压力要高很多。并且，较高的填充压力和较高的温度有助于加速扩散和平衡进程。因此，采用氩气作为吸附质，在液氩温度（87.3K）下进行微孔材料分析更为有利。

CO_2 也是较理想的吸附气体，吸附测试是在室温附近进行，比 N_2 和 Ar 的低温吸附更有利于扩散。CO_2 室温吸附的缺点在于，许多常见设备的操作压力介于真空和 1bar 之间，如果不能使用高压，CO_2 便只能测定微孔。

（3）氮气吸附法测定比表面积和孔径分布　采用氮气低温吸附法测定多孔材料的比表面积和孔径分布曲线，一般先将样品通过加热和抽真空脱气，去掉表面吸附的杂质气体。然后称重，再放置于液氮中。在液氮温度下，在预先设定的不同压力点测定样品的氮气吸附量，得到吸附等温线。然后通过计算机处理数据，从吸附等温线计算比表面积、孔体积、平均孔径和孔径分布等。

目前，几乎所有的比表面积和孔径分布测定仪都采用自动控制，可得到 BET 比表面积、Langmuir 比表面积、BJH（孔径分布）及总孔体积等多种数据。图 2-28 是麦克仪器公司（Micromeritics）ASAP2020 比表面积和孔径分布测定仪，由分析系统、微机控制系统和界面控制器组成。分析系统有样品处理口、样品分析口、分析用液氮瓶、控制面板、冷阱及饱和蒸气测定管，其中控制面板控制脱气系统的抽真空、加热处理系统。仪器的工作原理为等温物理吸附的静态容量法。

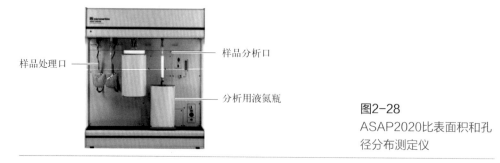

图2-28
ASAP2020比表面积和孔径分布测定仪

2．压汞法测孔结构

（1）压汞法测试原理　气体吸附法主要用于具有微孔和中孔材料的测试，其设备和理论发展得比较成熟，但是该方法不能用于测定较大孔径的孔隙。而压汞法可以测得 4 ～ 7500nm 的孔结构，弥补了吸附法的不足。所以对于大孔材料的测试一般采用压汞法。

由于压汞（孔径分析）仪的普及，压汞法广泛用于多孔材料孔径分布和比表面积测试。图 2-29 和图 2-30 是压汞仪和汞在固体表面浸润性示意图。由于表面张力，汞对多数固体是非润湿的，汞与固体的接触角大于 90°，需外加压力才能进入固体孔中。将汞在给定的压力下浸入多孔材料的开口孔结构中，当均衡地增加压力时，能使汞浸入材料的细孔，被浸入的细孔大小和所加的压力成反比。测量压力和汞体积的变化关系，通过数学模型即可换算出孔径分布等数据。采用仪器所配置的软件进行分析，可以得出以下结果：累计进汞量与压力关系曲线、孔径分布曲线、进汞体积与压力关系曲线、孔体积与压力关系曲线以及数据表等。

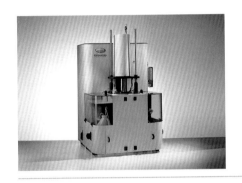

图2-29
压汞孔径分析仪

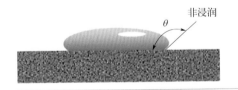

图2-30
汞在固体表面的浸润性示意图

图 2-31 是压汞法工作原理图，在进行孔结构测试时，需要对压入汞的体积进行测量，测试部分是一个膨胀计（如图 2-32 所示）。膨胀计的细杆（毛细管）外镀一层金属（如钡、银）膜作为一个极，毛细管内的汞作为另一个极，构成一个电容器。孔结构体积数据决定于经过高压分析残留在膨胀计的细杆部分的汞体积。这是由于在低压分析阶段，膨胀计的细杆中充满了汞，到了高压分析阶段压

力增大后汞进入多孔材料的孔隙，空出部分杆的位置。测量膨胀计的杆中汞体积，决定于膨胀计的电容量，而该电容量随着被汞充满的细杆长度而变化。经过低压分析和高压分析后部分汞进入孔隙中，致使膨胀计的电容量减小，反映出材料的孔体积。

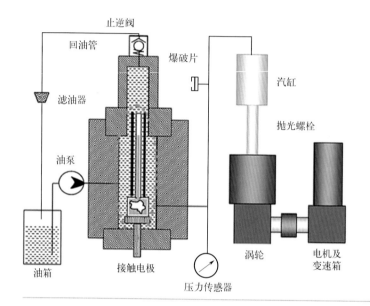

图2-31
压汞法工作原理图
（高压站）

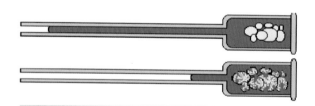

图2-32
膨胀计示意图

（2）压汞法测试特点　事实上多孔材料中的孔结构多是不规则的。存在着一种进、出口处比孔结构本身狭小的孔，即墨水瓶孔。当压力提高达到与孔结构本身孔径相对应的数值时，汞却不能通过狭窄进口而充满整个孔结构中。直到压力增加到与狭窄进口相对应的数值时，汞才能通过进口填满孔洞。因此，相应于这种压力的孔体积的实验数据就会偏高，而且当压力逐步降低时，全部墨水瓶孔中的汞都被滞留，由此将发生降压曲线的滞后效应。由降压曲线末端可算出全部墨水瓶孔体积。常压下，由于表面张力的阻力作用，汞只能进入孔半径大于 $7\mu m$ 的开口孔中。要使非润湿液态汞进入一狭窄的毛细管，必须施加外力克服表面张力，如图 2-33 所示。

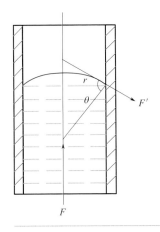

图2-33
汞压入孔隙中的示意图

　　样品的比表面积和孔隙率大小均与注入的汞体积有关。在较低压力下，大孔被汞所充满。随着压力增大，中孔及微孔逐渐被充满，直至所有孔均被充满，此时压入汞的量达到最大值。压汞法测量时需要样品管的真空度很高，所以要求样品干燥，孔隙中不含可挥发水分。可以看出，采用压汞法时，测试的孔隙越小，需要的压力越大，才能将汞压入孔内，因此压汞仪探测的最小孔径值取决于最大工作压力。在高压下，由于许多纳米级孔都会变形甚至压塌，致使结果偏离理论值，因此压汞法对纳米级孔的测定是不准确的。一般压汞仪在高压时都需作空白修正，这是由于汞的压缩性和膨胀计等部件的弹性变形所致。固体表面不均匀性及由此引起的液固作用会影响表面张力和扩散系数，造成孔径分布曲线的误差。测量时还会发生孔结构的可逆和不可逆变形，卸压后样品内存有残留汞，它使得校准也成为不可能，样品只能用一次性的，还会造成环境问题。

　　尽管压汞法有其根本和实际应用上的局限性，但是由于其原理和操作简单、测试速度快、对样品形状没有特别要求（圆柱形、粉末、片状均可），该法已经成为测量大孔和中孔分布的有效方法。它测定的孔径范围比其他方法要宽得多，尤其是对于大孔（大于0.15μm的孔）的测量。

3．显微技术

　　（1）电子显微技术　　电子显微技术是一种利用高分辨率和放大倍率的电子显微镜对材料进行特征分析（如形貌观察、能量色散X射线分析等）的技术。最常用的电子显微镜包括扫描电子显微镜（scanning electron microscope，SEM）和透射电子显微镜（transmission electron microscope，TEM），而聚焦离子束扫描电子显微镜（focused ion beam scanning electron microscope，FIB-SEM）和电子断层扫描（electron tomography，ET）是更专业的。这些技术（仪器）已广泛用于表征多级孔材料的孔结构。

① 扫描电子显微镜（SEM） 扫描电子显微镜是观察和研究物质微观形貌的重要工具。电子束从电子枪中发射出来，通过一个加速电场的作用后在电磁透镜的作用下汇聚成一个直径为 5nm 的电子束，然后在扫描线圈作用下在样品表面做光栅状扫描，其能量可以从 0.1keV 到 30keV 不等。被加速的高能电子打在样品表面和样品作用后被检测器捕获，然后检测器信号被送到显像管，在屏幕上显示出来，即得到 SEM 图片。

样品和电子探针之间的相互作用会产生各种类型的发射粒子，例如背散射电子和二次电子，这些发射粒子由放置在适当位置的不同检测器捕获。当入射光束从样品表面弹性散射（即不损失能量）时，会产生背散射电子。重原子比轻原子更多地反向散射电子，因此出现了较轻和较重元素之间的对比。然而，背散射电子可以从几十纳米的深度逃逸，从而降低了分辨率。当入射光束从靠近样品表面（只有几纳米逃逸深度）的原子内壳中踢出电子时，会发射能量小于 50eV 的二次电子，通过光栅扫描样品，收集携带有关表面形貌信息的二次电子，与背散射相比，图片分辨率更高。

SEM 突破了光学显微镜由于可见光波长造成的分辨率限制，放大的倍率大大提高，能够为研究材料的形貌和大小提供直观的证据，而且在对样品的表面形貌进行观察的同时，还可以利用电子束和样品的相互作用对样品进行成分分析。SEM 与能量色散 X 射线（energy dispersive X-ray，EDX）检测器相结合，可以检测入射束轰击时样品发出的特征 X 射线。这提供了样品表面的元素分析。扫描电镜对较大的孔结构观察直观、有效，比如多级孔沸石的拓扑结构，但是对于微孔和中孔的观察效果不好。并且，使用 SEM 无法观察颗粒的内部结构，孔隙形态只能在一定程度上从 SEM 图像中观察到的样品的表面拓扑结构中推断出来。

为了可视化内部结构，SEM 常与切片技术结合使用，如超薄切片（ultramicrotomy）和聚焦离子束（focused ion beam，FIB）。对于超薄切片，需要将样品嵌入聚合物中，并使用金刚石刀切割成薄片（通常为 50 ~ 100nm）。聚焦离子束扫描电子显微镜（FIB-SEM）可以用 SEM 成像观察多孔材料的内部结构。

然而，在切割过程中发生的剪切应力会导致在切片内形成空隙或密度高的区域，特别是在研究样品的孔隙率时。在 FIB 的情况下，离子束（例如镓和氩离子）会在样品上扫描。这会导致局部材料的"剥离"，并从样品中释放二次离子和中性原子。初始离子碰撞产生的二次电子可用于在集成系统中通过 SEM 获得图像。SEM 图像也可以在 FIB 剥离后拍摄。FIB 切片的厚度可低至十纳米，比超薄切片的厚度更薄。此外，与超薄切片相比，FIB 不会引起额外的孔隙率，这使得 FIB 比超薄切片更适合研究多孔材料。

FIB-SEM 断层扫描（FIB-SEM tomography），也被称为"切片和视图"，旨

在获取 3D（三维）信息，而不是上面显示的仅 2D（二维）信息。在该技术中，嵌入树脂中的样品用聚焦离子束（FIB）反复研磨，每个新产生的块面都用 SEM 成像，从而生成被测对象的 3D 数据集。FIB-SEM 断层扫描是一种表征多孔材料的有力手段，不会像超薄切片那样引入伪影。Bert M. Weckhuysen 等采用 FIB-SEM 表征了两种工业制造的催化裂化（FCC）催化剂单个颗粒在介观尺度上的孔空间结构。如图 2-34 所示，不同制造工艺的样品显示出了不同的外观。FCC2 边缘提供了很强的抗磨损性，但以牺牲向颗粒中的运输能力为代价。

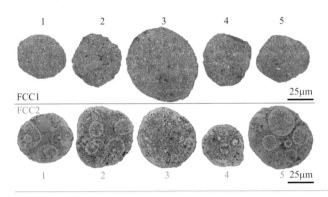

图2-34
两种工业FCC催化剂的
FIB-SEM图[37]

FIB-SEM 的优势在于它可以从大致 $5\mu m^3$ 的体积中提取有关介孔网络的信息，而不受样品的总尺寸限制。但目前，它仍然是一种不太常用的技术，因为需要更多的时间、精力和专业知识来获取数据。并且，在测量过程中，分析的样品会被离子束破坏。

② 透射电子显微镜（TEM） 透射电子显微镜，简称透射电镜，是一种高性能大型精密电子光学仪器。特别是高分辨透射电子显微镜（high resolution transmission electron microscope，HRTEM）分辨率已经达到原子水平，不仅可以获得材料中晶胞排列的信息，确定晶胞中原子的位置，还可以直接观察空位、位错、层错等。透射电镜可直接观察中孔材料的孔径分布状况，具有可靠性和直观性。

与 SEM 相比，TEM 依赖于透射电子。入射光束中的电子在撞击样品中的元素时会发生散射。散射的程度取决于样品的原子量和厚度。可以通过检测以高角度散射的电子或通过检测未经历高角度散射的直接光束来创建图像。前一种模式将创建一个暗场图像，其中较厚的区域和较重的原子区域在图像中显示较亮。在后一种模式中，获得了明场（亮场）图像，其中较厚的区域和较重的原子区域显示较暗。图像通常用 CCD（电荷耦合器件）相机记录。由于 TEM 在透射模式下运行，因此需要薄样品，以便足够数量的电子可以通过并产生图像。

本书编著团队通过精确设计介孔几何构型实现了活性中心在空间上的靶向落位，并采用该方法定量确定了平行输运通道对耗气反应活性的贡献。如图 2-35

所示，NiNx@BMC 具有二维六边形排列的碳管阵列，且不同方向的明场和暗场图像进一步揭示了周期性有序且长程有序的纳米管排列。

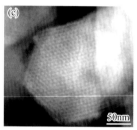

图2-35　NiN$_x$@BMC的明场（a）（b）和暗场（c）TEM图[38]

在透射电镜中还可以得到样品的衍射图，对样品的结构进行表征。具有一定波长 λ 的电子束入射到晶面间距为 d 的晶体时，在满足布拉格条件 $2d\sin\theta=n\lambda$ 的特定角度（2θ）处产生衍射波。这个衍射波在物镜的后焦面上会聚成一点，形成衍射点。在电子显微镜中，这个规则的花样经其后的电子透镜在荧光屏上显示出来，即所谓的电子衍射花样。通过调节透镜焦距，能够很容易地观察到电子显微像和衍射花样。这样，利用这两种观察模式就能很好地获取这两类信息。在电子衍射花样中选择感兴趣的衍射波，调节透镜就能得到电子显微像，这样就能有效识别杂质和观察晶格缺陷。在后焦面插入大的物镜光阑时，可以使两个以上的波合成形成像，称为高分辨电子显微方法。高分辨电子显微像是由于电子受到物质的散射，接着受到电子透镜像差的影响，发生干涉成像的衬度。因此电子透镜成像的效果与物质成分、结构等有很大关系。与 SEM 类似，TEM 同样可以通过 FIB 切片或超薄切片法制备样品薄片。

透射电子显微镜的一种变体是扫描透射电子显微镜（scanning transmission electron microscope，STEM），它也被用于介孔结构的可视化。STEM 使用聚焦电子束以光栅方式扫描样品表面。图像可以在明场（bright field，BF）STEM 模式、高角度环形暗场（high angle annular dark field，HAADF）STEM 模式和二次电子（secondary electron，SE）模式下记录。这些信号可以通过安装在 STEM 中的不同检测器同时获得，因此可以直接关联这些图像。此外，与 BF-STEM 模式相比，HAADF-STEM 模式具有大大降低的衍射对比度以及与原子序数相关的增强对比度（Z-contrast），可能为晶体纳米结构提供更高分辨率的图像。

TEM 可以提供非常高分辨率的图像，甚至在原子尺度上也能提供详细的结构信息。此外，入射电子束与样品相互作用产生特征 X 射线，可用于 EDX 元素分析。在通过样品传输时，入射电子束会损失一些能量，这种损失可以使用电子能量损失光谱（electron energy loss spectroscopy，EELS）来测量。通过使用能量过滤器，可以选择具有特定元素的能量损失的电子来形成所谓的能量过滤式透射电子显微镜（energy-filtered transmission electron microscope，EF-TEM）图像。因此，除了结构外，TEM 还可用于高空间分辨率元素映射。

尽管透射电镜能够对有序孔结构进行直观、清楚的表征，但是对于无序孔一般难以观察。而且其观察的样品数量有限，测量结果缺乏统计性。因此，透射电镜一般只作为表征材料孔结构的辅助手段。

③ 电子断层扫描（ET） 传统显微镜技术的问题在于它们无法准确描述连通性并提供中孔的确切形状和大小，因为当 3D 多孔颗粒的结构特征叠加在 2D 图像中时，空间信息是有限的。为了在 3D 中可视化结构，基于 TEM 技术开发了电子断层扫描，即最近开发的 3D 显微镜。"断层扫描"一词源自古希腊词"tomos"和"graphein"，意思是"切片"和"记录"。通过使用断层扫描技术，可以根据来自一系列 2D 图像的信息在三个维度上重建对象。

电子断层扫描（ET），也称为 3D TEM，是一种 3D 成像技术，用于重建多孔材料的微孔 / 介孔，它可以直观地提供更详细的信息，包括定性和定量，例如介孔的孔径、形状、连通性、方向、可及性和曲折度。通常，通过在大约 $-70° \sim 70°$ 的角度范围内旋转样品记录约 150 张 2D TEM 图像。然后这些投影图像（倾斜系列）相对于共同的原点和倾斜轴对齐，通常用金纳米粒子作为在对齐过程中跟踪的标记。最终，使用加权反投影（weighted back projection，WBP）、代数重建技术（algebraic reconstruction technique，ART）和同时迭代重建技术（simultaneous iterative reconstruction technique，SIRT）等专业算法从倾斜序列中获得成像体积的 3D 重建。可以通过增加投影数量和倾斜范围来实现和改进纳米级分辨率。最初，ET 主要用于生物样本的研究。

此外 3D TEM 对于识别不同立体孔道几何结构的材料更具优势。近期本书编著团队将 3D TEM 用于表征非晶态的多孔炭材料的介孔结构，应用电子断层扫描来重建 3D 模型可直接观察直通型介孔和波浪形介孔孔道的区别。如图 2-36 所示，3D TEM 重构结果揭示了介孔的六方堆积的轮廓。从切片图中可以直接观察到具有大小孔串联的波浪形孔道，这与气体吸附所表征的结果一致。

与传统的 TEM 相比，无论是定性还是定量 ET 提供了前所未有的明确的 3D 信息，关于中孔特征，包括单个晶体内部的孔形状、大小、连通性、可及性和曲折度。这些知识极大地有助于理解孔结构与所采用的合成方法之间的关系，并进一步使合理设计具有改进功能的多孔材料成为可能。然而，与传统的 SEM 和 TEM 表征相比，ET 需要更长的数据采集时间，不仅耗时，而且增加了电子束敏感样品分析的难度。

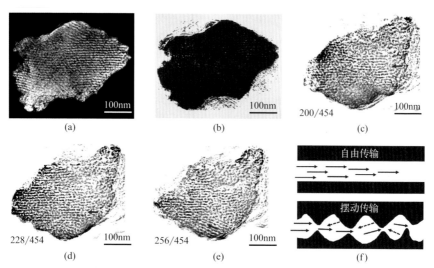

图2-36 MC-wiggle的电子断层扫描重建[39]

三维投影（a）～（b）和视频中的截面快照（c）～（e）；具有不同尺寸的交替介孔的二维几何结构及直型和摆动型的介孔中可能的气体输送行为（f）

从上述技术中，可以看到需要不同的结构探针来可视化多级孔材料，并在不同的长度尺度上研究它们。使用光学显微镜，例如共聚焦荧光显微镜，可以在宏观尺度和大区域（数百微米）内确定中孔的位置。基于电子的技术，如 SEM、TEM、FIB-SEM 断层扫描和电子断层扫描，可以研究纳米尺度的孔结构，但是会牺牲数百纳米的样品观察区域。X 射线断层扫描的分辨率介于光学显微镜和电子显微镜之间，弥补了这两种技术之间的差距。

④ 计算机断层扫描 计算机断层扫描（computed tomography，CT）技术是利用不同密度的结构组织对 X 射线有着不同吸收率的原理而设计的，可以较为清楚地看到结构内部不同位置的裂隙、孔洞等的分布情况。主要用于孔隙结构分析、孔隙率、裂缝发育等，尤其是对于封闭孔隙具有较大的优势，在医学、生物化学、工业检测等方面的应用越来越广。近些年，X-ray CT 和 μCT 技术应用在多孔材料领域例如岩心混凝土等结构内部损伤识别、生物结构组织分析、高级物料研究、焊接、电子机械设备组装等方面。

CT 成像具有图像清晰、分辨率高（亚微米级）的优点；同时能够准确地测量各组织的 X 射线吸收衰减值，用作定量分析；还可以借助计算机和图像处理软件，进一步进行微观结构分析和断面成像。

然而，CT 成像也具有以下缺点：

① 一般只能测试 100nm 以上的孔隙，如检测 100nm 以下的孔隙，需要用水银填充孔隙，实验烦琐且有健康安全危险；

② 当样品运动或存在金属时，易产生伪影，影响诊断成像结果；

③ 会产生电离辐射，对人体有一定的放射性危害；

④ 机器设备笨重庞大，结构较为复杂，且对技术人员的专业水平要求较高；

⑤ 设备价格昂贵，维修复杂；对于密度变化范围小的区域，观察效果不明显；

⑥ 无法测量不含金属元素的聚合物。

（2）荧光显微镜技术　荧光显微镜（fluorescence microscope）是光学显微镜的一种，它对样品中的荧光分子（染料）发出的荧光进行成像。荧光显微镜利用一个高发光效率的点光源（通常使用激光），经过滤色系统发出一定波长的光作为激发光，激发标本内的荧光物质发射出各种不同颜色的荧光后，再通过物镜和目镜的放大进行观察，从而产生高对比度的图像。

催化剂的性能取决于活性位点的可及性以及反应物和产物向和离开活性位点的扩散，即取决于微孔、中孔和大孔之间的互连性。这种复杂的多孔网络的可视化技术为更详细地研究多孔结构提供了独特的机会。近年来，显微镜和图像分析技术取得了显著进步，并更频繁地用于阐明多孔材料的孔结构。根据显微镜中使用的探针，可以在从宏观到微观的不同长度尺度上观察成型氧化铝中的孔隙。

荧光显微镜按照光路来分有两种：透射式荧光显微镜和落射式荧光显微镜。透射式荧光显微镜的激发光源是通过聚光镜穿过标本材料来激发荧光的，是比较旧式的荧光显微镜。其常用暗视野集光器，也可用普通集光器，来调节反光镜使激发光转射和旁射到标本上。其优点是低倍镜时荧光强，而缺点是随放大倍数增加其荧光减弱，所以观察较大的标本材料效果较好。落射式荧光显微镜是近代发展起来的新式荧光显微镜，与上述荧光显微镜的不同之处是激发光从物镜向下落射到标本表面，即用同一物镜作为照明聚光器和收集荧光的物镜。光路中需加上一个双色束分离器，它与光铀呈 45° 角。激发光被反射到物镜中，并聚集在样品上。样品所产生的荧光以及由物镜透镜表面、盖玻片表面反射的激发光同时进入物镜，返回到双色束分离器，使激发光和荧光分开，残余激发光再被阻断滤片吸收。如换用不同的激发滤片 / 双色束分离器 / 阻断滤片的组合插块，可满足不同荧光反应产物的需要。此种荧光显微镜的优点是视野照明均匀，成像清晰，放大倍数愈大荧光愈强。

共聚焦荧光显微镜（confocal fluorescence microscope，CFM）使用针孔收集从某个区域发出的光，而所有其他光都被拒绝。这大大提高了光学分辨率。此外，通过改变焦点，可以收集来自样本不同深度的图像，从而获得样品的 3D 信息。除了在细胞生物学中的应用之外，荧光显微镜技术在非均相催化剂的研究中也被认可并广泛应用。最近，荧光显微镜也常用于多级孔材料的可视化表征。

显微镜技术可以提供孔隙结构的可视化图像，多用于大孔的表征。根据显微镜中使用的探针，例如光学光、X 射线或电子，可以在从宏观到微观的不同长度尺度上观察成型氧化铝中的孔隙尺寸、形状以及孔道连通性。

4．正电子湮没寿命光谱

最近开发的正电子湮没寿命光谱（positron annihilation lifetime spectroscopy，PALS）用于定量评估孔隙的连通性。早在 20 世纪 70 年代，人们就知道邻正电子素（o-Ps）在硅胶、多孔玻璃和沸石中表现出特征性的长寿命。从那时起，人们对 Ps 的形成、扩散和湮灭的理解不断加深。Ps 现在被公认为是一种强大的孔隙率和化学探针，用于研究包括薄膜在内的各种多孔材料的平均孔径、孔径分布、孔连通性和表面性质。

正电子湮没寿命光谱用于定量评估介孔的连通性。正电子是电子的反粒子，当目标物质被正电子束轰击时，大部分正电子直接湮灭而形成伽马射线。一小部分正电子可以通过与电子结合并形成正电子素来延长寿命。正电子素的类型有两种：对正电子素（para-positronium，p-Ps），寿命约为 0.125ns，邻正电子素（ortho-positronium，o-Ps），寿命高达 142ns。o-Ps 可以扩散到多孔结构中，其寿命取决于经过的原子和电子。o-Ps 的衰减时间与被测样品的孔径成正比，通过测量具有不同衰减时间的 o-Ps 的分数，来计算微孔和介孔的数量，如图 2-37所示。

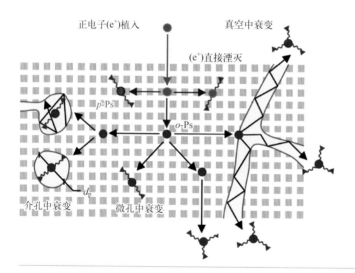

图2-37
正电子湮没寿命光谱
（PALS）示意图[40]

5．小角 X 射线衍射

1912 年，劳厄发现 X 射线通过晶体时会产生衍射现象，证明了 X 射线的波动性和晶体内部结构的周期性。当一束 X 射线平面电磁波照射晶体时，晶体中原子周围的电子受 X 射线周期变化的电场作用而振动，从而使每个电子都变为发射球面电磁波的次生波源。所发射球面波的频率、位相（周相）均与入射的 X 射线相一致。基于晶体结构的周期性，晶体中各个电子的散射波可相互干涉、相互叠加，称为相干散射或衍射。

波长为 λ 的 X 射线入射到任一点阵平面上，在这一点阵平面上各个点阵点的散射波相互加强的条件是入射角与反射角相等，入射线、反射线和晶面法线在同一平面上（图 2-38）。

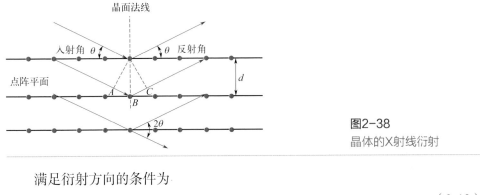

图2-38
晶体的X射线衍射

满足衍射方向的条件为

$$\Delta = AB + BC = n\lambda \qquad (2\text{-}12)$$

即

$$2d\sin\theta = n\lambda \qquad (2\text{-}13)$$

也可以写成

$$2d_{hld}\sin\theta_{hld} = n\lambda \qquad (2\text{-}14)$$

这就是著名的布拉格公式，表明用 X 射线可以获取晶体结构的信息。

每种晶体都有它自己的晶面间距 d，其中的原子按照一定的方式排布着，这反映在衍射图上各种晶体的谱线有它自己特定的位置、数目和强度 I。因此，只需将未知样品衍射图中各谱线测定的角度 θ 及强度 I 和已知样品所得的谱线进行比较就可以达到物相分析的目的。

小角 X 射线散射（small angle X-ray scattering，SAXS）是指当 X 射线照射到试样上，在靠近入射 X 光束周围 2°～5°的小角度范围内发生的散射现象。散射是发生在原光束附近的相干散射现象，物质内部尺寸在 1 到数百纳米范围的电子密度起伏是产生这种散射效应的根本原因，孔为一相，本体骨架为一相，这两相之间存在电子密度差。由于中孔材料可以形成规整周期的孔结构，可以看作多层结构，又由于中孔阵列的周期常数处于纳米量级，因而其主要的几个衍射峰都出现在低角度范围（2θ 为 0°～10°）。因此，也可以用 XRD 小角衍射通过测定中孔材料孔壁之间的距离，用小角衍射峰来表征有序中孔材料的孔径。此外小角

X 射线散射还可以用来表征封闭孔的孔径分布。如图 2-39 所示，小角 X 射线散射用于表征有序介孔氧化铝，800℃、900℃和 1000℃焙烧后的氧化铝均在 1.0°附近出现强衍射峰，表明这些样品具有热稳定的有序介孔结构。

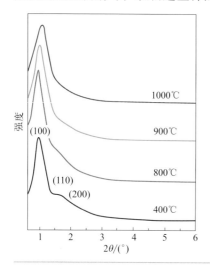

图2-39
不同温度焙烧的有序介孔氧化铝小角XRD图[41]

小角 X 射线衍射法的局限是对于孔排列不规整的多孔材料，不能获得其孔径大小的结果。也就是 XRD 没有小角峰不代表一定不是中孔，而可能是中孔的排列不规整，所以要结合气体物理吸附测试结果来表征。气体物理吸附是表征多孔材料的重要手段，无论 XRD 是否有峰，氮气吸附得到Ⅳ形等温线就说明是其中具有中孔孔结构。但是孔结构不一定均匀，也可能是无序排列的均匀孔道。对于无序排列采用电镜可能看不到孔结构。若氮气吸附测定有孔，XRD 小角出峰，再结合透射电镜观察中孔结构的结果，就能够得出有序中孔结构的结论。

6．核磁共振技术

核磁共振技术研究孔隙性质目前主要有两种分析手段，即核磁共振波谱（NMRS）和核磁共振成像（NMRI）。核磁共振技术具有以下优点：①无损、直观、可视；②提供任意层面的二维空间信息；③准确、直接，研究对象为内部填充流体，无需换算；④原位连续监测，可进行温度压力等多场耦合；⑤口径大，尤其适合非均质样品。同时也具有以下缺点：①信号弱的样品分辨率不高；②容易受顺磁性等金属粒子影响；③对被测样品的含水率有一定要求。为了弥补不足，可将不同测孔方法联用。例如 NMRI 技术可扩大压汞法的测定范围，联合低温氮气吸附和 T_2 弛豫图谱法形成新的孔径测试方法，可表征全孔径分布。

7．脉冲场梯度核磁共振

脉冲场梯度核磁共振（PFG-NMR）用于计算分层材料的自扩散率。在 PFG-

NMR 实验中，需要强场梯度脉冲序列。由于扩散系数直接由探针分子位移的平方根得到，因此该方法特别适用于快速扩散系统中扩散系数的测定。

三、氧化铝载体的孔结构

活性氧化铝是做负载型催化剂的常用载体，具有耐高温和抗氧化的特点。自人工合成活性氧化铝载体问世以来，在国内外被广泛用作汽车尾气催化剂、石油炼制催化剂、加氢和加氢脱硫催化剂等的载体。随着氧化铝应用和开发的深入，为了实现更高效的催化过程，针对多相催化的特点，人们对氧化铝载体的孔结构提出了新的要求，使得氧化铝载体的发展出现了新的方向：①开发大孔容氧化铝载体。大孔容氧化铝载体制备的催化剂，比小孔容载体所制备催化剂的活性、选择性和转化率都高，因此开发大孔容（0.6 ～ 1.0mL/g）氧化铝载体是今后的一个发展方向。②发展大、中、小三种孔径配比适宜的氧化铝载体，以满足不同催化反应的要求，实现"私人订制"。

1．氧化铝孔的产生及类型

氧化铝的晶体结构主要决定于其前驱体。同样，氧化铝所产生的孔结构也主要决定于前驱体氧化铝水合物的性质。根据电子显微镜观察，氧化铝几乎全是由不同大小的粒子堆积构成。粒子之间的空隙就是孔的来源。显然，孔的大小及形状取决于粒子大小、形状及堆积方式。

通常，用电子显微镜测得的粒子大小要比 X 射线衍射法所得值大得多，原因在于 X 射线衍射法所测得的是结晶物质的一次粒子的大小，而电子显微镜测得的是二次粒子的大小。二次粒子是由许多一次粒子聚结而成的呈一定形状的微粒，如图 2-40 所示。氧化铝也不例外，二次粒子是由更小的一次粒子聚结而成的。同时在聚结体内形成大小不等的微孔，所以孔又可分成三种类型的孔：一种是一次粒子晶粒间孔；另一种是二次粒子晶粒间孔；再一种是氧化铝产品成型时形成的缺陷孔。

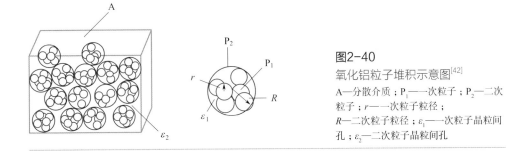

图2-40
氧化铝粒子堆积示意图[42]
A—分散介质；P_1——次粒子；P_2—二次粒子；r——次粒子粒径；
R—二次粒子粒径；ε_1——次粒子晶粒间孔；ε_2—二次粒子晶粒间孔

2．氧化铝孔结构的网络模型

基于对活性氧化铝孔产生的认识，一些研究者提出了氧化铝孔结构的网络模型，即氧化铝的大、中、小孔的存在形式：微粒子间的孔道形成大孔，一次粒子聚结形成大小不等的微孔或中孔（＜2nm或2～5nm），微粒子间的大孔网络相互连通并贯穿整个载体颗粒，即大孔之间相互连通，并不是随机分布于小孔之间，这些可以由压汞实验中的大孔区域出现的峰形得以验证。图2-41给出了氧化铝孔结构的三维网络示意图，若把氧化铝颗粒分成多个微型网络的组合体，把微粒子颗粒视为球形，在球体的内部和表面随机分布点，点的位置代表了孔的端点，球体表面的孔口和气相主体直接相连，每一表面的点和内部的点都有一通道连接，而且内部的点与它相距最近的两个点相连，两点之间的连线代表孔道。

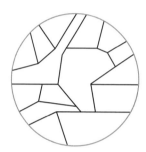

图2-41　氧化铝孔结构三维网络示意图[43]

用孔结构三维网络模型可以解释为何用大孔载体制备的催化剂要比小孔载体催化剂的活性和转化率高。这是因为尽管大孔对催化剂的内表面贡献较小，但因其和反应物相主体的连接性较强，大孔内的反应物浓度比较均匀，反应物易与催化剂表面接触反应，反应进行后产物分子可迅速地从小孔、中孔迁移到大孔，再从大孔表面扩散到催化剂颗粒间的气相或液相主体而形成产品。

3．影响氧化铝孔径的因素

在合成过程中，许多因素影响有序介孔氧化铝的结构。其中，主要因素是模板剂的类型及其用量，洗涤剂的类型，老化时间和老化温度的控制以及搅拌速度。此外，反应始末的pH值调节、组分浓度、焙烧温度和时间等对氧化铝孔径大小以及孔结构有序性也有较大影响。

（1）前驱体氢氧化铝的影响　一些研究者对三水氧化铝及不同结晶度的一水软铝石失水形成的孔结构所作的研究表明，对于三水氧化铝，焙烧后形成三类孔：①来自三水氧化铝的脱水孔，基本上是1～2nm大小的平行板面间缝隙；②初始就存在的小粒子间的孔，在焙烧时因水分逸出而改变；③三水氧化铝粒子间空穴，为数十纳米的大孔。如果选择孔分布曲线各最小值作为孔类型的分界线的话，那么各类型孔所占孔体积与三水氧化铝含量的关系如表2-8所示。

表2-8　各种类型孔所占孔体积与三水氧化铝含量的关系[42]

三水氧化铝含量/%	比表面积/（m²/g）	孔体积/（mL/g）			
		脱水孔	一水软铝石孔	大孔	总计
56	427	0.102	0.211	0.151	0.464
62	437	0.144	0.186	0.201	0.531
70	446	0.140	0.158	0.297	0.595
75	457	0.159	0.128	0.322	0.609
85	481	0.185	0.072	0.438	0.695
93	481	0.205	0.075	0.409	0.689
100	502	0.210	0.039	0.389	0.638

（2）模板剂类型的影响　在水中模板剂分子会自行组装成有序结构，此过程中产生的胶束结构与无机物种相互作用，使无机物种在模板剂的定向作用下以一定速率均匀累积，形成一定的有序介孔路径。因此，不同类型的模板剂及其使用量将直接影响自组装，对孔道形成产生一定的影响。

以硝酸铝为铝源，采用不同模板剂合成的多孔氧化铝的N_2吸附-脱附曲线及孔径分布如图2-42所示，比表面积、孔体积及平均孔径如表2-9所示。以聚乙二醇（PEG）为模板剂合成的氧化铝平均孔径较大，但是孔径分布范围较广，且比表面积小，其N_2等温吸附-脱附曲线的滞后环倾向H2型，表明其孔道的连通性较差。以十六烷基三甲基溴化铵和二正丙胺为模板剂合成的样品孔径大小接近，二者N_2等温吸附-脱附曲线的滞后环都倾向于H1型，但二正丙胺模板剂合成的氧化铝孔径范围更窄，比表面积及孔体积更大，孔隙结构更加倾向于有序性。

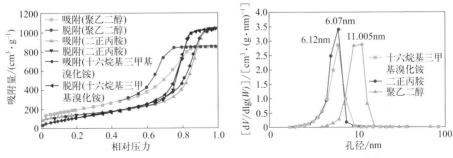

图2-42　不同模板剂合成的多孔氧化铝的N_2吸附-脱附曲线及孔径分布[44]

表2-9　模板剂对氧化铝孔结构的影响[44]

模板剂	氧化铝		
	比表面积/（m²/g）	孔体积/（mL/g）	平均孔径/nm
聚乙二醇	299.69	0.52	11.05
十六烷基三甲基溴化铵	298.07	0.55	6.12
二正丙胺	324.80	0.62	6.07

（3）老化条件的影响　无机前驱体粒子均化、堆积并完善孔道及脱水是老化过程中非常重要的步骤。在恒温条件下对胶体进行适当的老化，使由胶体产生的结晶颗粒不断生长，同时在凝胶状态下结晶颗粒不断脱水，可以获得规则的孔隙结构。老化时间决定了孔道内壁的脱水量和孔隙结构的规整程度，主要是由于在老化过程中溶液内的阳离子和凝胶离子的溶剂化层逐渐变小，以便于聚结不同的胶束，从而加快其分层过程（即脱水收缩过程）。另外，脱水深度可以通过调节老化时间加以控制，得到骨架结构强度不同的凝胶。以硝酸铝作为铝源、二正丙胺作为模板剂，不同老化时间制备的多孔氧化铝的 N_2 吸附-脱附曲线及孔径分布如图 2-43 所示，比表面积、孔体积及平均孔径如表 2-10 所示，其中老化温度为 40℃。

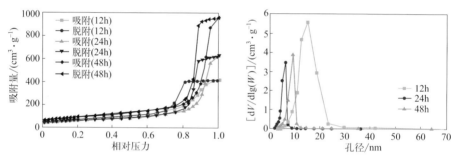

图2-43　不同老化时间制备的多孔氧化铝的 N_2 吸附-脱附曲线及孔径分布[44]

老化时间为 24h 和 48h 的氧化铝孔径分布较窄，表明老化时间增加可使铝原子与模板剂充分自组装，从而形成规整的孔结构，提高氧化铝材料的比表面积和孔体积。老化 12h 的氧化铝 N_2 吸附-脱附曲线呈现 H2 型滞后环，老化 24h 和 48h 则呈现 H1 型滞后环，进一步表明增加老化时间后促进了孔径结构的规整性。

表2-10　老化时间对氧化铝孔结构的影响[44]

老化时间/h	氧化铝		
	比表面积/（m²/g）	孔体积/（mL/g）	平均孔径/nm
12	268.61	0.42	14.50
24	306.36	0.54	10.05
48	324.80	0.62	6.07

通过对老化温度的控制，合成的氧化铝孔结构受到了影响，这主要是由于凝胶粒子不断地脱水、生长，温度的变化对粒子生长和脱水速率均产生一定的影响，导致孔结构受到影响。由表2-11和图2-44可以看出，孔径随老化温度的升高先减后增。这主要是由于升温过程中，凝胶粒子的脱水和生成速率增大，而高温条件下，脱水过多导致产物的孔体积、孔径和比表面积不断缩小。

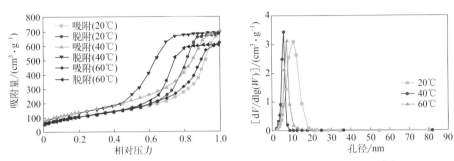

图2-44 不同老化温度合成的多孔氧化铝的N₂吸附-脱附曲线及孔径分布[44]

表2-11 老化温度对氧化铝孔结构的影响[44]

老化温度/℃	氧化铝		
	比表面积/（m²/g）	孔体积/（mL/g）	平均孔径/nm
20	296.20	0.87	11.50
40	324.80	0.62	6.07
60	238.61	0.66	7.50

四、氧化铝孔结构的控制方法

1．控制氢氧化铝的晶粒大小

氢氧化铝的晶粒大小可以通过控制沉淀及老化操作的条件来实现。通常晶粒大可以改善载体的多孔性，增大氧化铝的孔半径。表2-12为一水软铝石晶粒度与脱水产物 Al₂O₃ 的比表面积和孔体积的关系。从这些结果可以看出，晶粒度加大有利于改善孔结构，但晶粒度加大也会相应减小比表面积。所以，晶粒度也不能无限增大，主要在于比表面积、孔结构及晶粒度之间建立适当的平衡。

表2-12 一水软铝石晶粒度与Al₂O₃物化性质的关系[43]

一水软铝石晶粒度/nm	一水软铝石比表面积/（m²/g）	焙烧后Al₂O₃比表面积/（m²/g）	焙烧后Al₂O₃孔体积/（mL/g）
4.9	345	339	0
5.7	—	305	0

一水软铝石晶粒度/nm	一水软铝石比表面积/（m²/g）	焙烧后Al₂O₃比表面积/（m²/g）	焙烧后Al₂O₃孔体积/（mL/g）
6.2	285	299	0
8.1	272	272	0
8.5	268	268	0
9.1	225	284	0
9.4	227	261	0
10.5	234	287	0.03
11.2	171	255	0.015
12.7	159	264	0.04
12.9	120	256	0.09
13.7	153	264	0.05
14.5	72	278	0.09
16.9	54	227	0.06
17.5	57	229	0.07
18.2	23	262	0.10
18.4	57	249	0.06
18.8	—	223	0.07

2．沉淀时加入造孔剂

因为控制氢氧化铝的晶粒度不能使 Al₂O₃ 物性产生大幅度变化，所以近年来采用在沉淀时添加水溶性有机聚合物作为造孔剂，焙烧后它能促使孔隙贯通和孔隙率增加，从而达到控制孔径分布和孔径的变化。用这种方法可得到 $100 \sim 250nm$ 孔径范围的 Al₂O₃。常用的可溶性聚合物按其制备性质可分为三大类：第一类，聚乙二醇及聚氧乙烯等；第二类，纤维素、淀粉、纤维素衍生物等；第三类，聚乙烯醇及聚丙烯酰胺等。表 2-13 显示了添加这三类有机聚合物后对所得 Al₂O₃ 物性的影响。从表中数据可以清楚地看出添加各类造孔剂及其添加方法对 Al₂O₃ 物性的影响。但应注意，只有凝胶状孔才有这种性质，已经脱水形成的孔就不能用此法来改变孔结构。此外，也可采用混合聚合物进行造孔，从而可进一步宽化单一聚合物所形成的孔径分布。

表2-13　添加造孔剂对所得 Al₂O₃ 物性的影响[43]

添加剂名称	浓度（质量分数）/%	添加方法	松密度/（g/mL）	孔体积/（mL/g）	比表面积/（m²/g）
聚乙二醇		熔化聚合物混入水凝胶中			
400	37.5		0.48	0.51	327
1000	37.5		0.42	0.79	304
4000	12.5		0.43	0.72	275
	25.5		0.44	0.69	265

添加剂名称	浓度（质量分数）/%	添加方法	松密度/（g/mL）	孔体积/（mL/g）	比表面积/（m²/g）
	37.5		0.39	0.83	259
	50		0.39	1.06	253
	75		0.26	1.29	275
6000	37.5		0.35	1.32	257
20000	37.5		0.38	0.97	239
聚氧乙烯	10	干燥聚合物粉末混入水凝胶中	0.34	1.07	309
	20		0.29	1.44	359
纤维素甲醚	10	添加聚合物混入水凝胶中		0.84	278
	20			1.64	247
	40			1.54	302
聚丙烯酰胺	5	于溶有聚合物的溶液中沉淀铝胶	0.15	2.07	334
	10		0.07	5.32	283
	3.3	聚合物浓溶液混入水凝胶中	0.59	0.51	278
	2.0		0.47	0.55	246
	6.6		0.33	0.99	279
	8.0		0.33	1.36	299
聚乙烯醇	10	于溶有聚合物的溶液中沉淀铝胶	0.19	1.57	324
	15		0.13	2.72	—
	20		0.13	3.96	340
	3	聚合物浓溶液混入水凝胶中	0.52	0.33	285
	8		0.41	0.81	305

3. 成型时造孔

这是在水凝胶中加入一定量干凝胶或表面活性剂之类物质，经成型、焙烧后进行造孔。如加入一定量干凝胶与不加干凝胶相比，孔体积可以从 0.45mL/g 增加到 1.61mL/g。在成型前捏合的物料中加入表面活性剂，可以改变结晶颗粒的堆积性质、生成较粗的二次粒子。焙烧时由于表面活性剂被烧掉而形成大比表面积的粗孔载体。在水合氧化铝溶胶的淤浆中加入 20～60μm 的木屑或炭粉，然后经油中成型，经干燥、焙烧除去炭后，也可获得有一定孔结构的氧化铝。如果需制得比表面积较大的 Al_2O_3，可以在成型操作中加入甲酸或铵类化合物；如需获得更大的孔，就需充分利用 Al_2O_3 粒子堆积时所形成的空隙。例如，将 1500℃ 焙烧后的刚玉粉料，用少量瓷土作黏结剂，再加入松香皂和明矾发泡成型，再经干燥后于 1580℃焙烧，就可获得高孔率、大孔径的轻质 Al_2O_3，适用于要求大孔、低比表面积的催化剂载体。在氧化铝水合物粉体挤出成型时，含水量也会影响孔的生成。随着一水软铝石粉体中水量增加，孔径有变大的趋势。此外，在湿空气气氛下焙烧一水软铝石与在干空气气氛下焙烧相比较，也有孔分布向大孔方面集中的效果。

4. 用醇处理

氧化铝水合物用各种醇洗涤后，其焙烧产物（γ-Al$_2$O$_3$）的物化性质也会因所用醇的性质不同而有所变化。表 2-14 为一水软铝石用各种醇洗涤时的结果。可以看出，用甲醇洗涤时，较大的孔有所增加，依次用异丙醇、正丁醇洗涤时，随着醇相对分子质量的增大，大孔增加的趋势更明显。可是用己醇这样大分子量的醇洗涤时都看不到这种效果。而且随着大孔的增加，孔体积、平均孔径增大，但对比表面积的影响都比较小。

表2-14　添加醇类对氧化铝的孔性质的影响[43]

样品	焙烧		孔性质		
	温度 /℃	时间 /h	比表面积 /（m²/g）	孔体积 /（mL/g）	平均孔径 /nm
水	550	2	220	0.473	8.6
甲醇	550	2	288	0.685	9.5
乙醇	550	2	251	0.852	13.6
异丙醇	550	2	276	1.037	15.1
正丁醇	550	2	299	1.017	13.6
己醇	550	2	228	0.430	7.5
辛醇	550	2	197	0.418	8.5
癸醇	550	2	202	0.451	8.9

注：只统计小于30nm的孔。

产生上述现象的原因是一水软铝石晶体存在的水在用醇洗涤时被醇置换。当一水软铝石进行干燥及焙烧时，由于水的表面张力收缩，氧化铝水合物粒子在受热过程中发生反复溶解和析出，加快了粒子的烧结，同时使孔体积降低。而经醇洗涤后，由于水被醇所取代，上述现象也就难以发生。采用己醇洗涤时并无明显效果的原因是己醇分子较大，难以侵入微晶间隙。

5. 用酸处理

把酸加到氧化铝水合物中再成型、焙烧后制得的氧化铝载体，其孔分布会向小孔方面集中。例如，经过 120℃下干燥的一水软铝石，粉体中加入硝酸捏合后，再在 120℃干燥 5h，600℃下焙烧 5h，制得的 γ-Al$_2$O$_3$ 物化性质如表 2-15 所示。可以看出，随着加入酸量的增加，孔体积和孔径减小，但加酸对比表面积的影响却很小。

表2-15　硝酸对氧化铝的孔性质的影响[43]

样品号	溶液浓度 /（mol/L）	比表面积 /（m²/g）	孔体积 /（mL/g）	平均孔径 /nm
1	0	225	0.470	8.36
2	3.2×10⁻³	226	0.474	8.39
3	5.2×10⁻³	229	0.457	7.98
4	2.5×10⁻¹	201	0.377	7.50
5	7.4×10⁻¹	199	0.327	6.57

随着加酸量的增加，孔分布向小孔方面集中，而且加酸的影响只对孔径大于5nm的孔有作用，而对小于5nm的孔几乎不产生影响。这是因为氢氧化铝凝胶的微晶或二次粒子的表面随酸的浓度成比例地部分发生溶解后与粒子结合形成空间。如果氢氧化铝凝胶中有过量的水存在时，加酸后会使凝胶的性质及物相发生变化，也就得不到预期的结果。此外，加酸的同时再加入表面活性剂，还可获得细孔及粗孔的双重分散孔分布。

6．水热处理

水热处理被认为是一种十分有效的调控氧化铝孔结构的方法，包括加压老化和水蒸气处理。大量研究发现，氧化铝在水热处理时发生再水合形成薄水铝石，使晶粒进一步增大而影响氧化铝孔结构。

（1）加压老化　表 2-16 是不同加压老化时间的 $\gamma\text{-Al}_2\text{O}_3$ 的物化性质。在 140℃下处理 2h 后得到的载体，具有最大的孔体积，达到 1.05mL/g，此时的平均孔径也达到 24.3nm。水热处理改变了拟薄水铝石粒子大小及分散状态，生成较粗的二次颗粒，随着处理时间的延长，水合反应时间增加，生成的拟薄水铝石晶体的颗粒也会越来越大，产生了更大的颗粒间隙。但这种具有较大孔道的织网结构很不稳定，高温焙烧时随着水的脱出，氧化铝骨架发生坍塌，一部分孔道减小或消失，使得孔径和孔体积都有所降低。处理时间较长时，微孔几乎全部消失，比表面积继续降低，虽然局部上出现了先减小后增大的趋势，但整体上没有太大变化。

表2-16　不同加压老化时间对氧化铝孔结构的影响[45]

处理时间/h	比表面积 /（m²/g）	孔体积 /（mL/g）	平均孔径 /nm
0	350	1.03	9.5
2	161	1.05	24.3
6	169	1.02	22.1
10	134	0.76	26.0
16	141	0.76	23.7
20	139	0.68	21.5
24	152	0.57	17.5

（2）水蒸气处理 表2-17是不同水蒸气处理时间的γ-Al$_2$O$_3$的物化性质。水蒸气处理使氧化铝的比表面积降低，总孔体积有所减少；但增加了大孔的比例。

表2-17 不同时间水蒸气处理后γ-Al$_2$O$_3$的物化性质[46]

处理时间 /h	堆密度 /（g/mL）	比表面积 /（m²/g）	孔体积 /（mL/g）	孔分布数据/%		
				≤20 nm	20~100 nm	≥100 nm
0	0.297	184	1.67	35.8	8.4	55.8
3	0.295	174	1.60	35.1	8.9	56.0
6	0.310	143	1.57	34.4	9.3	56.3
9	0.308	141	1.54	32.7	9.7	57.6
12	0.312	136	1.53	32.5	10.1	57.4

7．碳酸氢铵（NH$_4$HCO$_3$）处理

利用碳酸氢铵扩孔是一种较理想的方法。在一定的条件下NH$_4$HCO$_3$与氢氧化铝反应生成NH$_4$Al(OH)$_2$CO$_3$，然后在一定的温度下焙烧使其分解，从而可达到扩孔的目的。

$$2NH_4Al(OH)_2CO_3 \longrightarrow Al_2O_3 + 2NH_3\uparrow + 2CO_2\uparrow + 3H_2O\uparrow \qquad （1）$$

反应（1）释放的气体（NH$_3$和CO$_2$）本身的膨胀和冲孔作用，使得氧化铝不仅孔体积增大，而且孔径亦有较大幅度的增加。

从表2-18可看出，随着$n(HCO_3^-)/n(Al^{3+})$值的增大，焙烧后生成Al$_2$O$_3$的孔体积增大，并逐渐形成双重孔分布。尤其是NH$_4$Al(OH)$_2$CO$_3$形成时，孔体积增大的幅度更明显；这种孔体积的增大主要集中在孔径10～60nm范围内。可以认为，集中在孔径2～10nm内的孔体积是氧化铝粒间孔，而集中在10～100nm内的孔体积主要是焙烧后NH$_4$Al(OH)$_2$CO$_3$分解形成的。

表2-18 $n(HCO_3^-)/n(Al^{3+})$对NH$_4$Al(OH)$_2$CO$_3$形成及氧化铝性质的影响[47]

n（HCO$_3^-$） /n（Al^{3+}）	产物	氧化铝			孔分布数据/%		
		比表面积 /（m²/g）	孔体积 /（mL/g）	峰值孔径 /nm	2~10 nm	10~60 nm	60~100 nm
0	PB	241	0.42	49	90.7	7.2	2.1
0.25	PB	252	0.47	50	80.2	15.2	4.6
0.50	PB	246	0.58	50	48.8	48.3	2.9
0.75	AD	262	0.88	59	26.4	67.9	5.7
1.50	AD	324	1.44	66	26.2	68.9	4.9

氢氧化铝与NH$_4$HCO$_3$（溶液）的液固反应机理为

$$Al(OH)_3 + NH_4^+ + HCO_3^- \longrightarrow NH_4Al(OH)_2CO_3 + H_2O \qquad （2）$$

氢氧化铝是两性物质，存在两种电离平衡，即

（酸式）$AlO(OH)_2^- + H^+ \rightleftharpoons Al(OH)_3 \rightleftharpoons Al(OH)_2^+ + OH^-$（碱式）　（3）

当溶液中有大量 NH_4HCO_3 时，存在如下平衡

$$HCO_3^- \rightleftharpoons H^+ + CO_3^{2-} \tag{4}$$

$$H^+ + OH^- \longrightarrow H_2O \tag{5}$$

反应（5）的发生，促使反应（3）向碱式电离进行，从而导致如下反应发生

$$Al(OH)_2^+ + NH_4^+ + CO_3^{2-} \longrightarrow NH_4Al(OH)_2CO_3 \tag{6}$$

氢氧化铝是难溶物质，溶度积很小，溶液中大量存在的是 HCO_3^-。反应（2）速率的快慢主要取决于氢氧化铝碱式电离反应速率的快慢（控制步骤）。后一步骤的快慢主要取决于氢氧化铝颗粒或晶粒的大小、反应温度及 HCO_3^- 浓度等。氢氧化铝的颗粒或晶粒较大，其比表面积就较小，单位质量的氢氧化铝生成 $Al(OH)_2^+$ 和 OH^- 的能力就小，因此反应（6）的速率就较慢；高温有利于氢氧化铝碱式电离的发生，因此有利于反应（6）的进行；HCO_3^- 浓度越高，越有利于反应（4）和反应（5）的发生，从而促进氢氧化铝碱式电离的进行，进而提高反应（6）的速率。

8．提高焙烧温度

焙烧是将载体或催化剂加热到高温以达到脱水、分解或除去挥发性杂质、烧去有机物等目的的操作。不同焙烧温度下氧化铝孔结构的影响见表2-19。随着焙烧温度的增加，平均孔径呈规律性增大，温度每升高100℃，大孔的比例约增加5个百分点；相应的比表面积则有规律地下降。从孔径分布的变化可以明显看出，焙烧温度的升高主要减少10nm以下的孔，可能是因为高温使氧化铝的孔壁发生烧结，破坏了孔道，使较小的孔道发生塌陷，最终形成了较大的孔，增加了10nm以上的孔的数量，提高了氧化铝整体的孔径。

表2-19　不同焙烧温度对氧化铝孔结构的影响[45]

焙烧温度 /℃	比表面积 /（m²/g）	孔体积 /（mL/g）	孔分布数据/%				平均孔径/nm
			<5nm	5～10nm	10～20nm	>20nm	
600	350	1.03	12.6	31.0	28.2	28.2	9.5
700	305	1.01	9.9	29.7	27.7	32.7	10.3
800	246	1.01	4.3	24.4	34.3	37.0	12.6
900	190	0.89	2.6	16.5	37.1	43.8	14.3

参考文献

[1] Digne M, Sautet P, Raybaud P, et al. Structure and stability of aluminum hydroxides: A theoretical study[J]. The Journal of Physical Chemistry B, 2002, 106(20):5155-5162.

[2] Tonejc A, Tonejc A M, Bagović D. Comparison of the transformation sequence from γ-AlOOH (boehmite) to α-Al₂O₃

(corundum) induced by heating and by ball milling[J]. Materials Science and Engineering: A, 1994, A181/A182: 1227-1231.

[3] Li J, Wu Y, Pan Y, et al. Alumina precursors produced by gel combustion[J]. Ceramics international, 2007, 33(3): 361-363.

[4] Ganesh I. Fabrication of magnesium aluminate (MgAl$_2$O$_4$) spinel foams[J]. Ceramics International, 2011, 37(7): 2237-2245.

[5] Kumar C S, Hareesh U S, Damodaran A D, et al. Monohydroxy aluminium oxide (Boehmite, AlOOH) as a reactive binder for extrusion of alumina ceramics[J]. Journal of the European Ceramic Society, 1997, 17(9): 1167-1172.

[6] Krokidis X, Raybaud P, Gobichon A E, et al. Theoretical study of the dehydration process of boehmite to γ-alumina[J]. The Journal of Physical Chemistry B, 2001, 105(22): 5121-5130.

[7] Kemball C. Physical and chemical aspects of adsorbents and catalysts[J]. Physics Bulletin, 1970, 21(12):559-559.

[8] Nortier P, Fourre P, Saad A B M, et al. Effects of crystallinity and morphology on the surface properties ofalumina[J]. Applied Catalysis, 1990, 61(1): 141-160.

[9] Knözinger H, Ratnasamy P. Catalytic aluminas: Surface models and characterization of surface sites[J]. Catalysis Reviews, 2007, 17(1):31-70.

[10] Lee H M, Han J D. Catalytic reduction of sulfur dioxide by carbon monoxide over nickel and lanthanum-nickel supported on alumina[J]. Industrial & Engineering Chemistry Research, 2002, 41(11): 2623-2629.

[11] 李波，邵玲玲. 氧化铝，氢氧化铝的 XRD 鉴定 [J]. 无机盐工业，2008, 40(2): 54-57.

[12] 刘茜. 中孔氧化铝材料的合成、表征和催化应用研究 [D]. 大连：中国科学院大连化学物理研究所，2006.

[13] Vinodchandran C, Kirschhock C, Radhakrishnan S, et al. Alumina: discriminative analysis using 3D correlation of solid-state NMR parameters[J]. Chemical Society Reviews, 2019, 48(1):134-156.

[14] He X , Zhu Z , Hui L , et al. In-situ Cr-doped alumina nanorods powder prepared by hydrothermal method[J]. Rare Metal Materials and Engineering, 2016, 45(7):1659-1663.

[15] Farahmandjou M. New pore structure of nano-alumina (Al$_2$O$_3$) prepared by sol gel method[J]. Journal of Ceramic Processing Research. (Text in English), 2015, 16(2).

[16] Chupas P J , Ciraolo M F , Hanson J C , et al. *In situ* X-ray diffraction and solid-state NMR study of the fluorination of gamma-Al$_2$O$_3$ with HCF$_2$Cl[J]. Journal of the American Chemical Society, 2001, 123(8):1694-1702.

[17] Feng S, Zhang C, Quan H. Investigation on fluorinated alumina catalysts prepared by the fluorination of γ-Al$_2$O$_3$ with CHF$_3$ for the isomerization of *E*-1-chloro-3, 3, 3-trifluoropropene[J]. Molecular Catalysis, 2023, 536: 112917.

[18] Peri, J. B. A Model for the Surface of γ-Alumina1[J]. Journal of Physical Chemistry, 1965, 69(1):220-230.

[19] Tsyganenko A A , Filimonov V N . Infrared spectra of surface hydroxyl groups and crystalline structure of oxides[J]. Spectroscopy Letters, 1973, 5(12):477-487.

[20] Morterra C, Magnacca G. A case study: Surface chemistry and surface structure of catalytic aluminas, as studied by vibrational spectroscopy of adsorbed species [J]. Catalysis Today, 1996, 27(3-4): 497-532.

[21] Digne M. Use of DFT to achieve a rational understanding of acid-basic properties of γ-alumina surfaces [J]. Journal of Catalysis, 2004, 226(1): 54-68.

[22] Wang Q, Li W, Hung I, et al. Mapping the oxygen structure of gamma-Al$_2$O$_3$ by high-field solid-state NMR spectroscopy [J]. Nature Communications, 2020, 11(1): 3620.

[23] Shi L, Deng G M, Li W C, et al. Al$_2$O$_3$ nanosheets rich in pentacoordinate Al^{3+} ions stabilize Pt-Sn clusters for propane dehydrogenation[J]. Angewandte Chemie-International Edition, 2015, 54(47): 13994-13998.

[24] Khivantsev K, Jaegers N R, Kwak J H, et al. Precise identification and characterization of catalytically active sites on the surface of γ-alumina[J]. Angewandte Chemie, 2021, 133(32): 17663-17671.

[25] Zhao Z, Xiao D, Chen K, et al. Nature of five-coordinated Al in γ-Al$_2$O$_3$ revealed by ultra-high-field solid-state

NMR[J]. ACS Central Science, 2022, 8(6): 795-803.

[26] Berteau P, Delmon B. Modified aluminas: relationship between activity in 1-butanol dehydration and acidity measured by NH$_3$ TPD[J]. Catalysis Today, 1989, 5(2): 121-137.

[27] Parry E P. An infrared study of pyridine adsorbed on acidic solids. Characterization of surface acidity[J]. Journal of Catalysis, 1963, 2(5): 371-379.

[28] Zhang H , Jiang Y , Wang G , et al. In-depth study on propane dehydrogenation over Al$_2$O$_3$-based unconventional catalysts with different crystal phases[J]. Molecular catalysis, 2022(519-): 112143-1 ~ 112143-12.

[29] Lunsford J H, Sang H, Campbell S M, et al. An NMR study of acid sites on sulfated-zirconia catalysts using trimethylphosphine as a probe[J]. Catalysis letters, 1994, 27: 305-314.

[30] Yi X , Liu K , Chen W , et al. Origin and structural characteristics of tri-coordinated extra-framework aluminum species in dealuminated zeolites[J]. Journal of the American Chemical Society, 2018, 140(34):10764-10774.

[31] Xin S , Wang Q , Xu J , et al. The acidic nature of "NMR-invisible" tri-coordinated framework aluminum species in zeolites[J]. Chemical Science, 2019, 10.

[32] Jacobsen H, Kleinschmit P. Preparation of Solid Catalysts: Bulk Catalysts and Supports: Flame Hydrolysis[M]. Hoboken: John Wiley & Sons, 2008.

[33] Huang Y, White A, Walpole A, et al. Control of porosity and surface area in alumina: Ⅰ. Effect of preparation conditions[J]. Applied catalysis, 1989, 56(1): 177-186.

[34] White A, Walpole A, Huang Y, et al. Control of porosity and surface area in alumina: Ⅱ. Alcohol and glycol additives[J]. Applied catalysis, 1989, 56(1): 187-196.

[35] Everett D. IUPAC manual of symbols and terminology[J]. Appendix 2, Part 1, Colloid and Surface Chemistry, 1972: 578-621.

[36] Sing K S W. Reporting physisorption data for gas/solid systems with special reference to the determination of surface area and porosity (Recommendations 1984)[J]. Pure and Applied Chemistry, 1985, 57(4): 603-619.

[37] de Winter D A M, Meirer F, Weckhuysen B M. FIB-SEM tomography probes the mesoscale pore space of an individual catalytic cracking particle[J]. ACS Catalysis, 2016, 6(5): 3158-3167.

[38] Dong L Y, Hu X, Du Y Z, et al. Marked enhancement of electrocatalytic activities for gas-consuming reactions by bimodal mesopores[J]. Journal of Materials Chemistry A, 2021, 9(33): 17821-17829.

[39] Yuan Y F, Wang Y S, Zhang X L, et al. Wiggling mesopores kinetically amplify the adsorptive separation of propylene/propane[J]. Angewandte Chemie, 2021, 133(35): 19211-19215.

[40] Milina M, Mitchell S, Crivelli P, et al. Mesopore quality determines the lifetime of hierarchically structured zeolite catalysts[J]. Nature Communications, 2014, 5(1): 3922.

[41] Yuan Q, Yin A X, Luo C, et al. Facile synthesis for ordered mesoporous γ-aluminas with high thermal stability[J]. Journal of the American Chemical Society, 2008, 130(11): 3465-3472.

[42] 朱洪法. 催化剂载体制备及应用技术 [M]. 2 版. 北京：石油工业出版社，2014.

[43] 张永刚，闫裘. 活性氧化铝载体的孔结构 [J]. 工业催化，2000, 8(6): 14-17.

[44] 申志兵，任朝阳，吴晓辉，等. 无机铝源合成有序介孔氧化铝的影响因素研究 [J]. 工业催化，2021: 38-43.

[45] 李广慈，赵会吉，赵瑞玉，等. 不同扩孔方法对催化剂载体氧化铝孔结构的影响 [J]. 石油炼制与化工，2010, 41(1): 49-54.

[46] 李国印，俞杰. 高温水蒸气处理对氧化铝孔结构的影响 [J]. 石油炼制与化工，2014, 45(4): 31-35.

[47] 杨清河，李大东，庄福成，等. NH$_4$HCO$_3$ 对氧化铝孔结构的影响 [J]. 催化学报，1999, 20(2): 139-144.

第三章

多孔氧化铝的设计合成

多孔氧化铝材料的晶体结构、表面性质和孔隙结构是影响其性能的关键因素，也是选择具有特定用途氧化铝的指标和难点。从原理上讲，通过精确控制合成过程中的温度、压力、pH 值、气氛等条件，能够有效调控氧化铝的上述三类结构。合成过程看似简单，国内外的实验室都能够成功合成不同种类的氧化铝。但实际生产中发现，氧化铝材料结构对合成条件极其敏感，若控制不得当，所制备出来的材料性质会有很大的差别。因此，在深入研究多孔氧化铝之前，有必要掌握正确的合成方法和技巧，理解内在的影响机制。

氧化铝的性能与前驱体直接相关，工业上制备氧化铝最常用的为热解法，前驱体为铝铵盐，目前仍是最成熟的工艺之一。而高端氧化铝则通常以氧化铝水合物（即氢氧化铝）为前驱体，根据原料的性质以及最终产品的要求，主要包括溶胶-凝胶法、水/溶剂热法、沉淀法等，以及能够获得特定孔隙结构的模板法、微乳液法等。本章还将介绍电渗析法、静电纺丝法、刻蚀法等实验室中发展的氧化铝最新制备方法，能够得到具有特定性质的氧化铝材料，为未来高端产品的发展提供新的思路。

第一节
高温热解法

高温热解法是利用硫酸铝铵或碳酸铝铵等热不稳定的含铝铵盐在高温条件下分解，获得纳米氧化铝[1-3]。该方法是工业上生产氧化铝的主要方法之一，原理简单，工艺成熟，影响最终产品性质的关键在于前驱体的提纯和加工过程。

一、硫酸铝铵热解法

硫酸铝铵热解法是国内外生产高纯氧化铝的主要方法[4-7]。通过严格控制物料配比、pH 值和反应温度等反应条件，进行合成、结晶，得到硫酸铝铵晶体，母液可循环使用；硫酸铝铵晶体经过多次重结晶，除去 K、Na、Ca、Si、Fe 等杂质，得到精制硫酸铝铵晶体，再经过热解（1200℃）转化成 $\alpha\text{-}Al_2O_3$。该工艺主要化学反应方程式如下：

$$2Al(OH)_3 + 3H_2SO_4 \longrightarrow Al_2(SO_4)_3 + 6H_2O$$

$$Al_2(SO_4)_3 + (NH_4)_2SO_4 + 24H_2O \longrightarrow 2NH_4Al(SO_4)_2 \cdot 12H_2O(铵明矾)$$

$$2NH_4Al(SO_4)_2 \cdot 12H_2O \longrightarrow Al_2O_3 + 2NH_3 + 4SO_3 + 25H_2O$$

硫酸铝铵在受热过程中溶解在自带结晶水中，随着水分的蒸发直至达到饱和浓度，开始结晶析出。结晶过程蒸发的气泡容易嵌入晶体中，导致固体呈多孔状、松装密度小、产量小，造成单位产量成本较高。

为了解决热溶解造成松装密度小的问题，最有效的方法是先在低温真空下脱去硫酸铝铵的水分而保持晶型完整，进而将脱水硫酸铝铵放入内置渗透性夹层的热解炉内，将夹层固定在热解炉下部，热气流穿过夹层留下热解固体，分解尾气可以通过吸收塔吸收。通过该方法制备的氧化铝松装密度大、活性好。

该方法优点：①原料廉价且母液可以循环使用，技术成熟，易于工业生产；②操作简单稳定，产品纯度高；③产品团聚少，在制备陶瓷加压成型时密度较低，初期烧结缓慢。易得到均匀烧结组织。

该方法缺点：①分解过程产生大量的 NH_3 和 SO_3，容易造成环境污染，虽然通过尾气处理可满足环保要求，但造成生产成本增加；②通过重结晶可以除去 Na、Mg、Ca 等金属杂质离子，但 K、Ga、卤素等杂质比较难以除去，分离困难，而且过程复杂、周期长；③分解过程出现热溶解现象，体积膨胀严重。造成产品松装密度小。

二、碳酸铝铵热解法

碳酸铝铵热解法是硫酸铝铵热解法的改进[8,9]。将精制硫酸铝铵与碳酸氢铵反应制得铵片钠铝石，再经老化、沉降、过滤、烘干、研磨、高温分解制得高纯氧化铝。其化学反应方程式如下：

$$4NH_4HCO_3 + NH_4Al(SO_4)_2 \longrightarrow NH_4AlO(OH)HCO_3 + 2(NH_4)_2SO_4 + 3CO_2 + H_2O$$
$$NH_4AlO(OH)HCO_3 \longrightarrow 无定形Al_2O_3 \longrightarrow \gamma\text{-}Al_2O_3 \longrightarrow \alpha\text{-}Al_2O_3$$

该工艺的关键在于控制合成碳酸铝铵的条件[10-12]。最佳条件为碳酸氢铵和硫酸铝铵的摩尔比为 10 ~ 15、反应温度为 35℃。反应条件控制不当易混入杂质，产生二次粒子，而且还会影响产品及其烧成制品的性能和质量。

根据李继光等[13] 的研究发现，硫酸铝铵只有在酸性体系中才能稳定存在，当向 $NH_4Al(SO_4)_2$ 溶液中滴加 NH_4HCO_3 溶液时，反应体系的 pH 值会提高，使得 $NH_4Al(SO_4)_2$ 发生水解生成勃姆石 [γ-AlO(OH)] 凝胶；反之，把 $NH_4Al(SO_4)_2$ 溶液滴加到 NH_4HCO_3 溶液中，Al^{3+} 周围的 pH 值也会提高，虽然也有发生水解生成勃姆石的倾向，但是只要控制好滴加速度（以 <1.2L/h 的速度滴入），Al^{3+} 便会首先与周围大量存在的碳酸氢铵作用生成碳酸铝铵，而不是水解生成勃姆石。两种滴定方式发生的反应分别为：

$$NH_4Al(SO_4)_2 + 4NH_4HCO_3 \Longleftrightarrow NH_4Al(OH)_2CO_3 \downarrow + 2(NH_4)_2SO_4 + 3CO_2 + H_2O$$

$$NH_4Al(SO_4)_2 + 3NH_4HCO_3 \xrightleftharpoons{\quad} \gamma\text{-}AlO(OH) + 2(NH_4)_2SO_4 + 3CO_2 + H_2O$$

反应生成的 $NH_4Al(OH)_2CO_3$ 和 $\gamma\text{-}AlO(OH)$ 均可以作为氧化铝前驱体经焙烧得到氧化铝，但是得到的 $\gamma\text{-}AlO(OH)$ 是凝胶，颗粒之间团聚严重，得到的产品性能较差，所以要避免 $\gamma\text{-}AlO(OH)$ 的生成，促进 $NH_4Al(OH)_2CO_3$ 的生成。而根据文献报道，$NH_4Al(OH)_2CO_3$ 的生成经过以下两个步骤：

$$NH_4^+ + AlO(OH)_2^- + HCO_3^- = NH_4Al(OH)_2CO_3 + OH^-$$

$$AlO(OH)_2^- = AlO(OH) + OH^-$$

可以看出溶液体系中的 NH_4^+、$AlO(OH)_2^-$ 和 HCO_3^- 的离子浓度决定了反应是否发生以及反应程度，当三者的浓度足够大时，就能获得碳酸铝铵沉淀。而当 pH 值较低时，OH^- 的浓度较低，致使 $AlO(OH)_2^-$ 生成较少，导致得到的是 $AlO(OH)$ 凝胶而不是碳酸铝铵沉淀。所以为了避免勃姆石凝胶的生成，需要控制好反应体系的 pH 值。图 3-1 为 2.0mol/L 的碳酸氢铵和 2.0mol/L 的硫酸铝铵溶液中各离子浓度与溶液 pH 值的关系曲线[14]。从图 3-1（a）中可以看出，NH_4^+ 和 HCO_3^- 离子浓度在 pH=8.0～10 范围内保持较高的值。从图 3-1（b）中可以看出，当 pH<6.5 时，硫酸铝铵溶液中 Al^{3+} 的浓度很高，$AlO(OH)_2^-$ 的浓度很低，此时得到的是凝胶，随着 pH 值的增大，$AlO(OH)_2^-$ 的浓度逐渐增加，当 pH≥8.5 时，$AlO(OH)_2^-$ 的浓度达到最大值且基本保持不变。综合图 3-1（a）和图 3-1（b）可以发现，控制反应体系的 pH 值在 8.0～10 范围内，NH_4^+、$AlO(OH)_2^-$ 和 HCO_3^- 的离子浓度较大，有益于得到碳酸铝铵沉淀。但是在此范围内，随着 pH 值的变化，各离子浓度也发生了变化，而离子浓度的大小影响着反应产物的晶相和晶粒尺寸的大小，对产物的性能有影响。

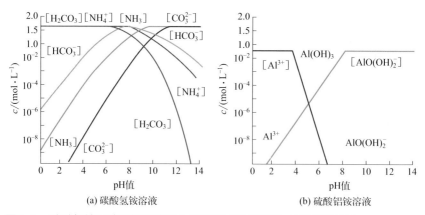

图3-1　碳酸氢铵和硫酸铝铵溶液中各离子浓度与溶液pH值关系曲线

该方法优点：①可避免硫酸铝铵生产工艺的缺点；②粒度均匀，粒径细且分布均匀；③废气容易回收，烧结体密度高。采用该方法，虽然克服了废气的污染，但加重了废液 [如 $(NH_4)_2SO_4$] 的污染，而且生产周期较长，过程控制要求严格。

第二节
溶胶－凝胶法

一、水解溶胶-凝胶法

溶胶-凝胶法是液相法制备氧化铝粉体的常用方法之一，一般采用传统水解溶胶-凝胶法（hydrolytic sol-gel method，HSG）。水解溶胶-凝胶法是以金属醇盐为前驱体原料，经过水解、缩聚反应从而形成凝胶的过程[15-18]。目前采用溶胶-凝胶法制备氧化铝粉体的工艺比较多，但按其机制可以分为三种类型：传统胶体型、络合物型以及无机聚合物型。其中以传统胶体型为主。

传统溶胶-凝胶法分为以下四步：

第一步，通过醇盐的水解（醇解）、经过缩聚形成溶胶；

第二步，溶胶加水陈化转变为湿凝胶；

第三步，湿凝胶低温干燥为干凝胶；

第四步，干凝胶经高温热处理可制得氧化铝粉体。

传统溶胶-凝胶法的主要优点：该方法可采用蒸馏或重结晶技术提高粉体的纯度，整个工艺过程中不易引入杂质离子，有利于制备出纯度高、颗粒细且粒度分布窄的氧化铝粉体。

此法的主要缺点：①原料价格高，有机溶剂有毒性以及高温热处理时颗粒会团聚等；②由于不同前驱体的水解反应速率不同，很难形成均匀多组分凝胶，使得在复合粉体的制备上受到限制。因此，通常采用冷冻干燥、超临界干燥等方法用来减少或避免粉体颗粒之间的团聚。廖东亮等[19]采用溶胶-凝胶法制得 50nm 左右的球形 Al_2O_3，尹荔松等[20]对胶凝过程的机理进行了研究。

二、非水解溶胶-凝胶法

由于不同醇盐的水解速率以及缩聚反应活性不同，采用传统水解法会导致凝胶中的各组分不均匀，从而难以实现原子级别的均匀混合。所以，需要其他的工艺来解决醇盐之间由于水解速率不同而造成凝胶不均匀的问题。为此，1992年Corriu R.J.P.教授提出了一种非水解溶胶-凝胶工艺（non hydrolytic sol-gel process，NHSG），在不生成M—OH的情况下，金属卤化物（metal halogen，MX）与氧供体作用的烷基氧化物（alkoxide，MOR）反应，经过亲核取代直接缩聚生成金属桥氧键，并产生副产物卤代烷，形成金属氧化物的溶胶粒子，进一步交联反应完成凝胶化转变。非水解溶胶-凝胶法不需要水解反应而直接异质聚合，因此，不仅制备工艺简单，而且在溶胶-凝胶过程中更易实现原子级均匀混合。

非水解亲核取代反应机理：首先是烷基氧化物中的氧通过自身的孤对电子与金属卤化物的中心阳离子形成配位，然后，亲核试剂 X^- 通过三种可能的取代机理（单分子亲核取代 S_N1、双分子亲核取代 S_N2 以及分子内亲核取代）攻击烷基氧化物中与氧相连的 α 位烷基碳原子，使碳氧键 C—O 断裂，生成卤代烷 RX 和M—O—M 键合，见图3-2。因此，该取代反应与烷基氧化物中的烷基 R 和金属卤化物中的卤离子 X^- 的种类关系密切。其中，单分子亲核取代 S_N1 需要将碳氧键解离而生成活性中间体烷基正离子，所以与烷基氧化物中烷基 R 的电子效应关系密切，当极性溶剂存在时，会产生强烈的溶剂化作用而促进碳氧键的解离和活性中间体烷基正离子的生成；双分子亲核取代 S_N2 受烷基氧化物中烷基 R 的空间位阻效应影响显著；分子内亲核取代通常当体系存在缔合的卤代醇盐时才有可能发生，并伴随着邻基效应。与非水解溶胶-凝胶法相比，传统溶胶-凝胶法的水解反应是按双分子亲核取代 S_N2 机理进行的，亲核试剂 HO^- 去攻击金属醇盐中的 M，形成过渡态中间体，通过质子的转移，最后脱去小分子副产物 ROH 而形成水解产物 M—OH，见图3-2。水解产物 M—OH 再经过脱醇或脱水缩聚反应形成 M—O—M 键合，形成的溶胶经陈化生长转变为凝胶。

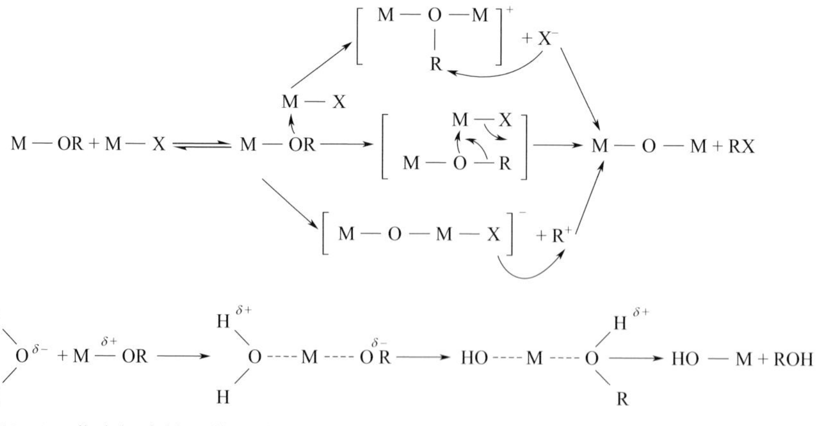

图3-2 非水解亲核取代反应机理

现已研究的非水解溶胶-凝胶法制备金属氧化物的缩聚路线有如下四种[21,22]，以金属卤化物作为前驱体，以金属醇盐、醇、醚以及酸酐作为氧供体。

四种路线的反应方程式如下：

金属醇盐路线：$\qquad MX_n + M(OR)_n \longrightarrow 2MO_{n/2} + nRX \qquad (1)$

醇路线：$\qquad \equiv M-X + ROH \longrightarrow \equiv M-OR + HX \qquad (2)$

醚路线：$\qquad \equiv M-X + ROR \longrightarrow \equiv M-OR + RX \qquad (3)$

酸酐路线：$\quad M(OR)_n + \dfrac{n}{2}(R'CO)_2 O \longrightarrow MO_{n/2} + nR'COOR \qquad (4)$

这四种路线中，路线（1）采用了价格昂贵的金属醇盐作为氧供体，导致成本增加；路线（3）采用醚作为氧供体，存在易挥发、易燃、易爆等缺点，而且具有一定毒性，对生产条件要求较高；路线（4）采用酸酐作为氧供体，原料不易获得；与路线（1）、路线（3）和路线（4）相比，路线（2）采用醇作为氧供体具有原料便宜、无毒等优点。

非水解溶胶-凝胶法合成 Al_2O_3 的研究单位比较集中，主要有法国蒙彼利埃第二大学、英国苏里大学、以色列理工学院等。其中，蒙彼利埃第二大学[23]不仅研究了金属醇盐和醚作为氧供体时非水解亲核取代机理，而且发现在使用 Al(OPr-i)$_3$ 和 $AlCl_3$ 为原料时，产物 Al_2O_3 中出现了罕见的铝氧五面体，作者认为这是由于在反应过程中通过 Al(OPr-i)$_3$ 和 $AlCl_3$ 配位体互换反应形成了中间产物 Al_3Cl_5(OPr-i)$_4$，而在后续非水解缩聚过程中铝的五配位体结构得到了保持，所以，导致产物中出现了铝氧五面体，并指出正是这一结构缺陷使得合成的 Al_2O_3 直至 1200℃才转变为 α-Al_2O_3。

第三节
水/溶剂热法

水/溶剂热法（hydrothermal and solvothermal method）实际上是两种方法的合称。当反应介质为水时，可称为水热法（hydrothermal method）；当采用醇类等其他有机溶剂为反应介质时，则称为溶剂热法（solvothermal method）。如图 3-3 所示，该方法是在特制的密闭反应器（不锈钢高压釜）中构造一个高压、高温的环境，使一般不溶或者难溶的物质反应或溶解，从而得到该物质的溶解产物，在达到过饱和度后进行结晶和生长。水/溶剂热法所合成的产物具有晶粒完整、团聚程度低、粒径小及分布均匀的特点，并且其能耗低、物相均匀和产率高，此外还可以通过调节水热温度、压力和体系 pH 值等条件来达到有效控制反应及晶体生长的目的[24-26]。

图3-3　水热法制备氧化铝流程

本书编著团队[27,28]以硝酸铝为铝源、尿素为沉淀剂，通过调节反应体系中二者的摩尔比和铝离子浓度，在无模板剂的条件下经水热合成，得到白色产物。然后在 700℃下焙烧 2h，最终制备出长度约为 5μm、直径约为 200nm、形貌均一的棒状氧化铝（图 3-4）。以所得氧化铝为载体，采用浸渍法制备负载型纳米铂催化剂，进行 CO 催化氧化反应，CO 在 140℃时完全转化，所制备的铂催化剂具有优异的催化性能。同时通过浸渍法制备出 PtSn/Al_2O_3 丙烷脱氢催化剂，结果表明该催化剂具有较高的反应活性和产物选择性以及良好的抗烧结能力。根据以上研究发现，该形貌氧化铝有利于铂颗粒的负载与分散，能够表现出较高的催化活性和稳定性。

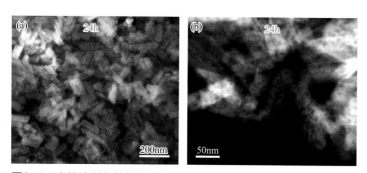

图3-4　水热法制备棒状氧化铝的SEM图像

本书编著团队[29]以硝酸铝或硫酸铝钾为铝源、尿素为沉淀剂，通过调节反应体系中的硫酸根浓度获得表面由紧密堆积的纳米片构成、直径为约 2μm 且分散性较好的空心球状氧化铝材料，如图 3-5 所示。研究结果表明，该空心球状氧化铝载体具有特殊的介观空心结构以及表面紧密堆积的片状单元，能够有效地分散和稳定金纳米颗粒，采用沉积-沉淀法负载纳米金后的催化剂表现出优异的 CO 氧化活性，在 $-25℃$ 可达到 CO 转化率为 50%（$T_{50\%}=-25℃$），并且能够在 $0℃$ 实现 CO 完全转化。

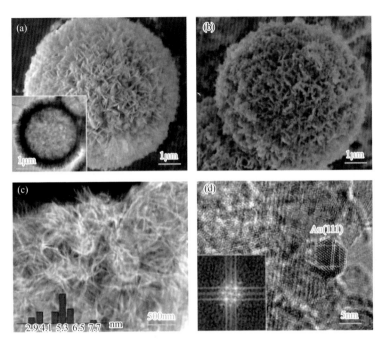

图3-5　Al_2O_3（a）和MnAl（b）载体的SEM，3Au/MnAl催化剂的STEM（c）和HRTEM（d）[30]

一、水热温度

在水热合成氧化铝的实验中，水热温度是一个重要的影响因素。水热反应是在高温、高压的密闭环境中进行的。在不同的水热温度下，反应釜内的温度也会有所不同，从而一些难溶物或者不溶物的溶解度会有所差异，这会影响到前驱体的结晶与生长的速率，从而会得到不同形貌的氧化铝前驱体。同时，不同的水热温度也会使产物颗粒的分散度有所不同，并且也会影响到密闭环境中的压力。

本书编著团队[27]为探究水热温度对氧化铝材料形貌的影响，采用水热法分别在100℃和160℃下制备氧化铝载体。通过图3-6可以看出，两种水热温度下形成的晶体形貌均呈现棒状。但水热温度为160℃的样品颗粒较为细小且部分出现团聚，这是由于水热温度偏高，使水热反应进行过快，晶体生长迅速，难以控制形貌导致的。

图3-6　不同水热温度制备棒状氧化铝的SEM图

二、水热时间

在水热条件下，晶粒为降低体系的总表面自由能发生小尺度晶粒的重结晶反应，物料从部分晶粒向另一部分晶粒转移，使得体系晶粒平均粒度逐渐增大，此时，晶粒之间将无取向聚集起来，如图3-7所示。同时，满足结晶学的要求做定向排列，即粒度较小的晶粒聚集在一起，当某些显露的晶面结构相容时，彼此之间发生键结，形成粒度更大的棒状晶粒。

图3-7　水热条件下晶粒团聚和聚集生长成棒状形貌的示意图

本书编著团队[29-31]以硝酸铝为铝源、碳酸铵为沉淀剂，对棒状介孔氧化铝的形成过程及生长机理进行了深入探究。图3-8是不同水热时间的SEM图，由图可见，未经过水热反应的产物呈无定形状，随水热时间的增加，尺寸均一的具有棒状形貌的水热产物逐渐形成（长度为90～140nm、直径为35～45nm、长径比为2～4）。这表明水热合成过程能够为无定形微晶提供一个良好的结晶生长环境，当水热时间增加至 24h 或延长到 36h，根据定向排列机制，棒状形貌的水热产物已经完全形成。

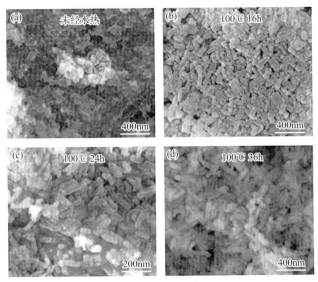

图3-8　不同反应时间制备氧化铝纳米棒的SEM照片

三、溶剂

选择合适的溶剂进行反应是非常重要的条件之一，所加入的溶剂具有一系列的物理化学性质，例如反应物的溶解度对反应速率的影响、反应物的氧化还原性质对反应方向的影响以及各物质的表面张力对晶体生长的影响。溶剂不同，对水热法反应合成的前驱体的成分和性质等均有很大的影响，会导致所合成的前驱体具有不同的尺寸以及形貌特征。

四、反应的pH值

在不同溶液的 pH 值下，氧化铝前驱体表面所带的电荷状态会发生相应的改变。零电荷点（PZC）指的是当物质的表面既不带正电也不带负电，显示电中性时的 pH 值，即 $pH=pH_{PZC}$。当 $pH<pH_{PZC}$ 时，氧化铝前驱体将带正电；而在 $pH>pH_{PZC}$ 时，氧化铝前驱体将带负电。溶液中的 pH 值将会影响反应物以及生成物表面的各种性质，并且有可能导致其他副反应的发生。

由图 3-9 可见，pH=4.7 时，产物团聚严重，无明显纤维状晶体生成；当

pH=5.0 时，产物团聚仍然严重，但其表面可见少量纤维状结晶产物出现；当 pH=5.2 时，产物形貌呈现为纤维状或棒状，长径比在（20∶1）～（30∶1）之间；当 pH=5.4 时，产物呈现絮状，无明显一维产物生成[32]。

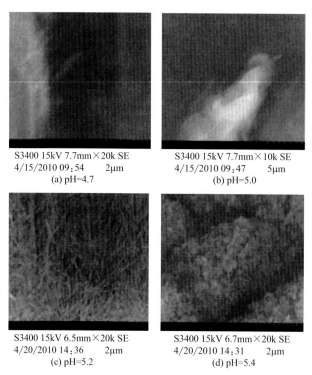

S3400 15kV 7.7mm×20k SE
4/15/2010 09:54   2μm
(a) pH=4.7

S3400 15kV 7.7mm×10k SE
4/15/2010 09:47   5μm
(b) pH=5.0

S3400 15kV 6.5mm×20k SE
4/20/2010 14:36   2μm
(c) pH=5.2

S3400 15kV 6.7mm×20k SE
4/20/2010 14:31   2μm
(d) pH=5.4

图3-9　不同反应溶液pH值时制备氢氧化铝晶须的SEM照片

溶液中初始形成的 $Al(OH)_3$，在水热反应中脱水形成层片状 $AlO(OH)$，其层与层之间是通过羟基上的氢键结合。在酸性溶液中，由于存在 H^+，能结合羟基和氧未共用电子对，从而破坏了 γ-AlO(OH) 层间的氢键。由此，单层状的 γ-AlO(OH) 通过卷曲生长机制形成棒状结构后，再通过方向附着机制按一定的结晶学方向长成纤维状。

五、反应的沉淀剂

合成氧化铝前驱体的沉淀剂是反应物之一，它与铝源进行水解反应生成氧化铝前驱体。而不同的沉淀剂与铝源发生反应的方式及机理可能有所不同。同样会导致生成的氧化铝前驱体的性质、成分等均有所不同。

第四节
沉淀法

以硝酸铝或硫酸铝等水溶性铝盐为原料，采用沉淀剂与铝离子发生水解反应生成氢氧化铝、羟基氧化铝等氧化铝水合物，后经干燥、高温煅烧脱水得到氧化铝纳米粒子。常用的沉淀剂包括氨水、碳酸氢铵、碳酸钠等。沉淀法还可根据金属盐的种类以及与沉淀剂的作用方式具体分为直接沉淀法、均匀沉淀法、共沉淀法[33-36]。

一、直接沉淀法

直接沉淀法是向金属盐溶液加入沉淀剂直接发生反应生成沉淀，沉淀经洗涤、热解过程得到纳米材料。常用沉淀剂为氨水，为了得到分散度好的氧化铝，控制氨水滴加的方式、速度、反应温度，减少团聚成为制备工艺的研究重点。这种制备工艺较为简单，但难以保证沉淀组分的单一，含杂质较高。

本书编著团队以硝酸铝为铝源、碳酸氢铵为沉淀剂，采用反向滴加沉淀模式得到白色沉淀，沉淀经老化、焙烧等条件处理后获得片状氧化铝，如图3-10所示，同时考察了老化时间、老化温度、焙烧温度等条件对前驱体晶体结构的影响。结果表明，氧化铝纳米片的最优合成条件为：老化时间为12h、老化温度为80℃、焙烧温度为600℃。以此条件制备的片状介孔氧化铝为载体，通过直接沉淀法制备的纳米金催化剂具有优异的活性，CO的半转化温度为−11℃，20℃可完全转化CO。

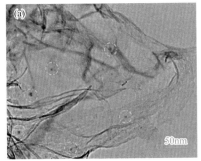
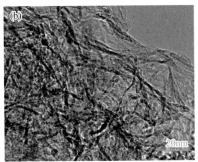

图3-10　Au/Al$_2$O$_3$催化剂的TEM图

二、均匀沉淀法

均匀沉淀法是利用某一化学反应使溶液中的构晶离子由溶液中缓慢地、均匀地释放出来，此时加入的沉淀剂不是立刻与沉淀组分发生反应，而是通过化学反应使沉淀剂在整个溶液中缓慢地生成，沉淀物均匀生成。

均匀沉淀法的特点：①由于构晶离子的过饱和度在整个溶液中比较均匀，所以沉淀物的颗粒均匀而致密，便于过滤、洗涤；②均匀沉淀法反应条件温和，易于控制，产品粒子均匀；③均匀沉淀法能避免杂质的共沉淀。

均匀沉淀法中，沉淀步骤是控制粒子形状的关键，分解步骤是控制粒度的关键，只有两者结合起来，才能获得所需要的形状和大小的超细粒子。

以尿素为沉淀剂制备氢氧化铝的反应机理如下：

尿素的水解反应 $\qquad CO(NH_2)_2 + 3H_2O \xrightarrow{\quad\quad} 2NH_3 \cdot H_2O + CO_2$

氨水电离得到沉淀剂 OH^- $\quad NH_3 \cdot H_2O \xrightarrow{\quad\quad} NH_4^+ + OH^-$

生成 $Al(OH)_3$ $\qquad\qquad Al^{3+} + 3OH^- \xrightarrow{\quad\quad} Al(OH)_3$

均匀沉淀法制备氧化铝的影响因素：

（1）过饱和度　过饱和度越大，成核速率和生长速率均越快，即在高的过饱和度下，构晶分子绝大多数形成新核，致使构晶分子迅速消耗，晶体的生长受到遏制。因此，在溶液中析出的纳米粒子粒径变小。

（2）反应温度　反应温度对沉淀剂水解反应速率影响很大，从而影响沉淀的生成速率。

按照核生长理论，成核速率为：

$$J = A\exp\left\{-(16\pi\sigma^3 M^2)/\left[3R^3 T^3 \rho^2 (\ln S)^2\right]\right\} \qquad （3-1）$$

式中　J——成核速率，数目/（$m^3 \cdot s$）；

$\quad A$——频率因子，数目/（$m^3 \cdot s$）；

$\quad M$——溶质分子量，kg/mol；

$\quad \sigma$——固液界面张力，erg/m^2（$1erg = 10^{-7}J$）；

$\quad \rho$——颗粒密度，kg/m^3；

$\quad T$——温度，K；

$\quad S$——溶质的过饱和度。

可以看出，界面张力 σ 越小、温度 T 越高、过饱和度 S 越大，成核速率 J 越快。温度 T 降低时，分子动能减小，体系黏度增加，分子之间碰撞概率降低，导致 J 变小。并且在温度发生变化时，S 也随之发生变化，一般，当溶液中溶质含量一定时，过饱和度 S 随着温度 T 的升高而减小，但是当 T 很小时，虽然溶液的 S 可以很大，但溶质分子的能量很低，传递速度慢，使晶粒的生长速度减小。即随着温度的升高，晶粒生长速度先增大到极大值，但若继续提高温度，溶液中分子动能过大、运动过快，同时溶液过饱和度下降，晶核性能稳定，导致晶粒的生长速度下降。温度对成核速率的影响很复杂，过高或过低的温度都不利于成核，而成核又影响产品的性能和形貌等。

以尿素作为沉淀剂时，60℃以下在酸、碱、中性溶液中并不发生水解；随着温度的升高，水解速率开始加快，最初 $CO(NH_2)_2$ 转化为 NH_4COONH_2，然后形成 $(NH_4)_2CO_3$，再分解成 $NH_3 \cdot H_2O$ 和 CO_2，水解生成的 $NH_3 \cdot H_2O$ 均匀分布于溶液中，随着水解度的增加，溶液中 OH^- 逐渐增加，在整个溶液中便均匀地生成沉淀。温度越高，沉淀生成量越大。但在较高温度（接近或高于其熔点132.7℃时），$CO(NH_2)_2$ 会发生副反应生成缩二脲、缩三脲和三聚氰酸等，溶液中氨的有效浓度反而下降，因此反应温度应选择不超过 $CO(NH_2)_2$ 熔点的尽可能高的温度。

（3）反应时间　由于尿素水解速率随停留时间的增大而增大，要得到高的产物收率，就必须维持一定的反应时间。但时间过长会引起纳米粒子的再生长，造成粒径分布宽化，保持适当的反应时间可使粒径分布相对变窄。

（4）反应物浓度　反应物浓度过低，体系的过饱和度小，不利于晶粒的生成和长大；浓度过高，晶核生成速率比晶核生长速率的增加快得多，而且浓度增加，溶液黏度增大，导致产品粒径不均匀。

（5）反应物配比　当反应物浓度一定时，尿素与反应物物质量比越大，溶液中的 OH^- 浓度越大，过饱和度增加，有利于生成小粒径粒子沉淀。同时，过量的尿素还能保证在一定反应时间内与反应物充分反应，提高反应收率。

（6）搅拌速率　搅拌速率太低，晶粒分布不均匀；随着搅拌速率提高，能在一定程度上减少产品的粒度分散性，但是搅拌速率过高，初始各点浓度很小，各混合过程进行得较快，成核速率变慢，生成颗粒粗大的晶体。

三、共沉淀法

共沉淀法是指向含有两种及以上金属阳离子溶液中加入适宜的沉淀剂，使其以沉淀形式均匀析出的过程，该方法是制备复合金属氧化物的一种有效手段。对于单一氧化铝的合成不需采用该法，在后续介绍负载型催化剂的制备时再做讨论。

第五节
模板法

模板法是常用的合成多孔材料的方法，分为硬模板法、软模板法和生物模板法。但是实验研究中生物模板法很少有人研究。以有机分子为模板制备无机介孔材料的方法，即软模板法；以无机介孔材料制备其他无机介孔材料也是常用的方法之一，即硬模板法。通过改变模板剂的类型、添加量和碳链的长度等，可以有效地控制材料的孔隙结构和尺寸[37-39]。

一、硬模板法

硬模板指具有相对刚性结构的多孔固体材料，一般其孔径是纳米级的，包括阳极氧化铝、聚碳酸酯、介孔硅和介孔炭等。硬模板法制备多孔材料的一般方法是首先合成硬模板基底，再以前驱体溶液通过"湿法浸渍"或"湿法填充"浸入模板剂的结构中，通过强碱或氢氟酸刻蚀脱除基底或者焙烧脱除碳基底，最终得到氧化物[40]（图3-11）。

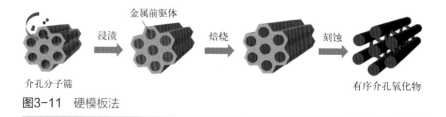

图3-11　硬模板法

湿法浸渍：模板剂分散在稀溶液中，前驱体粒子通过扩散进入孔道并吸附在孔道中，这种方法一般要重复几次才能使孔道填满。湿法填充：饱和前驱体溶液在高压条件下进入模板剂的介孔孔道，通过毛细管力前驱体粒子能完全填充于孔道中，湿法填充有更高的填充效率。

本书编著团队[41]以炭气凝胶为模板，采用纳米铸型法合成了不同孔隙结构的玻璃状氧化铝材料，并采用溶胶沉积法和沉积-沉淀法负载了纳米金颗粒（图3-12）。分别考察载体的孔隙结构对不同制备方法得到的纳米金催化剂催化氧

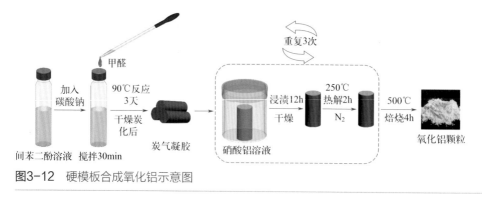

图3-12　硬模板合成氧化铝示意图

化活性的影响。结果表明沉积-沉淀法得到的纳米金催化剂催化氧化活性要优于溶胶沉积法得到的纳米金催化剂，最低完全转化温度为60℃。

硬模板法为制备有序介孔材料提供了一种可行的方法，但是与软模板法相比其制备过程复杂、合成周期长、成本高，而且很难实现大规模生产。

二、软模板法

软模板分为高分子模板和表面活性剂液晶模板，这里主要是指以表面活性剂模板剂制备氧化铝的方法。在合成体系中加入表面活性剂和铝盐，通过"协同自组装机理"相互作用形成有机-无机介观相，最后脱除模板剂得到氧化铝，其中所用模板剂包括阳离子表面活性剂、阴离子表面活性剂和非离子表面活性剂。常用的阴离子表面活性剂有十二烷基硫酸钠（SDS）和十二烷基苯磺酸钠（SDBS）等，它们具有分散能力好、性能温和以及毒性小等优点。而目前对阳离子表面活性剂的研究主要集中在烷基季铵盐系列，如十六烷基三甲基溴化铵（CTAB）、十六烷基二甲基丙烯基氯化铵（CDAAC）等。采用阳离子表面活性剂作为模板来合成氧化铝的缺点是无机物种与胶束之间的静电作用很强，脱除有机模板剂比较困难，而且容易导致介观结构的坍塌。此外，非离子表面活性剂如PEG-2000、两性离子和离子液等。非离子表面活性剂与无机前驱体之间的作用力是相对较弱的氢键，在焙烧过程或萃取时容易脱除，从而降低了去除模板剂过程中的介孔结构崩塌，以维持有序结构。其次，采用非离子表面活性剂时合成条件相对温和。

当表面活性剂在溶液中的浓度达到一定程度（临界胶束浓度CMC）就会自动形成丰富的有序结构，有序结构可以形成周期性的纳米级结构，引导和控制粒子生长的方向，获得特定结构的纳米材料。软模板包括胶体、微乳液、溶致液晶（LLC）等表面活性剂的有序聚集状态[42]。表面活性剂常见的有序聚集状态见图3-13。

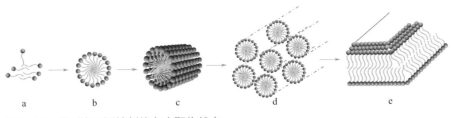

图3-13 典型表面活性剂的有序聚集状态

在离子型表面活性剂的溶液中，表面活性剂的浓度至关重要。当浓度很低的时候，表面活性剂主要是以单体存在；当浓度增加到临界浓度左右时，形成预胶束（图 3-13a）；当溶液浓度为 CMC 或略大于 CMC 时，胶束为球状（图 3-13b）；在浓度 10 倍于 CMC 或更大浓度时，胶束为棒状模型（图 3-13c）；随着溶液浓度的不断增加，表面活性剂分子通过自组装由棒状胶束聚集成为六角束（图 3-13d），周围是溶剂；浓度更大时，就会形成巨大的层状胶束（图 3-13e）；随着溶液继续增大，胶束进一步形成 LLC[43]。

软模板法是制备多孔氧化铝最常用的方法。

Fulvio 等[44] 利用商业的勃姆石与 P123 相互作用，400℃焙烧合成了 γ-Al₂O₃。相比于铝醇盐水解得到的介孔氧化铝，这种方法合成的 γ-Al₂O₃ 具有更高的酸碱性位点和更好的热稳定性，如图 3-14 所示。

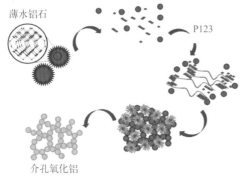

图3-14 介孔γ-Al₂O₃合成示意图

本书编著团队[45,46] 采用硝酸铝为铝源、尿素为沉淀剂以及氨基化合物为模板剂，经 100℃水热处理，产物焙烧后可得到片状氧化铝材料。氨基酸是一类两性分子，其分子结构中同时含有氨基和羧基。通过改变周围环境的酸碱度，可以调节氨基酸分子的荷电情况，并且，氨基酸分子至少同时含有一个氨基与一个羧基，可与水合氧化铝表面丰富的含氧官能团形成氢键。此外，其他胺类化合物（氨的氢原子被烃基取代后的有机化合物是氨基化合物）如乙二胺等，由于其官能团各异而为材料设计合成提供了极大的灵活性。

研究结果表明，该方法是一种合成片状氧化铝材料的普适性方法。如图 3-15 所示，当以赖氨酸为模板剂时，能够制备出由厚度约为 15nm、长度为 680nm 且具有粗糙表面的片状氧化铝材料。在 pH =8 ~ 9 的碱性环境下胺类化合物的官能团各异性，使其能够通过静电引力和氢键的相互作用力诱导纳米结构单元组装成片状形貌产物。由于该氧化铝材料具有的介观形貌及其粗糙表面能够有效地束缚住金纳米颗粒，以片状氧化铝为载体负载的纳米金催化剂可以在 2℃实现 CO 完全转化（$T_{50\%}$=-18℃），并且该 Au/Al₂O₃ 催化剂表现出优异的热稳定性，经

700℃和900℃空气焙烧后金颗粒在氧化铝载体上仍能保持高度分散。

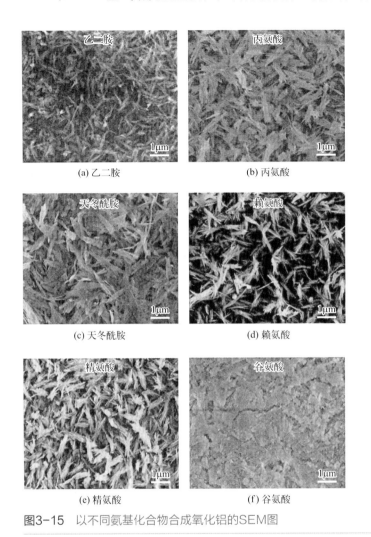

图3-15 以不同氨基化合物合成氧化铝的SEM图

三、总结

模板法合成的氧化铝具有很好的重复性，并且孔道有序，但是所采用的模板剂一般价格昂贵，会提高氧化铝的合成成本。同时，模板剂的脱除条件较为苛刻，该过程中还会产生大量的污染，很难实现氧化铝的大规模生产与应用。

第六节
固相法

固相法是通过从固相到固相的变化来制备纳米材料，其特征是不存在状（相）态的变化。分子（原子）在固相中的扩散缓慢，集合态是多样的。按照物质的微粉化机理可将固相法分为两类：一类是将粒径较大颗粒通过机械粉碎或化学处理分割为粒径较小颗粒的方法，称为自上而下法（top-down），球磨法和溶出法属于此类；另一类是将最小单位（分子或原子）通过扩散进而重新组合的方法，称为自下而上法（bottom-up），热解法、固相法、火花放电法属于此类。固相法操作简便、能耗低、产量高且无需模板剂，可以有效阻止制备过程中颗粒之间的团聚，是一种绿色环保的制备工艺。

机械研磨法是指将一些含铝（如氢氧化铝、粉煤灰、高岭土等）的材料通过物理机械研磨的方式，将尺寸较大的颗粒转化为粒径在纳米尺度的微粒，然后通过机械分离将其中的杂质去除，最终得到氧化铝。此方法目前应用较多的粉碎机有：球磨机、高能球磨机、行星磨、塔式粉碎机和气流磨等。其中应用较多的是球磨机，其原理是利用介质和物料之间的相互研磨和冲击使物料粉碎。该方法操作便捷，但是得到的纳米氧化铝粒径不均一、易团聚且形貌不可控，目前无法实现工业化。

本书编著团队[47]采用硝酸铝为铝源、碳酸氢铵为沉淀剂，两者经研磨发生固相反应，得到白色黏稠状固体，在100℃下老化24h后焙烧可得到棒状氧化铝材料，如图3-16所示。实验过程中，考察了 NH_4HCO_3/Al 摩尔比对前驱体结晶度以及微观形貌的影响。当 NH_4HCO_3/Al 为 $4:1$ 时，可以得到长 $100 \sim 150nm$、直径 $30 \sim 50nm$ 结晶度较好的规则纳米棒状前驱体。将前驱体在600℃下焙烧得到的氧化铝作为纳米金催化剂的载体制备的催化剂能够在120℃完全转化 CO。

(a) 4:1   (b) 5:1   (c) 6:1

图3-16　不同摩尔比所制备的棒状氧化铝的扫描电镜图片

第七节
微乳液法

　　微乳液法是近年来发展起来的一种制备纳米微粒的方法。它是利用两种互不相溶的溶剂在表面活性剂的作用下形成一种均匀、稳定的微乳液，这样可使成核、生长、聚结、团聚等过程局限在一个微小的球形液滴内，从而可形成球形颗粒，又避免了颗粒之间进一步团聚。微乳液分为正相微乳液［即水包油（O/W）型］和反相微乳液［即油包水（W/O）型］。纳米颗粒的制备通常采用 W/O 型微乳液，这一方法的关键之一，是使每个含有前驱体的水溶液液滴被一连续油相包围，前驱体不溶于该油相中，也就是要形成 W/O 型微乳液。超细粉末的制备是通过混合两种含有不同反应物的微乳液实现的。其反应机理[48]如图3-17所示。

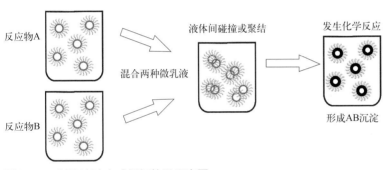

图3-17 微乳液法合成超细粒子示意图

　　当两种微乳液混合后，由于胶团颗粒的碰撞，水核内的物质相互交换和传递。该过程非常快，各种化学反应就在水核中进行（成核和生长），一旦水核内的粒子长到最后尺寸，表面活性剂分子将附在粒子表面，使粒子稳定并阻止其进一步长大，因此产物粒径受水核大小控制，粒子大小可控。

一、微乳液的定义

　　通常将微乳液定义为[48]：由两种不互溶液体形成的热力学稳定的、各向同性的、外观透明或半透明的分散体系。微观上由表面活性剂界面膜稳定的一种或两种液体的微滴构成。

　　微乳液通常是由表面活性剂、助表面活性剂、油相和水相等几部分组成的[49,50]。对于反相微乳液（W/O 型）而言，常用的表面活性剂有：阴离子表面活性剂如 AOT、SDS、SDBS 等；阳离子表面活性剂如十六烷基三甲基溴化铵（CTAB）等，以及非离子活性剂如 Triton X 系列、卵磷脂、NP 系列等。

助表面活性剂通常为中等碳链长（$C_3 \sim C_8$）的醇类。助表面活性剂在微乳液的形成过程中主要起三种作用[51]：一是降低表面张力，使更多的表面活性剂被吸附到界面上；二是降低界面的刚性，增加界面的柔性，使界面更易于流动，减少微乳液生成时所需的弯曲能，使微乳液滴容易生成；三是可以起到微调表面活性剂 HLB 值的作用。因此，选择合适的助表面活性剂可以使微乳液的形成速率加快，制得的液滴更强、更均匀。油相一般是非极性的溶剂，如烷烃和环烷烃等。水相则为纯水或无机盐溶液。

二、反相微乳液法制备纳米微粒的反应机理和影响因素

反相微乳液法合成纳米微粒时，一般采用还原反应来制备金属粒子，用水解反应来制备氧化物或用复分解反应来制备金属氯化物、硫化物、溴化物等，或者利用其他的反应。可以用模式 A+B====C+D 来描述，其中 A、B 为溶于水的反应物，C 为不溶于水的产物沉淀，D 为副产物[52]。

1. 反相微乳液法制备纳米微粒的机理

对于双微乳液方式，两种预先配制好的微乳液互相混合时，由于水核液滴间的相互碰撞，会形成瞬间二聚体（三聚体可能性较小），两聚合液滴间形成水池通道，水池内的物质可交换，使反应发生[53]。形成二聚体的过程中改变了表面活性剂膜的形状，所以二聚体处于高能状态，很快会分离。在聚合、分离过程中，反应物相互接触，发生反应，生成产物分子，多个分子聚集在一起形成核。一般在反应的前十几分钟探测不到固体粒子，这段时间是成核过程（nucleation）。生成的核作为催化剂使反应加快进行，产物附着在核上，使核长大，最终成为产物粒子，这段过程称为自催化过程（autocatalysis）。其中还包括熟化过程（ripening），即几个小核合并形成大核的过程。当反应物浓度较高时，反应速率比较快，成核过程中形成核的数量比较多，大量的核聚集在一起形成大核即熟化，之后在自催化作用下形成较大的产物粒子，成核与生长过程分离；当反应物浓度较低时，成核过程中形成的核比较少，之后在自催化作用下成长，自催化起主要作用，熟化作用不太明显，成核与成长过程几乎同时进行。

2. 影响反相微乳液法制备纳米粒子的因素

反相微乳液作为合成纳米粒子的媒介，是因为其提供一个特定的"水核"（watercore），水溶性的反应物被隔离在不同的"水核"中可限制反应物之间的相互作用并控制产物粒子的生长。影响纳米粒子制备的因素主要有以下几方面。

（1）微乳液组成的影响　纳米粒子的粒径与反相微乳液的水核大小密切相关，而水核半径是由 $\omega=[H_2O]/[$表面活性剂$]$（ω为水表比，即水与表面活性剂物质的量比）决定的。微乳液组成的变化导致水核的增大或减小，水核的大小直接决定了纳米粒子的尺寸。Rivas J. 等[54]报道了在 AOT/ 正庚烷 / 水的微乳液体系中用 $NaBH_4$ 还原 $FeCl_2$ 制备超细 Fe 粒子，考察了 ω 对 Fe 粒子粒径的影响。在该体系中，随着水核半径的增大（即 ω 增大），制得的 Fe 粒子粒径也随之增大。实验还测得水核半径约为 3.4nm 时，得到的 Fe 粒子半径约为 4nm，略大于水核半径。而 A. K. Panda[55] 等采用（Triton X-100+Alkanol）/ 正庚烷 / 水体系制备钨酸超细粒子时，不仅考察了水核大小对超细粒子粒径的影响，还观察到表面活性剂 Triton X-100 与助表面活性剂烷醇（alkanol）间的配比不同也会对得到的纳米粒子的粒径产生影响，而且在表面活性剂与助表面活性剂之间存在一个最优比例。

（2）反应物浓度的影响及盐效应　适当调节反应物的浓度，可使制取粒子的大小受到控制。一般来说，反应物主要为无机盐类，有时也可以加入一些电解质作为反应的催化剂，比如在水解反应中加入适量的碱。这些物质中的反离子会对形成液滴的表面活性剂产生影响，反离子进入液滴膜层，使表面活性剂间的斥力减弱，侧向吸引力加强，液膜更稳固，从而使生成的粒子更规则、更均一。但这种影响对离子型表面活性剂较为明显，而对非离子表面活性剂影响不大。它的另一个影响则是在与水结合方面同表面活性剂竞争，盐的加入一般都会减小水与表面活性剂之间的相溶性，导致微乳液相图上单相区缩小，增溶水量减少，液滴中水核半径也相应减小[56]。

（3）水核液滴界面膜的影响　为了保证形成的微乳液颗粒在反应过程中不发生进一步的聚集，选择的表面活性剂的成膜性能及膜的强度要合适，否则在微乳液中颗粒碰撞时表面活性剂所形成的界面膜比较松散，易被打开，会导致不同水核内的固体核或超细颗粒之间的物质交换速率过大，这样就难以控制颗粒的最终粒径了[57]。通常影响界面膜强度的因素主要有：含水量，即 ω 的大小；助表面活性剂的含量；助表面活性剂碳氢链的链长。在反相微乳液中，水主要以束缚水和自由水两种形式存在于水核内和界面层。前者使极性头排列紧密，增强界面膜强度，后者则相反。随着增溶水量的增大，束缚水逐渐趋于饱和，自由水的比例增大，使得界面膜强度减弱。而作为助表面活性剂的醇，存在于界面表面活性剂分子之间。通常醇的碳氢链比表面活性剂的碳氢链短得多，因此当界面醇含量增加时，表面活性剂碳氢链之间的空隙也增大，界面强度减弱，在颗粒碰撞时界面层也容易互相交叉渗入。一般而言，反相微乳液中总醇量增加时，界面醇量也增加，但界面醇与表面活性剂量之比值存在一最优值。超过此值后再增加醇，则醇主要进入油相。

第八节
电渗析法

用氢氧化钠溶液溶解铝土矿可以制备铝酸钠溶液，再引入晶种，搅拌生成 Al(OH)₃ 沉淀，经过过滤洗涤煅烧后即可制备出氧化铝。该法即为工业上应用最为广泛的拜耳法制备氧化铝。拜耳法沉淀时间长、沉淀效率低、种子质量比低，但操作简单、能耗小。铝酸钠溶液中通入 CO_2，不断搅拌生成 Al(OH)₃ 沉淀，经过过滤洗涤煅烧后即可制备出氧化铝，该法为碳化法制备氧化铝。碳化法沉淀速度快、碳化速率高，但工艺过程复杂、能耗高。离子交换膜技术自 20 世纪 70 年代中期开始工业化，具有投资小、能耗低、产品成本低等优点。随着技术的进步和经济效益的提高，离子交换膜技术已应用于湿法冶金中浸出矿石、金属化合物处理、高纯金属制备和废水处理等多个领域，但尚未应用于生产 Al_2O_3。本节研究了以铝酸钠溶液为原料，采用离子交换膜电渗析法制备氧化铝的新方法，为氧化铝的制备提供了新工艺。

一、电渗析法制备氧化铝原理

传统的拜耳法在生产过程中会产生大量碱性料液即铝酸钠料液，其成分主要为 NaOH 和 NaAl(OH)₄。直接在铝酸钠溶液中加入晶种产生沉淀，会导致制备的氧化铝含有大量碱金属离子，改变了氧化铝的表面性质，导致表面酸度的降低，从而影响氧化铝的催化性能[58]。S. P. Banzaraktsaeva 在酸改性环状氧化铝催化剂在管式反应器中的乙醇脱水制乙烯实验中认为，钠杂质可以削弱或毒害最强的路易斯酸位点（LAS），并交换表面羟基，从而减少乙氧基的数量和反应活性，最终降低催化活性[59]。因此用铝酸钠为原料来制备氧化铝，降低氧化铝中钠离子含量尤为重要。本文将通过电渗析法来分离铝酸根和钠离子，从而制备低钠氧化铝。

电渗析法制备氧化铝即为运用离子交换膜分离阴阳离子，最后只有铝酸根进入阳极室生成 Al(OH)₃ 沉淀，阴离子膜阻断钠离子进入，避免了污染。根据电解池个数可将电渗析法分为两室阴离子膜电渗析和三室阴阳离子膜电渗析。

两室阴离子膜电渗析法制备氧化铝过程：阴极室铝酸钠溶液中 Al(OH)₄⁻ 通过阴离子交换膜（AEM）迁移至阳极室，在阳极室缓冲溶液中生成 Al(OH)₃ 沉淀（图 3-18），而 Na⁺ 则被 AEM 阻隔留在阴极室。其中包含的物理化学反应如下：

阴极室电解水反应：$4H_2O + 4e^- \longrightarrow 2H_2\uparrow + 4OH^-$

阳极室电解水反应：$4OH^- - 4e^- \longrightarrow O_2\uparrow + 2H_2O$

离子迁移：$Al(OH)_4^-(阴极室)\longrightarrow Al(OH)_4^-(阳极室)$

沉淀反应：$4H^+ + 4Al(OH)_4^- \longrightarrow 4Al(OH)_3\downarrow + 4H_2O$

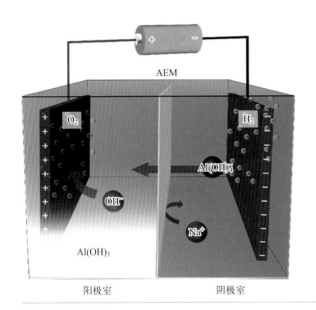

图3-18

两室阴离子膜电渗析法制备Al(OH)₃原理

三室阴阳离子膜电渗析法制备氧化铝过程：盐室铝酸钠溶液中 $Al(OH)_4^-$ 通过阴离子交换膜（AEM）迁移至阳极室，在阳极室缓冲溶液中生成 $Al(OH)_3$ 沉淀（图 3-19）。Na^+ 则通过阳离子交换膜（CEM）迁移至阴极室。与两室电渗析相比，三室电渗析将 Na^+ 迁移至另一个电解池，降低了盐室中 Na^+ 含量，从而减小了 Na^+ 进入阳极室的概率，进一步降低氧化铝中钠含量。其中包含的物理化学反应如下：

阴极室电解水反应：

$$4H_2O + 4e^- \longrightarrow 2H_2\uparrow + 4OH^-$$

阳极室电解水反应：

$$4OH^- - 4e^- \longrightarrow O_2\uparrow + 2H_2O$$

离子迁移：

$$Al(OH)_4^-(盐室)\longrightarrow Al(OH)_4^-(阳极室)$$
$$Na^+(盐室)\longrightarrow Na^+(阴极室)$$

沉淀反应：

$$4H^+ + 4Al(OH)_4^- \longrightarrow 4Al(OH)_3 \downarrow +4H_2O$$

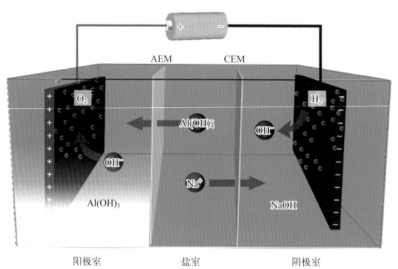

图3-19　三室阴阳离子膜电渗析法制备Al(OH)₃原理

二、电渗析法制备氧化铝优缺点

电渗析法制备氧化铝是一种新工艺，此工艺具有分解耗时短、分解率高、能耗低等优点。已经通过多次实验证实此工艺的可行性，证明利用离子膜技术对铝酸钠溶液电渗析不但可获得纯度较高的氢氧化铝产品，还可获得浓度高于25%的 NaOH 溶液和副产物 H_2 和 O_2。研究还表明铝酸钠溶液通过离子膜电渗析，耗时约 12h 分解率可达 70% 以上[60]。

电渗析的作用类似于碳化分解，但不需通入大量的 CO_2，相比传统晶种分解法，无须添加晶种，流程更为简单。通过加入添加剂控制氢氧化铝的附聚，便可得到粒度较细的氢氧化铝[61]。

然而实验过程中会发现，离子交换膜价格昂贵，见表3-1。价格昂贵的同时还伴随着离子交换膜污染需频繁更换和反应条件苛刻。

表3-1　离子交换膜价格表

离子交换膜类型	厂商	型号	单价/（元/m²）	反应温度/℃
AEM	Fumasep	FAA-3-20	17100	25～50
AEM	Fumasep	FAA-3-PK-75	18600	25～50

离子交换膜类型	厂商	型号	单价/（元/m²）	反应温度/℃
AEM	Fumasep	FAAM-15	28300	25～50
AEM	Sustainion	X37-50-GradeT	44255	25～80
AEM	Xion	Pention-72-5CL-20	323100	25～80
CEM	Nafion	N115	24400	25～80
CEM	Fumasep	FKS-PET-75	18200	25～80
CEM	Gore	MX765.08	28300	25～80

三、影响电渗析法的关键因素

1．膜类型

阳离子交换膜是对阳离子有选择作用的膜，通常是磺酸型的，带有固定基团和可解离的离子，如钠型磺酸型固定基团是磺酸根，解离离子是钠离子。阴离子交换膜是对阴离子有选择作用的膜，由不同的聚合物骨架接枝阳离子基团组成，其中阳离子基团则以季铵基团为主。都可选择性地允许某种特定的离子通过，因而具有高的离子选择渗透性。

不同的商业膜具有不同的特性，而对于本方案来说，离子交换膜的离子交换容量、比面积电阻和选择性更为重要。离子交换容量（IEC）为每克氢型的干膜或湿膜与外界溶液中相应离子进行等量交换时的毫摩尔数。离子交换容量是衡量离子膜性能的重要参数，交换容量大，则电导性能好，亲水性也较好，但离子选择性差；反之离子交换容量小，则电导小，但具有更高的离子选择性。高选择性将会提高离子的分离效率，低比面积电阻会降低该过程能耗。同时离子交换膜的抗结垢性能也同样重要，将决定离子交换膜的使用寿命。

2．反应温度

不同温度下电渗析，电流-时间曲线都是先趋于平稳后逐步降低。随温度的增加，起始电流也随之增加。主要原因可能是离子膜结构和铝酸钠溶液的电导会随温度发生变化。离子膜的膜电阻与它的含水率有很大的关系，而温度是影响含水率的主要因素。当离子膜在电解液环境中，既能吸附一定量的水，又能吸附电解质，吸附量会影响膜内离子对的解离平衡；离子膜含水率低，则结合成紧密的离子对。膜中的导电是靠游离离子的迁移实现的，所以当吸附水量越多时膜导电性能越好，但选择透过性越差。

当温度上升时，离子膜中的微管通道膨胀，水进入离子膜的量提高，离子膜的含水率提高也必然提高离子的水化度，所以离子膜的膜电阻下降。同时微管通道的膨胀也必然使进入膜内的离子数增加，电流的传导更容易实现。所以随着温度的升高，离子膜电解铝酸钠溶液时，电流值在相同的条件下更高。另外，温度的升高也对铝酸钠溶液本身的电阻有一定的影响。溶液的电阻与黏度有很大的关系，黏度越大则电阻越大。铝酸钠溶液的黏度与温度的关系为：

$$\eta = A\exp\frac{B}{T} \tag{3-2}$$

式中，A、B 为经验常数，单位分别为 Pa·s 和 K。可以看出，对于相同浓度的铝酸钠溶液，当温度升高时，溶液的黏度下降。

综上可知，因为温度升高使离子膜及铝酸钠溶液的电阻都减小，所以随着温度的升高，电渗析电流相应升高。

3. 电流密度

电流密度越高，$Al(OH)_4^-$ 和 Na^+ 的迁移动力越大，从而有更多的离子从盐室迁移至阴极室和阳极室。阳极室 $Al(OH)_4^-$ 浓度越大，生成的 $Al(OH)_3$ 沉淀也就更多。电渗析运行初期，电压-时间曲线有明显下降趋势，然后趋于平稳。因为初期电解池内溶液浓度较低，电阻较大，随着电渗析运行，阴阳极室中离子浓度不断增加，电阻减小，电压下降。

但随着电流密度增加，能耗也随之增加，因为电流密度越高，就需要消耗更多的能耗来克服电阻。电流效率随着电流密度增加而下降，因为电流密度越高，阳极室和阴极室就会有更多的水被电解，其中阴极室产生的 OH^- 会被迁移至相邻的电解池，与 H^+ 反应又会生成水，降低了电流效率。

总之，高电流密度可以实现阳极室高浓度 $Al(OH)_4^-$、高 $Al(OH)_3$ 收率，但能耗较高，电流效率较低。

四、电渗析法制备氧化铝进展

电渗析法分离铝酸钠溶液和制备氧化铝国内外都做过相关研究。

颜海洋等[62] 在扩散渗析（DD）和电渗析（ED）分离氧化铝碱性溶液中的 NaOH 和 $NaAl(OH)_4$ 实验中，通过 DD 或 ED 工艺回收由 NaOH 和 $NaAl(OH)_4$ 组成的模拟化学合成氧化铝碱性溶液。DD 工艺使用 CEM 来研究运行时间对离子扩散率和分离因子的影响。ED 工艺使用 AEM 和 CEM 来评估进料浓度和跨膜堆电流的影响。最后发现，ED 工艺由于具有较高的渗透率，可以在短时间内实现更高的碱浓度和采收率。因此，与 DD 工艺相比，ED 工艺设备的处理能力更高（图 3-20）。相比之下，DD 工艺具有能耗低、环境友好、膜污染低等优点。需要进行进一步的研究以提高 DD 和 ED 的工艺性能，包括开发高碱渗透 DD 膜、优化运行参数以降低能耗、膜污染和 ED 工艺的 $Al(OH)_4^-$ 泄漏。

Yu.A.Lainer 等[63] 在研究铝酸盐溶液电渗析分解过程（如图 3-21 所示）中氢氧化铝的成核动力学及机理中，研究了强铝酸盐溶液电渗析分解的动力学规律。利用铝酸盐溶液电渗析过程中氢氧化铝析出的非均相动力学方程进行了数学模拟，模拟结果表明，极限阶段的性质与颗粒三维聚并过程中的瞬时成核有关。对电渗析沉淀物进行了分析，并对电渗析分解强铝酸盐溶液的商业应用进行了探讨。

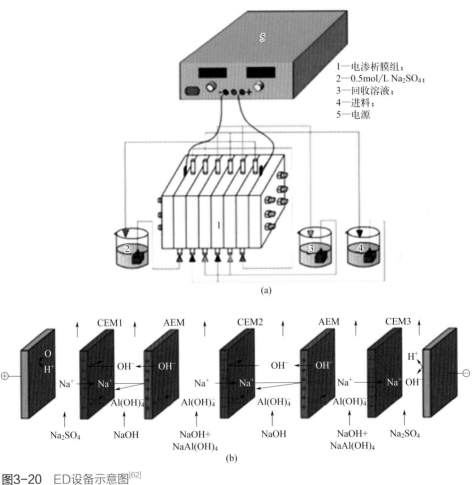

图3-20 ED设备示意图[62]

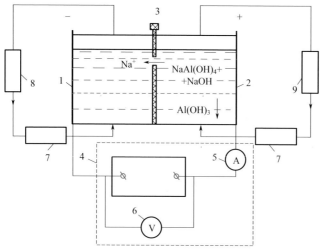

图3-21 两室实验室电渗析装置的示意图[63]

1—阴极；2—阳极；3—阳离子交换膜；4—电源；5—电流表；6—电压表；7—泵；8—NaOH 交换液；
9—NaAl(OH)$_4$交换液

第九节
静电纺丝法

氧化铝由于其具有高模量、抗腐蚀、质量轻、热稳定性和力学性能良好等特点被广泛应用。常用作：①催化剂载体，如负载金催化剂用于一氧化碳催化氧化；②高温隔热材料，如常见的坩埚、刚玉管件等；③金属等缺乏机械强度的材料中的增强组分。

目前静电纺丝法制备氧化铝纤维所得到的纤维尺寸分布宽泛，直径较大，难以制备 100nm 左右的氧化铝纤维。用于氧化铝纤维的制备方法主要包括：溶胶-凝胶法、熔融抽丝法、浸渍法、淤浆法以及静电纺丝法等。而氧化铝纤维的力学性能主要取决于纤维自身的致密性、纤维的直径以及纤维中微观结构的连续性。通常随着纤维直径的减小，纤维的柔韧性和机械强度增强。而静电纺丝技术在制备氧化铝纤维中的优势就是可以制备出直径在纳米级的纤维，而且纤维的直径相对均匀，可调变范围较广，纤维的连续性好，在制备定向纤维领域也有了较好的进展。此外，静电纺丝法制备氧化铝还可以对其组分进行调整和改变，因此静电纺丝技术在制备氧化铝中有着不可替代的优势和广阔的应用前景。

目前有关利用静电纺丝法制备氧化铝纳米纤维中多采用几种铝盐作为铝源，这样无法保证纺丝前驱液的铝盐的唯一性和水解程度的可控性以及一些其他特殊要求。2014年，陆安慧课题组[64]以异丙醇铝为单一铝源，PVP作为助纺剂，以乙醇作为溶剂成功制备出了氧化铝纳米纤维薄膜，而且通过调节溶液浓度和异丙醇铝浓度成功得到了直径不同的氧化铝纳米纤维薄膜。

一、静电纺丝技术

静电纺丝技术自从出现以来，研究人员就开始注意到与其他制备纳米纤维的方法相比，静电纺丝技术有着独特的优势。静电纺丝技术制备的纳米纤维连续性好、尺寸调控范围大、形貌多样化、成分组成种类丰富等，而且可以根据不同的需要制备出不同组成的纳米纤维，此外静电纺丝技术设备要求简单，实验可重复性好，纤维薄膜宏观上整体性好，而且可以制备出柔韧性的薄膜，因此具有很大的潜在应用价值和应用前景。

无机纳米纤维由于其组成的特殊性，许多无机纳米纤维中含有大量的过渡金属元素和一些非金属元素，由于过渡金属独特的电子层结构，在光电、电化学、催化、储能、吸附等领域有着重要的应用。而静电纺丝技术在制备纳米纤维领域又具有独特的优势，因此将静电纺丝技术引入到无机纳米纤维领域早已成为了研究热点，并且由此也诞生了百余种新型无机纳米纤维，而且许多材料还得到了很好的应用。

氧化铝作为重要的无机纳米材料，已经有了长时间的研究历史。如传统的沸石分子筛以及硅铝酸盐等均为经典的无机材料，并且在催化裂化领域有着独特的优势和广泛的应用。氧化铝作为重要的无机材料，制备成氧化铝纳米纤维在耐高温增强材料和催化等领域有着重要的应用。因此，制备直径可控的氧化铝纳米纤维有着重要的实用价值和意义。

1. 静电纺丝技术原理及过程

静电纺丝法是利用高压静电使溶液或熔融体荷电，当溶液或熔融体在高压静电场中所受到的电场力大于表面张力时，毛细管喷口处的液滴极化拉伸形成泰勒锥，泰勒锥尖端部分的液体产生射流飞向接收器，在飞向接受器的过程中，经过一段距离的直线飞行后，开始不稳定的鞭动现象，并且随着鞭动过程的进行，射流逐渐拉伸变细。同时在射流飞行的过程中，由于其比表面积逐渐增加，溶剂逐渐挥发，射流逐渐固化变成纳米纤维，并附着到接收器上，形成均匀的毡或膜。静电纺丝技术作为目前制备纳米纤维广适性最强的方法，可以制备的纳米纤维数以千计。而且所制备的纳米纤维具有连续性好、产量大、操作简单、尺寸可控范围大、纤维直径调节容易等优点，近年来被广泛用于有机、无机和有机-无机复合纳米纤维领域，并且取得了长足的发展。

目前可用静电纺丝技术制备的无机纳米纤维多达百种，如锂离子电池中用到的 $LiFePO_4$、$LiMnPO_4$、$LiCoPO_4$、高强度 SiC 纤维、纳米陶瓷纤维、具有光学性质的 ZnO 纳米纤维等。而且在催化、电化学、载体、光电、感光、传感器、储能、耐磨剂、绝缘绝热、颜料、过滤薄膜、半导体和生物医学等领域得到了广泛重视和应用。

利用静电纺丝技术制备的无机纳米材料大致可以分为：金属氧化物纳米纤维、金属盐纳米纤维、金属单质纳米材料、无机非金属类纳米材料等。根据报道，目前能用静电纺丝技术制备的无机纳米材料中，金属盐和金属氧化物类的无机纳米纤维居多。目前可以用静电纺丝技术制备的无机纳米纤维很多，一般主要用于疏水、过滤、催化及吸附等领域。因此，研究静电纺丝技术制备无机纳米纤维具有广阔的应用前景。

静电纺丝技术，全称为高压静电纺丝技术，简称电纺，是近十几年发展起来的制备纳米纤维的重要方法之一，是从电喷技术发展而来的。电喷技术是在高压静电场下导电液滴所产生的高速喷射雾化现象。电喷技术最早可追溯到 1882 年 Rayleigh 所做的雾滴静电化研究。他们在最早研究了液滴表面张力和电场力之间的相互关系与液滴分裂的关系，发现液滴表面荷电时液滴会自行分裂为较小的液滴，使得液滴的表面张力和电场力达到平衡，要使较大液滴分裂成更小的液滴必须破坏这种平衡，即需要增加液滴表面的电场力使其超过液滴的表面张力，即提高电压使液滴在较大电场力下分裂成更小的液滴，这种现象被称作瑞利不稳定（Rayleigh instability）。后面的科研工作者利用瑞利不稳定现象逐渐发展出电喷技术。1915 年，Zeleny 对毛细管末端的液滴研究了电场下的形态变化，认为液滴内压与外界对液滴所施加的压力相等时液滴才会发生不稳定现象，还做了相关的研究，发现表面张力越高，则液滴出现弯曲不稳定现象所需要的电压也就越高。1964 年以后，Taylor 做了许多相关方面的研究，发现液滴在电场中主要受到两种力的作用——电场力和表面张力，随着电场力的增加液滴逐渐被拉伸，当所施加的电场力与液滴的表面张力相等时，液滴会形成顶角为 49.3° 的圆锥，把这个圆锥命名为泰勒锥（Taylor cone）。

电喷技术是通过电场力和表面张力的平衡得到相对均匀的液滴，若在溶液中添加长链高分子，当静电力和表面张力相等时，随着溶剂的挥发，就可以形成单分散纳米微米聚合物球。Reneker 等将聚氧乙烯（PEO）溶解到水中，通过调节 PEO 的浓度来调节溶液黏度。研究发现，随着黏度的增加，产物的形貌由球形逐渐向纤维转变，在黏度为 13mPa·s 时产物主要为 400nm 左右的 PEO 球，当黏度逐渐增加到 1250mPa·s 时产物基本变为 PEO 纤维。随着高分子的分子量的逐渐增加以及浓度的逐渐增加，在同样的电场力作用下，溶液的黏度越大，溶液的表面张力越大。因此黏度和分子量的提高导致电喷过程中难以生成单分散的纳米或者微米球，而当黏度和聚合物分子量达到一定程度后，产物形貌变成了纤维，这也就是静电纺丝技术的出现。静电纺丝技术是指有机长链高分子溶液或熔融体在高压静电场的作用下，当电场力和表面张力达到平衡时，液滴裂分拉伸为极细的纤维，同时溶剂挥发或者纤维表面干燥固化，在溶剂挥发完全之前或者表面固化之前，纤维在电场力作用下逐渐向与喷头相对的电场的另一端运动，随着溶剂的挥发，纤维所受到的电场力逐渐减弱，最后到达接收器时成了杂乱无章的无纺布薄膜。静电纺丝技术也成为了目前制备连续纳米纤维非常重要的方法之一。

静电纺丝过程中，溶液或者熔融体在高压静电场中经过纺丝喷头时，溶液表面荷电，并且在高压静电场中受到电场力作用，而溶液中含有大量高分子并且溶液黏度较高，即表面张力较大，由于液滴表面带有同种电荷，同种电荷相互排斥导致液滴裂分为小液滴，小液滴在电场力作用下又有轴向拉伸力使其拉伸为纤维，而液滴自身的表面张力则阻碍这种拉伸和裂分，因此当电场力大于液滴的表面张力时，液滴形成射流，喷出纺丝喷头，射流经过纺丝区域时溶剂挥发，导致纤维固化成型，然后沉积到接收器上，这就是静电纺丝的基本原理和过程。

静电纺丝的典型的装置如图 3-22 所示，一般由三部分组成：高压发生器、毛细管、接收器。高压发生器可以用正高压静电发生器，也可以用负高压静电发生器；毛细管一般用导电的金属管或钢制毛细管，如医用钢制针头；接收器是接地线的导电体，接收器的接收方式以及形态可以根据实验者的需求自行制作，最常见的就是金属铝箔作为接收器。Hohman 等[65]通过高速相机拍摄到了实时纺丝

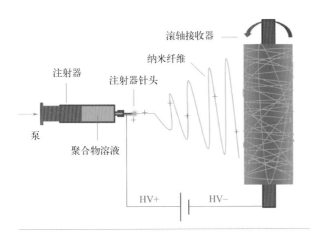

图3-22
静电纺丝示意图
HV—高压电源

过程，如图 3-23 所示，纺丝过程中纤维是从一个单一直线然后扰动弯曲成较大范围内的空间曲线型纤维。一般纺丝过程中，纤维主要经历两个过程，即慢加速过程（射流的形成即泰勒锥后的直线加速过程）和快加速过程（即鞭动扰乱形成无纺膜的过程）。溶剂在这两个过程中，逐渐挥发的同时纤维固化定型，当纤维到接收板的时候，溶剂基本挥发完全，同时在接收板上形成均匀无纺膜。因此，从上述过程可以看出静电纺丝技术是一种成型技术。

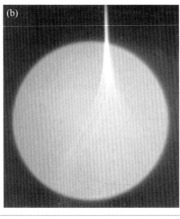

图3-23
带电PEO水射流的不稳定区域

从以上论述可以看出，纺丝过程中主要包括三个方面的影响因素：一是纺丝液即溶液的性质，二是纺丝过程的参数，三是实验装置的参数。这些因素主要可以归纳为：高分子聚合物的分子量、溶液的黏度、溶液电导率、溶剂的沸点、纺丝电压、纺丝区域的温度、纺丝区域的湿度、供液速度、接收器形状、纺丝喷头的形状等。由于静电纺丝是一个成型过程，而由静电纺丝的原理得出影响形貌的核心的影响因素——溶液的黏度和电导率，因此上述的影响因素都是对液滴的表面张力、电场力或喷丝头的形状有影响。考察一个过程对纺丝纤维的结构形貌的影响，主要是看上述因素是否对表面张力或者电场力有影响，见表 3-2。

表3-2　静电纺丝过程中实验参数对纤维形貌的影响

参数分类	参数名称	纤维形貌变化
聚合物参数	分子量增加	纤维直径增大
	分子量分布变宽	串珠纤维形成的概率增加
	溶解度增加	高分子链更加舒展，有利于纤维形成
溶剂参数	挥发性提高	纤维产生多孔性结构
	挥发性降低	纤维易呈扁平状，相互粘连
	导电性增加	射流电场力增加，纤维直径减小
溶液参数	浓度/黏度增加	纤维直径增大；黏度太高纤维不连续，太低为微球
	表面张力增加	射流表面张力增加，纤维直径增加，易呈串珠
	导电性增加	纤维直径减小，直径分布变宽

参数分类	参数名称	纤维形貌变化
过程控制参数	纺丝电压增加	纤维直径先减小后增大
	流速增加	纤维直径增大，流速过大易呈串珠
	接收距离增加	鞭动距离增加，纤维直径减小，距离过近则呈现扁平状
纺丝环境参数	纺丝温度升高	温度升高，溶液黏度降低，纤维直径减小
	纺丝湿度升高	纤维表面易形成多孔结构，纤维也容易粘连溶并
	空气流速增加	溶剂挥发加快，易形成多孔纤维，纤维直径增加

目前常见的改变溶液黏度的方法是通过改变高分子聚合物的浓度和分子量，或者调节样品中部分成分的水解程度。一般而言，同种聚合物其分子量越大则同样浓度情况下溶液的黏度也越大，同种溶剂的情况下聚合物浓度越高则黏度越大，同时溶液的黏度也与溶剂有关系。而溶液的电导率则与溶剂的电导率以及溶剂中电解质含量有关系，电导率越大则同样电压和接收距离的情况下液滴所受到的电场力也越大。而喷头的形状直接影响纺丝后纤维的形貌，喷头有模板作用，因此可以改变不同的喷头得到不同的纤维，如同轴纤维的制备就是通过改变喷头形状来制得。

2. 静电纺丝技术基本理论

关于静电纺丝不同过程的理论模型研究一直都是静电纺丝领域重要的研究方向，目前主要的研究集中到三个部分：喷头处液滴初始阶段的理论；纤维进入后半段的无规则摆动过程的理论；纤维细化理论。

（1）初始阶段的理论　关于初始阶段的主要理论是 Taylor 提出的泰勒锥概念。他对液滴荷电以及泰勒锥的形成给出了理论解释和相关推导公式。如公式（3-3）所示：

$$U_{\mathrm{C}}^2 = \frac{4H^2}{L^2}\left(\ln\frac{2L}{R} - \frac{2}{3}\right)(0.117\pi\gamma R) \tag{3-3}$$

式中，U_{C} 为施加的电压；H 为喷头出口到接收板的距离；L 为喷口的长度；R 为喷口半径；γ 为溶液表面张力。

从公式（3-3）中可以看出，在 $\ln(2L/R)$ 变化不大的情况下，临界电压与接收距离成正比；随着 L 的增加临界电压减小，随着 R 的增加临界电压变大。

（2）无规则摆动过程的理论　液滴在泰勒锥处被电场力牵引拉伸，经过一段时间直线运动后，纤维开始无规则摆动。很多该领域研究人员认为纤维细化主要发生在该阶段，目前主要的观点有三种：Rayleigh 不稳定性；轴对称的曲张非稳定性；非轴对称的弯曲非稳定性。Rayleigh 不稳定性与射流的轴线成轴对称，是由毛细管力和黏性力引起的；轴对称的曲张非稳定性是由表面电荷在切向电场力引起的；非轴对称的弯曲非稳定性是由流体的偶极和电荷发生变化导致在轴的法线上受到电场力的作用引起的，也称作鞭动。后两者是电场力引起的，因此电场力增加会使不稳定性更明显，在电场力较低时 Rayleigh 不稳定现象出现，随着电压的增加后两种与电场力相关的不稳定性现象越来越明显。

（3）纤维细化理论　许多静电纺丝方面的研究都试图改善纤维的尺寸均匀性和尺寸可控性，希望能够对其纤维的直径和均匀性进行最大范围内的可控，然而很多实验结果表明，当纤维直径细到一定程度后，纤维直径的分布变得越来越宽。

目前关于纤维直径细化的理论研究认为喷射流直径（即纤维细化过程中的直径）与纤维拉伸距离之间的关系也与纺丝过程参数和溶液性质有关。通常，溶液的黏度、纺丝电压、纺丝液的进液速度影响比较明显。随着前驱液黏度的增加泰勒锥形貌由半球状逐渐变化为圆锥形，静电纺丝的喷头处的直线阶段也越长，则无规则摆动的距离减少，纤维直径增加。而电压逐渐增加，纤维的直径先下降后上升，主要是由于电压的增加导致液滴表面的电荷量增加，液滴所受的电场力增加，液滴更容易裂分，喷射流所受到的电场力也越大，使其从喷头到接受器的时间更短，前者使得纤维直径减小，后者使得纤维直径增加，当电压较小时液滴裂分占主导，当电压增加到一定程度后喷射流经过喷头和接收器之间的时间占主导，因此随着电压的增加纤维直径先减小后增加。纺丝液的进液量会对泰勒锥的形状造成影响，一般纤维的直径随着流速的增加而增加。

目前关于静电纺丝过程的理论研究很多，但是仍然没有一个完整理论模型能够解释整个静电纺丝过程。因为它涵盖了很多领域的知识，包括电磁学、流体力学、流变学等，还需要大量的科研工作来为理论模型的建立奠定基础。

3. 静电纺丝装置

由于静电纺丝技术的本质是一种成型技术，主要用于制备微纳米纤维无纺布材料，很多科研人员也将注意力转向了微观结构的调整和设计。目前主要的微观结构设计从两方面出发：一是对喷头以及接收器等的改造，来制备不同形貌和结构的纤维；二是利用化学性质制备表面带有丰富空洞的多孔纤维。

常见的静电纺丝装置主要包括以下几个部分：注射泵、纺丝喷头、接收器、高压静电发生器等。

（1）注射泵　对注射泵的改进和调整主要是用来调节流量等，来量化纺丝液进液量。也有许多其他的进样方式，比如气流推动、重力推动等。

（2）纺丝喷头　最早的纺丝喷头就是普通的毛细管，如将钢制针头处理平整即可作为纺丝喷头。后来逐渐发展出了同轴针头、多针头、并列针头、旋转锥形多孔喷头等。

（3）接收器　在静电纺丝中，用于收集纺丝纤维样品的装置即接收器有许多种类。最初始是平板接收器，即用一个导电金属箱（一般选铝箔）作为接收器，然后接好地线。后来随着对静电纺丝技术的理解逐步深入和对最终的纺丝样品微观形貌多样化的要求，不断出现许多新型的接收器，如静态接收器中有平板、二维平面阵列金属网、磁性定向接收器、并列圆环、平行金属板液相接收器等。也有许多科研人员开发出了动态接收装置，使得纺丝薄膜更加均匀和取向更加一致，在动态接收装置中主要是以滚筒为主，如圆柱形滚筒接收器、圆盘接收器、旋转鼓筒接收器、水浴滚筒接收器、多层平行旋转圆板接收器、滚笼接收器等。许多动态接受器都能接收到取向一致的纤维薄膜，而且得到的纤维薄膜厚度均匀。但滚筒接收器要想得到取向一致的纤维，滚筒的转速需要达到某一阈值，一般把该速度称作定向速度，当滚筒的转速超过定向速度时部分纤维会被拉断，因此如果想获得定向的连续纤维，需要转速和纺丝速度匹配。

（4）高压静电发生器　高压静电发生器主要是为纺丝液提供高电压和静电场。一般静电纺丝过程中只有一个电源，可以采用高压正电压电源，也可以采用高压负电压电源，而且正电压或者负电压对纺丝纤维形貌影响不大。负电压制备的纤维尺寸分布稍微窄一些，因为负电压使纺丝液携带负电荷，即主要以电子为主，电子运动速度快，能更均匀地分布在纤维表面，而正电压使纺丝液携带正电荷，主要以质子为主，质子的质量是电子质量的一万倍，因此运动速度慢许多，在液滴表面分布时间较长，分布的均匀性较差，因此所制备的纤维尺寸分布较宽。纺丝过程一般所用到的电压范围为几千伏到几万伏。

4. 静电纺丝技术制备纤维的分类

目前可以用静电纺丝技术制备的纤维种类很多，按照材料的性质可以划分为：有机/聚合物纤维、无机金属盐及金属氧化物纳米纤维、无机非金属盐纳米纤维、有机无机纳米纤维和无机金属纳米纤维五类。

（1）有机/聚合物纤维　目前可以用静电纺丝制备有机纤维的聚合物和高分子多达100余种，如常用的有聚乙烯吡咯烷酮（PVP）、聚乙烯醇（PVA）等。聚合物纤维薄膜主要用于过滤材料、亲水疏水膜、纳米催化、药物载体、工程支架和环境工程等诸多领域。

聚合物只要能找到合适的溶剂或者由可溶的前体物质转化而来的，理论上都可以利用静电纺丝技术制得纤维膜，然而有机物分子量太低时则一般得到的主要以微球为主。因此，要想通过静电纺丝技术得到聚合物纤维，必须在纺丝液的黏度和导电性之间匹配好。

（2）无机金属盐及金属氧化物纳米纤维　目前可以通过静电纺丝技术制备得到的无机金属盐纳米纤维种类很多，并且已经有很多无机金属盐纳米纤维在实物器件中得到应用。目前已经报道的无机金属盐纳米纤维有上百种，如 $LiFePO_4$、

LiNiO$_2$ 等。无机金属盐纳米纤维及其金属氧化物纳米纤维由于金属元素大多处于过渡金属，其独特的电子层结构使其在催化、电化学、载体、光电、感光、传感器、储能、耐磨剂、绝缘绝热、颜料、过滤薄膜、半导体和生物医学等领域得到了广泛重视和应用。

（3）无机非金属盐纳米纤维　无机非金属盐纳米纤维作为无机纳米纤维中的重要组成部分，有着其独特的优势。目前通过静电纺丝技术制备的无机非金属盐纳米纤维种类不多，主要有 SiC、SiO$_2$、碳纤维等。

（4）有机无机纳米纤维　有机无机纳米纤维是指有机物和无机材料在纳米级别上的复合，有机物高分子溶液中分散无机纳米粒子然后制备的复合结构的纳米纤维，以及有机无机混合均匀复合纳米纤维。

（5）无机金属纳米纤维　无机金属纳米纤维不同于有机纤维和无机纤维，由于金属本身具有良好的导电性和导热性，有许多金属也具有很优异的催化活性，因此在实际应用过程中具有无可比拟的优势。

二、氧化铝纳米纤维的制备

在制备微纳米纤维中，静电纺丝操作简单，易于控制纤维的组成和形貌。因此，静电纺丝法制备超细氧化铝纤维的研究取得了很大的进展。Dai 等[66]首次采用静电纺丝法制备了铝硼酸／聚乙烯醇复合纤维。高温煅烧可得到直径约 550nm的氧化铝纤维，煅烧温度对其结晶形态和纤维形态有较大影响。Kang 等[67]以硝酸铝、聚乙烯醇、水和乙醇为原料成功制备了氧化铝纺丝溶胶。经静电纺丝和高温煅烧后，氧化铝纤维的直径分布在 80 ～ 400nm 之间。静电纺丝由于电场力较弱，只适用于黏度较低的氧化铝溶液。因此，静电纺丝氧化铝纤维氧化铝固含量少，纤维直径小，甚至可以达到纳米级水平。

2014 年，陆安慧课题组[64]选择异丙醇铝（aluminium isopropoxide，AIP）为铝源，助纺剂为聚乙烯吡咯烷酮（polyvinyl pyrrolidone，PVP），用醋酸和盐酸混合溶液来调节溶液 pH 值，在室温条件下进行水解反应，生成纺丝溶胶。通过调节溶液中 AIP 和 PVP 的相对比例及浓度来调节溶液黏度，进而来调节纤维直径，成功制备出三种直径不同的纤维，直径分别为 720nm、180nm和 120nm。纺丝结束后，取出纺丝薄膜在箱式电阻炉（马弗炉）中煅烧除去高分子助纺剂，进而得到无机纳米纤维薄膜样品。将所制备的不同直径的纳米纤维用于乙醇催化脱水反应。随着纤维直径的降低，乙醇总转化率增加，乙烯选择性提高。当纤维直径为 120nm 时，乙烯的选择性为 49.1%，乙醇总转化率为86.9%。

如前所述，静电纺丝过程中纤维形成的驱动力是高压电场力。为了进一步提高超细氧化铝纤维的柔韧性，研究人员一方面在氧化铝溶胶中加入 PAN（聚丙烯腈）等有机化合物，使纺丝过程更加连续，提高制备纤维的连续性，另一方面在溶胶中加入二氧化硅等无机添加剂，防止氧化铝在煅烧过程中晶粒长大，可以提高氧化铝纤维的柔韧性。Yu 等[68] 将 PAN、DMF（二甲基甲酰胺）和 2,4-戊二酸铝溶解在一起，得到一种新的纺丝溶液，利用静电纺丝技术成功制备了聚合物-氧化铝复合前驱体纳米纤维。最后，在 1200℃ 热处理下获得了直径为150 ～ 500nm 的连续氧化铝纳米纤维，表明聚合物的存在成功地改善了氧化铝纤维的连续性［图 3-24（a1）～（a3）］。Zhang 等[69] 以六水氯化铝和铝粉为原料，以氧化钙和二氧化硅为添加剂合成氧化铝溶胶-凝胶溶液。随后，采用静电纺丝法制备氧化铝纳米纤维，证明了添加氧化钙和二氧化硅可以防止氧化铝在煅烧过程中的相变和控制晶粒尺寸。与未添加添加剂的氧化铝纤维相比，在 1300℃ 煅烧后得到的氧化铝纤维晶粒尺寸明显减小，导热系数更低，柔韧性更好［图 3-24（b1）～（b3）］。Wang 等[70] 以异丙醇铝为铝源，乙酰丙酮（hacac）为配体合成前驱体制备超细 Al_2O_3 纤维。通过静电纺丝及后续热处理工艺，获得了具有优良柔韧性的纤维。该纤维的均匀直径为 300 ～ 400nm，即使在 1200℃ 热处理后，纤维仍具有良好的柔韧性，保证了其功能性。此外，制备的 Al_2O_3 纤维在1000℃ 时的导热系数仅为 0.318W/（m·K），可作为航天、高温工业等领域的保温材料。

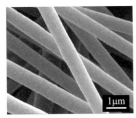

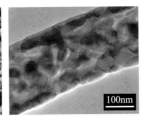

(a1) 氧化铝前驱体纤维SEM图　　(a2) 氧化铝纳米纤维　　　(a3) 氧化铝陶瓷纳米纤维
　　　　　　　　　　　　　1200℃煅烧后SEM图　　　1200℃煅烧后TEM图[68]

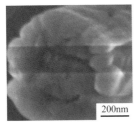

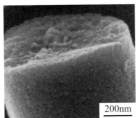

(b1) 无添加1300℃煅烧　　(b2) 添加CaO/SiO₂=1:10，　　(b3) 1300℃煅烧后的纤维毡
　　纤维SEM图　　　　　　1300℃煅烧纤维SEM图　　　　（CaO/SiO₂=1:10）照片

图3-24　复合纤维和氧化铝纳米纤维煅烧1h的图像

陆安慧课题组同样采用静电纺丝技术做了大量的工作。丁鼎[71]通过静电纺丝法制备了一种高温焙烧后具有纤维状结构的磷酸硼/二氧化硅（BPO₄/SiO₂）催化剂，并考察了BPO₄负载量和焙烧温度对该催化剂的结构和催化丙烷氧化脱氢性能的影响。穆建青[64]以无机盐水解缩聚制备的无机盐溶胶为前驱体，以高分子聚合物为纺丝助剂，利用静电纺丝法成功制备了不同直径的氧化硅、氧化铝以及两者复合的纳米纤维。通过调节纺丝前驱液中PVP的含量和异丙醇铝的浓度调节纺丝前驱液浓度，进而制备出两种直径分别为180nm和120nm的Al_2O_3纳米纤维。陈新荣[72]通过静电纺丝方法合成SnS@CF复合材料。将高导电的碳纤维和对多硫化锂具有强锚定能力和催化活性的SnS复合，构筑了具有稳定结构、高导电、高催化活性的SnS@CF复合材料。当SnS含量为54%时，SnS@CF-54-S表现出较优的电化学性能，在1.0C下具有771mA·h·g⁻¹的初始比容量，400圈循环后仍保持399mA·h·g⁻¹的容量。郭小圣[73]为了降低材料的阳离子混排程度，采用静电纺丝法合成了Na、Al离子共掺杂的$LiNi_{1/3}Co_{1/3}Mn_{1/3}O_2$：①颗粒尺寸在50～200nm之间，颗粒分散均匀，几乎无团聚，结晶度高，拥有优异的电池性能以及更低的交流阻抗，0.2C循环100次后比容量稳定在120mA·h·g⁻¹以上；②掺杂适量Na、Al离子制备的$Li_{0.97}Na_{0.03}Ni_{1/3}Co_{1/3-0.05}Al_{0.05}Mn_{1/3}O_2$材料拥有更低的阳离子混排程度、更小的电极极化及交流阻抗，掺杂后首次放电容量从1778mA·h·g⁻¹提升到213.8mA·h·g⁻¹，20次循环后容量从132.2mA·h·g⁻¹提升至153.7mA·h·g⁻¹，50次循环后容量从126.2mA·h·g⁻¹提升至1357mA·h·g⁻¹。陈敬[74]以石油焦为碳源，结合浓酸氧化、静电纺丝、预氧化和高温碳化等工艺制备了石油焦基柔性纳米碳纤维材料。得益于小的石墨微晶尺寸和石墨微晶之间的大量孔隙结构，该纳米碳纤维在弯曲过程中能缓解应力集中，降低石墨微晶内部化学键的应力负荷，使得该纳米碳纤维材料能在拥有高石墨化碳含量的同时具备高柔性，实现了高导电性和高柔韧性在纳米碳纤维上的集成。

静电纺丝是制备具有高比表面积和其他优异性能的氧化铝纳米纤维的常用方法。然而，静电纺丝生产效率低，严重阻碍了静电纺丝的工业化进程。因此，开发新型超细氧化铝纤维成形工艺迫在眉睫。为了提高静电纺丝的产量，多针静电纺丝法和无针静电纺丝法相继问世，有望解决产率低的问题。多针静电纺丝是在单针静电纺丝的基础上进行的，通过增加纺丝喷嘴的数量，可以提高静电纺丝纳米纤维的产量［图3-25（a）］。Zhu等[75]利用COMSOL有限元分析软件对多针静电纺丝工艺针尖电场进行模拟，研究了针尖尺寸和介电材料对针尖电场的影响。结果表明，在针的中间部分尖端使用介电材料的方法有利于电场的均匀性。实现了针高密度排列情况下针尖电场的均匀性，为多针静电纺丝量产纳米纤维提供了喷嘴。虽然多针静电纺丝能在一定程度上提高纺丝效率，但针与针清洗之间的影响仍然是一个难以解决的问题。在此基础上，提出了无针静电纺丝技术。其中最成功的是由 Elmarco 公司生产的无针静电纺纳米纤维生产装置［图 3-25（b）］。无针静电纺丝是改变静电纺丝过程中的进液方式，使纺丝液充满纺丝辊，纺丝辊在高压电场作用下喷射纳米纤维，从而提高纳米纤维的输出。目前，上述两种方法均已实现工业化，可生产包括氧化铝纤维在内的各种纳米纤维材料，纤维产量大大提高。但需要指出的是，虽然静电纺丝产业化生产装置已经研制成功并得到应用，但由于影响纺丝工艺的因素较多，开发出能够稳定生产不同需求纳米纤维的纺丝设备仍存在很大挑战，而且工业化静电纺丝设备的成本普遍较高。

(a)

(b)

图3-25　多针静电纺丝设备（a）和无针静电纺丝设备（b）

第十节
其他方法

一、"自上而下"颗粒刻蚀法

所谓"自上而下"的颗粒刻蚀法，首先制备形状均一的纳米粒子，然后利用化学物理方法对纳米粒子进行加工刻蚀，得到特定形貌暴露高活性晶面纳米晶的方法。早期常用的是光刻技术来制备大量的特定形貌的纳米材料，包括桶状、环状和径向堆叠异质结构的纳米晶。

本书编著团队[27]提出了一种通过刻蚀来制备高比表面积氧化铝的方法，以盐酸和碳酸铵作为刻蚀剂，通过调节刻蚀温度、刻蚀时间等合成条件制备出刻蚀均匀的丝瓜瓤状氧化铝，如图3-26所示。其比表面积在棒状氧化铝的基础上有较大提高。刻蚀后的氧化铝表面缺陷位较多，有利于金属的锚定，防止颗粒团聚，从而保持较高的催化性能。

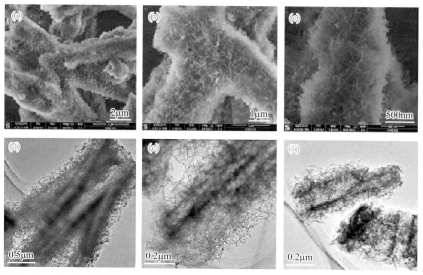

图3-26 Al_2O_3样品的SEM扫描电镜和TEM透射图

本书编著团队[76]又以油酸作为晶面保护剂、氨水作为刻蚀剂，经过水热处理，可以获得其中含有微孔的主要暴露（111）高能晶面的纳米 $\gamma\text{-}Al_2O_3$，系统研究了氨水浓度、水热处理温度与时间的影响，通过比表面积测试、D_2/OH 热驱动交换谱对所获得样品进行了表征，并与通过组装法获得的样品进行了全面的比对，证实采用刻蚀的方法可以获得主要暴露（111）晶面的 $\gamma\text{-}Al_2O_3$ 材料。

二、"自下而上"液相晶面保护生长法

由于在热力学上晶体生长遵循的是"表面能最低"的原则，控制纳米晶暴

露活性晶面仅可以通过动力学调节不同晶面的生长。所谓"自下而上"液相晶面保护法是指在溶液或蒸气中，通过调节晶体各个晶面的生长动力学，来制备优先暴露活性晶面的方法。原则上，可以通过改变晶体生长环境的方法来改变其表面能，进而调整晶体生长方向；通过加入适当的表面活性剂或覆盖剂来改变晶体表面的自由能，从而改变其生长速率[77]。其作用可以概括为两点：首先，表面活性剂或者聚合物与纳米晶作用后，纳米晶本身晶面自由能的顺序可能会发生改变，因此加入表面活性剂后吸附表面活性剂的晶面可能被保留；其次，由于晶面保护剂的存在，阻止了这一晶面的生长，同样也会使被保护的晶面保留。

  γ-Al_2O_3通常是由拟薄水铝石前驱体 [AlO(OH)] 在 500～600℃下脱水制备的。γ-Al_2O_3 颗粒形貌直接继承 AlO(OH) 在水溶液中平衡后的形貌。如图 3-27 所示，AlO(OH) 最常见的形貌是菱形，主要暴露（010）晶面，边缘晶面为（100）、（001）和（101）。根据拓扑规则，AlO(OH) 的晶面和 γ-Al_2O_3 的晶面有着精确的对应关系，AlO(OH) 的主要暴露晶面（010）和边缘面（100）转化为 γ-Al_2O_3 的（110）晶面，而 AlO(OH) 的侧面（001）和（101）晶面分别对应 γ-Al_2O_3 的（100）和（111）晶面。因此，在不添加表面活性剂的情况下，通常所制备的 γ-Al_2O_3 都是主要暴露（110）晶面的，选用合适的表面活性剂和调变勃姆石前驱体溶液的 pH 值，在动力学上改变晶体生长的各向异性，为制备优先暴露高能晶面（111）面的 γ-Al_2O_3 纳米晶提供了可能。

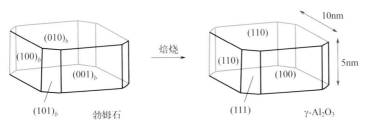

图3-27 勃姆石转变为γ-Al_2O_3过程中相应的晶面变化示意图

  本书编著团队[78]以油酸根作为晶面保护剂，通过"自下而上"的晶面保护法制备了一种优先暴露高能（111）晶面的 γ-Al_2O_3 纳米管，如图 3-28 所示，并比较了其和优先暴露（110）晶面的普通氧化铝的表面结构的差异。通过对两种氧化铝表面性质研究，证实了 γ-Al_2O_3 纳米管优先暴露（111）晶面，并且（111）晶面具有高的羟基密度、高的酸密度和酸强度。

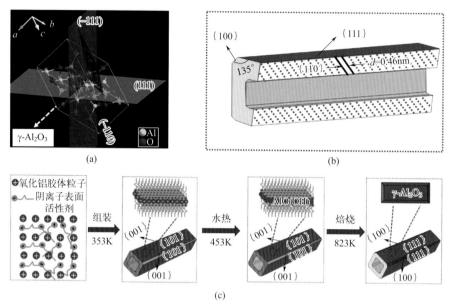

图3-28 γ-Al₂O₃纳米管的合成示意图[79]

参考文献

[1] Li X, Chai Y, Liu B, et al. Hydrodesulfurization of 4,6-dimethyldibenzothiophene over CoMo catalysts supported on γ-alumina with different morphology[J]. Industrial & Engineering Chemistry Research, 2014, 53(23): 9665-9673.

[2] Li G, Liu Y, Guan L-L, et al. Meso/macroporous γ-Al₂O₃ fabricated by thermal decomposition of nanorods ammonium aluminium carbonate hydroxide[J]. Materials Research Bulletin, 2012, 47: 1073-1079.

[3] Zhu Z, Sun H, Liu H, et al. PEG-directed hydrothermal synthesis of alumina nanorods with mesoporous structure via AACH nanorod precursors[J]. Journal of Materials Science, 2010, 45(1): 46-50.

[4] 任岳荣, 朱自康, 徐端连, 等. 硫酸铝铵热分解法制备高纯氧化铝的研究 [J]. 无机盐工业, 1991,(6): 21-25.

[5] 梁邦兵, 黄志良, 刘羽. 氧化铝粉体的制备及发展趋势 [J]. 材料导报, 2004, 18(z1): 121-123.

[6] 张玮琦, 范瑞成. 高纯氧化铝制备技术进展 [J]. 辽宁化工, 2023, 52(1): 113-116.

[7] 华东理工大学. 一种硫酸铝铵低温煅烧制备高纯 α-Al₂O₃ 粉体的方法: CN202011415893.8[P]. 2021-02-09.

[8] Li S, Wang W, Zhao Y, et al. Correlation between the morphology of NH₄Al(OH)₂CO₃ and the properties of CeO₂-ZrO₂/Al₂O₃ material[J]. Materials Chemistry and Physics, 2021, 266: 124552.

[9] He X, Li G, Liu H, et al. Thermal behavior of alumina microfibers precursor prepared by surfactant assisted microwave hydrothermal[J]. Journal of the American Ceramic Society, 2012, 95(11): 3638-3642.

[10] Abdullah M, Mehmood M, Ahmad J, et al. Single step hydrothermal synthesis of 3D urchin like structures of AACH and aluminum oxide with thin nano-spikes[J]. Ceramics International, 2012, 38(5): 3741-3745.

[11] Ma C C, Zhou X X, Xu X, et al. Synthesis and thermal decomposition of ammonium aluminum carbonate hydroxide (AACH) [J]. Materials Chemistry and Physics, 2001, 72(3): 374-379.

[12] Morinaga K, Torikai T, Nakagawa K, et al. Fabrication of fine α-alumina powders by thermal decomposition of ammonium aluminum carbonate hydroxide (AACH) [J]. Acta Materialia, 2000, 48(18-19): 4735-4741.

[13] 李继光, 孙旭东, 张民, 等. 碳酸铝铵热分解制备 α-Al$_2$O$_3$ 超细粉 [J]. 无机材料学报, 1998(06):803-807.

[14] 林元华, 张中太, 黄传勇, 等. 前驱体热解法制备高纯超细 α-Al$_2$O$_3$ 粉体 [J]. 硅酸盐学报, 2000, 28(3): 268-271.

[15] Passos A R, Pulcinelli S H, Briois V, et al. High surface area hierarchical porous Al$_2$O$_3$ prepared by the integration of sol-gel transition and phase separation[J]. RSC Advances, 2016, 6(62): 57217-57226.

[16] Simon C, Bredesen R, Grøndal H, et al. Synthesis and characterization of Al$_2$O$_3$ catalyst carriers by sol-gel[J]. Journal of Materials Science, 1995, 30(21): 5554-5560.

[17] Dumeignil F, Sato K, Imamura M, et al. Characterization and hydrodesulfurization activity of CoMo catalysts supported on sol-gel prepared Al$_2$O$_3$[J]. Applied Catalysis A: General, 2005, 287(1): 135-145.

[18] Kumar Anna K, Kumar Reddy Bogireddy N, Agarwal V, et al. Synthesis of α and γ phase of aluminium oxide nanoparticles for the photocatalytic degradation of methylene blue under sunlight: A comparative study[J]. Materials Letters, 2022, 317: 132085.

[19] 廖东亮, 肖新颜, 张会平, 等. 溶胶-凝胶法制备纳米二氧化钛的工艺研究 [J]. 化学工业与工程, 2003, 20(5): 256-260.

[20] 尹荔松, 周歧发, 唐新桂, 等. 溶胶-凝胶法制备纳米 TiO$_2$ 的胶凝过程机理研究 [J]. 功能材料, 1999, (4): 72-74.

[21] Arnal P, Corriu R J P, Leclercq D, et al. Preparation of anatase, brookite and rutile at low temperature by non-hydrolytic sol-gel methods[J]. Journal of Materials Chemistry, 1996, 6(12): 1925-1932.

[22] Caruso J, Hampden-Smith M J. Ester elimination: A general solvent dependent non-hydrolytic route to metal and mixed-metal oxides[J]. Journal of Sol-Gel Science and Technology, 1997, 8(1): 35-39.

[23] Acosta S, Corriu R J P, Leclercq D, et al. Preparation of alumina gels by a non-hydrolytic sol-gel processing method[J]. Journal of Non-Crystalline Solids, 1994, 170(3): 234-242.

[24] Chen X Y, Zhang Z J, Li X L, et al. Controlled hydrothermal synthesis of colloidal boehmite (γ-AlOOH) nanorods and nanoflakes and their conversion into γ-Al$_2$O$_3$ nanocrystals[J]. Solid State Communications, 2008, 145(7): 368-373.

[25] Xue G, Huang X, Zhao N, et al. Hollow Al$_2$O$_3$ spheres prepared by a simple and tunable hydrothermal method[J]. RSC Advances, 2015, 5(18): 13385-13391.

[26] Zhang H, Zhang K, Wang G, et al. Propane dehydrogenation over core–shell structured Al$_2$O$_3$@Al via hydrothermal oxidation synthesis[J]. Fuel, 2022, 312: 122756.

[27] 王静. 载体氧化铝的可控制备及其催化应用 [D]. 大连：大连理工大学，2017.

[28] 大连理工大学. 一种表面富含缺陷位的纳米氧化铝载体的制备方法: CN201710944136.1[P]. 2020-10-23.

[29] 汪洁. 不同形貌氧化铝的可控制备及其 CO 催化氧化的应用研究 [D]. 大连：大连理工大学，2013.

[30] Wang J, Shang K, Guo Y, et al. Easy hydrothermal synthesis of external mesoporous γ-Al$_2$O$_3$ nanorods as excellent supports for Au nanoparticles in CO oxidation[J]. Microporous and Mesoporous Materials, 2013, 181: 141-145.

[31] 尚可. 高比表面积氧化铝制备工艺研究 [D]. 大连：大连理工大学，2016.

[32] 王莉, 张丽云. 水热法制备氢氧化铝晶须研究 [J]. 科学技术与工程, 2011, 11(24): 5906-5909.

[33] Lafficher R, Digne M, Salvatori F, et al. Ammonium aluminium carbonate hydroxide NH$_4$Al(OH)$_2$CO$_3$ as an

alternative route for alumina preparation: Comparison with the classical boehmite precursor[J]. Powder Technology, 2017, 320: 565-573.

[34] Liu C C, Li J L, Liew K Y, et al. An environmentally friendly method for the synthesis of nano-alumina with controllable morphologies[J]. RSC Advances, 2012, 2(22): 8352-8358.

[35] Fedorockova A, Sucik G, Plesingerova B, et al. Simplified waste-free process for synthesis of nanoporous compact alumina under technologically advantageous conditions[J]. RSC Advances, 2020, 10(54): 32423-32435.

[36] Parida K M, Pradhan A C, Das J, et al. Synthesis and characterization of nano-sized porous gamma-alumina by control precipitation method[J]. Materials Chemistry and Physics, 2009, 113(1): 244-248.

[37] Mo W L, Ma F Y, Liu Y E, et al. Preparation of porous Al_2O_3 by template method and its application in Ni-based catalyst for CH_4/CO_2 reforming to produce syngas[J]. International Journal of Hydrogen Energy, 2015, 40(46): 16147-16158.

[38] Zhang M, Liu L, He T, et al. Microporous crystalline gamma-Al_2O_3 replicated from microporous covalent triazine framework and its application as support for catalytic hydrolysis of ammonia borane[J]. Chemistry-An Asian Journal, 2017, 12(4): 470-475.

[39] Miao Q Y, Huang X Q, Li J X, et al. Hierarchical macro-mesoporous Mo/Al_2O_3 catalysts prepared by dual-template method for oxidative desulfurization[J]. Journal of Porous Materials, 2021, 28(6): 1895-1906.

[40] Ge R, Dong L-Y, Hu X, et al. Intensified coupled electrolysis of CO_2 and brine over electrocatalysts with ordered mesoporous transport channels[J]. Chemical Engineering Journal, 2022, 438: 135500.

[41] 安岸斐. Au/Al_2O_3 催化剂制备及其 CO 氧化性能的研究 [D]. 大连：大连理工大学，2011.

[42] 王懋梁. 溶致液晶模板法制备介孔氧化铝 [D]. 呼和浩特：内蒙古工业大学，2015.

[43] 冯绪胜，刘洪国，等. 胶体化学 [M]. 北京：化学工业出版社，2005: 100-101.

[44] Fulvio P F, Brosey R I, Jaroniec M. Synthesis of mesoporous alumina from boehmite in the presence of triblock copolymer[J]. ACS Applied Materials & Interfaces, 2010, 2(2): 588-593.

[45] Wang J, Lu A H, Li M R, et al. Thin porous alumina sheets as supports for stabilizing gold nanoparticles[J]. ACS Nano, 2013, 7(6): 4902-4910.

[46] 大连理工大学. 一种氧化铝材料、制备方法及其应用：CN201110196192.4[P]. 2011-12-14.

[47] 谭景奇. 多孔氧化铝的制备及其催化 CO 氧化的性能研究 [D]. 大连：大连理工大学，2018.

[48] 崔正刚，殷福珊. 微乳化技术及应用 [M]. 北京：中国轻工业出版社，1999.

[49] Luo P, Nieh T G, Schwartz A J, et al. Surface characterization of nanostructured metal and ceramic particles[J]. Materials Science and Engineering: A, 1995, 204(1): 59-64.

[50] 朱步瑶，赵振国. 界面化学基础 [M]. 北京：化学工业出版社，1996.

[51] 王笃金，吴瑾光，徐光宪. 反胶团或微乳液法制备超细颗粒的研究进展 [J]. 化学通报，1995(9):1-5.

[52] 杨光成，丁建东，宋洪昌. 反胶团微乳液制备纳米粒子的研究进展 [J]. 淮海工学院学报，2001, 10(2):27-31.

[53] Tojo C, Blanco M C, Rivadulla F, et al. Kinetics of the formation of particles in microemulsions[J]. Langmuir, 1997, 13(7): 1970-1977.

[54] Rivas J, Lopez-Quintela M A, Lopez-Perez J A, et al. First steps towards tailoring fine and ultrafine iron particles using microemulsions[J]. IEEE Transactions on Magnetics, 1993, 29(6): 2655-2657.

[55] Panda A K, Moulik S P, Bhowmik B B, et al. Dispersed molecular aggregates: Ⅱ. Synthesis and characterization of nanoparticles of tungstic acid in $H_2O/(TX-100+alkanol)/n$-heptane W/O microemulsion media[J]. Journal of Colloid and Interface Science, 2001, 235(2): 218-226.

[56] Arriagada F J, Osseo-Asare K. Synthesis of nanosize silica in a nonionic water-in-oil microemulsion: Effects of

the water/surfactant molar ratio and ammonia concentration[J]. Journal of Colloid and Interface Science, 1999, 211(2): 210-220.

[57] 沈兴海，高宏成. 纳米微粒的微乳液制备法 [J]. 化学通报，1995(11): 6-9.

[58] Digne M, Raybaud P, Sautet P, et al. Quantum chemical and vibrational investigation of sodium exchanged gamma-alumina surfaces[J]. Phys Chem Chem Phys, 2007, 9(20): 2577-2582.

[59] Banzaraktsaeva S P, Ovchinnikova E V, Danilova I G, et al. Ethanol-to-ethylene dehydration on acid-modified ring-shaped alumina catalyst in a tubular reactor[J]. Chemical Engineering Journal, 2019, 374: 605-618.

[60] 李元高，陶涛，王松森，等. 铝酸钠溶液离子膜电解分解率的影响因素 [J]. 有色金属，2008, 60(3): 70-73.

[61] 董觉，陈启元，尹周澜. 离子膜电解铝酸钠溶液制备超细氢氧化铝 [J]. 中国有色金属学报，2008, 18(7): 1330-1335.

[62] Yan H, Xue S, Wu C, et al. Separation of NaOH and NaAl(OH)$_4$ in alumina alkaline solution through diffusion dialysis and electrodialysis[J]. Journal of Membrane Science, 2014, 469: 436-446.

[63] Lainer Y A, Gorichev I G, Todorov S A. Aluminum hydroxide nucleation kinetics and mechanism during the electrodialysis decomposition of aluminate solutions[J]. Russian Metallurgy (Metally), 2008: 301-305.

[64] 穆建青. 静电纺丝法制备直径可控的氧化硅和氧化铝纳米纤维 [D]. 大连：大连理工大学，2014.

[65] Shin Y M, Hohman M M, Brenner M P, et al. Experimental characterization of electrospinning: The electrically forced jet and instabilities[J]. Polymer, 2001, 42(25): 09955-09967.

[66] Dai H, Gong J, Kim H, et al. A novel method for preparing ultra-fine alumina-borate oxide fibres via an electrospinning technique[J]. Nanotechnology, 2002, 13(5): 674.

[67] Kang W, Cheng B, Li Q, et al. A new method for preparing alumina nanofibers by electrospinning technology[J]. Textile Research Journal, 2011, 81(2): 148-155.

[68] Yu H, Guo J, Zhu S, et al. Preparation of continuous alumina nanofibers via electrospinning of PAN/DMF solution[J]. Materials Letters, 2012, 74: 247-249.

[69] Zhang P, Jiao X, Chen D. Fabrication of electrospun Al$_2$O$_3$ fibers with CaO-SiO$_2$ additive[J]. Materials Letters, 2013, 91: 23-26.

[70] Wang N, Xie Y, Lv J, et al. Preparation of ultrafine flexible alumina fiber for heat insulation by the electrospinning method[J]. Ceramics International, 2022, 48(13): 19460-19466.

[71] 丁鼎. 纤维状硼基催化剂的制备及其丙烷氧化脱氢性能研究 [D]. 大连：大连理工大学，2021.

[72] 陈新荣. 高性能硫正极材料的构筑及电化学性能研究 [D]. 大连：大连理工大学，2022.

[73] 郭小圣. 锂离子电池正极材料 LiNi$_1$/3Co$_1$/3Mn$_1$/3O$_2$ 的制备及软包装电池的设计 [D]. 大连：大连理工大学，2016.

[74] 陈敬. 石油焦基柔性超级电容器的制备及性能研究 [D]. 大连：大连理工大学，2022.

[75] Zhu Z, Wu P, Wang Z, et al. Optimization of electric field uniformity of multi-needle electrospinning nozzle[J]. AIP Advances, 2019, 9(10): 105104.

[76] 杨杰. 暴露高能（111）晶面的 γ-Al$_2$O$_3$ 的刻蚀法制备及其催化性质 [D]. 南京：南京大学，2018.

[77] Xia Y, Yang P, Sun Y, et al. One-dimensional nanostructures: Synthesis, characterization, and applications[J]. Advanced Materials, 2003, 15(5): 353-389.

[78] 蔡威盟. 基于伽马氧化铝高能晶面的催化剂构筑及性能研究 [D]. 南京：南京大学，2017.

[79] Cai W, Zhang S, Lv J, et al. Nanotubular gamma alumina with high-energy external surfaces: Synthesis and high performance for catalysis[J]. ACS Catalysis, 2017, 7(6): 4083-4092.

第四章

多孔氧化铝的工业制备与成型技术

127

多孔氧化铝具有很长的生产历史，目前工业上的生产方法大致可分为 4 类，即酸法、碱法、酸碱联合法和热法。其中碱法是应用最为广泛、工艺最为成熟的方法，具体又包括拜耳法、烧结法和拜耳-烧结联合法等多种流程。鉴于氧化铝典型工业生产方法的介绍有很多相关专著，本章将仅做简要介绍。

作为应用最为广泛的催化剂载体之一，氧化铝生产得到的粉末需要经过成型加工，才能进行工业应用。针对不同的反应器需求，成型后的氧化铝可以呈不同的形状，最常见的为球状、柱状、四叶草状等，而且对强度、孔结构、吸水量等具有不同的要求。目前，氧化铝的成型技术大多仍停留在经验技术层次，建立微观、直接的表征手段研究成型的影响因素并建立数学模型，将以经验、试错为基础的试验技术转变为拥有较强理论指导作用的工业技术具有重要意义。国外的研究已经把催化剂的成型作为提高催化性能的主要手段之一，对催化剂的成型进行了深入的基础研究和技术开发。遗憾的是国内对于催化剂成型的研究仍以技术工艺的改进为主，因此在学术论文讨论中往往不被重视。但在中试放大以及实际工业生产时，催化剂的最终性质与成型过程密切相关，因此多数厂家把成型工艺视为机密，很少被披露和讨论，造成了理论需求与实际应用的不匹配。

本章将着重对氧化铝成型工艺进行梳理，从粉体的性质出发，介绍颗粒的模拟，讨论不同的成型工艺以及成型后催化剂性质的影响因素，从基础理论和技术路线两方面介绍氧化铝成型的进展，为催化剂生产和应用提供参考。

第一节
多孔氧化铝的工业制备

国内外生产氧化铝历史悠久，主要采用拜耳法生产冶金级氧化铝。由于机械、照明等领域需要高纯氧化铝作原料，从 20 世纪 70 年代后期或 80 年代起，人们先从拜耳法开始研究，开发了改良拜耳法制备高纯氧化铝。随后开发出硫酸铝铵热解法，该法的优点是硫酸铝铵容易提纯，原料脱水后热解容易得到高纯氧化铝。但由于该法存在热溶解现象，脱水矾体积膨胀，热解中产生污染环境的 SO_3 气体等问题，人们又开发了碳酸铝铵热解法。该法克服了硫酸铝铵的热溶解现象，生成的 α-Al_2O_3 粒径较均匀，热解不产生污染环境的 SO_3 气体，对设备材质要求不高。20 世纪 90 年代后，快速发展的现代科学技术对高纯氧化铝粉体材料需求量快速增加，国内外众多的研究者又陆续开发了许多新的合成工艺，主要有有机醇铝水解法、火花放电法、高纯铝水解法和水热法等，这些生产方法各有优缺点，应根据针对不同的应用需求进行工艺选择[1]。

一、拜耳法

1888 年，Karl Josef Bayer 开发了一种工艺并申请了专利，该工艺已成为全球铝生产行业的基石。众所周知，拜耳工艺用于精炼铝土矿（以法国的 Les Baux 地区命名，该地区首先开采该矿石）以冶炼等级氧化铝，即铝的前体。

通常，根据矿石的质量，生产 1t 氧化铝需要 1.9 ～ 3.6t 铝土矿，其基本原理是用浓氢氧化钠溶液将矿中的铝转化为铝酸钠，通过稀释和添加氢氧化铝晶种使氧化铝析出，再经煅烧制备得氧化铝。

涉及的化学反应如下[2]。

铝溶出：

$$Al(OH)_3(s) + NaOH(aq) \longrightarrow Na^+Al(OH)_4^-(aq)$$

$$AlO(OH)(s) + NaOH(aq) + H_2O \longrightarrow Na^+Al(OH)_4^-(aq)$$

沉淀：

$$Na^+Al(OH)_4^-(aq) \longrightarrow Al(OH)_3(s) + NaOH(aq)$$

焙烧：

$$2Al(OH)_3(s) \longrightarrow Al_2O_3(s) + 3H_2O$$

拜耳法生产氧化铝的基本工艺流程见图 4-1。

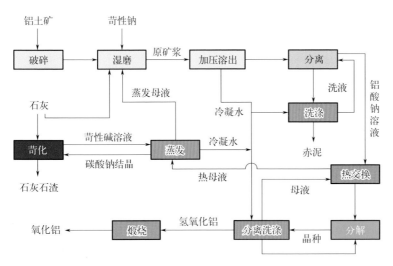

图4-1　拜耳法生产氧化铝的基本工艺流程

1．高压溶出

原矿浆经预热后进入压煮器组（或管道溶出器设备），在高压下溶出。铝土矿内所含氧化铝溶解成铝酸钠进入溶液，而氧化铁和氧化钛以及大部分的二氧化硅等杂质进入固相残渣即赤泥中。溶出所得矿浆称压煮矿浆，经自蒸发器减压降温后送入缓冲槽。

2．溶出矿浆的稀释及赤泥分离和洗涤

压煮矿浆含氧化铝浓度高，为了便于赤泥沉降分离和下一步的晶种分解，首先加入赤泥洗液将压煮矿浆进行稀释，然后利用沉降槽进行赤泥与铝酸钠溶液的分离。分离后的赤泥经过几次洗涤回收所含的附碱后排至赤泥堆场（国外有排入深海的），赤泥洗液用来稀释下一批压煮矿浆。

3．晶种分解

分离赤泥后的铝酸钠溶液（生产上称粗液）经过进一步过滤净化后制得精液，经过热交换器冷却到一定的温度，在添加晶种的条件下分解，结晶析出氢氧化铝。

4．氢氧化铝的分级与洗涤

分解后所得氢氧化铝浆液送去沉降分离，并按氧化铝颗粒大小进行分级，细粒作晶种，粗粒经洗涤后送焙烧制得氧化铝。分离氢氧化铝后的种分母液和氢氧化铝洗液（统称母液）经热交换器预热后送去蒸发。

5．氢氧化铝焙烧

氢氧化铝含有部分附着水和结晶水，在回转窑或流化床内经过高温焙烧脱水并进行一系列的晶型转变制得含有一定 $\gamma\text{-Al}_2\text{O}_3$ 和 $\alpha\text{-Al}_2\text{O}_3$ 的产品氧化铝。

6．母液蒸发和苏打苛性化

预热后的母液经蒸发器浓缩后得到合乎浓度要求的循环母液，补加 NaOH 后又返回湿磨，准备溶出下一批矿石。在母液蒸发过程中会有一部分结晶析出，为了回收这部分碱，将与水溶解后的石灰进行苛化反应，使之变成 NaOH 用来溶出下批铝土矿。

拜耳法生产氧化铝的关键在于溶出过程。铝土矿的溶出性能是指其在碱性溶液中溶出 Al_2O_3 的难易程度。碱性溶液中 OH^- 扩散到颗粒的表面，进入到颗粒的缝隙中与氧化铝水合物的晶格发生化学反应，生成铝酸根水合离子。铝土矿因为其化学组成和结构的不同，溶出性能有很大差异。铝土矿的溶出过程影响因素很多，在溶出工艺条件下各因素的影响程度也不尽相同。矿石磨细程度、石灰添加量、循环母液碱浓度及苛性比值、溶出温度和时间、搅拌强度、母液液相成分等

因素都会对铝溶出及赤泥钠硅比、溶出率等有一定影响。

二、烧结法

早在 1858 年就有人提出在高温下烧结纯碱（苏打）和铝土矿组成的炉料，得到固态的混合产物铝酸钠 $Na_2O \cdot Al_2O_3$，通过 CO_2 气体分解烧结产物溶出得到铝酸钠溶液和氢氧化铝的方法，即苏打烧结法。1880 年有人提出在纯碱和铝土矿炉料中添加石灰石（或石灰），将苏打烧结法改造为碱石灰烧结法。这一想法意义重大，添加石灰的过程使得 Na_2O 和 Al_2O_3 的损失减小至最小程度，高效地利用了铝土矿资源[3]。

拜耳法通常适合三水铝石型铝土矿生产氧化铝，但随着铝土矿铝硅比下降，拜耳法生产氧化铝的运行成本明显增加，而烧结法优势明显[4]。烧结法通常是把铝土矿同一定量的无水碳酸钠、石灰粉末混合均匀后，在焙烧炉内对其高温烧结，使得 Al_2O_3 和 Na_2CO_3 反应生成可溶性的 $Na_2O \cdot Al_2O_3$，而矿石中的杂质 Fe_2O_3、SiO_2、TiO_2 分别生成三氧化二铁合钠、原硅酸钙和二氧化钛合钙固体。$Na_2O \cdot Al_2O_3$ 易溶于碱性溶液，三氧化二铁合钠不稳定易发生水解，原硅酸钙及二氧化钛合钙均难溶于水，在碱性环境中不发生反应，所以铝土矿在碱性溶液溶出时 Al_2O_3 和 Na_2O 均发生反应生成铝酸钠，难溶物如 $2CaO \cdot SiO_2$、$CaO \cdot TiO_2$ 和 $Fe_2O_3 \cdot H_2O$ 等以沉淀形式进入白泥有效分离。

碱石灰烧结法的炉料主要是由含铝原料（如铝土矿）、石灰和纯碱组成，此外还包括炉渣、碳酸化分解母液等流程返回的物料。

熟料的烧制：炉料中的氧化铝和碳酸钠反应是生料在烧结过程中最重要的反应之一。

$$Al_2O_3 + Na_2CO_3 \longrightarrow Na_2O \cdot Al_2O_3 + CO_2 \uparrow$$

$$Na_2CO_3 + Fe_2O_3 \longrightarrow Na_2O \cdot Fe_2O_3 + CO_2 \uparrow$$

$$2CaO + SiO_2 \longrightarrow 2CaO \cdot SiO_2$$

熟料溶出反应：

$$CaO \cdot Al_2O_3 + Na_2CO_3 + 4H_2O + aq \longrightarrow 2NaAl(OH)_4 + CaCO_3 \downarrow + aq$$

$$12CaO \cdot 7Al_2O_3 + 12Na_2CO_3 + 33H_2O + aq \longrightarrow 14NaAl(OH)_4 + 12CaCO_3 \downarrow + 10NaOH + aq$$

$$Na_2O \cdot Al_2O_3 + 4H_2O + aq \longrightarrow 2NaAl(OH)_4 + aq$$

铝酸钠溶液的碳酸化分解：

$$2NaOH + CO_2 \longrightarrow Na_2CO_3 + H_2O$$

$$NaAl(OH)_4 \longrightarrow NaOH + Al(OH)_3 \downarrow$$

碱石灰烧结法生产氧化铝的基本工艺流程如图 4-2 所示。其生产工艺主要包括下述几个工艺过程：生料浆制备过程、熟料的烧制过程、熟料的溶出过程、赤泥沉降分离过程、铝酸钠溶液（粗液）脱硅过程、铝酸钠溶液（精液）的碳酸化分解过程、碳酸化分解母液的蒸发过程及氢氧化铝的焙烧过程。

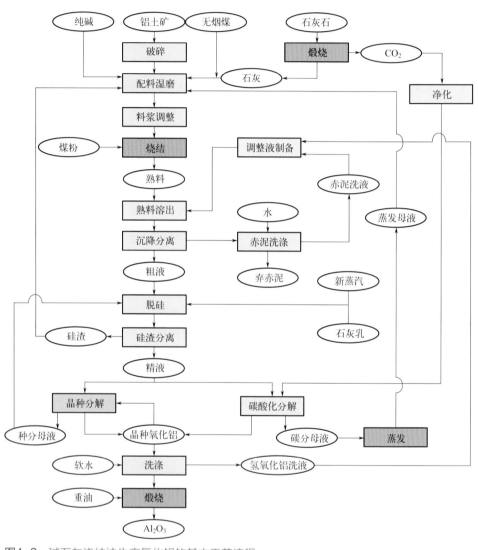

图4-2 碱石灰烧结法生产氧化铝的基本工艺流程

1. 生料浆制备过程

烧结法氧化铝生产的主要原料是铝土矿、石灰（石）和纯碱（Na_2CO_3）。生料浆是由上述 3 种原料和返回的蒸发碳酸化分解母液与硅渣配制而成的。由于熟料的烧结过程是一个固相反应过程，为了加快反应速率，烧结前需将铝土矿、石灰等固体物料进行细磨，以使反应物料能充分接触。固体物料的细磨作业一般在球磨机内进行。

为了保证炉料中各组分在烧结时能生成预期的化合物，各组分间也必须严格地保持一定的配合比例。生料浆中各组分间的配合比例首先可通过调整进入球磨机的各种物料的下料量来控制，然后根据料浆成分的分析结果再在各料浆槽之间进行调配。为了降低生料浆中的含硫化合物对烧结过程的影响，在生料浆制备过程中会配入一定量的无烟煤，以利于将 SO_4^{2-} 还原为 S^{2-}，形成 FeS 形式的脱硫产物进入赤泥，达到排硫的目的。

2．熟料的烧制过程

熟料烧结是烧结法生产氧化铝的关键工序，它关系到熟料的质量、能耗和产量。生料浆用泵经喷射器喷入回转窑内，在窑尾被窑前来的热气流烘干，成细粒状生料。生料在向窑前移动的过程中逐渐被加热并在 1200～1300℃高温下完成烧结过程。烧结产物是灰黑色的块状物料，通常叫作熟料（烧结块），其主要矿物组成为铝酸钠（$Na_2O \cdot Al_2O_3$）、原硅酸钙（$2CaO \cdot SiO_2$）和铁酸钠（$Na_2O \cdot Fe_2O_3$）等矿物。烧成的熟料经冷却后进入熟料仓。

3．熟料的溶出过程

熟料经破碎后用稀碱溶液（调整液）进行溶出。在溶出过程中 $Na_2O \cdot Al_2O_3$ 溶于稀碱液中，而 $Na_2O \cdot Fe_2O_3$ 则发生水解。

$2CaO \cdot SiO_2$ 不溶于稀碱溶液。所以用稀碱溶出熟料就可以使其中的 $Na_2O \cdot Al_2O_3$ 进入溶液，使 $2CaO \cdot SiO_2$ 和 $Na_2O \cdot Fe_2O_3$ 成为不溶性残渣（赤泥），从而达到使有用成分与有害杂质基本分离的目的。熟料溶出通常采用溢流型球磨机进行湿磨溶出。

4．赤泥沉降分离过程

赤泥的沉降分离是熟料溶出的后续工序，它的主要任务是将溶出浆液中的铝酸钠溶液与溶出后的残渣——赤泥进行分离。分离出的铝酸钠溶液经进一步处理作为碳酸化分解的精液。分离出的赤泥经洗涤回收赤泥附液中的 Na_2O 和 Al_2O_3，赤泥附碱达到排放要求后送往赤泥堆场。

烧结法赤泥的分离设备早期采用沉降过滤器，目前采用沉降槽进行赤泥的分离和洗涤。

5．铝酸钠溶液（粗液）脱硅过程

在溶出过程中，熟料中部分原硅酸钙不可避免地与溶液发生反应，致使溶出后得到的铝酸钠溶液含有较高的 SiO_2。为保证产品氧化铝的质量，上述溶出液必须经过专门的脱硅处理。在脱硅过程中，常采用添加拜耳法赤泥、石灰或碳铝酸钙等办法来提高脱硅效率，提高溶液的硅量指数，使溶液的硅量指数达到 4 以上。脱硅产物硅渣中含有相当数量的 Na_2O 和 Al_2O_3，需返回配料系统回收。

6. 铝酸钠溶液（精液）的碳酸化分解过程

脱硅后的铝酸钠溶液叫作精液，其大部分通入 CO_2 气体进行碳酸化分解，连续不断地通入 CO_2 气体可以使铝酸钠溶液中的氧化铝全部以氢氧化铝结晶析出。为保证产品氧化铝的质量，实际上铝酸钠溶液的碳酸化分解率应根据精液硅量指数的高低控制在一个适当的水平。

少部分精液送去进行晶种分解，将得到的种分母液返回到脱硅过程中，以保证铝酸钠溶液在硅渣分离等过程中有足够的稳定性。

7. 碳酸化分解母液的蒸发过程

碳酸化分解后的溶液主要含 Na_2CO_3，叫碳酸化分解母液，除少部分供配制熟料溶出用调整液外，大部分经蒸发至一定浓度后返回去配制生料浆。

8. 氢氧化铝的焙烧过程

碳酸化分解得到的氢氧化铝经分离洗涤后，送焙烧窑焙烧得到产品氧化铝。焙烧设备早期为回转窑，目前已全部采用沸腾焙烧炉进行焙烧。

9. 影响因素

烧结法生产氧化铝的影响因素主要包括烧结配方和烧结工艺。

炉料成分主要由配方决定，在生料掺煤的情况下，配方包括料浆中七项指标：铝硅比（A/S）、铁铝比（F/A）、碱比 [N/(A+F)]、钙比（C/S）、水分含量、固定碳含量及干生料的细度。铝硅比指生料中氧化铝与氧化硅的质量比，它对烧结温度和烧结温度范围的影响很大，烧结温度随炉料中铝硅比的降低而降低，烧结温度范围也变窄，而且会导致烧结带容易结圈、下料口易堵塞等生产故障。铁铝比指生料中氧化铁与氧化铝的分子比，烧结温度随铁铝比的提高而下降。因为铁铝比高，炉料中氧化铁多，生成低熔点的固溶体增加。在生产中要求炉料有一定的铁铝比，这样既有利于熟料烧结成块，也有利于熟料窑挂窑皮的操作。传统烧结法的 F/A 控制指标为 ≥0.08。碱比 [N/(A+F)] 是生料中 $Na_2O/(Al_2O_3+Fe_2O_3)$ 分子比，烧结温度随碱比增大而升高，碱比为 0.9 左右时，烧成温度范围变得很窄，烧结困难。钙比（C/S）指生料中氧化钙与氧化硅的分子比，烧结温度随钙比升高而降低，但降低不明显。然而炉料的碱比和钙比是由保证氧化铝、碱等的最大溶出率、最少的二次反应来决定的。

烧结工艺过程中的影响因素包括烧结温度、煤粉质量、烧结制度。

（1）烧结温度　适宜的烧结温度主要取决于炉料成分。当烧结温度过低时，反应速率很慢，化学反应进行不完全，Al_2O_3溶出率低。而温度过高时，有大量液相生成，从而使Na_2O、Fe_2O_3与Al_2O_3生成不溶性三元化合物$Na_2O \cdot CaO \cdot SiO_2$、$2Na_2O \cdot 8CaO \cdot 5SiO_2$和$4CaO \cdot Al_2O_3 \cdot Fe_2O_3$，使$Al_2O_3$溶出率降低。同时，还会导致熟料过烧，使窑的作业失常，不仅使煤耗增加、窑的产能降低，而且由于碱的挥发，导致熟料成分的改变，也使有用成分的溶出率下降。因此在生产上力求控制在正烧结温度。

（2）煤粉质量　烧结炉料时所用的燃料一般为烟煤煤粉，煤粉中含有大量的灰分，有时还含有相当数量的硫化物。灰分主要由Al_2O_3、CaO、Fe_2O_3和SiO_2组成。灰分中各成分直接落到炉料中与苏打、石灰反应。配料时必须考虑进入熟料中灰分的数量及其组成。同时也要考虑硫所造成的碱损失，采取相应的措施。

（3）烧结制度　在炉料缓慢加热时，大多数反应将循序进行，同一时间存在的中间化合物相对较少。而在急剧加热时，许多反应重叠在一起进行，同一时间内出现的中间化合物较多。所以，加热速度不同，烧结过程的进程是不一样的。如果炉料在高温下保持的时间较长，物相组成接近其平衡状态，则所有的中间化合物都将消失，而且加热速度造成的影响也将消除。反之，炉料在高温下保持的时间短，反应来不及完成，加热速度不同造成的影响就会保留下来。熟料中出现的熔体，只有缓慢冷却才能分解成$2CaO \cdot SiO_2$和$Na_2O \cdot Al_2O_3 + Na_2O \cdot Fe_2O_3$固溶体，熟料的晶体也比较粗大。而炉料骤冷时熔体来不及冷却，熟料中就会存在一些三元化合物，使铝的溶出率降低。在$800 \sim 1000℃$下保持熟料的缓慢冷却尤其重要。

三、拜耳-烧结联合法

碱法是生产氧化铝的基本方法，目前工业上生产氧化铝的方法主要是拜耳法和碱石灰烧结法，这两种方法各有其优缺点和适用范围。拜耳法流程简单，能耗低，产品质量好，处理优质铝土矿时产品成本最低。但随着矿石铝硅比降低，氧化铝回收率下降，碱耗上升，成本增加。因此拜耳法只局限于处理优质铝土矿，其铝硅比至少不低于$7 \sim 8$，通常在10以上。此外，拜耳法需要消耗价格比较昂贵的苛性碱。烧结法流程比较复杂，能耗大，单位产品的投资和成本较高，产品质量一般不如拜耳法，但烧结法能有效地处理高硅铝土矿（如铝硅比$3 \sim 5$），而且所消耗的是价格较低的碳酸钠。这是拜耳法所远不能及的。

在某些情况下，采用拜耳法和烧结法的联合生产流程，可以兼收两种方法的优点，取得较单一的拜耳法或烧结法更好的经济效果，同时使铝矿资源得到更加充分的利用。根据铝土矿的化学成分、矿物组成以及其他条件的不同，联合法有并联、串联和混联等三种基本流程。联合法在我国氧化铝生产中占有非常重要的地位。

1．并联法

并联法生产工艺流程是由拜耳法和烧结法两个平行的生产系统组成的。以拜耳法处理低硅优质铝土矿为主、烧结法处理高硅铝土矿为辅，其作用是补充拜耳法系统损失的苛性碱。因此，烧结后的熟料进行溶出，铝酸钠溶液进行脱硅后，转入拜耳法系统处理，将烧结法与拜耳法两系统所得的铝酸钠溶液混合进行种子搅拌分解，其后分离洗涤氢氧化铝，最后焙烧得到氧化铝产品。图4-3 所示为并联法氧化铝生产工艺流程。

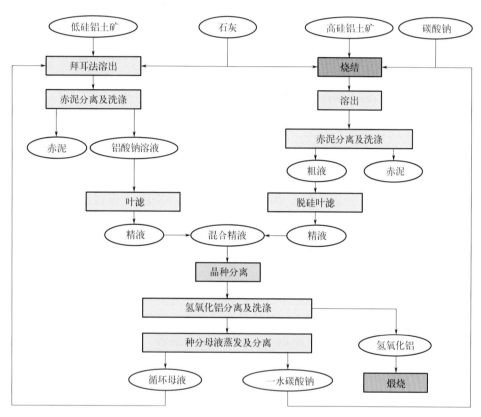

图4-3　并联法氧化铝生产工艺流程

也有的厂烧结法系统采用低硅铝土矿，此时烧结法炉料中不配石灰石，即采用所谓两组分炉料（铝土矿与碳酸钠）。烧结法系统的溶液并入拜耳法系统，以补偿拜耳法系统的苛性碱损失。

（1）并联法的优点

① 可在处理优质铝土矿的同时处理一些低品位铝土矿，充分利用本地区矿石资源。

② 种分母液蒸发时析出的一水碳酸钠直接送往烧结法系统配料，因而取消了拜耳法的碳酸钠苛化工序，从而也就免除了苛化所得稀碱液的蒸发过程。同时，一水碳酸钠吸附的大量有机物可在烧结过程中烧掉，因而避免了有机物对拜耳法某些工序的不良影响，当铝土矿中有机物含量高时这一点尤为重要。

③ 生产过程中的全部碱损失都用价格低的碳酸钠补充，这比用苛性碱要经济（以氧化钠计，我国碳酸钠与苛性碱的比价为 1:1.8）。当其他条件相同时，并联法的产品成本低于单一的拜耳法。

（2）并联法的缺点

① 用铝酸钠溶液代替纯苛性碱补偿拜耳法系统的苛性碱损失，使得拜耳法各工序的循环碱量增加，从而对各工序的技术经济指标有所影响。

② 工艺流程比较复杂。拜耳法系统的生产受烧结法系统影响和制约，必须有足够的循环母液贮量，以免在烧结法系统因某原因不能供应拜耳法系统以足够的铝酸钠溶液时使拜耳法系统减产。

2．串联法

对中等品位的铝土矿或品位虽然较低但为易熔的三水铝石型铝土矿，采用串联法往往比烧结法有利。此法是先以简单的拜耳法处理矿石，提取其中大部分氧化铝，然后再用烧结法处理拜耳法赤泥，进一步提取其中的氧化铝和碱，所得的铝酸钠溶液并入拜耳法系统。串联法氧化铝生产工艺流程如图 4-4 所示。

国外采用串联法生产的主要有三家工厂——哈萨克斯坦的巴甫洛达尔厂和美国的两家工厂。美国的两家串联法厂于 20 世纪 80 年代因矿石资源枯竭而关闭。哈萨克斯坦的巴甫洛达尔厂目前仍在运行，烧结法系统的溶液是单独处理，直到蒸发排出 Na_2SO_4 结晶后才补入拜耳法系统。我国在晋北用铝硅比为 5.6 的一水硬铝石铝土矿为原料，建成了年产能为 100 万吨氧化铝的串联法生产厂。中国铝业股份有限公司也在重庆南川市采用串联法建设氧化铝厂。

（1）串联法的优点

① 由于矿石经过拜耳法与烧结法两次处理，氧化铝总的回收率高，碱耗低。

由于部分氧化铝由加工费用和投资都较低的拜耳法提取得到，用于烧结法窑的投资及单位产品的加工费用减少，使产品成本降低。

② 对于处理铝硅比约 3.5 的三水铝石-一水软铝石型铝土矿，串联法比纯烧

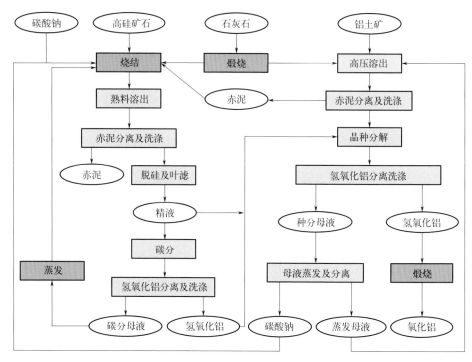

图4-4 串联法氧化铝生产工艺流程

结法要经济，设备单位投资大致相同，而碳酸钠和燃料消耗要比纯烧结法分别低40%和45%。

（2）串联法的缺点

① 拜耳法赤泥炉料的烧结往往比较困难，而烧结过程能否顺利地进行以及熟料质量的好坏是串联法的关键。另外，当矿石中氧化铁含量低时，还存在烧结法系统供碱不足的问题。

② 拜耳法和烧结法两大系统的平衡及整个生产的均衡稳定较难维持，与并联法相比，串联法中拜耳法系统的生产在更大的程度上受烧结法系统影响和制约。而在拜耳法系统中，如果矿石品位和熔出条件等发生波动，会使氧化铝溶出率和所产赤泥的成分与数量随之波动，又直接影响烧结法的生产。所以两个系统互相影响，给生产控制带来一定的难度。

3．混联法

如前所述，如果铝土矿中氧化铁含量低，则串联法中的烧结法系统供碱不足。解决这个问题的方法之一是在拜耳法赤泥中添加一部分低品位矿石进行烧结。添加矿石使熟料铝硅比提高，也使炉料熔点提高，烧成温度范围变宽，从而改善了烧结过程。这种将拜耳法和同时处理拜耳法赤泥与低品位铝矿的烧结合在一起的联合法叫作混联法。这种方法目前还只有我国采用。郑州铝厂用拜耳法处理铝硅比 10 左右的低铁铝土矿，所得赤泥再配入部分铝硅比约 4 的低品位铝土矿用烧结法处理。混联法氧化铝生产工艺流程见图 4-5。

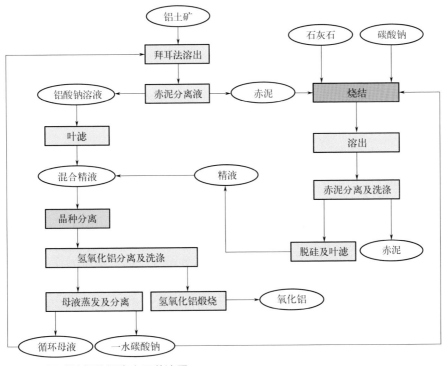

图4-5 混联法氧化铝生产工艺流程

混联法除了具有并联法与串联法的一些优点外，还解决了用纯串联法处理低铁铝土矿时补碱不足的问题；提高了熟料铝硅比，既改善了烧结过程，又合理地利用了低品位矿石；由于增加了碳酸化分解过程，作为调节过剩苛性碱液的平衡措施，而有利于整个生产流程的协调配合。生产实践证明，混联法是处理高硅低铁铝土矿的有效办法，其氧化铝总回收率达到 90% 以上，每吨氧化铝的碳酸钠耗达到 70kg 以下，产品质量良好，节能潜力巨大[5,6]。

混联法存在的主要缺点是流程长、设备多、控制复杂等。各种类型的联合法原则上都以拜耳法为主，烧结法系统的生产能力一般只占总产能的 10% ～ 20%，但是混联法中烧结法系统的产能不受拜耳法补碱需要限制，并联法在原则上也可以有较大的伸缩性，即烧结法系统可以多处理矿石，补碱多余的溶液送往碳分。

尽管联合法中拜耳法的碳酸钠苛化工序可以取消，对串联法和混联法中拜耳法赤泥洗涤的要求也可有所降低，烧结法系统的流程有不同程度的简化，但是联合法流程总是比较复杂的，只有当生产规模大时，采用联合法才是可行和有利的。

四、酸法

酸法生产氧化铝是用硝酸、硫酸、盐酸等无机酸处理含铝原料而得到相应铝盐的酸性水溶液，然后使这些铝盐、水合物晶体（通过蒸发结晶）或碱式铝盐（水解结晶）从溶液中析出，也可以用碱中和这些铝盐水溶液，使溶液中的铝离子转化为氢氧化铝析出，氢氧化铝、各种铝盐的水合物或碱式铝盐经过煅烧得到氧化铝产品。

随着近代材料技术及设备加工工艺技术的不断进步，从 20 世纪 60 年代起，国内外对酸法生产氧化铝的报道日渐增多，主要研究机构有美国矿务局、英国伯明翰大学、加拿大 Obite 公司、澳大利亚 Altech 公司、澳大利亚墨尔本的联邦科学与工业研究组织、法国彼施涅铝公司、俄铝联合公司、中国神华及国内外各大院校等。酸法提取氧化铝主要有盐酸法、硫酸法、硝酸法、氢氟酸法提取氧化铝工艺。随着矿物品位的劣质化，矿物普遍存在铝含量低、杂质铁含量高等问题，所以用碱法（拜耳法、烧结法等）生产氧化铝存在能耗高、赤泥多及碱性废水多、投资大、成本高等不足，而酸法生产正好可以弥补碱法的不足，适合处理各种品位的铝矿。

矿物中的铝采用无机酸（如盐酸、硫酸、硝酸）或有机酸（如柠檬酸、乳酸）溶出，形成铝盐溶液；而矿物中的氧化硅不与酸反应，形成硅渣。分离得到的铝盐溶液经一系列后处理，可得不同特性和用途的氧化铝产品 [7]。

酸法的化学反应机理为：

（1）高岭土活化

$$Al_2O_3 \cdot 2SiO_2 \cdot 2H_2O （高岭土） \longrightarrow Al_2O_3 \cdot 2SiO_2（偏高岭石） + 2H_2O \uparrow$$

（2）酸浸出

$$Al_2O_3 \cdot 2SiO_2（偏高岭石） + 3H_2SO_4 \longrightarrow Al_2(SO_4)_3 + 3H_2O + 2SiO_2$$

$$Al_2O_3 \cdot 2SiO_2（偏高岭石） + 6HCl \longrightarrow 2AlCl_3 + 3H_2O + 2SiO_2$$

（3）煅烧

$$Al_2(SO_4)_3 \cdot 18H_2O \longrightarrow Al_2O_3 + 3SO_3 \uparrow + 18H_2O \uparrow$$

$$2AlCl_3 \cdot 6H_2O \longrightarrow Al_2O_3 + 6HCl + 9H_2O$$

1. 盐酸法提取氧化铝工艺

盐酸法是采用盐酸在一定温度条件下与铝土矿、高岭土或粉煤灰等固体中的活性 Al_2O_3 发生反应。该工艺的特点是利用盐酸易溶于水且加热时不易分解的性质，将工艺流程中焙烧产生的氯化氢气体 99% 以上实现回收利用。氯化铝溶液可通过蒸发结晶生成结晶氯化铝，进而焙烧得到氧化铝；也可利用氯化铝在酸溶液中的溶解度随着盐酸浓度的升高而急剧降低的特点，生成氯化铝晶体，从而焙烧得到氧化铝。

不同的研究单位采用盐酸法提取氧化铝的工艺不尽相同，神华集团开发的具有自主知识产权的"一步酸溶法"工艺流程如图4-6所示。截至 2017 年 8 月，神华集团 4000 吨 / 年粉煤灰提取氧化铝中试装置共进行了 7 次试验运行，其中第 7 次试车运行时间为 2016 年 9 月到 2017 年 1 月，是"一步酸溶法"粉煤灰提取氧化铝工业化进程中具有里程碑意义的一次试验运行。此次试车中，氧化铝溶出率大于 85%，生产的氧化铝产品纯度 99.39%，达到国家冶金一级品标准；镓提取率大于 60%，纯度达 4N 级（99.99%）；产量、质量、环保排放、设备完好率全都达到或超过了工业化设计方案的预期值。第 7 次试车工业化可行性得到了专家们的肯定论证，标志着"一步酸溶法"粉煤灰提取氧化铝工艺技术具备了工业化条件。

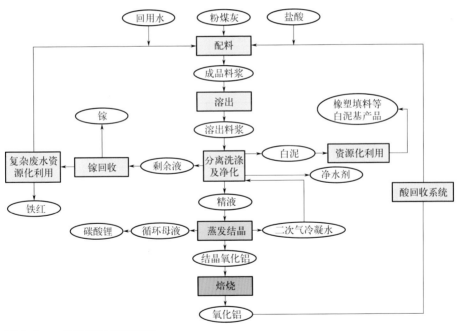

图4-6 一步酸溶法工艺流程

盐酸极易分解，挥发性强，在室温下就能大量挥发，所以盐酸法处理铝土矿时要求温度很低，而酸和铝土矿的反应为吸热反应，升温有利于反应的发生，这一点对盐酸法处理铝土矿是极为不利的；每摩尔盐酸含有 1mol H^+，而每摩尔硫酸则含有 2mol H^+，相比之下，处理铝土矿时，盐酸法所需要的酸量较高；而 $AlCl_3$ 在盐酸溶液中的溶解度随盐酸浓度的提高而急剧降低，而且生成的六水氯化铝结晶纯度很高，用此法制取的铝盐纯度也非常高。

2. 硫酸法提取氧化铝工艺

硫酸浸取法主要是采用硫酸作为溶剂，对粉煤灰、高岭土、一水铝石等中的氧化铝进行溶出，提取溶液经过滤分离、浓缩结晶得到结晶硫酸铝，焙烧后得到氧化铝，其工艺流程如图 4-7 所示[8]。也有研究机构利用铝盐在酸溶液中溶解度随着盐酸浓度升高而急剧降低的特点，在硫酸铝提取液中通入氯化氢气体，生

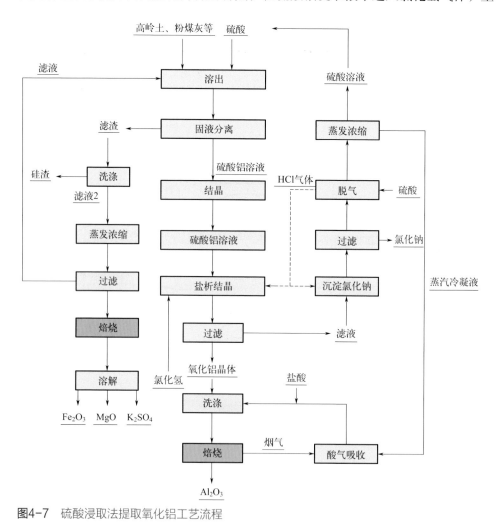

图4-7 硫酸浸取法提取氧化铝工艺流程

成氯化铝晶体，进而焙烧生成氧化铝。20世纪60年代中期法国彼施涅铝公司发明了酸法生产氧化铝的H法，主要用来处理黏土和煤页岩。该法采用浓硫酸与含铝原料反应得到硫酸铝溶液，硫酸铝溶液冷却结晶后得到含杂质较多的硫酸铝晶体，后将硫酸铝晶体采用盐酸溶解后形成氯化铝溶液，通入氯化氢气体使氯化铝以晶体的形式析出，结晶氯化铝经洗涤后焙烧产生冶金级氧化铝，氯化氢烟气回收利用，硫酸溶液再次返回进行溶出。该法可实现氧化铝回收率90%以上。

硫酸法工艺流程复杂，系统庞大，且同时使用硫酸与盐酸两种酸，对设备和材料的防腐性能要求较高。硫酸制取简单，而且其挥发性很小，能够承受一定的温度，因此硫酸处理铝土矿有一定的优势。用一定浓度的硫酸与铝土矿在一定温度和压力下反应，得到的溶出液为硫酸铝溶液，铁、钛、钙、镁等杂质也会与酸作用进入溶液中，去除这些杂质是需要解决的一大问题。

铝土矿的酸法溶出属于液固两相非催化反应，溶出过程主要包括酸溶液润湿矿粒表面，从而使氧化铝水合物与氢离子相互作用生成硫酸铝或氯化铝，最终扩散到溶液中。影响铝土矿酸法溶出因素主要包括两方面：铝土矿自身的矿物类型和组成，溶出的工艺条件。

铝土矿的类型对铝土矿的溶出性能有显著影响。铝土矿主要有三种类型：一水软铝石、一水硬铝石、三水铝石。其中一水软铝石最易于酸法溶出，其次是三水铝石，最后是一水硬铝石。一水软铝石和三水铝石所需反应温度较低，$100 \sim 110℃$下氧化铝的溶出率很高，而一水硬铝石需要较高的浸出温度，$170 \sim 180℃$时氧化铝的溶出率仍然维持在较低水平。这是因为一水硬铝石的晶格能比三水铝石和一水软铝石大，而铝土矿的溶出过程是通过酸液破坏氧化铝水合物的晶格而使 H^+ 进入到其晶格中，晶格能越小，晶格越容易被破坏，氧化铝溶出就越容易。对于矿物类型较差的铝土矿，比如一水硬铝石，可以进行预处理使其易于反应，主要包括矿物机械活化和预焙烧。矿物在机械力作用下会发生一系列机械化学效应，使矿物在产生裂缝的同时导致各种类型的缺陷，包括晶体结晶程度降低乃至无定形化、晶格畸变等，从而使矿物活性提高和发生改性；焙烧使 $AlO(OH)$ 脱水，导致颗粒间产生细小的裂缝和空间，从而使铝土矿的比表面积增大，颗粒变得疏松多孔[9]。

铝土矿的组成对其溶出性能也有很大的影响，影响较大的元素主要有 Fe、Si、Ti、S 等，不同的杂质元素影响机理和程度各不相同。铝土矿中的铁主要以针铁矿和赤铁矿的形式存在，高压溶出时，后者比前者更难溶出，而且由于 Fe^{3+}、Al^{3+} 半径相近，赤铁矿和刚玉、针铁矿和一水硬铝石都能形成铝针铁矿和铝磁铁矿混合固溶体。酸法溶出过程中，氧化铁会与酸反应浸出，从而导致溶出液中含有大量的铁杂质，降低溶出液的品质，所以酸法溶出液的除铁操作将是很重要的研究方向；碱法溶出过程中，铝土矿中的铁基本不溶出，所以铁对碱法溶出过程危害极小。含硅矿物对碱法溶出危害最大，主要因为硅会与碱液反应生成含水铝硅酸钠（钠硅渣）进入赤泥，导致大量的碱液被消耗，生产成本增加，但是硅在酸液中基本不溶出，所以与碱法相比，酸法最明显的特点是溶出液中几乎不含硅。

工艺条件对铝土矿的溶出过程影响显著，铝土矿酸法溶出工艺条件主要包括溶出温度、溶出时间、硫酸浓度、液固比（硫酸与铝土矿质量比）、铝土矿颗粒度等。溶出温度显著影响氧化铝的溶解度、扩散常数和化学反应的速率常数，随着溶出温度的升高，扩散速率和化学反应的速率均会增加，氧化铝的溶解度明显提高，同时温度升高有利于键的断裂，使玻璃体中的氧化铝变成活性氧化铝，易于与硫酸反应。溶出过程中，溶出反应未达到平衡，氧化铝的溶出率随着溶出时间的增加而增大，当达到一定时间后，氧化铝溶出率将趋于平衡。溶出温度和时间与反应能耗、操作成本等息息相关，需要综合考察。

硫酸作为反应物，浓度越高，意味着硫酸根离子越多，铝土矿反应速率越快，但硫酸浓度过大，溶液黏度将增加，传质难度随之增大，将阻碍反应的进行，因此硫酸浓度需要一个合适的范围。液固比与反应物和产物的传质紧密相关，液固比低，矿浆黏度高，溶出界面的溶液易过饱和，阻碍反应的进一步进行；液固比增大，溶液黏度降低，传质速率随之提高，固液界面的反应物和产物不断扩散交换，有利于溶出反应的进行，但是液固比太高，操作成本也将提高。对于固液两相反应，反应在固体表面进行，反应速率取决于活性表面的大小，取决于铝土矿与硫酸的接触面积，而铝土矿的比表面积与颗粒度紧密相关，一般颗粒越小，比表面积越大，反应接触面积越大，越有利于反应的进行，反之反应越难发生。

五、胆碱法

胆碱水解法的原料为纯度较高（99.95%）的铝箔片，氯化胆碱预先经强阴离子交换树脂交换，转化为胆碱，然后与铝箔片反应。反应过程中有氢气生成，氢气的生成量可以作为判断反应速率的依据，当氢气释放量很小时，说明铝箔与胆碱反应充分。反应结束进行固液分离，得到高纯氢氧化铝，焙烧脱水后生成高纯氧化铝。同时，滤液中继续加入铝箔片进行循环反应。

反应过程如下：

$$Al + 3H_2O + R-OH == R^+ + \left[Al(OH)_4\right]^- + 1.5H_2\uparrow$$

$$R^+ + \left[Al(OH)_4\right]^- == Al(OH)_3 + R-OH$$

这种方法生产的产品纯度介于 99.95% ～ 99.98% 之间。主要问题是成本较高，同时氢气量需控制，以及需处理一定量的废水。

1993 年，Alcoa 在一项专利中首次描述了胆碱路线。发现胆碱 $[(Me)_3N^+—CH_2CH_2OH]OH^-$ 对 Al 来说比溶剂更有效。较早提出的是四甲基氢氧化铵。河北鹏达（中国）是使用胆碱法生产高纯氧化铝的国内最主要的生产商。图 4-8 给出了该过程的示意图。

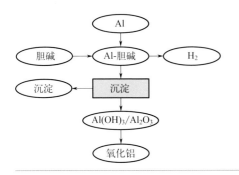

图4-8
胆碱法生产氧化铝工艺流程

铝金属溶解在胆碱 $[(Me)_3N^+—CH_2CH_2OH]OH^-$ 的甲醇溶液中，溶液的 pH 值约为 12.4。当铝金属溶解时会产生氢气，温度保持在约 80℃。产氢停止后，铝-胆碱络合物水解并自发沉淀为氢氧化铝（高 pH 值时为三羟铝石，低 pH 值时为勃姆石）。为了加速沉淀，有时会添加"促进剂"。过滤后干燥得到三羟铝石和勃姆石的混合物，焙烧后即得高纯氧化铝[10]。

六、酸碱联合法

酸碱联合法主要针对粉煤灰中提取氧化铝，迄今，国内已建成多个粉煤灰提取氧化铝的工业试验或生产装置，装置规模最大已达年产氧化铝 20 万吨，粉煤灰高值化利用产业化取得重要进展，但由于现有技术存在如介质腐蚀、能耗高、副产物及残渣量大、氧化铝回收率及产品质量不高等问题，导致依然难以大规模生产应用。

粉煤灰酸碱联合提取氧化铝和氧化硅工艺主要分为浓硫酸熟化-水浸、硫酸铝制备与还原焙烧、粗氧化铝低温拜耳法生产冶金级氧化铝、高硅渣提取氧化硅等 4 个主要环节，如图 4-9 所示。将适量的浓硫酸与粉煤灰拌匀后进行熟化，得到硫酸化熟料；然后用水浸出熟料得到硫酸铝溶液和高硅渣；硫酸铝溶液经蒸发浓缩结晶、干燥脱水得到硫酸铝；将硫酸铝与适量煤粉一起进行快速还原焙烧得到粗氧化铝；然后采用低温拜耳法处理粗氧化铝生产冶金级氧化铝；所得高硅渣用氢氧化钠浸出提取其中的硅。

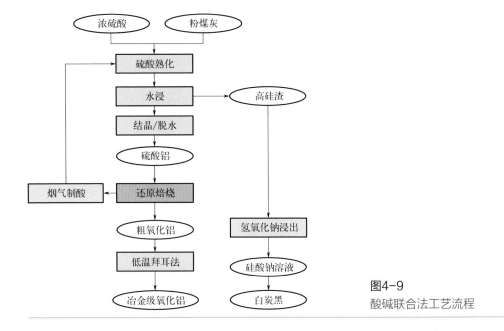

图4-9
酸碱联合法工艺流程

酸碱联合法生产氧化铝的过程主要反应包括:

(1) 硫酸熟化与浸出

$$Al_2O_3 \cdot 2SiO_2 + 3H_2SO_4 \longrightarrow Al_2(SO_4)_3 + 2SiO_2 + 3H_2O$$

$$3Al_2O_3 \cdot 2SiO_2 + 9H_2SO_4 \longrightarrow 3Al_2(SO_4)_3 + 2SiO_2 + 9H_2O$$

(2) 硫酸铝结晶与脱水

$$Al_2(SO_4)_3 + 18H_2O \longrightarrow Al_2(SO_4)_3 \cdot 18H_2O$$

$$Al_2(SO_4)_3 \cdot 18H_2O \longrightarrow Al_2(SO_4)_3 \cdot 3H_2O + 15H_2O$$

$$Al_2(SO_4)_3 \cdot 3H_2O \longrightarrow Al_2(SO_4)_3 + 3H_2O$$

(3) 硫酸铝还原焙烧

$$2Al_2(SO_4)_3 + 3C \longrightarrow 2\gamma\text{-}Al_2O_3 + 3CO_2 \uparrow + 6SO_2 \uparrow$$

(4) 低温拜耳法制备氧化铝

$$Al_2O_3 + 2NaOH + 3H_2O \longrightarrow 2NaAl(OH)_4$$

$$NaAl(OH)_4 \rightleftharpoons Al(OH)_3 + NaOH$$

$$2Al(OH)_3 \longrightarrow Al_2O_3 + 3H_2O$$

七、热解法

1．硫酸铝铵热解法

将工业硫酸铝和硫酸铵溶液分别进行净化除去 K、Na、Ca、Mg、Si、Fe 等杂质，之后将净化后的硫酸铝和硫酸铵在一定的物料配比、pH 值和反应温度的条件下进行合成反应，并将生成的硫酸铝铵进行多次重结晶，得到高纯度的硫酸铝铵晶体。硫酸铝铵晶体经过加热分解，得到所需的高纯氧化铝粉体。硫酸铝铵在较低的温度下焙烧可制得比表面积大、分散性好的 γ-Al$_2$O$_3$，当加热至1100 ～ 1300℃时则变成 α-Al$_2$O$_3$。工艺流程如图 4-10 所示。

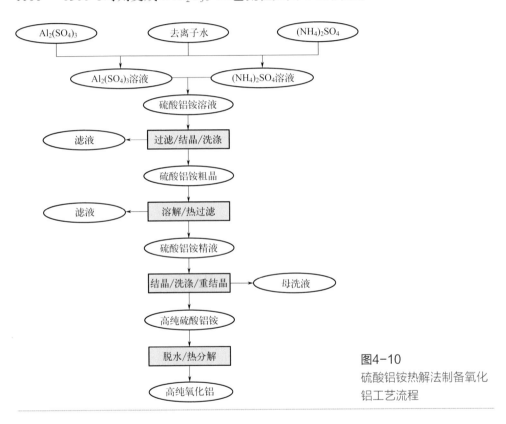

图4-10
硫酸铝铵热解法制备氧化铝工艺流程

硫酸铝铵的合成及热解反应式如下：

$$Al_2(SO_4)_3 + (NH_4)_2SO_4 + 24H_2O \longrightarrow 2[NH_4Al(SO_4)_2 \cdot 12H_2O]$$

$$2[NH_4Al(SO_4)_2 \cdot 12H_2O] \longrightarrow Al_2O_3 + 3SO_3\uparrow + SO_2\uparrow + 2NH_3\uparrow + 24H_2O\uparrow$$

硫酸铝铵热解法制备氧化铝的优点是原料便宜容易获得，产生的母液可循环使用，减少了废液处理的负担；缺点是可能会煅烧不充分，致使产品的硫酸根含量较大，纯度不理想，而且产生的氨气和三氧化硫需要做进一步处理，以免污染环境。

2．碳酸铝铵热解法

该方法以硫酸铝铵和碳酸氢铵为原料，采用碱式碳酸铝铵 [NH₄AlO(OH)HCO₃](AACH) 热解法制备高纯氧化铝。该法亦称改良的铵明矾热解法，改良之处在于没有热解的溶解现象，生产的 α-Al₂O₃ 粒径容易控制，热解中不产生污染环境的 SO₃ 气体等。

该法关键在于碱式碳酸铝铵的合成工艺，它会直接影响高纯氧化铝与其烧成制品的性能和质量。合成工艺主要与原料的纯度、原料配成溶液的浓度、合成温度、原料液的浓度比与添加方式和速度以及反应中溶液的 pH 值等因素有关。

将硫酸铝铵溶液在一定温度下以适当的速度滴入剧烈搅拌的碳酸氢铵溶液中发生反应生成碱式碳酸铝铵，其合成化学反应式如下：

$$8NH_4HCO_3 + (NH_4)_2 Al_2 (SO_4)_4 \longrightarrow 2NH_4AlO(OH)HCO_3 \downarrow +$$
$$4(NH_4)_2 SO_4 + 6CO_2 \uparrow + 2H_2O$$

碱式碳酸铝铵在 230℃ 左右发生热解，放出 NH₃、CO₂，低温下首先形成 γ-Al₂O₃，α-Al₂O₃ 开始形成的温度为 1050℃，经过 1h 煅烧，碳酸铝铵可以完全转化为 α-Al₂O₃。

其热解反应如下：

$$2NH_4AlO(OH)HCO_3 \longrightarrow Al_2O_3 + 2NH_3 \uparrow + 2CO_2 \uparrow + 3H_2O \uparrow$$

碳酸铝铵是近年来发展起来的新型前驱体，相对于其他前驱体在制备工艺、产物特性等方面有很多优点。前驱体 AACH 只要利用硫酸铝铵和碳酸氢铵之间简单的沉淀反应就可制得，这种方法非常适合工业化生产，而且在煅烧过程中前驱体分解产生的 CO₂ 和 NH₃ 易处理，符合"绿色设计"的理念，同时这些气体的释放可以对产物粒子起到搅拌作用，有利于阻止粒子之间的团聚。由此方法获得的产品氧化铝含量高、杂质少、粒径细、粒径分布窄。

第二节
氧化铝成型的基础理论

以氧化铝作为载体制备的催化剂是工业上应用最广泛的一大类催化剂，适用于固定床、移动床、流化床等构型的反应器，被广泛应用到石脑油重整、烷烃脱氢、烃类异构化、汽油加氢、油品加氢精制、烃类水蒸气转化和克劳斯尾气处理等重要的催化反应中，在石油化工、精细化工和环境化工等与国计民生息息相关的产业中发挥巨大的作用。

通常来说，人工合成出来的氧化铝催化剂都呈粉末状。在实际工业应用中，粉末状催化剂是不能直接应用的，原因主要有以下几点：

① 催化剂装填到反应装置中，是需要被添加到床层内的，而粉末状固体无法进行有效的装填；

② 氧化铝粉末状催化剂较细，粒子大小只有几微米，粉体直接装入反应器会导致系统产生巨大的压力降，从而造成反应器或者整个系统的堵塞而被迫停车；

③ 粉末状催化剂本身也存在回收困难、容易流失、无法进行有效的回收利用的问题；

④ 催化剂的工业生产大都采用浸渍法，氧化铝载体需具有一定的孔体积和吸水率，只有成型后的氧化铝才有大的孔体积和高吸水率。

可见，粉末状催化剂不适宜直接装入大型化工设备，成型是实现氧化铝催化剂工业应用必不可少的工序（图4-11）。

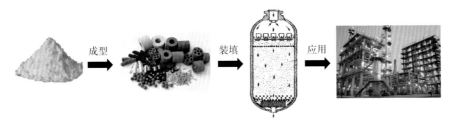

图4-11 粉末状氧化铝催化剂工业应用过程示意图

一、氧化铝成型的意义和要求

氧化铝作为经典的固体催化剂，除具有足够的活性、选择性和寿命外，几何形状和力学性能对其催化性能具有重要影响。一种成功的工业催化剂，不但要有高活性，还需要具有特定的几何形状、严格的颗粒尺寸、较高的机械强度和适宜的孔隙结构，从而确保催化剂具有较好的填装效率、较低的床层压降、均匀的流体流动分布和较长的使用寿命。实际上，工业催化剂从制造到投入工艺运转需要经历若干过程，当催化剂的活性组分和制备工艺确定以后，催化剂成型的几何形状和机械强度便成为决定反应器正常操作的主要因素之一。因此，催化剂的成型过程是催化剂制备的重要步骤，决定了催化材料能否转变成实际的催化剂，从而在化学工业中获得规模化应用。

催化剂的形状和颗粒大小对反应床层流体的流动形态和反应的扩散过程产生重要的影响。催化剂的形状和大小与需求不匹配时，将产生不均匀的流体和显著的压力降，对催化反应产生严重的负面作用，显著降低催化剂的使用效率。催化剂的机械强度是工业催化剂的重要性质，会显著影响催化剂的使用寿命。不同的化工工艺过程对催化剂的力学性能有不同的要求。如固定床催化剂强度失效引起细粉堵塞管线、流体流动分布不均匀和压降猛增，就会导致催化剂使用效率下降，严重情况还会导致意外停车；流化床催化剂如强度差而磨损严重时，就会造成催化剂跑损过多，不仅会使催化剂用量增大，而且所跑损催化剂对环境也有污染，极端情况还会影响催化剂在反应器中疏密相的分布，使生产无法继续进行。总之，催化剂机械强度对于工业装置的整体正常运转具有十分重要的地位。因此，催化剂必须具备一定的强度，才能经受住颗粒与颗粒之间、颗粒与气流之间、颗粒与器壁之间的摩擦，催化剂运输、装填期间的冲击，催化剂本身的重量负荷，以及反应过程、还原过程由于温度、体积变化和相变所产生的内应力而不发生破碎与粉化现象，才能保证化工反应过程的正常进行。

具体来说，成型后的氧化铝催化剂在性能方面需要满足下列几项要求：

① 合适的形状和大小，满足不同反应器的填充和运行的需求；

② 足够高的机械强度，能够抵抗装桶、搬运、装填过程中因滚动、坠落而引起的磨损，并且能避免反应过程中的机械冲击和热冲击，不发生粉化和破碎的现象；

③ 能承受反应装置开工、停工时，催化剂的床层的热膨胀、沉降、收缩等引起的相对运动对氧化铝颗粒的磨损；

④ 高抗磨损性能，在流化床或移动床工艺中，催化剂颗粒在流动过程中磨损率低；

⑤ 能承受因床层沉降、膨胀和收缩等引起的颗粒相对运动而造成的磨损；

⑥ 合适的孔隙吸水率，以便在负载过程中使活性组分快速达到分散平衡；

⑦ 足够强的热稳定性，经受腐蚀性工作液的化学侵蚀，提高反应后再生处理的可能性。

氧化铝的成型是指氧化铝的各类粉体、颗粒、溶液原料在一定的压力下互相聚集，制成具有一定形状、大小和强度的固体催化剂颗粒的单元操作过程。值得注意的是，成型过程的诸多参数也直接影响最终产品的表面形貌、比表面积、表面性质和机械强度等重要性质，从而对后期的使用效果产生重要影响。具体来说成型对催化性能的影响主要包括以下几个方面：

① 催化剂的效率、强度、寿命和表面的可利用性等重要性质，在很大程度上这些性能取决于成型工序，通过成型操作获得。催化剂通过成型加工，就能根据催化反应及装置要求提供适宜形状、大小及机械强度的颗粒催化剂，并使催化

剂充分发挥所具有的活性及选择性，延长催化剂使用寿命。

② 催化剂颗粒大小、形状、表面性质等特性决定反应器内流体动力学操作条件，反应器的生产能力，过程选择性，这些性质通过成型获得。减小流体流动所产生的压力降，防止发生沟流，获得均匀的流体流动。

③ 成型操作强化了多相反应过程特点，影响催化剂的活性、选择性、流动阻力等性能。

④ 在催化剂的成型过程中通常加入一定的造孔剂，如高分子聚合物、碳材料等，通过成型过程可获得大量的堆积孔，对催化反应将产生重要的影响。

⑤ 根据催化过程中反应器的不同，催化剂的形状也大小各异，同时形状的差异也会带来性能巨大的改变。因其可能对反应物或产物的扩散造成影响，进而影响其产率或选择性。根据不同的使用条件，可以把催化剂做成不同的形状加以使用。如在移动床催化裂化装置中所使用的催化剂一般为小球，这有利于催化剂在反应器中的移动，也便于催化剂的输送，减小其磨损造成的损耗。

如表 4-1 所示，工业上使用的氧化铝催化剂颗粒形状已至少有几十种之多，诸如球形、打片柱状、挤条圆柱、挤条三叶草、四叶草、拉西环形、舵轮形、圆柱带沟槽形、哑铃形、宝塔螺旋形、凹面体、蜂窝形、瓮形、粒状、环柱形、蜂窝状、纤维状和微球等，以提供适宜的形状、大小、强度和催化性能，从而与不同的催化反应过程和催化反应器类型相匹配。

以下对典型氧化铝催化剂的形状做简要的介绍：

① 粒状（无定形）：它是将块状物料破碎后经适当筛分制成。由于形状不定，且筛下产品无法利用，随着成型技术的进展，这种方法已日趋减少。虽然它有上述缺点，但由于制法简便，物料强度也高，工业上也还沿用。

② 圆柱形（包括空心圆柱形）：有规则、表面光滑的圆柱形催化剂在填充时容易滚动，因此能填充得很均匀，具有均匀的自由空间分布以及均匀的流体流动性能。空心圆柱形则具有表观密度小、单位体积表面大的优点。

③ 球形（包括小球或微球）：为了提高反应器的生产能力，反应器的一定容积内希望填充尽量多的催化剂，因此，球形是最适宜的形状，因为球形颗粒填充反应器占有空间体积的数值最高，而且球形颗粒填充均匀，流体分配均匀，耐磨性也高。随着成球技术的成熟，近年来球形氧化铝载体或催化剂使用日益增多。

表4-1　典型催化剂的形状和工业应用

形貌类别	反应床	代表形状	直径范围	典型图	成型机	提供原料
片状	固定床	圆柱	3～10mm		压片机	粉料
环状	固定床	环状	10～20mm		打片机	粉料

形貌类别	反应床	代表形状	直径范围	典型图	成型机	提供原料
球状	固定床 移动床	球状	5～25mm		造粒机	粉料浆料
挤出品	固定床	圆柱状	(0.5～3)mm× (10～20)mm		挤出机 成型机	浆料
特殊形状挤出品	固定床	三叶草 四叶草	(2～4)mm× (10～20)mm		挤出成型机	浆料
球粒状	固定床 移动床	小形球粒	0.5～5mm		油中球状成型机	溶胶
微球	流化床	微球状	20～200μm		喷雾干燥机	溶胶淤浆
颗粒	固定床	无定形	2～14mm		粉碎机	团块
粉末	悬浮床	无定形	0.1～80μm		粉碎机	团块

反应器（反应工艺）的类型决定了所需催化剂的形状和尺寸，例如：

① 固定床催化剂：工业上大规模的催化反应大都采用固定床反应器。固定床用催化剂具有活性高、操作控制简单和易再生等优点，常用的氧化铝载体可分为条形、圆柱形、三叶草形和蜂窝状等。固定床催化剂的强度、粒度的允许范围较广，可在很宽的界限内操作。为了使反应过程中的气体压降得到有效控制以及保证良好的传质传热效果，需要将催化剂的尺寸控制在 1～5mm。球形氧化铝颗粒在固定床以点相接触，均匀堆砌，具有不易产生沟流、可降低床层压降的优点。

② 流化床催化剂：催化剂颗粒在床层内不断处于翻腾状态，为了保证稳定的流化状态，颗粒应具有类似流体的良好流动性能。流化床具有传质性能好、耗能少以及反应活性高等优点，因此被广泛应用于诸多化学反应中。当催化剂颗粒尺寸过大时，在反应过程中无法保持较好形态，直接影响反应过程中的传质和传热效果，因此催化剂的几何尺寸需控制在 10～150μm 的范围。

③ 沸腾床催化剂：随着人们对化工过程的深入研究，沸腾床逐渐被人们用于劣质重渣油的加氢反应中。小尺寸氧化铝微球具有化学性质稳定以及活性比表面积大等特点，被广泛用于重渣油加氢反应中。该氧化铝载体具有耐高温、尺寸小、强度高和堆积密度小的特点，其能够满足渣油加氢要求，且其活性较高。

④ 移动床催化剂：移动床装置所使用的氧化铝催化剂一般为小球（尺寸为 1.5～1.8mm），在移动床中摩擦系数较低，且颗粒堆积密实，孔隙率较小，并且在流动时为滚动摩擦，比一般的滑动摩擦磨损率低，可大大提高反应物的吸附和传质效果。

成型操作对后续制得催化剂的机械强度、活性、寿命都有很大影响。如果催化剂的强度低、耐磨性差,在使用过程中会由于破碎和磨损阻塞管道,增加压降。如果催化剂的形状采用不当,则不能充分发挥催化剂应有的作用。另外,催化剂的孔隙率及孔结构与成型方法和成型条件密切相关,例如孔体积和孔半径会随成型压力提高而降低。表 4-2、表 4-3 分别表示氧化铝前驱体拟薄水铝石粉挤出成型前后物性以及孔径分布的变化。

表4-2 拟薄水铝石粉挤出成型前后的物性变化

试样	孔体积/(mL/g)	比表面积/(m²/g)	堆密度/(g/mL)	挤出机类型
拟薄水铝石	0.45	297	0.75	
实验室挤条	0.41~0.44	240~290	0.78~0.85	双螺杆
工业挤条	0.37~0.39	230~280	0.80~0.89	双螺杆

表4-3 拟薄水铝石粉挤出成型前后的孔径分布变化

试样	孔径分布/%							最可几孔径/nm
	1.5~2.5nm	2.5~3.0nm	3.0~4.0nm	4.0~5.0nm	5.0~10nm	10~20nm	20~25nm	
拟薄水铝石粉	40.91	31.29	12.47	2.71	2.52	0.80	0.25	2.3
实验室挤条	5.50	8.70	55.78	26.22	5.80	0.53	0.47	3.5
工业挤条	2.78	5.50	81.21	25.03	2.14	0.37	0.80	3.9

拟薄水铝石粉经挤出成型后,孔体积及比表面积显著减小,堆积密度增大。实验室挤条结果与工业挤条结果相比较,前者所得产品孔体积较大,堆密度较小;后者则正好相反。说明挤出条件及所用设备不同,所得氧化铝产品性质也有所不同。从表 4-3 看出,成型前的氢氧化铝粉,其孔径分布范围较宽,堆积密度较小,经挤出成型后,孔径分布趋于集中。挤出条件及挤出设备不同,孔径分布的集中趋势也不相同,上述例子说明,对同样的物料配方,成型方式不同,所得产品物性也不同。

二、粉体的性质

氧化铝粉体是成型前的状态,因此粉体的性质是选择不同成型工艺的参考依据,例如粉体颗粒的形状、粒径分布、密度、堆积构造、流动性、孔结构、附着性及化学性质等。

1. 颗粒的形状

颗粒形状指的是一个颗粒的轮廓边界或者表面上各点所构成的图像,构成粉体颗粒的形状对粉体的物性,例如流动性、混合性、流体相互作用性能有重要影响。圆形或椭圆形状体的吸附力和摩擦力小,流动性也较好,有利于模内布料时具有较大的堆积密度。根据粉体形状的特征，可以划分为如表4-4所示几类。

表4-4　粉体颗粒料的形状以及特征

外形	特征
球状	圆球形体
针状	针形体
多角形	带清晰边缘的多面形体
树枝状	树枝状结晶
片状	板状体
纤维状	规则或不规则线状体
结晶状	在流体介质中自由成长的几何形体
不规则状	无任何对称性的粉体

　　颗粒的形状和特征仅仅是对颗粒外形的定性描述，但是这些术语已经远不能满足材料科学和工程的颗粒形状定量表征的要求。为了用数学语言定量表征颗粒的几何特征，人们提出了球形度的概念。目前，球形度的测定有两类标准，一类是基于长度的测量，另一类是基于材料的体积或者表面积。

　　（1）基于长度测量的球形度　首先需要测量材料的三个典型轴向的长度：最长径为 a，mm；中间径为 b，mm；最短径为 c，mm。根据测得的 3 个长度，可以定义多种球形度 Ψ 的表示方式：

　　① 球形度公式

$$\Psi = d_n / a$$

式中，d_n 为相同体积球体的等效直径，mm。

　　② Krumbein 提出球形度公式

$$\Psi = \sqrt[3]{\frac{bc}{a^2}}$$

　　③ 对 Krumbein 球形度修正之后的公式

$$\Psi = \sqrt[3]{\frac{c^2}{ab}}$$

　　（2）基于材料的体积或者表面积的球形度计算公式

　　① Wadell 提出基于材料表面积的球形度计算公式

$$\Psi = \frac{S_n}{S} = \frac{\sqrt[3]{36\pi V^2}}{S}$$

式中，S_n 为等效球体的面积，mm^2；S 为材料的实际面积，mm^2；V 为材料的体积，mm^3。

② 基于材料体积的球形度计算公式

$$\Psi = \frac{V_p}{V_s} = \frac{3V_p}{4\pi c^3}$$

式中，V_p 为材料的实际体积，mm^3；V_s 为等效球体的体积，mm^3；c 为材料最短径，mm。

2. 颗粒的粒径

对于单一的球形颗粒，直径即为粒径。但是实际所用的粉体形状复杂，并非球形。因此，可由该颗粒不同方向上的不同尺寸，按照一定的计算方法加以平均，得到单个颗粒的平均直径。对于不同形状的颗粒，有以面积、体积为基准表示粒度的方法。如以表面积为基准表示颗粒的粒度时，则：

$$d_s = \sqrt{\frac{S_p}{\pi}}$$

式中，d_s 为粒度，mm；S_p 为颗粒的表面积，mm^2。

以颗粒的体积为基准表示颗粒的粒度时：

$$d_v = \sqrt[3]{\frac{6V_p}{\pi}}$$

式中，d_v 为粒度，mm；V_p 为颗粒的体积，mm^3。

在实际生产中，单个颗粒并不能完全代表颗粒群的特征，在许多情况下需要了解颗粒的粒度特点。对于颗粒群，更重要的是要知道其中不同颗粒所占的比率。或者说颗粒群中粒度的组成情况，即粒度分布。

粒度分布既可用各粒级中的颗粒个数百分数或累计质量分数描述，也可用数学函数描述，即用概率理论或近似函数的经验法来寻找数学函数。用分布函数不仅可以表示粒度的分布状态，而且还可以用解析法求各种平均径、比表面积、粒径分布的宽窄程度和标准差、单位质量的颗粒数等颗粒特性，从而可以对成品的粒度进行评价。另外，在实际测量时，还能减少决定分布所需的测定次数。

3. 粉体的空间特性

了解粉体的空间特性，包括空隙率、堆密度、密度、压缩性，对于成型粉体的进料、送料以及设计合理的工艺路线都有重要的意义。

（1）空隙率　空隙率是填充层中未被颗粒占据的空间体积与包含在内的整个填充层表观体积之比，空隙率计算公式可以表示为：

$$\varepsilon = 1 - \frac{\rho_b}{\rho_m}$$

式中，ε 为物料空隙率，%；ρ_b 为物料堆密度，g/mL；ρ_m 为物料密度，g/mL。

这里应该指出的是，空隙率与孔隙率不同。众所周知，在颗粒形成过程中有可能产生内部封闭孔和与表面相通的外孔，一般空隙率中的颗粒体积是指不包括颗粒的外孔，而孔隙率中的颗粒体积则是内外孔均不包括，空隙率是粉体流动性的标志之一。

（2）堆密度　粉体的堆密度是与之相关粉体处理设备的重要参数，其数值的大小与颗粒堆积状态及填充的紧密程度有关。堆密度是固体自然形成的料堆的单位体积具有的质量，或按一定的方法将粉体物料填充到已知的容器中，容器中颗粒的质量除以容器的体积即为颗粒的堆密度。单位为 g/mL、kg/cm^3 或者 kg/m^3。

堆密度共有以下四种。

① 含气堆密度　在一个容器中，通过其中已知物料的净重和该物料单位体积的重量计算出该容器的系数，将粉体物料样品装入该容器中，然后称出净重并乘以容器系数即等于该物料的含气堆密度。

② 填充堆密度　测量填充堆密度的方法和第一种类似，只是将过量的物料装入容器后再振落 5min，然后去除多余的物料，再称其净重。

③ 平均堆密度　平均堆密度为上述两种堆密度的平均值，即：

$$\rho_p = \frac{\rho_a + \rho_b}{2}$$

式中，ρ_p 为平均堆密度，g/mL；ρ_a 为含气堆密度，g/mL；ρ_b 为填充堆密度，g/mL。

如果用已知容积的容器（如量筒等）测量堆密度，就省去了在第一种方法中所述的用已知物料标定容器体积的过程。

④ 工作堆密度　工作堆密度是已知含气堆密度和填充堆密度后通过下式计算出的工作堆密度。

$$\rho_w = (\rho_b - \rho_a)\xi + \rho_a$$

式中，ρ_w 为工作堆密度，g/mL；ξ 为压缩系数，无量纲。

（3）密度　粉体物料的密度是指在某一标准温度下密实的物料其单位体积所具有的质量或者固体物料除以不包含内外孔隙在内的物料体积，即：

$$\rho_{\mathrm{m}} = \frac{m}{V}$$

式中，ρ_{m} 为物料的密度，g/mL；m 为物料的质量，g；V 为不包括内外孔隙在内的物料体积，mL。

（4）压缩性　前面介绍了压缩系数的概念，压缩系数乘以 100% 即为压缩系数的百分比，即：

$$\xi = \frac{\rho_{\mathrm{b}} - \rho_{\mathrm{a}}}{\rho_{\mathrm{b}}} \times 100\%$$

粉末的压缩性和流动性具有关联，压缩系数越小的粉体流动性越好。反之，压缩系数越大的粉体黏性越大，流动性越差。

4．粉体的流动性

粉体的流动性是指粉体在重力、摩擦力等外力作用下具有改变原先稳定态趋势的一种性质。它不但与单一粉体颗粒的物料性质有关，也与粉体储存、给料、输送、混合等单元操作密切相关。有的粉体性质松散，能自由流动，即可通过小孔而自由流动出来；有的粉体有较强的附着性或者黏性，不能通过小孔而流动。在生产氧化铝粉体的过程中，很容易黏附在设备壁、衣物上，都是由于粉体黏着性的原因。粉体储槽以及加料管道的堵塞现象也可以用粉体的附着性解释。

（1）影响粉体附着性的因素

① 颗粒形状　如上所述，粉体颗粒可分为多种形状，不同形状的粉体流动性不同。形状呈球形或者接近球形的颗粒容易发生滚动，颗粒间摩擦力小，因此有利于粉体的流动。如果粉体的球形度比较差，如树枝状或者多边形等，颗粒间多发生滑动，摩擦比较大，加上发生镶嵌作用，使流动性变差。

② 粉体颗粒大小以及分布　一般来说，粉体粒径大于 200μm 时，其流动性较好。而当粉体粒径小于 100μm 时，由于粉体的比表面积增大，内摩擦力也随之增大，因而流动性变差。粒径较大的粉体中掺和细粉时，常会使流动性变差。加入粉体的颗粒越细、加入量越大，则对流动性的不良影响越大。

③ 含水量　粉体在干燥状态时，其流动性相对较好，但吸湿后，颗粒表面吸附一层水膜，因水的表面张力、毛细管等作用力使颗粒的引力增大，致使其流动性变差。含水量对流动性的影响也因粉体品种的不同而异。吸湿性强的粉体，提高粉体的含水率会显著降低粉体的流动性；而吸湿性差的粉体，含水率对流动性的影响相对较小。

④ 其他组分的影响　在粉体中加入适量其他粉体（如微粉硅胶、滑石粉等），一般可改善流动性。这种可改善粉体流动性的物料也叫助流剂，其作用是填充于

颗粒表面的凹陷处或者孔隙处，使粉体的表面趋于平滑。同时也具有将相互附着力较强的颗粒隔离开的作用。但是助流剂的加入量应适当，加入量过多会增加粉体的内摩擦力，起到相反的作用。

除上述因素外，影响粉体流动性的因素还有：粉体和器壁的物理化学性质；温度及化学变化，高温时颗粒发生相变，从而影响流动性；冲击以及震动。粉体加料时的冲击应力、细颗粒物料受震动时趋于密实等都会影响流动性。

（2）粉体流动性的评价方法

① 休止角　休止角是衡量粉体物料流动性的重要指标，休止角的定义是物料自然堆积成的圆锥状料堆表面与水平面的夹角，即图4-12中所示的角 α。休止角的大小既与粉体颗粒有关，又与粒度形状以及物料的性质有关。总体而言，休止角越小则粉料的流动性越好。反之，休止角越大，粉体的黏着力越强，流动性越差。

② 内摩擦角　内摩擦角是颗粒物体在料堆上移动，形成与水平面的夹角，它反映了物料内部颗粒层间的摩擦特性。内摩擦角显示物料在料斗中的流动以及在斗壁上的存留情况，在干燥系统设计时是确定料斗锥角的基础。

③ 滑动角　滑动角是衡量固体物料对钢板原始表面的相对附着性，钢板表面的光洁度是影响该角度数值的关键因素，滑动角示意如图4-13中的角 β。测试时，把物料自然堆放到钢板上，抬起一端向上移动，当物料刚好向下移动时钢板与水平方向的夹角即为滑动角。

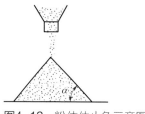

图4-12　粉体休止角示意图

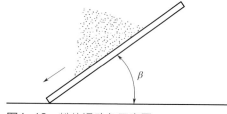

图4-13　粉体滑动角示意图

5. 粉体的润湿性质

在颗粒的表面性质中，对粒化过程起主要作用的是颗粒表面的亲水性。润湿性高，则粉体易被水润湿，受毛细管力影响的毛细管水的迁移速度也快，表示粒化性好。粉体的润湿对粉体在液体中的分散性、混合性以及液体对多孔物质的渗透性等都有重要作用。

粉体颗粒之间的间隙部分存在液体时，称为液桥。粉体加工处理时，液桥除了在成型、造粒、过滤、离心分离等单元操作过程中形成外，在空气湿度较大的环境中也会形成。

粉体分散在液体中的现象相当于浸渍润湿。而且，当液体浸透到粉体层中时，与毛细管中液体浸渍情况相似。通常将能被液体润湿的粉体称为亲液性粉体；不被液体润湿的粉体，则称为憎液性粉体。常见的极性液体是水，氧化铝粉就是典型的亲水性粉体。

6. 粉体的附着性质

氧化铝的粉体颗粒通常在微米级，极易分散在空气中并附着在物体表面，这种现象对粉体的加工和应用带来显著的不利影响。

影响粉体附着性的因素有很多。当粉体颗粒产生的附着力大于分离力时，颗粒就会附着。而当分离力大于附着力时，颗粒就不会产生附着现场。附着力和粉体的摩擦力一样是衡量粉体流动性的重要特征，对附着性粉体更是决定性因素。

引起颗粒间的附着力主要有以下几种。

（1）分子间的作用力　又称为范德华力。相比于化学键力，分子与分子间的作用力是一种较弱的力。这种吸引力是导致氧化铝分子的表面性质以及黏附性的主要因素。一般可以将分子之间的作用力看作是球形颗粒之间或者球形颗粒与平面之间的作用力。分子间力是一种吸引力，并与分子间距的 7 次方成反比，因此作用距离极短。而对于由大量分子集合体构成的体系，随着颗粒间距的增大，其分子作用力的衰减程度则明显减缓，这是因为存在着分子的综合相互作用。颗粒间的分子作用力的有效间距可达 50nm，因此是一种长程力。

（2）颗粒间的毛细管引力　当粉体之间夹持有水或者其他液体时，颗粒之间会因为形成液桥而大大增强黏着力（图4-14）。液桥的黏着力主要由液桥曲面产生的毛细压力以及表面张力引起的附着力组成。液桥的黏着力可由公式表示。

$$F_k = 2\pi\gamma_{g\text{-}l}R\left[\sin(\alpha+\theta)\sin\alpha + \frac{R}{2}\left(\frac{1}{r_1}-\frac{1}{r_2}\right)\sin^2\alpha\right]$$

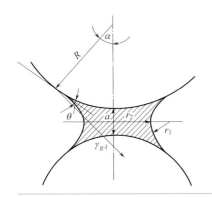

图4-14　颗粒间的液桥

R—颗粒半径；$\gamma_{g\text{-}l}$—气液界面张力；θ—颗粒与液桥曲面的夹角；a—颗粒间距；α—液桥与颗粒切面和液桥中心的夹角；r_1—液桥曲面半径；r_2—液桥半径

一般来说，液桥的黏着力会比分子间的作用力大 1 ～ 2 个数量级。因此，含湿颗粒的黏着力主要源于液桥力。

（3）颗粒间的静电力　运动着的或者空气中浮游的粉体颗粒表面会产生带电现象。颗粒带电的途径主要有 3 种：

① 粉体颗粒在生产过程中由于表面摩擦而带电；

② 与带电表面接触而带电；

③ 由电晕放电、光电离以及火焰的电离作用产生的气态离子的扩散作用而使颗粒带电。

测定粉体附着力的方法有很多，一般是根据粉体性质选择适宜的测定方法，大致可以归纳为如下几类。

① 剪切法　剪切法与测定粉体内摩擦角的方法相同，存在着下面的关系：

$$\tau = \mu W + C$$

式中，τ 为剪切力，N；μ 为粉体内摩擦系数，$\mu = \tan\varphi$（φ 为内摩擦角）；W 为垂直负荷，N；C 为与粉体附着性有关的特性值（一般也称为黏附力），N。

② 滑移角法　测试原理与剪切法相似，使用以下公式计算：

$$mg\sin\varphi_s = \zeta mg\cos\varphi_s + F$$

式中，m 为粉体的质量，kg；φ_s 为粉体与板面间的滑移角；ζ 为粉体与板面的摩擦系数，无量纲；F 为附着力，N。

③ 套筒法　这是在两个具有同心轴的圆筒中间加入粉体试样，然后使外侧圆筒以一定转速转动，则可以通过下式求出粉体的内摩擦系数：

$$4\left(\frac{\tau_r}{\rho a_1}\right)\mu_i^3 + \mu_i^2 + 2\frac{\tau_r}{\rho a_1}\mu_i - \left(\frac{\tau_r}{\rho a_1}\right)^2 = 0$$

式中，τ_r 为对内圆筒的作用转矩，N·m；ρ 为粉体视密度，kg/m³；a_1 为试验条件决定的常数，无量纲；μ_i 为粉体的内摩擦系数，无量纲。

④ 填充法　将粉体填充到容器中时，粉体粒径越小，越易填充密实。这种现象也与附着力有很大关系。因此，通过粉体的填充性质，也即粉体密度与填充时间的关系，就可以衡量粉体的附着。

⑤ 流化床法　它是将粉体试样放在流化床中，通过测定粉体流化时的最小流化速度来比较粉体的附着性质。

⑥ 离心力法　这是将堆放在玻璃、木板或金属板上的粉体试样放在离心机上，通过离心力将其分散，然后通过转速与分离颗粒的粒径间的关系求出附着力。

三、颗粒的数值模拟

粉体材料广泛地存在于自然界或工业生产中，其是由大量离散固体颗粒组成的复杂体系，所探究的材料尺度远大于颗粒的尺度时，通常认为其是宏观尺度，因此该材料常被处理为等效连续体，采用应力-应变模型来描述其力学性质。

但是颗粒物料是由众多离散颗粒相互作用而具有内在联系，并与周围流体介质、结构物共同组成复杂系统，并不能以连续的介质来看待。颗粒材料具有固体或流体的特殊力学特性，在一定条件下发生固-液转化现象。颗粒间的摩擦和黏滞作用可使能量迅速耗散，颗粒间重新排列并调整接触力的传输方向和接触时间，将局部载荷在空间扩展和时间延长，进而形成新的颗粒体系。

对复杂颗粒系统力学特性的深入研究需要综合采用理论分析、数值计算和力学实验等多种途径。其中，采用数值方法对颗粒材料力学特性的研究可以追溯到20世纪70年代离散元方法的建立，其思路源于分子动力学，并由最初面向岩土力学问题逐渐扩展到目前的化学工程、机械加工、交通运输、建筑施工、矿业开采、自然灾害等多个领域。

1. 颗粒物料的基本概念及性质

（1）力链　在外载荷的作用下，发生接触的颗粒间形成直线状且较为稳定的力链，方向基本与外载荷方向平行。力链在整个颗粒系统内构成力链网络。

颗粒物料内部接触应力的分布并不均匀，存在许多密集排列的颗粒，这些颗粒受到的约束力较大，自由活动空间很小，在外载荷作用下颗粒间相互挤压产生变形。变形较大且连接成准直线形，传递较大份额的作用力，称为强力链；变形较微弱，传递的外部作用力较小，形成弱力链。

剪切过程中，力链发生轻微旋转，逐渐变得不稳定并最终断裂，但很快又形成新的力链，与外载荷达到平衡。强力链中颗粒接触变形大，摩擦力较强，受切向作用力处于摩擦角范围内时力链中颗粒处于自锁状态，颗粒间可以保持稳定，故可承受较强的切向力；弱力链中接触变形较小，只能承受较小的切向力。

（2）孔隙率　颗粒物料层可由不同尺寸、形状的颗粒组成，颗粒之间存在间隙，称为孔隙。颗粒间的孔隙体积与颗粒物料层体积之比称为孔隙率，反映了颗粒物料的密实程度，与颗粒尺寸分布、形状、外部载荷有关。孔隙率 n 可以表示为：

$$n = \frac{V_0}{V_0 + V_1}$$

式中，V_0 为孔隙体积，mm^3；V_1 为颗粒物料层体积，mm^3。

（3）颗粒物料湿度　颗粒物料的孔隙有时会存在一些水分，可分为结构水、吸附水和表面水。结构水是水与颗粒以化学方式结合在一起；吸附水是颗粒从周围空气中吸附而来的水分；表面水是颗粒外表面上产生的水膜或填充在颗粒间隙的自由水。

当颗粒物料放置于潮湿环境，含有丰富的表面水，称为潮湿物料。当颗粒物料长期存放后，表面水蒸发，仅留下结构水与吸附水的物料称为风干物料。通过干燥等手段，只含有结构水的颗粒物料称为干燥物料。

物料的湿度是指物料前、后的质量之差，即用蒸发水的质量与固体颗粒质量之比 Q 来表示：

$$Q = \frac{m_1 - m_2}{m_2}$$

式中，m_1 为物料干燥前的质量，kg；m_2 表示物料干燥后的质量，kg。

（4）堆积角　堆积角是指颗粒物料自由堆积在水平面上且保持稳定的锥形堆的最大锥角，即物料的自然坡度表面与水平面之间的夹角，称为最大堆积角。

（5）磨损性与磨琢性　颗粒物料在运动时，与其接触的固体表面被磨损的性质称为物料的磨损性，以被接触材料的相对磨损量来表示。颗粒物料的尖锐棱边在运动时对与其接触的固体表面产生机械损坏（如击穿、撕裂等）的性质称为物料的磨琢性。

（6）黏结性　一些颗粒物质由于其自身性质，在长期存放的条件下凝聚成团，这种性质称为物料的黏结性。对于所有颗粒，随着颗粒物料的堆积高度不断地增大，下层承受的压力越来越大，其黏结的可能性也就不断地增大。而某些颗粒物质只有在超过正常湿度下才黏结，在干燥状态下不出现黏结。

2. 离散单元法的基本理论

本书编著团队提出了离散单元法来构建成型氧化铝的结构。离散元法是把整个颗粒介质看作由一系列离散的独立运动的颗粒单元组成，单元本身具有一定的几何（形状、大小、排列等）、物理和化学特征。根据颗粒单元之间的相互作用及牛顿第二运动定律，采用迭代的方法进行计算，确定每一个时间步长所有单元的受力和位移。通过对每个颗粒单元的运动、接触信息及位置进行跟踪计算，来描述整个宏观介质的变形和运动规律。

（1）模型假设　离散单元法把颗粒组成的离散体看作具有一定形状和质量的离散颗粒单元的集合，每个颗粒为一个单元。并做如下假设：

① 颗粒为刚性体，颗粒系统的变形是这些颗粒接触点变形的总和。

② 颗粒之间的接触发生在很小的区域内，接触特性为软接触，即刚性颗粒在接触点允许发生一定的重叠量，颗粒之间的重叠量与颗粒尺寸相比很小。

③ 在每个时间步长（时步）内，扰动不能从任一颗粒同时传播到它的相邻颗粒。在所有的时间内，任一颗粒上作用的合力可以由与其接触的颗粒之间的相

互作用唯一确定。

（2）颗粒单元的基本属性　离散单元法将颗粒物料理想化为相互独立、相互接触和相互作用的颗粒群体。颗粒单元具有几何和物理两种类型的基本特征。

颗粒单元的几何特征主要有形状、尺寸分布以及排列方式等。早期的颗粒单元形状有二维的圆形和椭圆形、三维的球形和椭球形，以及近年来发展起来的组合单元构造非规则颗粒、超二次曲面颗粒等。

颗粒单元的物理性质有质量、杨氏模量、剪切模量、泊松比、温度、比热容、带电量等。

（3）颗粒单元的构造　离散单元法早期采用二维的圆形和椭圆形、三维的球形和椭球形的规则单元，其具有计算简单和运行高效等特点。

自然界或工业生产中普遍存在的是由非规则颗粒组成的颗粒系统，其在排列方式、运动过程和运动形态等方面与球形颗粒均有较大差异，同时非规则颗粒间的多碰撞、低流动性和咬合互锁效应显著影响颗粒介质的宏观力学性质。对于具有非规则形态的颗粒，圆盘或球形颗粒单元很难有效地模拟其力学行为。利用激光扫描仪得到颗粒三维几何形状的基础上，采用球形颗粒的不同黏结或镶嵌组合方式可近似地构造非规则颗粒单元。

① 基于球体单元的黏结模型　对于可破碎的非规则颗粒单元，可采用球形颗粒黏结的方式进行构造，如图4-15所示。采用球形颗粒的组合单元中，通过增加球形颗粒的数量能更精确地模拟非规则颗粒的几何形态。

在外力作用下，黏结组合单元按相应的破坏准则发生破碎。随着破碎单元的数目增多，单元间接触检测和断裂判断的潜在接触对数目随之增加，这导致离散单元的计算效率急剧降低。

② 镶嵌颗粒模型　镶嵌颗粒单元（图4-16）不考虑颗粒的破碎，且单元间接触对数目相比黏结颗粒模型显著减少，在描述非规则颗粒的几何形态和力学行为中具有良好的计算效果。

图4-15　球体单元的黏结示意图

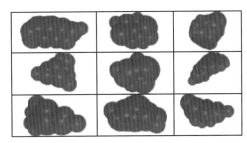

图4-16　镶嵌颗粒单元示意图

在构造组合镶嵌颗粒模型时，依据实际颗粒尺寸及形状确定球形颗粒的数量、重叠量和尺寸，但不同的球形颗粒尺寸和重叠量显著影响模型的表面光滑度，从而影响到宏观力学性能。

③ 超二次曲面颗粒单元　超二次曲面模型是基于二次曲面方程扩展得到的描述非球形单元的普遍方法。得出 80% 的颗粒形状可由超二次曲面方程描述。超二次曲面方程如下：

$$\left[\left(\frac{x}{a}\right)^{\frac{2}{n_2}}+\left(\frac{y}{b}\right)^{\frac{2}{n_2}}\right]^{\frac{n_2}{n_1}}+\left(\frac{z}{c}\right)^{\frac{2}{n_2}}-1=0$$

式中，a、b 和 c 为颗粒沿主轴方向的半轴长，mm；n_1 和 n_2 表示形状参数，无量纲。通过调整 n_1、n_2 得到不同的形状，如图 4-17 所示。

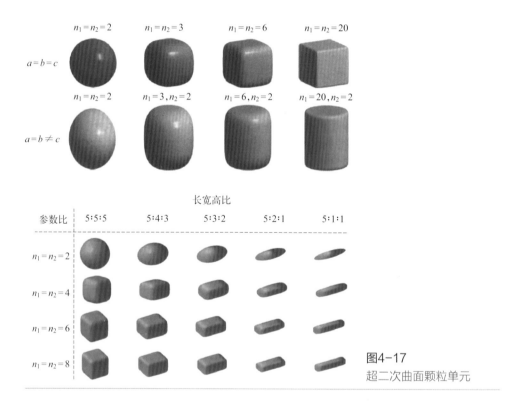

图4-17
超二次曲面颗粒单元

④ 多面体单元　多面体单元由若干平面组合而成，其几何构成主要为角点、棱边和平面，如图 4-18 所示。

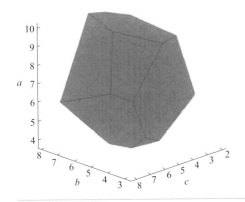

图4-18
多面体单元

多面体的外表面可用方程的形式表示：

$$f(x, y, z) = \sum_{i=1}^{N} \langle a_i x + b_i y + c_i z - d_i \rangle = 0$$

式中，a_i、b_i、c_i 为每个面单位外法向的三个分量；d_i 为面到坐标原点的距离；$\langle\ \rangle$ 为 Macaulay 括号：$\langle x \rangle = x, x > 0; \langle x \rangle = 0, x \leqslant 0$。

⑤ 颗粒单元的接触模型　离散单元法是将颗粒材料每个颗粒作为一个独立的离散单元进行研究，模拟运动在颗粒系统中传播的过程，颗粒运动必然会引起颗粒之间的相互接触，颗粒之间通过接触发生相互联系和制约，从而影响颗粒的运动及受力状态。

离散单元法中有硬颗粒接触、软颗粒接触两种。硬颗粒接触是假设颗粒之间的碰撞是瞬时的，只考虑两个颗粒之间的同时碰撞，适用于稀疏的高速颗粒流。软颗粒接触是假设接触点处允许出现重叠部分，允许颗粒碰撞能够持续一定的时间，可以同时考虑多个颗粒的碰撞。由于软颗粒接触模型可以吸纳众多的接触模型，并且在模拟庞大数目颗粒系统时其执行时间也有优势，因此软颗粒接触是离散单元法中常采用的接触方式。

颗粒间的接触模型是离散单元法的核心，其实质就是准静态下颗粒接触作用的力学描述。接触模型的分析计算直接决定了粒子所受的力和力矩的大小。对于不同的仿真情况，必须建立不同的接触模型。

a. Hertz-Mindlin 无滑动接触模型　该模型中，法向分量基于赫兹接触理论，切向分量基于 Mindlin-Deresiewicz 接触理论。法向力和切向力都具有阻尼分量，其中阻尼系数与恢复系数有关。

半径为 R_1、R_2 的两个小球颗粒发生接触，等效杨氏模量 E^*、等效半径 R^* 定义如下：

$$\frac{1}{E^*} = \frac{1-v_1^2}{E_1} + \frac{1-v_2^2}{E_2}$$

$$\frac{1}{R^*} = \frac{1}{R_1} + \frac{1}{R_2}$$

式中，E_i、v_i、R_i 分别为各个小球的杨氏模量（Pa）、泊松比、半径（m）。两小球的重叠量为 α，颗粒间的法向力 F_n 可由下式得出：

$$F_n = \frac{4}{3} E^* (R^*)^{1/2} \alpha^{3/2}$$

法向阻尼力 F_n^d 可由下式得出：

$$F_n^d = -2\sqrt{\frac{5}{6}} \beta \sqrt{S_n m^*} v_n^{rel}$$

式中，m^* 为等效质量，kg；v_n^{rel} 为相对速度的法向分量，m/s。
系数 β 与法向刚度 S_n 由下式给出：

$$\beta = \frac{\ln e}{\sqrt{\ln^2 e + \pi^2}}$$

$$S_n = 2E^* \sqrt{R^* \alpha}$$

式中，e 为恢复系数，无量纲。
颗粒间切向力 F_t 可由下式得出：

$$F_t = -S_t \delta_t$$

式中，δ_t 为切向重叠量，m；S_t 为切向刚度，N/m，可由如下公式得出：

$$S_t = 8G^* \sqrt{R^* \alpha}$$

式中，G^* 为等效剪切模量，Pa。
颗粒间的剪切阻尼力 F_t^d 可由如下公式得出：

$$F_t^d = -2\sqrt{\frac{5}{6}} \beta \sqrt{S_t m^*} v_t^{rel}$$

b. Hertz-Mindlin 黏结接触模型　当实际情况需要采用黏合剂黏结颗粒时，可采用 Hertz-Mindlin 黏结接触模型，该接触模型通过在接触的颗粒之间生成黏结键，可以阻止颗粒切向和法向的相对运动，当达到最大法向和切向应力时黏结键就被破坏了，此后颗粒通过 Hertz-Mindlin 无滑动接触模型对彼此产生作用。该模型适合于焙烧后的氧化铝。

颗粒在某一时刻 t_B 被黏结起来，在此之前颗粒通过 Hertz-Mindlin 无滑动接触模型产生相互作用。然后黏结力 F_n、F_t 和力矩 T_n、T_t 随时间步长增加，公式如下：

$$\begin{cases} \delta F_n = -v_n S_n A \delta t \\ \delta F_t = -v_t S_t A \delta t \\ \delta T_n = -\omega_n S_t J \delta t \\ \delta T_t = -\omega_t S_n \dfrac{J}{2} \delta t \end{cases}$$

式中，A 为接触区域面积，m^2；$J = \dfrac{1}{2} \pi R_B^4$，$R_B$ 为黏结接触半径，m；S_n 和 S_t 分别为法向和切向刚度，N/m；δt 为时间步长；v_n 和 v_t 分别为法向和切向速度，m/s；ω_n 和 ω_t 分别为法向和切向角速度，rad/s。

当法向和切向应力超过某个值时，黏结键被破坏。因此，定义法向和切向应力的最大值如下：

$$\begin{cases} \sigma_{max} < \dfrac{-F_n}{A} + \dfrac{2T_t}{J} R_B \\ \tau_{max} < \dfrac{-F_t}{A} + \dfrac{T_n}{J} R_B \end{cases}$$

在 Hertz-Mindlin 模型中加入黏结力，颗粒间不再是自然的接触，接触半径应该设置得比这些球形粒子的实际接触半径大。

c. 线性黏弹性接触模型　接触力和相对位移呈现出与接触刚度的线性相关称为线性接触模型。相比非线性的 Hertz-Mindlin 模型，线性模型具有计算步骤少、易于编程实现等优点。

线性接触模型中，单元间的接触力包括法向接触力 F_n 和切向接触力 F_t。法向力 F_n 由弹性力 F_e 和黏结力 F_v 组成，公式如下：

$$F_n = F_e + F_v \qquad F_e = K_n x_n, F_v = -C_n \dot{x}_n$$

式中，x_n 和 $\dot{x}_n$ 分别为接触颗粒之间的相对重叠量与相对速度；K_n 为等效法向刚度，N/m；C_n 为法向黏性系数。

法向黏性系数 C_n 的计算公式如下：

$$C_n = \beta \sqrt{2m^* K_n}$$

$$\beta = \frac{-\ln e}{\sqrt{\pi^2 + (\ln e)^2}}$$

式中，e 为恢复系数；m^* 为等效质量，kg。

d. 弹塑性接触模型　颗粒间的相互作用主要以 Hertz-Mindlin 接触模型为基础，即采用弹性理论方法对颗粒之间的接触进行计算。但由于颗粒材料大多具有一定的塑性，当颗粒冲击速度达到一定值时，颗粒之间的碰撞会产生塑性变形，Hertz-Mindlin 接触模型不再适用。

弹塑性接触模型是假设在弹性阶段之后为塑性阶段，其中弹性阶段遵从Hertz 接触模型的压力变化，在塑性阶段定义一个极限接触压力 p_y，压力分布如图 4-19 所示。

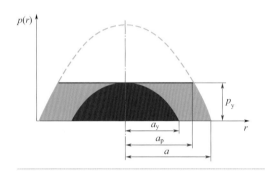

图4-19
塑性阶段压力分布

其中 a 为接触半径，a_y 是接触区开始屈服时的半径，a_p 为假设极限压力为 p_y 的接触半径，法向接触力是分别作用在弹性区的弹性力和塑性区的塑性力之和。两个球体间的接触压力在接触区域中心处最高。当中心压力达到屈服极限时，$a_p < r < a$ 区域，球体处于弹性状态；$r < a_p$ 区域，球体处于塑性状态。

在卸载过程中，载荷与位移的关系遵循 Hertz 理论。对于颗粒法向弹塑性接触的卸载过程，弹塑性接触理论与传统 Hertz 接触理论的对比情况如图 4-20 所示。

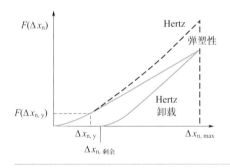

图4-20
弹塑性接触理论与传统
Hertz接触理论的对比

尽管最终的接触力都趋于零，但其卸载过程却并不相同，弹塑性接触理论考虑了球体回弹的塑性行为。

⑥ 颗粒单元间的非接触物理作用　范德华力：颗粒之间的范德华力正比于

粒径，重力作用正比于颗粒体积，当粒径减小时范德华力的作用将迅速增大，粒径在 1mm 以上的颗粒通常不会发生由范德华力导致的颗粒粘连，而范德华力对于 100μm 以下的颗粒将产生很大的影响。范德华力常采用经验的 Lennard-Jones 变化曲线，如图 4-21 所示。

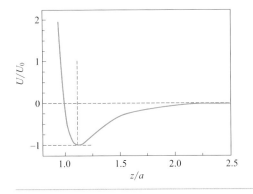

图4-21
Lennard-Jones变化
曲线

因此，颗粒间的范德华力可表示为如下公式：

$$F = -\frac{\mathrm{d}U}{\mathrm{d}z} = \frac{12D}{z^{13}} - \frac{6c}{z^{7}}$$

液桥力：颗粒表面湿润且相互靠近时，部分液膜逐渐融合在一起，并在其接触点及附近形成液桥。颗粒间的液桥力由液桥压力差、液体的表面张力以及黏性阻力引起。按照含液体量的多少可将含液颗粒材料的液相分为如图 4-22 所示的四个状态。

(a) 摆动状态　　(b) 链索状态　　(c) 毛细状态　　(d) 浸渍状态

图4-22
含液颗粒的四个状态

摆动状态：颗粒接触点上存在透镜状或环状的液相，液相间互不相连。链索状态：随着液体量的增多，上述环长大，颗粒孔隙间的液相相互连接形成液体网状组织，空气分布其间。毛细状态：颗粒间所有孔隙均被液体填满，仅在外表面存在气液界面。浸渍状态：颗粒浸在液体中，存在自由液面。

液桥力由液体表面张力及静水压力两部分构成，其三维液桥力的表达式如下：

$$F_{s} = \pi \sigma_{su} \sqrt{R_1 R_2} \left[c + \exp\left(a\frac{D}{R_2} + b \right) \right]$$

式中，σ_{su} 为液体表面张力，N/m；D 为颗粒间距，m；R_1、R_2 为颗粒半径，m；a、b、c 表示拟合系数。

颗粒间的热传导：对于稀疏相仿真，对流热交换占据主导位置，颗粒与颗粒之间的热传导可以忽略不计。但对于密集相来说，颗粒之间的接触十分重要，必须考虑热传导。其热量表达式为：

$$Q_{p1p2} = h_c \Delta T_{p1p2}$$

式中，h_c 为热传导系数，将接触面积合并到热传导系数中，表达式为：

$$h_c = \frac{4 k_{p1} k_{p2}}{k_{p1} + k_{p2}} \left[\frac{3 F_N r^*}{4 E^*} \right]^{1/3}$$

式中，F_N 为重力，N；r^* 为等效半径，m；E^* 为等效弹性模量，Pa。

⑦ 时间步长的确定 离散单元法假设在一个计算时间步长内颗粒受到的力不变。如果时间步长选得过大，必然造成颗粒接触过程描述不精确，数值计算结果会发散。如果时间步长选得过小，又会造成计算量急剧增大。因此选取合适的计算时间步长非常重要。

颗粒发生接触碰撞时，表面受到应力作用产生沿颗粒表面传播的偏振波，称为瑞利波，颗粒碰撞的总能耗的 70% 是通过瑞利波消耗的，因此应该根据沿球形颗粒表面传播的瑞利波速度确定临界时间步长。

弹性固体颗粒表面的瑞利波波速为：

$$v_R = \beta \sqrt{\frac{G}{\rho}}$$

式中，G 为颗粒材料的剪切模量，Pa；ρ 为颗粒密度，kg/m³；$\sqrt{G/\rho}$ 是该弹性颗粒内横波波速。

β 的近似解为：

$$\beta = 0.163 v + 0.877$$

式中，v 为弹性固体颗粒表面的瑞利波波速。两颗粒间的接触作用应仅限于发生碰撞的两颗粒上，则时间步长应小于瑞利波传递半球面所需要的时间，可得出公式：

$$\Delta t = \frac{\pi R}{v_R} = \frac{\pi R}{0.163 v + 0.877} \sqrt{\frac{\rho}{G}}$$

采用上述公式确定的时间步长 Δt，可以保证颗粒系统计算的稳定性。在实际计算时，要依据颗粒运动剧烈程度选取合适的时间步长以保证数值计算的稳定性，比如 $(0.01 \sim 0.1) \Delta t$。

第三节
氧化铝成型的工艺

氧化铝催化剂载体的形状各异，成型方法也很多，在实验室研究和工业生产中已经有大量的经验性事实。本节将系统总结成型过程中含水量、添加剂、成型方法等对最终氧化铝产品形状、强度等性质的关键影响因素，并举例介绍最新的进展。

一、成型氧化铝的影响因素

影响成型的因素除了上文所述粉体的性质之外，还包括含水量的影响、添加剂、成型方法、粉体之间的作用力。这里就成型过程中的影响因素做简单介绍。

1. 含水量的影响

在氧化铝成型过程中，水是必不可少的组成。当液体在两个粒子之间附着形成液桥时，由于液体内部的毛细管负压和界面张力作用，使颗粒结合在一起。因此，粒子之间结合力不仅与液体的加入量有关，而且与液体的表面张力，粒子的直径、间距等参数有关。研究者根据不同的实验结果提出了计算结合力大小的经验公式：

$$F = 2\pi d\gamma \sin\theta \sin(\theta + \delta) + \Delta p \pi d^2 \sin^2\theta$$

式中，F 为颗粒之间的结合力，N；d 为粒子的直径，m；γ 为液体表面张力，N/m；θ 为填充角；δ 为接触角；Δp 为毛细管压差，Pa。

式中，前项表示表面张力的影响，后项表示毛细管力的影响。

水在造粒过程中，会首先将粉体表面润湿，然后聚集成粒。研究表明，物料的润湿程度对颗粒的成长非常敏感，相应地影响颗粒的粒度分布。在一般情况下，含水率超过 60% 时粒度分布均匀，含水率在 45% ～ 50% 范围时粒度分布比较宽。如采用转动造粒法造粒，液体在一级粒子间以毛细管存在时，可以得到均匀的球形颗粒。有人用转动造粒法对密度为 1 ～ 6g/cm³ 范围的不同粉末，以密度为 1g/cm³ 的液体为黏结剂进行造粒时，提出了液体在一级粒子间以毛细管状存在时所需要的液体计算公式，如下所示。

当第一级粒子平均粒径小于 30μm 时：

$$S = \frac{1}{1 + 1.85\left(\rho_{m} + \rho_{l}\right)}$$

当第一级粒子平均粒径大于 30μm 时：

$$S = \frac{1}{1 + 2.17\dfrac{\rho_{m}}{\rho_{l}}}$$

式中，S 为造粒时所需的液体比例，%；ρ_{m}、ρ_{l} 分别为固体和液体的密度，kg/m^3。造粒时所需的含水率，可以根据疏松填充空隙以及干、湿条件下振动填充空隙率预测。

2．成型助剂

在成型过程中，需要根据氧化铝前驱体的性质添加一些数量较小、称作助剂或者添加剂的物质，以改善成型主料的粉体附着性、凝集性，使达到满意的成型效果，得到符合要求的成型制品。成型助剂主要分为黏合剂、润滑剂以及孔结构改性剂三类。下面分别介绍三种成型助剂的性质以及作用。

（1）黏合剂　根据黏合剂在载体成型中的作用原理，可以将黏合剂分为基体黏合剂、薄膜黏合剂以及化学黏合剂三种类型。表 4-5 给出了三种黏合剂的常用类型。

表4-5　黏合剂的分类以及示例

基体黏合剂	薄膜黏合剂	化学黏合剂
沥青	水	$Ca(OH)_2+CO_2$
水泥	水玻璃	$Ca(OH)_2$+糖蜜
棕榈蜡	合成树脂	$MgO+MgCl_2$
石蜡	动物胶	水玻璃+$CaCl_2$
黏土	淀粉糊	水玻璃+CO_2
高岭土	树胶	HNO_3
干淀粉	皂土	铝溶胶
树胶	糊精	硅溶胶
聚乙烯醇	糖蜜	硅溶胶
甲基纤维素	乙醇等有机溶剂	

① 基体黏合剂　这类黏合剂常用于压缩成型及挤出成型。成型前将少量黏合剂与主料充分混合，黏合剂填充于成型物空隙中。一般情况下，成型物的空隙占 2% ~ 10%，黏合剂用量应能占满这种空隙。这样在成型压缩时，足以包围粉粒表面不平处，增大可塑性，提高粒子间结合强度，同时还兼具稀释及润滑作用，减少内摩擦作用。

以石蜡为例，它是一种热塑性材料，有在受热时具有可塑性、冷却时又固结的特点。熔点 55～60℃，密度 0.88～0.9g/cm³，在高于 150℃时就可挥发脱蜡而不影响成型后的焙烧工序。如氢氧化铝粉成型时，一般是有极性的，而且是亲水的。如热塑性材料也用极性、亲水性材料，则两者相混的吸附层是很厚的多分子层。但石蜡是憎水性、非极性的，只能通过单分子吸附形成薄膜。使用石蜡等热塑性材料应以充满氧化铝粉空隙为宜。

② 薄膜黏合剂 这类黏合剂多数是液体，黏合剂呈薄膜状覆盖在原料粉体粒子的表面上，成型后经干燥增加成型物的强度。黏合剂用量主要根据粉体的孔隙率、粒度分布以及比表面积，特别是比表面积的因素更为重要。对多数粉体来说，0.5%～2% 的用量就可以使物料表面达到满意的湿度。很细的颗粒可能需要 10%，微细或亚微细颗粒用量就更多。对于低堆密度、高比表面积的粉体，如木炭粉成型时，黏合剂用量可超过 30%。

水是最普通的薄膜黏合剂，乙醇、丙酮、四氯化碳等溶剂有时也用作黏合剂。用这类黏合剂时，湿成型物的强度可能较低，但干燥后强度会有所提高。

单独使用水时，若物料可溶，水能使结晶和颗粒表面发生溶解，当蒸发发生时产生越过颗粒界面的重结晶。如为有机物，由于范德华力的作用，水可以促进结合，从而增加颗粒的实际接触面积。

③ 化学黏合剂 化学黏合剂的作用是黏合剂组分之间发生化学反应或黏合剂与物料之间发生化学反应。无机酸或有机酸等作为化学黏合剂时也常被称为"胶溶剂"。如氧化铝成型时，氢氧化铝粉可用水、稀硝酸、铝溶胶等作黏合剂。而对大孔氢氧化铝粉做原料时，如用水作黏合剂，产品强度就较差；若使用稀硝酸作黏合剂，硝酸对氧化铝有胶溶作用，从而增加氧化铝粒子的黏合强度。所以，改变硝酸黏合剂的浓度，可以在一定范围内调节成型产品的强度。

采用硝酸胶溶剂的氢氧化铝成型时，常会产生一种触变现象。氢氧化铝溶胶在外力的作用下（如搅拌、振动）能获得较大的流动性（稀化现象），而在外力解除之后又重新稠化，这种现象称为触变性。由于这一原因。氢氧化铝捏合后，外观看起来很干硬，而加工成型时却变得稀薄。触变原因可由扩散层水分子排列有规则、H^+ 和 OH^- 排列定向、有一定结合力来解释。当施加外力、振动，破坏这种结合，就使其容易流动。这一现象与离子种类、浓度、电位以及扩散层厚度等因素有关。成型时，控制触变的方法是适当掺入旧料，控制一定的酸性（如加入草酸、NH_4OH）等。

此外，黏合剂必须能润湿物料的颗粒表面，具备足够的湿强度。在催化成型过程中，不希望产品被黏合剂污染，所以应当选择在干燥或者焙烧过程中可以挥发或者分解的物质。例如，氧化铝成型时加入的硝酸黏合剂，在高温焙烧过程中分解为氧化氮气体挥发掉。

（2）润滑剂　在催化剂成型时，尤其在压缩成型中，为了使粉体层所承受的压力能很好地传递，成型压力均匀性以及产品容易脱模，以及使壁和壁之间摩擦系数变小，需要添加极少量的润滑剂。表4-6列出了常用的成型润滑剂。

表4-6　常用成型润滑剂

液体润滑剂	固体润滑剂
水	滑石粉
润滑油	石墨
甘油	硬脂酸
可溶性油及水	硬脂酸盐
硅树脂	田菁粉
聚丙烯酰胺	干淀粉
	石蜡
	表面活性剂

成型过程中，润滑剂在物料之间起润滑作用，称为内润滑作用；如果用于润滑模板表面，就称为外润滑作用。用于内润滑时，润滑剂用量一般为0.5%～2%；用于外润滑时，润滑剂用量更少些。

水常可起到黏合剂和润滑剂的双重作用，其他液体也可用作润滑剂。事实上，任何液体在成型过程中都可以形成或多或少的薄膜，从而减少颗粒间的摩擦，不过大多数液体形成薄膜的强度低于成型过程的压力。

固体润滑剂可用于较高压力成型，石墨是常用的润滑剂。在压片物料中加入足够的冲模模壁润滑剂可降低摩擦，从而使上冲和下冲所产生的压片力更均匀地传递到整个片剂，产生均一压紧而不会有差别的应力，否则在压片力负荷移去时，应力松弛，使排出的片剂破裂，产生"脱帽"和"断腰"现象。但润滑剂加入量过多反而会使催化剂结构削弱。淀粉、硬脂酸等有机物润滑剂还有另一重要的作用，即可以调节催化剂的孔结构，以负荷催化反应的需要。

挤出成型时广泛使用的助挤剂也是润滑剂的一种，助挤剂具有减少小团料与螺杆及缸壁之间的摩擦作用，使压力均匀地传递到整个物料上，避免物料的"抱杆"或者"打滑"作用，使高固含量物料能顺利连续挤出，同时还可以起到调整或控制产品孔结构的作用。如上所述，有时采用单一的助挤剂，产品不能达到满意的性能。这时，需要采用多种助挤剂复配的工艺，提高产品的强度、改善孔结构。在选择润滑剂时，也应考虑到最终成型产品不被润滑剂污染。加入的润滑剂或者助挤剂在产品焙烧时，能挥发除去。

（3）孔结构改性剂　为了改进成型物的孔结构，有时在成型过程中要加入少量的孔结构改性剂。在某种含义上讲，这种添加剂虽然也起着黏合剂或者润滑剂的作用，但主要的目的还是改进载体的细孔结构。在成型主料确定以后，选用不同的孔结构改性剂对载体物性的影响很大，因此要根据成型主料性质以及载体使用要求进行认真的筛选。

（4）添加剂间的协同作用　需要注意的是，同种添加剂有时会发挥多种功效，而不同添加剂之间也可能存在相互作用，因此需要有针对性地区分和使用。在成型过程中，紧密结合的部位发生在颗粒表面而非内部孔道，因此就需要黏结剂和胶溶剂能够分布在颗粒表面。一方面胶溶剂刻蚀颗粒表面产生更多亲水官能团，另一方面黏结剂更易与颗粒表面产生相互作用，从而使颗粒间结合更加牢固。在此模型的基础上，本书编著团队[11]提出了一种可以有效提高氧化铝强度的成型方法：首先用水浸润原料粉体颗粒的内部孔道，对孔结构起到一定的支撑作用，再进一步加入胶溶剂和黏结剂分布在颗粒表面，使得颗粒在界面处发生胶溶和黏结协同作用紧密结合，最终得到高强度氧化铝载体。该方法有效利用了胶溶剂和黏结剂在颗粒表面的协同作用，从而节省了胶溶剂的用量，同时也提高了成型载体的抗压强度。

（5）粉体之间的作用力　分散的粉体形成一定的形状，是靠粉体之间的相互作用力结合在一起。研究人员提出了粉体粒子间的5种结合方式，下文对5种作用力分别进行介绍。

① 固体粒子间的引力　固体粒子间产生的引力来自范德华力（分子间作用力）、静电力和磁力。这些作用力在多数情况下虽然很小，但是粒径大于50μm时，粉体间的聚集现象非常显著。这些作用随着粒径的增大或颗粒间距离的增大而明显下降。在干法造粒中，范德华力的作用非常显著。

在一定的温度条件下，在粉粒的相互接触点上，由于分子的相互扩散形成连接两个颗粒的固桥。在造粒的过程中，由于摩擦和能量的转换产生的热也能促进固桥的形成。在化学反应、溶解的物质再结晶、熔化的物质的固化和硬化的过程中，颗粒与颗粒之间也能产生连接颗粒的固桥。

十分细小的颗粒可由分子间力和静电力结合，而无需固桥，直径小于1μm的颗粒在搅动下有自发形成颗粒的倾向，就是这种结合。但对较大的颗粒，这两类短距离的力不足以与颗粒重力相平衡，因而不能发生附着作用。

② 可自由流动的液体产生的界面张力和毛细管力　流动性液体黏结是通过界面张力和毛细管力来进行连接的。用流动性液体将颗粒连接在一起时有三种不同的状态。少量的液体在颗粒的接触点上形成离散的透镜形环，这是悬垂状态。当液体含量增加时，环连接起来形成液体连接网络结构（其间散布空气），这是索带状态。当颗粒中所有的空隙都充满液体时，就达到毛细管状态。当液体桥（简称液桥）破坏时它收缩和分开，而桥接处附着力和内聚力不充分发挥作用。

以可流动液体作为架桥剂进行造粒时，粒子间的结合力由液体的表面张力和毛细管力产生，因此液体的加入量对造粒产生较大的影响。液体的加入量可用饱

和度 S 表示，即在颗粒的空隙中液体架桥剂所占的体积（V_L）与总空隙体积（V_T）之比，$S=V_L/V_T$。

③ 不可流动液体产生的黏结力　不可流动的液体包括：高黏度液体；吸附于颗粒表面的少量液体层。高黏度液体的表面张力很小，易涂布于固体表面，靠黏附性产生强大的结合力；吸附于颗粒表面的少量液体层能消除颗粒表面粗糙度、增加颗粒间接触面积或减小颗粒间距，从而增加颗粒间引力等。高黏度的结合介质，如沥青和其他高分子有机液体，能够形成很类似固桥的连接，在一定条件下形成均匀的、类似固体的薄膜层对细颗粒的结合起着相当大的作用。

④ 粒子间的固体桥　固体桥（简称固桥），其形成机理可由以下几方面论述：架桥机溶液中的溶剂蒸发之后，析出的结晶起架桥作用；液体状态的黏结剂干燥固化而形成的固体架桥；由加热熔融液形成的架桥，经冷却固结成固桥；烧结和化学反应形成的固桥。造粒中常见的固体架桥发生在黏结剂固化或者结晶析出，而熔融冷却固化架桥发生在压片、挤压造粒或喷雾冷却造粒等操作中。由液体架桥产生的结合力主要影响粒子的成长过程和粒度分布等，而固体的结合力直接影响颗粒的强度及颗粒的溶解速率或分散能力。

⑤ 粒子间机械镶嵌　机械镶嵌发生在块状颗粒的搅拌和压缩操作中，结合强度较大。但一般造粒过程中所占比例不大。

二、成型氧化铝的强度

1．催化剂机械强度测试

固体催化剂必须要符合特定的机械强度要求，才可在使用时抵抗住颗粒与颗粒之间、颗粒与设备及流体之间、催化剂运输与装填等情况下的强度冲击和摩擦而不致发生破碎失效现象，这样才能保证工业反应的顺利进行。正是由于机械强度如此重要，具有统一标准的和一定理论基础的测试方法也亟待被提上日程。20世纪 70 年代美国 ASTM 就催化剂强度测试提出了相关讨论，并被许多国家接受。

总的来说，固体催化剂的测试方法分为两大类：抗压碎强度和磨损强度。

（1）抗压碎强度　催化剂强度测试与其形状密切相关，因此抗压碎强度又分为单颗粒压碎强度和整体堆积压碎强度。单颗粒压碎强度适用于测试形状大小统一且数量足够的球状、柱状或条状催化剂。催化剂在使用中受到的主要压力来源于点压、侧压和三点弯曲。在这三种作用力中，催化剂强度测试应该首先关注其拉应力；而侧压强度则直接反映了催化剂的极限拉应力。所以，以径向侧压作为评测固体催化剂强度的测试方法是最合适的。

对于形状不规整的固体催化剂，单颗粒压碎强度测试就无法准确反映催化剂的破碎情况，因而需要使用整体压碎强度测试。此测试方法的基本原理就是在一定体积的堆积起来的催化剂上方施加压力，而后根据产生的细粉量来判断整体压碎强度。

（2）磨损强度　在使用或装填等过程中，由于催化剂颗粒与颗粒之间或颗粒与反应装置之间都会发生不同程度的碰撞和摩擦，从而导致催化剂失活或作业场所污染等不良后果的发生，对于固体催化剂的磨损强度测试也是不可或缺的。最常用的两种催化剂磨损强度测试方法分别为：旋转碰撞法和高速空气喷射法。

旋转碰撞法是固定床反应器中颗粒磨损强度测试的典型方法。基本方法是将装入磨损仪内的催化剂上下转动而产生磨损，通过测量磨损产生的细粉量来计算出磨损率，进而换算为磨损强度。对于流化床催化剂，则普遍采用高速空气喷射法。其基本原理是利用高速空气喷射作用使得催化剂颗粒呈流化状态，通过摩擦产生粉末后计算一定时间内催化剂颗粒产生的细粉量，即颗粒磨损指数，来评价固体催化剂的抗磨损性能。

2. 催化剂强度理论

（1）Griffith 脆性断裂理论　裂纹是指固体材料在制造、运输和使用过程中在材料表面和内部产生的物理缺陷，这些缺陷一般具有较高的表面能或应力集中现象，所以材料的破坏失效通常情况下与这些缺陷有关。

Griffith 从能量的角度就裂纹扩展进行了全面分析。根据 Griffith 的观点可知，在没有外界能量传入的情况下，裂纹扩展后新裂纹形成时所需的能量 W 来源于裂纹展开时所释放的弹性应变能 U。W 和弹性应变能 U 均与原裂纹的半长度 c 有关，并且它们的总能量为自由能 E：

$$E = -U + W$$

式中，U 的符号为负，表示材料中弹性应变能转化为裂纹扩展所需的能量，促进新裂纹的扩展；W 的符号为正，表示新裂纹扩展需克服的阻力。而且，当自由能 E 取得最小值时，即：

$$dE/dc = -dU/dc + dW/dc = 0$$

在此情况下，裂纹则进入临界状态，此时的应力称为临界应力 σ_c。在达到临界状态之前，裂纹处于稳定平衡态，过后则变为扩展态。

Griffith 从能量观点出发分析得出的关于脆性材料断裂的结果解释了脆性材料断裂归因于微裂纹的扩展，很好地描述了脆性材料的破坏真相，并且表明了影响脆性材料断裂强度的关键因素，为催化剂的强度理论提供了理论基础。

（2）Weibull 统计理论　氧化铝负载的金属和金属氧化物等固体催化剂均具备脆性材料的基本特性，在外力作用下发生弹性形变后直接引起材料断裂，总弹性应变能极小。因此可以把固体催化剂看作是典型的脆性材料，其机械失效属于脆性断裂。而且，在此类固体催化剂颗粒内部存在大量的空洞、晶界、位错以及添加剂等引起的不连续现象，这些都可以看作是材料的缺陷，均能造成拉应力集中现象而导致催化剂脆裂破坏。此外，这些缺陷的尺寸大小、形状以及取向等的不确定性造成了催化剂强度数据的高度离散。有关研究表明，固体催化剂这种脆性材料的强度数据的离散属性很好地服从于 Weibull 分布。

Weibull 分布的理论基础是最弱连接模型。由该模型可知，脆性材料的断裂都是开始于其中连接最薄弱的环节，该环节断裂从而导致整体材料的失效。就脆性材料而言，固定应力分布下的临界缺陷即可认为是连接最薄弱的环节，且临界缺陷不仅与材料自身的固有属性有关，而且与其形状和所在位置等也有相关联系。只要结构中任一环节断裂则导致整条链断开，而各环的断裂强度遵循统一分布。

（3）影响催化剂强度的因素　影响氧化铝载体强度的因素众多，如原料的性质、初级粒子的大小、含水量、成型方法、合成条件等。当氧化铝粉末成型时，粉末之间主要靠范德华作用力结合。催化剂载体形状各异，成型方法也很多。压缩成型时，粉末之间主要靠范德华力结合，有水存在时，毛细管压力也增加黏结能力。对大小均匀的球形颗粒互相聚集的聚集力，即颗粒间的抗拉强度可简单用下式表示：

$$\sigma_z = 9(1-\varepsilon)KH/(8\pi d^2)$$

式中，σ_z 为抗拉强度；ε 为粉体的空隙率；K 为粒子接触点数的平均值；H 粒子间结合力（范德华力）；d 为颗粒直径。

从上式可以看出，增大粒子接触点数的平均值、增大粒子间结合力、减小颗粒直径、减小空隙率能够增加催化剂强度。

① 粒度分布　粒度分布是指用特定的仪器和方法反映出粉体样品中不同粒径颗粒占颗粒总量的百分数。一般而言粒径越小，压片得到的催化剂机械强度越大。此外，样品中有适当比例的粗、中、细颗粒，可以减少细粉堆积时的空隙率、提高自由堆积密度、提高成型产品的致密度及强度。粒子过粗，或粗粒子过多，粒子间的空隙大、接触点数小，填充密度随之减小，强度也就降低。如在 Al_2O_3 载体成型时，以粗粉为基础，加入一定比例的细粉时，成型产品的强度随细粉加入量增加而增大。

② 空隙率与紧密度　从颗粒间的抗拉强度的表达式可看出，空隙率增大，强度就自然降低。通常将式中的（$1-\varepsilon$）称为紧密度。提高粒料的紧密度有利于提高成型产品的强度。一般而言，Al_2O_3 成型产品的强度随紧密度增大而提高。但紧密度或空隙率的大小应以不影响催化剂性能为准则。紧密度过高有可能使比表面积及平均孔径（特别是大孔）减小，影响催化剂的活性及选择性。反之，紧密度小、空隙率大时，催化剂在升温或降温过程中不易发生崩裂，即耐热崩坏性提高。

③ 颗粒形状及粒度　圆形或椭圆形状体的吸附力和摩擦力小，流动性也较好，有利于模内布料时具有较大的堆积密度，但一般载体所用粉料都是粉碎产品，它含有细粉和粗粉，而大部分为中间粒度。但当几种不同的物料在同一粉碎设备中进行粉碎时，应考虑到混合粉料中硬、软物料的相互影响。硬度大者会对硬度小者产生表面剪切或磨削作用，软颗粒在接触面上会被硬颗粒磨削而形成若干细颗粒。硬质颗粒对软质颗粒起着研磨介质的作用。结果导致软质物料在混合粉碎时的细颗粒产率比单独粉碎时高，而硬质物料则相反。

④ 含水量影响　湿法成型（如造粒成球）时，粉料中要加入适量水。加水过少，不足以在粉料中均匀分布和提供足够的结合力，结果难以成型。加水过多则会使粉粒黏结也难以成型。干法成型（如压片）加水量较少，但也不能完全没有水。水分过多会产生粘模，使生片不易脱模和片剂发毛而不完整：水分过少而成型压力又较高时，会使片剂产生"断腰"等现象。所以，粉料中水分分布的均匀程度对产品质量有较大影响。实际操作中，应根据粉料性质及成型方法等情况来确定最佳含水率，使水分的波动范围越小越好。

⑤ 水合过程的影响　有些载体物料在成型前后会发生水合反应。例如，以快速焙烧 Bayer（拜耳）法三水铝石所获得的活性氧化铝为原料，制备蜂窝状载体时，经扫描电镜对 Al_2O_3 成型体观察发现，刚成型结束时，成型体中的 Al_2O_3 粒子是相互分离的，而经低温 8h 放置后，Al_2O_3 发生水合反应，粒子间牢固地形成新的结合。成型体的强度在前后也相差 $2 \sim 3$ 倍。据分析，这种变化是由于结晶水随时间及温度变化而引起结合态变化所致。

三、重要的成型方法

氧化铝的成型过程是将初级粒子经过简单的物理或化学处理，使其转化成具有一定强度的次级粒子，而后再与适宜的成型剂混合，使其具有一定的流动性，在特定的设备上进行二次成型，得到具有一定强度的成型材料，使其可直接用于工业装置的催化生产中。目前已有的氧化铝催化剂的成型方法，包括压缩成型、挤出成型、转动成型、喷雾成型、热油柱成型、油氨柱成型和水柱成型等。每种方法既有优势，也有局限性，因此成型方法的选取应考虑多方面因素，主要取决于成型物料的流变性能和反应工艺对催化剂的要求。某些情况下，当物料不能很好成型时，适当改变黏合剂或润滑剂以及操作条件，可以使不能成型的物料较好成型；通过选择合适的成型方法，得到最优外形和尺寸催化剂，充分发挥其催化能力。

成型后的固体催化剂颗粒是氧化铝多晶粉末聚集体。对于这种多晶聚集体，可能出现的联结力可分为以下五大类。

（1）固体桥联　在高温下由于分子扩散作用可在颗粒之间形成固体桥联，催化剂粉体一般均要经高温煅烧，并有适当烧结。打片过程中，机械能由于粒子间的摩擦和相互作用部分转变成热，在粒子接触的部位温度有可能升高到足以熔化或半熔的温度。化学反应也可能导致固体桥联的形成。由于反应温度一般较高，就会有组分的迁移现象。例如催化剂的还原是一放热过程，新生成的相既会生长，也会桥联。

（2）可移动介质的联结　颗粒间存在液体时，由于界面张力和毛细吸力的作用，有时会产生很强的结合力。例如，催化剂粉料成型时，需要一定的含湿率，还有些催化剂在反应状态下有些组分如 K_2O 在表面上可能以液态或半熔态存在的，这些介质的存在均会提高结合力。

（3）不移动介质的联结　催化剂制备时，有时加入固体黏结剂；有些反应在反应时有焦炭的生成，还有些催化剂的部分组分便是以黏稠物质存在的，另外颗粒表面的吸附薄层也可看作不移动介质，这些都可将颗粒黏结在一起。

（4）固体粒子间的吸引　Hamaker 等讨论了范德华力的作用，并给出了颗粒间吸引的数学模型。Pietsch 研究了堆积体中静电力的作用。当小粒子具有磁性时，还可能有磁性力作用。固体粒子之间的吸引是典型的短程力，当这种结合力为主时，减小粒子尺寸会使机械强度有所增加。

（5）固体颗粒间的嵌合　粒子间会形成各种形式的嵌合，提高机械强度。

最初的催化剂成型方法是将制备的块状催化剂粉碎，根据需要过筛，获得具有一定粒度的催化剂颗粒，这种方法制备的催化剂没有规则形状，容易在反应中出现传质不均匀的现象，随着成型技术的发展，此方法逐渐被替代。目前发展起来的氧化铝的成型方法有压缩成型法、挤出成型法、转动成型法、喷雾干燥成型法、热油柱成型法、油氨柱成型法、水柱成型法等，各种方法的基本原理和优缺点如表4-7所示。

表4-7　重要成型技术的原理、优点和缺点

成型方法	成型原理	成型形状	优点	缺点
压缩成型	一定湿度、流动性的粉末原料快速、有效地压制成不同形状的颗粒	柱状	操作简便，费用较低、使用广泛	堆密度高，生产效率低
挤出成型	铝溶胶在挤压物理作用力下成型	条形	操作简便，费用较低、使用广泛	堆密度高
转动成型	固体粉末和黏结剂的毛细管吸力或表面张力凝集成球	毫米球形	投资小、处理量大	颗粒的强度低，粒径大，粉尘多
喷雾干燥成型	将原料雾化成细小液滴，在冷气流中固化成型为细小颗粒	微米级球形	混合、造粒、干燥一步完成	耗电量大，粉尘多
热油柱成型	在油的表面张力作用下铝溶胶收缩成球，通过热固化	毫米球形	球形度高	强度低、能耗高
油氨柱成型	在油的表面张力作用下铝溶胶收缩成球，在氨水中固化	毫米球形	球形度低	强度高、能耗低
水柱成型	海藻酸根与 Al^{3+} 混合形成球状凝胶	毫米球形	成型速度快、能耗低、生产工艺绿色无污染等	球形度低、引入金属离子

压缩成型能够有效地将原料压制成不同形状的颗粒，具有操作简便、费用较低、使用广泛；但生产效率低、得到的氧化铝堆密度高等一定程度上限制了其应用。挤出成型法的特点是操作简便，费用较低、使用广泛。喷雾干燥成型法的优点是能够制备粒径较小的球形氧化铝；缺点是耗电量大、粉尘多。转动成型法的优点是设备投资少，处理量大；缺点是颗粒的强度低，粒径大，粉尘多。热油柱成型法的优点是氨气污染小，产品强度较高；缺陷是热量消耗大。油氨柱成型法的优势是产品孔体积大、强度高，缺陷是存在氨气的污染。水柱成型法制备的氧化铝小球大小一致，且生产过程绿色环保，是一种具有前景的氧化铝成型方法。因此，在生产过程中成型方法需要根据颗粒的形状、大小及工业生产所用反应器的要求来确定。

1. 压缩成型法

（1）原理及特点　压缩成型是将要成型催化剂或载体等物质放入一定体积的模具中，通过施加压力的方法，改变催化剂或载体颗粒的密度和强度，实现催化剂或载体的成型的工艺。压缩成型可以制备出粒径均一、质量均匀、表面光滑、堆密度较高、强度好的催化剂，特别适用于高压、高流速的固定床反应器[12]。

（2）工艺及设备　如图 4-23 所示，压缩成型是将催化剂粉体放置在一定形状、密闭的模具中，施加外部压力，使粉体的空隙减少、颗粒发生变形、颗粒之间的接触面展开，粉体致密化从而使颗粒间黏附力增强，最终形成具有一定机械强度的形状。压缩过程可以分为加料、增稠、压紧、变形四个过程。①加料阶段，将催化剂或载体粉体颗粒加入模具中。②增稠阶段，随着冲头向下移动，粉体体积缩小，孔隙减少，密度增高，来自上冲头的压力主要被上段颗粒吸收，此阶段是造成成型体轴向和径向密度分布不均的重要阶段。③压紧阶段，在此阶段，压力进一步增加，粉体颗粒的架桥现象被破坏，颗粒压紧而形成黏结键。键的强度决定于粉体含水量和颗粒的大小、形状等因素。④变形或损坏阶段，在此阶段粉体发生弹性或塑性形变，引起粉体密致化及孔隙闭合。

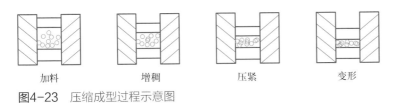

| 加料 | 增稠 | 压紧 | 变形 |

图4-23　压缩成型过程示意图

（3）影响因素　根据压片成型的过程，影响催化剂压片成型效果的因素主要可分为粉体性质、成型助剂、工艺条件三类。

①　粉体性质　粉体性质是影响压片成型最根本的因素，其粉体粒度及粒度

分布、流动性、颗粒表面条件与压片成型的难易直接相关。

粒度是催化剂或载体粉体的颗粒大小。一般粒径越小，压片得到的催化剂机械强度越大。陈国祥[13]采用40目、80目和150目筛分网筛分的粉末压片，将压片制备的加氢催化剂进行径向抗压碎力测试，发现催化剂粉末粒度越小，成型催化剂径向抗压力越大。

对填充粉体成型时，粉体的密度越大、颗粒间的空隙越小，越能得到理想的成型体，制备的成型体的机械强度越大。如果使用的粉体颗粒均为均一的正六面体，理论上可以得到无间隙的理想填充，但在实际填充过程中，无法实现无空隙的填充。实际生产时，通常改变粉体的粒度分布，通过将各种粒度的颗粒进行混合，使填充空隙尽可能地减小，来提高催化剂或载体的性能[14]。

粉体颗粒的微观表面都是十分粗糙的，而粉体成型时颗粒间的结合力等作用均发生在颗粒表面，通常颗粒表面都会吸附较多的杂质或水分，会减弱颗粒之间的相互作用力，影响催化剂或载体的成型，因此在成型之前，会对粉体进行干燥等预处理。

② 成型助剂　压缩成型一般需要在较高压力下进行，为避免成型体出现裂痕、断裂等现象，常添加合适的助剂以改善催化剂或载体的成型效果。常用的助剂有润滑剂和黏结剂。润滑剂可以降低粉体颗粒之间和粉体与模具之间的摩擦力，减小脱模阻力，保护模具，使上下冲头产生的压力均匀传递到填充粉体颗粒中，制备出机械强度均匀的催化剂或载体。黏结剂用来增强颗粒间的相互作用，提高成型体强度。

石墨是一种典型的润滑剂。姜浩锡等[15]考察了石墨的添加量对成型催化剂的影响，其侧压强度随着石墨加入明显增加，当掺杂1%（质量分数）石墨时，催化剂机械强度达到最大，继续增加润滑剂的量，催化剂强度出现下降，因为加入过多的润滑剂会降低颗粒间的剪切力，使催化剂出现横裂和脱帽，影响催化剂的正常使用。赵云飞等[16]考察了不同黏结剂添加量对催化剂强度和脱硝性能的影响。当掺杂量为9%（质量分数）聚乙烯醇时，制备的催化剂不仅强度较高而且其催化剂活性比在其他掺杂量条件下更高，在焙烧过程中，黏结剂挥发与碳酸盐的分解相互作用，增加了催化剂孔隙数目和孔隙体积，获得了最高的比表面积与孔隙率。

③ 工艺条件　压片成型工艺条件主要有模具尺寸、压力大小、压力保持时间、压缩速度等。压片压力被普遍认为是影响成型催化剂机械强度的最重要因素。姜浩锡等[17]研究了成型压力对催化剂成型体强度性质的影响，发现对于催化剂成型体的强度和比表面积，成型压力存在着一个最佳值，超过最优压力会导致催化剂的侧压强度、比表面积以及相应的催化活性降低，容易出现边角处碎裂、粉化现象，导致催化剂成型体强度下降。

压片成型制备的催化剂一般呈柱状，模具尺寸越小，压片难度越大，生产效率越低。陈国祥使用直径为 3mm 和 5mm 的两种模具考察模具尺寸对成型的影响，使用 3mm 模具压片存在虚架现象，模具填充物料不均匀，而 5mm 模具可以正常压片。工业生产中，缩小模具尺寸，会使催化剂成型效率大大降低，为保证经济效益和生产能力，一般把 5mm 左右的模具作为下限。

压缩成型与其他成型方法相比，生产效率较低，因此压片速度也是影响成型效果的一个重要因素。朱洪法[12]提到对于压缩性较大的粉体压片时，冲头压缩速度要慢，如果压片速度过快，则容易夹带空气，造成粉体受力不均匀，成型的催化剂易破碎，但压缩速度慢同时又影响生产效率。为优化成型质量和生产效率，可将要成型的粉体先置于贮料罐中减压脱气再压缩成型。

压缩成型中的一个很重要的阶段就是出片阶段，在此阶段，随着压力突然降低，催化剂成型体会产生一定的回弹量，有时会因这些回弹量而破裂，直接影响最后的成型效果。压缩完成时，可适当延长压力维持时间，可以提高成型效果。在刘铁岭等[18]的研究过程中发现，压力保持时间对于型炭的强度却有较大影响。当压力保持较短时，型炭会起层断裂。当压力保持过长，型炭会因过分干燥而散裂，得到型炭成型压力保持时间以 10 ~ 20min 为宜。

2．挤出成型法

（1）原理及特点 挤出成型是在一定压力下迫使拟薄水铝石湿物料从具有特定形状孔洞的塑模（多孔板）中挤出成为长条，进而通过切割形成等径、等长柱形粒的成型方式[19-22]。挤出的柱形粒经过后续干燥、焙烧即得到载体或催化剂成品。这种成型方式要求物料具有一定的流变性和良好的可塑性。如需要成型的材料不具备上述性质，则需要加入合适的黏结剂，经碾压捏合后制成满足要求的泥状物料。此外，往往还会加入胶溶剂、润滑剂、增塑剂及扩孔剂等其他助剂，以改善挤出性能或产品的物理性质。

挤出成型得到的颗粒截面规则且一致、尺寸均匀，并且可以根据需要灵活调整，同时设备操作控制简单、连续性好，投资和运行成本低，是应用最为广泛的催化材料成型方式之一。但另一方面，该工艺对原料的可塑性等性质有一定要求，往往需要加入一定量添加剂，降低了有效组分含量，并可能带来其他副作用，此外成型密度较低。挤出成型是固体催化剂成型的重要方法，发展的方向是提高设备的自动化、连续化和智能化水平（如可连续输出挤出压力和温度等相关参数），缩短工艺流程，提高生产效率。

（2）工艺及设备 挤出成型过程较为简单，可分为四个阶段：① 输送，即利用料斗将物料送入桶状容器；② 压缩，即物料受到一定外力而被压缩，并不断向塑模移动；③挤出，即物料经多孔板挤出而成条状；④ 切条，即将初步成型的长条物料切成等长的条形粒[22]。对物料施加压力一般采用活塞推进或螺旋挤压方式，其中活塞推进方式较为简单，但螺旋挤压方式应用更广。该工艺所用的主要设备是螺杆式挤条机（如图4-24所示）。工业上应用的类型有单螺杆挤条机、双螺杆挤条机、柱塞形挤条机、滚轮挤条机、环滚筒式挤条机等[23]。其他辅助设备包括混捏机、切粒机等。通过在挤条机上安装具有不同形状开孔的塑模，可以很方便地获得具有各种不同截面形状和尺寸的成型催化材料，如圆形、中空环状、星形、三叶草形、四叶草形等[24]。

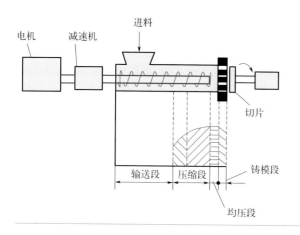

图4-24
螺杆式挤条机结构示意图

（3）主要影响因素　影响氧化铝挤出成型产品性能的因素很多，其中主要的有粉体性质、成型助剂和挤出工艺条件等三个方面。

① 粉体性质　氧化铝粉体性质包括形貌、粒度及其分布、微观结构、孔结构及其分布、比表面积、流动性、润湿性、压缩成型性等，其中粉体的形貌和粒度可侧面反映出粉体的流动性和压缩成型性。氧化铝粉体的形貌、粒度及其分布、孔结构、比表面积对挤出成型和载体的物化性质具有重要影响[25]。

在成型过程中，氧化铝因其微观形貌的不同，其基本结构单元间的团聚或搭接方式而有差异。如果氧化铝的微观形貌为球状，则细小的球状氧化铝颗粒表面能很大，容易受弱的相互作用结合在一起，并且球状颗粒相互堆积易形成外貌规则的团聚体；而长度和粗细不一的棒状氧化铝颗粒，在相互搭接时容易出现较大的空隙率，较难形成硬团聚。彭文钢等[26]探究了氧化铝粉体的形貌对其挤出成型的影响，发现棒状、片状等球形度较差的氧化铝粉体捏合形成的催化剂泥料较松散，可塑性和均匀性较差，不利于后续的挤出成型，且挤出成品的孔径分布不均匀，孔隙率较低；而形貌规则、球形度较高的氧化铝粉体因其具有良好的流动性，颗粒移动的阻力较小，在捏合过程中可与水、黏结剂等其他助剂均匀接触，所形成泥料的均匀性和可塑性较好，挤出成型相对容易，且挤出成品的孔径分布均匀。本书编著团队[27]经过长期研究和大量实验，发明了一种适用于微观形貌为棒状的氧化铝的成型方法。通过控制胶溶剂的种类和用量、混捏时间以及干燥和焙烧条件等，改善了棒状基本结构单元间的相互搭接情况。增加颗粒间键合数的同时也适当减小结构单元间的空隙率，使棒状氧化铝粉末在成型后形成牢固的硬团聚体，使其既具有牢固的骨架结构，又兼具通透的孔隙结构，即表现出较高的机械强度和适宜的吸水率等综合性能。

除形貌外，氧化铝的粒度对成型过程也有显著影响。氧化铝粉体的粒度越小，颗粒间隙越小，颗粒间接触点越多，挤出成型后载体的机械强度越大。葛冬梅[28]探究了干胶粉粒径对加氢催化剂载体机械强度的影响，发现在挤出条件一定的前提下，干胶粉的粒径越小，挤出成品的机械强度越大[29]。

② 成型助剂　在氧化铝催化剂载体的挤出成型过程中往往需要添加水、黏结剂、胶溶剂、润滑剂、增塑剂及扩孔剂等助剂，助剂的种类及用量不同，对挤出成型过程和氧化铝催化剂载体物化性质的影响也不同。

水是挤出成型过程最基本的助剂，能使粉体颗粒相互黏结形成可塑性泥料。泥料的含水量通常用水粉比（水量与原料粉的质量比）表示，大量研究表明，水粉比能够显著影响氧化铝泥料的挤出速度和挤出成型体的机械强度。皮秀娟等[30]的研究表明，水粉比对物料的胶溶反应过程及载体性质影响明显。水粉比较低时，胶溶反应主要集中在拟薄水铝石粒子的表面，随着水粉比的增加，胶溶反应逐渐渗透到拟薄水铝石粒子的深层；胶溶反应的变化使得载体的比表面积和机械强度随着水粉比的增加而不断减小，孔体积则是先增加后减小。

黏结剂能在挤出过程中与胶溶剂发生反应生成黏性物质，再经挤出成型、干燥、焙烧得到具有一定强度的成型催化剂产品。人们已提出许多黏结机理，主要有吸附理论、机械理论、静电理论、扩散理论、化学键理论、配位键理论等，但每种理论都只能解释一部分黏结现象。常用的黏结剂分为有机黏结剂（如纤维素、淀粉、聚乙烯醇等）和无机黏结剂。黏结剂的加入量对产品的性能和机械强度有影响，加入量过少，影响产品的强度和黏结效果，加入量过多，会稀释产品中活性组分的含量，影响产品的催化性能。王东辉等[31]采用不同的有机和无机黏结剂进行了 CuO-NiO-Mo$_2$O$_3$/Al$_2$O$_3$ 加氢催化剂的挤条成型研究。结果表明，相比羧甲基纤维素，羟丙基甲基纤维素黏合性能更好且焙烧后灰分残留较低，成型后催化剂侧压强度更高，催化性能更好；随着黏结剂用量的增加，催化剂表面积呈递增趋势，挤出效果也愈好，但强度下降明显，催化剂反应性能也呈峰形分布。无机黏结剂硅溶胶的加入明显提高了成型催化剂强度，但是比表面积和孔体积也逐渐下降。通过有机黏结剂羟丙基甲基纤维素和无机黏结剂硅溶胶的复配添加，可得到机械强度高、催化性能好的成型催化剂。Liu 等[32]研究了 γ-氧化铝、硅溶胶和蒙脱土等黏结剂对于挤出成型的丙烷脱氢催化剂结构和催化性能的影响，发现不同黏结剂对催化剂酸性无明显影响，但会间接影响金属分散度，进而影响催化性能；其中添加 γ-氧化铝的催化剂具有最高的活性和丙烯选择性。

　　胶溶剂主要是一些有机酸和无机酸，常用的有机酸胶溶剂有甲酸、乙酸、柠檬酸、丙二酸、草酸等，常用的无机酸胶溶剂有硝酸、盐酸和磷酸等。对同一种氧化铝粉体而言，在相同酸度下，硝酸的胶溶性最强。硝酸与氧化铝粉体相互作用，发生胶溶反应，使氧化铝表面产生大量官能团，进而增强氧化铝表面的润湿性和相互吸附能力，能够影响氧化铝泥料的流变特性和胶体学特性，进而影响挤出成型体的物化性质 [33, 34]。此外，采用硝酸作为胶溶剂的最大优势，是其在载体的焙烧过程中可以脱除，能够避免在载体中引入其他阴离子。当然，如果不需要氧化铝发生很强的胶溶时，也可采用由碳、氢、氧元素组成的有机酸作为胶溶剂，最好不要选用可引入杂质元素的有机酸（如氯乙酸）作胶溶剂，除非杂质元素对催化剂的性能无影响或有正影响 [35]。史建文等 [33] 考察了不同种类胶溶剂对氧化铝催化剂载体物化性质的影响，结果表明，硝酸和盐酸等无机强酸胶溶剂能够明显提高载体的机械强度，并有效改善载体的孔结构；而醋酸、甲酸等有机酸胶溶剂在改变氧化铝催化剂载体物理性能方面的效果较差。梁维军 [36] 的研究表明，低硝酸含量下挤出的氧化铝催化剂载体条容易碎裂，且焙烧后载体的径向强度低，堆积密度低，孔径分布不集中；当硝酸含量较高时，氧化铝粉体因过度酸化，泥料发生抱杆，挤出条较软、容易变形，且焙烧后载体的径向强度下降，孔体积下降，堆积密度偏高。季洪海等 [37] 研究了醋酸胶溶剂添加量对氧化铝催化剂载体物化性质的影响。胶溶剂的加入改变了载体中微粒子的大小和堆积方式以及配位不饱和铝氧四面体数量，从而使氧化铝载体的物化性质发生变化。随着醋酸胶溶剂含量的增加，载体的孔体积、平均孔径、可几孔径以及 L 酸量逐渐降低。

　　润滑剂主要用于在挤出成型过程中降低物料颗粒之间的摩擦以及物料与设备之间的摩擦，获得质地均匀的泥料，保证受力均匀和便于脱模，进而提升挤出速度，改善成型效果。当用于减小物料内部的摩擦作用时，润滑剂的用量一般为 0.5% ～ 2%（质量分数）；用于减小物料和成型设备之间的外摩擦作用时，润滑剂的用量则要少些 [38]。杨义等 [39] 的比较研究表明，与螺杆挤条机相比，柱塞式挤条机挤出的载体堆积密度较低，总孔体积较大，且孔结构更趋向 6 ～ 10nm 集中。虽然柱塞挤出的载体强度偏低，但仍能满足载体质量指标要求，并且制备的加氢催化剂活性相对较高。工业上常用的润滑剂有甘油、石墨、矿物油、（聚）乙二醇、丙二醇、硬脂酸盐、淀粉、田菁粉、羟丙基甲基纤维素、羧甲基纤维素钠等，其中水、甘油、石墨等具备黏结剂和润滑剂的双重作用。史建文等考察了田菁粉润滑剂对氧化铝催化剂载体挤出成型的影响，发现田菁粉的加入能够提升氧化铝泥料的挤出速度。吕红波 [40] 的研究表明，在挤出成型过程中加入少量甘油，可降低泥料与设备间的摩擦，减少挤出条表面的裂纹，提升产品质量。

增塑剂用于增加待挤出物料的可塑性。常用的增塑剂有聚乙烯醇、淀粉、甲基纤维素、羧甲基纤维素、羟丙基甲基纤维素、藻类、多糖等。江培秋[41]研究了聚乙烯醇和羧甲基纤维素对氧化铝挤出成型的影响，发现聚乙烯醇可有效提高泥料的可塑性及挤出品的力学强度，但其浓度对泥料的成型效果影响较大。当聚乙烯醇浓度较低时，挤出坯体容易变形；当其浓度较高时，泥料颗粒易发生团聚，造成挤出坯体的结构不均匀。张万胜[42]考察了羧甲基纤维素、藻类和多糖三种增塑剂对泥料可塑性的影响，并提出了相应的作用机制，发现羧甲基纤维素的黏度对泥料可塑性的提升影响很大；藻类增塑剂具有较强的水化能力，能提高泥料颗粒表面水化膜的厚度，增大颗粒间的黏附力，从而提高泥料的可塑性；多糖增塑剂具有较高的表面张力，通过提高泥料颗粒间的毛细管作用力来提高泥料的屈服应力，进而提高泥料的可塑性。

在成型配方中加入一定比例的扩孔剂，可有效调控催化剂的比表面积和孔结构，进而改善扩散传质，提高催化剂选择性和寿命。氧化铝催化剂载体挤出成型常用的扩孔剂有水溶性淀粉、聚乙二醇、聚丙烯酸钠、聚丙烯酰胺、碳粉、聚乙烯醇等。选择适当的孔结构改善剂，也可同时起到黏合和润滑作用[43]。李广慈[44]等考察了水溶性淀粉、聚丙烯酰胺、炭黑、聚乙烯醇对载体孔结构的影响，发现不同种类扩孔剂的扩孔效果不同，扩孔剂分子的动力学直径越大，其扩孔效果越好。其中，聚丙烯酰胺表现出最优的扩孔效果。康小洪等[45]考察了炭黑粉扩孔剂对氧化铝催化剂载体孔分布的影响，发现通过调变炭黑粉的用量可获得具有双孔分布的成型氧化铝。王涛等[46]比较了炭黑和羧甲基纤维素两种扩孔剂对于乙苯脱氢催化剂成型的影响，发现与炭黑相比，添加羧甲基纤维素后催化剂的侧压强度有所下降，但仍能满足工业装置的应用需求（不小于20N/mm），且孔径增大75%。这是因为羧甲基纤维素在催化剂焙烧过程中更易造成较大的孔，可显著改善扩散传质，提高苯乙烯收率。

③ 工艺条件　挤出过程的挤出压力、速度和温度等工艺条件，以及挤出之前捏合过程的强度、时间和温度，都对氧化铝挤出坯体的形貌及氧化铝催化剂载体的物化性质有显著影响。

姜浩锡[17]等利用自行设计制造的催化剂力学性质测试仪，以高温变换催化剂片剂为研究对象，提出了一种利用宏观弹性模量来表征成型催化剂力学性质的动态方法，研究了成型压力对催化剂成型体强度性质的影响。结果表明，对于催化剂成型体的强度和比表面积，成型压力存在着一个最佳值，过高的成型压力会导致催化剂的侧压强度、比表面积以及相应的催化活性降低；不适当的成型压力的维持时间会破坏"压力回弹"作用，造成催化剂成型体的机械强度明显降低。该研究结果说明，催化剂载体挤出成型的压力并不是越大越好，而是有一个最佳值。薛红亮[47]的研究表明，当挤出速度过慢时，氧化铝坯体会发生一定的变形；

挤出速度过快时，挤出坯体会出现针孔或其他缺陷。李晓韬[48]的研究发现，当挤出速率较低时，在催化剂泥料挤出过程中会产生气泡；适当提高挤出速率，会使催化剂泥料中各组分分布更加均匀，能够减少气泡的产生且较利于装卸；当挤出速率过高时，挤出成型体表面会产生缺陷。

王涛研究了捏合方式和程度对乙苯脱氢催化剂成型的影响，发现捏合方式相同、捏合程度不同时制得的催化剂物性差别不大，但不同捏合方式所制催化剂的物性差别较大；与直接捏合挤条相比，采用碾压后制得的催化剂侧压强度和堆密度略高，但平均孔径有所减小。杨乂等[39]的研究表明，捏合时间会在一定程度上影响催化剂载体孔径分布，在一定范围内，延长捏合过程会使得较大孔道坍塌成 6nm 以下的过窄孔道，对孔道扩散不利；缩短捏合时间减少了粉料间的挤压，有利于孔结构向 6～10nm 集中。皮秀娟[30]通过采用循环水冷却方式，考察了捏合阶段的温度对于挤出成型的影响，发现引入循环冷却水后，物料升温速率和胶溶反应速率降低，有利于胶溶反应集中在拟薄水铝石粒子的表面进行，从而促进载体比表面积、孔体积以及机械强度的提高。

3．转动成型法

（1）原理与特点 转动成型法是将粉体物料和适量的水（或黏合剂）送至转动容器内，使湿润的物料在不断滚动过程中互相黏附起来，逐渐长大成为球形颗粒的成型工艺[20,21]。粉末颗粒在液桥和毛细管力的作用下聚集形成微核，伴随着容器旋转产生的摩擦、滚动和冲击，微核在粉末层中像"滚雪球"一样不断长大，最后变成一定尺寸的球形颗粒并离开容器。转动成型法是催化剂常用成型方法之一，其特点是工艺简单，处理量大，设备占地面积和投资小，运转率高，得到的产品颗粒直径均匀，形状规则[49]。其缺点是颗粒粒径大小不均一，难以制备粒径较小的颗粒，产品机械强度不高，表面比较粗糙，需要增加颗粒的抛光工序和烧结增强工序；另外操作时粉尘较大。

（2）工艺及设备 转动成型工艺的基本过程可分核生成、球形颗粒长大和球形颗粒排出三个阶段。

① 核生成 在转动容器内粉体微粒与喷洒液体接触时，液体在粒子的接触点四周形成架桥，在黏结液体表面张力的作用下，局部粒子黏结成松散的聚集体，成为核，见图 4-25（a）。随着容器的转动，粒子相互压紧而空隙减少，形成的聚集体进一步与喷洒液体及粉体粒子接触，进一步生成更大聚集体，见图 4-25（b），又称"种子"。在载体生产过程中，通常将挤出成型经整形成细小球粒引入作"种子"。

② 球形颗粒长大 生成的核通过液体表面张力及负压吸引作用，将粉体不断附着在转动的核润湿表面上，使核不断长大成小球，见图 4-25（c），同时由

于旋转运动及生成小球的压实作用，使成型物不断长大，不断压得更密实，并成长为更大的球形颗粒，见图 4-25（d）。颗粒长大的主要途径为凝聚和包层。这一阶段是小球长大阶段，也是主要的控制过程。影响核长大的主要因素有黏结剂用量、容器转动速度、转盘载荷、粉体粒度分布、液体表面张力、核的存在等。

③ 球形颗粒排出　生长的圆球随球体不断压实和增大，摩擦力随之减小，在转动中逐渐浮现在表面[50]。当球长大到一定尺寸，就从盘边溢出，变为成品。

转动成型设备有转盘式成球机、转筒式成球机、荸荠式糖衣锅、整形机等不同类型。

典型转动成型设备转盘式成球机结构如图 4-26 所示。在倾斜的转盘中加入粉体原料，同时在盘上方通过喷嘴喷入适量水（或黏结剂），事先制作或引入直径 0.5 ～ 1mm 小球作"种子"，在转盘中粉体由于摩擦力及离心力作用，被升举到转盘上方挡板处，然后又借重力作用而滚落到转盘下方。通过不断转动，粉料反复滚动，粉体粒子相互黏结长大，产生滚雪球效应，最后成长为所控制大小的球粒，排出转盘[51]。

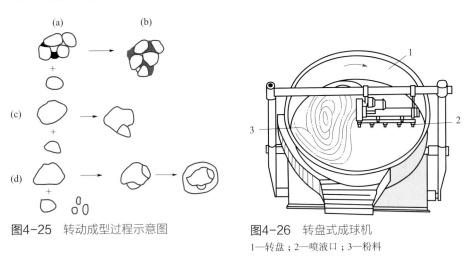

图4-25　转动成型过程示意图

图4-26　转盘式成球机
1—转盘；2—喷液口；3—粉料

本书编著团队通过造核-包衣法制备了高比表面积、球形度高和耐磨性好的氧化铝载体[52]。首先采用糖衣机造核，增大了粉体和液体黏合剂的接触面积。粉体在液体添加剂的毛细管作用力和自身重力的作用下聚集成核。取<1mm 的球核进行抛丸整形并进一步筛分，继续以层状包衣的方式长大，再经后处理得到 1.8 ～ 2.0mm 的小球。该方法制备工艺简单、易于操作和放大。

（3）影响因素　影响转动成型效果的主要因素有原料粉体性质、黏结剂及转盘操作条件等。

① 粉体性质　粉体粒子为球形或接近球形粒子时，在粉体转动成型的互相

压实过程中，由于孔隙率较高，颗粒生长速度慢，难以获得高强度的成型产品。因此，采用无规则形状的粉碎粉体利于转动成型。粉体粒子越细，团聚体填充越密实，小球抗压强度越高。球形 Al_2O_3 载体采用转动成型制备。粉体颗粒越细，强度越高，粒度过细使原料塑性指数大大提高，导致成球性能恶化，球表面光洁度差。在工业实际应用中，选用具有一定粒度分布的粉体，降低孔隙率的同时，还容易成型。若粗粉过多，小球生长速度快，导致产品抗压强度降低。转动成型对粉体含水量要求较高，粉体适宜的含水量要保持稳定，成型时喷洒水量的调节很重要。水多，滚球容易产生粘连；水少，易滚成哑铃形。往往加入保水助剂，如淀粉、羧甲基纤维素、聚乙酸乙烯酯等，可起到扩大成型适用范围的效果。

② 黏结剂　转动成型时加入黏结剂的目的是使粉体粒子在转动时互相黏结在一起并提高成型产品的强度。黏结剂主要为固体粉末或者液体。粉末黏结剂一般是预先混入成型粉体原料中，液体黏结剂则是直接喷洒在转动粉料上。黏结剂用量与粉体比表面积等性质有关，同时影响制备产品的性能。李彩贞[53]发表了黏结剂用量的理论计算公式，但是生产过程中，必须根据实际情况进行调节。试验表明，液固比的最佳范围为 0.50～0.53，并能保证有较高的压碎强度。液固比过高时，滚球表面水分过多，颗粒之间容易发生粘连；液固比过低时，产品的强度过低。不同种类黏结剂对产品的影响较大。采用水作黏结剂，产品的强度较低，孔体积相对较大。当黏结剂中加入硝酸后，载体强度进一步提高，当采用铝溶胶作黏结剂时，载体的压碎强度相对较高。在成型过程中，可以根据不同的产品选择不同的黏结剂。

③ 转盘操作条件　滚球的强度和大小是转动成型产品的重要控制指标，它们与操作条件有较大关系。球的孔隙率越小，则粒子间黏结剂的毛细作用越强，球的强度也就越高。影响孔隙率的因素，除粉体性质外，还有成型时的停留时间、转盘倾角等操作条件。转盘直径大，由于转动时下落距离变长，球的动能变大，有利于球的压实，球的孔隙率变小，直径相同的转盘，盘的倾角小时，球转动时落差随之减小，球的压实程度变差，孔隙率相应增大。倾角加大，球的停留时间缩短，必须把挡板高度加高，转盘中的存量加大，停留时间延长，使球粒压得更实。转速增加，可使球转动时落差增大，有利于球的压实，从而使孔隙率减小。球的大小受多种因素的影响。如黏结剂加入量越多，停留时间越长，球的尺寸越大。而停留时间与转盘倾角有关，倾角加大时，球的尺寸相应减小[54]。同时，球的尺寸还受处理量、停留时间及含水量影响。球的大小随处理量增大而减小，随停留时间延长而增大，随含水量增加而减少。球的大小还可以通过调节倾斜角度、转动速度。黏结剂加入量进行调节，球形度可以通过黏结剂喷入量、喷入位置及粉体粒度进行控制。

4．喷雾干燥成型法

（1）原理与特点　喷雾干燥成型是采用类似奶粉生产所用的喷雾干燥原理，以自动、连续地方式将悬浮液或膏糊状物料制成固体微球的成型工艺。料液通过雾化器的机械作用被分散成细小液滴（一般直径 20～60μm），与经加热系统加热的空气接触后，快速失水干燥形成直径数十至上百微米的粉末。目前，流化床用催化剂大多采用这种方式进行成型[55]。

喷雾干燥成型的主要优点包括：①将成型与干燥过程合二为一，且干燥后不需要进行粉碎，简化了工艺流程，同时物料进行干燥的时间短，一般只需要几秒到几十秒；由于雾化成数十微米大小的雾滴，单位质量的表面积很大，因此水分蒸发极快；②工艺操作灵活性大，选用适当的雾化器，改变操作条件，容易调节或控制产品的质量指标，如颗粒直径、粒度分布及最终含水率等；③设备连续运行，自动化程度高，节省人力成本；④操作可在密闭系统进行，避免混入杂质，保证产品纯度；⑤对原料液性质的宽容度高，可处理溶液、泥浆、悬浮液、乳浊液、糊状物或熔融物，甚至是滤饼状物料；原料液可以是水溶性溶液，也可以是有机溶剂性料液。其缺点主要有：①原料浆料含水量通常较高，干燥能耗高，导致运行成本高；②设备成本高；③生产过程中产生大量粉尘，对气-固分离的要求较高。

（2）工艺及设备　喷雾干燥成型的工艺流程可分为三个基本阶段：①前驱液通过雾化器雾化成雾滴；②液滴和干燥气体（干燥介质）并流或逆流接触、混合，被干燥为固体微球；③气-固分离与产品收集，其中粗颗粒由喷雾成型塔下部收集，较细的微粒则通过旋风分离器下部收集，废气则经旋风分离后，由送风机排出。

喷雾干燥成型的关键是浆液雾化，雾化是将浆液分散为平均直径 20～60μm 雾滴的过程。通常浆液雾化有三种方式：①压力式，即用压力为 10.1～20.2MPa 的高压泵，把浆液压过一定尺寸的细孔压力式喷嘴，浆液被分散为微小液滴；②气流式，即用压缩空气使浆液从气流式喷嘴喷出，浆液被分散为微小液滴；③旋转式，即用旋转雾化器把浆液由高速旋转的圆盘中甩出，浆液首先形成薄膜，而后再断裂为细丝和微小液滴。压力式喷嘴结构简单，造价低，操作、更换和检维修方便，较气流式节省了很大的动力。压力式喷嘴可形成较大雾滴，更有利于喷雾造粒，对于有粒径要求的氧化铝催化剂的生产更加适用。其缺点是由于高压，使得物料对喷嘴磨损较大，因此压力喷嘴要使用耐磨材料制造。气流式雾化器要求很高的气速，需要设备有较大的负荷，且消耗大，约为其他两种形式的数倍。气流式喷嘴制造简单，并且操作和维修方便，适用于中等规模试验。旋转式雾化器具有复杂的结构，需要相应的传动装置、液体分布装置和雾化轮，对加工制造的技术要求很高，同时相应的日常检修不便。旋转式雾化器的干燥设备占地面积大，为压力式的 1.5 ～ 3 倍，设备造价高，日常维修不便[56]。

喷雾干燥系统的空气-雾滴相对运动方式对喷雾干燥效果也有显著影响[57]。空气和雾滴逆流运动，干燥器内传质和传热的推动力较大，将干燥好的含水较少的产品与进口的高温空气接触，热利用率较高，可以最大限度地除掉产品中的水分。但是逆流操作对于进口空气的速度和温度要求高于并流操作，要保持适宜的空塔速度，超过限度，将引起颗粒的严重夹带，增加回收系统的负担，甚至会使得物料变质或分解。并流操作热利用率不如逆流操作高，但是其空塔速度和进口空气温度较逆流操作更易控制，其干燥效果不会使物料变质或分解，更有利于物料的干燥。并流运动又分为向下并流、向上并流和卧式水平并流三种形式，向上并流由塔顶出来的产品粒度比较均匀，但是其动力消耗大于向下并流，并且塔底的物料一直处于高温状态下易烧焦变质，不利于物料的干燥。因此并流操作多采用向下并流操作。

喷雾干燥成型系统种类繁多，其结构不尽相同，但一般都由以下四个部分组成（如图 4-27 所示）。①料液雾化部分：包括雾化器、送料泵、料液管道及阀门等。②热风加热部分：包括空气加热器、风机、空气过滤器、热风管道及阀门等。③雾滴与热风的接触和干燥部分：包括热风分布器、喷雾干燥室等。④干燥产品的回收及废气净化部分：包括气-固分离的旋风分离器、湿式洗涤器、排料阀、包装机、废气引风机等[58]。

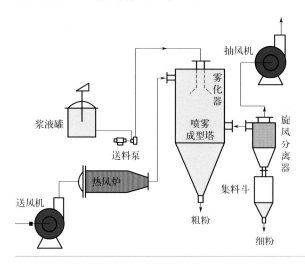

图4-27
喷雾干燥成型工艺及设备示意图

（3）主要影响因素　喷雾干燥设备的结构和技术参数（如雾化方式、雾化器旋转体孔结构、雾化器喷嘴种类、空气-雾滴相对运动方式等）、工艺条件（如喷雾压力、热风温度和流速、干燥塔内压力等）以及原料浆液物化性质（如黏度、密度、固含量等）会对成型产品的形状、粒径及其分布、耐磨强度、含水量等指标产生影响[56,58-60]。

① 设备结构和技术参数　盛江峰等[61]探究了喷雾方式对所制得的偏钨酸铵微球形貌和粒度的影响。将偏钨酸铵粉末配成一定浓度的溶液并加入表面活性剂后，经离心式干燥喷雾处理后为实心球状，经气流式喷雾干燥处理则为空心球状。郭红起等[62]研究了压力式雾化器旋转体孔结构对喷雾干燥成型的影响，发现旋转体孔径小有利于提高催化剂的筛分集中度，使产品颗粒尺寸分布更均匀；旋转体孔与旋转室切线的角度越小，液体进入旋转室的切向速度越大，喷雾形成的雾锥角也越大，越有利于液滴更好地分散，提高筛分集中度和圆球度，并且催化剂微球表面的凹陷及粘连情况也得到较好的改善，减少了催化剂在催化反应时的磨损，减少环境污染，实现清洁生产。齐兰芝等[63]在乙烯氧氯化催化剂的制备过程中研究了喷嘴直径对催化剂物性的影响。实验结果表明：喷嘴直径越大，所得物料的平均粒径越大，但干燥后物料的孔体积有所增加，堆密度有所降低；喷嘴直径越小，越容易堵塞，在实际操作中，喷嘴直径＜1.2mm 时，频繁发生堵塞现象，很难连续生产，因此喷嘴直径在 1.2～1.6mm 之间为宜。

② 工艺条件　温度是喷雾干燥成型过程中至关重要的工艺条件。当喷雾干燥温度过低时，不能及时将雾化后的颗粒干燥，半湿的颗粒在高速运动过程中碰撞后会发生粘连，导致颗粒大小不均匀；而当喷雾干燥温度过高时，催化剂颗粒表面迅速干燥形成坚硬壳层，颗粒内部水分未及时挥发，高温条件下在内部逐渐汽化，冲破催化剂颗粒外壳，造成催化剂颗粒产生中空凹陷、开裂、破碎等。王涛等[59]研究了入口热风温度对催化裂化催化剂喷雾干燥成型的影响，发现当干燥温度为较低（240℃）时，干燥速率较慢，微球小颗粒优先完成干燥，而大颗粒表面容易形成湿壳，两者碰撞时易发生相互黏附。随着温度的升高，雾滴干燥有序进行，粘连现象显著减少。当入口温度达 320℃时，整个干燥系统中处于一种相对恒定的状态，颗粒表面圆润、球形度好、无大小颗粒之间的黏附现象，且颗粒大小分布更为集中。当温度继续升高时，干燥速率较快，干燥时间缩短，颗粒表面温度升高过快，表面快速形成半干壳层，内部残余水分向外部迁移受阻，汽化冲破硬化干壳的束缚，颗粒表面形成裂纹或微裂纹。赵连鸿等[64]的研究表明，干燥过程中进风温度波动幅度较大也会造成非球形颗粒的产生速度加快，产品球形度变差。因此，喷雾干燥过程中需要对热风温度参数进行优化和严格控制。

对于旋转式雾化器，随着雾化器的转速增加，成型后颗粒的均匀性逐渐增加，而当雾化盘转速过小时，喷雾相对不够均匀。雾化器转速越快，料液受到的离心力越大，经过雾化干燥后的催化剂颗粒粒径就越小，所以可在相应转速范围，通过调整雾化器转速调控催化剂颗粒的粒径。对于压力式雾化器，在一定范围内，随着喷雾压力升高，喷嘴雾化角增大，雾滴尺寸减小，产品粒度随之减小。张润录[65]的研究表明，干燥塔内压力对成型颗粒尺寸也有明显影响。干燥塔内负压增大，塔内热风流速提高，缩短了雾化液滴和热风的接触时间。此时，在高速流动热风的带动下，雾滴在干燥过程中极易破裂或分裂，会造成粉料中细颗粒增加，且出现不规则形状的颗粒；相反，降低塔内负压，可增大粉料粒径。

③ 原料浆液物化性质　原料浆液的物化性质指标决定了适宜采用的工艺和操作条件，对产品的性质也有重大影响。

王涛等研究了原料浆液固相质量分数和胶体的粒径对喷雾干燥成型的影响。结果表明，固相质量分数较低时，催化剂颗粒球形度差，大小颗粒间粘连比较明显；而当固相质量分数过高时，催化剂颗粒上有明显的裂纹出现；胶体的粒径较大时，成型微球球形度较差，粒径分布不均匀。这是因为，当固相质量分数过低时，水分含量高，催化剂颗粒外层形成干层的速率较慢，半湿颗粒间相互碰撞的概率增大，导致粘连较为明显；当固相质量分数过高时，催化剂颗粒与热风接触后外层迅速形成干层，催化剂微球内部的水分向外部迁移受阻，颗粒内部水分汽化，冲破外层硬化的干层，颗粒表面形成裂纹。张润录的研究结果表明，提高浆液浓度，使料液黏度增加，雾滴的平均直径变大，粉料粒度随之增大，但此时料浆中固/液比变大，喷片的喷孔磨损加剧，易堵塞。ExxonMobil公司申请的专利[66]公开了提高SAPO-34分子筛催化剂耐磨强度和控制成型催化剂粒径分布的成型方法。浆液固含量太高或太低都将降低成型催化剂的耐磨强度。浆液总固含量（质量分数）优选为44%～46%，其中分子筛在总固含量中占40%～48%，黏结剂在总固含量中占7%～15%，载体在总固含量中占40%～60%。

浆液中各组分分散的均匀性对成型也有影响。混合处理有利于使各组分分散均匀，从而使喷雾干燥形成的颗粒均匀，并且也可避免浆液中含有固体颗粒团聚而导致喷嘴堵塞。浆液混合的方式、温度、速率及时间都会对浆液的分散效果产生一定的影响。浆液的混合温度通常在−10～80℃之间，根据浆液中结块的情况，可以采用胶体磨研磨浆液，得到更细的颗粒，也可以采用高速剪切混合器高速剪切混合，得到合适的浆液[67,68]。浆液中各组分的混合顺序和混合条件对催化剂的球形度和耐磨强度也具有重要的影响。各组分的表面电荷正负性及电荷密度不同，混合后会发生相互作用，因此加料顺序对成型催化剂的粒径分布影响较大。通常是最后将带有相反电荷的粒子混合；最好的方法是将单位质量电荷密度较高的物料加入到单位质量电荷密度较低的物料中[69]。

浆液pH的控制对催化剂的球形度和耐磨强度有重要影响。通常在固液混合体系中，固体颗粒表面带有正电荷或负电荷主要取决于溶液的pH；当正负电荷数值相等时，溶液的pH即为其等电点。固体颗粒的等电点是确定黏结剂、分子筛与载体质量比和溶液中固含量的重要参考依据。ExxonMobil 公司申请的关于 SAPO-34 分子筛成型的专利指出，通过严格控制浆液 pH 与分子筛、黏结剂、载体或其混合物等电点的差别，能提高成型催化剂的耐磨强度。浆液 pH 与分子筛、载体的等电点相差 2 左右时，成型催化剂的耐磨强度最高。

在配置原料浆液时，还可以加入黏结剂等添加剂对浆液进行改性，从而在尽量不影响催化剂的活性和选择性的条件下，改善其强度和抗磨损性能。喷雾成型过程中使用的黏结剂通常为硅溶胶、铝溶胶、硅铝溶胶、磷铝溶胶、硅铝凝胶等。专利 CN109701633A[69] 公开的流化床催化剂及其制备方法中，使用硅溶胶、铝溶胶或拟薄水铝石溶胶中的一种作为黏结剂，以解决目前流化床催化剂在反应过程中耐磨性较差、催化剂磨损严重的问题。黏结剂的加入量对催化剂的活性有一定的影响。当其加入过量时，会降低活性组分含量和/或覆盖催化剂活性中心，造成催化剂的活性降低。

5．热油柱成型法

（1）成型原理　热油柱成型法是制备球形氧化铝的主要工艺之一，至今已有 50 余年的发展历史。目前油柱成型法制球形氧化铝的实验和生产装置均是在原始装置基础上改进得到的。其过程如图 4-28 所示，具体包括以下步骤[70,71]：以铝粉、铝盐或者拟薄水铝石等作为铝源，在加入胶溶剂条件下制得铝溶胶，而后在低温下加入胶凝剂（六次甲基四胺等）制得预混液，后将预混液通过滴球装置

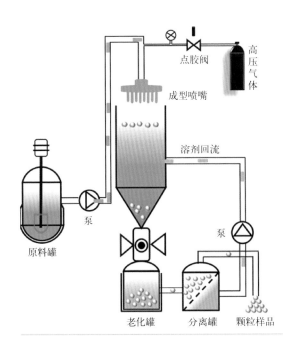

图4-28
热油柱成型工艺及设备示意图

滴入装有成型油的油柱中，在表面张力和重力作用下液滴呈球形落下使得胶滴胶凝和成球。受热后的胶凝剂在酸性溶胶中分解，产生碱性物质，而混合溶胶中的 OH^- 则将 Al^{3+} 转化为氢氧化铝使得小球胶凝，同时因胶滴与成球介质之间存在巨大的界面张力，胶滴因此收缩，被塑成圆整的正球体，最后由于与成球介质的密度差，形成的凝胶球在重力作用下下落至收集装置。以胶凝剂为六次甲基四胺、酸为盐酸为例，反应过程（见方程式）产生 NH_4^+，促使 Al^{3+} 转化为氢氧化铝使之胶凝固化。固化得到的小球经过老化、洗涤、干燥、焙烧过程制得球形氧化铝。

方程式：$(CH_2)_6N_4 + 4HCl + 6H_2O \rightarrow 6CH_2O + 4NH_4Cl$

（2）成型工艺及特点　热油柱成型法制备球形氧化铝大致可以划分为三个过程：①铝溶胶的制备；②混料与成型；③老化、洗涤、干燥、焙烧和收集。杨永辉等[72]将稀盐酸或氯化铝溶液加到高纯度、平均粒径为 50μm 的铝粉中，在不高于 110℃ 的温度条件下水解制备 Al/Cl 的质量比为 1.0～1.5、铝含量为 9%～16%、具有一定黏度和丁达尔效应的透明溶胶。继而将质量浓度为 28%～40% 的六次甲基四胺（HMT）水溶液加到铝溶胶中，控制 HMT/Cl 的摩尔比为（1～1.25）:4 充分混匀配成预混液，在温度条件为 7～12℃ 的较低温下保存。将上述预混液通过装置喷入温度为 85～95℃ 的成型油（脂肪烃的混合物、中型溶剂油、定子油或润滑油）中，液滴在表面张力的作用下呈球形下落。此过程中 HMT 部分分解释放出氨与呈酸性的溶胶作用使小球迅速胶凝，在油中形成具有一定机械强度的透明凝胶球。将上述过程得到的凝胶球浸没在油中，在压力为 0.3～1.0MPa、温度为 110～70℃ 条件下老化 5～10h 使 HMT 完全分解，得到白色的球形水合氧化铝。由于在老化过程中 HMT 与铝溶胶反应并在水合氧化铝内部孔道中生成大量氯化铵，其中的氯离子对球形氧化铝载体的热稳定性有较大影响，因此必须用去离子水洗涤清除。洗涤后的白色球形水合氧化铝于 110～120℃ 下干燥 24h。此过程损失的隙孔间水分越多越有利于烧结孔的形成，而且孔内水分越少，焙烧对载体孔骨架破坏性越小。将干燥后的样品在不同温度条件下焙烧，使洗涤过程中未完全洗掉的氯化铵和一些有机物完全分解逸出并使水合氧化铝晶型发生转变即可得到不同晶型的微球形氧化铝。

用该法制备的氧化铝小球不仅具有球形度高、堆积紧密、表面光滑、成品收率高和杂质少等特点，而且拥有比表面积大、孔体积大、机械强度高、稳定性好及寿命长等优点。大比表面积和大孔容有利于大分子反应物的传递和扩散，增加了反应物与催化剂的接触面积，从而提高反应活性。因为油柱成型法生产的球形氧化铝具有上述诸多优异的物理化学性能，其在工业生产过程中获得了广泛应用，常作为催化剂和催化剂载体使用。

（3）影响成型的因素　影响氧化铝小球成型的因素有很多，主要有铝源、酸铝比、油浴温度、老化时间、老化压力、老化温度等。

① 铝源以及胶溶剂用量　马群等[73]发现不同的铝源会对最终球形氧化铝的比表面积、孔体积、孔结构产生影响，从表4-8中可以看出，用硝酸铝和偏铝酸钠作为铝源制得的小球比表面积以及孔体积相近，而硫酸铝作为铝源的小球比之二者相差甚远，产品孔体积达到了 $1.20cm^3/g$。同时胶溶剂用量的增加会使球形氧化铝的强度和比表面积变大，孔径则相应变小，而孔体积开始增加到一个峰值后，缓慢下降，但随用量的继续增加，溶胶的稳定性会逐渐减弱，会发生聚沉现象；相反如加入量过少将不能成胶，只有当胶溶剂和20%（质量分数）以上的水合物反应时，铝溶胶才趋于稳定，因此，需要考虑产品的需求和参数来选定合适的胶溶剂用量。

② 胶溶剂的选择　李凯荣等[74]用硫酸铝和铝酸钠并流中和制备出低表观密度、晶相较纯的拟薄水铝石，并以此为原料通过油柱成型法制备了性能与进口的球形活性 $\gamma-Al_2O_3$ 载体相当的低表观密度、大孔容、高强度氧化铝球，发现使用不同的胶溶剂主要对压碎强度以及孔径分布造成影响，从表4-8中的数据可以看出，其中使用硝酸为胶溶剂的产品其压碎强度相比于乙酸和盐酸要高，达到35N/粒，孔径分布窄。

③ 酸铝比　张玉林[75]对球形 $\gamma-Al_2O_3$ 载体制备过程的胶体化学原理进行分析，指出在中和形成氢氧化铝胶体中，存在两种类型的粒子，一种是氢氧化铝的微晶粒子，亦称原级粒子；另一种是氢氧化铝微晶粒子的聚集体，亦称次级粒子。上述原级粒子的大小、形状与堆积方式决定了 $\gamma-Al_2O_3$ 载体小球的细孔特征，而次级粒子的粒度、形状及在成型时的堆积方式决定了载体小球的大孔特征且酸化胶溶时应控制适当的酸/铝比。若酸用量过多，胶溶反应将渗透到粒子深层，粒子的堆积状态破坏，会使微孔剧增，而影响到载体催化性能。

④ 其他工艺条件　刘建良等[76]研究了铝含量、油浴温度、老化温度、老化压力、老化时间对氧化铝小球成型的影响，指出：

a. 当溶胶中氧化铝质量分数小于20%时，氧化铝球偏软，粘连于收集罐底部无法取出；当氧化铝质量分数大于23%时，浆液凝固，无法操作动力黏度大，无法操作；适宜的氧化铝质量分数为20%～22%；

b. 当油浴温度低于90℃时，胶凝剂未有效分解，无法保证氧化铝球下落到收集罐底部时有足够的强度，球在收集罐下端粘连在一起且变形，较难取出；油浴温度超过100℃会导致溶胶球中的水分挥发，导致氧化铝球表面产生凹痕，降低其压碎强度，适宜的油浴温度为90～98℃；

c. 老化压力对其物化性能影响不大，焙烧后所得 $\gamma-Al_2O_3$ 球的堆密度、压碎强度、比表面积、孔体积及最可几孔径差别不大；

d. 随着老化时间提升，小球堆密度和压碎强度提升，比表面积、孔体积有所下降，最可几孔径改变不大，因此在实际应用中需要根据小球的应用要求来调控老化时间，使之小球的综合性能达到应用的条件；

e. 老化温度较老化时间、老化压力对小球性质的影响要大，从表4-8中的数据可以看出，随着老化温度的升高，氧化铝球的堆密度和压碎强度逐渐增大，比表面积及孔体积逐渐减小，最可几孔径和小球粒径改变不大。

表4-8　热油柱成型法重要影响因素的文献总结

序号	因素	实验变量	产品性能			
			比表面积/（m²/g）	孔体积/（cm³/g）	压碎强度/（N/粒）	10~30nm孔径分布/%
1	铝源	偏铝酸钠	230	0.52	—	
		硫酸铝	170	1.20	—	
		硝酸铝	260	0.60	—	
2	胶溶剂	水	—	1.50	5	28
		乙酸	—	1.20	8	55
		盐酸	—	1.00	18	81.1
		硝酸	—	1.00	35	80
3	老化温度/℃	100	205	0.63	52.6	—
		120	199	0.63	57.4	—
		140	181	0.59	61.4	—

6. 油氨柱成型法

（1）成型原理　油氨柱成型法是在油柱成型装置上改装发展起来的方法，该方法的成球的机理与热油柱法成型的机理相类似。成型柱内上为油层（一般采用煤油或者煤油混合油），下为一定浓度的氨水层，油层与氨水层之间持续注入表面活性剂。

（2）成型工艺及特点　油氨柱成型法将氨水和油品两种介质同时注入成球柱内，使溶胶或干粉胶物料依次通过两种介质进行成型。该成型方法可制得结构均匀、球形度高、孔体积较大、磨损率低、适合大规模生产、颗粒尺寸、粒径可控和强度高的球形载体，但存在产生的氨气污染环境、孔径分布不均的显著缺点[77]。

油氨柱成型法[78]首先是混合溶胶的制备，将铝源或干胶粉按一定配比均匀溶解于硝酸中，配制成流动性好的混合溶胶；其次是小球制备，混合溶胶液通过模板滴在油中，溶胶因存在表面张力而呈球状，受重力作用向柱底运动中穿过不同介质间的接触面，进入氨水层后发生中和反应并迅速凝胶固化，形成形状规则的凝胶小球[79,80]；最后是小球的老化处理，所得凝胶小球继续落入缓冲柱中老化数小时，进一步固化，以提高其强度。同时使用循环泵将氨水分离出来，对凝胶小球进行洗涤、干燥和焙烧处理得到球形氧化铝[81]。

采用油氨柱成型法制备的球形氧化铝具有结构均匀、球形度高、磨损率低、适合大规模生产、颗粒尺寸可控和强度高等优点，已有很多专利发明人通过改变柱的径长比、油相组成、氨水浓度和添加表面活性剂等方法来提高其成型效果和氧化铝的性能[82]。

（3）成型的影响因素　油氨柱成型法制备氧化铝小球在其成球过程中有很多影响因素，如油氨柱高度比、干燥温度、焙烧温度等工艺条件和无机酸添加量等，表4-9中总结了氧化铝小球成球的相关研究中典型影响因素。

表4-9　油氨柱成型法重要影响因素的文献总结

序号	因素	实验变量	产品性能		
			比表面积/（m²/g）	孔体积/（cm³/g）	堆积密度/（g/mL）
1	油氨柱高度比	3:1	175	0.55	0.62
		2:1	171	0.50	0.64
		1:1	170	0.51	0.62
2	干燥温度/℃	60	180	0.51	0.63
		80	176	0.49	0.62
		100	173	0.49	0.64
3	焙烧温度/℃	400	201	0.59	0.65
		600	177	0.54	0.74
		800	163	0.51	0.85
		100	108	0.21	0.86
4	溶胶制备温度/℃	17	204	0.581	0.617
		30	209	0.567	0.633
		40	208	0.573	0.631
		55	207	0.574	0.632
		85	206	0.567	0.636
		105	210	0.563	0.667

① 油氨柱高度比　贾睿等研究发现，当石油醚与氨水的高度比为3:1时颗粒的形貌最佳，颗粒大小在2mm且粒度均匀。随着石油醚与氨水高度比的减小，所获产物的形貌变差，开始呈现水滴状而非球形，颗粒与颗粒之间甚至堆叠在一起，无法达到球化的目的。造成这种现象的原因可能是，油层高度越高，凝胶颗粒在油层中停留的时间越长，油层的表面张力作用越明显，颗粒球化程度越高。反之，氨水层高度越高，因凝胶颗粒未固化，发生形变的可能性越高。新滴入的铝溶胶液滴会与之前滴入的铝溶胶液滴聚集，在氨水层中固化成无规则形貌的颗

粒。而孔体积量没有随着高度比的变化呈现出完美的规律性。

② 干燥温度　与此同时，贾睿等也研究了干燥温度对成球的影响。随着干燥温度的升高，产物的比表面积和孔体积存在轻微下降的趋势。在干燥过程中，产物失去的是自由水，自由水的失去增强了分子间的作用力，导致颗粒的软团聚，因而堆积密度存在一定的变化趋势，但这种软团聚导致的颗粒团聚可以通过适当的物理方法分离。

③ 焙烧温度　当焙烧温度在 $400 \sim 800℃$ 时，氧化铝的比表面积开始减小而孔体积的变化不大。分析出现这种现象的原因可能是在高温焙烧时，颗粒中未去除的黏结剂开始挥发分解，小孔会因内聚力而聚熔在一起，导致大孔数量增加。当焙烧温度达到 $1000℃$ 时，高温导致晶粒生长变大，反应性能降低，所以比表面积和孔体积迅速减小。

④ 非离子表面活性剂　刘建良等[82] 将非离子表面活性剂溶解于醇类水溶液后，与铝溶胶物料同时滴入成球柱，该方法有效地解决了成球有粘连的问题，有效避免了在油相中形成的球穿越油水界面的粘连，成球收率明显提高，同时所用的非离子表面活性剂不含钠离子，成球后无需水洗，简化了工艺，降低了成本。

⑤ 溶胶制备温度　潘锦程等使用氢氧化铝溶胶通过油氨柱成型法制备 Al_2O_3 小球，将不同反应温度下所得的氢氧化铝溶胶通过油氨柱成型、干燥、焙烧工艺制备氧化铝球，物性测试结果表明，随着氢氧化铝溶胶前驱体制备温度的升高，所得氧化铝球的比表面积改变不大，孔体积有所降低，孔径分布更加集中，堆密度有所升高，压碎强度逐渐增大，但氧化铝球的晶型结构并未发生改变。同时潘锦程等发现水热处理实验也是影响氨柱成型的产品性质的关键因素。经水热模拟实验测定表明，小球经 $650℃$ 的水蒸气加热 $150h$，所制得的氧化铝小球与工业氧化铝小球比表面积、水热稳定性均接近。

⑥ 无机酸添加量　赵悦等[83] 使用油氨柱成型法采用铝溶胶原料进行滴球，通过调整无机酸的添加量制得孔体积合适的氧化铝小球载体，通过高温水热处理后进一步得到比表面积符合生产要求的氧化铝小球。在试验过程中发现，酸化浆料的黏度对载体小球的外观影响很大。通过考察不同种类的酸的添加量对物料黏度的影响，最后确定无机酸占加酸总量的 60%，酸化浆料的黏度在 $35 \sim 40mPa \cdot s$ 范围较为适合。

⑦ 醇的种类　张田田[84] 以异丙醇铝为原料，稀硝酸为溶胶剂，采用溶胶-油氨柱法制备具有多孔结构的球形 $γ-Al_2O_3$，探究不同碳链长度的醇对产物多孔结构的影响。结果表明，采用溶胶-油氨柱法可获得球形度较高的球形 $γ-Al_2O_3$，平均直径约 $2mm$。醇的种类对球形 $γ-Al_2O_3$ 的多孔结构产生影响，其中碳链越长的醇，制备出的球形 $γ-Al_2O_3$ 孔结构越丰富；加入正己醇所制备的球形 $γ-Al_2O_3$ 比

表面积较大，可达到 270.9m²/g。所制备的球形 γ-Al₂O₃ 具有高球形度、丰富的孔结构。

（4）基于 OpenFOAM 的氧化铝小球油柱成型过程数值模拟　本书编著团队提出了采用流体力学方法对氧化油柱成型过程进行模拟。氧化铝小球油柱成型涉及的流体动力学过程是复杂的，因此需要借助数值模拟的方法以更为方便地进行研究。以下氧化铝小球油柱成型各过程研究涉及的数值模拟均采用开源计算流体力学（computational fluid dynamics，CFD）平台 OpenFOAM。

计算流体力学是将计算机和数值方法相结合，用有限个离散点（也称为节点）构成的网格来代替求解域，通过求解流体力学的控制方程，来实现流体动力学过程的仿真模拟。在数值模拟时，流体物性、几何模型尺寸以及流体间的作用力等参数可以随意改变，而真实实验中很难做到这一点。不同于其他的商业 CFD 计算软件，OpenFOAM（Open Source Field Operation and Manipulation）提供了开源的代码，有着很高的灵活性，是 100 多个用于开发可执行"应用（application）"的 C++ 库的集成包，其中包含了大约 250 个基础的"应用"。这些"应用"主要分为两类：一类是求解器（solvers），主要用于求解与流体力学等相关的特定问题；另一类是工具（utilities），主要用于执行涉及数据操作相关的任务。同其他 CFD 软件一样，OpenFOAM 进行数值模拟同样包括前处理、求解、后处理三个过程，为了确保不同环境之间数据传输的一致性，OpenFOAM 自带了多种前处理和后处理的接口。这里前处理部分采用 OpenFOAM 自带的 blockMesh 进行三维模型的网格生成，后处理部分采用 paraView5.10 对计算结果进行可视化以及图像绘制，求解器采用 interFoam 求解器。

OpenFOAM 中的 interFoam 求解器整合了 VOF 模型，可以用来求解气-液及液-液等多相流流动问题。首先，在该求解器中连续性方程和 Navier-Stokes 方程分别为：

$$\frac{\partial \rho}{\partial t} + \nabla \cdot (\rho \boldsymbol{u}) = 0 \qquad (4\text{-}1)$$

$$\frac{\partial \rho \boldsymbol{u}}{\partial t} + \nabla \cdot (\rho \boldsymbol{u}\boldsymbol{u}) = -\nabla p + \nabla \boldsymbol{\tau} + \rho g + \boldsymbol{F}_S \qquad (4\text{-}2)$$

式中，ρ 为流体密度，kg/m³；$\boldsymbol{u}$ 为速度矢量，m/s；t 为时间，s；p 为压力，Pa；$\boldsymbol{\tau}$ 为黏性剪切力，N/m²；g 为重力加速度，m/s²；$\boldsymbol{F}_S$ 为界面张力，N/m。

其中黏性剪切力 $\boldsymbol{\tau}$ 由下式计算：

$$\boldsymbol{\tau} = \mu \left(\nabla \boldsymbol{u} + \nabla^{\mathrm{T}} \boldsymbol{u} \right) \qquad (4\text{-}3)$$

界面张力采用连续表面力（continum surface force，CSF）模型来计算：

$$F_S = \sigma\kappa(\nabla\alpha) \tag{4-4}$$

式中，α 为 VOF 模型定义的一个相分数，用来追踪相界面。$\alpha=1$ 表示网格单元全部被分散相占据；$\alpha=0$ 表示网格单元全部被连续相占据；$0<\alpha<1$ 表示网格内存在两相界面。而 κ 为界面曲率，由下式计算：

$$\kappa = \nabla\cdot(\boldsymbol{n}) \tag{4-5}$$

界面法向量 $\boldsymbol{n}$ 由下式给出：

$$\boldsymbol{n} = \frac{\nabla\alpha}{|\nabla\alpha|} \tag{4-6}$$

通过 VOF 模型定义的相分数 α、密度 ρ 与黏度 μ 可由下面的公式计算：

$$\rho = \alpha\rho_d + (1-\alpha)\rho_c \tag{4-7}$$

$$\mu = \alpha\mu_d + (1-\alpha)\mu_c \tag{4-8}$$

下标 d 表示分散相；c 表示连续相。

而两相体积分数 α 的计算可由下式实现：

$$\frac{\partial\alpha}{\partial t} + \boldsymbol{u}\cdot\nabla\alpha = 0 \tag{4-9}$$

但是由于较大相分数场梯度的存在，会使计算产生严重的数值耗散，因此还需引入一个额外的压缩项，此时上式变为：

$$\frac{\partial\alpha}{\partial t} + \nabla(\alpha u) + \nabla\left[a(1-a)\boldsymbol{u}_r\right] = 0 \tag{4-10}$$

方程左侧第三项即为添加的界面压缩项，其中 $\boldsymbol{u}_r = \boldsymbol{u}_d - \boldsymbol{u}_c$ 为相对速度矢量，方向与界面法向量相同，最大值不会超过 $\boldsymbol{u}$，这个附加项的作用是将自由表面"压缩"成更锋利的表面（这里的压缩只是一种外延，并不指可压缩流），$\boldsymbol{u}_r$ 可由下式计算：

$$\boldsymbol{u}_r = \min\left(C_\alpha|\boldsymbol{u}|, \max(|u|)\right)\frac{\nabla\alpha}{|\nabla\alpha|} \tag{4-11}$$

式中，C_α 为压缩因子，可控制界面"压缩"程度的大小，一般控制在 $0\sim 4$ 之间，对于微尺度下的两相流动常设置为 1，而过大的 C_α 会造成界面位置发生改变。后续模拟中压缩因子均设为 1。

此外，在 OpenFOAM 的氧化铝小球油柱成型过程数值模拟中，时间项采用 Euler 格式离散，时间步长通过设置最大柯朗数 $C_o=0.5$ 自动调整。OpenFOAM 使用有限体积高斯积分方法对微分方程进行离散化，这种方法是基于体积面上变量通量的和，必须从体积的中心插值，在本模拟中采用的插值方法是 Linear。

（5）氧化铝小球油柱成型过程的实验测量

① 高速摄像机平台的搭建　高速摄像机油柱成型实验测量平台如图 4-29 所示，其中，油柱容器采用聚甲基丙烯酸甲酯（PMMA）材质，为拍摄方便采用立方槽体形状，尺寸为 80mm×80mm×350mm，壁厚 5mm。喷头为不锈钢材质，内径可选范围为 0.23 ~ 3.50mm。实验中使用 Cyclone-2-2000M-RT 高速摄影机（德国 Optronis 公司，最大分辨率 1920×1080，在此分辨率下拍摄帧率可达 2150fps，曝光时间 ≥4μs），装配 105mm 2.8 微距镜头（日本 Sigma 公司）。实验平台采用辅助光源 HSLS-1000W-GY04（中国科天健公司）。数据传输使用 CXP 数据线，拍摄数据经此传输至 4TB 存储空间的笔记本式工控机，最终可选择帧数范围，导出视频与图像。

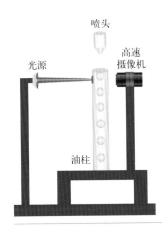

图4-29
油柱成型实验测量平台示意图

在实际拍摄过程中设置拍摄帧率为 500fps，曝光时间为 200μs。为拍摄完整过程画面，适当调整摄影机与油柱装置的距离后，图像分辨率根据实际情况选择为 704×1080，此时图像精度为 0.2557mm/pixel。

② 数字图像处理方法　从高速摄像机获取的图片为 8 阶灰度图，对数字图像处理的目的便是获取胶滴的轮廓与质心坐标以进一步计算胶滴体积、当量直径、沉降速度等数据。使用 Matlab 编程对图像进行处理，首先对图像进行滤波消噪，之后采用二值法，函数为 im2bw（pic,a），将胶滴灰度图像通过适当的阈值变为只有纯黑和纯白的二值图，阈值的选择取决于图像背景底色与胶滴轮廓颜色程度。采用 Canny 算法，函数为 edge（pic,'canny',a），可以根据特定的区域中颜色变化的梯度进行轮廓识别，之后对图像中胶滴进行积分即可获得其体积 V_{drop} 和质心坐标（$\bar{x},\bar{y}$）。当得到胶滴的质心坐标后，便可根据下式计算胶滴瞬

时速度：

$$U = \left| \frac{\overline{y_{n+1}S} - \overline{y_n S}}{\Delta T} \right|$$

（4-12）

式中，S 为图像精度，mm/pixel；ΔT 为两张连续图片的拍摄间隔，s。

此外，通过不同图像胶滴质心的坐标还可得到胶滴的运动轨迹。胶滴在油层中的沉降轨迹不是绝对直线，可通过傅里叶变换得到表示胶滴运动轨迹（横向坐标变化）的振荡频率和频率分布的频谱图。

（6）胶滴的形成过程　胶滴在管口处的形成过程可分为三个部分：液滴生长、产生颈缩、液滴脱落，其中胶滴生长部分过程主要是液体自身表面张力和重力以及惯性力相互平衡的结果，而后面两个部分过程中还涉及到黏性力的影响。在液滴形成的流体动力学研究中认为，其完整过程由三个流体无量纲参数控制：韦伯数 We（$We=\rho u^2 d/\sigma$，描述惯性力与界面张力之间的主导性）、奥内佐格数 Oh（$Oh=\mu/\sqrt{\rho d\sigma}$，度量流体黏性力与惯性力以及表面张力的相互关系）、邦德数 Bo（$Bo=\Delta\rho g d^2/\sigma$，表征浮力或重力与界面张力之间的相对重要程度）。上述表达式中，ρ 为液滴或液体密度，d 为管口直径，u 为流体在管内的流动线速度，μ 为流体黏度，σ 为界面张力。在此基础上，对于油柱成型法中胶滴形成过程的研究，其目标便是：找到单分散胶滴的形成条件并建立胶滴体积的预测模型（胶滴的体积关联着最终球形氧化铝载体的体积）。

① 单分散胶滴的形成条件　液滴的生成在日常生活中是一个十分常见的现象，比如，当水龙头没有被拧紧时便会有水滴漏出；当我们逐渐拧开水龙头时，液滴的产生频率越来越快直至变成一段"水柱"流下，而后在距离管口较远处重新断裂成液滴，在关于液滴形成的流体动力学研究中，前者的液体流态叫作滴流，后者叫作射流。射流产生的液滴是不稳定的、难以控制的，因此要找寻油柱成型法中单分散胶滴的形成条件首先便需要找到其滴-射流转换的临界条件。

然而，液体处于滴流流态时也并不一定产生的就是单分散液滴，在滴流流态中除了单分散滴态，还存在卫星滴态、复杂滴态。卫星滴态指的是每个液滴产生的同时会伴随着一个卫星滴的产生，此现象发生在液体 We 较低或 Oh 过高时，其自身黏性效应导致在液滴形成过程中由于液滴脱落时产生的震荡，便在主液滴尾部生成卫星滴。复杂滴态是在液体流速较高（We 较高）的情况产生的非线性流体动力学过程，通常发生在单分散滴态与射流态之间，在这个滴态中，液体或呈现两种大小的液滴交替出现，或是不同大小的液滴形成过程中夹杂着卫星滴的出现，甚至在一定情况下复杂滴态还会表现为混沌（无序）滴态。因此，还需进一步考虑到滴流流态中各子流态的临界转换条件。

上述中提到，液滴形成过程主要由 We、Oh 以及 Bo 三个无量纲参数控制，因此综上可见，可通过用无量纲参数作为控制变量来找到各流态临界转换条件，并在此基础上绘制出液滴生成的流态相图，以此作为控制单分散胶滴生成的参考依据。然而三元相图的绘制工作量是巨大的，但对于油柱成型法来说，所采用的滴液器管径仅在很小的范围内可选变动，常规调控铝溶胶黏度的手段并不会对表面张力以及密度有着数量级性质的改变，因此邦德数 Bo 通常只会在很小的范围内波动，再考虑到铝溶胶自身的高黏度以及管内流速相对大的可调控性，因此选择 We 和 Oh（对于黏度不是很低的体系为作图方便也可选雷诺数 Re，$Re=We^{1/2}/Oh$）作为控制变量（能够体现惯性力和黏性力的影响），进行真实实验，完成找寻各流态临界转换条件与绘制二元相图绘制工作，并给出 Bo 的波动范围（实际实验中调控 Oh 与 We 的同时难以固定住 Bo，因为改变黏度的同时密度和表面张力也会随之变化）。同时结合数值模拟，固定几组邦德数 Bo，改变 We 与 Oh（或 Re）绘制关于不同 Bo 的二元相图，与真实实验的结果相辅相成、相互印证。

② 胶滴体积的预测　在胶滴形成过程中，胶滴的体积同样由上述三个无量纲参数控制，并与它们存在着函数关系。然而直接通过数学推导的方法是难以找出此函数关系，因此还是采用数据拟合的方法，结合数值模拟，进行胶滴体积关于三个无量纲参数 We、Oh、Bo 的预测模型建立，最终再与实际实验的结果之间进行比对。不同于一般液滴体积关于基础物性参数和结构参数的预测模型拟合工作，这里采用无量纲参数作为控制变量（可在上述工作的基础上，找到单分散胶滴区间内各个无量纲参数可行的高低水平取值），其因子数更少，最终得出的模型也更具有实际的物理意义。此外，为能分析无量纲参数间的二元交互作用，合理设计实验方案，可应用响应曲面方法进行实验设计、模型建立以及模型分析。

（7）胶滴的沉降过程　在沉降过程中，胶滴主要受到重力、浮力、曳力、界面张力、黏性力等的影响，胶滴在进入油层后的动力学问题涉及到包括胶滴的自身特性，如大小、形状、速度等，还涉及到连续相的物理性质黏度，与胶滴间的界面张力等。

① 胶滴在沉降过程中的终速度　胶滴在进入油层后，首先经过加速运动阶段达到最大速度 U_{max}，之后由于各种阻力（部分会受到胶滴速度的影响）的作用在经历短暂的减速阶段后，而后由于其重力与各种阻力的平衡，以及自身的震荡与非直线下沉（上述提到的傅里叶变换频谱图可印证），胶滴速度会围绕着一个终速度 U_T 值上下波动，最终当波动减小到一定范围内时可认为胶滴进入稳定阶段。

胶滴的沉降速度可由高速摄影机拍摄到的图片经图像处理获得液滴质心坐标后进一步计算得到。将所有收集到的沉降速度对时间作图，通过斜率变化以及波动程度可以确定胶滴的进入波动阶段和稳定阶段的时间点，从而可确定终速度 U_T 的大小（$U_T=H_T/\Delta t$，其中 H_T 和 Δt 分别为胶滴进入波动阶段至稳定阶段再至记录结束时经过的总路程及时间）。

最后便可结合数值模拟与真实实验来研究胶滴当量直径 De（主要由改变胶滴体积来调控）、两相黏度比 λ 以及两相界面张力 σ 对胶滴终速度影响。

② 胶滴在沉降过程中的形变　胶滴处在静止的牛顿流体中，倘若自身也是静止的，那么胶滴将由于均匀的界面张力被塑成规整球形，但是当胶滴不是静止的，即上述中提到，胶滴在油层中的沉降过程中将会受到各种力的作用，其速度会发生变化，最终稳定的形状也可能不再是规整球形，即发生形变。

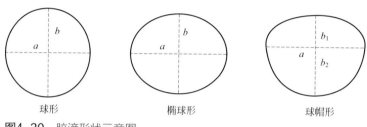

图4-30　胶滴形状示意图

如图 4-30 所示，对于形变胶滴，首先定义长轴长为 $2a$，短轴长为 b_1+b_2，当 $a=b_1=b_2$ 时，胶滴为球形；当 $a\neq b_1=b_2$ 时，胶滴为椭球形；当 $a\neq b_1\neq b_2$ 时，胶滴为球帽形。此时当量直径 D_e 可由体积法计算：$D_e=2^{2/3}(b_1a^2+b_2a^2)^{1/3}/3$。

进一步定义形变比 $E=(b_1+b_2)/(2a)$ 一定程度上衡量胶滴的形变程度以及帽状程度表征因子 $\Delta E=|b_1-b_2|/a$ 进一步衡量胶滴帽状程度。显然，当 $E=1$ 且 $\Delta E=0$ 时胶滴为球形；当 $E<1$ 且 $\Delta E=0$ 时为椭球形；当 $E\leqslant 1$ 且 $\Delta E>0$ 时为球帽形。

关于液滴在运动中的形变同样可由三个无量纲参数描述：雷诺数 Re（$Re=\rho_d D_e U/\mu_c$），厄缶数 Eo（$Eo=gD_e^2(\rho_d-\rho_c)/\sigma$）以及莫顿数 $Mo[Mo=g\mu_c^4(\rho_d-\rho_c)/(\sigma^3\rho_c^2)]$。其中下标 d 为分散相即胶滴，下标 c 为连续相即油，ρ 为密度，D_e 为胶滴当量直径，U 为沉降速度（对于液滴形变的分析中需取终速度 $U=U_T$），μ 为黏度，σ 为两相界面张力，g 为重力加速度。

当液滴主要受到黏性力和界面张力控制即 Eo 和 Re 较低时，其主要呈球形；随着液滴尺寸的增大，液滴运动速度增大，即 Re 与 Eo 进一步增大，此时液滴主要受到惯性力和界面张力的作用，将变为椭球形；当液滴尺寸与速度或 Re 和 Eo 增加到一定程度时，在一定莫顿数 Mo 范围内液滴将变为球帽型。

因此同样可结合数值模拟和真实实验，研究对于铝溶胶胶滴-（某）油体系的莫顿数范围内，胶滴在沉降过程中关于 Re 和 Eo 的形状转换区域，其区域的划分可通过液滴形变比 E 和帽状程度表征因子 ΔE 的取值来确定，最终掌握胶滴于油层沉降过程中的形变调控规律。

③ 油氨柱成型法中胶滴在油-氨水界面的形变　在油氨柱成型法中，胶滴的沉降除了在油层中的过程还包括胶滴在氨水层中的过程以及还需考虑到胶滴穿过油-水界面的过程。胶滴在进入氨水层后将以较快速度表面固化，其形状也随之固定，相反，由于油和氨水两种液体的物理性质不同，胶滴在穿过油-氨水界面时会引起周围流场发生一系列复杂的变化导致其表面受力不均，发生形变。因此首先需借助数值模拟方法，观察胶滴在穿过油-氨水界面时周围流体及胶滴自身速度场、压力场的变化规律，再研究油-氨水两相黏度比 λ、各两相界面张力 $\sigma_{i\text{-}j}$、胶滴当量直径 D_e 以及终速度 U_T 等因素对胶滴穿过油-氨水界面后的形变比 E 的关系，进一步可建立拟合关系式以掌握胶滴在油-氨水界面形变程度的调控规律，最后再进行真实实验辅以验证。

7．水柱成型法

（1）成型原理　中海油天津化工研究设计院和天津大学合作，以拟薄水铝石（PB）和海藻酸钠为原料，开发了海藻酸辅助溶胶-凝胶法制备球形氧化铝工艺，又称水柱成型法[78]。一般采用铝盐和海藻酸盐结合在水相中反应生成胶体后经过特定反应固化凝胶，海藻酸为由古洛糖醛酸和甘露糖醛酸组成的嵌段聚合物，可与多价金属离子作用形成凝胶。将拟薄水铝石和海藻酸钠水溶液混合制成的混悬浆料滴入到硝酸铝溶液的水柱中后，因为海藻酸根与铝离子的结合能力优于钠离子，因此海藻酸根会与铝离子结合，铝离子会置换出部分钠离子形成 Al-ALG-PB 凝胶，然后经干燥、煅烧，得到球形氧化铝。

（2）工艺及特点　水柱成型法成本低，操作步骤简单可行，易于实现工业化生产，制备的球形氧化铝具有孔体积、孔径大，强度高且分布集中等优点[83]。

该方法是将氧化铝前驱体与有机助剂混合，利用有机助剂滴入特定金属阳离子溶液中产生一定空间结构的特性，将氧化铝前驱体包埋其中形成有机助剂-氢氧化铝复合小球，然后经干燥、煅烧，得到球形氧化铝[84]。该工艺可以分为配料、成型、处理和干燥焙烧几个步骤：

a. 配料：将拟薄水铝石加入至可溶性海藻酸盐的水溶液中，充分混合制成混悬浆料；

b. 成型：将混悬浆料滴入到多价金属阳离子盐溶液中，形成凝胶小球，然后取出凝胶小球，用去离子水洗涤几遍；

c. 酸处理：采用酸性溶液对凝胶小球进行一段时间的浸泡处理；

d. 湿热处理：酸处理后的凝胶小球在保温保湿设备中处理一段时间；

e. 化学扩孔：湿热处理后的凝胶小球在弱碱性扩孔剂水溶液中浸泡；

f. 干燥、焙烧：在一定温度下干燥、焙烧后制得球形氧化铝。

（3）影响因素　水柱成型法制备氧化铝小球在其成型过程中有很多影响因素，如原料粉体、成型时间、酸处理时间等，表4-10中对氧化铝水柱成型的相关研究中重要的影响因素进行了总结。

表4-10　氧化铝水柱成型重要影响因素的文献总结

序号	因素	实验变量	产品性能				
			比表面积/ （m²/g）	孔体积/ （cm³/g）	强度/N	孔径/nm	产率
1	两种粉体PB1和 PB2的不同配比	5∶1	245	0.451	8	8.28	—
		3∶2	230	0.400	29	6.95	—
		1∶1	220	0.364	104	7.49	—
2	成型时间/min	10	—	—	—	—	产率大幅升高
		30	—	—	—	—	变化不明显
		50	—	—	—	—	不再变化
3	酸处理时间/min	0	235	0.461	1	8.34	
		5	225	0.382	87	7.69	
		15	220	0.364	104	7.49	
		30	204	0.354	67	7.32	
		45	203	0.353	62	7.20	
		60	201	0.355	73	7.01	

① 原料粉体　拟薄水铝石粉体的孔结构、表观密度、胶溶指数、杂质含量将影响氧化铝的孔结构、强度及纯度等物化性质，应选用适宜的 PB 粉体作为前驱体[85]。胶溶过程是再分散过程，胶溶程度的好坏直接影响浆液中分散粒子的大小和浆液的稳定性，影响煅烧后产品的压碎强度及孔结构。不同的拟薄水铝石胶溶指数差别较大，胶溶指数对孔结构及强度的影响较大，胶溶指数高的更适合于做黏结剂。从表 4-10 中可以看出，通过调节 2 种不同性质的拟薄水铝石粉体（PB1 和 PB2）复配作为铝源可制备不同孔体积及强度的氧化铝颗粒。

PB1 的孔体积、孔径较大，当在混料中的含量增加时，比表面积、孔体积及孔径随之增加；而 PB2 的孔体积、孔径较小，胶溶指数高，黏结性能好，当在混料中的含量增加时，得到的球形氧化铝颗粒的强度较高。随着两种粉质量比（即 w PB1∶wPB2）的降低，在统一用 10% 硝酸处理 15min 后，经干燥、煅烧得到球形氧化铝颗粒的孔体积由 0.451cm³/g 降低至 0.364cm³/g，孔径由 8.28nm 降低至 7.49nm，比表面积由 245m²/g 降低至 220m²/g。因此，在实际生产和工业应用中，可以针对不同性质的粉体进行调控和按比例混合以得到目标产物。

② 成型时间　海藻酸钠为辅助成型剂，用量较少，但同样会引入部分 Na^+。海藻酸根与 Al^{3+} 结合形成凝胶，海藻酸根与 Al^{3+} 的结合能力优于 Na^+，但当溶液中有较大含量的 Na^+ 时，会影响海藻酸根与 Al^{3+} 的结合，从而影响小球的收集

率。成型液中 Al^{3+} 会置换出部分 Na^+ 形成 Al-ALG-PB 凝胶颗粒。但是当成型时间较短时，成型后仍有少量 Na^+ 存在于凝胶颗粒中。

较短的停留时间不能使海藻酸钠完全凝胶化，随着成型时间的延长，海藻酸钠继续凝胶化，Na^+ 被 Al^+ 置换，Na^+ 含量会急剧下降。成型时间进一步延长，氧化铝中 Na^+ 含量会下降缓慢，主要是离子扩散滞后现象。继续延长成型时间，Na^+ 含量降低不明显。最终氧化铝颗粒中 Na^+ 质量分数降到一定水平且不再变化，海藻酸钠基本无 Na 引入，因此应通过控制成型时间，达到催化剂载体对钠含量的要求[23,86]。

③ 酸处理时间　酸处理时间对孔结构及强度的影响较大。王康等[87]发现当复合小球无硝酸处理时，几乎无强度，孔体积较大，加入硝酸处理之后，孔体积降低。硝酸是一种较强的胶溶剂，是体系形成溶胶的必要条件，同时能够起到消除大孔使孔分布更集中的作用，随着硝酸处理时间的增长，拟薄水铝石胶解程度越高，胶粒越小，比表面积、孔体积及孔径均降低。颗粒的强度随酸处理时间的增长先是显著增大，随后达到最大值，继续延长酸处理时间，强度降低并基本保持稳定，实验说明过多的硝酸使得体系生成过多的胶核，体系总能量增加，胶体的结构越不稳定，强度下降。继续延长硝酸处理时间，强度略有回升，可能是由于海藻酸盐有明显的酸沉现象，在酸中处理时间较长，颗粒收缩明显，从而导致拟薄水铝石颗粒相互作用增强，使得强度又略有提高。

未经过酸处理的样品，颗粒为松散的堆积状态，粒子之间没有相互作用，所以强度较差。经过硝酸处理后，拟薄水铝石颗粒变为绒毛球状颗粒，粒子之间相互黏结，从而形成一个胶溶整体，导致颗粒强度明显增加，同时消除了部分大孔，孔分布更集中，但随着部分大孔的坍塌，孔体积也降低。表明硝酸处理改变了粒子的堆积状态，粒子排布更加规整。

与此同时，随着酸处理时间从 0 ～ 60min，煅烧后氧化铝小球的孔体积也随之发生相应变化，依次从 $0.461cm^3/g$ 降至 $0.355cm^3/g$，孔径相应地从 8.34nm 降至 7.01nm，比表面积从 $235m^2/g$ 降至 $201m^2/g$。

参考文献

[1] Hind A, Bhargava S, Grocott S, et al. The surface chemistry of Bayer process solids: a review[J]. Colloids and Surfaces A: Physicochemical and Engineering Aspects, 1999, 146(1): 359-374.

[2] 黄安ércol. 拜耳法生产氧化铝铝土矿溶出过程研究 [J]. 世界有色金属，2015(10): 40-42.

[3] 林斌斌. 铝土矿酸法溶出及溶出液制备活性氧化铝的研究 [D]. 上海：华东理工大学，2014.

[4] 相广海. 串联法生产氧化铝的物流与能耗分析 [D]. 沈阳：东北大学，2011.

[5] 和丽锋. 联合法生产氧化铝的基本流程及优缺点分析 [J]. 今日科苑, 2010(02): 59-60.

[6] 葛世恒. 氧化铝生产工业的能耗分析及节能研究 [D]. 长沙: 中南大学, 2010.

[7] 高志娟. 酸法提取氧化铝工艺技术研究进展 [J]. 当代化工研究, 2017(08): 79-81.

[8] 牟文宁, 翟玉春, 吴艳, 等. 硫酸浸出法提取铝土矿中氧化铝的研究 [J]. 矿产综合利用, 2008(03): 18-20.

[9] 宋凯. 铝土矿硫酸法溶出及除杂研究 [D]. 贵阳: 贵州师范大学, 2017.

[10] 金哲男, 李席孟, 蓝为君, 等. 乙醇萃取法制备低 Na, K 高纯氯化锂 [J]. 东北大学学报, 2006(11): 1251-1254.

[11] 陆安慧, 吴凡, 柳一灵. 一种氧化铝载体的成型方法及应用: CN114870824B[P]. 2023-03-31.

[12] 朱洪法. 催化剂成型 [M]. 北京: 中国石化出版社, 1992.

[13] 陈国祥. 加氢催化剂压片成型及强度影响因素研究 [J]. 工业催化, 2019, 27(11): 3.

[14] 刘瑶瑶, 马潇, 程益波, 等. 催化剂成型影响因素的研究进展 [J]. 浙江化工, 2021, 52(02): 9-13.

[15] 姜浩锡. 成型压力对固体催化剂模压成型过程的影响 [J]. 石油化工, 2003, 32(11): 5.

[16] 赵云飞, 归柯庭, 黄秋润. 压片成型菱铁矿催化剂脱硝性能研究 [J]. 发电设备, 2018, 032(006): 408-413.

[17] 姜浩锡, 王日杰, 张继炎. Fe-Cr 高变催化剂的模压成型和机械强度的动态研究 [J]. 化工学报, 2004, 055(004): 653-658.

[18] 刘铁岭, 陈进富, 刘晓君. 天然气吸附剂的开发及其储气性能的研究 V ——吸附剂成型与型炭甲烷储存特性研究 [J]. 天然气工业, 2004, 24(8): 3.

[19] 周治峰. 固体催化剂成型工艺的研究进展 [J]. 辽宁化工, 2015, 44(02): 155-157.

[20] 白宇恩. HZSM-5 催化剂成型工艺研究 [D]. 宁夏: 宁夏大学, 2019.

[21] 许越. 催化剂设计与制备工艺 [M]. 北京: 化学工业出版社, 2003.

[22] 苏玉蕾, 何丰, 李华波. 催化剂成型工艺及技术研究 [J]. 工业催化, 2013, 21(04): 11-15.

[23] 苏少龙, 于海斌, 孙彦民, 等. 氧化铝成型研究的进展 [J]. 无机盐工业, 2017, 49(07): 9-11.

[24] 吴越. 应用催化基础 [M]. 北京: 化学工业出版社, 2009.

[25] 杨柳, 刘志坚, 苑志伟, 等. 氧化铝催化剂载体挤出成型影响因素研究进展 [J]. 中外能源, 2022, 27(05): 71-76.

[26] 彭文钢, 李蒙勇, 廖其龙, 等. 氧化铝粉体的微观形貌对陶瓷膜支撑体的影响 [J]. 中国粉体技术, 2022, 28(02): 7-15.

[27] 陆安慧, 吴凡. 一种棒状氧化铝载体的制备方法及氧化铝载体: CN110860281A[P]. 2020-03-06.

[28] 葛冬梅. 中油型加氢裂化催化剂强度影响因素的研究 [J]. 天津化工, 2002(05): 29-30.

[29] 殷晏国, 孙康, 李向军, 等. 氧化铝异型载体的研制 [J]. 工业催化, 2006(01): 68-70.

[30] 皮秀娟, 盛毅. 氧化铝载体成型工艺条件研究 [J]. 石油炼制与化工, 2014, 45(07): 47-51.

[31] 王东辉, 王保明. 己二酸二甲酯加氢制 1,6-己二醇催化剂成型及性能研究 [J]. 化工生产与技术, 2013, 20(01): 17-20.

[32] Liu H, Zhou Y, Zhang Y, et al. Influence of binder on the catalytic performance of PtSnNa/ZSM-5 catalyst for propane dehydrogenation[J]. Industrial & Engineering Chemistry Research, 2008, 47(21): 8142-8147.

[33] 史建文, 李大东, 薛用芳, 等. 挤出成型过程中的各种因素对氧化铝载体物性的影响 [J]. 石油化工, 1985, (06): 322-328.

[34] 吴凡. 负载型 CO 氧化催化剂制备及载体成型工艺研究 [D]. 大连: 大连理工大学, 2020.

[35] 李媛, 高积强. 陶瓷材料挤出成型工艺与理论研究进展 [J]. 耐火材料, 2004(04): 277-280.

[36] 梁维军. 渣油加氢脱硫催化剂载体堆积密度的精确控制 [J]. 工业催化, 2014, 42(11): 855-858.

[37] 季洪海, 凌凤香, 沈智奇, 等. 胶溶剂用量对氧化铝载体物化性质的影响 [J]. 石油与天然气化工,

2011, 10(05): 437-439.

[38] 任广成，闻振浩，梅园，等. ZSM-11 分子筛改性及其在苯、甲醇烷基化反应中的应用 [J]. 石油炼制与化工，2015, 46(05): 46-60.

[39] 杨义，赵振，付超超，等. 成型过程对加氢催化剂载体孔结构的影响 [J]. 工业催化，2020, 28(06): 35-39.

[40] 吕红波. 挤出成型赤泥蜂窝材料工艺和性能研究 [D]. 济南：济南大学，2015.

[41] 江培秋. 影响多孔陶瓷挤出成型工艺因素探讨 [J]. 现代技术陶瓷，2004(01): 6-9.

[42] 张万胜. 增塑剂在泥料中的应用研究 [J]. 陶瓷，2008(07): 31-33.

[43] 缪赟，杨柳，王岚，等. 挤压成型催化剂的原料组分和表观形状研究进展 [J]. 精细石油化工进展，2022, 23(01): 36-41.

[44] 李广慈，赵会吉，赵瑞玉，等. 不同扩孔方法对催化剂载体氧化铝孔结构的影响 [J]. 石油炼制与化工，2010, 41(01): 49-54.

[45] 康小洪，宋安篱. 双重孔氧化铝载体的研制——炭黑粉扩孔剂的应用 [J]. 石油炼制与化工，1997(01): 44-47.

[46] 王涛，史蓉，王继龙，等. 乙苯脱氢催化剂成型工艺研究 [J]. 石化技术与应用，2012, 30(05): 407-410.

[47] 薛红亮. 氧化铝基蜂窝陶瓷蓄热体的制备及其性能研究 [D]. 武汉：武汉理工大学，2004.

[48] 李晓锴. 分子筛成型技术研究进展 [J]. 工业催化，2016, 24(03): 19-27.

[49] 张继光. 催化剂制备过程技术 [M]. 2 版. 北京：中国石化出版社，2011.

[50] 李慧胜，徐景东，艾子龙. 制备条件对球形氧化铝载体性质的影响 [J]. 工业催化，2022, 30(03): 49-52.

[51] 商剑峰，刘爱华，罗保军，等. 新型氧化铝基制硫催化剂的研制 [J]. 齐鲁石油化工，2012, 40(4): 6.

[52] 陈执，吴凡，高新芊，等. 造核-包衣法制备 Al$_2$O$_3$ 小球及其在丙烷直接脱氢反应中的应用研究 [J]. 低碳化学与化工，2024(2): 49-59.

[53] 李彩贞，贺誉清，景福亮，等. 球形 γ-Al$_2$O$_3$ 载体制备的研究 [J]. 工业催化，2003(09): 39-40.

[54] 赵云鹏，邓启刚. 5A 分子筛催化剂成型的研究 [J]. 齐齐哈尔大学学报：自然科学版，2004, 20(4): 3.

[55] 王尚弟，孙俊全，王正宝. 催化剂工程导论 [M]. 北京：化学工业出版社，2015.

[56] 于才渊，王宝和，王喜忠. 喷雾干燥技术 [M]. 北京：化学工业出版社，2013.

[57] 史建公，任靖，苏海霞，等. 固体催化剂载体及催化剂成型设备技术进展 [J]. 中外能源，2018, 23(11): 72-84.

[58] 龚占魁，谢进宁. 喷雾干燥技术在分子筛催化剂生产中的应用研究 [J]. 辽宁化工，2016, 45(07): 924-926.

[59] 王涛，高明军，谭映临，等. 影响催化裂化催化剂成型的因素分析 [J]. 当代化工，2021, 50(11): 2563-2567.

[60] 郝鹏波，张国霞，焦念明，等. 用于催化裂解的分子筛催化剂成型研究进展 [J]. 工业催化，2021, 29(11): 11-16.

[61] 盛江峰，马淳安，张诚，等. 喷雾干燥法制备偏钨酸铵微球时的形貌与粒度 [J]. 高校化学工程学报，2008, (01): 122-127.

[62] 郭红起，杨凌，尹喆. 旋转体孔结构对催化剂成型过程的影响 [J]. 山东化工，2019, 48(06): 136-138.

[63] 齐兰芝，赵冬，贾春革，等. 喷雾干燥条件对乙烯氧氯化催化剂物性的影响 [C]. // 中国化工学会. 2008 年石油化工学术年会暨北京化工研究院建院 50 周年学术报告会论文集. 北京：2008.

[64] 赵连鸿，赵红娟，刘涛，等. 离心喷雾干燥温度对 FCC 催化剂成型的影响 [J]. 化学工程，2020, 48(04): 33-36.

[65] 张润录. 提高喷雾干燥产品粒径的有效方法 [J]. 陶瓷，2005(05): 33-46.

[66] Chang Y-f, Vaughn S N, Martens L R M, et al. Molecular sieve catalyst compositions, its making and use in conversion processes: US7214844B2[P]. 2005-01-20.

[67] 肖新宝，于万金，刘敏洋，等. 喷雾干燥造粒法制备微球催化剂的研究进展 [J]. 浙江化工，2020,

51(08): 7-11.

[68] 邢爱华, 李飞, 薛云鹏, 等. SAPO-34 分子筛催化剂成型研究进展 [J]. 石油化工, 2010, 39(06): 688-694.

[69] 吴思操, 刘红星, 顾松园, 等. 流化床催化剂、制备方法及其用途: CN109701633A[P]. 2019-05-03.

[70] 张云众, 姚艳敏, 饶贵久, 等. 铝粉油柱法球形活性氧化铝的制备及其应用 [J]. 工业催化, 2009, 17(增刊) : 142-144.

[71] 黄惠阳, 申科, 袁颖, 等. 球形 γ-Al$_2$O$_3$ 载体制备方法评述 [J]. 当代化工, 2021, 50(04): 976-979.

[72] 杨永辉. 磁性微球形氧化铝载体与催化剂制备及性能研究 [D]. 北京: 北京化工大学, 2006.

[73] 马群, 薛秀男, 杨祖润, 等. 球形氧化铝制备过程中影响因素的研究 [J]. 无机盐工业, 2006(11): 26-47.

[74] 李凯荣, 谭克勤, 石芳, 等. 一种低表观密度大孔球形氧化铝的制备 [J]. 无机盐工业, 2003(01): 16-18.

[75] 张玉林. γ-Al$_2$O$_3$ 生产中的胶体化学过程及其对载体织构的影响 [J]. 中国洗涤用品工业, 2021(10): 57-62.

[76] 刘建良, 马爱增, 潘锦程, 等. 拟薄水铝石路径热油柱成型制备毫米级氧化铝小球的研究 [J]. 石油炼制与化工, 2019, 50(05): 1-5.

[77] 吕益敏. 高水热稳定型球形氧化铝制备及其在催化中的应用 [D]. 北京: 北京化工大学, 2015.

[78] 贾睿. 球形氧化铝的制备、表征及性能模拟 [D]. 沈阳: 沈阳工业大学, 2021.

[79] 商连弟, 王惠惠. 活性氧化铝的生产及其改性 [J]. 无机盐工业, 2012, 44(1): 1.

[80] Ismagilov Z R, Shkrabina R A, Koryabkina N A. New technology for production of spherical alumina supports for fluidized bed combustion[J]. Catalysis Today, 1999, 47(1): 51-71.

[81] 刘建良, 潘锦程, 王国成, 等. 一种使用油氨柱制备球形氧化铝的方法: CN103011213B[P]. 2014-10-29.

[82] 刘建良, 潘锦程, 马爱增. 胶溶条件对拟薄水铝石酸分散性及成球性能的影响 [J]. 石油炼制与化工, 2012, 43(05): 40-44.

[83] 赵悦, 贺新, 霍东亮. 新型直链烷烃脱氢催化剂载体的研制 [J]. 当代化工, 2007(06): 610-613.

[84] 张田田, 辛秀兰, 宋楠, 等. 醇的种类对球形 γ-Al$_2$O$_3$ 多孔结构的影响 [J]. 精细化工, 2020, 37(8):7.

[85] 孟广莹, 于海斌, 杨文建, 等. 水柱成型法制备重整载体 [J]. 无机盐工业, 2016, 48(06): 71-74.

[86] 杨文建, 于海斌, 孙彦民, 等. 一种球形氧化铝的水柱成型方法: CN103864123B[P]. 2016-04-20.

[87] 王康, 孟广莹, 杨文建, 等. 海藻酸辅助溶胶-凝胶法制备球形氧化铝颗粒 [J]. 天津大学学报（自然科学与工程技术版）, 2014, 47(12): 1052-1056.

第五章

催化活性组分负载方法

氧化铝载体常用于多相催化过程中，催化剂和反应物处于不同的相态。通常情况下，催化剂是固体，反应物为液态或气态。与均相催化剂相比，多相催化剂因其具有更高的热稳定性和易于分离回收的优点而受到工业应用的青睐。因此，化学工业中大多采用负载型多相催化剂，将活性组分均匀地分散在载体的表面，形成具有一定形状、热稳定性好、便于回收利用的固体催化剂。

催化剂的制备方法应保证所制得的催化剂具有所需的性质，如化学组成、比表面积、孔结构，同时需要使活性组分牢固地负载在载体上，使用时不会因烧结或流体力学等因素而发生显著变化。将活性组分负载在载体上的方法包括浸渍法、沉淀法、喷雾热解法、原子层沉积法和其他新型方法，本章将以实例为主，详细介绍不同负载方法的原理和特点。

第一节
浸渍法

一、基本原理

浸渍法是基于活性组分（含助催化剂）以盐溶液形态浸渍到多孔载体上，并渗透到内外表面，从而形成催化剂的原理。首先将载体浸渍到含有活性组分的溶液中，然后静置、除去多余的液体、干燥、焙烧和活化（还原）等，最终制备成相应的催化剂。由于浸渍法通常需要将所要负载的活性组分溶解到水或其他溶剂中，因此常使用的活性组分为相应的易溶于水或有机溶剂的盐类。浸渍法适用于制备稀有贵金属催化剂、活性组分含量较低的催化剂和需要高机械强度的催化剂。

具有多孔结构的载体在含有活性组分的溶液中浸渍时，溶液在毛细管力的作用下，由表面吸入到载体细孔中，溶质的活性组分向细孔内壁渗透、扩散，进而被载体表面的活性点吸附或沉积、离子交换，甚至发生反应，使活性组分负载在载体上，这些都伴随传质过程。当催化剂被干燥时，随着溶剂的蒸发，也会造成活性组分的迁移。这些传质过程不是单纯、孤立地发生，大部分是同时进行而又相互影响，所以浸渍过程必须同时考虑吸入、沉积、吸附与扩散的影响。

液体与多孔载体接触时，毛细管力 p_k 可以按照式（5-1）计算：

$$p_k = \frac{2\sigma\cos\theta}{r} \tag{5-1}$$

式中，σ 为表面张力，N/m；r 为细孔半径，m；θ 为液体与固体的浸润角，(°)。

液体在毛细管力的作用下，沿着载体的细孔内壁渗透，它与载体、溶液本身的性质有关；与载体的细孔结构、大小、形状和孔径有关；与溶液的黏度、浓度等物理性质有关。

根据多孔物质的吸附机理，多孔载体和液体接触时，多孔物质的每一微孔都可看作是一根毛细管，液体就是通过毛细管力渗透到内孔中去。一般载体的微孔直径很小，通常是几十纳米（nm）。利用平均孔半径计算出的毛细管力相当于几至几十兆帕（MPa），可见渗透的推动力是很大的。但实际上因毛细管很细，加上液体黏度的影响，渗透阻力很大，液体渗透到微孔内部所需时间可用式（5-2）估算：

$$t = \frac{2\eta}{\sigma} \times \frac{y^2}{r} \qquad (5\text{-}2)$$

式中，η 为浸渍液的黏度，Pa·s；y 为时间内的渗透距离（或毛细管长度），m；σ 为液体的表面张力，N/m；r 为载体的细孔平均孔径半径，m。

由于载体的微孔不是直线形，有效长度大于直管长度，所以应用上式计算时可以加入一个弯曲系数 $\sqrt{2}$ 进行修正。用这种方法计算结果，通常载体的渗透时间约为半分钟到几分钟。例如，比表面积为 350m²/g 的硅铝小球，经计算毛细管力为 64MPa，按式（5-2）计算渗透 2mm 长微孔长度所需时间为 105s，而实测值也为 100s 左右。此外，从式（5-2）可知，载体的细孔平均孔半径 r 对渗透时间有很大影响，所以改变孔径大小或溶液黏度会影响活性组分的分布形态。

在浸渍过程中，由于存在着溶质的迁移及强烈的吸附和竞争吸附现象，因而会形成活性组分在载体上出现各种不同分布的情况。以球形催化剂为例，常见的有蛋壳型（活性组分浓集在球的外表层附近）、蛋白型（活性组分浓集在球的中间层）、蛋黄型（活性组分浓集在球的中心附近）和均匀型（活性组分均匀分布在整个球体）等四种典型分布。这四种分布的剖面图可用图 5-1 来表示（图中小黑点表示活性组分）。

蛋壳型分布　　　蛋白型分布　　　蛋黄型分布　　　均匀型分布

图5-1　浸渍法制备催化剂活性组分分布类型示意图

这四种类型的活性组分分布情况会影响催化剂的活性、选择性和稳定性。蛋壳型分布的催化剂，由于活性组分分布在外表面及外表面内部的浅处，反应物分子易于到达并与之相接触，因此往往表现出较高的催化反应活性，这对于外扩散控制的催化反应特别有利。但由于活性组分浓集，催化剂经过高温反应及再生后易使金属"凝聚"成大块，从而减少或丧失活性，因此它的稳定性较差。均匀型分布是一种较理想的催化剂，尤其是当催化反应是由动力学控制时，则更为有利，因为这时催化剂的内表面也可以利用。众所周知，催化反应是表面化学反应，表面积越大，活性中心越多，活性越高。此外，均匀分布提高了催化剂抗烧结性能，即在高温下反应和再生时活性组分不易"凝聚"，因此，这类催化剂的活性和稳定性较好。至于蛋白型和蛋黄型分布，也有某种好处。当载体孔隙足够大，载体又有吸毒的作用时，蛋白型催化剂在反应时，它外层的载体可以起毒物"过滤器"的作用，防止催化剂中毒，从而延长催化剂的寿命。此外，这种类型的催化剂还可减少使用过程中由于冲蚀和磨损而造成活性组分流失的现象。蛋黄型分布催化剂可以将引起孔阻塞的部位由孔口转移至孔内部，从而提高催化剂容纳沉积金属的能力。

有时可通过控制合成条件获得具有特定活性组分分布的催化剂。比如，刘佳等[1]通过向浸渍液中加入适量的竞争吸附剂，并调节浸渍液的pH值至最佳范围，可以制备出Ni、Mo活性组分均为蛋黄型分布的渣油加氢脱金属催化剂，该催化剂具有较好的反应活性，能够改善沉积金属的分布，提高催化剂容纳金属的能力。

二、浸渍法优缺点

1. 浸渍法的优点

① 负载的活性组分大多数情况下只分布在载体的表面，因此其利用率高、用量少、成本低，对铂、铑等贵金属来说具有重要的意义；

② 可使用市面上已有的、已成型、正规化的载体材料，省去催化剂成型步骤；

③ 根据反应需要，可通过选择具有合适物理结构特征的材料作为催化剂的载体，如比表面积、孔半径、机械强度、导热系数等；

④ 生产方法简单易行，生产能力高。

2. 浸渍法的缺点

① 在焙烧过程中会产生废气，从而污染环境；

② 干燥过程中造成组分迁移。

三、影响因素

浸渍法制备催化剂的影响因素有载体的性质、载体的预处理、浸渍液的性质、竞争吸附剂，浸渍顺序、时间、温度和 pH 值，以及浸渍方式等。

1．载体的性质

浸渍是将载体放在含活性物质的溶液中浸泡，显然用浸渍方法制备负载型金属催化剂时，载体的性质与浸渍效果直接相关。载体的选择视反应不同而异，因为载体除支撑活性组分外，还有影响反应物和产物的扩散、金属与载体相互作用而改变催化剂性能等作用。载体的酸碱性、孔结构等对制备的催化剂的催化性能均有不同程度的影响。例如，唐俊等[2] 以拟薄水铝石粉和湃水铝石粉为前驱体，通过挤条成型和焙烧制备了 3 种不同晶型（γ、θ、η）的 Al_2O_3 载体，并分别负载 Pt 并氯化制备了 3 种 Pt/Al_2O_3-Cl 催化剂（Pt/γ-Al_2O_3-Cl, Pt/θ-Al_2O_3-Cl 和 Pt/η-Al_2O_3-Cl）。3 种催化剂的比表面积、Cl 含量、酸性及酸量均有所不同。Pt/η-Al_2O_3-Cl 催化剂的 C_5/C_6 异构化活性和选择性最高，Pt/γ-Al_2O_3-Cl 催化剂次之，而 Pt/θ-Al_2O_3-Cl 催化剂的活性和选择性很低。

浸渍时载体多数是已成型的（当然也有浸渍后成型的）。对载体的要求可归纳为：

① 机械强度好，能经受反应过程中温度、压力、相变等变化的影响，催化剂不会明显破裂或损坏；

② 适用于反应过程中的合适的形状、大小、比表面积、孔结构以及足够的吸水率；

③ 耐热性好，具有一定的导热系数、比热以及适当的表面酸、碱性；

④ 不含使催化剂中毒和导致副反应发生的物质；

⑤ 原料易得，制备简单，不造成环境污染。

2．载体的预处理

常见的载体预处理方法一般有焙烧处理、水泡处理、抽真空处理和化学改性处理。焙烧处理通过微晶烧结可以提高载体的机械强度，并且除去载体中易挥发组分形成稳定结构，同时使载体获得一定的晶型、晶粒大小、孔结构及比表面积。浸渍过程通常产生大量的吸附热，使浸渍液温度升高，有的浸渍液 pH 值低，酸的作用会给催化剂结构和强度带来不利影响，采用水泡处理可以减少吸附热的影响。载体为多孔物质时，容易吸附空气中的水蒸气，在浸渍前将载体进行抽真空处理，可以提高催化剂的吸附容量，以保证金属负载量。在浸渍前，对载体先进行化学改性，可以提高催化剂的活性。

3．浸渍液性质的影响

用浸渍法制备金属或金属氧化物催化剂时，浸渍溶液通常是含所需活性物质组元的易溶盐的水溶液（或其他溶液）。不同活性物质的前驱体由于吸附性质的不同，所制备的催化剂往往呈现出不同的活性组分分布情况。实验表明，将不同Pt 的氯化物溶液浸渍在 Al_2O_3 载体上时，所制得催化剂颗粒中的活性组分浓度分布是不同的，氯铂酸由于与 Al_2O_3 有强的吸附作用，浸渍后 Pt 高度集中在颗粒外表面；而二氨基二亚硝基铂 $[Pt(NO_2)_2(NH_3)_2]$ 几乎不被 Al_2O_3 吸附，催化剂中的 Pt 近于呈均匀分布。表 5-1 列出了其他一些贵金属配合物在 Al_2O_3 浸渍时的吸附量及渗透深度，产生差别的原因是这些配合物与 Al_2O_3 浸渍时所产生的配位基置换反应机理不同。

浸渍液活性组分越多，它们之间的相互干扰越大，容易造成浸渍液不够稳定，出现沉淀或结晶等现象，因此对浸渍液的一个最起码的要求是至少在浸渍期间不应出现沉淀和结晶的现象，最好能长期稳定，以便重复使用。此外，要求浸渍液的黏度小，流动性好，这样才有利于浸渍均匀和缩短达到吸附平衡所需的时间。选用的盐类应满足以下要求：

① 催化剂在焙烧过程中，盐类易分解成相应的氧化物；

② 非活性物质或对催化剂有害物质，在焙烧或还原时易挥发；

③ 如要求活性组分在载体上分布形式不同，则选择不同的盐溶液。

根据以上要求常用的盐溶液有硝酸盐、铵盐和有机酸盐（如醋酸盐、草酸盐、乳酸盐等）。Au、Pd、Pt 等贵金属能溶于王水生成 H_2PtCl_6、$PdCl_2$ 等溶液，常可用作不怕氯离子的催化剂的浸渍溶液。

表5-1　贵金属络合物在 Al_2O_3 上的吸附量和渗透深度

类型	络合物	60min后所吸附金属/%	金属渗透度/μm
强反应性	H_2PtBr_6	96.7	224 ± 16
	$(NH_4)_2PtCl_6$	83.9	205 ± 46
	$(NH_4)_2PdCl_6$	96.7	227 ± 35
	NH_4AuCl_4	97.0	—
	$(NH_4)_4RuCl_6$	63.8	—
弱反应性	$(NH_4)_2PtCl_4$	32.4	均匀
	$(NH_4)[Pt(C_2H_4)Cl]$	20.0	均匀
	$(NH_4)_2Pt(NO_2)_4$	45.5	均匀
	H_2PtCl_6	33.4	均匀
	$K_2Pt(CN)_4$	22.9	均匀
	$K_2Pt(SCN)_4$	22.5	均匀
	$[Pt(NH_3)_4]Cl_2$	23.2	均匀
	$[Pd(NH_3)_4]Cl_2$	36.4	均匀
	$[Rh(NH_3)_5Cl]Cl_2$	27.0	均匀
	$(NH_4)_2IrCl_6$	28.8	均匀

4．竞争吸附剂

多孔载体在吸附溶质的同时也吸附了溶剂，这样就产生了溶质与溶剂之间的竞争吸附现象。竞争吸附对于浸渍法制备催化剂，特别是对活性组分用量很少的稀有贵金属催化剂来说是一种可以利用的自然现象。可以通过加入其他一些不是活性组分的、对催化剂活性无破坏作用的物质到浸渍液中去，使之和活性组分产生竞争吸附，从而迫使活性组分更加均匀地分布在载体上，习惯上把上述物质叫竞争吸附剂。

使用竞争吸附剂后，虽然可以改善活性组分的分布情况，但用得不好，有可能出现前面所讲到的四种分布类型中的任何一种。这里需要注意的几个问题是：

（1）竞争吸附剂的扩散性能　　如果竞争吸附剂的扩散性能大于活性组分的扩散性能，竞争吸附剂比活性组分先到达载体表面，并优先吸附在载体外表面及其内表面的浅层，这样就迫使后来扩散到载体的活性组分内移到未被吸附的空白表面上，形成了蛋白型或蛋黄型的分布；反之，如果活性组分的扩散性能大于竞争吸附的扩散性能，活性组分将先行扩散到载体表面并牢固地吸附在其上，这就失去了竞争吸附的作用，从而导致活性组分浓集在载体外表面及其浅层附近，形成了蛋壳型分布的现象。因此，必须使竞争吸附剂和活性组分的扩散性能相近，才能起到竞争吸附的作用。

（2）竞争吸附剂的分子大小及其取向　　如果竞争吸附剂的分子直径比载体的孔径还要大，那么它就不可能进入载体内孔，所以就失去了作用。此外，即使竞争吸附剂分子直径小于载体孔径，但它被吸附时，不是吸附在孔壁上，而是"斜躺"在孔道中，阻挡了活性组分分子的扩散，也会造成活性组分分布不匀或数量不够，以至达不到预期组成的现象。因此，载体内孔的几何形状及其孔分布必须和活性组分及竞争吸附剂的分子大小相适应。

（3）竞争吸附剂的吸附平衡常数　　在普通化学的学习中，我们已经知道吸附和脱附存在着一个动态平衡。在浸渍法制备催化剂时，活性组分和竞争吸附剂的平衡常数是很重要的。如果在这两者中，活性组分的解吸速度大于竞争吸附剂的话，最终活性组分会全部解吸出来，如果竞争吸附剂的量足够时，其位置将完全由竞争吸附剂所占据，结果使得活性组分浸渍不上去。反之，当竞争吸附剂的解吸速度大于活性组分时，也会削弱竞争吸附剂的作用，从而不能制得活性组分均匀分布的催化剂。

（4）竞争吸附剂的化学作用　　竞争吸附剂固然有能因竞争作用而使活性组分更均匀地分布在载体上的效果，但也有可能由于它的化学作用（与活性组分或载体起化学反应）而增进或破坏催化剂的活性，这一点应特别引起注意。否则催化剂的活性组分分布再均匀而其活性很差，也丝毫没有使用价值，因为催化剂的好坏的最终判断标准是活性高低和稳定性的好坏，而不是活性组分分布得均匀与否。因此，在选择竞争吸附剂时，务必不能使其给催化剂带来不利的影响或引入有害毒物。

5. 浸渍顺序、时间、温度和 pH 值

当使用浸渍法制备多种活性组分的催化剂时，由于每种组分起的作用不同，因此这些活性组分浸渍到载体上的顺序将对催化剂的性能产生重要影响，并决定了活性组分与载体的相互作用和在载体上的分布状态。例如，郭宇栋等[3] 考察了 La 先 Ni 后（$NiO/La_2O_3-Al_2O_3$）、共浸渍（La_2O_3-NiO/Al_2O_3）和 Ni 先 La 后（$La_2O_3/NiO/Al_2O_3$）三种顺序制备的催化剂对加氢脱烯烃性能的影响。结果表明，共浸渍与先 La 后 Ni 方式制备的催化剂比先 Ni 后 La 方式制备的催化剂比表面积及孔径略有增加，NiO 分散性更好。烯烃加氢活性由高到低的顺序为 $NiO/La_2O_3-Al_2O_3$ > La_2O_3-NiO/Al_2O_3 > $La_2O_3/NiO/Al_2O_3$，芳烃加氢活性由高到低的顺序为 $NiO/La_2O_3-Al_2O_3$ > La_2O_3-NiO/Al_2O_3 > $La_2O_3/NiO/Al_2O_3$，La 加入方式对芳烃加氢的影响小于对烯烃加氢的影响。

当多孔载体与浸渍液相接触时，液体靠毛细管作用，向载体颗粒中心渗透，直至充满微孔。由于微孔很细，溶液又具有一定的黏度，渗透阻力也很大，所以浸渍液从孔口扩散到载体颗粒内孔深处是需要一定的时间的。延长浸渍时间，有利于达到吸附平衡，可使活性组分分布得均匀一些。浸渍时间过短，吸附平衡尚未建立，会使活性组分分布不均匀，甚至活性组分数量不足，达不到质量指标要求。

吸附是放热反应，在工业浸渍时，可以观察到由于吸附放热而使浸渍液温度明显上升的情况。所以，浸渍液的温度过高不利于活性组分吸附。因此，可采用载体预处理的办法来事先除去部分吸附热，如载体用水泡或抽真空脱气净化载体表面就是其例子。

浸渍液的 pH 值对保证浸渍液会不会产生结晶或沉淀起着重要的作用，而且对载体的物化性质的变化也会有影响。如果浸渍液的 pH 值是强酸性的，那么，在浸渍时应注意缩短载体和浸渍液的相互接触时间，以防止或减少载体物化性质的变化。

6. 浸渍方式

浸渍的方法有过量浸渍法、等体积浸渍法、多次浸渍法、浸渍沉淀法、流化床浸渍法和蒸气相浸渍法。

（1）过量浸渍法　过量浸渍法就是浸渍溶液（浓度 x%）的体积大于载体的孔体积。该过程是活性组分在载体上的负载达到吸附平衡后，再滤掉（而不是蒸发掉）多余的溶液，此时活性组分的负载量需要重新测定。该方法的优点是活性组分分散比较均匀，并且吸附量能达到最大值（相对于浓度为 x% 时），当然这也是它的缺点——不能控制活性组分的负载量，很多时候并不是负载量越大活性越好，负载量过多容易导致离子聚集。

负载量的计算有两种方法。一是从载体出发，令载体对某一活性物质的比吸附量为 W（每克载体的吸附量），由于孔径大小不一，活性物质只能进入大于某一孔径的孔隙中，吸附平衡后载体对该活性物质的负载量 W_i 为

$$W_i = Vm + W \tag{5-3}$$

式中，V 代表孔隙的体积，m^3；m 为活性物质在溶液中的浓度，g/L。

如果比吸附量很小，则

$$W_i = Vm \tag{5-4}$$

二是从浸渍溶液考虑，负载量等于浸渍前溶液的体积与浓度的乘积减去浸渍后溶液的体积与浓度的乘积。然而，这两种计算方法不甚准确，仅供参考。

（2）等体积浸渍法　等体积浸渍法就是载体的孔体积和浸渍液的体积一致，浸渍液刚好能完全进入到载体的孔里面。该方法的特点与过量浸渍法相反，活性组分的分散度很差，有的地方颗粒小，有的地方颗粒则很大（因为载体倒入时有前后顺序，先与溶液接触的载体会吸附更多的活性相），但是它能比较方便地控制活性组分的负载量，并且负载量很容易计算出来。对颗粒大小要求不是很严格的催化剂，该方法效果较好。

（3）多次浸渍法　多次浸渍法即浸渍、干燥、焙烧反复进行数次。使用这种方法的原因有两点：一是浸渍化合物的溶解度很小，一次浸渍不能得到足够的负载量，需要重复浸渍多次；二是为避免多组分浸渍化合物各组分之间的竞争吸附，应将各组分按顺序先后浸渍。每次浸渍后，必须进行干燥和焙烧。该工艺过程复杂，除非上述特殊情况，应尽量少采用。

（4）浸渍沉淀法　该法是在浸渍法的基础上辅以均匀沉淀法发展起来的一种新方法，即在浸渍液中预先加入沉淀剂母体，待浸渍单元操作完成后，加热升温使沉淀组分沉积在载体表面上。此法可以用来制备比浸渍法分布更均匀的金属或金属氧化物负载型催化剂。

（5）流化床浸渍法　流化床浸渍法是一种喷淋浸渍法，将浸渍液直接喷洒到流化床中处于流化态的载体上，在流化床内依次完成浸渍、干燥、分解和活化过程。在流化床内放置一定量的多孔载体颗粒，通入气体使载体流化，再通过喷嘴将浸渍液向下或切向喷入床层，负载在载体上。当溶液喷完后，再用热空气对浸渍后载体进行流化干燥，然后升高床温使负载盐类分解，最后用高温烟道气活化催化剂。活化后鼓入冷空气进行冷却，再卸出催化剂。流化床浸渍法流程示意见图 5-2。流化床浸渍法适用于多孔载体，有制备丁烯氧化脱氢等催化剂的成功经验，具有流程简单、操作方便、周期短、劳动条件较好等优点，但也存在着催化剂成品收率较低（80% ~ 90%）、易结块、不均匀等问题，该方法有待完善。

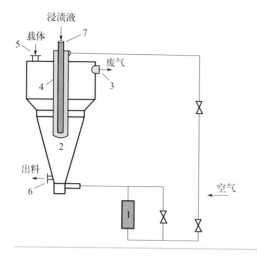

图5-2

流化床浸渍法流程示意图

1—加热器；2—锥形流化床；3—废气排出管；4—套管式喷嘴；5—载体加料口；6—卸料口；7—浸渍液加入口

（6）蒸气相浸渍法　除了溶液浸渍之外，亦可借助浸渍化合物的挥发性，以蒸气相的形式将它负载到载体上。用此法制备的催化剂，在使用过程中活性组分容易流失。为了维持催化性稳定，必须连续补加浸渍组分。适用于蒸气相浸渍法的活性组分沸点通常比较低。

（7）浸渍后处理的影响　浸渍时多用稀溶液，因此载体上除活性组分外还含有许多不属于催化剂组成的溶剂（或水），必须把它们除去。所以，通常浸渍后需对催化剂进行干燥和活化处理，这就是浸渍后处理工序。

干燥的作用是除去多余的溶剂，使活性组分保留在载体上。但在干燥过程中，随着大量溶剂的蒸发，不可避免地携带着溶质分子（活性组分）从载体内孔深处慢慢地移动到表面或表层以内的浅处，使原来均匀分布的溶质重新变成不均匀分布，这就是溶质迁移现象。此外，载体孔结构的不均一性也会导致溶质发生迁移现象，这是由于干燥时，大孔所含的液体多，产生的蒸气压大，发生毛细管现象，大孔的液体会进到小孔里去，液体流动时就会造成溶质迁移。所以，干燥前最好有个晾干的工序，让溶剂慢慢地自然蒸发，尽量减少载体上残留的溶剂量，干燥时升温要慢或在低温阶段停留时间长些，防止溶剂急剧蒸发，以减少溶质迁移现象的发生，保证活性组分分布均匀。

如果浸渍时使用了竞争吸附剂，这些物质的挥发、升华（或分解）的温度往往比溶剂的沸点高得多，因此，干燥后还需要继续升高温度，把竞争吸附剂从催化剂上除净。除净竞争吸附剂后，催化剂上留下来的活性组分一般还是处于盐类状态，在溶液中仍然可以发生溶解，从而使活性组分流失。为防止催化剂在储存、保管及使用过程中出现活性组分流失或重新分布的现象，必须对催化剂加以活化，使活性组分从盐类状态转变成氧化物状态，牢固地附着在载体上。由于金属盐类的分解温度较高，所以活化温度一般较高。此外，活化还有调节双功能组分平衡的作用或在某种气氛下（比如通氢气、空气、水蒸气、盐酸水蒸气）改善催化剂物化性质的作用，因而能提高催化剂的活性、选择性和稳定性。所以，活化是很有必要的。

四、研究进展

1．单原子催化剂

Sharma 等[4] 开发一种锡改性并经 H_2S 处理的氧化铝催化剂（Sn/Al_2O_3-S），该催化剂在进料中存在百分比量级 H_2S 的情况下对丙烷脱氢具有较高的稳定性和选择性。Sn 含量为 1.5% ～ 5% 的 Sn/Al_2O_3-S 催化剂在第四个循环期间，560℃下表现出 98% 的丙烯选择性和高达 16% 的丙烷转化率。实验表征和计算表明活性位点是缺陷三配位铝原子，能够有效活化烷烃中的 C—H 键。H_2S 预处理通过将相邻的氧原子与硫交换进一步改变了这些位点的一部分，从而使它们更具活性和选择性。在低负载量下，Sn 原子分散并选择性地与 Al_2O_3 上的羟基或氧原子结合。这可以防止在 Al_2O_3 上形成原始（未改性）缺陷位点，并提高整体选择性。块状 SnS 纳米颗粒对丙烷脱氢没有活性，提供了 SnS 结晶相和原子分散的 Sn 位反应性之间的重要区别。催化剂的活性和选择性在很大程度上取决于硫和氢的化学势，因为它们会影响两种位点的相对浓度和整体反应机理。该催化剂可以在纯 H_2S 流下完全再生，而无需在氧化（或在 Pt 基催化剂的情况下进行氧氯化）条件下去除焦炭，然后通过 H_2 还原来重新活化催化剂。

Ro 等[5] 通过使用静电相互作用在 γ-Al_2O_3 上原子分散的 ReO_x 附近定向沉积 Rh 前驱体制备原子分散的 Rh/ReO_x-Al_2O_3 催化剂，来调节 Rh 物种的局部环境。通过控制 ReO_x 的负载，Rh 可以优先位于单个或多个 ReO_x 附近。$Rh(CO)_2$ 物种的 CO 拉伸频率与催化性能之间的相关性表明，Rh 的荷电状态强烈影响乙烯氢甲酰化反应的活性和选择性。分散的 Rh-ReO_x 物种之间的相互作用（ReO_x 从 Rh 中吸取电荷）减弱了 Rh-CO 相互作用，由于 CO 结合能的降低，产生了更高浓度的 Rh 空位点。在乙烯氢甲酰化反应制备丙醛的反应中，相对于 Rh/Al_2O_3，在 423K 时，Rh/ReO_x-Al_2O_3 较高的空位浓度使乙烷和丙醛的生成的转换频率（TOF）分别比 Rh/Al_2O_3 高 13 倍和 44 倍，对丙醛的选择性从 20%(Rh/Al_2O_3)提高到 44%($Rh/2.9ReO_x$-Al_2O_3)。

Zhang 等[6] 发现 Pt/Al_2O_3 催化剂用于丙烷脱氢时，活性、选择性和稳定性明显取决于铂的大小。依赖性可分为三组：原子分散的、小团簇的和纳米颗粒。当 Pt 颗粒尺寸降至亚纳米级团簇（＜1nm），特别是当 Pt 颗粒达到原子级分散时，

Pt/Al$_2$O$_3$ 催化剂在保持较高丙烯选择性和稳定性的同时，表现出优异的催化性能，这是不同于传统纳米催化剂的一个显著特征。原子分散的带正电的铂中心有利于丙烷的优先吸附，同时吸附在原子分散的 Pt/Al$_2$O$_3$ 催化剂上的丙烯更倾向于解吸，而不是过度脱氢，从而提高丙烯的选择性。此外，由于缺乏多个 Pt-Pt 位点，可以有效抑制 C-C 裂化从而提高了丙烯选择性和抗焦化能力。该结果表明，原子分散的 Pt/Al$_2$O$_3$ 催化剂是一种新型的、高效的丙烷脱氢催化剂，且稀有金属用量少，具有巨大的工业应用潜力。

Zhang 等[7]制备了 Pt 含量为 0.05%（质量分数）的 Pt-Na/Al$_2$O$_3$ 催化剂，揭示了决定 Pt 锚定的关键因素，以及 HCHO 氧化的机理。Pt 含量为 0.05%（质量分数）的 Pt-Na/nano-Al$_2$O$_3$（简称 Pt-Na/nAl$_2$O$_3$）催化剂可以在室温下将 HCHO 完全氧化成 CO$_2$，这是人们所知 HCHO 催化氧化中 Pt 含量最低的催化剂。Na 加入后，纳米 Al$_2$O$_3$ 上的端羟基（HO-μ_{ter}）转变为 Na 和 Al 之间的双桥接羟基（HO-$\mu_{bri(Na-Al)}$），从而使 Pt 原子分散。锚定的 Pt 通过活化 O$_2$ 和 H$_2$O 进一步促进 HO-$\mu_{bri(Na-Al)}$ 的再生，通过 [HCOO$^-$]+[OH]$_a$ $\longrightarrow$ CO$_2$+H$_2$O 的快速反应步骤直接将 HCHO 氧化为 CO$_2$。研究表明，HO-$\mu_{bri(Na-Al)}$ 和 HO-μ_{ter} 协同生成的 Na-Al 为 Pt 提供了锚定位点。相比之下，Pt-Na/mAl$_2$O$_3$(Pt-Na/micro-Al$_2$O$_3$) 催化剂上的 HO-μ_{ter} 很少。因此，钠的添加不能为 Pt 原子提供锚定位点，Pt 物种不能在 O$_2$ 和 H$_2$O 向表面 OH 基团的转化中发挥全部作用，导致表面 OH 基团的活化较少，HCHO 转化活性较低。因此，与 Pt-Na/mAl$_2$O$_3$ 催化剂相比，Pt-Na/nAl$_2$O$_3$ 催化剂表现出更好的催化活性。

Kwak 等[8]考察了 Ru 含量在 0.1%～5% 范围内的 Ru/Al$_2$O$_3$ 催化剂对 H$_2$ 还原 CO$_2$ 的催化性能。在低 Ru 负载（≤0.5%）时，活性金属相高度分散（大部分以原子形式）在氧化铝载体上，具有较高的 CO 选择性。随着金属负载量的增加，甲烷的选择性增加，而 CO 的选择性降低。从催化测试前的新鲜样品中获得的扫描透射电子显微镜（STEM）图像显示，在 0.1% Ru/Al$_2$O$_3$ 催化剂中，Ru 主要以原子分散的形式存在。在催化剂测试后，STEM 图像清楚地显示了小金属颗粒和原子聚集成 3D 簇。高度分散的金属簇使得 CO 的选择性显著降低，CH$_4$ 的选择性大幅增加。从 Arrhenius 曲线的斜率估计，CO 和 CH$_4$ 生成的表观活化能分别为 82kJ/mol 和 62kJ/mol。这些结果表明，CO 和 CH$_4$ 的形成遵循不同的反应途径或在不同的活性中心上进行。与 CO$_2$/H$_2$ 和 CO/H$_2$ 混合物的反应（在其他相同的反应条件下）表明，CO$_2$ 还原的起始温度比 CO 还原的起始温度约低 150℃。

2．金属催化剂

Wang 等[9]制备了两种不同 Al$_2$O$_3$ 粒径（微米-Al$_2$O$_3$ 和纳米-Al$_2$O$_3$）的 Ag/Al$_2$O$_3$ 催化剂并测试了其对氨的选择性催化氧化（NH$_3$-SCO）性能。结果表明，在低温范围内，对于氨的选择性催化氧化，Ag/nano-Al$_2$O$_3$ 比 Ag/micro-Al$_2$O$_3$ 的活性要高得多。多种表征结果表明，Ag/nano-Al$_2$O$_3$ 具有更小的 Ag 颗粒和更多的金属 Ag 物种（AgNPs），并且还含有丰富的酸位点，有利于 NH$_3$ 的吸附和解离，因此使得其在氨的选择性催化氧化中表现出较高的活性。

Saidi 等[10]制备了 Mo 负载量不同（10%、20% 和 30%）的纳米 γ-Al$_2$O$_3$ 负载型催化剂，用于苯甲醚的催化加氢反应，作为木质素衍生的生物油化合物模型。实验分析表明，将 Mo 负载量增加到 20% 可提高苯甲醚的转化率，但高金属负载量会导致金属颗粒团聚，从而导致表面积减小。为了对纳米 γ-Al$_2$O$_3$ 载体性能进行更多研究，以最佳负载量（20% Mo 含量）制备常规 γ-Al$_2$O$_3$ 负载催化剂。实验结果表明，纳米 γ-Al$_2$O$_3$ 负载型催化剂表现出比常规 γ-Al$_2$O$_3$ 负载型催化剂更高的催化活性。表征结果表明纳米 γ-Al$_2$O$_3$ 催化剂由于其更大的比表面积而表现出更好的催化性能。

Shimizu 等[11]制备了负载在各种载体上的镍纳米粒子，并用于胺与醇的 N-烷基化反应。在这些催化剂中，NiO/θ-Al$_2$O$_3$ 原位氢气还原制备的 Ni/θ-Al$_2$O$_3$ 具有最高的活性，可作为可重复使用的多相催化剂，用于苯胺和脂肪胺与各种醇（苄基和脂肪醇）的烷基化反应。伯胺转化为仲胺，仲胺转化为叔胺。对于苯胺与脂肪醇的反应，该催化剂显示出比贵金属更高的转化数（turnover number，TON）。Ni 催化剂的活性取决于载体材料的性质，酸碱双功能载体比碱性或酸性载体具有更高的活性，表明载体上的酸碱位点是必要的。溶液中碱性（吡啶）或酸性（乙酸）添加剂的存在降低了 Ni/θ-Al$_2$O$_3$ 的活性，这表明 θ-Al$_2$O$_3$ 的酸碱位点具有协同作用。对于一系列不同粒径的 Ni/θ-Al$_2$O$_3$ 催化剂，表面 Ni 的转换频率（turnover frequency，TOF）随着 Ni 平均粒径的减小而增加，表明低配位的 Ni 物种和 / 或金属-载体界面是活性位点。根据这些结果，作者提出该反应的活性位点是低配位的金属-载体界面，其中低配位的 Ni^0 原子与氧化铝的酸碱位点相邻。

Srifa 等[12]制备了 γ-Al$_2$O$_3$ 负载的单金属催化剂（Co、Ni、Pd 和 Pt），然后在滴流床反应器中研究合成的催化剂在棕榈油加氢脱氧生产绿色柴油中的性能。表征结果表明，催化剂在 H$_2$ 中预还原后形成了金属位，但金属粒径大小和金属在 γ-Al$_2$O$_3$ 上的分散性不同。反应测试表明，催化活性依次为 Co＞Pd＞Pt＞Ni，而转换频率（TOF）随着金属颗粒的增大而增加。在 Ni、Pd 和 Pt 催化剂的催化下，脱羰反应比加氢脱氧反应更占优势。同时，脱羰和 / 或脱羧反应的贡献与 Co 催化剂上的加氢脱氧反应几乎相当。

Jing 等[13]结合动力学和光谱测量以及理论计算，研究了 La 在 Pd/La(x)/Al$_2$O$_3$（x = 0、5%、15%、30%，质量分数）催化剂中对三元催化反应（TWC）的促进作用。获得的结果表明，负载在含 La 的 Al$_2$O$_3$ 载体上的金属 Pd 颗粒比原

Al$_2$O$_3$上的Pd颗粒更缺电子，这使得对NO的反应性更高，并抑制了CO的中毒效应。除了使用粉末催化剂样品进行研究外，还制备了整体蜂窝形式的催化剂并将其用于三元催化反应，结果表明，与Pd/Al$_2$O$_3$相比，Pd/La/Al$_2$O$_3$的脱硝性能更佳。此外，作者还研究了三元催化反应的最佳La负载量。传统上对于三元催化反应工艺，La的有效负载量为3%～5%（质量分数），以保持La/Al$_2$O$_3$载体的高比表面积。而该研究表明，增加La的负载量（15%，质量分数）对NO的反应性更高，抑制CO的中毒效应更大。由于这项研究是学术和工业合作的成果，作者还使用商用车进行了实际测试。结果表明，与含有Pd/La(5)/Al$_2$O$_3$的催化体系相比，含有Pd/La(15)/Al$_2$O$_3$的催化体系对包括NO$_x$、CO和HC在内的废气的转化率有所提高。

Kim等[14]合成了一种八面体形状的纳米CeO$_2$-Al$_2$O$_3$负载Pt催化剂。首先γ-Al$_2$O$_3$在H$_2$流下通过还原活化生成Al$_{penta}^{3+}$，然后通过浸渍法将CeO$_2$负载在活化后的γ-Al$_2$O$_3$上，形成的CeO$_2$-Al$_2$O$_3$载体在750℃水热处理25h。负载的纳米CeO$_2$的形态被稳定成八面体，具有最少量的Ce^{3+}和低表面碱度，能够减少对SO$_2$的吸附，防止表面形成稳定的硫酸铈。在载体上沉积Pt后，催化剂用于在SO$_2$存在下的CO氧化时，具有八面体纳米氧化铈的催化剂在硫酸化时表现出更好的抗硫性且脱硫后CO氧化的初始活性完全恢复。在第四次硫酸化-脱硫循环后，八面体形状得以保留。

Wang等[15]采用连续浸渍合成方法制备了应用于甲烷自热重整的Ni/xPr-Al$_2$O$_3$（x = 5%、10%、15%、20%，质量分数）催化剂，对其催化性能进行了评价，并与Ni/γ-Al$_2$O$_3$催化剂进行了比较。结果表明，Pr掺杂修饰了Al$_2$O$_3$的晶格结构以及金属与载体的相互作用，添加Pr的Ni/Al催化剂具有更小的镍粒度和更好的抗结焦性能。氧化镍颗粒在xPr-Al$_2$O$_3$载体上呈非均匀分布，Pr改性促进了NiO的还原。随着Pr添加量从5%增加到10%，CH$_4$转化率增加，然而，随着Pr添加量从10%增加到20%，CH$_4$转化率下降。Pr修饰在甲烷自热重整中提高了催化活性和H$_2$/CO摩尔比。在稳定性催化测试中，Ni/xPr-Al$_2$O$_3$催化剂在48h后仍保持较高的活性，而Ni/Al$_2$O$_3$催化剂因积炭而失活较快。

Xu等[16]以γ-Al$_2$O$_3$为载体，Fe为活性物质，采用初湿浸渍法制备Fe$_2$O$_3$/γ-Al$_2$O$_3$催化剂，该催化剂对生物质连续热解挥发性物质的催化裂化具有良好的催化活性、稳定性和抗积炭性能。结果表明，催化剂的煅烧温度、二次催化裂化温度和Fe/Al原子比对催化剂的反应活性有较大影响。在催化剂煅烧温度为550℃、热解温度为500℃、二次催化裂化温度为700℃、Fe/Al质量比为0.07的条件下，可以使生物质热解挥发分充分转化为小分子气体（H$_2$、CO、CO$_2$、CH$_4$、C$_2$H$_4$、C$_2$H$_6$），提高了气体产物中氢的含量，同时还可以去除焦油，得到清洁的富氢气体。

3．双金属催化剂

Pham 等 [17] 将 Pt/γ-Al$_2$O$_3$ 和 Pt-Sn/γ-Al$_2$O$_3$ 用于丙烷脱氢制丙烯的反应中，发现碳沉积物的数量和性质与活性损失没有直接关系。相反，亚纳米 Pt 物质转化为更大的 Pt 纳米颗粒似乎是造成催化活性丧失的原因。单金属 Pt/γ-Al$_2$O$_3$ 和双金属 Pt-Sn/γ-Al$_2$O$_3$ 催化剂之间的关键区别在于能够恢复具有催化活性的高度分散的 Pt 物种。Sn 提供了必要的成核位点以重新分散 Pt 原子，并在氧化再生后在废催化剂中至少部分地重新产生亚纳米 Pt 簇。用过的 Pt-Sn/γ-Al$_2$O$_3$ 中较大的（约 10nm）Pt$_3$Sn 颗粒在该反应中表现出较低的丙烷脱氢活性。稳定的、原子分散的 Sn 物种的存在是一个重要发现，并可能有助于更好地设计用于各种应用的可再生催化剂。

Furukawa 等 [18] 研究了负载在 Al$_2$O$_3$ 上的 Pd 基金属间化合物（Pd$_x$M$_y$/Al$_2$O$_3$，其中 M = Bi、Cu、Fe、Ga、In、Pb、Sn 或 Zn）在胺的醇基 N-烷基化中的催化性能。尽管 Pd/Al$_2$O$_3$ 催化剂表现出高催化活性，但会发生副反应，例如胺二聚化和 C—O 键断裂，导致 N-烷基化产物的收率很低。相比之下，PdZn/Al$_2$O$_3$ 催化剂作为该反应的有效催化剂，表现出高催化活性、选择性和原子效率以及广泛的底物范围。详细的动力学和计算研究表明，Pd 对醇和胺的相对亲和力会因 PdZn 金属间相的形成而发生巨大变化。在单金属 Pd 上，在热力学和动力学方面，胺的吸附和活化分别优于醇的吸附和活化。然而，这种趋势在 PdZn 上是相反的，允许优先吸附和活化醇，从而实现选择性 N-烷基化。

Cao 等 [19] 通过简单的浸渍法制备了 Al$_2$O$_3$ 上高度分散的双金属 Pd-In 催化剂。与非负载型金属间化合物催化剂相比，负载型 Pd-In 催化剂对乙炔选择性加氢表现出高几个数量级的活性和相似的选择性。此外，Pd-In 催化剂的活性、选择性和抗焦化性能均优于单金属 Pd 催化剂。从铟转移的电子削弱了乙烯在带负电的 Pd 位点上的吸附，从而提高了 Pd-In/Al$_2$O$_3$ 催化剂对乙烯的选择性。乙炔在 Pd-In/Al$_2$O$_3$ 上的弱吸附促进了氢的活化，并且较小的粒径共同促进了 Pd-In/Al$_2$O$_3$ 活性的增强。此外，铟的存在延缓了 Pd-In/Al$_2$O$_3$ 上绿油的形成，有助于提高催化剂的稳定性。双金属 Pd-In 催化剂表现出强烈的成分依赖性，这是由 In 对 Pd 活性位点不同程度的电子和/或几何修饰所致。

Shi 等 [20] 以富含五配位的 γ-Al$_2$O$_3$ 纳米片为载体，合成了一种高效稳定的用于丙烷脱氢反应的 PtSn/Al$_2$O$_3$ 片状催化剂。由于金属和载体之间的强相互作用，含有 27% 五配位 Al^{3+} 位点的 γ-Al$_2$O$_3$ 纳米片可以很好地分散和稳定 Pt-Sn 簇。因此，Pt 和 Sn 原子之间存在强烈的电子相互作用，使得 Pt 位点的电子密度增加。当用于丙烷脱氢反应时，该催化剂表现出＞99% 的丙烯选择性，同时表现出优异的抗焦化和抗烧结性能。其在超高空速下保持高活性和稳定性表明，催化剂的片状结构促进了动力学扩散过程。

Sengupta 等 [21] 合成了 15% 金属含量的负载型 Ni/Al₂O₃、Ni-Co/Al₂O₃ 和 Co/Al₂O₃ 催化剂，对其进行了表征，并测试了其在 CO_2 重整 CH_4（DRM）和 CH_4 裂解（CRK）反应中的催化性能。在 Ni-Co/Al₂O₃ 催化剂中检测到 Ni-Co 合金，表面金属位随着 Ni:Co 比的降低而降低。随后测定了两种反应中 CH_4 的转换频率。Ni-Co/Al₂O₃ 的重整初始转换频率（TOF_{DRM}）高于 Ni/Al₂O₃，表明合金位点活性较高，裂解的初始转换频率（TOF_{CRK}）没有遵循这一趋势。当 Ni:CO 为 3:1(75Ni25Co/Al₂O₃) 时，催化剂的平均 TOF_{DRM}、H_2:CO 和 TOF_{CRK} 最高。该催化剂在重整过程中积炭量最大，在裂解过程中产生的活性炭量也最大。结果表明，碳是重整的中间产物，最佳催化剂能够最有效地裂解 CH_4，并通过 CO_2 将碳氧化为 CO。

Ray 等 [22] 研究了总金属负载量相同、Ni/Fe 比不同的负载型 Ni、Ni-Fe 和 Fe 催化剂用于 CH_4 的干重整和裂解反应。以 Ni 和 Fe 比为 3:1(75Ni25Fe/Al₂O₃) 的负载型 Ni-Fe 催化剂对这两种反应的活性最高，略高于负载型 Ni 催化剂。同时，作者将该催化剂与他们先前的工作中所制备的活性最高的 Ni-Co 催化剂（75Ni25Co/Al₂O₃）进行了对比。75Ni25Fe/Al₂O₃ 中有 Ni_3Fe 合金的形成，其表面性能与 75Ni25Co/Al₂O₃ 中 $Ni_{1-x}Co_x$ 合金不同。不同成分的 Ni 基合金的存在可能是 75Ni25Fe/Al₂O₃ 和 75Ni25Co/Al₂O₃ 相对于负载型 Ni 催化剂的活性增强的原因。在这两种反应中，75Ni25Fe/Al₂O₃ 和 75Ni25Co/Al₂O₃ 的活性都是由特定成分的 Ni 基合金引起。75Ni25Co/Al₂O₃ 是两种反应中活性最高的催化剂，但均发生失活，而 75Ni25Fe/Al₂O₃ 的失活率较低。75Ni25Co/Al₂O₃ 催化剂干重整反应活性较高是由于该催化剂在裂解反应中转换频率较高。因此，具有特定组成的合金的形成提高了 CH_4 裂解能力，似乎是决定重整反应的最佳催化性能的关键因素。

Ho 等 [23] 研究了 Pd/Al₂O₃、Pt/Al₂O₃ 和 Pd-Pt/Al₂O₃ 催化剂在柴油氧化反应中的氧化活性、NO 转化稳定性以及硫中毒/再生性能。Pd/Al₂O₃ 催化剂对 CO 和碳氢化合物（C_3H_6 和 C_3H_8）的氧化活性较高，而 Pt/Al₂O₃ 催化剂对 NO 的氧化效率较高。在 Pd-Pt/Al₂O₃ 催化剂中，Pd-Pt 合金的形成使 Pd 处于一个更容易还原的相中，这使得该催化剂对 CO、C_3H_6 和 NO 的氧化活性优于其单金属催化剂。Pd-Pt 合金不仅具有较高的低温活性，而且保持了 NO 氧化的稳定性。Pd-Pt 合金有利于 SO_2 向氧化铝载体溢出，使 Pd-Pt/Al₂O₃ 催化剂的吸附能力显著提高，延长了催化剂的使用寿命。然而，在 Pd-Pt/Al₂O₃ 上稳定的硫酸盐使催化剂难以完全再生。双金属样品在硫中毒和再生后对 CO、C_3H_8 和 C_3H_6 表现出较高的活性。

Pandey 等 [24] 合成了 Al₂O₃、ZrO₂、TiO₂、SiO₂ 和 Nb₂O₅ 负载的 Ni-Fe 双金属催化剂，探究了载体对 CO_2 甲烷化反应的影响。除 Nb₂O₅ 载体外，所有负载

75% Ni 和负载 25% Fe 的双金属 Ni-Fe 催化剂的 CO_2 转化率和 CH_4 产率均高于 Ni 和 Fe 负载型单金属催化剂。当 Nb_2O_5 为载体时，形成了铁和 / 或镍铌酸盐，导致催化活性位点的损失。对于其他 Ni-Fe 催化剂，CO_2 转化率和 CH_4 收率的相对提高取决于载体。Al_2O_3 负载催化剂对 CO_2 转化率和 CH_4 收率促进作用最强，SiO_2 负载的催化剂对 CO_2 转化率和 CH_4 收率的促进作用最差。活性最高的 Al_2O_3 负载的 Ni-Fe 催化剂的金属位点比 Al_2O_3 负载的 Ni 催化剂的金属位点活性高约 1.63 倍。表征结果表明，催化剂的比表面积、还原度、晶粒尺寸和 XRD 位移与 CO_2 转化率和 CH_4 收率提高无关，而合适的 Ni-Fe 合金，如 Ni_3Fe，是提高 CO_2 转化率和 CH_4 收率的原因。此外，Al_2O_3 负载的 Ni-Fe 催化剂上，载体对 CO_2 的吸附能力是活性相对增强的一个原因。

4. 金属氧化物催化剂

Murata 等 [25] 研究了负载在不同晶相 Al_2O_3 上的 Pd 纳米粒子粒径对甲烷燃烧的影响。当使用 θ-Al_2O_3 和 α-Al_2O_3 作为载体时，催化活性随 Pd 粒径的增大呈火山型，并且在 5 ～ 10nm 处获得了较高的活性。相比之下，当使用 γ-Al_2O_3 作为载体时，催化活性随着 Pd 粒径的增大而单调增加，尽管 Pd/γ-Al_2O_3 的催化活性低于 Pd/θ-Al_2O_3 和 Pd/α-Al_2O_3。因此，Pd/Al_2O_3 的催化活性不仅受 Pd 粒径的强烈影响，还受氧化铝晶相的影响。由于金属-载体相互作用强度的不同，氧化铝的晶相影响钯颗粒的形状。Pd 与 θ- 和 α-Al_2O_3 之间的弱相互作用通过 Pd 颗粒的尺寸控制形成具有高比例阶梯位点的球形 Pd 颗粒。然而，Pd 和 γ-Al_2O_3 之间的强相互作用阻碍了球形 Pd 颗粒的形成，并导致具有高比例的配位不饱和位点的扭曲形状。因此，这种相互作用扰乱了 Pd/Al_2O_3 对甲烷燃烧的粒径效应。

Chakrabarti 等 [26] 制备了 MoO_x/Al_2O_3 催化剂，在丙烯复分解反应条件下，用原位物理（拉曼、红外、紫外-可见）和化学探针（TPSR）光谱技术对催化剂进行了表征。在 Al_2O_3 载体上鉴定出三种不同的 MoO_x 物种：锚定到碱性 HO-μ_1-Al$_{IV}$ 位点的孤立的表面二氧代 (O=)$_2$MoO$_2$（< 1 Mo 原子 /nm^2）、锚定到更酸性的 HO-μ_1-Al $_{V/VI}$ 位点的低聚表面单氧代 O=MoO$_{4/5}$（1 ～ 4.6 Mo 原子 /nm^2）、单分子覆盖的结晶 MoO_3 纳米颗粒（> 4.6 Mo 原子 /nm^2）。在丙烯复分解过程中，通过去除氧代 Mo=O 键和插入 =CH_2 和 =CHCH$_3$ 烷基进行活化，使表面的 MoO_x 物质保持在 Mo$^{(VI)}$ 氧化态。低聚表面单氧代 O=MoO$_{4/5}$ 物种在 25 ～ 200℃ 的温和温度下很容易激活，而孤立的表面二氧代 (O=)$_2$MoO$_2$ 物种需要非常高的温度（> 400℃）才能激活，结晶 MoO_3 纳米颗粒通过其物理阻挡减少了可接近的活化表面 MoO_x 位点的数量。该研究通过负载型 MoO_x/Al_2O_3 催化剂建立了烯烃复分解的结构-性能关系，并证明了氧化铝上的锚定表面羟基位点对表面 MoO_x 物质的反应性具有重要作用。

Wang 等 [27] 针对甲苯的催化氧化，采用浸渍法制备了不同 Cu/Mn 摩尔比的 Cu-O-Mn/Al₂O₃ 系列催化剂。XRD 和 XPS（X 射线光电子能谱）结果表明，氧化铜（+2）和氧化锰（+3）高度分散在催化剂表面。拉曼和紫外-可见结果表明，与 Cu/Al 或 Mn/Al 催化剂相比，Cu-Mn/Al 催化剂的谱带发生红移，表明氧化铜和氧化锰之间存在相互作用，且受 Cu/Mn 原子比的影响。CuMn/Al 催化剂中具有强相互作用的 Mn-O-Cu(TV) 物种是甲苯燃烧的活性物种。催化剂活性随着分散的 Mn-O-Cu(TV) 物种数量的增加而增强，但随着催化剂中出现结晶物种 $Cu_{1.5}Mn_{1.5}O_4$ 而降低。在 Cu/Mn=1∶1.5 的条件下，Cu 和 Mn 氧化物之间的相互作用最强，因此在所有比例中催化活性和转换频率最高。甲苯在最强相互作用样品上完全燃烧的温度是 350℃，当调整 Cu 和 Mn 的负载量时，可以进一步降低到 300℃。

Luca 等 [28] 以柠檬酸铁为前驱体浸渍 γ-Al₂O₃ 载体，然后在 900℃高温处理，制备了高度分散的 Fe₂O₃/Al₂O₃ 介孔催化剂（0.5%～4%Fe，质量分数），并将其用于 Fenton 反应。该催化材料的结构类似于 Al₂O₃ 载体，表现出高分散的氧化铁活性相，具有 2～7nm 范围内的窄孔径分布和高表面积。氧化铝载体的性质促进了 Fe/Al 相互作用，促进了有机污染物氧化过程中铁的氧化还原循环。在优化后的反应条件下，Fe₂O₃/meso-Al₂O₃ 表现出高的催化性能，完全的苯酚转化、高矿化水平（最大 TOC 转化率为 80%）和高氧化剂消耗效率（在 80% 和 96% 之间）。此外，对于 Fenton 实验（使用溶解的 FeSO₄），作者观察到反应器中 γ-Al₂O₃ 的存在显著提高了矿化水平（64%）和氧化剂消耗效率（27%）。通过对替代材料（二氧化硅，堇青石和 α-Al₂O₃）进行测试，发现没有显示出改善。在这方面，Fe/Al 之间的相互作用应被视为 γ-Al₂O₃ 的优势，也应被视为通过将氧化铝纳入反应体系来改进经典均相 Fenton 过程的潜在策略。

Tian 等 [29] 制备了 VO_x-K₂O/γ-Al₂O₃ 催化剂，并将其用于异丁烷非氧化脱氢制异丁烯的反应中。结果表明，VO_x-K₂O/γ-Al₂O₃ 催化剂表现出双功能效应。钒负载量在很大程度上影响着各种 VO_x 物种的分布。不同的 VO_x 种类对钒基催化剂的催化活性有不同程度的促进作用，并且低聚 VO_x 物种分散度最高的样品获得了最高的脱氢活性。V^{3+} 和 V^{4+} 位点被证明是脱氢反应的催化活性位点，但前者的活性远高于后者。此外，催化剂的活性和选择性与催化剂的酸度密切相关。Lewis 酸位点与 Brønsted 酸位点的比率（NLS/NBS）与异丁烯选择性呈负相关。在所测试的催化剂中，V-K/γ-Al₂O₃ 的最佳钒负载量为 10%，异丁烯收率最高，为 42.5%，连续脱氢 10h 后收率稳定，达到 37.8%。

Wang 等 [30] 制备了 α-Al₂O₃ 负载的 $VAgO_x$ 混合氧化物催化剂，该催化剂可以选择性地催化对二甲苯氧化成对甲基苯甲醛。在 295℃，$VAgO_x$/α-Al₂O₃ (Ag/V=0.4) 为催化剂时，对二甲苯氧化成对甲基苯甲醛的转化率为 7.2%，选择性为 71%。在相同条件下，$VO_x/\alpha\text{-}Al_2O_3$ 催化剂的转化率为 3%，选择性仅为 43%。在 H_2 还原和 O_2 氧化实验中，较低的起始温度证实了上述催化剂晶格氧易于补充，从而提高了催化剂的活性。此外，结合动力学数据，CO_x 形成的起燃温度与酸度的反相关表明，$VAgO_x$ 混合氧化物的低酸度通过削弱反应物／中间体和催化剂之间的吸附强度导致平行燃烧反应（形成 CO_2）的终止，从而提高选择性。此外，拉曼强度与产物生成速率之间的线性关系表明，$VAgO_x/\alpha\text{-}Al_2O_3$ 中的 V—O—Ag 键（V 为六配位）和 $VO_x/\alpha\text{-}Al_2O_3$ 中的 V—O—Al 中心是对二甲苯选择性氧化的活性位点，被对二甲苯消耗后，它们在 O_2 气氛下完全再生进一步证实了这一点。

Sengupta 等[31]通过湿浸渍法制备了负载在 $\gamma\text{-}Al_2O_3$ 上的 Co 和 Ni 掺杂的 Fe 基催化剂，并在 450～650℃ 的温度范围和大气压下评估了在逆水煤气变换（RWGS），即将 CO_2 加氢转化为 CO 反应中的性能。RWGS 反应中的催化活性主要取决于铁的氧化物相（活性相为 Fe_3O_4）。实验结果发现与未掺杂的 Fe/ Al_2O_3 催化剂相比，在氧化铁催化剂中引入 Co 或 Ni 显著提高了活性。在掺杂的催化剂中，650℃ 和大气压下，Co-Fe/Al_2O_3 在 H_2/CO_2 进料比为 3∶1 和空速为 1000mL/（g_{cat}•min）时表现出最高的 CO 收率（48%）和稳定的运行（40h）。Co-Fe/Al_2O_3 催化剂性能较好是由于 Co 掺杂提高了铁氧化物的还原性，并形成了混合氧化物。

Liang 等[32]制备了以硝酸铜、醋酸铜和硫酸铜为前驱体的一系列 Cu/$\gamma\text{-}Al_2O_3$ 催化剂，研究了 Cu 物种在 Cu/$\gamma\text{-}Al_2O_3$ 催化剂上对 NH_3 选择性催化氧化（NH_3-SCO）反应的作用。结果表明，不同 Cu/$\gamma\text{-}Al_2O_3$ 催化剂形成 CuO 相和 $CuAl_2O_4$ 相的混合物，Cu 的种类和分散性对 Cu/$\gamma\text{-}Al_2O_3$ 的活性有显著影响。CuO 相在载体上的高度分散与其对 NH_3-SCO 反应的高活性有关。Cu(AC)$_2$ 前驱体有利于催化剂表面 CuO 相的形成，不同的焙烧温度也会影响催化剂上铜的种类和粒度。当 Cu(AC)$_2$ 催化剂在 600℃ 焙烧时，NH_3-SCO 反应的活性更高。

Chen 等[33]通过调节溶剂的比例，控制氧化铝盐的水解速率和凝胶的形成速率（改进的溶胶-凝胶自组装方法），在不使用任何无机酸的情况下快速合成了纳米棒状 P 掺杂有序介孔氧化铝（OMA）。通过浸渍法将 Pd 负载在纳米棒状 P 掺杂有序介孔氧化铝上，并将其用作甲烷燃烧的催化剂。磷掺杂提高了 $\gamma\text{-}Al_2O_3$ 的结晶温度，并改变了 $\gamma\text{-}Al_2O_3$ 的表面酸性性质，对催化剂活性有显著影响，这种影响对于高温煅烧的载体更为明显。磷的加入改变了 PdO/Pd 活性物质的分布和氧化还原性质，从而增强了低温催化活性。Pd/6P-OMA 催化剂在 13 个周期的稳定性和长期稳定性测试中显示出了更高的低温催化性能和稳定性。与不含掺杂剂的催化剂相比，在进料中存在过量水蒸气的情况下，Pd/6P-OMA 催化剂也表现出更高的水热稳定性。

Ren 等[34] 采用等体积浸渍法制备单金属 Pd/γ-Al$_2$O$_3$ 催化剂和双金属 Pd-Ce/γ-Al$_2$O$_3$ 催化剂，研究 CeO$_2$ 负载量对甲苯催化氧化的影响。负载 CeO$_2$ 的双金属催化剂比负载 Pd/γ-Al$_2$O$_3$ 催化剂的纳米 PdO 颗粒更小。与 0.5Pd/Al$_2$O$_3$ 催化剂相比，0.2Pd-0.3Ce/Al$_2$O$_3$ 催化剂的 T_{10}% 降低了 22℃。0.2Pd-0.3Ce/Al$_2$O$_3$ 催化剂对甲苯的催化效率在 172℃时达到 50%，而 0.5Pd/Al$_2$O$_3$ 催化剂仅为 10%，说明负载 Ce 可以降低贵金属含量，同时提高催化剂的活性。在 Pd/Al$_2$O$_3$ 中加入 CeO$_2$ 后，介孔结构得以保持。同时，PdO 的粒径减小至 4.7nm，氢还原峰明显向低温区偏移，表明 Pd 与 Ce 之间存在强相互作用。Ce^{3+} 的存在可以富集催化剂表面的活性氧物种并增加氧空位含量。在 Ce^{3+} 向 Ce^{4+} 的转化过程中，它为 O$_2$ 和 PdO 提供电子，促进 PdO 向 Pd 的转化，释放出晶格氧并发生反应。

Zou 等[35] 制备了 NiO 负载量在 0.0、0.5%、1.0% 和 9.0%（质量分数）之间变化的镍改性 γ-Al$_2$O$_3$ 负载 0.4%（质量分数）Pd 催化剂，用于低燃料条件下的 CH$_4$ 低温燃烧。当 γ-Al$_2$O$_3$ 载体经镍改性并经高温煅烧后，其表面形成尖晶石结构的 NiAl$_2$O$_4$ 氧化物，且其含量随 NiO 负载量的增加而增加。NiAl$_2$O$_4$ 尖晶石界面与 PdO 的相互作用有利于 PdO 组分的分布，形成结晶良好的 PdO，抑制了反应过程中 PdO 颗粒的聚集和表面 OH$^-$ 物种的积累，使得 Pd/0.5NiO/γ-Al$_2$O$_3$ 表现出优良性能，其 Pd 利用效率高于目前最先进的 Pd 基催化剂，反应稳定性优于 Pd/γ-Al$_2$O$_3$。而当尖晶石 NiAl$_2$O$_4$ 含量的进一步增加时，PdO 粒径增大，BET 比表面积减小，尖晶石 NiAl$_2$O$_4$ 与 PdO 之间的相互作用（即 NiAl$_2$-O$_4$ 的惰性体性质）变差，导致改性催化剂的活性降低。这种尖晶石界面促进策略可能为高效 Pd 基催化剂的设计及其潜在的技术应用带来新的见解。

5. 磷化物催化剂

Zhao 等[36] 为探索 CO$_2$ 资源化利用的新方法，开展了催化剂筛选试验，确立了 Ni-P/Al$_2$O$_3$ 作为最适合 CO$_2$ 催化还原的复合催化剂。通过优化得到 Ni-P/Al$_2$O$_3$ 的主要制备条件，Ni/P 为 1:1，浸渍时间为 12h，煅烧温度为 550℃。对于基于 Ni-P/Al$_2$O$_3$ 催化的 CO$_2$ 还原，最佳实验条件确定为 Ni-P/Al$_2$O$_3$ 含量为 1%，硼氢化钠（NaBH$_4$）浓度为 0.175mol·L^{-1}，反应温度为 55℃，pH 为 8.0，乙醇浓度为 90%，停留时间为 15s，二氧化碳减排平均效率达到 41.37%。与非催化条件相比，NaBH$_4$ 用量减少了 60.14%，表明 Ni-P/Al$_2$O$_3$ 对 CO$_2$ 还原具有优异的催化能力。根据 SEM 和 XRD 分析，确定了均匀分布在 Ni-P/Al$_2$O$_3$ 上的 Ni$_2$P 物种是 CO$_2$ 还原为 HCO^{2-} 的活性成分。

Li 等[37] 通过使用 PPh$_3$ 作为磷源开发了 P/Ni 摩尔比从 0 到 0.38 的 Ni-xP/Al$_2$O$_3$ 催化剂，用于乙酰丙酸乙酯加氢向 γ-戊内酯的转化。P 的加入导致 Ni$_3$P 晶相的形成。表征和 DFT 计算结果表明，电子在 Ni$_3$P 上从 Ni 转移到 P，形成

$Ni^{\delta+}$ 位点。在乙酰丙酸乙酯到 γ-戊内酯的加氢评价中，Ni-0.38P/Al$_2$O$_3$ 催化剂的反应速率常数比 Ni/Al$_2$O$_3$ 高 10 倍。Ni-0.38P/Al$_2$O$_3$ 上乙酰丙酸乙酯加氢的 TOF（596.6h^{-1}）是 Ni/Al$_2$O$_3$ 上的 5.4 倍。Ni-0.38P/Al$_2$O$_3$ 的高活性归因于 Ni$_3$P 相的形成。原位 FTIR 实验表明，Ni$_3$P 相中的 $Ni^{\delta+}$ 位点作为 C=O 键吸附的附加吸附位点，激活了 C=O 键以进行后续加氢。Ni$_3$P 相中 $Ni^{\delta+}$ 位点的独特性质使其性能显著优于最先进的非贵金属催化剂。

Wang 等[38] 首次报道了在不同温度下还原制备的磷化钼催化剂（MoP/Al$_2$O$_3$）可用于 CO 耐硫甲烷化反应。分析结果表明，在 γ-Al$_2$O$_3$ 载体表面形成了 MoP 相，且分散性良好。MoP/Al$_2$O$_3$ 催化剂的耐硫甲烷化活性顺序为：MoP/Al$_2$O$_3$-550＞MoP/Al$_2$O$_3$-600＞MoP/Al$_2$O$_3$-650。在 550℃下还原的催化剂表现出最佳的催化活性，这是因为其生成的 MoP 颗粒尺寸更小。但由于在高 H$_2$S 浓度条件下，硫化物破坏催化剂结构，并在活性相上吸附，导致 MoP/Al$_2$O$_3$-550 甲烷化活性下降。在较高的 H$_2$/CO 比下，MoP/Al$_2$O$_3$ 的转化率较高，但稳定性较差。

Li 等[39] 制备了 Ni$_2$P/γ-Al$_2$O$_3$ 和 Ni/Al$_2$O$_3$ 催化剂，并将其用于环己烷脱氢的反应中。Ni$_2$P/Al$_2$O$_3$ 催化剂的活性、选择性和稳定性均优于 Ni/Al$_2$O$_3$ 催化剂。这是由于 Ni$_2$P 具有特殊的物理化学性质，包括 Ni$_2$P 中 Ni 的正电荷和 P 的协同效应。这些性质通过增加环己烷与 Ni$_2$P 位的相互作用，减少苯与 Ni$_2$P 位的相互作用，抑制了 Ni$_2$P 的烧结，提高了 Ni$_2$P 的反应活性。表征结果表明，Ni 的正电荷和 P 在 Ni$_2$P 中的整体效应抑制了 Ni$_2$P 的烧结，促进了 Ni$_2$P 在环己烷脱氢中的反应性。原位傅里叶变换红外光谱（FTIR）进一步揭示了环己烷在 Ni$_2$P/Al$_2$O$_3$ 催化剂上脱氢的初始步骤是速率决定步骤，Ni$_2$P(0 0 0 1) 中 P 覆盖的 Ni(2) 位点（Ni$_3$P_P 位点）与环己烷脱氢有关。同时，程序升温解吸实验表明，Ni$_2$P/Al$_2$O$_3$ 催化剂中含有大量的 Ni(2) 位。

Kanda 等[40] 研究以三苯基膦（TPP）为磷源，Al$_2$O$_3$ 上低温合成 Rh$_2$P，研究其对噻吩加氢脱硫的催化活性，制备出高活性的加氢脱硫催化剂。与磷酸盐前驱体制备的 Rh-P(A)/Al$_2$O$_3$ 催化剂相比，三苯基膦制备的 P(T)/Rh/Al$_2$O$_3$ 催化剂在较低的温度下形成了 Rh$_2$P。P(T)/Rh/Al$_2$O$_3$ 催化剂加氢脱硫的最佳还原温度（650℃）低于 Rh-P(A)/Al$_2$O$_3$ 催化剂的最佳还原温度（800℃）。结果表明：在较高的还原温度下，活性位点上多余的 P 被消除，Rh$_2$P 结晶度增强，从而提高了加氢脱硫速率。此外，由于 P(T)/Rh/Al$_2$O$_3$ 催化剂的粒径（约 1.2nm）远远小于 Rh-P(A)/Al$_2$O$_3$ 催化剂，P(T)/Rh/Al$_2$O$_3$ 催化剂在 650℃还原后的加氢脱硫反应系数 k_{HDS} 最大，其活性是 Rh-P(A)/Al$_2$O$_3$ 催化剂在 800℃还原后的 1.8 倍。因此，P(T)/Rh/Al$_2$O$_3$ 催化剂的高加氢脱硫率是由较低还原温度下形成的小 Rh$_2$P 颗粒引起的。

6. 硫化物催化剂

Wang 等[41]为提高 CoMoS 催化剂对流化床催化裂化（FCC）汽油加氢脱硫的选择性，以不同孔结构的氧化铝为原料制备了一系列 CoMoS/Al$_2$O$_3$ 催化剂，并在实际 FCC 汽油上对其加氢脱硫性能进行了评价。研究表明，微孔或介孔 Al$_2$O$_3$ 制备的 CoMoS/Al$_2$O$_3$ 催化剂具有较高的加氢脱硫活性，但选择性较低，相比之下，孔径较大的载体制备的催化剂加氢脱硫活性较低，但选择性较高。大孔隙 Al$_2$O$_3$ 载体增强加氢脱硫的选择性主要是由于 MoS$_2$ 板的均匀分散和内部扩散阻力的减弱。三级多孔（tri-modal porous）Al$_2$O$_3$ 载体，在孔径约为 5～8nm、15～20nm 和 90～100nm 处均能平衡相应 CoMoS 催化剂的加氢脱硫活性和选择性。

Hein 等[42]研究了负载型 MoS$_2$/γ-Al$_2$O$_3$ 和 Ni-MoS$_2$/γ-Al$_2$O$_3$ 以及非负载型 Ni-MoS$_2$ 在二苯并噻吩存在下对喹啉的加氢脱氮反应的催化效果。结果表明，负载催化剂前驱体具有分散良好的无定形聚钼酸盐结构，形成高度分散的硫化物相。Ni 的加入使 Mo 与载体的相互作用减弱，从而使载体的寡聚度提高。相比之下，无负载的催化剂前驱体由钼酸镍和钼酸镍铵相混合物组成，在硫化后形成堆叠的硫化物板层。在所有催化剂上，喹啉加氢脱氮反应中脱除 N 的反应路径主要是喹啉→1,2,3,4-四氢喹啉→十氢喹啉→丙基环己胺→丙基环己烯→丙基环己烷。二苯并噻吩的加氢脱硫主要通过对联苯的直接脱硫进行。两种反应的活性依次为 MoS$_2$/γ-Al$_2$O$_3$＜Ni-MoS$_2$/无负载＜Ni-MoS$_2$/γ-Al$_2$O$_3$。MoS$_2$ 相加入 Ni 后，非负载型催化剂的活性比负载型催化剂 MoS$_2$/γ-Al$_2$O$_3$ 有更大的提高。而无负载的 Ni-MoS$_2$ 由于多层叠加分散度较低，反应速率低于 Ni-MoS$_2$/γ-Al$_2$O$_3$。

Liu 等[43]通过调节反应温度，采用简单的水热法制备了棒状碳酸铝铵和柳叶状薄水铝石两种 γ-Al$_2$O$_3$ 前驱体，经热处理合成了棒状（ACH）和柳叶状（AOH）两种不同形态的 γ-Al$_2$O$_3$ 载体，两种载体混合后得到 AM 载体，并通过浸渍法将 CoMo 负载在 γ-Al$_2$O$_3$ 上作为加氢脱硫催化剂。结果表明，ACH 和 AOH 的 Lewis 酸性较商品 γ-Al$_2$O$_3$ 低，ACH 和 AOH 负载的 CoMo 氧化催化剂含有较多的 β-CoMoO$_4$ 相。预硫化后，在 ACH 和 AOH 载体上形成了更多的 CoMoS 活性位点和多层 (Co)MoS$_2$ 板层，从而生成了对噻吩和 4,6-二甲基二苯并噻吩加氢脱硫活性更高的催化剂。γ-Al$_2$O$_3$ 负载的 MoS$_2$ 叠层数依次为 CoMo/ACH～CoMo/AOH＞CoMo/AM＞CoMo/CA，这与催化噻吩和 4,6-二甲基二苯并噻吩加氢脱硫的活性顺序一致。

Zhang 等[44]通过水热处理的拟薄水铝石和水热处理的 γ-Al$_2$O$_3$ 焙烧制备了两种表面性能不同的氧化铝载体，以设计具有高加氢脱硫选择性的 CoMo/Al$_2$O$_3$ 催化剂。结果表明，与传统的拟薄水铝石直接煅烧制备的氧化铝相比，这两种定制氧化铝载体的表面积、表面羟基和 Lewis 酸性均显著降低。表征结果表明，与传统的 CoMo/Al$_2$O$_3$ 催化剂相比，两种不同载体负载的 CoMo 催化剂具有 Mo 分散度降低、金属-载体相互作用减弱、Mo 硫化度提高、MoS$_2$ 板层更长等特点。3 种 CoMo/Al$_2$O$_3$ 催化剂对全系列 FCC（流化床催化裂化）汽油加氢脱硫的催化结果表明，随着氧化铝载体的比表面积、表面羟基和路易斯酸的减少，加氢脱硫选择性显著提高（选择性因子从 5.5 提高到 11.0），特别是水热处理 γ-Al$_2$O$_3$(CoMo/Al$_2$O$_3$-3) 煅烧制备的氧化铝载体上的 CoMo，即使在相同的加氢脱硫转化率（95%）下，副反应烯烃加氢活性也比传统的 CoMo/Al$_2$O$_3$ 催化剂低 15%。加氢脱硫选择性的显著提高可以由负载 MoS$_2$ 颗粒的板片长度增加，导致边角位催化的加氢（HYD）活性显著降低来很好地解释。提高加氢脱硫（HDS）的选择性可以很好地解释为增加了负载 MoS$_2$ 颗粒的板层长度，导致边角位点比例催化的烯烃加氢活性显著下降。此外，CoMo/Al$_2$O$_3$-3 在催化裂化油 HDS 中也表现出较好的选择性，硫含量可从 309×10^{-6} 降至 10×10^{-6}，RON（辛烷值）损失仅为 1.0 单位。

Xu 等 [45] 报道了一种新型高效的双功能金属/酸 CoMoS/γ-Al$_2$O$_3$ 催化剂，该催化剂掺杂 Nb$_2$O$_5$ 用于木质素化合物愈创木酚的加氢脱氧反应。在 340℃下，掺杂 Nb$_2$O$_5$ 能显著提高 CoMoS/γ-Al$_2$O$_3$ 催化剂的加氢脱氧活性，从 72.4% 提高到 97.5%。表征结果显示，Nb$_2$O$_5$ 的改性削弱了金属-载体的相互作用，从而提高了 Mo 物种的硫化度和 MoS$_2$ 相的分散，缩短了催化剂上 MoS 板层的长度，导致 MoS$_2$ 边缘增多。因此，在增加的 MoS$_2$ 边缘上，由—SH 引起更多 Brønsted 酸位点的形成，大大促进了酚类物质的 C(sp^2)—O 断裂，从而提高了烃类特别是苯的产率。

Dong 等 [46] 通过简易的无模板水热法制备了独特的介孔结构氧化铝微球，每个微球由大量高度结晶的氧化铝纳米棒组成。通过无孔定向剂成型工艺，将氧化铝微球一步组装成具有丰富微球间隙的大孔结构。由于所制备的氧化铝微球具有良好的形貌和力学稳定性，其稳定堆积形成的大孔隙平均尺寸可达 265nm，且相互间连接良好。由于微球间的大孔和中孔共存，Mo 和 Ni 组分在载体表面高度分散，载体表面容易硫化，形成高度分散的 NiMoS 相。因此，与只有大孔或中孔的催化剂相比，具有分级孔隙结构的 MoNi/Al$_2$O$_3$ 对 Ni(Ⅱ)-5,10,15,20-四苯基卟啉 [nickel(Ⅱ)-5, 10, 15, 20-tetraphenylporphine (Ni-TPP)] 的加氢脱金属和二苯并噻吩的加氢脱硫具有更高的催化活性和更长的使用寿命。这种大介孔氧化铝载体制备简单、表面积大、活性和稳定性好，为工业重油加氢处理提供了一种有前景的选择。

Zhang 等 [47] 以硝酸铝和六水氯化铝为原料，制备了 γ-Al$_2$O$_3$、δ-Al$_2$O$_3$ 和 θ-Al$_2$O$_3$ 等一系列具有不同比表面积、孔径大小和晶体结构的氧化铝，并制备了相应的 NiMo/Al₂O₃ 催化剂。进行硫化处理后,对其在催化裂化柴油加氢脱硫和加氢脱氮性能方面进行了测试。该系列催化剂在不同晶型氧化铝上的加氢脱硫和加氢脱氮效率依次为 NiMo/δ-Al₂O₃＞NiMo/γ-Al₂O₃＞NiMo/θ-Al₂O₃。由 Al(NO₃)₃·9H₂O 制备的 NiMo/δ₂-Al₂O₃ 催化剂加氢脱硫和加氢脱氮效率最高,分别为 99.4% 和 99.3%。NiMo/δ-Al₂O₃ 催化剂对柴油加氢脱硫和加氢脱氮的催化活性优于相应的 NiMo/γ-Al₂O₃ 和 NiMo/θ-Al₂O₃ 催化剂,其主要原因是催化剂孔径分布集中,金属-载体相互作用适中,硫化程度最高。

Liu 等[48]通过改变焙烧温度,采用传统浸渍法制备了一系列具有不同金属-载体相互作用的 NiMo/γ-Al₂O₃ 加氢脱硫催化剂。表征结果表明,随着煅烧温度的升高,Ni-Al₂O₃ 相互作用和 Mo-Al₂O₃ 相互作用逐渐增强,而煅烧温度对钼物种的硫化程度影响较小,但对 Ni 物种在 MoS₂ 纳米板边缘的修饰程度影响较大。随着煅烧温度的升高,Ni 物种的修饰度明显下降,而 Mo 物种的硫化度几乎保持一致,表明 Ni 物种比 Mo 物种对煅烧温度更敏感。此外,表面镍原子的有效性也会影响 MoS₂ 的形貌。以上结果表明 Ni-Al₂O₃ 相互作用对加氢脱氮催化剂的影响更大。以二苯并噻吩为模型反应物,对加氢脱氮的性能进行了评价,通过对催化剂结构与活性的相关性分析发现,Ni-Al₂O₃ 的相互作用不仅提高了表面镍原子形成更多 Ni-Mo-S 活性位点的可能性,而且改善了 MoS₂ 的微观结构,使纳米板更短、层数更高,共同提高了 Ni-Mo 催化剂的表观活性和内在活性。因此,精细调节 Ni-Al₂O₃ 相互作用是提高加氢脱硫催化剂性能的有效策略。

7. 其他

Aly 等[49]探究了硼促进对丙烷脱氢过程中 3%(质量分数)Pt/γ-Al₂O₃ 催化剂性能的影响。结果表明,具有最佳硼量的 Pt/γ-Al₂O₃ 催化剂可减少碳沉积并提高丙烷脱氢过程中的丙烯选择性,从而提高生产率。值得注意的是,只有在铂之前引入硼才能提高抗积炭能力和选择性,在铂之后引入硼只会降低活性。在 12h 的丙烷脱氢实验中,使用 1%(质量分数)的硼促进催化剂使得碳含量降低了 2/3,并将丙烯选择性从 90% 提高到 98%。这种增强的性能对应于总丙烯产率增加 40%。NH₃-TPD 和丙烯分解表明硼从 γ-Al₂O₃ 中去除了中强酸位,这些酸位是丙烯低聚形成焦炭的原因。催化剂表征和 DFT 计算表明,硼促进剂以精细分散的无定形氧化物形式存在于载体和铂颗粒上,而还原硼物质和 Pt-B 表面合金的形成对反应是非常不利的。

López-Benítez 等[50]合成了基于 Keggin 空缺结构不同的 Al₂O₃ 负载的含 Ni 多钨酸盐(POW),以建立不同 Ni/POW 的局部构象与最终催化性能之间的关系。因此,在两种不同 pH 值(7 和 9)的水溶液中,通过溶胶-凝胶法浸渍技术,制备了含有不同数量镍（每个 POW 有 3、4 或 9 个 Ni 原子）的 POW，并通过浸渍法将其负载在 Al$_2$O$_3$ 载体上。在干燥（120℃，4h）和煅烧（400℃，4h，空气中）步骤后对所获得的负载型含镍 POW 进行表征，然后使用 10mol% H$_2$S 在 H$_2$ 中 400℃下将不同的固体硫化 4h，并在 T = 300℃和 p = 3MPa H$_2$ 下对二苯并噻吩的加氢脱硫进行评估。Ni 在每个多钨酸盐（POW）内的定位和用于分散每个 POW 的浸渍 pH 值都会影响 NiWS 促进相的硫化倾向和本征活性。在这方面，每个多钨酸盐内部的 Ni 和 W 之间的接触程度对硫化行为有深远的影响，随着 Ni 和 W 原子之间初始接触的增加，被硫化的容易程度增加。然而，Ni 在钨酸盐八面体基团之间的位置也可以影响最终催化剂的本征活性，最佳 Ni 定位在钨酸盐八面体基团的表面，如在 Ni$_3$POW 中。如果浸渍发生在 pH = 7 时，Ni$_3$POW/Al$_2$O$_3$ 的加氢脱硫活性最高。

第二节
沉淀法

一、基本原理

沉淀法是常用的一种催化剂制备方法，可用于制造单组分及多组分的催化剂。通常是在搅拌情况下将碱性沉淀剂加入到含有金属盐类的水溶液中，再将生成的沉淀洗涤、过滤、干燥、焙烧、成型和活化，从而制得相应的催化剂。

沉淀过程是固体（沉淀物）溶解的逆过程。在一定温度下，当溶解速度同生成沉淀的速度达到平衡时，溶液达到饱和状态，此时溶液中溶质的浓度称为饱和浓度。溶液中生成沉淀的首要条件之一就是其浓度超过饱和浓度。溶质超过饱和浓度的溶液称为过饱和溶液，溶液浓度超过饱和浓度的程度称为溶液的过饱和度。溶液过饱和度 S 计算方法如式（5-5）所示。

$$S = \frac{c}{c^*} \tag{5-5}$$

式中，c^* 代表溶质的饱和浓度，g/L；c 代表过饱和溶液的浓度，g/L。

显然，当 S=1 时，溶液为饱和溶液；当 S＞1 时，溶液为过饱和溶液；开始析出沉淀所需的过饱和度称为临界过饱和度。

溶剂中溶质的浓度、过饱和度与温度的关系示于图5-3。当溶液浓度未达到饱和，即位于溶解度曲线 AB 的下方时，不能析出沉淀，溶液是稳定的，故称稳定区。当溶液浓度在过饱和曲线 CD 上方时，溶液已超过临界过饱和度，因此从溶液中析出沉淀，此时称为不稳定区。溶液浓度处于两区之间时称为介稳区。

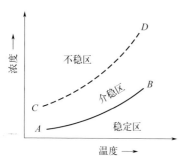

图5-3 溶液过饱和度示意图

由此可知沉淀析出的重要条件是溶液要达到临界过饱和度。因为由溶液中析出晶核是一个从无到有形成新相的过程，溶质分子必须具有足够的能量克服液固相界面的阻力，碰撞凝聚成固相晶核，同时为了使从溶液中生成的晶核长大成晶体也必须有一定浓度差作为扩散推动力，因此只有在过饱和溶液中才能形成沉淀。

但是，当快速实现溶液的过饱和时，虽已达到临界过饱和度，但有时并不立刻出现晶核，而需经过一段时间后才有晶核生成，如图 5-4 所示。从达到一定过饱和度至出现晶核这一段时间称为诱导期。主要是因为从溶液中得到新相的稳定晶核时溶质要脱溶剂化及形成晶体需要一定时间。

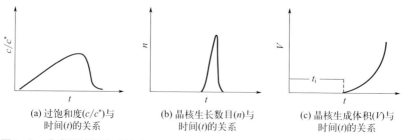

(a) 过饱和度(c/c^*)与
时间(t)的关系 　(b) 晶核生长数目(n)与
时间(t)的关系 　(c) 晶核生成体积(V)与
时间(t)的关系

图5-4 难溶沉淀的生成速率

诱导期的长短与过饱和度即溶液中溶质浓度密切相关。溶质在溶液中浓度高，碰撞形成晶核的概率就大。诱导期 t_i 与溶液的初期浓度 c_0 有如下的关系：

$$t_i c_0^n = k \tag{5-6}$$

式中，k 为比例常数；一般 n 在 $3 \sim 10$ 之间。

溶液中的溶质分子或离子彼此互相碰撞聚结成晶核，然后溶液中的溶质分子扩散到晶核表面使晶粒长大而成为晶体，因此结晶沉淀的生成可分为两个过程，即晶核的生成过程和晶核的成长过程。

溶液处于过饱和介稳态中，由于分子或离子不断碰撞运动，在局部区域的分子聚集成簇团，聚集不仅是由于溶液中运动粒子间发生碰撞，并又通过弱作用力（范德华力）相互黏附，还通过晶体生成化学键，聚集体固化。这种簇团的构型在不同程度上接近于所生成新相的结构，它与周围介质处于平衡，可能聚集更多的分子而长大，也可能分解消失，两种趋势的概率相同。簇团又称胚芽，它不太稳定，在过饱和溶液中簇团形成速率大于分解速率，它就随时间而长大，当簇团达到临界粒度，体积达到相当程度后，它能稳定地发展而不会消失，这时称它为晶核。在晶核形成过程中分子或离子聚集通常不是无序的，而是按照固相晶格有序排列，所以分子或离子的一次碰撞不一定就排列在晶格中，常是几个分子先形成松散的簇团，它们在溶液中局部过饱和度较小的地方可能被消失，在局部过饱和度较大的地方再不断地碰撞而聚集起来。如此多次反复的有效碰撞，才能逐渐聚集成一定数量的分子形成胚芽，胚芽发展成晶核。晶核生成速率如式（5-7）所示。

$$N = k\left(c - c^*\right)^m \qquad (5\text{-}7)$$

式中，N 为单位时间内单位体积溶液中生成的晶核数；k 为晶核生成速率常数；c 为过饱和溶液的浓度，g/L；c^* 为溶液的饱和浓度，g/L；$m=3 \sim 4$。

形成晶核后，溶质在晶核上不断地沉积，晶粒不断长大。晶粒长大过程相似于化学反应的传质过程，分两步：一是溶质分子向晶粒的扩散过程；二是溶质分子在晶粒表面的沉淀反应过程。但当溶液的过饱和度很大而使聚集速率较快时，分子可能来不及有序地排列，从而生成非晶态粒子，在沉淀物老化中再逐渐地转变为有序排列的晶体。

扩散过程的速率：

$$\frac{\mathrm{d}m}{\mathrm{d}t} = \frac{D}{\delta}A(c - c') \qquad (5\text{-}8)$$

式中，m 为在时间 t 内沉积的固体量，g；D 为溶质在溶液中的扩散系数，m^2/s；δ 为滞留层的厚度 m；A 为晶体比表面积，m^2/g；c 为液相浓度，g/L；c' 为界面浓度，g/L。

表面沉积速率：

$$\frac{\mathrm{d}m}{\mathrm{d}t} = k'A\left(c' - c^*\right) \qquad (5\text{-}9)$$

式中，k' 为表面沉积速率常数；c^* 为固体表面浓度，g/L，即饱和浓度。

当过程达到稳态平衡时，扩散速率与沉积速率相等，所以从以上两式中可以消除 c'，即

$$\frac{dm}{dt} = \frac{A(c-c^*)}{\frac{1}{k'}+\frac{\delta}{D}} = \frac{A(c-c^*)}{\frac{1}{k'}+\frac{1}{k_d}} \qquad (5\text{-}10)$$

式中，$k_d = \dfrac{D}{\delta}$ 为传质系数。

当表面反应速率远大于扩散速率时，即 $k' \gg k_d$，式（5-10）可写成

$$\frac{dm}{dt} = k_d A(c-c^*) \qquad (5\text{-}11)$$

即为一般的扩散速率方程，表明晶核的长大速率决定于溶质分子或离子的扩散速率，这时晶核长大的过程为扩散控制。反之，当扩散速率远大于表面反应速率时，即 $k_d \gg k'$，式（5-10）改写为

$$\frac{dm}{dt} = k'A(c-c^*) \qquad (5\text{-}12)$$

也就是说，过程取决于表面反应。有人根据经验提出反应级数在 1～2 之间，故在表面反应控制阶段，其速率式可写成

$$\frac{dm}{dt} = k'A(c-c^*)^n \qquad (5\text{-}13)$$

式中，n 在 1～2 之间，取决于盐类的性质和温度。过程是扩散控制还是表面反应控制，或者二者各占多少比例，均由实验确定。一般来说，扩散控制时速率取决于湍动情况（搅拌情况），而表面反应控制时则取决于温度。

沉淀法实施是否顺利，沉淀剂选择合适与否关系很大。常用沉淀剂包括碱（NaOH、KOH、NH_4OH）、尿素、氨气、铵盐 [$(NH_4)_2CO_3$、NH_4HCO_3、$(NH_4)_2SO_4$、$(NH_4)_2C_2O_4$]、CO_2、碳酸盐（Na_2CO_3、K_2CO_3、$NaHCO_3$）等，其中以 NH_4OH 和 $(NH_4)_2CO_3$ 较为常用。在选择沉淀剂时，应遵循以下原则：

① 尽可能选用易分解并且易挥发成分的物质作沉淀剂。最常用的沉淀剂是 NH_3、NH_4OH 及 $(NH_4)_2CO_3$ 等铵盐，它们在沉淀后的洗涤和热处理过程中易于除去而不残留。

② 沉淀剂本身溶解度要大，这可提高阴离子浓度而使金属离子沉淀完全，它被沉淀吸附的量也很少，易于洗脱。沉淀物的溶度积要小。

③ 沉淀物的溶解度要小，沉淀物溶解度愈小，沉淀反应愈完全，原料消耗量愈小，生产原料成本降低，尤其是金、铂、钯、铱等稀贵金属。

④ 在保证催化剂活性的基础上，形成的沉淀物必须便于过滤和洗涤。
⑤ 沉淀剂必须无毒，不会造成环境污染。

二、沉淀法优缺点

1．沉淀法的优点

① 利于杂质的清除；
② 可获得活性组分分散度较高的产品；
③ 制多组分催化剂时，利于组分间紧密结合，形成适宜的活性构造；
④ 活性组分与载体结合较紧密，活性组分不易流失。

2．沉淀法的缺点

① 过程机理较复杂，有时不易掌握（操作影响因素复杂），制备重复性欠佳；
② 以沉淀法制多组分催化剂时，均匀度不一定能保证；
③ 制造工艺流程较长，操作步骤较多，消耗较多，生产成本高。

三、影响沉淀的因素

1．浓度

由式（5-13）可知，晶核生成速率和晶核长大速率都与（$c-c^*$）的数值有关，将式（5-7）、式（5-11）和式（5-13）三式进行比较，在晶核长大扩散控制时 $n=1$，表面反应控制时 $n=1 \sim 2$，而晶核生成速率控制时 $m=3 \sim 4$。可以看出，溶液浓度增大，即过饱和度增加则更有利于晶核的生成。它们的关系如图 5-5 所示，曲线 1 表示晶核生成速率和溶液过饱和度的关系，随着过饱和度的增加，晶核生成速率急剧增大；曲线 2 表示晶核长大速率随过饱和度增加缓慢增大的情况；总的结果是曲线 3，随着过饱和度的增加，生成晶体颗粒愈来愈小。

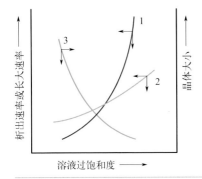

图5-5
晶核生成速率、晶核长大
速率和过饱和度的关系

因此，为了得到预定组成和结构的沉淀物，沉淀应在适当稀释的溶液中进行，这样沉淀开始时，溶液的过饱和度不致太大，可以使晶核生成速率减小，有利于晶体的长大。另一方面，在过饱和度不太大（$S=1.5 \sim 2.0$）时，晶核的长大主要是离子（或分子）沿晶格而长大，可以得到完整的结晶。当过饱和度较大时，结晶速率很快，容易产生错位和晶格缺陷，也容易包藏杂质。在开始沉淀时，沉淀剂应在不断搅拌下均匀而缓慢地加入，以避免局部过浓现象，同时也能维持一定的过饱和度。

2. 温度

温度对晶粒生成与长大都有较大的影响。当溶液中溶质含量一定时，提高温度，一般过饱和度随之下降。因为过饱和度的变化对晶核生成速率的影响比对晶核长大速率的影响更大。当温度很低时，虽然过饱和度可以很大，但溶质分子的能量很低，所以晶核生成速率很小。随着温度提高，晶核生成速率可达到极大值，继续提高温度，一方面由于过饱和度下降，同时也由于溶液中分子动能增加不利于形成稳定的晶核。因此，晶核生成速率又趋下降。虽然提高温度对各种过程的速率都可提高，但由于过饱和度降低，使晶核生成速率的增加，相应地受到较多的削弱，而相对而言晶核长大速率受到的削弱要少些，所以提高温度更有利于晶粒长大。另一方面，提高温度能促进小颗粒晶种溶解并重新沉积在大颗粒的表面上。一般来说，低温沉淀有利于形成小晶粒，而高温沉淀有利于较大晶粒的生成。

3. 搅拌

对溶液搅拌，加强溶液湍动，减少扩散层厚度，加大扩散系数，有利于晶粒长大，同时促进晶核的生成，但对后者的影响不明显。另有报道，在超声波或声波场中，晶核生成速率能提高百倍、千倍。这可能是搅拌有利于诱导时间的缩短，初始晶核生成所需临界过饱和度下降，生成晶核数目更多的缘故。

实验证明，随搅拌速度的提高，初始晶核长大速率急剧增加。当达到一极大值时，再继续提高搅拌速度，晶核长大速率就基本不变，说明搅拌速度高于某一数值，控制步骤已由扩散控制转为表面反应控制。

4. pH 值

对于水合氧化物沉淀（或氢氧化物沉淀），pH 值直接影响溶液的饱和浓度 c^* 值。如用碱沉淀铝盐，当其他条件相同时，因 pH 值不同可得到三种产品：

$$Al^{3+}+OH^- \begin{cases} \xrightarrow{pH<7} Al_2O_3 \cdot mH_2O(无定型胶体) \\ \xrightarrow{pH=9} \alpha\text{-}Al_2O_3 \cdot H_2O(针状胶体) \\ \xrightarrow{pH>10} \beta\text{-}Al_2O_3 \cdot nH_2O(球形结晶) \end{cases}$$

β-$Al_2O_3 \cdot nH_2O$ 是球形颗粒紧密堆积而成的结晶，易洗涤过滤，在 400℃煅烧得到比表面积 $45m^2/g$ 的 η-Al_2O_3。其他两种因颗粒过细难以洗涤。

5．加料顺序

加料顺序是影响沉淀物性能的一个重要因素，可分为"顺加法""逆加法"和"并加法"。把沉淀剂加到金属盐溶液中统称为"顺加法"；把金属盐溶液加到沉淀剂中，称为"逆加法"，把盐溶液及沉淀剂同时按比例加到中和沉淀槽中，称为"并加法"。用"顺加法"中和沉淀时，由于几种金属盐溶液的溶度积不同，就要分层先后沉淀。用"逆加法"中和沉淀时，则在整个沉淀过程中pH 值是一变值。并加法基本可以使沉淀在一定 pH 值下进行，因此产品的均一性较好。

四、沉淀法的分类

1．单组分沉淀法

该方法是通过沉淀与一种待沉淀组分溶液作用以制备单一组分沉淀物的方法。是催化剂制备中最常用的方法之一。由于沉淀物只含一个组分，操作不太困难，再与机械混合或其他操作单元相配合，既可用来制备非贵金属单组分催化剂或载体，又可用来制备多组分催化剂。

2．多组分共沉淀法（共沉淀法）

共沉淀法是将催化剂所需的两个或两个以上组分同时沉淀的一种方法。其特点是一次可以同时获得几个组分，而且各个组分的分布比较均匀。有时组分之间能够形成固溶体，达到分子级分布，分散均匀度极为理想。所以本方法常用来制备高含量的多组分催化剂或催化剂载体。广泛用于催化剂的制造中。

共沉淀法的操作原理与沉淀法基本相同，但由于共沉淀物的化学组成比较复杂，要求的操作条件也就比较特殊。为了避免各个组分的分步沉淀，各金属盐的浓度、沉淀剂的浓度、介质的 pH 值以及其他条件必须同时满足各个组分一起沉淀的要求。

3．均匀沉淀法

该法首先使待沉淀溶液与沉淀剂母体充分混合，形成一个十分均匀的体系，然后调节温度，逐渐提高 pH 值，或在体系中逐渐生成沉淀剂等方式，创造形成沉淀的条件，使沉淀缓慢进行，以制得颗粒十分均匀而比较纯净的固体，这不同于以上介绍的两种沉淀法，不是把沉淀剂直接加入到待沉淀溶液中，也不是加沉淀剂后立即产生沉淀，因为这样操作难免会出现沉淀剂与待沉淀组分混合不均，造成体系各处过饱和度不一，沉淀颗粒粗细不等，杂质带入较多的现象。

4．超均匀沉淀法

针对沉淀法、共沉淀法中粒度大小和组分分布不够均匀这些缺点，人们提出了超均匀沉淀法。该方法是基于某种缓冲溶液的缓冲作用而设计的，即借助缓冲剂将两种反应物暂时隔开，然后快速混合，在瞬间内使整个体系各处同时形成一个均匀的过饱和溶液，使沉淀颗粒大小一致，组分分布均匀，达到超均匀效果。

5．导晶沉淀法

该方法是借晶化导向剂（晶种）引导非晶型沉淀转化为晶型沉淀的快速而有效的方法。

6．配位（共）沉淀法

先在金属盐溶液中加入配位剂，形成金属配位物溶液，然后与沉淀剂一起并流到沉淀槽中进行沉淀。由于配位剂的加入控制金属离子的浓度，使得沉淀物的粒径分布均匀。

五、沉淀的后处理过程

1．老化

沉淀完成后不立即过滤，而是和母液一起放置一段时间。在此期间内发生的一切不可逆变化称为沉淀物的老化。在沉淀过程中，沉淀物与母液一起放置一段时间时，由于细小的晶体比粗大的晶体溶解度大，溶液对于大晶体而言已达到饱和，而对于细小晶体尚未达到饱和，于是细晶体逐渐溶解，并沉积于粗晶体上。如此反复溶解、沉积的结果，基本上消除了细晶体，获得了颗粒大小较均匀的粗晶体。同时，孔隙结构和表面积也发生了相应的变化。而且，由于粗晶体总表面积较小，吸附杂质较少，在细晶体之中的杂质也随溶解过程转入溶液。此外，初生的沉淀不一定具有稳定的结构，它们与母体在高温下一起放置，将会变成稳定的结构。某些新鲜的无定形或胶体沉淀，在陈化过程中逐渐转化而结晶也是可能的。

2．过滤和洗涤

老化后的沉淀溶液经过滤把水和沉淀物分离，可除去金属盐类带来的大量酸根及沉淀剂带来的阳离子。过滤操作有恒压、恒速及先恒速后恒压三种方式。实验室常用真空抽滤，以滤纸为过滤介质，对过滤速率考察不多。而工业上常用多种过滤机，以滤布为过滤介质，过滤设备有转鼓过滤机、圆盘真空过滤机、带式真空过滤机、板框压滤机、自动厢式压滤机、带式压榨过滤机和离心机。

过滤产生的滤饼由于呈多孔结构，在内部总会滞留有一部分母液，为了除净被中和沉淀物所吸附的阴、阳离子以及其他有害物质，过滤后的沉淀物必须进行洗涤。沉淀时，如果仅从溶解度来考虑，则在某溶液中加入一定的沉淀剂后，应该只沉淀出某种难溶物质，但事实上却有一部分可溶性杂质带入沉淀中。沉淀带入杂质常见的原因是表面吸附、形成混晶（固溶体）、机械吸留和包藏等，其中表面吸附是主要的。表面吸附是大表面积的非晶形沉淀沾污的主要原因。由于沉淀表面电性不饱和，产生一种自由力场，尤其是在棱边和顶角，自由力场更为显著。于是带相反电荷的离子先后被吸附，形成表面双电层；溶液中存在的杂质如果与沉淀物的电子层结构类型相似，离子半径相近，或电荷／半径比值相同，在沉淀晶体长大过程中，首先被吸附，然后参加到晶格排列中形成混晶（同形混晶或异形混晶）；机械吸留就是被吸附的杂质机械地嵌入沉淀之中，包藏常指母液机械地包藏在沉淀中。这种现象的发生，也是由于沉淀剂加入太快，老化后也可能除去。带入杂质的原因，除了上述几种之外，还有所谓后沉淀现象，即沉淀形成之后，与母液一起放置一段时间（通常几小时），其中可溶或微溶的杂质，可能沉积在原沉淀物上。

为了尽可能减少或避免杂质的引入，应当采取以下措施：

① 针对不同类型的沉淀，选用适当的沉淀条件和老化条件。

② 在沉淀分离后，用适当的洗涤剂洗涤。

③ 必要时进行再沉淀（二次沉淀），即将沉淀过滤、洗涤、溶解后，再进行一次沉淀，再沉淀时由于杂质浓度大为降低，吸附现象可以减免。

洗涤既要达到除去杂质预定的目的，又要尽量减少沉淀物的溶解损失，并避免形成胶体溶液，因此需要选择合适的洗涤液，选择洗涤液的一般原则如下：

① 溶解度很小而又不易形成胶体的沉淀，可用蒸馏水或其他纯水洗涤。

② 溶解度较大的晶形沉淀，宜用沉淀剂稀溶液洗涤，但是只有易分解并含易挥发成分的沉淀剂才能使用。

③ 溶解度较小的非晶形沉淀，应该选择易分解易挥发的电解质稀溶液洗涤。

④ 温热的洗涤液容易将沉淀洗净（因为杂质的吸附量随温度的提高而减少），通过过滤机也较快，还能防止胶体溶液的形成。但是，在热洗涤液中沉淀损失也

较大。所以，溶解度很小的非晶形沉淀，宜用热洗涤液洗涤，而溶解度很大的晶形沉淀，以冷洗涤液洗涤为好。

3．干燥

干燥的目的在于脱除吸附水，通常是在 $60 \sim 200℃$ 下进行的。物料与水分结合状态不同，对于干燥的进行有明显影响。物料和水分结合的方式通常可分为三类。

① 化学结合水：由金属盐类用沉淀法制取的催化剂沉淀物，都含有一定量的结晶水，此结晶水要在比较高的温度下才能脱除，只能在催化剂焙烧工序中分解除去。

② 物化结合水：属于此类的有吸附、渗透和结构水分，其中吸附水分与物料的结合强度最大。物化结合水分所产生的蒸气压小于液态水在同温度时生成的蒸气压，故难以去除。沉淀法制取催化剂的沉淀物中，含有相当量该类型水分。

③ 机械结合水：属于此类的有毛细管水分、润湿水分和孔隙中水分。润湿水分在物料中的结合强度最弱，故由蒸发或机械方法即可去除。沉淀法制取的催化剂沉淀物中，极大部分属于该类型结合水。

干燥对催化剂的孔结构、机械强度及活性组分分布有一定影响。干燥前期的制备过程会使微孔内部的水分多于表面层的水分，形成内部高、外部低的含水率梯度，即空隙内部水分压力大于外部水压力，于是水分应沿内表面微孔及大孔由内向外以液体及蒸汽的形式外移逸出。但干燥时被干燥的孔隙物质还具有温度梯度，即外高内低的梯度，迫使水分由外向内移动，于是在孔隙的某处便呈现水分移动缓慢区域，使孔隙物质在干燥时不能均衡进行。

理想的干燥条件是孔隙物质内部水分向外移动的速率应该和孔隙物质表面水分向介质中蒸发速率相适应。避免表面干燥太快而龟裂。干燥过程大致分三个阶段：初期阶段，孔隙物质表面受内部伸张而产生张应力，而内部各层却受到表面的压缩而产生压应力；干燥中间阶段，内部张应力与外部压应力平衡；干燥的终了阶段，与初期阶段相反，外部受压应力而内部受张应力。由于大部分粉状载体是孔隙物质，干燥时会产生含水率梯度和温度梯度，由温度梯度引起的载体表层附近呈现水分子移动缓慢区域，在水分缓慢地由内表面向外表面移动的同时，催化剂组分的微粒也逐渐迁移到外表面，这样不仅使组分在载体中形成一个浓度梯度，而且在微孔口将积聚较多粒子，影响催化剂的质量。故在实际生产中应采用快速干燥技术，在短时间内将催化剂颗粒加热，使含水率梯度与温度梯度的方向相同，都是颗粒内部高外部低。颗粒表面张力由于温度高而下降，有利于水分蒸发逸出，这样可使催化剂干燥速率加快，保证组分在载体内外分布均匀，且避免表面龟裂。干燥温度过高，浸渍在粒状载体内部表面溶液的水分产生瞬时蒸汽分压过大现象，来不及扩散到载体表面而蒸发，可使粒子产生龟裂；干燥温度太低也不好，不但干燥时间长、干燥速率慢，而且在缓慢的干燥过程中，催化剂组分微粒内外表面产生浓度梯度，甚至会阻塞微孔，从而影响催化反应时气体的有效扩散。因此工业上宜采用比较高的温度快速加热，减少毛细孔的表面张力，使水分容易蒸发干并减少颗粒表面龟裂。

凝胶在干燥时毛细压力竭力束紧骨架，而骨架阻力与之相对抗，凝胶由于脱水收缩而机械强度增大，当骨架的强度足够对抗毛细压力时，孔结构才最后固定下来，随着温度的提高，凝胶的孔径变大，表面张力下降，毛细压力降低，催化剂龟裂现象也可减少，凝胶的干燥温度一般宜控制在100℃以上，介质可用过热蒸汽或湿空气。热处理的温度、时间和介质，取决于凝胶法制备的各种催化剂的性能。

4. 焙烧

载体或催化剂在不低于其使用温度下，在空气或惰性气流中进行热处理，称为焙烧。经干燥后载体上所负载的组分一般为水合氧化物（氢氧化物）或可热解的碳酸盐、铵盐等。这些组分一般没有催化活性，需要进行焙烧处理。300～600℃称为中温焙烧，高于600℃时称为高温焙烧。焙烧对催化剂的比表面积和孔结构、表面酸性、晶型和微晶大小、机械强度、活性和稳定性等均有一定程度的影响。在焙烧过程中催化剂发生一些物理化学变化：

① 热解反应。除去载体物料中易挥发组分和化学结合水，使载体形成稳定结构。分解负载在催化剂上的某些化合物，使之转化成有催化活性的化合物。

② 不同的催化剂组分或载体之间发生固相反应，产生新的活性相。可能发生在两种催化剂活性组分之间，也发生在活性组分（或助剂）与载体之间。

③ 发生晶型变化。

④ 再结晶。热解产物再结晶使其获得一定的晶粒大小、孔结构及比表面积。通过高温下离子热移动，可能形成晶格缺陷，或因外来离子的嵌入，使催化剂具有活性。

⑤ 烧结。焙烧中需微晶的互相接触黏结或重排，它是一个缓慢过程。当催化剂处于焙烧温度时，随时间的延长，烧结越严重。烧结过程一般使微晶长大，孔径增大，比表面积和孔体积减小，机械强度提高。使微晶适当烧结，提高催化剂机械强度，但会导致催化剂活性降低。所以，若对催化剂活性要求不高时，可通过部分烧结来改善催化剂强度。

5. 活化

钝态催化剂经过一定方法处理后变为活泼催化剂的过程称为催化剂活化（不包括再生）。新鲜催化剂在一定温度下，用氢气或其他还原性气体还原成为活泼金属或低价氧化物的过程称为催化剂还原。当然，还原只是催化剂活化最常见形式之一。目前许多固体催化剂活化状态是金属形态，但某些固体催化剂活化状态是氧化物、硫化物或其他非金属态。例如，经类加氢脱硫用铝-钴催化剂，其活化状态为硫化物，这种催化剂活化称为预硫化，而不是还原。催化剂一旦还原，在使用前不能暴露于空气中，以免剧烈氧化引起着火或失活。还原是催化剂制备过程的最后单元操作，它完成的好坏直接影响催化剂使用性能和质量。

六、研究进展

1. 金属催化剂

Zhang 等[51] 采用双水解沉淀法制备了 Cu/Al₂O₃ 催化剂。在 Cu/Al₂O₃ 催化剂上，在外源无碱和无 H₂ 条件下成功地实现了硝基芳烃与甲醇的连续 N-甲基化。通过调节反应条件可以控制硝基芳烃的甲基化过程，分别得到所需的 N—甲基苯胺和 N, N-二甲基苯胺。表征结果表明，双水解沉淀法使活性金属 Cu 表面富集和高度分散，同时使 Cu/Al₂O₃ 具有更发达的孔隙体系，这是该催化剂相对于共沉淀法所制备的 Cu/Al₂O₃-CP 具有更高性能的原因。

Zhan 等[52] 制备了一系列掺杂 ZrO₂ 的 Ni/Al₂O₃ 催化剂，并对其 CO₂ 甲烷化反应活性进行了评价。掺杂 ZrO₂ 的 Ni/Al₂O₃ 催化剂对 CO₂ 甲烷化的催化活性优于未掺杂的催化剂。表征结果表明，ZrO₂ 引入后形成 γ-(Al, Zr)₂O₃ 固溶体，减弱了 NiO-Al₂O₃ 相互作用，抑制了 NiAl₂O₄ 尖晶石的形成。经氢还原活化后，掺杂 ZrO₂ 的 NiO/Al₂O₃ 催化剂的 Ni 纳米颗粒尺寸更小，掺杂 16%（质量分数）ZrO₂ (Ni/AZ16) 的催化剂的 Ni 纳米颗粒尺寸最小，在 CO₂ 甲烷化反应中反应活性最高。

Byun 等[53] 制备了一系列不同温度下热处理 Al₂O₃ 载体和不同 pH 沉淀的 Pd/Al₂O₃(X)_pHY 催化剂 [X 代表 Al₂O₃ 载体的热处理温度（℃），Y 代表 pH 值]，研究了反应温度、氢气压力和反应时间对 Pd/Al₂O₃ 催化剂催化马来酸（MA）液相加氢的影响，并研究了 Al₂O₃ 载体中 Pd 分散率和相（γ、θ + α 和 α）的影响。反应温度为 90℃，H₂ 压力为 0.5MPa，反应时间为 90min，MA 完全转化，丁二酸（SA）选择性为 100%。在非最优条件下，MA 加氢生成富马酸（FA）作为中间体。在 $T = 90℃$，$p_{H_2} = 0.5MPa$，$\tau = 60min$，搅拌速度为 700r/min 的条件下，考察了 Al₂O₃ 载体性质和 Pd 分散度对 MA 液相加氢催化活性的影响。催化剂活性下降顺序为 Pd/Al₂O₃(900)_pH7.5 > Pd/Al₂O₃(105)_pH7.5 > Pd/Al₂O₃(900)_pH11.5 > Pd/Al₂O₃ (1100)_pH7.5 > Pd/Al₂O₃(1150)_pH7.5，MA 的转化率和 SA 的选择性随着 Pd 分散度的增加（即粒径的减小）而增加，表明 Pd 是 MA 加氢过程中更活跃的物种。Pd 在 Pd/Al$_2$O$_3$(900)_pH11.5 和 Pd/Al$_2$O$_3$(1100)_pH7.5 催化剂中的分散度相近，分别为 13.1% 和 11.0%。然而，由于氧化铝载体的性质不同，催化剂表现出明显不同的 MA 转化率和 SA 选择性。据报道，MA 到 FA 的异构化反应不需要催化剂，且受马来酸浓度、反应温度和溶液 pH 的强烈影响。Pd/Al$_2$O$_3$(900)_pH11.5 催化剂中 Al$_2$O$_3$ 处于比表面积大、酸位强的 γ 相，而 Pd/Al$_2$O$_3$(1100)_pH7.5 催化剂中 Al$_2$O$_3$ 处于比表面积小、酸位弱的 θ + α 相。Al$_2$O$_3$ 载体的物理化学性质影响反应物和钯纳米颗粒在活性位点上的吸附强度。γ 相中的 Al$_2$O$_3$ 可以为加氢反应提供大量的活性位点，增加了催化剂表面的滞留时间，从而获得 MA 的高转化率和 SA 的高选择性。而当 Al$_2$O$_3$ 处于 θ + α 或 α 相时，Pd/Al$_2$O$_3$ 催化剂的 Pd 分散度低、比表面积小、酸位弱，催化剂表面停留时间缩短，导致加氢反应效率低。这些结果表明，MA 和 H$_2$ 在催化剂表面停留时间的缩短导致反应速率的降低。

Daroughegi 等 [54] 采用超声辅助共沉淀法合成了不同金属负载的 Ni-Al$_2$O$_3$ 催化剂，用于 CO$_2$ 甲烷化反应。当 Ni 含量提高到 25%（质量分数）时，催化剂的 BET 比表面积增加，结晶度降低，催化剂的还原性提高，催化性能得到改善，这与增加 BET 比表面积和产生更多的活性位点有关。当 Ni 含量较高时，由于 Ni 分散程度降低，催化活性降低。结果表明，镍分散度最高的 25Ni-Al$_2$O$_3$ 催化剂在 350℃下 CO$_2$ 转化率达到 74%，CH$_4$ 选择性达到 99%。此外，该催化剂在 350℃下 CO$_2$ 甲烷化反应 10h 具有较高的稳定性。结果表明，随着气体空速（gas hourly space velocity，GHSV）的增大，催化剂的催化性能下降，这是由于反应物与催化剂表面接触时间缩短和吸附反应物量减少所致。而 H$_2$/CO$_2$ 摩尔比的增加对催化剂的活性有积极的影响。另外，焙烧温度的升高会导致催化性能的下降。

Cai 等 [55] 采用共沉淀法制备了 ZrO$_2$ 促进的 Cu-Al$_2$O$_3$ 催化剂，在固定床反应器中催化甘油氢解生成 1,2-丙二醇。采用多种手段，详细研究了金属-载体相互作用与催化活性的关系。结果表明，在 Cu-Al$_2$O$_3$ 中引入 ZrO$_2$ 可以显著增加催化剂表面酸性和增加 Cu 在催化剂表面的分散性，从而提高催化剂对甘油氢化反应的催化活性。最佳的 20ZrCu-Al$_2$O$_3$ 催化剂的甘油转化率为 97.1%，1,2-丙二醇选择性为 95.3%，催化剂上的酸位点和铜活性位点在甘油氢解生成 1,2-丙二醇过程中起着关键作用。与 Cu-Al$_2$O$_3$ 催化剂相比，ZrO$_2$ 促进的 Cu-Al$_2$O$_3$ 催化剂具有更好的稳定性和实际应用潜力，这可能是由于 Cu 具有较高的分散性以及铜和锆之间的强相互作用。

Wang 等 [56] 采用赖氨酸辅助水热法合成了多孔氧化铝薄片，得到了一种特殊的催化剂载体，可以在高达 900℃的退火温度下稳定金纳米颗粒。这种具有薄片（平均厚度约 15nm，长度 680nm）和粗糙表面的独特结构有利于防止金纳米颗粒烧结。Al_2O_3 和 Au 在相应的晶体平面上存在良好的晶格匹配，表明金纳米颗粒外延生长到独特的氧化铝载体中，Au 纳米颗粒与氧化铝载体之间的外延生长是由于强烈的界面相互作用，进一步解释了制备的 Au/Al_2O_3 催化剂具有较高的烧结稳定性。因此，尽管在 700℃煅烧，催化剂仍然保持其主要大小为 2nm±0.8nm 的金纳米颗粒。令人惊讶的是，900℃退火的催化剂保留了高度分散的小的金纳米颗粒。此外，还观察到少量金颗粒（6～25nm）被氧化铝层（厚度小于 1nm）包裹使表面能最小化，揭示了金/载体界面的表面重组。作为一种典型的和尺寸相关的反应，CO 氧化用于评估 Au/Al_2O_3 催化剂的性能。结果表明，Au/Al_2O_3 催化剂在 700℃煅烧时表现出优异的活性，CO 在约 30℃（$T_{100\%}$ = 30℃）完全转化，即使在 900℃煅烧后，催化剂仍在 158℃时达到 $T_{50\%}$。与之形成鲜明对比的是，使用传统氧化铝载体制备的 Au 催化剂在相同的制备和催化测试条件下几乎没有活性。

Moogi 等 [57] 研究了碱性氧化物（MgO、CaO 和 SrO）对 Al_2O_3 负载金属 Ni 催化剂在食品垃圾催化蒸汽气化工艺生产富氢气体反应中的影响。结果表明，在制备的催化剂中，Ni/Al_2O_3 催化剂还原不完全，在氧化铝表面检测到低浓度的镍，酸位数最高（1.24mmol/g），产焦量最高（6.0%，质量分数，下同），因此，催化蒸汽气化食物垃圾产生的氢气量最低。碱性氧化物的加入中和了催化剂的酸位，减少了焦炭的生成：在 10% SrO-10% Ni/Al_2O_3 催化剂中，碳的含量最低（0.3%）。此外，碱性氧化物通过抑制难还原的 $NiAl_xO_y$ 相的形成，防止了镍的损失，并促进了 $NiAl_xO_y$ 相在较低温度下的还原。Ni 在 10% SrO-10% Ni/Al_2O_3 催化剂表面的分散性增强。由于表面镍浓度高，颗粒尺寸小，SrO 促进的 Ni/Al_2O_3 催化剂在催化蒸汽气化食物垃圾中产生的氢浓度最高。

Zuo 等 [58] 以 K_2CO_3 和尿素为沉淀剂，分别制备了一系列负载在 γ-Al_2O_3 上的 Au、CeO_2 催化剂，并研究了该系列催化剂在甲基丙烯醛和甲醇氧化酯化制备丙烯酸甲酯中的催化性能。所有催化剂的二氧化铈颗粒在 Al_2O_3 上分散良好，粒径在 5～9nm 之间。使用尿素作为沉淀剂时 Au 粒径保持不变，而使用 K_2CO_3 作为沉淀剂时 Au 粒径增大。Au、CeO_2 和 γ-Al_2O_3 在共沉淀过程中自组装出独特的颗粒形貌，煅烧后形成半核壳或核壳结构。在活性组分和沉淀剂不同的 Au-CeO_2/γ-Al_2O_3(K_2CO_3)、Au-Ce/γ-Al_2O_3（尿素）和 Au/γ-Al_2O_3（尿素）催化剂中，Au-Ce/γ-Al_2O_3 表现出最高的催化活性和稳定性。Au-Ce/Al_2O_3 催化剂具有良好的催化稳定性和催化活性，这是由于其半核壳结构阻止了 Au 纳米粒子的聚集，以及 Au 与 CeO_2 之间的强相互作用。

She 等 [59] 采用简单沉积-沉淀法制备了一种高稳定性的 Mg 改性 Ni/γ-Al_2O_3 催化剂，并对其在 4-甲氧基苯酚加氢反应中的作用进行了研究。与未改性的 Ni/γ-Al_2O_3 催化剂相比，Mg 改性催化剂的催化活性和稳定性增强，其初始活性没有明显的损失，可循环使用 26 次。这可能是由于 Mg 的加入形成了强的金属-载体相互作用。TEM 观察表明，Mg 的加入可以增强活性 Ni 物种的分散性，降低其粒径，从而使其具有较高的催化活性。TPR（程序升温还原）和 XPS 结果证明了 Ni 与改性载体以及生成的 $MgAl_2O_4$ 之间存在很强的相互作用，从而有效地抑制了氢化过程中活性 Ni 物种的损失和团聚，是其优异稳定性的原因。

Daroughegi 等 [60] 通过超声辅助共沉淀法合成了不同过渡金属（Cr、Fe、Mn、Cu、Co）促进的介孔高比表面积 $Ni-Al_2O_3$ 催化剂，并对其在 CO_2 甲烷化过程中的性能进行了探索。结果表明，5% 的促进剂掺入 $Ni-Al_2O_3$ 催化剂后，比表面积减小，$NiAl_2O_4$ 晶粒尺寸减小，平均孔径增大，总孔体积增大。其中，Mn 改性催化剂对 CH_4 表现出较高的催化活性和选择性，尤其是在 200～350℃的低温条件下。在低温条件下，催化剂中 Ni 活性位点的分散和催化剂还原性的提高可以解释这些结果。Mn 含量为 3% 的 $Ni-Al_2O_3$ 改性样品具有最高的 BET 比表面积和最低的晶粒尺寸，具有最佳的催化性能。为了进一步研究超声辅助对催化剂性能的影响，采用常规共沉淀法制备了最佳催化剂，并与超声辅助共沉淀法制备的催化剂进行了结构性能和催化性能的比较。$25Ni-3Mn-Al_2O_3$ 催化剂在 350℃下 CO_2 甲烷化反应 10h 性能稳定。

2．双金属催化剂

Furukawa 等 [61] 首先用浸渍法在不同载体（SiO_2、ZrO_2、TiO_2、CeO_2、Al_2O_3、ZnO、MgO）上制备了一系列非均相铜基催化剂，并对其进行了无添加剂的烯烃在乙醇中的硼氢化反应，发现 Al_2O_3 对该反应提供了最好的催化载体。根据 TOF 与载体等电点作图观察到典型的火山型关系，这表明酸性和碱性都是促进该反应的必要条件。然后以 Al_2O_3 为载体，采用共沉淀法制备了 $CuNi/Al_2O_3$ 催化剂，Cu 和 Ni 的合金化进一步提高了催化活性。Ni 含量高时催化选择性降低，优化后的催化剂 Cu_5Ni/Al_2O_3 对苯乙烯的硼氢化反应表现出良好的催化性能（6h，收率 98%）。作者表明，这是首次报道具有如此高催化性能的非均相无添加剂的烯烃硼氢化反应。乙醇吸附在 Al_2O_3 的 Lewis 酸位点向烯烃释放一个质子，生成一个碳正离子中间体。二硼被 Al_2O_3 的碱性位点激活，随后亲核攻击碳正离子形成目标产物。Ni 是烯烃的有效吸附位点，有利于烯烃的质子化反应。因此，酸碱性质和合金效应的三重结合使得这种极具挑战性的分子转变成为可能。这种反应机理与传统的氢化硼反应机理完全不同。从这项研究结果中获得的独特见解不仅促进了硼氢化的化学反应，而且为相关分子转化的新型催化剂设计打开了大门。

Mutz 等 [62] 通过均相沉积-沉淀法制备了一种负载在 $\gamma-Al_2O_3$ 上的双金属 17%（质量分数）Ni_3Fe 催化剂，用于 CO_2 的甲烷化。大量的研究结果表明，高含量的 Ni 和 Fe 形成了所需的 Ni_3Fe 合金，形成了尺寸为 4nm、分散度为 24% 的小的纳米颗粒。采用相同的制备方法得到了分散性相近的单金属催化剂。在固定床反应器中，Ni₃Fe 催化剂的低温性能优于单金属 Ni 基准催化剂，尤其是在高压下。在工业条件下（包括更高的催化剂负载），45h 的长期实验表明，与市面上现有的镍基甲烷化催化剂相比，Ni₃Fe 合金的活性（71% 的 CO_2 转化率）和选择性（> 98%CH_4 选择性）显著提高。17% 的 Ni₃Fe/Al₂O₃ 催化剂在 350℃以上高度稳定，而商业催化剂的转化率下降。Ni₃Fe 体系的失活发生在低温状态，选择性明显向 CO 转移。两种催化剂在长期处理后都有一定的碳沉积，这可能是导致失活现象的原因。Ni/Al₂O₃ 催化剂的动力学测量结果与文献模型的比较表明，Ni₃Fe 体系具有更高的催化性能，强调了 Ni 和 Fe 的协同作用。

Yu 等 [63] 合成了氧化铝负载的 Fe-Co 催化剂，并用于 CO_2 甲烷化。与负载型 Fe/Al₂O₃ 或 Co/Al₂O₃ 催化剂相比，Fe-Co/Al₂O₃ 催化剂在 280℃和 0.2MPa 的温和反应条件下表现出优越的催化性能。通过多种表征确定了 Fe-Co/Al₂O₃ 催化剂中 Fe 和 Co 的协同效应。Fe 物种的存在有效地降低了反应的工作压力，Co 物种直接作用于 CO_2 的转化和 CH_4 的生成。与 Fe/Al₂O₃ 和 Co/Al₂O₃ 催化剂相比，Fe-Co/Al₂O₃ 催化剂中金属的还原性和对 CO_2 和 H_2 的吸附能力显著提高，从而提高了 CO_2 甲烷化反应的活性。

3．金属氧化物催化剂

Armenta 等 [64] 制备了 γ-χ-Al₂O₃ 负载的 Fe₃O₄ 和 CuO 催化剂，并将其用于甲醇脱水制二甲醚的反应中。催化剂 Fe₃O₄/γ-χ-Al₂O₃ 和 CuO/γ-χ-Al₂O₃ 在 250～290℃和 101325Pa（1atm）压力下均表现出良好的催化活性。实验结果表明，Fe₃O₄/γ-χ-Al₂O₃ 在 250℃时表现出较好的活性和选择性，这与 Fe₃O₄/γ-χ-Al₂O₃ 的活性相在孔内分散较好有关，其活化能较低，E_a = 46.4kJ/mol。在 250℃条件下，Fe₃O₄/γ-χ-Al₂O₃ 在甲醇脱水反应中表现出较高的二甲醚理论分压，这与 Fe₃O₄/γ-χ-Al₂O₃ 在甲醇脱水反应中的催化性能有关。

Dai 等 [65] 研究了硅添加剂改性对片状 γ-Al₂O₃ 负载孤立 Co^{2+} 催化剂丙烷非氧化脱氢的影响。结果表明，Si 的加入不能改变 Co 催化剂的纳米片结构和四面体 Co^{2+} 配位，尽管如此，它通过 SiAl 氧化物的形成在催化剂表面引入 Brønsted 酸位点。与无硅 Co-Al₂O₃ 催化剂相比，Si 改性 Si-Co-Al₂O₃ 催化剂的催化稳定性得到了提高。尽管两种废催化剂上结焦的总含量和 H/C 比相似，但 Si-Co-γ-Al₂O₃ 催化剂上的石墨化程度相对较低，高活性结焦比例较高。此外，C_3H_6 的共加料显著改变了 Co 基催化剂上的结焦反应速率，但对结焦分布没有影响。C_3H_6 程序升温解吸曲线和原位漫反射傅里叶变换红外光谱表明，Si 修饰可影响 C_3H_6 与 Co 催化剂的相互作用，从而调节 Co^{2+}-Al₂O₃ 基催化剂的结焦性能和催化丙烷脱氢反应的稳定性。

Khaledi 等 [66] 采用共沉淀法合成了 Co/Ca-Al₂O₃ 复合材料作为多相纳米催化剂，

考察了钙的加入对其结构性能和催化活性的影响。实验结果表明，CaO 的加入可以改善 Co/Al₂O₃ 的催化性能。与 Al₂O₃ 和 Co/Al₂O₃ 相比，CaO 对 Co 氧化物与 Al₂O₃ 载体之间的相互作用有显著影响，从而提高了 Al₂O₃ 载体上 Co 氧化物的催化活性。

Cotillo 等[67]采用共沉淀-沉积法制备了分别以 γ-Al₂O₃ 和 TiO₂ 为载体负载的 Ni-Fe 催化剂，并将其用于乙烷氧化脱氢反应中。实验结果表明，γ-Al₂O₃ 负载的样品比 TiO₂ 负载的样品具有更高的活性。在 400℃下，NiFe0.9/γ-Al₂O₃ 对乙烯的选择性为 93%。这是由于 Fe^{3+} 对 Ni^{2+} 的部分取代作用，从而使这些催化剂形成了特定于乙烷部分氧化制乙烯的氧位点。其他影响乙烯选择性的因素包括粒径可控的低还原性组分的形成、活性相在载体上的更好分散以及金属-载体相互作用促进 Fe^{3+} 与 Ni^{2+} 的协同作用。NiFe0.9/γ-Al₂O₃ 催化剂在保持乙烯选择性约 60% 的情况下，具有 10h 的稳定性。

Navas 等[68]研究了 γ-Al₂O₃ 负载型和非负载型 CaO、MgO 和 ZnO 催化剂在大豆油和蓖麻油与甲醇和丁醇酯交换制生物柴油反应中的催化活性。负载型催化剂的活性高于未负载的催化剂活性，γ-Al₂O₃ 的存在促进了表面碱基上的醇解。在蓖麻油与丁醇的酯交换反应中，MgO/γ-Al₂O₃ 和 ZnO/γ-Al₂O₃ 催化剂对脂肪酸丁基酯的产率分别达到 97% 和 85%。

4. 复合氧化物载体催化剂

Jiang 等[69]采用共沉淀法制备了不同 Mg/Al 比的混合 MgO-Al₂O₃ 负载镍催化剂，并探究了其在温和条件下将乙酰丙酸加氢制备 γ-戊内酯的催化性能。表征结果表明，混合 MgO-Al₂O₃ 负载 Ni 催化剂比 Ni/MgO 和 Ni/Al₂O₃ 催化剂具有更大的比表面积，Ni 在混合 MgO-Al₂O₃ 催化剂表面高度分散。活性评价结果表明，混合 MgO-Al₂O₃ 负载 Ni 催化剂比 Ni/MgO 和 Ni/Al₂O₃ 催化剂更有利于乙酰丙酸加氢生成 γ-戊内酯。在 160℃，3MPa H₂ 反应 1h，Ni/MgAlO₂.₅ 催化剂的 γ-戊内酯收率最高可达 99.7%，且 Ni/Mg₂Al₂O₅ 催化剂的初始活性没有明显损失。

第三节
混合法

一、基本原理

混合法是工业上制备固体催化剂最简单的方法。该方法是基于组成催化剂的各个组分，以粉状细粒子的形态，在球磨机（干混法）或碾合机内（湿混法）边磨细边混合，使各个组分的粒子间尽可能达到均匀分散的目的，以保证催化剂主组分与助催化剂或载体充分混合，从而获得用肉眼所分辨不出的多组分催化剂混合物。

由于是单纯的物理混合（或称机械混合），催化剂组分间的分散程度不如其他方法。通常催化剂是先成型而后干燥、焙烧。为了提高催化剂的机械强度，一般需要放入一定量的黏结剂。常用的混合法有干法和湿法两种，选用哪种方法要视催化剂的性能和组分而定。

干混法是把制造催化剂的活性组分、助催化剂、载体或黏结剂、润滑剂、造孔剂等放在混合器内进行机械混合，过筛后，送往成型工序，根据反应的需要，滚成球状、压成柱状、环状等形状，再经干燥、焙烧、过筛包装即为成品。工艺流程如图5-6所示。为使配料后的各组分达到均匀混合，通常将干料放入一装有带式搅拌器的封闭式容器内混合，有的放入球磨机内边磨碎边混合。干混法采用先成型后热处理的制造工艺，因此活性组分或助催化剂以金属氧化物形态为宜。若采用易分解的金属盐类（如硝酸盐或碳酸盐），则易造成催化剂碎裂。在焙烧时，最好将催化剂铺成一薄层使焙烧匀透，并可避免局部过热。

湿混法的制造工艺要复杂一些，活性组分往往以沉淀盐类或氢氧化物形式，与干的助催化剂或载体、黏结剂进行湿式碾合（湿碾），然后进行挤条成型，经干燥、焙烧、过筛包装即为成品，工艺流程如图5-7所示。

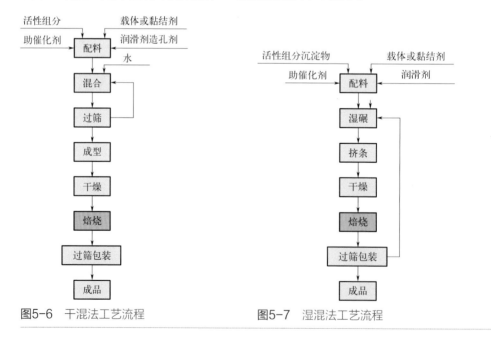

图5-6　干混法工艺流程　　　　图5-7　湿混法工艺流程

二、混合法优缺点

1．混合法优点

① 设备简单，操作方便；

② 化学组成稳定，可用于制备高含量的多组分催化剂，特别是混合氧化物。

2．混合法缺点

分散性和均匀性低。

三、影响因素

影响混合法制备催化剂的因素有原料的物化性质、原料混合的均匀程度、干燥和焙烧的温度、黏结剂的选择等。

1．原料的物化性质

混合法制备催化剂有两种状况，一是催化剂组分与组分或催化剂主组分与助催化剂组分的混合，另一种是催化剂组分（包括助催化剂组分）与载体的混合，这些组分和载体的物理化学性质对制得的催化剂性能有很大的影响。

比如说 Al_2O_3 存在 χ-、γ-、α-、β-、δ-等多种相形，它们具有不同的物理化学性能，特别是表面积、孔隙率、孔径大小以及热稳定性等，这将大大影响催化剂的性能。如选用 Al_2O_3 为载体的镍系催化剂或加氢脱硫催化剂，以选用 γ-Al_2O_3 为载体较合适，因为它的表面结构有利于受内扩散控制的催化反应过程和热稳定性。

2．原料的混合均匀程度

将活性组分与助催化剂或载体通过单纯的机械混合很难得到高度分散和均匀一致的成品。如混合不均匀，助催化剂和载体就不能充分发挥作用。因此，混合法制备催化剂时，混合的均匀程度对催化剂的活性、热稳定性、抗毒能力起着非常重要的作用。在制备催化剂时，应该尽可能使催化剂各组分混合均匀。在干混法制备催化剂时，应尽量将组分粒子磨细，湿混法制备催化剂时，碾合的时间要充分。

3．干燥和焙烧的温度

混合法都采用先成型后干燥、焙烧，一般不易把颗粒焙烧匀透，而易在催化床中产生体积收缩。同时，热处理不完全，催化剂的稳定性也将受到影响，所以要有足够的焙烧时间。已成颗粒状的催化剂，干燥时的温度升降应尽量缓慢，以免水蒸气在催化剂的微孔中产生高压，从而使得颗粒碎裂。

4.黏结剂的选择

湿混法挤条成型的催化剂，如果不含有氧化铝等，一般要在成型前加入一定量的黏结剂。如有些 ZnO 脱硫剂采用化学浆糊，CO 蒸汽变换铁镁型催化剂采用膨润土等。对黏结剂的要求，必须无毒害及其他不良作用，价格要便宜。

四、研究进展

1.金属催化剂

Karelovic 等[70]研究了在温和条件下（$T \leqslant 200℃$）利用机械混合不同比例的 Rh（2%，质量分数，下同）/γ-Al$_2$O$_3$ 和 Pd(5%)/γ-Al$_2$O$_3$ 催化剂进行 CO$_2$ 甲烷化反应。结果发现，尽管 Pd/γ-Al$_2$O$_3$ 在这些条件下是惰性的，但机械混合物的活性比纯 Rh/γ-Al$_2$O$_3$ 催化剂高 50%。在 200℃，H$_2$/CO$_2$ 比为 4 时，对于纯 Rh/γ-Al$_2$O$_3$ 催化剂，反应速率为 $0.218×10^{-2}$molCH$_4$/(molRh·s)，而对于含有每种催化剂 50% 的催化剂，反应速率增加到 $0.318×10^{-2}$molCH$_4$/(molRh·s)，显示出协同效应的作用。在所有情况下，甲烷的选择性均为 100%。观察到 Pd/γ-Al$_2$O$_3$ 的存在并没有改变 Rh 或 Pd 的氧化状态，经过预处理和反应后也没有观察到 Pd 和 Rh 的金属颗粒迁移至另一个催化剂表面形成双金属结构的迹象。通过稳态和瞬态模式下的原位漫反射傅里叶变换红外光谱（DRIFTS）研究了反应中间体的性质和反应活性。Rh 羰基氢化物是吸附在 Rh 上的最丰富的含碳物种，而桥式键合 CO 则占据 Pd 位点。羰基物种对 H$_2$ 的反应活性受到 Pd/γ-Al$_2$O$_3$ 和 Rh/γ-Al$_2$O$_3$ 在混合物中的相对比例的极大影响。Pd/γ-Al$_2$O$_3$ 不能单独氢化吸附的 CO 物种，而 Rh/γ-Al$_2$O$_3$ 的存在显著增加了 Pd-CO 物种的反应活性，这被认为解释了观察到的协同效应。表观活化能和 H$_2$ 和 CO$_2$ 反应顺序的分析表明 CO$_2$ 在 Pd 和 Rh 上发生解离反应，并形成 CO 物种，再通过 Rh/γ-Al$_2$O$_3$ 催化剂产生的 H 物种反应生成甲烷。

Lu 等[71]在不添加任何有毒或有害溶液的情况下，采用低能振动球磨和高能行星球磨制备了 Co/Al$_2$O$_3$ 催化剂。研究发现，在低能振动微磨机中使用 0.5mm 振幅 40min 或在高能行星球磨机中使用 250r/min 转速 10min 对氧化铝进行机械化学处理，得到粒径分布和表面积合适的氧化铝，可作为制备钴催化剂的载体。在铣削作用下，多孔 γ-Al$_2$O$_3$ 颗粒出现了磨损和破碎现象以及孔隙填充现象，机械力化学合成引入的功能钴粒子被观察到优先定位在氧化铝载体的外表面，表现出比常规浸渍法制备的钴催化剂具有更好的还原性能，获得了较高的费托反应速率。

Nie 等[72]介绍了一种无溶剂、快速、通用的球磨法制备介孔氧化铝（meso-Al$_2$O$_3$）负载贵金属铂的方法。用机械力化学方法在异丙醇铝、嵌段共聚物（P123）

和 Pt 前驱体之间进行固相处理，合成介孔 Al_2O_3 负载型铂催化剂（Pt/m-Al_2O_3）。所得 Pt-meso-Al_2O_3 催化剂具有较高的比表面积（高达 465m^2/g）和均匀的孔径（约 3.9nm）。无溶剂球磨法可以将体积庞大的微米级 Pt 前驱体加工成分散良好的 Pt 纳米颗粒（约 4.8nm）。此外，Pt/m-Al_2O_3 催化剂在硝基苯选择性加氢制苯胺方面具有良好的性能（转化率>99%，苯胺选择性>99%）。

Rakoczy 等[73]采用机械混合法成功地制备了 Cu^0-Al_2O_3 催化剂，并将其用于甲醇水蒸气重整。结果表明，Cu^0-Al_2O_3 体系在甲醇水蒸气重整反应中能够得到令人满意的氢气产量。

2. 氧化物催化剂

Zhou 等[74]报道了一系列掺镓氧化锌（GDZ）与 γ-Al_2O_3 机械混合催化剂（GDZ/γ-Al_2O_3），用于二甲醚水蒸气重整生产 H_2。与传统催化剂相比，GDZ/γ-Al_2O_3 催化剂表现出更高的二氧化碳选择性和更好的稳定性。XRD 结果表明，Ga 原子被掺杂到 ZnO 的晶格中，镓的掺杂引入了大量氧空位到催化剂中，有利于二甲醚水蒸气重整反应的进行。随着镓含量的增加，GDZ 催化剂的导电性先增加后降低，与二甲醚转化率和产氢率趋势类似。当 Ga：Zn 摩尔比为 1：9 时，GDZ 催化剂具有最高的导电性，相应的 Zn9Ga1O/γ-Al_2O_3 催化剂具有最高的二甲醚转化率（95.4%）和氢气产率（95%）。

Wang 等[75]以四种不同锰化合物为前驱体，采用浸渍法制备了 Mn/Al_2O_3 催化剂，同时通过混合法制备了 α-MnO_2/Al_2O_3，并探究了它们在等离子体催化脱除邻二甲苯反应中的催化剂性能。在浸渍法所使用的四种前驱体制备的催化剂中，乙酸锰前驱体制备的 6%（质量分数）Mn/Al_2O_3 催化剂对邻二甲苯的去除活性最好，这是由于催化剂表面存在较多的 Mn^{4+}、较高比例的晶格氧和微晶 MnO_2 相，因此具有较高的氧化活性。与用乙酸锰前驱体制备的 Mn/Al_2O_3 催化剂相比，混合法所制备的 α-MnO_2/Al_2O_3 催化剂表面具有更多的 Mn^{4+} 和晶格氧，从而提高了邻二甲苯转化率、CO_2 选择性和 CO_x 收率，这也证实了 Mn^{4+} 和晶格氧的积极作用。

3. 硫化物催化剂

Xu 等[76]采用混合法制备了 CoS-MoS_2/γ-Al_2O_3 催化剂，在微波辐照下将 H_2S 直接分解为 H_2 和 S。实验结果表明，CoS-MoS_2/γ-Al_2O_3 的催化性能远高于相应的单一 MoS_2/γ-Al_2O_3 和 CoS/γ-Al_2O_3。750 ℃ 下，以 CoS-MoS_2/γ-Al_2O_3 和 MoS_2/γ-Al_2O_3 为催化剂时，H_2S 的最佳转化率分别为 66.9% 和 36.2%，大大超过了常规热条件下相应的 H_2S 平衡转化率。在微波辐照下，MoS_2/γ-Al_2O_3 和 CoS-MoS_2/γ-Al_2O_3 的表观活化能分别降至 20.74kJ/mol 和 17.46kJ/mol，表现出了突出的微波直接催化效果。

第四节
喷雾热解法

喷雾热解技术作为一种新兴的材料制备技术，兴起于 20 世纪 50 年代，以色列人 Aman 于 1956 年首先用喷雾热解法制备出 MgO，70 年代，奥地利人 Ruthner 首次将该技术应用于工业化生产，而后经过几十年的发展，喷雾热解技术已成为制备各种微粉一条重要的工艺路线，广泛应用于制备金属材料、无机非金属材料及超导、光学、磁性、电极等功能材料。

一、基本原理

喷雾热解法是将前驱体溶液（金属溶液）喷入高温气体中，立即引起溶剂的蒸发和金属盐的热解，从而直接合成氧化物粉体的方法。一般首先将具热解性的前驱体与溶剂混合，由喷雾技术将溶液分散成可悬浮的雾滴，再将雾滴与载流气体（如氮气）一起送入加热区中进行干燥。此时，雾滴中的溶剂蒸发形成以前驱体为主的悬浮物微粒，再进入高温分解区使前驱体达到热解温度，形成微粒与气相的副产物，最后再由气-固分离系统加以收集并分离。因此控制制备参数（如前驱体的物化性质、喷嘴的设计、气体种类、雾滴在高温区的运动等）的不同，可合成不同形貌的产物。

二、喷雾热解法优缺点

1. 喷雾热解法优点

① 干燥所需时间短，因此每一颗多组分细微液滴在反应过程中来不及发生偏析，从而可以获得组分均匀的纳米粒子；

② 由于原料是在溶液状态下均匀混合，所以可以精确地控制所合成的化合物组成；

③ 可以通过不同的工艺条件来制得各种不同形态和性能的超微粒子，此法制得的纳米粒子表观密度小、比表面积大、粉体烧结性能好；

④ 操作简单，反应一次完成，可连续进行生产，对超细颗粒进行膜包覆处理可显著增强其应用功效。

2. 喷雾热解法缺点

需要高温及真空条件，对设备和操作要求较高。

三、影响因素

1．前驱体的影响

前驱体的组成对所制备的粉末性能有着重要影响。前驱体可以是水溶液、有机溶液、胶体或乳化液，其中水溶液由于易于选择、成本低、安全、操作性能好而广泛应用。但是，近年来，为了合成非氧化物陶瓷粉体，研究醇类和有机溶液作为喷雾热解法技术前驱体的报道越来越多。

前驱体的配制必须根据后续干燥、液滴凝并、热解和烧结温度等条件，选择合适的盐类化合物和溶剂，必要时还需添加其他组分以改善最终粉末性能。添加剂可以是与主体金属离子形成络合物的络合剂，也可以是一些高分子聚合物。为了提高粉末的产量，前驱体溶质一般要有大的溶解度。

2．喷雾的影响

雾滴的大小及分布直接影响到后续粉体颗粒的大小及分布，而喷雾效率、雾滴的尺寸和初速度则取决于前驱体的特性和喷雾技术。采用常规的喷嘴雾化方法很难得到大小均匀、微米和亚微米级尺寸的雾滴，因此，一些新的或经改进的雾化技术应运而生。目前最有效和最实用的是超声喷雾雾化技术。

采用超声喷雾雾化技术，前驱体溶液被超声波转化为小雾滴，雾滴非常小，尺寸分布范围非常窄；而且，产生雾滴的初速度小，从而可以随载气一起运动而进行粉末合成。这种技术的另一个优点是气溶胶流动的速率依赖于载气流动的速率，调节载气流量可以控制气溶胶流动速率，从而使反应速率得到有效控制。

3．蒸发和干燥的影响

雾滴的蒸发包括雾滴表面液相的蒸发、雾滴中气相的扩散和雾滴的收缩。蒸发的快慢对粉末的性能有重要影响。采用分段控温技术可以有效控制雾滴蒸发速度，从而控制粉末的生成形态。雾滴在干燥阶段主要发生盐类的沉淀过程。当溶质开始沉淀时，蒸气通过沉积层孔扩散，其扩散率小于空气中溶剂蒸气的扩散率，质量迁移率的阻力随之增大，挥发速率明显降低，此时雾滴的温度显著升高，一直升到环境温度为止。

4．雾滴凝聚的影响

在喷雾热解工艺过程中，液相雾滴要发生凝聚，即2个或更多个雾滴相互碰撞结合成1个大的雾滴。只要有液相存在，雾滴凝聚是不可避免的。通过计算表明，10%雾滴凝聚所需的时间与雾滴初始的数密度有着紧密的关系，初始数密度越大，凝聚越快。而雾滴的凝聚对后续的热解和烧结会造成不利影响，进而会导致粉末粒度分布严重不均。因此，可以采用降低初始时雾滴的数密度方法来减少雾滴的凝聚。

5. 热解和烧结

在热解阶段，干燥后的盐分解为具有小孔隙、高纯度及小尺寸等特征的颗粒，这些包含有纳米微晶的小颗粒在高温时很容易致密化，即烧结。这种烧结实质上是单个颗粒的收缩和致密化，它不同于常规粉末冶金烧结中的颗粒致密化过程，这是由于表面扩散时颗粒碰撞的时间太短而不能形成径向以及微米尺寸颗粒间黏结系数小等原因造成的，这也正是喷雾热解工艺中原位合成的颗粒活性大的原因。

四、研究进展

1. 金属催化剂

Santis-Alvarez 等[77]研究了载体 Al_2O_3 和 $Ce_{0.5}Zr_{0.5}O_2$ 对甲烷的催化部分氧化（CPOM）反应中 Rh 活性的影响。实验结果表明，相对于 $Rh/Ce_{0.5}Zr_{0.5}O_2$ 来说，Rh/Al_2O_3 催化剂在 CPOM 反应中的活性较强且稳定。经热处理后，Al_2O_3 作为载体时的催化效率比 $Ce_{0.5}Zr_{0.5}O_2$ 高 5 倍以上，可能是由于 Al_2O_3 载体能够抑制 Rh 的氧化，因此允许 Rh 以金属状态存在，这对于合成气的形成是更有利的。

Yu 等[78]采用火焰喷雾热解法合成了两个系列的铑基催化剂，火焰制备的载体是将 Rh 和 Al 前驱体同时预混喷射，预成型载体是将 Rh 前驱体与薄水铝石颗粒悬浮液混合，然后喷射到火焰中，并探究了它们在甲烷水蒸气重整反应中的活性。研究发现，在火焰制 Al_2O_3 负载的 Rh 催化剂中，约有 1/3 的 Rh 掺入到 Al_2O_3 载体中，导致 Rh 活性位的损失。预成型 Al_2O_3 颗粒的催化剂的 TOF 值比火焰制 Al_2O_3 颗粒的催化剂高出 29%～39%。预成型 Al_2O_3 载体提高了催化活性，可能是因为更好地促进氢气从 Rh 外溢到载体上，从而促进了甲烷水蒸气重整反应中的决速步骤。

Büchel 等[79]研究了 Ba 和 K 的加入对 Rh/Al_2O_3 催化剂 CO_2 加氢反应的影响。采用双喷嘴火焰喷雾热解法制备了优先沉积 1%（质量分数）Rh 在氧化铝、Ba 或 K 组分上，并通过氮气吸附、CO 化学吸附-漫反射傅里叶变换红外光谱（DRIFTS）和扫描透射电镜对催化剂进行了表征。XRD 表明，Ba 以 $BaCO_3$ 的形式存在，K 以 $KHCO_3$ 和 KOH 的形式存在。热分析结合质谱分析表明，这些相容易释放 CO_2 和水。DRIFTS 结合 CO 吸附测试表明，含 Ba 和含 K 催化剂对 CO 的吸附行为有显著不同。纯 Rh/Al_2O_3 催化剂以及含 Ba 的催化剂在 500℃以下对 CH_4 表现出高选择性，在 400℃时收率最高。根据热力学原理，在 400℃以上逆水煤气变换反应导致 CO 和 H_2O 开始成为主导。相反，含 K 的催化剂不产生 CH_4，所有 CO_2 在整个温度范围内（300～800℃）直接转化为 CO。Rh 优先沉积在添加剂组分（Ba, K）上或氧化铝载体上对催化行为的影响较小。二氧化碳捕集添加剂 Ba 和 K 并没有提高催化性能，这可能是由于相应的碳酸盐在最佳反应温度下具有较高的稳定性。

Ly 等[80] 采用溶胶-凝胶和喷雾热解相结合的方法，成功制备了球形 γ-Al$_2$O$_3$ 负载金属和金属磷化物（Ni、Co、Ni$_2$P 和 CoP）催化剂。首先采用 Yoldas 法制备薄水铝石溶胶，然后将相应的金属盐按所需浓度加入溶胶中，最后对混合溶液进行喷雾热解。在喷雾热解过程中，混合均匀的溶液转变为球形 γ-Al$_2$O$_3$ 负载金属或金属磷化催化剂，金属物种均匀分布在介孔 γ-Al$_2$O$_3$ 载体中。以甘蔗热解生物油的主要组分 2-呋喃基甲基酮为生物油模型化合物，考察了不同催化剂下的加氢脱氧反应。2-呋喃基甲基酮的液相产物主要为 2-烯丙基呋喃和甲基环己烷，而气相产物主要为 CO$_2$。虽然金属磷化催化剂在加氢脱氧反应中备受关注，但在此研究中，磷的存在对 Co 基催化剂的活性影响不显著，但降低了 Ni 基催化剂的活性。在所研究的催化剂中，10%（质量分数）Ni/γ-Al$_2$O$_3$ 催化剂在 800℃煅烧后，在 400℃反应温度下 2-呋喃基甲基酮转化率最高，达到 83.02%，2-烯丙基呋喃收率为 74.89%。

2．金属氧化物催化剂

Wang 等[81] 通过简单调整 V/Al$_2$O$_3$ 催化剂的 V/Al 比制备了各种 VO$_x$ 结构 [单位点 VO$_4$（SSV）、聚合 VO$_4$ 物种、结晶 AlVO$_4$ 团簇、纳米颗粒和晶体]，并研究了它们在正丁烷选择性氧化制马来酸酐反应中的活性。氧化钒纳米颗粒和晶体上的末端 V＝O 和 V—O—V 官能团以及 AlVO$_4$ 团簇中孤立的 VO$_4$ 位点在正丁烷转化为马来酸酐的过程中表现出较低的活性。以 SSV 为主的催化剂（V/Al=1/9）的马来酸酐收率比其他 V/Al$_2$O$_3$ 催化剂高两倍以上。在 SSV 催化剂中，单位点 VO$_x$ 物种在表面高度隔离，并被邻近的五配位 Al 缺陷位点稳定形成 Al^V 位点，分子氧可以在表面 Al^V 位点活化，然后在 SSV 位点与活化的正丁烷反应生成马来酸酐。相反，AlVO$_4$ 团簇中的空间位效应和 VO$_4$ 位点附近导致氧在 Al^V 位点上的活化不太有利。相反，正丁烷的氧化被认为是由 AlVO$_4$ 簇中两个相邻 VO$_4$ 位点的协同作用发生的。因此，SSV-AlV 对是促进正丁烷选择性氧化制马来酸酐的关键位点。

Tepluchin 等[82] 以 γ-Al$_2$O$_3$ 为载体，采用浸渍法和火焰喷雾热解法制备了 MnO$_x$ 和 FeO$_x$（0.1% ～ 20%，质量分数）催化剂，系统评价了结构性质和组成对 CO 氧化活性的影响，并与制备方法进行了比较。通过 XRD、X 射线吸收光谱、TEM 和程序升温氢气还原对样品进行表征发现，与浸渍法相比，喷雾热解法形成了高度分散且均匀分布的 FeO$_x$ 和 MnO$_x$ 物种。对于低金属氧化物负载和喷雾热解制备的样品，观察到 Fe 和 Mn 离子部分掺入 γ-Al$_2$O$_3$ 晶格。总的来说，

CO 的氧化活性随着过渡金属氧化物的加入而增加。在 200℃以下，Mn 基催化剂表现出最高的催化性能。然而，水的加入降低了催化剂的吸附性能，特别是在较低的温度下，这表明在活性位点上存在竞争吸附。NO 的存在对 CO 的转化没有影响。在水热老化过程中观察到制备方法对催化性能有显著影响，通过喷雾热解获得优越的活性组分分布使得催化剂的热稳定性较高。

Tepluchin 等[83] 研究了浸渍法和火焰喷雾热解法制备的 Al_2O_3 负载的锰和铁氧化物催化剂在富氧条件下氧化 CO 的水热稳定性和抗 SO_2 中毒性能，锰和铁的负载量均为 20%（质量分数），水热处理温度在 700℃进行。催化实验结果表明，火焰喷雾热解法制备的样品具有较高的水热稳定性，相应的 Mn 催化剂的稳定性和活性最高。火焰喷雾热解法所制备的催化剂优异的稳定性与其纳米晶体的保持和高活性的表面有关。此外，锰氧化物催化剂在水热处理过程中形成了热力学首选的 Mn_3O_4。所选 Mn 基催化剂的 SO_2 中毒实验是在 150℃下进行的，催化剂的催化性能发生明显下降，可能是由于在 Mn 位点和氧化铝表面形成了硫酸盐物种。在 700℃退火后，火焰喷雾热解法所制备的催化剂可以部分再生，这与它的热稳定性和锰的均匀分散有关。

Høj 等[84] 以溶解在甲苯中的乙酰丙酮钒和乙酰丙酮铝为前驱体，采用火焰喷雾热解法制备了 5 种氧化铝负载钒催化剂，钒含量分别为 2%、3%、5%、7.5% 和 10%（质量分数，余同），并将其用于丙烷氧化脱氢制丙烯。该制备方法所形成的氧化铝为 γ 相，在低钒负载量下（2% V 和 3% V），主要生成负载型钒单体，在中等钒负载量下（5% V），形成负载型钒单体和低聚物的混合物，在高负载量下（7.5% V 和 10% V），主要生成低聚物和痕量的结晶钒。在 2% V 和 3% V 时，丙烯选择性较高，丙烯产率高达 12%，空时产率高达 0.78g 丙烯 /（g_{cat}•h），高于浸渍法制备的钒氧化铝催化剂。丙烯选择性随钒含量的增加而降低，表明选择性最强的活性物质是钒单体。

Høj 等[85] 采用火焰喷雾热解法合成了一系列氧化铝负载氧化钼（2% ～ 15% Mo）和混合氧化钼钒（4% ～ 15% Mo 和 2% V）催化剂，并将其作为丙烷氧化脱氢催化剂进行了性能评价。钼和钒在 Al_2O_3 上高度分散，只有在最高负载量 15% Mo 时，理论上超过单层覆盖时，才观察到一些结晶氧化钼。对于钼钒混合催化剂，在低钼负载量下，表面的氧化物是单独的氧化钼和氧化钒单体，但随着钼负载量的增加，观察到表面钼和氧化钒存在相互作用。催化实验表明，钼含量为 7% ～ 15% 的钼氧化物催化剂对丙烷氧化脱氢反应的选择性最强，而钼钒混合催化剂在钼含量为 4% 时的选择性最强。

3. 双金属催化剂

Pisduangdaw 等[86] 研究了喷雾热解法制备的不同 Ce 负载量的 Pt-Ce/Al_2O_3 和

Pt-Sn-Ce/Al$_2$O$_3$ 催化剂对丙烷脱氢反应的影响。喷雾热解法所制备的催化剂由单晶 γ-氧化铝颗粒组成，初始粒径为 8 ～ 10nm，且均为大孔结构。添加 Sn 后，Pt 的活性位降低，Pt-Sn 催化剂上 CO 化学吸附量较低的原因可能是在喷雾热解法合成催化剂的过程中形成的 Pt-Sn 合金不吸附 CO，或者是形成的氧化铝基质（即以 Al-O 基团的形式）覆盖了 Pt 和 Sn 的表面。Ce 的加入显著提高了 Pt-Ce/Al$_2$O$_3$ 和 Pt-Sn-Ce/Al$_2$O$_3$ 的催化性能和催化稳定性，这可能是由于添加 Ce 原子抑制了 Pt 簇的生长。最佳 Ce 负载量为 1%，在 Pt-Sn-1Ce/Al$_2$O$_3$ 催化剂上，丙烷转化率为 56.5%，丙烯选择性为 95%。

4. 复合氧化物载体催化剂

Phan 等[87]通过一步喷雾热解法成功合成了 Ni/Mo 质量比不同的球形 NiMo/Al$_2$O$_3$-TiO$_2$ 双金属催化剂，在固定床反应器上将该系列催化剂应用于愈创木酚的加氢脱氧反应，并系统研究了双金属组分和还原温度对愈创木酚加氢脱氧转化及其产物分布的影响。结果表明，双金属催化剂 NiMo/Al$_2$O$_3$-TiO$_2$ 比单金属催化剂（Ni/Al$_2$O$_3$-TiO$_2$ 或 Mo/Al$_2$O$_3$-TiO$_2$）具有更高的加氢脱氧转化率。在 10Ni20Mo/Al$_2$O$_3$-TiO$_2$ 催化剂上，加氢脱氧的转化率最高可达 98%，烃选择性为 100%（85% 环己烷，13% 甲基环己烷和 2% 甲苯）。由于催化剂中 Ni^0 和 Mo^0 的金属活性位点较多，因此还原温度越高，加氢脱氧活性越高。此外，该催化剂在 24h 的反应时间内保持了良好的催化稳定性，表明喷雾热解法制备的 NiMo/Al$_2$O$_3$-TiO$_2$ 催化剂是一种很有前景的加氢脱氧催化剂。

Vo 等[88]采用溶胶-凝胶和喷雾热解相结合的方法，成功制备了多种载体组成的 30% Mo 负载 Al$_2$O$_3$-TiO$_2$ 球形催化剂。首先采用溶胶-凝胶法制备薄水铝石溶胶和二氧化钛溶胶，然在柠檬酸的辅助下将钼酸盐分散在溶胶混合物中，最后对混合前驱体溶液进行喷雾热解。催化剂的粒径为 0.5 ～ 2.0μm，Mo 在颗粒中分布均匀。随着 TiO$_2$ 添加量从 5% 增加到 30%，比表面积从 211.2m^2/g 减小到 154.57m^2/g，孔径从 3.89nm 增大到 5.57nm。在 280℃条件下，采用还原后的 Mo/（90Al-10Ti）和 Mo/（80Al-20Ti）催化剂，棕榈酸转化率为 100%，十六烷选择性分别为 81.17% 和 93.18%。这说明 Al$_2$O$_3$ 载体中加入适量的 TiO$_2$ 可以提高加氢脱氧的催化活性。

Lam 等[89]通过表面金属有机化学制备了 Cu/Al$_2$O$_3$ 双功能催化剂，该催化剂对 CO$_2$ 催化氢化成 CH$_3$OH、二甲醚和 CO 具有特别的活性，而 SiO$_2$ 或 ZrO$_2$ 载体则显示出低活性和选择性或仅分别促进 CH$_3$OH 的形成率。CH$_3$OH 和 CO 的形成以及 CH$_3$OH 进一步脱水为二甲醚是由于强路易斯酸性 Al$_2$O$_3$ 载体促进了这两种反应。观察到的促进效应可以追溯到 Cu 和 Al$_2$O$_3$ 之间存在的特定界面位点，这有利于通过中间形式形成 CH$_3$OH，也有利于 CO$_2$ 直接转化为 CO。此外，这些路易斯酸位点促进了其他的反应途径，在与 CH_3OH 反应时将表面形式的中间体转化为甲酸甲酯，然后可以进一步分解成 CO。

第五节
原子层沉积法

原子层沉积（ALD）技术可追溯至 20 世纪六七十年代，由苏联科学家 Aleskovskii 和 Koltsov 首次报道。随后，为了满足电致发光平板显示器对高质量 ZnS：Mn 薄膜材料的需求，由芬兰 Suntalo 博士发展并完善，建立了第一个原子层外延（atomic layer epitaxy）沉积系统。然而，受限于其复杂的表面化学反应、低的沉积速率等因素，ALD 在最开始并没有取得较大发展。直至 20 世纪 90 年代，随着半导体工业的兴起，对各种元器件尺寸、集成度等方面的要求越来越高，ALD 技术才迈入发展的黄金阶段。进入 21 世纪后，更是蓬勃发展，无论在半导体工业还是锂电池、太阳能等储能器件方面均得到了广泛的应用。近年来，在光催化、热催化等催化领域也得到了越来越多的关注。

一、催化剂制备原子层沉积过程

ALD 是一种气相沉积技术，依赖于化学前体的离散脉冲，这些前体作为所需薄膜的组成元素的来源（图 5-8）。一种前驱体通常是高蒸气压金属前驱体，如三甲基铝（TMA）、四氯化铪或异丙氧钛。这种金属前驱体与底物的反应称为第一半反应［图 5-8（a）、（b）］，其中金属前驱体的活性配体通过与基底表面的活性位点反应被部分去除。当前半反应完成时，前驱体脉冲停止，多余的未反应前驱体和反应副产物用惰性气体净化或在高真空下抽真空［图 5-8（b）、（c）］。在后半反应中，在沉积金属的氧化物或还原剂时通常会产生氧成分，去除金属前驱体的剩余配体，再生活性位点，完成反应循环［图 5-8（d）］。在表面反应完成后，再次清洗反应器或抽真空［图 5-8（e）］，并重复循环，直到达到所需的厚度［图 5-8（f）］。半反应的自限制性质赋予了这一过程优良的膜形和厚度控制，而这一基本过程的变化可以导致更复杂结构的合成。配体交换反应沉积（图 5-8）是最常见的 ALD 机制；而自我限制生长也可以通过其他机制实现，如贵金属的燃烧或还原和 W 和 Mo 的 ALD 牺牲交换反应。

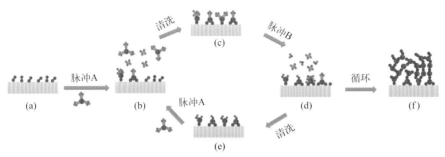

图5-8 原子层沉积技术过程示意图

二、主要设备和工艺

目前，催化剂制备中常用的原子层沉积设备除了热 ALD 外，还诞生了批量式、流化床式、直接写入式、空间式、滚轴式 ALD 等多种新形式。然而，ALD 的基本原理是类似的，其基本核心结构也是类似的。因此，ALD 工艺也基本类似，通常包括远脉冲式输运系统、反应室、泵真空系统、控制系统四个部分，共 10 个步骤：①反应物选择；②成分选择；③厚度控制；④饱和度（前体、共反应物和吹扫步骤是否饱和）；⑤特性（材料是否具有所需的材料特性）；⑥温度；⑦均匀性；⑧保形性；⑨成核；⑩安全性、稳定性和再现性。图 5-9 给出了几种代表性 ALD 工艺技术的示意图。

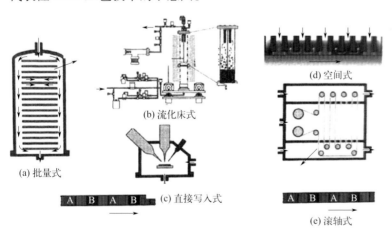

图5-9 原子层沉积工艺技术示意图

等离子体增强 ALD 采用了高活性的等离子体作为前驱体，代替热 ALD 中的普通反应剂，具有沉积温度低、沉积速率快的优势，并拓宽了前驱体、生长薄膜材料和衬底的种类，从而在近年来发展迅速，应用广泛。其设备需要在热 ALD

的基础上增加等离子发生装置，从等离子体的引入方式来看，主要有自由基增强原子层沉积、直接等离子体原子层沉积、远程等离子体原子层沉积三种设备构造（图5-10）。

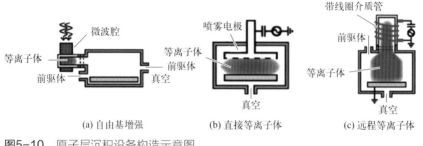

|（a）自由基增强 | （b）直接等离子体 | （c）远程等离子体 |

图5-10 原子层沉积设备构造示意图

三、原子层沉积技术制备催化剂的案例

利用 ALD 独特的表面化学自限制反应机制，通过调整 ALD 的循环次数、表面处理和沉积温度等，可以实现对金属物种颗粒尺寸（包括纳米颗粒、原子团簇及单原子）、成分和结构的精准控制，同时，有利于金属物种与载体之间的相互作用，从而成为提高催化剂性能的直接、有效途径。并且利用特殊的方式可以得到限域型催化剂。

此外 ALD 法所得催化剂中金属利用率高、负载量低，尤其对贵金属催化剂来说，可以显著降低金属用量，无疑能有效降低催化剂成本。因此，ALD 技术被广泛应用于不同种类催化剂的制备，如金属、金属氧化物、金属氮化物、金属硫化物等。

1．多重限域 Ni 纳米催化剂的制备

（1）Ni 纳米颗粒限域在 Al_2O_3 纳米管的外部。采用化学气相沉积法合成碳纳米管（CNCs），以乙炔为碳源，铜纳米颗粒为催化剂，在 250℃下，在 900℃氩气气氛下热处理 1h。原料 CNCs 在 HNO_3（68%，质量分数）中在 100℃的油浴中回流 2h，去除铜催化剂，然后用去离子水和乙醇过滤和洗涤。ALD 工艺在热壁封闭室型 ALD 反应器中进行。在 ALD 之前，用超声搅拌将 1g 的 CNCs 分散在 100mL 的乙醇中，然后将 3mL 的悬浮液滴在石英晶圆（10cm×10cm）上。样品在室温下干燥后，移入 ALD 室。以三甲基铝（TMA）和去离子水为前驱体，在 150℃下制备了 Al_2O_3 薄膜。TMA 的脉冲、暴露和吹扫时间分别为 0.025s、5s 和 15s，H_2O 的脉冲、暴露和吹扫时间分别为 0.2s、5s 和 15s。通过在 200℃下连续暴露二茂镍（$NiCp_2$）和 O_3 沉积 NiO。$NiCp_2$ 保持 75℃。$NiCp_2$ 的脉冲、暴露

和吹扫时间分别为 4s、5s 和 20s，O₃ 的脉冲、暴露和吹扫时间分别为 0.05s、5s 和 20s。为了制备 Ni-in-ANTs，首先用 NiO 纳米颗粒（沉积 150 次）包裹 CNCs，然后用 ALD 在外面包裹 Al₂O₃ 层（100 次），得到 Al₂O₃/NiO/CNCs（图 5-11）。ALD 工艺后，将 Al₂O₃/NiO/CNC 在 550℃ 空气中焙烧 2h，去除 CNC 模板。最后，将 NiO-in-ANTs 在 550℃、5% H₂/Ar 气氛下还原 2h，得到 Ni-in-ANTs。

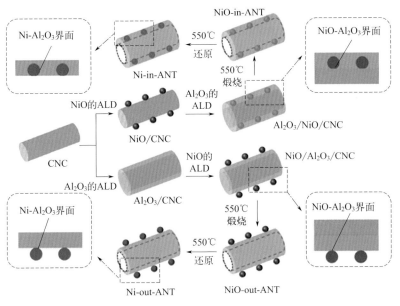

图5-11 催化剂的制备过程

（2）Ni 纳米颗粒限域在 Al₂O₃ 纳米管的内部。对于 Ni-out-ANTs，先在 CNCs 上沉积上 Al₂O₃ 层（100 次），再沉积上 NiO 纳米颗粒（150 次），得到 NiO/Al₂O₃/CNCs。随后的煅烧和还原处理与上述相同，得到 Ni-out-ANTs。NiO 纳米颗粒的沉积周期可调整为 50 或 300，分别生成 50-Ni-in/out-ANTs 和 300-Ni-in/out-ANTs。采用 ALD 包覆不同 Al₂O₃ 循环次数的 NiO/Al₂O₃/CNCs，再经过煅烧和还原处理，制备了"过渡包覆"催化剂。

原子层沉积技术制备负载型催化剂时具有良好的分散性，并且可以通过控制循环次数对负载量和包覆层厚度进行精准调控，通过负载量控制活性组分颗粒大小。如图 5-12 所示，Ni 能够均匀分布在氧化铝的内/外表面，随着 Ni 循环次数的增加 Ni 颗粒逐渐变大。

2. 套管式多界面新型催化剂的制备

（1）螺旋碳纳米纤维模板（CNCs）的合成　以乙炔为碳源，铜纳米颗粒为催化剂，在 250℃ 下采用化学气相沉积法制备碳纳米管，然后在 900℃ 氩气气氛下热处理 2h。原料 CNCs 在 HNO₃（30%，质量分数）中在 100℃的油浴中回流 2h，除去铜催化剂，然后用去离子水和乙醇过滤和洗涤。

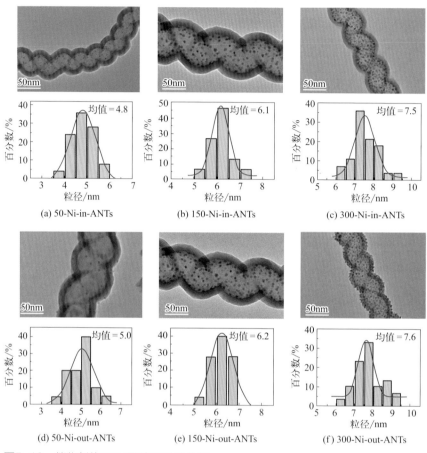

图5-12　催化剂的TEM图片和尺寸分布

（2）CNCs/Al₂O₃ 的合成　ALD 工艺是在热壁封闭室型 ALD 反应器中进行的。在 ALD 之前，将处理过的 CNCs（0.75g）通过超声搅拌分散在 100mL 的乙醇中，然后将 2mL 分散的悬浮液滴在石英晶片上。样品在 110℃下干燥后，移入 ALD 室。以三甲基铝（TMA，Alfa Aesar 试剂，在己烷中的质量分数为 25%）和水为前驱体，在 160℃下沉积了 Al₂O₃ 薄膜。TMA 的脉冲、暴露和吹扫时间分别为 0.02s、8s 和 25s，H₂O 的脉冲、暴露和吹扫时间分别为 0.1s、10s 和 25s。本实验共在碳纳米管上沉积了 150 次循环的 Al₂O₃。

（3）CNCs @Al₂O₃/NiO 的合成　将 CNCs@ Al₂O₃ 在 200℃依次暴露于二茂镍（Strem Chemicals，99%）和臭氧中，二茂镍保持在 70℃，二茂镍的脉冲、暴

露和吹扫时间分别为 6s、12s 和 25s，O_3 的脉冲、暴露和吹扫时间分别为 1s、12s 和 25s。在 CNCs@Al_2O_3 上沉积了 150 次循环的 NiO。

（4）CNCs @Al_2O_3/NiO/PI 的合成　将 CNCs@Al_2O_3/NiO 在 170℃依次暴露于焦三苯二甲酸二酐（PMDA J& K 99.5%）和乙二胺（EDA）中来生长 ALD 聚酰亚胺（PI）薄膜。PMDA 和 EDA 分别保持在 150℃和 30℃。PMDA 的脉冲时间、暴露时间和吹扫时间分别为 2s、5s 和 35s，EDA 的脉冲时间、暴露时间和吹扫时间分别为 0.2s、20s 和 30s。在 CNCs@ Al_2O_3/NiO 上沉积 100 次循环的 PI。

（5）CNCs @Al_2O_3/NiO/PI/Pt 的合成　将 CNCs@Al_2O_3/NiO/PI 在 230℃依次暴露于三甲基（甲基环戊二烯基）铂（Ⅳ）（$MeCpPtMe_3$，Strem Chemicals，99%）和臭氧中，生长 Pt 纳米颗粒，Pt 前驱体保持 60℃。Pt 前驱体的脉冲、暴露和吹扫时间分别为 0.5s、12s 和 25s，O_3 的脉冲、暴露和吹扫时间分别为 1s、12s 和 25s。在 CNCs@ Al_2O_3/NiO/PI 上循环沉积 10 次的 Pt。

（6）CNCs @Al_2O_3/NiO/PI/Pt/TiO_2 的合成　将 CNCs @Al_2O_3/NiO/PI/Pt 在 160℃依次暴露在四异丙氧基钛和超纯水中。四异丙氧基钛和水分别保持 70℃和 30℃。Ti 前驱体的脉冲、暴露时间和吹扫时间分别为 1s、8s 和 20s，H_2O 的脉冲时间分别为 0.1s、10s 和 25s。在 CNCs@Al_2O_3/NiO/PI/Pt 上循环沉积 300 次。

样品的合成示意图如图 5-13 所示。通过不同物质的层层沉积最终得到具有 Ni/Al_2O_3 界面和 Pt/TiO_2 双重界面的催化剂。每层载体厚度以及活性组分的量均可以通过控制循环次数进行精准调控。

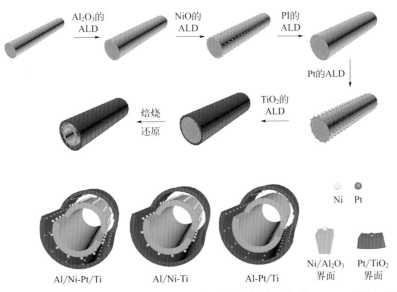

图5-13　具有 Ni/Al_2O_3 和 Pt/TiO_2 界面的串联催化剂的合成过程示意图和不同催化剂的半截面图比较

四、研究进展

1. 单原子催化剂（SAC）

Shi 等[90]采用原子层沉积法，通过改变沉积温度和循环次数，制备了 3.4nm、7.3nm 和 9.3nm 大小的铜单原子和纳米颗粒。HAADF-STEM, XAFS（X 射线吸收精细结构谱）和原位 XPS 证实了 SAC 样品中分离 Cu 原子的主要存在，表明 Cu 单原子在 300℃氢还原后仍保持非常稳定的 1+ 价态。在乙炔制乙烯半加氢反应中，Cu 催化剂的催化剂性能有很强的尺寸依赖性，Cu 粒径的减小显著降低了乙炔半加氢反应的活性，在 190℃时，尺寸从约 9.3nm 减小为单原子，其本征活性从 147h^{-1} 降至 4h^{-1}。结果表明，活性随粒径的增大而降低主要与 H$_2$ 解离能力的降低和乙炔吸附能力的减弱有关。但将 Cu 尺寸减小到单原子还是获得了相当大的好处：提高了乙炔的乙烯选择性和稳定性。Cu SAC 在完全转化时表现出最高的乙烯选择性，达到 91%，并具有至少 40h 的良好长期稳定性，与铜纳米颗粒催化剂的快速失活形成鲜明对比。原位热重测量进一步表明，与 9.3nm Cu 纳米颗粒催化剂相比，Cu$_1$SAC 上的焦炭形成被显著抑制了高达 89%。结果表明，SACs 在高选择性和高耐焦化方面是有前途的选择性加氢催化剂。最后，HAADF-STEM 和 XAFS 进一步证实了 Cu 单原子在反应条件下是相当稳定的。

2. 金属催化剂

Wang 等[91]采用原子层沉积（ALD）法和浸渍法制备 Ni/γ-Al$_2$O$_3$ 催化剂用于甲烷的二氧化碳重整。与浸渍法制备的催化剂相比，ALD 法制备的催化剂上 Ni 的分散性明显更好。在 ALD 样品中，由于 NiO 与 Al$_2$O$_3$ 之间存在适度的相互作用，还原前 Ni 氧化物大部分以 NiO 的形式存在，而浸渍样品中主要以 NiAl$_2$O$_4$ 的形式存在。NiAl$_2$O$_4$ 难以还原，因此，浸渍样品的活性较差。通过研究不同镍含量的催化剂，发现 Ni 负载对催化性能有重要影响。对于 ALD 样品，当 Ni 的负载量从 0.8% 增加到 1.6% 时，NiO 的数量显著增加，催化活性更好。然而，进一步增加 Ni 负载至 2.0%，催化性能并没有明显提高，原因在于过量的 Ni 可能导致 Ni 晶粒较大，Ni 分散性较低。ALD 样品比浸渍样品具有更好的活性和稳定性。经过 12h 的稳定性测试，由于镍颗粒较小，ALD 样品上形成的碳很少。结果表明，ALD 是一种制备氧化物-载体相互作用适中、金属颗粒高度分散的催化剂的有效方法。

Chen 等[92]通过原子层沉积策略和沉积-沉淀法，将尺寸可调的 Pt 团簇精确地沉积在 Al$_2$O$_3$(110) 面和 Al$_2$O$_3$ 棒上，并用于 WGS 和 FA 分解。与 Al$_2$O$_3$(110) 面上的 Pt 纳米颗粒或多晶棒状 Al_2O_3 上的 Pt 团簇相比，Al_2O_3(110) 面上的超细 Pt 团簇具有非常低的 Pt 负载（0.07%，质量分数）。在 210℃时，界面结构的 CO 几乎完全转化，CO 的转换频率（TOF）高达 $2.1s^{-1}$，优于大多数已报道的体系。同样的界面结构也被发现对甲酸（FA）的催化分解具有很高的活性，具有完全的 FA 转化（很少的 CO 产物），TOF 为 $1.02s^{-1}$。进一步的表征和密度泛函理论模拟表明，优越的催化性能归因于独特的界面结构和小 Pt 团簇与 Al_2O_3(110) 底物之间的协同作用。*COOH 中间产物以及在靠近 Pt 颗粒的 Al_2O_3(110) 底物上发生羟基化反应的能垒降低。两者都有利于 *COOH 中间体的生成和 *COOH 与相邻 OH 的反应。这项工作强调了通过精确控制金属粒子尺寸和氧化物载体来实现特定的面暴露，从而制备用于清洁能源生产的高性能催化材料，并且它适用于不同应用中的催化剂界面结构控制和设计。

Yi 等[93] 报道了使用原子层沉积（ALD）在 Pd 催化剂上精确控制多孔氧化铝涂层，不仅显著提高了对丁烯的选择性，特别是对 1-丁烯的选择性，而且在不存在丙烯（或存在）的 1,3-丁二烯选择性加氢过程中达到了最佳的抗失活耐久性。在过量丙烯的存在下，氧化铝涂层显著地将丙烯的转化率抑制到仅 0.3%，同时在 1,3-丁二烯转化率接近 100% 时保持 100% 的丁烯选择性。丁烯选择性的显著提高归因于涂层微孔内的约束作用以及 1,3-丁二烯对 Pd 的吸附强于烯烃。更重要的是，在 124h 的反应时间内，Al_2O_3 包覆的钯催化剂没有任何明显的活性下降或选择性变化。最后，作者提出，将这种多孔氧化物涂层应用于金属催化剂上，可能是实现其他加氢反应（如炔烃）高选择性和稳定性的一种有前途的新方法。

Fu 等[94] 研究了在 2.5%（质量分数）Pd/Al_2O_3 催化剂上采用原子层沉积法制备 45 个原子厚的氧化铝覆盖层，并将 Pd 纳米颗粒包裹在相应载体中。覆盖层抑制了乙烷的氧化脱氢活性，但极大地提高了金属颗粒的耐热烧结性能和焦化失活性能。在有氧化铝覆盖层的催化剂上，当气态氧完全消耗时，即使在 600℃ 及以上也能观察到稳定的活性，在 38% 的转化率下乙烯的选择性达到 70%，而在没有覆盖层的类似转化率下选择性为 10%。覆盖层优先沉积在边缘 Pd 原子上。675℃时乙烯的高选择性可能是由于高温下均相和非均相反应的耦合，以及 PdO 向 Pd 的相变。氧化铝覆盖层显著改变了负载金属催化剂的催化性能。该覆盖层用于 Pd/Al_2O_3 上的 ODHE 反应时，由于位点阻塞而抑制了催化活性，覆盖层改善的性能应该使这些负载金属催化剂在商业应用中更具吸引力，特别是在催化剂容易因焦化和金属烧结而失活的高温反应中。

Lu 等[95] 研究发现，在多相催化剂的高温应用中，负载金属纳米颗粒（NPs）的氧化铝（Al_2O_3）涂层有效地降低了结焦和烧结失活。通过原子层沉积（ALD）工艺在钯 NPs 上覆盖了 45 层氧化铝，该工艺在 200℃下将催化剂交替暴露于三甲基铝和水中。当这些催化剂在 650℃ 氧化脱氢乙烷制乙烯 1h 后，通过热重分析发现，它们含有不到 6% 的积炭。扫描透射电镜显示，在 675℃ 反应 28h 后，形貌无明显变化。所有 ALD Al_2O_3 包覆钯催化剂均能提高乙烯收率。

Wang 等 [96] 提出了一种定制金属载体界面的策略，即通过在约束的纳米颗粒上涂覆超薄氧化物层来最大化金属氧化物界面。这是通过原子层沉积（ALD）在碳纳米线圈模板上依次沉积超薄 Al_2O_3 涂层，Pt 和厚 Al_2O_3 层，然后移除模板来实现的。与限制在没有超薄涂层的 Al_2O_3 纳米管中的 Pt 催化剂相比，超薄涂层的样品具有更大的 Pt-Al_2O_3 界面。最大化的界面显著提高了活性，保护性的 Al_2O_3 纳米管保持了 4-硝基苯酚加氢反应的稳定性。最终认为在密闭催化剂上使用 ALD 超薄涂层是提高性能的一种有前途的方法。

Lu 等 [97] 证明了用于定制金属活性位的原子层沉积（ALD）金属氧化物外涂层可以提高 PDH 的产率和选择性。通过综合合成、表征和催化研究，发现 ALD 涂层可以应用于成型 Pt 催化剂（如挤出物），以提高丙烷脱氢反应的性能。随着 Al_2O_3 ALD 循环次数的增加，Pt 纳米颗粒在蒸汽失活试验中烧结稳定性增加，催化试验中对丙烯的选择性增加。利用 TiO_2 ALD 与 Al_2O_3 载体进行了区分，结果表明 ALD 前驱体能够均匀地穿透挤出物的内部孔隙，并且涂层与支撑壁和活性金属（Pt）均发生反应。随着 ALD 循环次数的增加，铂纳米颗粒上的化学吸附 H_2 量几乎呈线性减少，这表明逐层沉积对铂纳米颗粒暴露度有很好的控制，而且 STEM 也证实同样的现象。ALD 涂层后可接触 Pt 位点的数量减少，而空气退火后可达 Pt 位点的数量增加，表明 ALD 涂层中形成了纳米孔。这种效应和 Pt 纳米颗粒蒸汽处理后的团聚是通过使用 H_2 化学吸附验证的。ALD 包覆后各催化剂 C_3H_8 转化率和 C_3H_6 产率与 H_2 化学吸附结果相反，表明 ALD 衍生的 Al_2O_3 优先在丙烷脱氢活性较低的 Pt 位点上沉积。推测这种覆盖选择性地发生在不饱和的位置（边和角），留下更有选择性的平台位点仍可用于脱氢。随着 ALD 循环次数的增加，丙烯的选择性略有提高，C_1 和 C_2 的产率因氢化反应的减少而降低。实验证明当覆盖厚 0.6～0.8nm 的 Al_2O_3 层，在比表面积约 90m^2/g 的低表面积 Al_2O_3 载体上，可获得稳定性和活性的最佳组合，同时丙烯的选择性从 91% 提高到 96%。

Gao 等 [98] 设计了一种方便且通用的模板方法，并辅以原子层沉积（ALD），以制造多重约束的 Ni 基纳米催化剂，该催化剂在肉桂醛和硝基苯加氢反应中具有优异的催化性能。Ni 纳米颗粒不仅被限制在 Al_2O_3 纳米管中，而且被嵌入 Al_2O_3 内壁的空腔中。空腔产生更多的 Ni-Al_2O_3 界面部位，从而促进了氢化反应。纳米管抑制了镍纳米粒子的浸出和脱离。与负载在 Al_2O_3 外表面上的 Ni 基催化剂相比，在纳米管中多重约束催化剂在加氢反应中显示出催化活性和稳定性的改善。ALD 辅助模板方法具有通用性，并且可以很容易地扩展到其他多重约束纳米反应器，可能在许多多相反应中有潜在的应用。

Jin 等[99]研究了不同量的 MgO 对原子层沉积（ALD）法制备的在 Al_2O_3 上的高分散镍纳米粒子的影响。CO_2-TPD 结果表明，MgO 的加入可以提高催化剂表面碱基的数量和强度。XPS 结果表明，随着 MgO 的加入，表面氧（即羟基氧或缺陷氧）的数量增加，这有利于 CO_2 的活化。从 H_2-TPR 中，虽然 MgO 没有提高整体还原性，但 NiO-MgO 固溶体形成了大量的金属-载体界面用于 CO_2 活化，从而获得更高的活性。在 850℃时，1MgNi/Al_2O_3 催化剂的甲烷重整速率达到 1780 $L_{CH_4} \cdot g_{Ni}^{-1} \cdot h^{-1}$，比原始 Ni/$Al_2O_3$ 催化剂的甲烷重整速率提高了 26%。还原后 MgNi/Al_2O_3 的金属-载体相互作用也提高了催化剂的热稳定性，阻止了 Ni NPs 的烧结。CH_4-TPSR/CO_2-TPO 分析表明，MgO 的加入提高了积炭的气化速率。通过 XPS、TPO、TGA（热重分析）和 TEM 分析发现，MgO 促进了 Ni/Al_2O_3 催化剂对 CO_2 的吸附和活化，提高了表面碳与 CO_2 的氧化速率，从而对积炭，特别是包覆型石墨碳有 70% 的抑制作用。

Gao 等[100]通过原子层沉积构建空间分离的 NiO/Al_2O_3/Pt 双组分催化剂并进行原位 X 射线吸收近边结构谱（XANES）研究，证明了氨硼烷水解反应中反向氢溢流的促进作用。在 NiO/Al_2O_3/Pt 催化剂中，NiO 和 Pt 纳米颗粒分别附着在 Al_2O_3 纳米管的外表面和内表面。原位 XANES 结果表明，对于氨硼烷水解反应，在 NiO 位点产生的 H 物种不被 NiO 还原为 Ni^0 所消耗，也不在 NiO 位点以 H_2 的形式存在，而是反向溢流到载体 Pt 位点。NiO/Al_2O_3/Pt 的反向溢流效应解释了 H_2 生成速率的提高。对于 CoO_x/Al_2O_3/Pt 和 NiO/TiO_2/Pt 催化剂，也证实了反向溢流效应。这项工作可以为未来合理设计高效的产氢催化剂提供指导。

Lei 等[101]在 Pt/Al_2O_3 催化剂中利用 ALD 引入 ZnO 可提高直径约 0.9nm 的 Pt 纳米颗粒的热稳定性。与 Pt/Al_2O_3 相比，ZnO 通过 Zn → Pt 电荷转移，促进耐烧结铂纳米颗粒催化剂，显著提高了 1-丙醇水相重整（APR）的反应性和制氢选择性。与 Pt/ZnO/Al_2O_3 催化剂相比，ZnO/Pt/Al_2O_3 催化剂具有更高的反应活性和 H_2 选择性，因为在反应条件下，ZnO/Pt/Al_2O_3 催化剂具有 Pt-ZnO 和 Pt-Al_2O_3 界面。这些结果表明，通过改变助剂和纳米颗粒的空间排列，可以调节 Pt 纳米催化剂的活性和选择性以及热稳定性。

Lobo 等[102]研究了不同载体上铂基催化剂上 1-丙醇的液相重整反应。在将纤维素转化为运输燃料的过程中，丙醇正被用作生物质衍生甘油的替代品。测试条件为高温（230～260℃）和压力（6.9MPa），存在液态水。在氧化铝表面的 Pt（通过原子层沉积）涂覆了一层约 1nm 的 Al_2O_3, TiO_2 或 Ce_2O_3 (Pt-Al, Pt-Ti, Pt-Ce)，并考察了对 1-丙醇的重整活性。Pt-Ti 催化剂上每克的 1-丙醇转化率最高，其次是 Pt-Al 和 Pt-Ce 催化剂，两者的反应速率相似。每种催化剂的主产物是乙

烷和 CO_2。无论温度如何，两种产物之间的比例都接近一致。氢气产率始终高于乙烷产率的两倍以上，表明乙烷生成前先生成 H_2。丙醛的脱羰作用对乙烷的形成似乎没有显著的促进作用。由丙醛歧化形成的丙酸可以通过脱羧反应生成乙烷和二氧化碳。与 Canizzarro 反应不同，该反应似乎是由 Pt 催化的，而不是载体或溶液（通过碱催化）。相关分析还表明，在 Pt 表面具有高浓度的 CO（室温下CO 覆盖率的 43%）和水（230℃和 3.4MPa 下水覆盖率的 96%）的反应条件下，Pt 分散性良好。

Hu 等[103] 通过不同的原子层沉积（ALD）循环次数制备了氧化铁修饰的 Pt 基氧化铝催化剂，实现了铁氧化物对铂纳米颗粒的修饰。ALD 修饰 30 次后，单铂催化剂的肉桂醇（COL）选择性由 45% 提高到 84%。采用 HRTEM、TPR、XPS、ICP（电感耦合等离子体）、DRIFTS、XANES 和扩展边 X 射线吸收精细结构谱（EXAFS）对催化剂进行了表征。TPR、XPS 和 XAFS 结果证实了铂纳米颗粒与氧化铁之间的相互作用。DFT 计算和 DRIFTS 结果表明，该方法具有较低的协同性，铂位点被 ALD 铁氧化物选择性阻断。ALD 对 Pt 位点的精确修饰以及在 Pt 纳米粒子与 Fe 氧化物之间形成界面周长位点使得氧化铁修饰催化剂表现出对肉桂醇（COL）具有更高的选择性，ALD 对金属纳米粒子位点的精确修饰为设计高级金属催化剂提供了一种方法。

3. 双金属催化剂

Zhao 等[104] 采用原子层沉积法和浸渍法分别制备了 Ni_1Cu_8/γ-Al_2O_3 双金属催化剂。XRD、EDS（能谱）和 XPS 结果表明，在 Ni_1Cu_8/γ-Al_2O_3 催化剂上形成了 CuNi 合金。TEM 图像显示，ALD-Ni_1Cu_8/γ-Al_2O_3 合金颗粒分散性高于浸渍法制备的样品。N_2O/H_2 滴定结果表明，ALD-Ni_1Cu_8/γ-Al_2O_3 比 IMP-Ni_1Cu_8/γ-Al_2O_3 具有更大的 Cu 比表面积和更高的 Cu 分散度。TPR 结果表明，与 IMP-Ni_1Cu_8/γ-Al_2O_3 相比，ALD-Ni_1Cu_8/γ-Al_2O_3 中 Ni 与 Cu 的相互作用更强。高度分散的 CuNi 合金颗粒是甲醇合成的活性相，Ni 和 Cu 之间较强的相互作用是反应的另一个重要因素。因此，ALD 法制备的样品 CH_3OH 产率（1.5mmol·g^{-1}·h^{-1}）高于浸渍法制备的样品（0.7mmol·g^{-1}·h^{-1}）。同时，ALD-Ni_1Cu_8/γ-Al_2O_3 样品的稳定性优于 IMP-Ni_1Cu_8/γ-Al_2O_3 样品。ALD-Ni_1Cu_8/γ-Al_2O_3 样品的 CO_2 转化率在 50h 内保持不变，而 IMP-Ni_1Cu_8/γ-Al_2O_3 样品的 CO_2 活性在测试时间内略有下降。

Lei 等[105] 采用原子层沉积（ALD）法合成了 1～2nm 范围内的负载型 Pt-Pd 双金属颗粒。通过改变沉积温度和应用 ALD 金属氧化物涂层来改变载体表面化学性质，控制 Pt-Pd 纳米颗粒的负载和组成。利用 ALD 在 SiO_2 上进行 Al_2O_3 涂层，有利于下一步中 ALD Pt 和 Pd 的成核。高分辨率扫描透射电镜图像显示，单分散的 Pt-Pd 纳米颗粒在 ALD Al_2O_3 和 TiO_2 修饰的 SiO_2 凝胶上。X 射线吸收光谱显示，双金属纳米颗粒具有稳定的 Pt-核、Pd-壳纳米结构，与沉积顺序和成分无关。密度泛函理论计算表明，Pt-Pd 合金在 H_2 环境中最稳定的表面结构是 Pt-核、Pd-壳的纳米结构。与单金属颗粒相比，小的 Pt-Pd 双金属核壳纳米颗粒在丙烷氧化脱氢过程中表现出更高的活性。本研究同时指出利用 Pt 负载与温度之间的关系，在 Al_2O_3 包覆的 SiO_2 载体上进行一个 ALD Pt 循环，为制备不同负载 Pt-Pd 双金属催化剂提供了一种简便的方法。

Lu 等[106]研究发现了一种通过原子层沉积合成负载双金属纳米颗粒的一般策略，其中通过选择性地在初级金属纳米颗粒上生长次级金属而不是在载体上生长，避免了单金属纳米颗粒的形成；同时，通过调整前驱体脉冲序列，可以精确控制双金属纳米颗粒的尺寸、组成和结构。证明了三种金属（Pd、Pt、Ru）在三种金属氧化物（Al_2O_3、TiO_2 和 ZrO_2）载体上，这些方法很可能是通用的，并将适用于其他 ALD 金属和载体。尽管在商业应用之前需要仔细考虑这种方法的经济性，但 ALD 可以补充其他催化剂合成方法，并为负载双金属或多金属催化剂提供有前途的替代合成路线。

Wang 等[107]通过原子层沉积（ALD）将 Pt-Co 双金属催化剂沉积在 γ-Al_2O_3 纳米粒子，并用于肉桂醛（CAL）选择性氢化为肉桂醇（COL）。高分辨率透射电子显微镜、氢程序升温还原、X 射线衍射和 X 射线光电子能谱用于鉴定 Pt 和 Co 之间的强相互作用。所获得的具有最佳 Pt/Co 比的催化剂在温和条件下（即 1MPa H_2 和 80℃）实现了 COL 选择性为 81.2% 及 CAL 转化率 95.2%。在 CAL 加氢过程中，由于 Pt-Co 双金属催化剂的协同作用，Co 在 Pt 上的添加显著提高了活性和选择性，这是由于电子从 Co 转移到 Pt，可以稳定羰基。由于金属纳米颗粒与氧化铝载体之间的强相互作用，所获得的 Pt-Co 双金属催化剂也表现出优异的稳定性。在回收实验中观察到活性和选择性的损失可以忽略不计，显示出实际应用的潜力。

Wang 等[108]采用两步法在多孔 γ-Al_2O_3 颗粒上制备了高度分散的金铂双金属纳米粒子。Pt NPs 首先通过 ALD 沉积在 γ-Al_2O_3 颗粒上，Au NPs 从金团簇的纯溶胶中稳定在 ALD Pt/γ-Al_2O_3 颗粒上。TEM 观察和 XAS（X 射线分析光谱）均证实了 Au-Pt 双金属 NPs 的形成，其中心分布在 3.0nm 附近。采用 ALD Pt/γ-Al_2O_3、Au/γ-Al_2O_3 和 Au-Pt/γ-Al_2O_3 催化剂，在相同的反应条件下研究了葡萄糖氧化制葡萄糖酸。ALD Pt/γ-Al_2O_3 催化剂表现出较高的活性和稳定性。Au-Pt 双金属催化剂表现出比 Au 催化剂更高的活性和稳定性。本工作采用两步法合成 Au-Pt 双金属催化剂，以克服浸出问题，保持高活性和稳定性。将 ALD 与常规方法相结合制备具有长期稳定性的双金属催化剂的策略，为制备其他高分散、稳定、可回收的双金属催化剂提供了新的思路。

4. 金属氧化物催化剂

Daresibi 等[109]用原子层沉积（ALD）法在 γ-Al$_2$O$_3$ 载体上合成了 Ga$_2$O$_3$，并用于丙烷的 CO$_2$-氧化脱氢反应（CO$_2$-ODHP）。通过控制 ALD 循环次数，控制 Ga 的负载量。为了进行比较，采用初湿浸渍法制备了对比催化剂。与浸渍催化剂相比，ALD 催化剂的 Ga$_2$O$_3$ 分散度更高，与 γ-Al$_2$O$_3$ 相互作用更大，形成更多的 Ga-O-Al 键，酸度更高。相反，浸渍法形成的 Ga$_2$O$_3$ 颗粒分散较小，与载体的相互作用较小，酸度较低。浸渍形成的 Ga$_2$O$_3$ 颗粒堵塞了部分 γ-Al$_2$O$_3$ 孔隙，从而减小了载体的表面积。在 ALD 合成的催化剂上，CO$_2$-ODHP 反应具有更高的丙烯选择性和高达 51% 的丙烷转化率。事实上，ALD 催化剂中较强的 Ga-O-Al 键，γ-Al$_2$O$_3$ 表面掺杂较多的 Ga，以及较高的酸位含量，这些都降低了 C-H 键激活的能垒，促进了丙烷的转化。CO$_2$ 在这一过程中的作用是在逆水煤气变换（RWGS）反应中消耗 H$_2$，并将平衡转向更多的丙烯生成。一般来说，当活性相和载体之间需要强相互作用时，可考虑 ALD 方法。

Onn 等[110]研究了原子层沉积 1nm ZrO$_2$ 薄膜改性 Pd/Al$_2$O$_3$ 催化剂的效果。PdO/Al$_2$O$_3$ 催化剂上的沉积，TEM 成像、EDS 元素分析证实了 Al$_2$O$_3$ 载体和金属颗粒上都存在薄 ZrO$_2$。ZrO$_2$ 薄膜非常稳定，仅在 1173K 以上形成了良好的结晶相。PdO 颗粒上的 ZrO$_2$ 涂层形成了半核壳状结构，使金属在 1073K 的空气中稳定。稳定状态下，未改性 PdO/Al$_2$O$_3$ 表面甲烷氧化速率随催化剂煅烧温度的升高而降低，而 ZrO$_2$ 覆盖表面甲烷氧化速率随焙烧温度的升高而升高。

Armutlulu 等[111]采用 CaO 作为高温 CO$_2$ 吸附剂可显著降低 CO$_2$ 捕集成本。利用模板辅助热液方法开发具有非常高且循环稳定的二氧化碳吸收的 CaO 基吸附剂。这些吸附剂的形态特征，即由含有中心空隙的薄层 Al$_2$O$_3$（<3nm）包裹的 CaO 纳米颗粒组成的多孔外壳，确保①最小的扩散限制；②在 CO$_2$ 捕获和释放过程中伴随大量体积变化的空间；③最小数量的 Al$_2$O$_3$ 用于结构稳定，从而最大限度地提高 CO$_2$ 捕获活性 CaO 的分数。这种稳定的吸附剂在 30 次循环后的 CO$_2$ 吸附剂吸收率为 0.55g，容量保留率为 89.9%，比石灰石衍生的基准 CaO 的容量高出 500% 以上。与石灰石衍生的 CaO 相比，所得材料成本更高，但具有进一步的应用潜力，例如吸附剂增强的甲烷重整，其中具有循环稳定的 CO$_2$ 吸收材料对该工艺的效果至关重要。

Xiong 等[112]提出了一种通过控制氢溢出距离来原位调整钴电子结构的策略，以增强 SO 选择性。通过原子层沉积制备的 CoO$_x$/Al$_2$O$_3$/Pt 催化剂，证明了该策略的可行性，其中 CoO$_x$ 和 Pt 纳米颗粒被中空的 Al$_2$O$_3$ 纳米管隔开。从 Pt 到 CoO$_x$ 的氢溢出强度可以通过改变 Al$_2$O$_3$ 厚度来精确定制。以 CoO$_x$/Al$_2$O$_3$/Pt 催化苯乙烯环氧化为例，当添加 H$_2$ 时，具有 7nm Al$_2$O$_3$ 层的 CoO$_x$/Al$_2$O$_3$/Pt 表现出优异的选择性（从 74.3% 到 94.8%）。增强的选择性归因于引入可控的氢溢出，反应过程中 CoO$_x$ 减少。该方法对苯乙烯衍生物的环氧化也很有效。

Ahn 等[113]在 Al$_2$O$_3$ 负载的 Ni 催化剂上沉积 La$_2$O$_3$ 和 Al$_2$O$_3$ 以研究它们对用于甲烷干重整（DRM）反应的影响。通过初湿浸渍法合成，所得氧化铝负载的镍催化剂（Ni/Al$_2$O$_3$，Ni 的质量分数 2%）在 DRM 条件下 45h 内失去了 87% 的初始活性。当通过原子层沉积（ALD）沉积单层 Al$_2$O$_3$ 后，催化剂能够长时间稳定运行。但由于部分活性位点被覆盖，这种涂层催化剂活性约为比未涂层催化剂活性低 40 倍。在 700℃反应温度下，进行 DRM 气氛预处理过程中，这种 Al$_2$O$_3$ 涂层的 Ni/Al$_2$O$_3$ 催化剂还表现出较长的诱导期（约 20h），是由于金属 Ni 与 Al$_2$O$_3$ 的相互作用产生的惰性铝酸镍（NiAl$_2$O$_4$）相中 Ni^{2+} 的缓慢还原。同时，在 Ni/Al$_2$O$_3$ 催化剂中掺杂少量的 La（质量分数约 0.03%）并不会显著影响催化剂本身的催化活性，但 La$_2$O$_3$ 促进的 Ni 催化剂提升了催化剂长时间反应稳定性，有助于恢复未涂覆的 Ni/Al$_2$O$_3$ 的峰值活性，并消除了 DRM 诱导期。该策略不仅有效提升了催化剂的稳定性，同时避免了不希望的 NiAl$_2$O$_4$ 物种的形成。

Najafabadi 等[114]以 Co(acac)$_2$ 为前驱体，分别利用原子层沉积（ALD）和浸渍法制备相同负载量的 Co/γ-Al$_2$O$_3$ 催化剂，并用于 Fisher-Tropsch 合成（FTS）。175～205℃的温度窗口确定了 Co(acac)$_2$ 在 Al$_2$O$_3$ 上的自限制化学吸附，这是 ALD 循环的第一步也是最重要的一步。在 ALD 法中形成了更小的立方钴纳米颗粒，而在浸渍法中形成了球形纳米颗粒。立方钴纳米颗粒的分散性比球形颗粒高 2.3 倍，且粒径分布更窄。ALD 法基于自限制表面化学吸附法，而 IMP 是一种孔隙体积填充法。因此，ALD 法在氧化铝表面形成了较为均匀的钴物种。另一方面，ALD 催化剂中的扁平立方钴纳米颗粒与氧化铝载体相互作用更强，形成更高比例的铝酸钴，从而具有更高的抗失活性。由于 Co-O-Co/Al 键能决定了 Co-acac 物种的去除和氧化钴物种的移动，在第一个自限制化学吸附步骤中形成的 Co-acac 物种的均匀层很可能在 400℃的高温下形成平坦的岛屿。在连续的 ALD 循环中，Co(acac)$_2$ 化学吸附在氧化铝上，优先吸附在先前 ALD 循环中形成的钴氧化物岛上，导致三维立方颗粒的生长。

第六节
表面金属有机化学合成法

表面金属有机化合物（surface organometallic complex）的概念是 20 世纪 90

年代初期由 Basset 和 Scott 教授等提出，源于前 30 年间人们对金属有机化合物、过渡金属配合物在固体氧化物表面接枝反应的研究，现已经发展成为一门新兴的学科——表面金属有机化学（surface organometallic chemistry，SOMC）。表面金属有机化学以分子金属有机化学、表面化学和分子配位化学为基础，以金属有机化合物与固体表面反应为研究对象，目的是通过在固体表面接枝金属有机基团制备表面组成和结构明确的、具有特殊性能的负载型催化剂。已有的研究表明，当主族元素、过渡金属元素、镧系和锕系元素的金属有机化合物（包括单核的和多核的）与常用的催化剂载体，如氧化铝、硅胶、氧化镁或沸石，甚至金属等在特殊的条件下发生反应时，会通过缩合或配位作用在固体的表面形成所谓的表面金属有机化合物，而且与普通小分子之间的反应类似，过程是化学计量的，生成的固体具有确定的组成和结构。因此，通过表面金属有机化学合成法能够合成出组成上均匀、结构上均一、活性体分散度高的负载型配合物、金属、氧化物、硫化物等催化剂。

一、表面金属有机化学的基本原理

表面金属有机化学合成负载型催化剂是一个典型的化学反应，将活性组分的前驱体与无机载体表面的羟基进行缩合反应并通过氧桥键接枝在固体表面。在表面金属有机化学中，通常采用了各种无机材料作为载体，如氧化铝、二氧化硅、硅铝、氧化镁、MCM41、SBA-15、氨基改性 SBA-15 等。与表面羟基反应：在大多数情况下，表面接枝反应是与金属氧化物表面的羟基发生反应。在真空热处理后，氧化物载体表面吸附的水分子脱除，表面形成孤立羟基。这些孤立羟基会与金属有机化合物反应，导致金属有机化合物中的 M—C 键发生断裂，金属有机化合物被锚定在载体表面。由于氧化物的表面羟基与无机、有机或有机金属分子中的羟基有着相近的化学特性，因此一些基本的化学反应如羟基亲核亲电进攻有机金属配合物的配体、有机金属配合物中心上羟基氧化加成、羟基酸-碱相互作用、羟基亲电断裂有机金属配合物的 M—C 键、表面羟基脱 H 与金属键合（具有氧化物性质）、歧化反应等都可以应用于有机金属化合物与氧化物固体表面之间的反应。通过上述反应得到的表面金属有机化合物就是一种结构规则的表面配合物，是一种负载型的配合物催化剂。更重要的是，上述配合物可以进一步地通过后处理，如氢解、氧分解等得到具有重要工业应用价值的负载型氧化物催化剂、金属催化剂和合金催化剂（图 5-14）。

通过共价键牢固地锚联在固体的表面且使之在表面达到均匀分散，这种类型的固载化已经被广泛关注。表面金属有机化学结合均相催化和多相催化的优势，

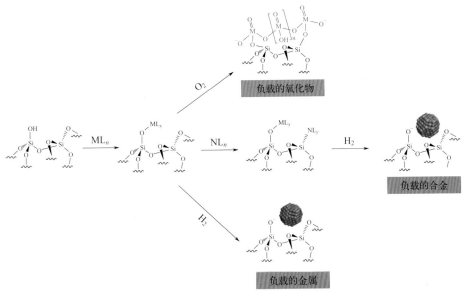

图5-14 表面金属有机化学可控合成负载型配合物催化剂、氧化物、金属和合金催化剂

将二者联系起来。从这个角度来看，表面金属有机化学方法是由多相催化衍生而来的一个新的研究领域，它出现于 20 世纪 70 年代初，主要是由 Basset 教授在80 年代初发展起来的。这一策略的基础是将均相催化的分子化学概念转移到表面，其特征是活性部位定义明确。表面上，表面金属有机配合物在形态和易分离方面起到多相催化剂的作用。而它们被认为是定义明确的单位系统，因为它们的活性中心均匀地分布在整个氧化物表面，并且表现为均匀的系统。这些体系可能仍然是一个孤立的物种，或者通过后处理得到高分散的氧化物、金属团簇或者合金。

表面金属有机化学合成的目标是将均相催化和多相催化的优点结合起来，构筑活性位点结构明确的多相催化剂。为了定义良好的活性位点，将有机金属配合物与氧化物、沸石等载体表面反应，得到结构明确的表面金属有机化合物。各种金属有机化合物与载体表面反应形成的表面金属有机配合物，如图 5-15 所示是表面金属有机化学法制备的表面金属有机化合物示意图，从图中可知，其中包括四个不同的部分：载体、金属中心、配体（L）和配体（X）。

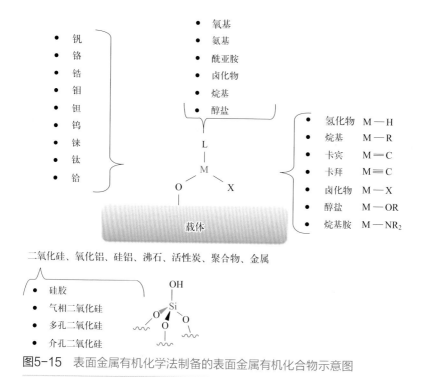

图5-15　表面金属有机化学法制备的表面金属有机化合物示意图

二、表面金属有机化学法中Al₂O₃载体的作用

表面金属有机化学的关键概念是将氧化物表面视为一个孤立的 X 型阴离子配体。从光谱研究中推断出表面物质结构并与催化行为建立结构-活性关系，从而更合理地开发非均相催化剂。通过表面金属有机化学方法生成明确的负载型催化剂的第一步是了解载体的表面位点，并控制这些位点的密度及其酸/碱强度。

从表面金属有机化学合成的原理中可以看出载体在制备催化剂中发挥重要的作用，不仅起着分散活性组分的作用，而且为固载反应提供活性位点羟基。一般而言，用作固载反应的无机载体需要有丰富的羟基、高比表面积和良好的热稳定性。氧化铝是固载反应非常好的载体，它具有高的羟基密度、强的分散负载相的能力、高热稳定性（取决于晶相）和适中的价格。

金属有机化合物在氧化铝表面的分散性与 Al₂O₃ 表面的酸碱特性有关。氧化铝表面 OH 基团、路易斯酸性和表面酸碱为固定阳离子、阴离子和金属物种提供了特定的位点，在催化剂制备过程中可以发挥重要作用。大部分氧化铝由四面体 AlO₄(25%) 和八面体 AlO₆(75%) 单元组成，具有相对较高的比表面积（约200m²/g）。氧化铝具有比二氧化硅更复杂的表面化学性质，因为其表面位点种类更多：具有弱的布氏酸度的终端和桥接铝，以及具有不同强度的路易斯酸度的不同铝位点，即三（Al_{III}）、四（Al_{IV}）和五配位（Al_V）的表面位点。不同的表面功能引起了氧化铝在 OH 区的复杂红外光谱，使其难以区分。此外，通常用于表征表面酸度的吸附探针分子的红外光谱并不能在振动频率和 Al_2O_3 表面位点的性质/酸度之间提供一个明确的关联。除了非常复杂的表面结构，Al_2O_3 还包含不同的面和一组不同的位点，每个面的比例取决于制备方法。对 Al_2O_3 进行高温处理会导致表面的部分脱羟（从 Al_2O_3-300 的约 $4.6OH \cdot nm^{-2}$ 降至 Al_2O_3-700 的约 $1.0OH \cdot nm^{-2}$），然而即使在 700℃时，在红外光谱中仍然可以观察到不同类型的 OH 基团（图 5-16）。由此可以通过红外光谱观测到金属有机化合物与 Lewis 酸性 Al 位点羟基反应时羟基的变化情况。

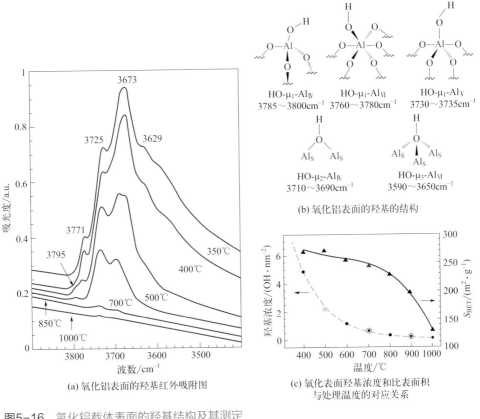

(b) 氧化铝表面的羟基的结构

(a) 氧化铝表面的羟基红外吸附图

(c) 氧化表面羟基浓度和比表面积与处理温度的对应关系

图5-16 氧化铝载体表面的羟基结构及其测定

尽管氧化铝作为多相催化剂载体应用十分广泛，但是由于表面复杂，也有不少研究者通过 DFT 理论计算研究氧化铝表面结构演变，在过去十年中，在构建氧化铝模型方面取得了一些重大进展。总而言之，尽管在理解氧化铝表面方面取得了许多进展，但对其结构、表面位点的性质以及氧化铝本身特定位点或氧化铝载体的催化剂的催化性能中的作用仍存在争议。另一方面，人们已经认识到，氧化铝载体往往会导致更多的活性和稳定的单点催化剂。

其他载体在多相催化中也起着重要的作用，除了上述的氧化铝以外，二氧化硅、分子筛、氧化锆、氧化镁、MCM-41、SBA-15、碳材料等材料也是应用十分广泛，具体根据目标反应来选择。负载型金属催化剂通常是通过含有反应性配体（如烷基、烯丙基或羰基）的有机金属配合物与氧化物或沸石载体的氧原子或OH基团反应而制备的。

三、表面金属有机化学制备负载型催化剂的优点

负载型催化剂是低碳烷烃催化转化中最重要的一类催化剂。目前负载型催化剂的合成基本都采用传统浸渍法、沉淀法等，这些制备方法可控性差，所制备的催化剂在组成上不均匀，在结构上不均一，活性体分散度低甚至会团聚，严重制约了催化剂的整体性能。表面金属有机化学能够突破传统方法的缺点，可控地制备出高分散性的负载型氧化物、金属以及金属合金催化剂，在宏观尺度上实现催化剂组分和负载量的可控，在介观和纳米尺度上实现形貌、粒径、聚集态和界面性质的调控，在分子及原子尺度实现活性位和原子团簇结构的可控，最终构筑出高性能的负载型催化剂。由此可见，表面金属有机化学方法以分子表面反应为基础，能够在分子甚至原子尺度上调控催化剂的结构，其最突出的优点是能够定向地制备出高分散、位点隔离的表面活性物种。

表面金属有机化学是由多相催化衍生而来，是基于分子化学向表面化学转移（主要是有机金属化学），是在均相、多相、配位、表面等基础化学研究发展起来的催化剂制备技术。表面金属有机化学的第一步是要在原子和分子水平上理解有机金属化合物与表面反应。第二步是要将结构明确的金属有机化合物转换为结构"相对"明确的负载型表面化合物。可以根据化合物分子已知的结构信息预测表面有机金属片段的反应性。从而实现催化剂纳米结构的有效构筑。氧化物表面金属有机化学制备的双金属催化剂在催化活性、选择性、稳定性、催化剂寿命和可再生等方面相较于传统的制备方法有相当大的改进。

此外，按照 Basset 教授等关于多相催化循环过程的中间体是键合在催化剂金属原子上的"表面金属有机碎片"和表面金属有机物种是多相催化反应活性中心的观点，表面金属有机化学不但为金属有机均相催化剂的固载化提供一条好途径，而且为探索多相催化反应的机理提供一种分子研究方法。最近的不少研究揭示，这种方法可以用于衍生制备结构良好、性能特殊的无机-有机杂化材料、表面金属原子簇、表面功能化膜，甚至一些在分子化学中难得到的特殊物种。

四、表面金属有机化学合成金属催化剂

表面金属有机化学合成金属催化剂，既可以利用有机金属化合物与载体表面羟基依次固载到载体表面，热处理后得到双金属催化剂。也可以通过金属有机化合物与载体表面还原的纳米金属颗粒的反应性来实现双金属催化剂的制备。以Pt-Sn催化剂为例，铂锡双金属催化剂广泛应用于石油化工领域，如重整或异丁烷脱氢。在大多数情况下，双金属催化剂是通过浸渍方法制备的。这种共浸渍方法通常包括同时用Pt和Sn盐浸渍到载体。干燥后，在流动氢气下高温还原。在这个过程中Pt和Sn前驱体各自还原，没有形成金属间相互作用，最终得到的是Pt颗粒和Sn颗粒共同存在于载体表面的混合物。金属表面有机金属化学是以更可控的方式制备真正的双金属催化剂的新途径。当还原态的Pt颗粒负载在惰性载体上时，有机锡化合物的氢解将选择性地发生在还原的金属表面上，而不是在载体上。为了有效解决经典制备方法所带来的结构不确定的问题，Basset教授利用表面有机金属化学法制备纳米粒子结构可控的双金属催化剂材料，研究了$Sn(n\text{-}C_4H_9)_4$在Pt/SiO_2催化剂上，在不同的温度和金属表面覆盖率下进行选择性氢解反应。

通过$Sn(n\text{-}C_4H_9)_4$在Pt上的选择性氢解制备了几种Pt-Sn双金属催化剂。研究了SiO_2负载Pt-Sn双金属催化剂在异丁烷选择性脱氢制取异丁烯的反应。EXAFS研究表明，这种氢解是$Pt\text{-}Sn(n\text{-}C_4H_9)_3$片段向表面合金的逐步转变。结果表明，经550℃氢化处理后，Pt和Sn以还原态（零价氧化态）存在，Sn原子位于Pt金属颗粒表面。Sn在Pt表面的存在降低了氢或一氧化碳的化学吸附量。氢气和一氧化碳化学吸附量的减少是由于表面锡原子数的增加而导致可达Pt原子数的减少。CO吸附在这几种还原的Pt-Sn催化剂上，$\nu(CO)$频率没有移动，表明锡原子在这两个还原态时对铂原子的电子效应可以忽略不计。常压下，Sn的存在大大提高了异丁烷转化为异丁烯的选择性和活性。选择性的提高可以用"位置隔离效应"来解释，活性的提高可能是由于抑制了结焦（毒化了活性表面）。与纯Pt/SiO_2相比，双金属催化剂具有较高的选择性和活性。

由此可见，金属表面有机金属化学策略可以有效控制前驱体在金属表面沉积，形成合金结构的纳米粒子。这一方法不仅可以用于Pt-Sn催化剂纳米结构调控，同样适用于贵金属和非贵金属（Pt、Pd、Rh、Ni等）。最近Basset教授报道了基于金属表面有机金属化学（SOMC/M）策略制备了几种负载的结构明确的、不同Pd/Pt原子比的双金属催化剂，并对异丁烷催化氢解/异构化反应进行了评价[115]。如合成示意图5-17所示，第一步是制备金属负载材料，得到负载的分散良好的Pt NP，其粒径分布窄，平均直径小于2nm。第二步是SOMC/M的基础，在预先还原的Pt NP上制备双金属纳米结构。在Pt表面的氢化学吸附（氢化物形式）与 Pd 有机金属化合物之间发生表面反应。

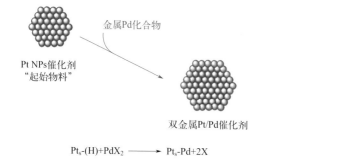

Pt NPs催化剂
"起始物料"

金属Pd化合物

双金属Pt/Pd催化剂

$Pt_s\text{-}(H)+PdX_2 \longrightarrow Pt_s\text{-}Pd+2X$

图5-17
核壳型Pt/Pd双金属催化
剂合成示意图

　　早期研究关于 Pt/Pd 双金属制备方法都是使用经典的浸渍、共沉淀和离子交换技术来制备此类催化剂。然而，在这种情况下，总是很难明确地建立任何结构与活性的相关性。这主要是由于这些技术在纳米级控制颗粒尺寸分布、形状、双金属结构类型和组成的能力较低。而使用金属表面有机化学策略制备双金属催化剂能够精确地构建 Pt/Pd 双金属催化剂的结构，对研究催化活性 / 选择性与所制备催化剂的结构的构效关系大有裨益。

　　金属上的表面金属有机化学广泛应用于双金属催化剂的制备，对催化反应的研究十分重要。表 5-2 中总结了在各种反应中使用表面金属有机化学制备的负载型双金属铂基催化剂的结果。在表 5-3 中，总结了在由表面金属有机化学制备的负载型双金属 Pd、Rh、Ru 和 Ni 基催化剂上的各种反应的结果。

表5-2　表面金属有机化学制备的不同负载型双金属铂基催化剂及应用

活性组分及载体	助剂金属	摩尔比	催化反应
1.4%[①]Pt/Al$_2$O$_3$ (D=1.0)	E(n-Bu)$_4$(E=Sn,Ge,Pb), ZnEt$_2$,T_r=90℃,H$_2$,τ_r=72h	Sn/Pt=0.11～0.3Ge/ Pt=0.22 Pb/Pt=0.21 Zn/Pt=0.15～0.54	对氯硝基苯加氢制对氯苯胺
1.4%Pt/Al$_2$O$_3$ (D=0.99)	E(n-Bu)$_4$(E=Sn,Ge,Pb), ZnEt$_2$,T_r=90℃	Sn/Pt=0.11～0.36 Ge/Pt=0.22 Pb/Pt=0.21 Zn/Pt=0.15	正己烷 甲基环戊烷 2,2,3,3-四甲基丁烷的转化
0.6% Pt/Al$_2$O$_3$ (D=0.88) 3.2% Pt/Al$_2$O$_3$ (D=0.41)	Sn(n-Bu)$_4$ Sn$_0$/Pt$_s$=0.5～2 T_r=25℃, H$_2$,τ_r=7h	Sn/Pts=1.1～1.4 Sn/Pts=0.8	异丁烷脱氢制异丁烯
1% Pt/Al$_2$O$_3$	Sn(n-Bu)$_4$ H$_2$, T_r=90,τ_r=6h	Sn%= 0.32	异丁烷脱氢制异丁烯

①质量分数，余同。

表5-3　表面金属有机化学制备的不同负载型双金属催化剂及应用

活性组分及载体	助剂金属	摩尔比	催化反应
0.09%[①] Pd/Al$_2$O$_3$ (D=0.05~0.56)	E(n-Bu)$_4$(E=Sn,Ge,Pb), Sb(n-Bu)$_3$, T_r=90℃,τ_r=0.25-72h	Sn%=0.02~0.11; Ge%=0.02~0.05; Pb%=0.02~0.07; Sb%=0.02~0.12	异戊二烯 戊烯加氢
0.6%~1.32% Rh/Al$_2$O$_3$ (D=0.74~1.4)	E(n-Bu)$_4$(E=Sn,Ge,Pb),Sb(n-Bu)$_3$,T_r= 90℃,H$_2$	Sn/Rh=0.21~1.6; Ge/Rh=0.20~0.70; Pb/Rh=0.37~0.73; Sb/Rh=0.19	正己烷 甲基环戊烷、 2,2,3,3-四甲基丁烷 的转化
0.93%~1.0% Ru/Al$_2$O$_3$ (D=0.35~0.75)	E(n-Bu)$_4$(E=Sn,Ge,Pb,Si),Sb(n-Bu)$_3$,T_r= 25℃,H$_2$	Sn/Ru=0.26~0.84; Ge/Ru=0.18; Si/Ru=0.20	苯,正己烷, 2-甲基戊烷,2,2,3,3- 四甲基丁烷的转化
0.3%~0.9% Ru/Al$_2$O$_3$ (D=0.75)(D=0.55)	E(n-Bu)$_4$(E=Sn,Ge,Pb),T_r= 25℃	Sn/Ru=0.26~0.84; Ge/Ru=0.18; Pb/Ru=0.33	2,2,3,3-四甲基丁烷 氢解
1.03% Rh/Al$_2$O$_3$ (D= 0.8)	E(n-Bu)$_4$(E=Sn,Ge,Pb),H$_2$,p=30mbar,T_r= 100℃,0.3~19h	Sn/Rhs=0.1~0.92; Ge/Rhs=0.1~0.92; Pb/Rhs=0.1~0.96;	柠檬醛的氢化
0.09% Pd/Al$_2$O$_3$ (D= 0.54)	E(n-Bu)$_4$,T_r= 90℃,τ_r=0.25~48h	Sn%=0.02;0.06; 0.11	氯苯的转化

①质量分数，余同。

五、研究进展

近年来，本书编著团队基于表面金属有机化学的概念开发了一系列结构明确的双金属催化剂，应用于丙烷脱氢、苯加氢和乙酸乙酯加氢以及丙烷脱氢反应中，表现出优良的催化活性和稳定性。

双金属团簇的尺寸介于单个金属原子和锚定在热稳定和高比表面积载体上的纳米颗粒之间，在多相催化中获得了广泛的应用，如氧化、氢解/氢化、脱氢和重整反应，用于化石资源和生物物质的有效转化。与单金属簇或大的双金属纳米颗粒相比，双金属簇显示出前所未有的催化性能，由于高比例的表面不饱和配位金属原子产生的调制电子和几何效应以及两种构成金属之间的协同效应，提高了选择性和稳定性。

湿法浸渍是制备负载型双金属簇催化剂的最常用技术，但它不可避免地会形成尺寸和组成多种多样的大颗粒。最近，人们探索了几种新方法，如胶体合成法、表面无机化学法和静电吸附法，以合成负载型双金属催化剂。然而，这些方法有两个固有的问题：①合成中使用的两种无机盐具有不同的还原温度，其顺序还原导致不均匀双金属团簇的形成；②物理吸附在载体表面的无机盐与载体的相互作用相对较弱，这是因为在随后的热处理过程中盐的迁移和聚集导致了大颗粒的形成。因此，到目前为止，在不同载体上控制合成具有良好合金结构和均匀分散的双金属团簇仍然是一个巨大的挑战。

我们提出了一种基于表面有机金属化学概念的通用方法，用于在各种广泛使用的载体上合成负载型双金属簇合物。图 5-18 是该方法的合成原理，此方法是通过在载体表面连续接枝两个有机金属前体而获得的所谓的"双表面金属有机配合物"（DSOC）的氢化实现的。DSOC 中两个"表面金属有机碎片"（SOMF）的协同分解和 SOMF-载体之间的强相互作用使得在载体表面形成合金化良好、分散均匀的双金属团簇。具体合成步骤如下：两种不同的有机金属化合物通过其 X 配体与载体的 Al-OH 基团的化学固载反应，逐步得到双表面有机金属化合物（图 5-19）。双表面有机金属化合物金属中心与氧化铝的表面氧之间存在化学键。然后，双表面化合物配体在氢气下被还原，形成两个金属原子，在载体表面运动并融合形成双金属纳米粒子，直至达到热力学稳定的状态。这种方法可以作为一种平台技术，在诸如氧化铝、二氧化钛和沸石等广泛的载体上制备各种组成不同的双金属簇合物。

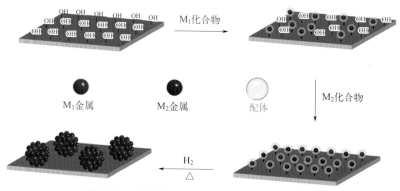

表面金属有机化学法制备负载型双金属团簇催化剂

图5-18 表面固载法合成双金属纳米粒子合成路线

从图 5-20 的 TPR-MS 曲线中可以看出，Pt(COD)Cl/Ir(COD)/θ-Al$_2$O$_3$、Pd(COD)Cl/θ-Al$_2$O$_3$ 和 Ir(COD)/θ-Al$_2$O$_3$ 的氢解发生在不同的温度下，分别位于 200℃、260℃和 300℃。在双表面有机金属化合物 TPR-MS 跟踪检测中发现一个有趣的现象，双表面有机金属化合物中两种不同金属的表面有机金属化合物配体的分解峰合二为一，在 TPR-MS 图谱中只观察到一个分解峰。这三种双表面有机金属络合物的氢解分别发生在 230℃、250℃和 275℃。根据 TPR-MS 结果，可以推断 M$_1$L$_1$/M$_2$L$_2$/θ-Al$_2$O$_3$ 双表面有机金属化合物中 M$_1$L$_1$ 和 M$_2$L$_2$ 物种的分解是同时进行的，因此 M_1L_1 和 M_2L_2 物种的氢解是以合作方式进行，一种表面配合物氢解，形成一个金属原子，会作为催化剂促进另一个表面化合物配体的氢解。在双表面有机金属配合物中 M_1L_1 和 M_2L_2 物种同时发生氢解，可以生成合金良好的双金属颗粒。

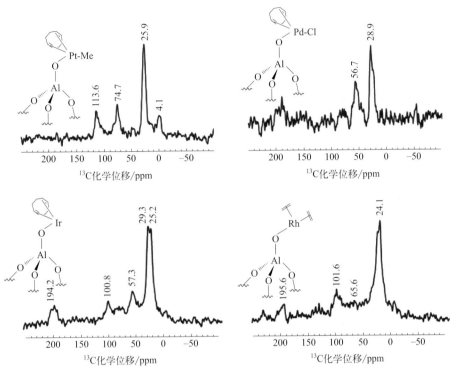

图5-19 表面固载的金属有机化合物的核磁图

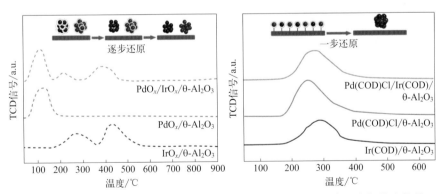

图5-20 浸渍的双金属氧化物样品的 H_2-TPR和表面固载的双金属有机化合物的TPR-MS 曲线

进一步对双金属氧化物前驱体（$M_1O_x/M_2O_x/\theta\text{-}Al_2O_3$）进行了 H_2 温度程序还原（H_2-TPR）测量（图 5-20），这些前驱体是通过将 $\theta\text{-}Al_2O_3$ 与两种金属盐依次浸渍，然后进行煅烧得到的。在这些双金属前驱体中，每个金属氧化物种类的还原峰可以在 H_2-TPR 曲线中清晰地分辨出来。以 $PtO_x\text{-}IrO_x/\theta\text{-}Al_2O_3$ 的 H_2-TPR 图谱为例，在 $PtO_x/PdO_x/\theta\text{-}Al_2O_3$ 的 H_2-TPR 图谱中，PtO_x 物种在 230℃ 的还原峰和 IrO_x 物种在 260℃ 和 430℃ 的还原峰仍然可以很好地识别，双金属氧化物前驱体中 PtO_x 和 IrO_x 物种的还原是在其各自的还原温度下进行的。因此，基本可以判断传统浸渍合成中氧化物前驱体中 M_1O_x 和 M_2O_x 种类的分步还原，必然导致最终的催化剂中形成两种单金属颗粒的物理混合物。

采用高分辨透射电子显微镜（HAADF-STEM）对表面化学法制备的单金属催化剂样品和双金属催化剂样品的尺寸和分布情况进行表征。图 5-21 是所制备的催化剂的 HAADF-STEM 图像和颗粒尺寸分布。结果表明，所有双金属颗粒均匀分布在 Al_2O_3 表面，没有观察到明显的团聚现象。

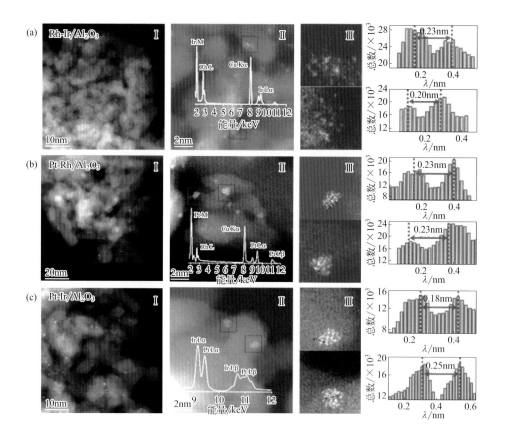

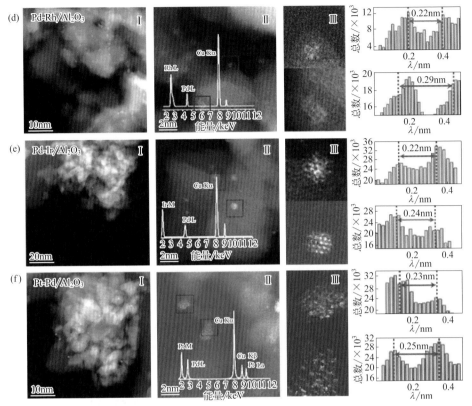

图5-21 表面金属有机化学合成6种样品的HAADF-STEM图像和颗粒尺寸分布

　　该方法在合成丙烷脱氢Pt-Sn催化剂方面也取得了很好的效果。合成过程如图5-22所示，即在金属氧化物载体上固载有机金属化合物来合成结构明确的载体催化剂。Pt和Sn络合物$Pt(COD)Me_2$和Ph_3SnH有机金属化合物依次固载到Al_2O_3表面，形成了结构明确的Pt和Sn双金属表面化合物，由[(≡AlO—)Pt(COD)Me]和[(≡AlO—)$SnPh_3$]有机碎片组成的$Pt(COD)Me/SnPh_3/\theta-Al_2O_3$表面化合物。经过$H_2$的温和处理，在$Al_2O_3$表面原位生成双金属Pt-Sn团簇，约0.75nm。与浸渍合成相比，固载合成的催化剂中的双金属Pt-Sn颗粒粒径更小，粒径分布更均匀，没有任何可检测到的团聚现象。在丙烷脱氢制丙烯反应中$Pt-Sn/\theta-Al_2O_3$催化剂表现出较高的活性、选择性和稳定性。

　　除了氧化铝载体外，也可以将该方法用在β分子筛载体上合成Pt-Sn催化剂。合成包括三个基本步骤：①从β分子筛晶体结构中脱去骨架Al原子产生晶格缺陷；②将Sn原子加入到缺陷位中得到Sn分子筛；③将Pt原子加入结合到分子筛中Sn物种表面，以获得Pt/Sn-β催化剂。在脱铝后的β分子筛，引入

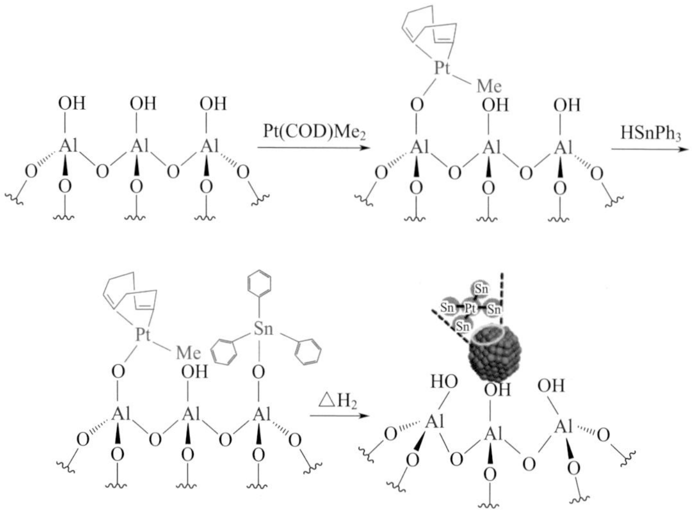

图5-22 表面金属有机化学合成丙烷脱氢Pt-Sn催化剂的示意图

Sn 原子，会产生 Lewis 酸位，吡啶红外光谱可以说明这一点。XPS 表征技术表明掺入分子筛的 Sn 物种存在三种物种，其中 Sn(Ⅱ) 物种含量最高。由此推断每个 Sn 原子通过两个 Si—O—Sn 键部分结合到沸石骨架中。Sn(Ⅱ) 物种可作为 Pt 粒子的锚定中心，在 Pt-Sn 双金属制备过程中金属 Pt 在 β 分子筛上的固载反应发生在 Sn 中心。Sn(Ⅱ) 通过共价键与分子筛牢牢结合，使 Pt-Sn 粒子牢固地定位在 β 分子筛中，显著提高 Pt-Sn 粒子的热稳定性。同时，金属 Sn 掺杂 Pt 导致颗粒中 Pt 原子的稀释，使原本较大的 Pt 颗粒被分散成较小的 Pt 颗粒，从而提高 Pt 原子的利用率以及金属分散度。孤立 Pt 中心的形成有利于提高丙烯的选择性。

第七节
其他制备方法

一、离子交换法

离子交换法是利用载体表面上存在可进行交换的离子，将活性组分通过离子交换（通常是阳离子交换）交换到载体上，然后再经过适当的后处理，如洗涤、干燥、焙烧、还原，最后得到金属负载型催化剂。离子交换反应在载体表面的交换基团和具有催化性能的离子之间进行，遵循化学计量关系，一般是可逆的过程。它与浸渍法相比所得的催化剂分散度好、活性高，尤其适用于制备 Pd、Pt 等低含量、高利用率的贵金属催化剂。均相络合催化剂的固相化和沸石分子筛、离子交换树脂的改性过程也常采用这种方法。

天然硅酸盐或人工合成的硅酸铝，在其表面上都存在大量的阳离子，有的难解离，有的容易解离。易解离的就同过渡金属离子交换。例如，焙烧过的硅酸铝（SiO_2-Al_2O_3）表面带有羟基，是很强的质子酸。然而这些质子（H^+）不能直接与过渡金属离子或金属氨络离子进行交换，若将表面的质子先以 NH_4^+ 代替，离子交换就能进行如图 5-23 所示过程。硅酸铝的离子交换反应为

$$\overline{H_2SA}+2NH_4^+ \Longleftrightarrow \overline{(NH_4)_2SA}+2H^+$$

$$\overline{(NH_4)_2SA}+M^{2+} \Longleftrightarrow \overline{MSA}+2NH_4^+$$

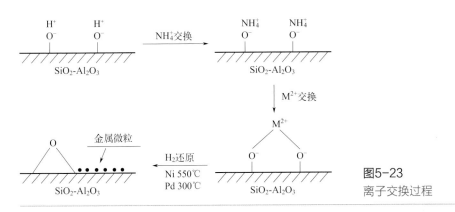

图5-23
离子交换过程

该法制得的催化剂经还原后所得的金属微粒极细，催化剂的活性及选择性极高。如 Pd/SA 催化剂，当 Pd 含量小于 0.03mg/g 硅酸铝时，Pd 几乎以原子状态分散。离子交换法制备的 Pd/SA 催化剂只加速苯环加氢反应，而不会进一步断裂环己烷的 C—C 键。

分子筛是常用的催化剂及载体，它的一个重要性质是可以进行可逆的阳离子交换。当分子筛与金属盐的水溶液相接触时，溶液中的金属阳离子可以进到分子筛中，而分子筛中的阳离子可被交换下来进入溶液中。例如，分子筛表面附有的大量 Na^+ 离子，可同 Mg^{2+}、Ca^{2+} 及其他稀土金属离子进行交换。经交换以后的分子筛，在吸附选择性、吸附容量以及催化性能上都会发生显著变化。举例来说，将 CaY 用 $[Pt(NH_3)_4]^{2+}$ 进行离子交换制得的催化剂，与使用 $[PtCl]^{2-}$ 用浸渍法以相同 Pt 量得的催化剂相比，在对己烷异构的活性，对 N、S 等抗毒性能上，前者要比后者优越得多。这种催化活性的不同主要在于分子筛经离子交换后可

以调节沸石晶体内的电场、表面酸性，而且交换后的分子筛，孔径也会有显著变化。

此外，离子交换法常用于 Na 型分子筛及 Na 型离子交换树脂经离子交换除去 Na^+，而制得许多不同用途的催化剂。例如，用酸（H^+）与 Na 型离子交换树脂交换时，制得的 H 型离子交换树脂可用作某些酸、碱反应的催化剂。而用 NH_4^+、碱土金属离子、稀土金属离子或贵金属离子与分子筛交换，可得到多种相对应的分子筛型催化剂，其中 NH_4^+ 分子筛加热分解，又可得到 H 型分子筛。

二、熔融法

熔融法是在高温条件下进行催化剂组分的熔合，使其成为均匀的混合体、合金固溶体或氧化物固溶体。在熔融温度下金属、金属氧化物均呈流体状态，有利于它们的混合均匀，促使助催化剂组分在主活性相上的分布，无论在晶相内或晶相间都达到高度分散，并以混晶或固溶体形态出现。熔融法制造工艺显然是高温下的过程，因此温度是关键性的控制因素。熔融温度的高低，视金属或金属氧化物的种类和组分而定。熔融法制备的催化剂活性好、机械强度高且生产能力大；局限性是通用性不大，主要用于制备氨合成的熔铁催化剂、F-T 合成催化剂、甲醇氧化的 Zn-Ga-Al 合金催化剂及 Raney 型骨架催化剂的前驱体等。其制备程序一般为：固体的粉碎；高温熔融或烧结；冷却、破碎成一定的粒度；活化。例如，目前合成氨工业中使用的熔铁催化剂，就是将磁铁矿（Fe_3O_4）、硝酸钾、氧化铝于 1600℃高温熔融，冷却后破碎，然后在氢气或合成气中还原，即得 Fe-K_2O-Al_2O_3 催化剂。

三、无机金属表面化学法

精确控制双金属颗粒的纳米结构，具有明确化学计量和组成金属间紧密性的超小负载双金属合金纳米粒子（直径在 $1 \sim 3nm$ 之间）的合成一直是一项极具挑战的工作。但是随着技术的进步，越来越多的催化剂制备调控手段被开发出来，研究者精准地控制纳米粒子的形成。最近 Kunlun Ding 通过无机金属表面化学分解和还原表面吸附的双金属盐前驱体，合成了 10 种不同的负载型双金属纳米粒子，合成路线如图 5-24 所示。这些双金属纳米粒子是通过目标阳离子和阴离子在二氧化硅载体上的顺序吸附后氢气还原得到的。无机金属表面化学方法合成的负载型双金属纳米粒子与传统的前驱体不同，通过顺序吸附金属阳离子和阴离子在载体上原位合成非均相的双金属盐 DCSs。然后还原得到结构明确的负载型双金属合金纳米颗粒。例如，先吸附四氨基钯（Ⅱ）[$Pd(NH_3)_4^{2+}$]，然后再吸附四

氯铂酸盐 [$PtCl_4^{2-}$]，形成钯-铂（Pd-Pt）合金纳米粒子。这些负载型双金属纳米粒子在乙炔选择加氢反应中表现出更高的催化性能，这清楚地表明了组成金属之间的协同效应。

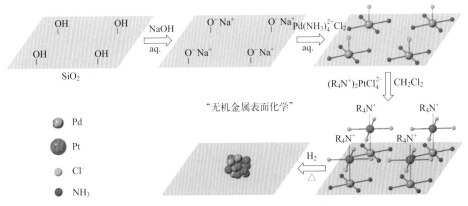

图5-24 负载型双金属纳米粒子合成的无机金属表面化学示意图

四、强静电吸附法

　　强静电吸附法是目前研究催化剂金属颗粒调控的方法之一，其利用的是载体表面与金属离子之间的静电引力实现金属负载在载体上的目的。溶液的酸碱环境可以使金属离子与载体表面产生静电引力。这种方法操作简单，既没有浸渍法中干燥的过程，也没有沉积-沉淀法中加入沉淀剂的步骤。而且采用强静电吸附法合成的负载型金属催化剂能够获得较高的金属分散度（较小的金属颗粒）。强静电吸附法的可控在于，通过调整金属前驱体类型、载体、溶液的 pH 值等可将金属离子选择性负载在载体上的不同位点或金属的表面。

　　Brunelle 和 Schwarz 的开创性工作，研究了催化剂制备的静电吸附机理。如图 5-25 所示，氧化物表面的羟基可以被质子化或去质子化，这取决于接触溶液的 pH 值。当羟基是中性的且没有前驱体负载相互作用时的 pH 称为零电荷点（PZC）[116]。在 PZC 下方，羟基基团质子化并带正电荷，表面可以吸附阴离子金属化合物，如 PHC（[PtCl6]$^{2-}$）。在 PZC 上方，羟基被去质子化，带负电荷，阳离子如 PTA（[$(NH_3)_4Pt$]$^{2+}$）被强吸附。在这两种情况下，金属络合物通过强静电吸附（SEA）沉积在表面上。

　　Regalbuto 教授应用这一方法，制备了尺寸超小（约 1nm）且充分合金化的双金属纳米粒子，制备路线如图 5-26 所示。这一方法利用了强静电吸附：通过控制相对于载体表面等电点 PZC 更大的 pH（7～9），促使带正电荷的金属前驱体被强吸附在带相反电荷的载体表面。这种相互作用使得前驱体在干燥过程中留在原位保持不动，与此形成对比的是，通常的浸渍法中金属前驱体在干燥过程中前驱体可能会发生聚集。

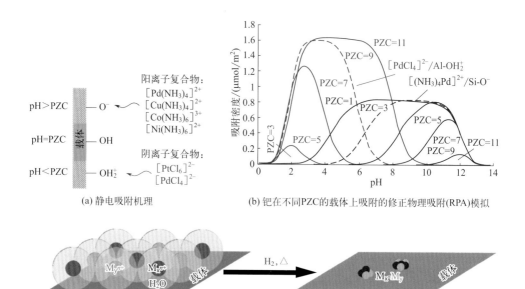

(a) 静电吸附机理

(b) 钯在不同PZC的载体上吸附的修正物理吸附(RPA)模拟

(c) 合金双金属形成机理

图5-25　静电吸附机理研究

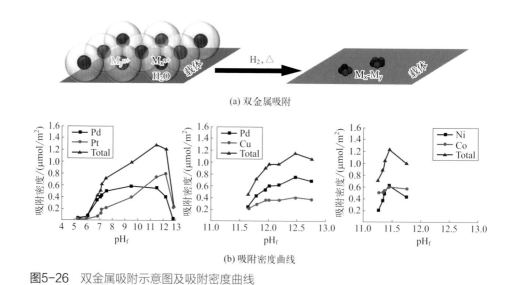

(a) 双金属吸附

(b) 吸附密度曲线

图5-26　双金属吸附示意图及吸附密度曲线

这一方法中，载体表面电荷由表面自然形成的羟基提供，而非表面活性剂，因此相比制备纳米颗粒的胶体化学法，该方法涉及的步骤更少，并且不用考虑去除表面官能团的问题。这种方法适用于多种贵金属和非贵金属，作者选取 Pt、Pd、Co、Ni、Cu 五种元素两两组合，分别制备了十种双金属合金纳米粒子，负载在不同的基底上。纳米粒子平均尺寸约为 0.9～1.4nm 且尺寸分布窄，高分辨电子显微成像和 XRD 证实了合金的高度分散性。

参考文献

[1] 刘佳，胡大为，杨清河，等. 活性组分非均匀分布的渣油加氢脱金属催化剂的制备及性能考 [J]. 石油炼制与化工，2011, 42: 21-27.

[2] 唐俊，于中伟，刘洪全. Al₂O₃ 晶型对 Pt/Al₂O₃-Cl 催化剂物化性质及其催化 C₅/C₆ 异构化性能的影响 [J]. 石油学报（石油加工），2023, 39(01): 88-96.

[3] 郭宇栋，张孔远，郑运，等. 稀土 La 改性 NiO/Al₂O₃ 晶型对 Pt/Al₂O₃-Cl 催化剂物化性质及其催化 C₅/C₆ 异构化性能的影响 重整生成油加氢催化剂的研究 [J]. 石油炼制与化工，2022, 53: 68-75.

[4] Sharma L, Jiang X, Wu Z, et al. Atomically dispersed Tin-modified γ-alumina for selective propane dehydrogenation under H₂S Co-feed [J]. ACS Catalysis, 2021, 11(21): 13472-13482.

[5] Ro I, Xu M, Graham GW, et al. Synthesis of heteroatom Rh-ReOx aomically dispersed species on Al₂O₃ and their tunable catalytic reactivity in ethylene hydroformylation [J]. ACS Catalysis, 2019, 9(12): 10899-10912.

[6] Zhang W, Wang H, Jiang J, et al. Size dependence of Pt catalysts for propane dehydrogenation: from atomically dispersed to nanoparticles [J]. ACS Catalysis, 2020, 10(21): 12932-12942.

[7] Zhang Z, He G, Li Y, et al. Effect of hydroxyl groups on metal anchoring and formaldehyde oxidation performance of Pt/Al₂O₃ [J]. Environmental Science & Technology, 2022, 56(15): 10916-10924.

[8] Kwak JH, Kovarik L, Szanyi J. CO₂ reduction on supported Ru/Al₂O₃ catalysts: Cluster size dependence of product selectivity [J]. ACS Catalysis, 2013, 3(11): 2449-2455.

[9] Wang F, Ma J, He G, et al. Nanosize effect of Al₂O₃ in Ag/Al₂O₃ catalyst for the selective catalytic oxidation of ammonia [J]. ACS Catalysis, 2018, 8(4): 2670-2682.

[10] Saidi M, Rahzani B, Rahimpour MR. Characterization and catalytic properties of molybdenum supported on nano gamma Al₂O₃ for upgrading of anisole model compound [J]. Chemical Engineering Journal, 2017, 319: 143-154.

[11] Shimizu K-i, Imaiida N, Kon K, et al. Heterogeneous Ni catalysts for N-alkylation of amines with alcohols [J]. ACS Catalysis, 2013, 3(5): 998-1005.

[12] Srifa A, Faungnawakij K, Itthibenchapong V, et al. Roles of monometallic catalysts in hydrodeoxygenation of palm oil to green diesel [J]. Chemical Engineering Journal, 2015, 278: 249-258.

[13] Jing Y, Cai Z, Liu C, et al. Promotional effect of La in the Three-Way Catalysis of La-loaded Al₂O₃-supported Pd catalysts (Pd/La/Al₂O₃) [J]. ACS Catalysis, 2019, 10(2): 1010-1023.

[14] Kim B-S, Bae J, Jeong H, et al. Surface restructuring of supported nano-ceria for improving sulfur resistance [J]. ACS Catalysis, 2021, 11(12): 7154-7159.

[15] Wang Y, Peng J, Zhou C, et al. Effect of Pr addition on the properties of Ni/Al$_2$O$_3$ catalysts with an application in the autothermal reforming of methane [J]. International Journal of Hydrogen Energy, 2014, 39(2): 778-787.

[16] Xu X, Enchen J, Mingfeng W, et al. Hydrogen production by catalytic cracking of rice husk over Fe$_2$O$_3$/γ-Al$_2$O$_3$ catalyst [J]. Renewable Energy, 2012, 41: 23-28.

[17] Pham HN, Sattler JJ, Weckhuysen BM, et al. Role of Sn in the regeneration of Pt/γ- Al$_2$O$_3$ light alkane dehydrogenation catalysts [J]. ACS Catalysis, 2016, 6(4): 2257-2264.

[18] Furukawa S, Suzuki R, Komatsu T. Selective activation of alcohols in the presence of reactive amines over intermetallic PdZn: Efficient catalysis for alcohol-based *N*-alkylation of various amines [J]. ACS Catalysis, 2016, 6(9): 5946-5953.

[19] Cao Y, Sui Z, Zhu Y, et al. Selective hydrogenation of acetylene over Pd-In/ Al$_2$O$_3$ catalyst: promotional effect of indium and composition-dependent performance [J]. ACS Catalysis, 2017, 7(11): 7835-7846.

[20] Shi L, Deng GM, Li WC, et al. Al$_2$O$_3$ nanosheets rich in pentacoordinate Al^{3+} ions stabilize Pt-Sn clusters for propane dehydrogenation [J]. Angewandte Chemie-International Edition, 2015, 54(47): 13994-13998.

[21] Sengupta S, Ray K, Deo G. Effects of modifying Ni/Al$_2$O$_3$ catalyst with cobalt on the reforming of CH$_4$ with CO$_2$ and cracking of CH$_4$ reactions [J]. International Journal of Hydrogen Energy, 2014, 39(22): 11462-11472.

[22] Ray K, Sengupta S, Deo G. Reforming and cracking of CH$_4$ over Al$_2$O$_3$ supported Ni, Ni-Fe and Ni-Co catalysts [J]. Fuel Processing Technology, 2017, 156: 195-203.

[23] Ho PH, Woo J-W, Feizie Ilmasani R, et al. The role of Pd-Pt interactions in the oxidation and sulfur resistance of bimetallic Pd-Pt/γ-Al$_2$O$_3$ diesel oxidation catalysts [J]. Industrial & Engineering Chemistry Research, 2021, 60(18): 6596-6612.

[24] Pandey D, Deo G. Effect of support on the catalytic activity of supported Ni-Fe catalysts for the CO$_2$ methanation reaction [J]. Journal of Industrial and Engineering Chemistry, 2016, 33: 99-107.

[25] Murata K, Mahara Y, Ohyama J, et al. The metal-support interaction concerning the particle size effect of Pd/ Al$_2$O$_3$ on methane combustion [J]. Angewandte Chemie-International Edition, 2017, 56(50): 15993-15997.

[26] Chakrabarti A, Wachs IE. Molecular structure-reactivity relationships for olefin metathesis by Al$_2$O$_3$-supported surface MoO$_x$ sites [J]. ACS Catalysis, 2018, 8(2): 949-959.

[27] Wang H, Lu Y, Han Y, et al. Enhanced catalytic toluene oxidation by interaction between copper oxide and manganese oxide in Cu-O-Mn/γ-Al$_2$O$_3$ catalysts [J]. Applied Surface Science, 2017, 420: 260-266.

[28] di Luca C, Ivorra F, Massa P, et al. Iron-alumina synergy in the heterogeneous Fenton-type peroxidation of phenol solutions [J]. Chemical Engineering Journal, 2015, 268: 280-289.

[29] Tian Y-P, Bai P, Liu S-M, et al. VO$_x$-K$_2$O/γ-Al$_2$O$_3$ catalyst for nonoxidative dehydrogenation of isobutane [J]. Fuel Processing Technology, 2016, 151: 31-39.

[30] Wang Q-N, Sun X, Feng Z, et al. V–O–Ag linkages in VAgO$_x$ mixed oxides for the selective oxidation of *p*-xylene to p-methyl benzaldehyde [J]. ACS Catalysis, 2022, 12(6): 3323-3332.

[31] Sengupta S, Jha A, Shende P, et al. Catalytic performance of Co and Ni doped Fe-based catalysts for the hydrogenation of CO$_2$ to CO via reverse water-gas shift reaction [J]. Journal of Environmental Chemical Engineering, 2019, 7(1): 102911.

[32] Liang C, Li X, Qu Z, et al. The role of copper species on Cu/γ-Al$_2$O$_3$ catalysts for NH$_3$-SCO reaction [J]. Applied Surface Science, 2012, 258(8): 3738-3743.

[33] Chen X, Zheng Y, Huang F, et al. Catalytic activity and stability over nanorod-like ordered mesoporous phosphorus-doped alumina supported palladium catalysts for methane combustion [J]. ACS Catalysis, 2018, 8(12): 11016-11028.

[34] Ren S, Liang W, Li Q, et al. Effect of Pd/Ce loading on the performance of Pd-Ce/gamma-Al$_2$O$_3$ catalysts for toluene abatement [J]. Chemosphere, 2020, 251: 126382.

[35] Zou X, Rui Z, Song S, et al. Enhanced methane combustion performance over NiAl$_2$O$_4$-interface-promoted Pd/γ-Al$_2$O$_3$ [J]. Journal of Catalysis, 2016, 338: 192-201.

[36] Zhao Y, Zhang Z, Zhao X, et al. Catalytic reduction of carbon dioxide by nickel-based catalyst under atmospheric pressure [J]. Chemical Engineering Journal, 2016, 297: 11-18.

[37] Li Y, Liu B, Wang Y, et al. High-performance Ni$_3$P catalyst for C=O hydrogenation of ethyl levulinate: Ni$^{\delta+}$ as outstanding adsorption sites [J]. ACS Catalysis, 2022, 12(13): 7926-7935.

[38] Wang B, Zhao J, Meng D, et al. MoP/Al$_2$O$_3$ as a novel catalyst for sulfur-resistant methanation [J]. Applied Organometallic Chemistry, 2018, 32(10): e4515.

[39] Li J, Chai Y, Liu B, et al. The catalytic performance of Ni$_2$P/Al$_2$O$_3$ catalyst in comparison with Ni/Al$_2$O$_3$ catalyst in dehydrogenation of cyclohexane [J]. Applied Catalysis A: General, 2014, 469: 434-441.

[40] Kanda Y, Matsukura Y, Sawada A, et al. Low-temperature synthesis of rhodium phosphide on alumina and investigation of its catalytic activity toward the hydrodesulfurization of thiophene [J]. Applied Catalysis A: General, 2016, 515: 25-31.

[41] Wang T, Fan Y, Wang X, et al. Selectivity enhancement of CoMoS catalysts supported on tri-modal porous Al$_2$O$_3$ for the hydrodesulfurization of fluid catalytic cracking gasoline [J]. Fuel, 2015, 157: 171-176.

[42] Hein J, Hrabar A, Jentys A, et al. γ-Al$_2$O$_3$-supported and unsupported (Ni)MoS$_2$ for the hydrodenitrogenation of quinoline in the presence of dibenzothiophene [J]. ChemCatChem, 2014, 6(2): 485-499.

[43] Liu S, Liang X, Zhang J, et al. Temperature sensitive synthesis of γ-Al$_2$O$_3$ support with different morphologies for CoMo/γ-Al$_2$O$_3$ catalysts for hydrodesulfurization of thiophene and 4,6-dimethyldibenzothiophene [J]. Catalysis Science & Technology, 2017, 7(2): 466-480.

[44] Zhang C, Brorson M, Li P, et al. CoMo/Al$_2$O$_3$ catalysts prepared by tailoring the surface properties of alumina for highly selective hydrodesulfurization of FCC gasoline [J]. Applied Catalysis A: General, 2019, 570: 84-95.

[45] Xu Y, Wang W, Liu B, et al. The role of Nb$_2$O$_5$ in controlling metal-acid sites of CoMoS/γ-Al$_2$O$_3$ catalyst for the enhanced hydrodeoxygenation of guaiacol into hydrocarbons [J]. Journal of Catalysis, 2022, 407: 19-28.

[46] Dong Y, Yu X, Zhou Y, et al. Towards active macro-mesoporous hydrotreating catalysts: synthesis and assembly of mesoporous alumina microspheres [J]. Catalysis Science & Technology, 2018, 8(7): 1892-1904.

[47] Zhang M-h, Fan J-y, Chi K, et al. Synthesis, characterization, and catalytic performance of NiMo catalysts supported on different crystal alumina materials in the hydrodesulfurization of diesel [J]. Fuel Processing Technology, 2017, 156: 446-453.

[48] Liu Z, Han W, Hu D, et al. Effects of Ni-Al$_2$O$_3$ interaction on NiMo/Al$_2$O$_3$ hydrodesulfurization catalysts [J]. Journal of Catalysis, 2020, 387: 62-72.

[49] Aly M, Fornero EL, Leon-Garzon AR, et al. Effect of boron promotion on coke formation during propane dehydrogenation over Pt/γ-Al$_2$O$_3$ catalysts [J]. ACS Catalysis, 2020, 10(9): 5208-5216.

[50] López-Benítez A, Guevara-Lara A, Berhault G. Nickel-containing polyoxotungstates based on [PW$_9$O$_{34}$]$^{9-}$ and [PW$_{10}$O$_{39}$]$^{13-}$ Keggin lacunary anions supported on Al$_2$O$_3$ for dibenzothiophene hydrodesulfurization application [J]. ACS Catalysis, 2019, 9(8): 6711-6727.

[51] Zhang H, Wang J, Liu M, et al. Cu/Al$_2$O$_3$ catalyst prepared by a double hydrolysis method for a green, continuous and controlled N-methylation reaction of nitroarenes with methanol [J]. Applied Surface Science, 2020, 526: 146708.

[52] Zhan Y, Wang Y, Gu D, et al. Ni/Al$_2$O$_3$-ZrO$_2$ catalyst for CO$_2$ methanation: The role of γ-(Al, Zr)$_2$O$_3$ formation [J]. Applied Surface Science, 2018, 459: 74-79.

[53] Byun M, Kim J, Baek J, et al. Liquid-phase hydrogenation of maleic acid over Pd/Al$_2$O$_3$ catalysts prepared via deposition-precipitation method [J]. Energies, 2019, 12(2): 284.

[54] Daroughegi R, Meshkani F, Rezaei M. Enhanced activity of CO$_2$ methanation over mesoporous nanocrystalline Ni-Al$_2$O$_3$ catalysts prepared by ultrasound-assisted co-precipitation method [J]. International Journal of Hydrogen Energy, 2017, 42(22): 15115-15125.

[55] Cai F, Zhu W, Xiao G. Promoting effect of zirconium oxide on Cu-Al$_2$O$_3$ catalyst for the hydrogenolysis of glycerol to 1,2-propanediol [J]. Catalysis Science & Technology, 2016, 6(13): 4889-4900.

[56] Wang J, Lu A-H, Li M, et al. Thin porous alumina sheets as supports for stabilizing gold nanoparticles [J]. ACS Nano, 2013, 7(6): 4902-4910.

[57] Moogi S, Jang SH, Rhee GH, et al. Hydrogen-rich gas production via steam gasification of food waste over basic oxides (MgO/CaO/SrO) promoted-Ni/Al$_2$O$_3$ catalysts [J]. Chemosphere, 2022, 287: 132224.

[58] Zuo C, Tian Y, Zheng Y, et al. One step oxidative esterification of methacrolein with methanol over Au-CeO$_2$/γ-Al$_2$O$_3$ catalysts [J]. Catalysis Communications, 2019, 124: 51-55.

[59] She T, Chu X, Zhang H, et al. Ni-Mg/γ-Al$_2$O$_3$ catalyst for 4-methoxyphenol hydrogenation: effect of Mg modification for improving stability [J]. Journal of Nanoparticle Research, 2018, 20(9).

[60] Daroughegi R, Meshkani F, Rezaei M. Characterization and evaluation of mesoporous high surface area promoted Ni-Al$_2$O$_3$ catalysts in CO$_2$ methanation [J]. Journal of the Energy Institute, 2020, 93(2): 482-495.

[61] Furukawa S, Ieda M, Shimizu K-I. Heterogeneous additive-free hydroboration of alkenes using Cu-Ni/Al$_2$O$_3$: Concerted catalysis assisted by acid-base properties and alloying effects [J]. ACS Catalysis, 2019, 9(6): 5096-5103.

[62] Mutz B, Belimov M, Wang W, et al. Potential of an alumina-supported Ni$_3$Fe catalyst in the methanation of CO$_2$: Impact of alloy formation on activity and stability [J]. ACS Catalysis, 2017, 7(10): 6802-6814.

[63] Yu W-Z, Fu X-P, Xu K, et al. CO$_2$ methanation catalyzed by a Fe-Co/Al$_2$O$_3$ catalyst [J]. Journal of Environmental Chemical Engineering, 2021, 9(4): 105594.

[64] Armenta MA, Maytorena VM, Flores-Sánchez LA, et al. Dimethyl ether production via methanol dehydration using Fe$_3$O$_4$ and CuO over γ-χ-Al$_2$O$_3$ nanocatalysts [J]. Fuel, 2020, 280: 118545.

[65] Dai Y, Wu Y, Dai H, et al. Effect of coking and propylene adsorption on enhanced stability for Co^{2+}-catalyzed propane dehydrogenation [J]. Journal of Catalysis, 2021, 395: 105-116.

[66] Khaledi S, Rajabi M, Momeni AR, et al. Preparation and characterization of Ca-modified Co/Al$_2$O$_3$ and its catalytic application in the one-pot synthesis of 4H-pyrans [J]. Research on Chemical Intermediates, 2020, 46(6): 3109-3123.

[67] Hurtado Cotillo M, Unsihuay D, Santolalla-Vargas CE, et al. Catalysts based on Ni-Fe oxides supported on γ-Al$_2$O$_3$ for the oxidative dehydrogenation of ethane [J]. Catalysis Today, 2020, 356: 312-321.

[68] Navas MB, Lick ID, Bolla PA, et al. Transesterification of soybean and castor oil with methanol and butanol using heterogeneous basic catalysts to obtain biodiesel [J]. Chemical Engineering Science, 2018, 187: 444-454.

[69] Jiang K, Sheng D, Zhang Z, et al. Hydrogenation of levulinic acid to γ-valerolactone in dioxane over mixed MgO-Al$_2$O$_3$ supported Ni catalyst [J]. Catalysis Today, 2016, 274: 55-59.

[70] Karelovic A, Ruiz P. Improving the hydrogenation function of Pd/γ-Al$_2$O$_3$ catalyst by Rh/γ-Al$_2$O$_3$ addition in CO$_2$ methanation at low temperature [J]. ACS Catalysis, 2013, 3(12): 2799-2812.

[71] Lu M, Fatah N, Khodakov AY. Optimization of solvent-free mechanochemical synthesis of Co/Al$_2$O$_3$ catalysts using low- and high-energy processes [J]. Journal of Materials Science, 2017, 52(20): 12031-12043.

[72] Nie S, Yang S, Zhang P. Solvent-free synthesis of mesoporous platinum-aluminum oxide via mechanochemistry: Toward selective hydrogenation of nitrobenzene to aniline [J]. Chemical Engineering Science, 2020, 220: 115619.

[73] Rakoczy J, NiziołJ, Wieczorek-Ciurowa K, et al. Catalytic characteristics of a copper-alumina nanocomposite formed by the mechanochemical route [J]. Reaction Kinetics, Mechanisms and Catalysis, 2012, 108(1): 81-89.

[74] Zhou S, Ma K, Tian Y, et al. Dimethyl ether steam reforming to produce H_2 over Ga-doped ZnO/γ-Al_2O_3 catalysts [J]. RSC Advances, 2016, 6(57): 52411-52420.

[75] Wang L, He H, Zhang C, et al. Effects of precursors for manganese-loaded γ-Al_2O_3 catalysts on plasma-catalytic removal of *o*-xylene [J]. Chemical Engineering Journal, 2016, 288: 406-413.

[76] Xu W, Hu X, Xiang M, et al. Highly effective direct decomposition of H_2S into H_2 and S by microwave catalysis over CoS-MoS_2/γ-Al_2O_3 microwave catalysts [J]. Chemical Engineering Journal, 2017, 326: 1020-1029.

[77] Santis-Alvarez AJ, Büchel R, Hild N, et al. Comparison of flame-made rhodium on Al_2O_3 or $Ce_{0.5}Zr_{0.5}O_2$ supports for the partial oxidation of methane [J]. Applied Catalysis A: General, 2014, 469: 275-283.

[78] Yu J, Zhang Z, Dallmann F, et al. Facile synthesis of highly active Rh/Al_2O_3 steam reforming catalysts with preformed support by flame spray pyrolysis [J]. Applied Catalysis B: Environmental, 2016, 198: 171-179.

[79] Büchel R, Baiker A, Pratsinis SE. Effect of Ba and K addition and controlled spatial deposition of Rh in Rh/Al_2O_3 catalysts for CO_2 hydrogenation [J]. Applied Catalysis A: General, 2014, 477: 93-101.

[80] Ly HV, Im K, Go Y, et al. Spray pyrolysis synthesis of γ-Al_2O_3 supported metal and metal phosphide catalysts and their activity in the hydrodeoxygenation of a bio-oil model compound [J]. Energy Conversion and Management, 2016, 127: 545-553.

[81] Wang Z, Jiang Y, Yang W, et al. Tailoring single site VO_4 on flame-made V/Al_2O_3 catalysts for selective oxidation of *n*-butane [J]. Journal of Catalysis, 2022, 413: 93-105.

[82] Tepluchin M, Casapu M, Boubnov A, et al. Fe and Mn-based catalysts supported on γ-Al_2O_3 for CO oxidation under O_2-Rich conditions [J]. ChemCatChem, 2014, 6(6): 1763-1773.

[83] Tepluchin M, Kureti S, Casapu M, et al. Study on the hydrothermal and SO_2 stability of Al_2O_3-supported manganese and iron oxide catalysts for lean CO oxidation [J]. Catalysis Today, 2015, 258: 498-506.

[84] Høj M, Jensen AD, Grunwaldt J-D. Structure of alumina supported vanadia catalysts for oxidative dehydrogenation of propane prepared by flame spray pyrolysis [J]. Applied Catalysis A: General, 2013, 451: 207-215.

[85] Høj M, Kessler T, Beato P, et al. Structure, activity and kinetics of supported molybdenum oxide and mixed molybdenum-vanadium oxide catalysts prepared by flame spray pyrolysis for propane OHD [J]. Applied Catalysis A: General, 2014, 472: 29-38.

[86] Pisduangdaw S, Praserthdam P, Panpranot J, et al. One-step preparation of Pt-Ce and Pt-Sn-Ce/Al_2O_3 catalysts by flame spray pyrolysis in propane dehydrogenation [J]. Reaction Kinetics, Mechanisms and Catalysis, 2014, 113(1): 149-158.

[87] Phan D-P, Vo TK, Le VN, et al. Spray pyrolysis synthesis of bimetallic $NiMo/Al_2O_3$-TiO_2 catalyst for hydrodeoxygenation of guaiacol: Effects of bimetallic composition and reduction temperature [J]. Journal of Industrial and Engineering Chemistry, 2020, 83: 351-358.

[88] Vo TK, Kim W-S, Kim S-S, et al. Facile synthesis of Mo/Al_2O_3-TiO_2 catalysts using spray pyrolysis and their catalytic activity for hydrodeoxygenation [J]. Energy Conversion and Management, 2018, 158: 92-102.

[89] Lam E, Corral-Perez JJ, Larmier K, et al. CO_2 hydrogenation on Cu/Al_2O_3: Role of the metal/support interface in driving activity and selectivity of a bifunctional catalyst [J]. Angewandte Chemie-International Edition, 2019, 58(39): 13989-13996.

[90] Shi X, Lin Y, Huang L, et al. Copper catalysts in semihydrogenation of acetylene: From single atoms to nanoparticles [J]. ACS Catalysis, 2020, 10(5): 3495-3504.

[91] Wang G, Luo F, Cao K, et al. Effect of Ni content of Ni/γ-Al$_2$O$_3$ catalysts prepared by the atomic Layer deposition method on CO$_2$ reforming of methane [J]. Energy Technology, 2019, 7(5): 1800359.

[92] Chen T, Chen J, Wu J, et al. Atomic-layer-deposition derived Pt subnano clusters on the (110) facet of hexagonal Al$_2$O$_3$ plates: Efficient for formic acid decomposition and water gas shift [J]. ACS Catalysis, 2022, 13(2): 887-901.

[93] Yi H, Du H, Hu Y, et al. Precisely controlled porous alumina overcoating on Pd catalyst by atomic layer deposition: Enhanced selectivity and durability in hydrogenation of 1,3-butadiene [J]. ACS Catalysis, 2015, 5(5): 2735-2739.

[94] Fu B, Lu J, Stair PC, et al. Oxidative dehydrogenation of ethane over alumina-supported Pd catalysts. Effect of alumina overlayer [J]. Journal of Catalysis, 2013, 297: 289-295.

[95] Lu J, Fu B, Kung MC, et al. Coking- and sintering-resistant palladium catalysts achieved through atomic layer deposition[J]. Science, 2012, 335: 1205-1208.

[96] Wang M, Gao Z, Zhang B, et al. Ultrathin coating of cconfined Pt nanocatalysts by atomic layer deposition for enhanced catalytic performance in hydrogenation reactions [J]. Chemistry, 2016, 22(25): 8438-8443.

[97] Lu Z, Tracy RW, Abrams ML, et al. Atomic layer deposition overcoating improves catalyst selectivity and longevity in propane dehydrogenation [J]. ACS Catalysis, 2020, 10(23): 13957-13967.

[98] Gao Z, Dong M, Wang G, et al. Multiply confined nickel nanocatalysts produced by atomic layer deposition for hydrogenation reactions [J]. Angewandte Chemie-International Edition, 2015, 54(31): 9006-9010.

[99] Jin B, Li S, Liang X. Enhanced activity and stability of MgO-promoted Ni/Al$_2$O$_3$ catalyst for dry reforming of methane: Role of MgO [J]. Fuel, 2021, 284: 119082.

[100] Gao Z, Wang G, Lei T, et al. Enhanced hydrogen generation by reverse spillover effects over bicomponent catalysts [J]. Nature Communications, 2022, 13(1): 118.

[101] Lei Y, Lee S, Low K-B, et al. Combining electronic and geometric effects of ZnO-promoted Pt nanocatalysts for aqueous phase reforming of 1-propanol [J]. ACS Catalysis, 2016, 6(6): 3457-3460.

[102] Lobo R, Marshall CL, Dietrich PJ, et al. Understanding the chemistry of H$_2$ production for 1-propanol reforming: Pathway and support modification effects [J]. ACS Catalysis, 2012, 2(11): 2316-2326.

[103] Hu Q, Wang S, Gao Z, et al. The precise decoration of Pt nanoparticles with Fe oxide by atomic layer deposition for the selective hydrogenation of cinnamaldehyde [J]. Applied Catalysis B: Environmental, 2017, 218: 591-599.

[104] Zhao F, Gong M, Cao K, et al. Atomic layer deposition of Ni on Cu nanoparticles for methanol synthesis from CO$_2$ hydrogenation [J]. ChemCatChem, 2017, 9(19): 3772-3778.

[105] Lei Y, Liu B, Lu J, et al. Synthesis of Pt-Pd core-shell nanostructures by atomic layer deposition: application in propane oxidative dehydrogenation to propylene [J]. Chemistry of Materials, 2012, 24(18): 3525-3533.

[106] Lu J, Low K, Lei Y, et al. Toward atomically-precise synthesis of supported bimetallic nanoparticles using atomic layer deposition [J]. Nature Communications, 2014, 5: 3264.

[107] Wang K, He X, Wang JC, et al. Highly stable Pt-Co bimetallic catalysts prepared by atomic layer deposition for selective hydrogenation of cinnamaldehyde [J]. Nanotechnology, 2022, 33(21): 215602

[108] Wang X, Zhao H, Wu T, et al. Synthesis of highly dispersed and highly stable supported Au-Pt bimetallic catalysts by a two-step method [J]. Catalysis Letters, 2016, 146(12): 2606-2613.

[109] Gashoul Daresibi F, Khodadadi AA, Mortazavi Y. Atomic layer deposition of Ga$_2$O$_3$ on γ-Al$_2$O$_3$ catalysts with higher interactions and improved activity and propylene selectivity in CO$_2$-assisted oxidative dehydrogenation of propane [J]. Applied Catalysis A: General, 2023, 655: 119117.

[110] Onn TM, Zhang S, Arroyo-Ramirez L, et al. Improved thermal stability and methane-oxidation activity of Pd/Al₂O₃ Catalysts by atomic layer deposition of ZrO_2 [J]. ACS Catalysis, 2015, 5(10): 5696-5701.

[111] Armutlulu A, Naeem MA, Liu HJ, et al. Multishelled CaO microspheres stabilized by atomic layer deposition of Al_2O_3 for Enhanced CO_2 capture performance [J]. Advanced Materials, 2017, 29(41).

[112] Xiong M, Gao Z, Zhao P, et al. *In situ* tuning of electronic structure of catalysts using controllable hydrogen spillover for enhanced selectivity [J]. Nature Communications, 2020, 11(1): 4773.

[113] Ahn S, Littlewood P, Liu Y, et al. Stabilizing supported Ni catalysts for dry reforming of methane by combined La doping and Al overcoating using atomic layer deposition [J]. ACS Catalysis, 2022, 12(17): 10522-10530.

[114] Taheri Najafabadi A, Khodadadi AA, Parnian MJ, et al. Atomic layer deposited Co/γ-Al₂O₃ catalyst with enhanced cobalt dispersion and Fischer-Tropsch synthesis activity and selectivity [J]. Applied Catalysis A: General, 2016, 511: 31-46.

[115] Al-Shareef R, Harb M, Saih Y, et al. Understanding of the structure activity relationship of PtPd bimetallic catalysts prepared by surface organometallic chemistry and ion exchange during the reaction of *iso*-butane with hydrogen [J]. Journal of Catalysis, 2018, 363: 34-51.

[116] Park J, Regalbuto JR. A simple, accurate determination of oxide PZC and the strong buffering effect of oxide surfaces at incipient wetness [J]. Journal of Colloid and Interface Science, 1995, 175(1): 239-252.

第六章

氧化铝负载催化剂

以氧化铝作为载体制备的多相催化剂是工业上应用最多的一大类催化剂，适用于固定床、移动床、流化床等构型的反应器，被广泛应用到石脑油催化重整、烷烃催化脱氢、烃类异构化、油品加氢精制、烃类水蒸气转化和克劳斯尾气处理等重要的催化反应中，在石油化工、精细化工和环境化工等与国计民生息息相关的产业中发挥着巨大的作用。本章将结合最新的研究进展，结合实例介绍氧化铝负载催化剂在上述重要反应中的应用。

第一节
石脑油催化重整

一、催化重整的重要意义

自 1940 年第一套临氢重整工艺装置投产以来，催化重整工艺已经历了 80 多年的发展历程，目前仍是现代炼油和石油化工（典型炼油工艺流程如图 6-1 所示）的核心工艺过程之一[1]。

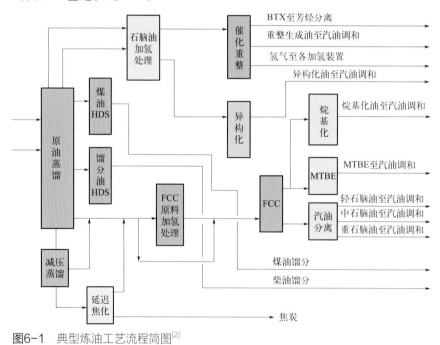

图6-1　典型炼油工艺流程简图[2]

重整生成油具有辛烷值高、烯烃含量低、基本不含硫的优点，可直接作为高等级车用汽油的调和组分，是炼油厂主要的汽油调和组分之一，在汽油池中占据 25% ~ 35% 的份额[2, 3]。尽管近年来汽油替代燃料及新能源迅速发展，但根据石油输出国组织的预测，汽油需求将持续增长至 2025 年，随后在 2045 年之前保持稳定[3]。

重整生成油也可以经芳烃抽提制取芳烃，这一生产路线供应了世界芳烃产量的 70% 以上[4]。芳烃在有机化工中占有极其重要的地位，其中，苯（benzene）、甲苯（toluene）及二甲苯（xylene），即 BTX 芳烃，是有机化工的一级基本化学原料，广泛用于制造各种塑料、橡胶、染料、涂料、黏合剂、化学纤维、农药及炸药等重要的生产生活资料[5-8]。近年来，受下游产业需求刺激，我国芳烃产业快速发展，已成为世界主要的芳烃生产和消费大国。2020 年我国苯、甲苯、对二甲苯和邻二甲苯的产量分别达到 1271.7 万吨、851.8 万吨、3070.72 万吨和 92.9 万吨，而表观需求量分别达到 1481.2 万吨、889.5 万吨、3340.93 万吨和 111.6 万吨[9]。虽然产能逐年增长，但目前仍不能满足巨大的需求，需要大量进口以填补缺口。

催化重整过程副产的氢气是炼油厂加氢装置用氢的主要来源之一。为提高油品质量，炼油厂建设了越来越多的加氢精制（加氢脱硫、加氢脱氮等）装置，氢气的需求量也日益增加。同时，用于加工处理重质油的加氢裂解过程也要消耗大量氢气。催化重整副产氢气具有产率高（半再生重整工艺 2.0% ~ 2.5%，连续再生重整为 3.1% ~ 4.0%）、纯度高（一般为 65% ~ 90%，体积分数）的优点，成为石油炼厂加氢工艺的理想氢源[2]。

二、催化重整反应

催化重整原料主要含链烷烃和环烷烃等饱和烃，也含有少量芳烃。三种不同烃类中芳烃的辛烷值最高，因此，无论是生产高辛烷值汽油还是生产芳烃，催化重整过程的最终目的都是将链烷烃和环烷烃最大限度地转化为芳烃并副产大量氢气。所涉及的反应包括六元环烷烃脱氢、五元环烷烃脱氢异构和链烷烃脱氢环化。异构烷烃的辛烷值较正构烷烃高，因此对于生产汽油的装置而言，正构烷烃的异构化反应也是有利的。环烷烃、芳烃等也会发生异构反应。另外，重整条件下还会发生一些不利的副反应，主要是氢解和加氢裂化，它们会消耗氢气、降低液收。除此之外，还可能发生烷基芳烃的歧化、烷基转移、烷基化以及积炭等反应，但在催化重整条件下，与前述三类主要反应相比，这些反应可以忽略[2, 10, 11]。各种主要反应的热力学和动力学特征如表 6-1 所示；典型反应的热力学数据如表 6-2 所示。

表6-1　催化重整涉及主要反应热力学和动力学特征的比较[12]

反应	反应速率	热效应	达到热力学平衡	热力学		动力学		H₂	蒸气压	密度	液体产率
				压力	温度	压力	温度				
六元环烷烃脱氢	很快	强吸热	是	−	+	−	+①	产氢	降低	增	降
五元环烷烃脱氢异构	快	强吸热	是	−	+	−	+	产氢	降低	增	降
烷烃异构化	快	轻度放热	是	无	−②	+	+	不产	略降	略降	略增
烷烃脱氢环化	慢	强吸热	否	−	+	−	+	产氢	降低	增	降
加氢裂化，氢解	很慢	放热	否	无	−	++	++	耗氢	显著增	降	显著降

①＋代表压力或温度增加时平衡转化率或反应速率增加；++代表有很大增加；−代表减少。
②影响程度较轻。

表6-2　催化重整过程典型反应的热力学数据[10]

反应	ΔH（500℃）/（kJ/mol）①	K_p（500℃，0.1MPa）①
环己烷 ⇌ 苯+3H₂	221	$7.1×10^5$
乙基环己烷 ⇌ 乙苯+3H₂	213	$2.5×10^6$
甲基环戊烷 ⇌ 苯+3H₂	205	$5.6×10^4$
乙基环戊烷 ⇌ 甲苯+3H₂	192	$1.4×10^6$
正己烷 ⇌ 苯+4H₂	266	$3.4×10^{5②}$
正庚烷 ⇌ 甲苯+4H₂	252	$7.7×10^{6②}$

①ΔH 代表反应热焓，K_p 为气相平衡常数。
②条件为 800K，0.1MPa。

1. 六元环烷烃脱氢反应

六元环烷烃脱氢（如图 6-2 所示）是重整过程中最主要的生成芳烃的反应。六元环烷烃脱氢是分子数增加的强吸热反应。由表 6-2 可知，环己烷在常压、500℃下脱氢生成苯的反应热可达 221kJ/mol。六元环烷烃脱氢反应的气相平衡常数 K_p 可达 10^5 以上，而且随分子碳数增加而增加，因此在催化重整条件下该反应几乎是不可逆的，即六元环烷烃基本能完全转化为芳烃。从热力学角度讲，高温、低压和低氢油比应有利于反应的进行[10]。

在催化重整反应中，六元环烷烃类催化脱氢反应是速率最快的反应。这一反应在双功能催化剂上亦只由金属功能催化。有明显活性的催化剂包括铬、钼的氧化物和铂族金属等，其中铂的活性最高。在催化重整反应条件下，负载在载体上的少量铂（0.2%～0.6%）即可使六元环烷烃脱氢转化为芳烃并达到或接近热力学平衡值。因此，可以认为这一反应在催化重整条件下基本不存在动力学方面的限制[11]。

2. 五元环烷烃脱氢异构反应

由表 6-2 可知，五元环烷烃脱氢异构（如图 6-3 所示）同样是分子数增加的强吸热反应，提高温度和降低压力在热力学上有利于反应的进行。

五元环烷烃脱氢异构生成芳烃是典型的双功能催化反应，需要金属和酸性位点两种活性中心的协同参与（如图 6-4 所示）[13]。以甲基环戊烷反应为例，按照该反应机理，甲基环戊烷首先在金属中心脱氢生成甲基环戊烯，然后在酸性中心上发生环异构生成环己烯,最后在金属中心上脱氢生成苯。这一反应的控制步骤是发生在酸性中心上、遵循碳正离子机理的环异构过程。与六元环烷烃脱氢反应相比,五元环烷烃脱氢异构反应的反应速率要低得多。

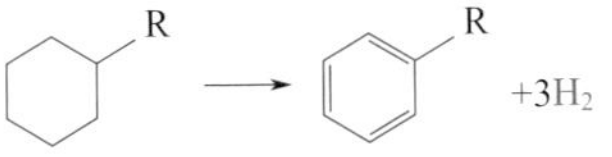

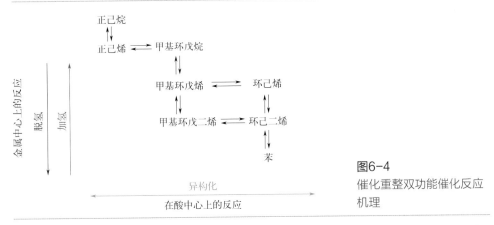

图6-2 六元环烷烃脱氢芳构化反应 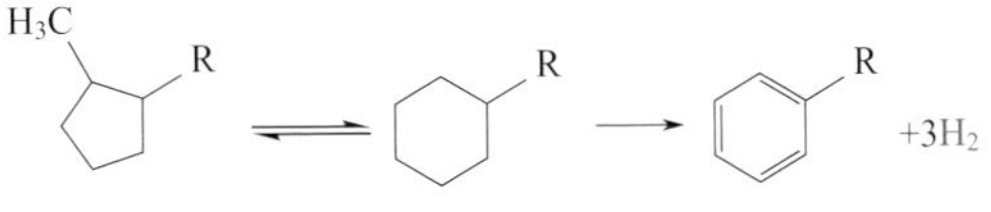　　图6-3 五元环烷烃脱氢异构生成芳烃反应

图6-4
催化重整双功能催化反应机理

在催化重整反应条件下,脱氢异构生成芳烃是烷基环戊烷经历的主要反应。除此之外,烷基环戊烷还会发生氢解(包括开环)反应生成较低碳数的烷烃或相同碳数的正、异构烷烃。降低氢分压和提高温度能提高其转化为芳烃的选择性。同时,较高分子量的烷基环戊烷生成芳烃的选择性高于甲基环戊烷生成苯的选择性。

3.链烷烃脱氢环化反应

随着催化重整工艺的发展、催化剂的改进和反应苛刻度的提高,链烷烃脱氢环化(如图6-5所示)在催化重整反应中的作用也愈加重要[10]。这是因为链烷烃通常是石脑油中的主要组分,但在原料中其辛烷值最低,当脱氢环化转化为芳烃后不仅芳烃产率增加,而且辛烷值的增加也最显著。另外,链烷烃脱氢环化形成芳烃的过程氢气产率很高,每分子反应物可产生4分子氢气。

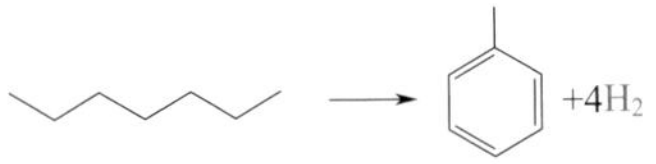

图6-5
链烷烃脱氢环化生成芳烃反应

烷烃脱氢环化是分子数增加的强吸热反应,有很大的平衡常数值(如表6-2所示),且平衡常数随碳链增长而增大。因此,在热力学上高温、低压对反应有利,但氢/烃比对化学平衡的影响较小。

虽然热力学数据表明链烷烃脱氢环化反应有很大的可行性并可以达到很高的平衡转化率，但由于它是一种由金属和酸功能两种中心催化的多步骤的复杂反应，在重整反应条件下受动力学限制以及与其竞争的副反应的影响，只能进行到一定程度，达不到热力学平衡值。脱氢环化反应速率远低于六元环烷烃脱氢，也低于五元环烷烃脱氢异构，与加氢裂化反应相当。

链烷烃脱氢环化生成芳烃的反应机理十分复杂，按照双功能催化反应机理（图 6-4），链烷烃首先在金属中心脱氢生成烯烃，然后在酸性中心环化为烷基环戊烷，再转移到金属中心脱氢为烷基环戊烯，随后在酸中心上异构为六元环烯烃，最后回到金属中心上脱氢为芳烃。这一机理很好地说明了工业重整催化剂中金属和酸性两种活性中心的协同作用。工业实践也表明两种活性中心缺一不可。但一些研究工作证明，在不存在酸性中心的单功能的金属催化中心上，链烷烃可以直接形成六元环并脱氢生成芳烃而不需要通过五元环扩环的步骤 [14, 15]。因此一些研究者认为双功能反应途径并不是链烷烃脱氢环化反应的唯一途径。目前较一致的看法是由于金属本身的脱氢环化功能容易因催化剂积炭和硫中毒而被削弱或破坏，因此在工业重整条件下链烷烃的脱氢环化主要通过双功能机理进行。

脱氢环化和竞争反应氢解、加氢裂化的反应速率都随反应温度升高而提高，因此提高温度不能很有效地提高脱氢环化反应的选择性。而降低压力可以在促进脱氢环化的同时抑制加氢裂解，因此一般可使环化选择性得到明显改善。研究还表明，链烷烃的碳原子数对脱氢环化反应速率有明显影响。随烷烃碳链的增长，脱氢环化反应速率增加。此外，对于相同碳数的烷烃，正构烷烃的脱氢环化速率要高于带支链的异构烷烃。

4. 烷烃异构化反应

正构烷烃（链烷烃）异构化反应（如图 6-6 所示）是分子数不变的放热反应，但热效应很小（2 ～ 20kJ/mol），且随温度变化的趋势不明显。随温度升高，正构烷烃向异构烷烃转化的气相平衡常数减小，表明在热力学上低温对异构反应有利，而总压和氢分压对平衡都没有明显影响 [10]。

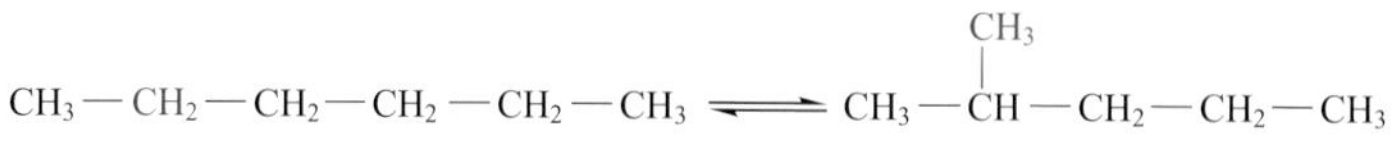

$$CH_3-CH_2-CH_2-CH_2-CH_2-CH_3 \rightleftharpoons CH_3-\overset{\overset{\textstyle CH_3}{|}}{CH}-CH_2-CH_2-CH_3$$

图6-6
正构烷烃异构化反应

正构烷烃异构化反应在各类重整反应中是速率较快的反应，其反应速率显著高于加氢裂化和脱氢环化，但低于六元环烷烃脱氢 [11]。

人们普遍接受的重整条件下正构烷烃异构化的反应机理仍是双功能催化反应机理。正构烷烃首先在金属中心上脱氢为正构烯烃，然后迁移到酸性中心上并进行异构化反应生成异构烯烃，最后转移到金属中心加氢为异构烷烃，其中酸中心催化的异构化过程是速率控制步骤。

异构化反应是微放热反应，温度对其影响不大，同时由于其为等分子反应，压力对反应平衡也无影响。正构烷烃转化为异构烷烃后辛烷值有显著的提高，然而这个反应受到化学平衡控制，在重整反应条件下，异构化平衡转化率有限，因此对产品辛烷值的贡献受到限制[2]。

5. 氢解和加氢裂化反应

烷烃的氢解和加氢裂化（如图6-7所示）都是发生碳链断裂的大分子变小分子的反应，但两者的催化作用中心不同，产物组成也不同。氢解反应在金属中心上进行，主要发生分子末端碳链的断裂，气体产物以甲烷为主；加氢裂化是双功能催化的反应，裂解过程在酸性中心进行，主要在分子的中间位置发生碳链的断裂，气体产物中以 C_3 和 C_4 烷烃为主。氢解和加氢裂化反应都使重整反应的液体收率减少，目标产物选择性降低，同时由于是耗氢反应，也导致氢产率的降低。但另一方面，由于将一部分低辛烷值的烷烃裂解为小分子的气体并从稳定塔中分离出去，裂化反应对重整油辛烷值的提高有一定的好处，虽然是以牺牲液体产品收率为代价的。芳烃脱烷基反应与氢解或加氢裂化反应类似，脱甲基反应在金属中心进行，长链烷基苯的烷基断裂则类似于烷烃的加氢裂化[10]。

$$C_7H_{16} + H_2 \longrightarrow C_6H_{14} + CH_4$$
$$C_7H_{16} + H_2 \longrightarrow C_3H_8 + C_4H_{10}$$

图6-7
庚烷的氢解（上）和加氢裂化（下）反应

烷烃的氢解和加氢裂化都是强放热反应。两种反应均有很高的平衡常数值，几乎是不可逆的。反应温度对平衡有影响，温度升高平衡常数值减小。压力对平衡几乎没有影响。

由于金属催化的氢解反应对积炭十分敏感，并且可以在开工时采用催化剂预硫化等措施来对其进行抑制，在正常工业运转中影响已不再显著。而加氢裂化反应的影响则要大得多。烷烃加氢裂化反应的活化能与脱氢环化反应的活化能十分接近，是脱氢环化的主要竞争反应。至今如何抑制加氢裂化反应仍是催化重整研究的重要课题。

三、催化重整催化剂

1. 催化剂组成与特性

根据前文可知，重整反应需要两种不同的催化活性中心：提供加氢、脱氢功能的金属活性中心和提供异构化（包括环化）功能的酸性活性中心，这就是重整催化剂的双功能特性。具体而言，金属功能主要由金属铂提供，它主要催化六元环烃脱氢成芳烃、烷烃脱氢成烯烃、烯烃加氢等反应。酸性功能由含卤素（一般采用氯）的氧化铝提供，通过碳正离子机理起到结合或断开 C—C 键的作用，催化异构化、环化和加氢裂解等反应。两种催化功能通过关键中间物种烯烃实现协同。显然，这两种活性中心对于重整反应都是十分重要的，任何一种活性中心的失活都会显著影响催化剂的性能[11]。目前工业上仍采用酸性氧化铝负载的铂催化剂，而锡和铼是最常用的金属助剂。

催化剂是反应工艺的核心，催化剂的发展伴随着催化重整工艺的进化。从 20 世纪 40 年代 Vladimir Haensel 和 UOP 公司在铂催化剂和铂重整工艺方面的开创性工作开始，催化重整技术已经从半再生的固定床工艺发展到反应条件更加苛刻、更加高效、高度可靠的移动床连续再生重整工艺[16]。其中，固定床半再生工艺一般采用 Pt-Re 或 Pt-Ir 催化剂（以 Pt-Re 催化剂为主），通过挤出成型方式制成直径 1.6 ～ 2.1mm 的圆柱形。而移动床连续再生工艺一般采用 Pt-Sn 催化剂，通过油柱成型或油氨柱成型方式制成直径 1.5 ～ 1.9mm 的圆球[17]。

在反应过程中，重整催化剂会因为积炭、金属颗粒聚集长大、氯的流失等因素而逐渐失活。为恢复催化剂的催化性能，需要定期或根据实际情况对其进行再生处理。常规再生过程一般包括烧焦、氯化更新、还原和预硫化四个步骤[11]。

烧焦是在一定的温度、压力和含氧气氛下烧除反应后催化剂上积炭的过程。为保证彻底烧除积炭，同时防止燃烧产生的热量造成局部温度过高而使金属烧结，对烧焦过程的温度、气氛（氧气浓度）条件要进行合理设计和严格控制，一般在过程中逐步升高含氧气体的入口温度和氧气含量。另外，为了加快烧焦速率，及时排出热量，可适当提高烧焦系统压力（一般≥0.5MPa）和气体流量。

Pt 颗粒的聚集长大和氯的流失不仅会在重整反应过程中发生，还会在烧焦时的水热条件下发生。因此需要在烧焦后对催化剂进行氯化更新，即在含 O_2 和有机含氯化合物气氛下高温处理，使聚集的铂金属颗粒形成易迁移的 Pt—O—Cl 物种从而得到再分散，并补充反应过程中和烧焦时所损失的氯组分。氯化更新的效果与氯化循环气中氧、氯和水含量及氧化温度、时间有关。一般循环气中氧摩尔浓度>81%，温度 490 ～ 510℃，时间 6 ～ 8h，并要根据催化剂的不同类型控制合适的水氯摩尔比。

还原是在 H_2 气氛下将烧焦和氯化更新后催化剂上的金属组元由氧化态还原为金属态的活化过程。还原温度一般在 400 ～ 500℃。同时，必须严格地控制还原气中的水、O_2 和烃。水会促使铂颗粒长大和载体表面积减少，从而降低催化剂的活性和稳定性。而烃类氢解会生成积炭覆盖金属表面，生成甲烷降低 H_2 浓度，并放出反应热使催化剂局部温度过高。

未经反应的铂铼或铂铱系列重整催化剂具有很高的氢解催化活性，如直接进料反应，会在反应初期因剧烈的氢解反应放热而使催化剂床层超温，轻则造成催化剂严重积炭失活，重则烧坏催化剂和反应器。硫化是用特定硫化剂处理催化剂，选择性"毒化"铂铼或铂铱催化剂上的高活性氢解催化位点，改善反应初期选择性，避免超温。超温硫化时可使用二甲基二硫醚或二甲基硫醚等硫化剂。硫化剂用量可根据催化剂上铼或铱助剂的含量、重整装置状态（新装置需多注一些）以及催化剂上已有的硫含量等因素决定。

2．氧化铝载体

重整催化剂是负载型催化剂，基本上采用具有较高比表面积的活性氧化铝作为载体。重整催化剂使用的氧化铝载体主要是两种过渡晶相氧化铝，即 $\eta\text{-Al}_2\text{O}_3$ 和 $\gamma\text{-Al}_2\text{O}_3$。随着重整工艺和催化剂制备技术的发展，$\gamma\text{-Al}_2\text{O}_3$ 逐渐取代 $\eta\text{-Al}_2\text{O}_3$。氧化铝的酸性是其作为重整催化剂载体的重要性质。氧化铝表面的某些羟基与临近的表面缺陷位作用形成酸性中心。由于这些表面缺陷结构上不稳定，存在的概率很低，只有当氧化铝表面脱羟基率达到 60% 以上时才能形成这些活性中心。

氧化铝本身只具有很弱的酸性，较难催化烃类的骨架异构化和加氢裂化等需要较强酸性催化的反应。为了提高酸性，重整催化剂中通常会引入少量（1% 左右）卤素，通常采用氯。氯与氧化铝表面的结合过程如图 6-8 所示。Al_2O_3 载体表面具有一定数量的羟基，这些羟基基团在一定温度和湿度条件下会脱去部分水，从而在邻近 Al 原子间生成"氧桥"（Al—O—Al）；"氧桥"又可与气氛中的 HCl 发生反应，断开一个 Al—O 键，并形成 Al—OH 和 Al—Cl 结构，进而使 Cl 被固定在氧化铝的表面上。整个过程是一个可逆反应，在一定温度和不同水氯摩尔比下可以相互转化，并达到平衡状态。也就是说，气相中氯含量高时催化剂上的氯含量就高，气相中水含量高时催化剂上的氯会流失。卤素增强氧化铝酸性的作用机理较为复杂。有研究表明，在低氯含量下，由于 Cl 取代了一部分表面羟基，铝离子变为同两个不同的阴离子相连。氯离子的出现破坏了原有的电子对称性并从邻近的羟基吸引电子，使羟基上氢原子的正电性增加，即酸性提高。在低载铂的情况下，催化剂的水氯平衡关系与载体氧化铝相同，即催化剂的持氯能力取决于氧化铝的性质，特别是比表面积。当比表面积下降到一定程度，催化剂上不能再保持足够的氯量，反应性能降低到经济上不合理时，即需要更换催化剂[11, 16]。

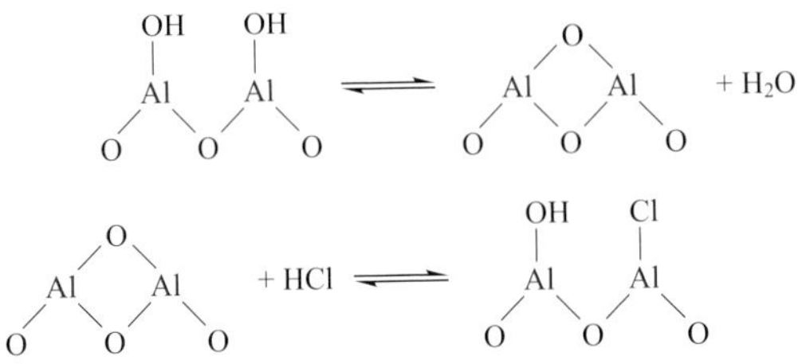

图6-8
Al$_2$O$_3$表面在HCl气氛下氯化的过程

活性氧化铝在催化剂中的主要作用包括[11]：

① 作为催化剂的活性组成部分提供酸性。重整催化剂是双功能催化剂，其催化功能之一的酸性功能是由含卤素（氯）的氧化铝提供。氧化铝酸性对重整催化剂的性能影响很大。酸性过强，催化剂的加氢裂化活性过高，导致液收降低；酸性过弱，则催化剂活性不足。重整反应所需的酸性位点主要是通过 Al_2O_3 载体表面氯化产生的，因此 Al_2O_3 载体提供酸性的作用也可以理解为持氯功能。

② 分散所负载的金属。重整催化剂的主要金属活性组分是贵金属（铂），降低贵金属用量可以明显降低催化剂成本。氧化铝载体材料可以具有丰富的孔道和很大的比表面积，并且表面与贵金属之间存在较强的相互作用，从而可以使负载的贵金属高度分散为纳米颗粒乃至亚纳米团簇并保持相当高的热稳定性，大大增加其比表面积（亦即负载的一定量贵金属所暴露活性中心的数量），从而显著提高催化剂的活性、选择性，降低积炭速率。

③ 提高催化剂的容炭能力。反应过程中的积炭是重整催化剂失活的主要原因之一。在反应过程中，金属活性中心上生成的积炭前身物会迁移至氧化铝载体上，在氧化铝载体上进一步生成积炭。而由于氧化铝载体表面积大，等量积炭沉积在氧化铝载体表面对催化剂活性所造成的负面影响要远小于沉积在活性金属表面的情形。对重整催化剂积炭位置的研究表明，金属活性中心上的积炭只占催化剂积炭总量的 2%～3%，绝大部分积炭位于氧化铝载体上。因此氧化铝载体可以大大削弱积炭对于催化活性的影响，提高其对积炭的耐受能力。

④ 提供工业催化剂所必需的机械强度和热稳定性。催化重整所用的氧化铝载体材料热稳定性良好，易于成型，能够耐受催化重整反应和再生过程的高温（可达 500℃ 以上，再生过程中催化剂局部温度可能更高），并能较好地满足催化重整装置特别是移动床对于催化剂抗压、耐磨等机械强度方面的要求。

⑤ 提供持氯位点，保持催化剂中氯物种的丰度。Cl 物种在贵金属催化剂上具有重要作用，其可以占据氧化铝表面吸附位点，从而提高活性组分在载体上的分散度，同时其对贵金属催化剂的再生性能起着决定性作用。高分散的贵金属纳米颗粒在高温反应条件下，会逐渐团聚失活，而氧化铝载体表面的 Cl 物种可以在再生条件（空气氛围、加热）下与贵金属形成氯氧化物，该物种可以在载体内进行迁移扩散，从而达到再分散的效果。而要达到以上效果就需要载体具有适中的持氯能力，而前文介绍 Al_2O_3 作为载体具有较强的吸附 Cl 的能力，且其表面羟基与 Cl 形成平衡后的持氯量约为 1%（质量分数），该持氯量既可以提供充足的氯物种使贵金属再分散，同时也可以使载体酸性保持在适宜范围[18,19]。

3. 催化剂研究进展

以负载金属种类划分，催化重整催化剂的发展经历了非铂催化剂、单铂催化剂和双（多）金属催化剂三个主要阶段。最早于 20 世纪 40 年代初出现的重整催化剂是氧化铝负载的铬或钼的氧化物。20 世纪 40 年代末，UOP 公司成功研发了铂重整催化剂，使得催化重整在催化剂寿命、液收和芳烃选择性等方面真正满足了工业化的必要条件，从而作为石油精炼中的一种重要工艺得以确立并迎来快速发展 [4, 20, 21]。20 世纪 60 年代后期，铼（Re）、锡（Sn）、锗（Ge）和依（Ir）等元素也先后被引入铂催化剂中，催化剂的稳定性（抗积炭、抗金属烧结）和汽油收率得到进一步提高，重整催化剂进入双金属乃至多金属时代 [12, 16, 21-23]，使得工业装置能够在更低的压力和氢油比条件下运行。经过几十年的发展和工业应用，铂重整催化剂已经较为成熟。目前有关研究主要围绕着双金属或多金属铂催化剂的探索以及催化剂制备方法优化等方面展开。

Kianpoor 等 [24] 在 Pt/γ-Al$_2$O$_3$ 催化剂中引入不同含量的金（Au），发现当 Au/Pt 质量比为 1：99 时，Pt 呈现出非同寻常的正电性，同时表现出最高的环烷烃转化率、最高的芳烃产率以及最低的裂解产物产率和苯产率。作者认为，当 Au/Pt 质量比为 1：99 时，在反应条件和 H 吸附作用下，金属表面形成了 Au-Pt 合金，其中 Pt 位于最外层，而 Au 单原子层为亚层。这一结构的形成改变了 Pt 的电子结构，增强了其电负性，从而提高了催化剂的加/脱氢催化性能，抑制了氢解。Tregubenko 等 [25] 在载体挤出成型过程中加入铟（In）前驱体，考察了 In 助剂对 Pt/Al$_2$O$_3$-Cl 催化剂性质和重整催化性能的影响。结果表明，In 的加入提高了载体的比表面积，减小了氧化铝微晶的尺寸，降低了强酸和中强酸的比例。Pt 与 In 发生了明显的相互作用，可能形成了合金结构。正庚烷重整反应结果显示，In 助剂的存在提高了异构化选择性，同时降低了氢解和芳构化选择性。在所考察的 In 前驱体中，氢氧化铟的效果最明显。Lin 等 [26] 在 Pt-Sn/Al$_2$O$_3$ 催化剂中引入铈（Ce）助剂，并进行正庚烷重整反应，发现 Ce 的引入抑制了氢解，使得异构选择性增加，同时对脱氢环化反应未造成明显影响。表征结果表明 CeO$_x$ 促进了 Pt 的分散，从而有助于 Pt 的还原。同时 Ce 助剂还增加了中强酸位点的比例，从而有利于异构化，并且抑制了裂解。Elfghi 等 [27] 的研究发现，在 (Pt-Re)-S/Al$_2$O$_3$-Cl 催化剂中引入第三金属组分 Sn，会导致芳烃选择性下降，但异构烃和烯烃选择性提高，同时裂解减少，液收增加。Tregubenko 等 [28] 在 Pt-Sn/γ-Al$_2$O$_3$ 体系中，引入锆（Zr），发现催化剂活性、稳定性和重整油产率有所提高。作者认为 Zr 的加入降低了催化剂的酸性和积炭失活速率。

Tregubenko [29] 等在载体制备过程中于拟薄水铝石（氧化铝载体的前体）中加入草酸，调变了氧化铝载体的结构，增加了与 Pt 相互作用的五配位 Al^{3+} 数量，同时调变了载体酸性，从而使得 Pt/γ-Al$_2$O$_3$ 催化剂在正庚烷重整反应中表现出更高的芳烃选择性。Belopukhov 等 [30] 采用氟代替氯对氧化铝进行卤化处理，所得到的 Pt-Re/Al$_2$O$_3$ 催化剂酸性增强，从而使得其活性和裂解选择性增加，芳烃选择性降低，同时重整产物辛烷值保持不变。Carvalho 等 [31] 研究了不同浸渍顺序对于 Pt-Re-Ge/Al$_2$O$_3$ 催化剂物化性质及正辛烷重整催化性能的影响。结果表明，当优先浸渍 Pt 时，不同金属被分别还原，相互作用较弱，所得到的催化剂具有较高的脱氢活性和较低的氢解活性。相反，当优先浸渍 Ge 时，所得到的催化剂上不同金属相互作用较强，表现出较低脱氢活性和较高的氢解活性。而当优先浸渍 Re 时，所得到的催化剂催化性能介于前两者之间。浸渍顺序对载体酸性无影响，但 Re 和 Ge 的引入可能改变了 Pt 附近载体表面的酸性，从而影响了异构化或芳构化的选择性。作者提出，可以根据上述规律对催化剂进行理性设计，从而得到具有不同产物结构（芳烃和异构烃的相对含量）的重整产品。Jiang 等 [32] 通过超临界流体沉积方法，以 CO$_2$ 为超临界流体介质，采用不同金属前驱体制备了 Pt-Sn/Al$_2$O$_3$ 催化剂，发现其脱氢活性明显高于传统浸渍法催化剂。研究还表明，当分别以 Na$_2$PtCl$_6$ 和 SnCl$_2$ 为铂源和锡源时，采用该方法所制得催化剂的金属分散度最高，Pt 与 Sn 最易形成合金，且催化活性最高。

Batista 等 [33] 利用高分辨率 HAADF-STEM 原位和断层分析以及 XAFS 技术深入研究了氯化的 γ-Al$_2$O$_3$ 上不同负载量的 Pt 亚纳米颗粒的形貌及其相对于载体的落位。HAADF-STEM 原位和断层分析表明，在氯化（γ-Al$_2$O$_3$）载体上，当负载量为 0.3%（质量分数，下同）和 1%Pt 的，Pt 均主要以直径 0.9nm 的扁平纳米颗粒（NP）和还原态 Pt 单原子（SA）形式存在。虽然在氧化物状态下主要观察到 SA 和弱结合团簇体，其 Pt 配位球由氧和氯组成，如 EXAFS 所示，但在还原状态下 SA 和 NP 之间的比率约为 2.8，且这个比率适用于两种不同金属负载量。使用纳米颗粒位置评估载体扭曲度描述符确认了 NP 在载体上均匀分布。分段体积的数学分析表明，NPs 之间的平均测地距离与 Pt 负载量相关：1% 时为 9nm，0.3% 时为 16nm。与 NPs 之间的测地距离兼容的方形网络几何模型表明，每个 Al$_2$O$_3$ 晶粒上可以同时存在 1 ~ 5 个 NP，具体取决于 Pt 负载量。电子显微断层图揭示大部分 NP 位于 γ-Al$_2$O$_3$ 支撑晶粒的边缘或缺陷（台阶、扭折）处。DFT 计算进一步揭示了位于（110）-（100）边缘和邻近边缘处 NP 的最优化结构，其稳定性与位于（110）或（100）晶面上的 NP 相当。载体上的氯可能对这些位置上 Pt 的存在起到了稳定作用。NP 非常稳定，在 500℃ 下的氢气还原处理期间没有移动性。它们的形成机制预计取决于单个原子的聚合，这些原子在催化剂的初始氧化态中很丰富，并且在还原后的催化剂中仍然存在。

Batista 等 [34] 定量化地研究了 Pt/γ-Al$_2$O$_3$-Cl 重整催化剂上 Pt 和 Cl 的负载量以及 γ-Al$_2$O$_3$ 载体形貌对 Pt 和酸位点之间距离的影响。通过使用高分辨率 HAADF-STEM 的定量方法，作者发现少量 Pt 纳米粒子（NP）与 Pt 单原子（SA）共存于 γ- Al$_2$O$_3$ 载体上，这些载体表现出不同的形态（扁平或卵形）以及 Cl、Pt 负载量。证明增加 Pt 负载量并不影响 NP 大小而只影响颗粒相互距离，而 Cl 负载量影响 SA/NP 比例。然后，建立了一个全面的几何模型，该模型说明了金属-酸位点全局平均间距随着三个关键物理化学性质指标（Al$_2$O$_3$ 形貌、Cl 含量以及直接与比表面积相关联的 Al$_2$O$_3$ 晶粒尺寸因子）从 1nm 到 6nm 的变化演变方式。考虑到 Cl 主要位于铝晶粒的边缘处，其形貌强烈影响 Cl 边缘饱和度：固定比表面积（约 200m^2/g）的扁平状 Al$_2$O$_3$ 的边缘饱和度为 0.4%，卵形 Al$_2$O$_3$ 的边缘饱和度为 1.2%。在 Cl 边缘饱和时，扁平状和卵形 Al$_2$O$_3$ 上金属-酸位点间距分别为 3nm 和 1nm。然而，对于固定的 Cl 负载量，间距不受形态的影响。作者讨论了这些趋势在石脑油重整催化剂中的情况，并借助所得到的几何模型，确定了可用于调节金属-酸位点间距的 Al$_2$O$_3$ 的关键物化性质指标。

Yang 等[35] 设计制备了具有清晰可辨的大孔和介孔的含酸性卤素修饰（Cl 和 F）多孔氧化铝载体，用于制备负载铂纳米颗粒（NP）催化剂（Pt/Cl-Al$_2$O$_3$、Pt/F-Al$_2$O$_3$ 和 Pt/Al$_2$O$_3$），然后用管式固定床反应器在常压和不同温度（240~400℃）下以正己烷：H$_2$ 比 1:4.3 进行正己烷重整反应。尽管所有催化剂的反应速率都在 360℃ 处达到最大值，但 Pt/Cl-Al$_2$O$_3$ 表现出最高速率（8.66×10^{-8}mol/s）。关于产物选择性，Pt/Cl-Al$_2$O$_3$ 和 Pt/F-Al$_2$O$_3$ 生成的烯烃产品数量更多，裂解产物较少，比 Pt/Al$_2$O$_3$ 更加优异。使用乙醇程序升温脱附（TPD）以及 CO 和吡啶吸附的原位漫反射傅里叶变换红外光谱（DRIFTS）对氧化铝载体表面酸性进行表征。与 γ-Al$_2$O$_3$ 相比，TPD 结果表明，表面修饰增强了 Cl-Al$_2$O$_3$ 和 F-Al$_2$O$_3$ 的表面酸性。原位 DRIFTS 实验证实，Cl-Al$_2$O$_3$ 的 Lewis/Brønsted 酸位比为 0.64，而 F-Al$_2$O$_3$（0.54）和未修饰 Al$_2$O$_3$（0.56）的比值低。此外，DRIFTS 光谱证实，Pt NP 优先沉积在载体的 Lewis 酸位点上，并且 CO 吸附光谱揭示，具有（111）晶面的 Pt NP 优先沉积在 Lewis 酸位点上。表面酸性研究表明，Cl-Al$_2$O$_3$ 的增强型 Lewis 酸性在所有温度下引发高反应速率，通过传统的双功能机理，在高温下将烃类骨架重排成支链异构体。

Said-Aizpuru 等[36] 使用两种 γ-Al$_2$O$_3$ 载体制备了 19 种具有不同 Pt（0.3%~1%）和 Cl（0.1%~1.4%）含量组合的 Pt/γ-Al$_2$O$_3$-Cl 催化剂，从而改变催化剂系列中载体晶粒表面的活性位点浓度和位置，并在温和条件下进行高通量催化测试，以揭示活性相组分改变对正庚烷重整性能的影响。结果表明，Pt 和 Cl 浓度控制了加氢异构化、氢解和加氢裂化途径之间的竞争。相反，芳构化受 Pt 和 Cl 配比变化的影响较小。对于两种 γ-Al$_2$O$_3$ 载体，发现 Pt/Cl 比与异构化选择性之间存在非单调的趋势。

Gorczyca 等[37] 利用计算化学手段研究了在有氢存在的情况下 Pt-Sn/γ-Al$_2$O$_3$ 催化剂活性相的几何和电子效应。通过周期密度泛函理论（DFT），作者提出了这种系统的结构模型，该模型由沉积在 γ-Al$_2$O$_3$ 的（100）表面上、含有 13 个金属原子的团簇（Pt$_x$Sn$_{13-x}$，其中 0≤x≤13）构成。由此，作者揭示了在锡被还原

（Sn^0）的情况下，金属组成（Pt/Sn 比）、载体材料（γ-Al_2O_3）和氢覆盖度对铂锡亚纳米团簇稳定性错综复杂的影响。通过速度缩放分子动力学对负载的 $Pt_{10}Sn_3$ 团簇与氢的相互作用进行详细研究，并绘制其氢覆盖度随操作条件［T，$p(H_2)$］的变化图。研究突出显示了 Pt_{13} 和 Pt_xSn_{13-x} 团簇在延展性和稀释（ensemble，也称为集合体）效应方面的显著差异，这可能是通常报告的负载型 Pt 和 PtSn 催化剂的不同催化性能的根源。

Elfghi 等[27]探讨了相对不活泼的金属 Sn 对双金属重整催化剂 (Pt-Re)-S/Al_2O_3-Cl 的织构性质和催化性能的影响。引入的锡（Sn）浓度在 0.06% ～ 0.32% 之间（质量分数）。使用 BET、XRD，SEM-EDX 和 ICP-AAS（电感耦合等离子体-原子吸收）对原始和改性催化剂进行了表征，并进行了正辛烷重整反应以评估催化剂活性和选择性，反应条件为：T = 480℃，p = 1MPa，质量空速（WHSV）= $3.3h^{-1}$ 和 H_2：HC = 4.5。结果表明，引入第二助剂 Sn 改善了正辛烷反应的选择性，即芳烃选择性降低，但异构烷和烯烃的选择性较高。此外，检测到更少的裂解产物，并获得高液态产率（LY）。本研究的结果表明，Sn 添加量在 0.14% ～ 0.32% 范围内效果最佳。

Moroz 等[38]使用配对分布函数（PDF）方法研究了载体和模型重整催化剂 Pt/γ-Al_2O_3 的相组成和局部结构。作者提出，在拟薄水铝石结构羟基氧化铝的胶溶过程中对载体结构进行改性可能是获得具有丰富缺陷 Al_2O_3 载体材料的有效途径。这种对 γ-Al_2O_3 的结构修饰导致尖晶石状氧化铝结构八面体位置上阳离子空位数量增加。研究证实了载体的结构缺陷对活性组分的氧化态和催化剂性能的影响，发现铂离子位于载体尖晶石状结构的八面体空位（缺陷）中。具有更高缺陷密度氧化铝表面上的这些离子铂中心在正庚烷芳构化模型反应中显示出比传统 Pt/γ-Al_2O_3 催化剂中占主导地位的金属中心更高的选择性。

第二节
烷烃催化脱氢

一、烷烃催化脱氢的重要意义

烷烃是天然气、石油等化石能源的主要成分，也可由煤炭、生物质等其他碳氢资源经费托合成等深度转化过程所得到，是一种储量丰富、来源广泛的碳氢资源。近年来页岩气资源的大力开发更是为市场提供了大量廉价的甲烷、乙烷、丙烷等低碳烷烃[39]。然而烷烃的物理化学性质决定了其直接利用途径十分有限，大量地被用作燃料燃烧供能，造成宝贵化石碳氢资源的浪费。因此，将烷烃高效转化为其他高价值化学品，将产生巨大的经济和社会效益。

催化脱氢是烷烃转化利用的重要途径之一。它是在催化剂作用和一定反应条件下使烷烃脱氢生成相应的同碳数烯烃的过程。烯烃是一类十分重要的化工原料。由于 C=C 双键的存在，烯烃可以发生加氢、卤化、水合、卤氢化、次卤酸化、硫酸酯化、环氧化、聚合等加成反应，还可氧化发生双键的断裂，生产出各类聚合物、含氧有机物和有机化学中间体等下游产品，广泛应用于人类的生产生活[40]。其中，低碳（$C_2 \sim C_4$）烯烃的产业规模和地位尤为突出。乙烯是全球产量居于首位的基本化工原料，被称为"石化工业之母"，主要用于生产聚乙烯、氯乙烯、环氧乙烷、乙醛、乙二醇和乙苯等化学品。丙烯的产量仅次于乙烯，主要用于生产聚丙烯、丁辛醇、环氧丙烷、丙烯腈、苯酚、丙烯酸、异丙醇、甘油和丙烯酸酯等化学品[39, 41, 42]。C_4 烯烃有丁二烯、异丁烯和正丁烯三种。其中，丁二烯是生产各种合成橡胶（丁苯橡胶、聚丁二烯橡胶等）的主要原料；异丁烯则主要应用于制备甲基叔丁基醚（MTBE）、乙基叔丁基醚（ETBE）等汽油添加剂，用于提高汽油辛烷值；正丁烯常作为聚乙烯的共聚单体[43]。相比低碳烯烃，长链烯烃（C_6 及以上）的市场规模较小，但同样在化工产业特别是精细化工产业中具有特殊的重要地位。它们主要用于合成各种高附加值的精细化学品[44]，例如烷基苯磺酸盐（阴离子表面活性剂）、聚 α-烯烃合成油（润滑油基础油）、高碳 α-烯烃共聚聚乙烯（聚烯烃弹性体，被称为第三代橡胶）等。

随着社会经济的发展，烯烃下游产品需求不断增长，烯烃的需求和产能也随之不断扩大。以丙烯为例，根据北京国华新材料技术研究院的统计，2021 年全球丙烯产能和产量分别达到约 1.6 亿吨和约 1.2 亿吨，同比分别增长 5.9% 和 6.1%；下游消费量达到 1.2 亿吨，同比上升 5.8%。我国是全球第一大丙烯生产和消费国。根据华经产业研究院的统计，2021 年中国丙烯产能和产量分别达到约 5000 万吨和约 4300 万吨，同比分别增长约 11.68% 和 19.03%，自 2017 年以来年均复合增速分别为 9.96%、10.94%。然而，快速增长的产量仍不能满足巨大的需求。2021 年中国丙烯表观消费量为 4540 万吨，自 2015 以来年均符合增长率达 9.59%。为填补供需缺口，2021 年净进口量达约 240 万吨[45]。

低碳烯烃的主要生产技术可大致分为石油炼制路线、合成气（主要成分为 H_2 和 CO）转化路线以及前文提及的烷烃催化脱氢路线。

石油炼制路线的技术包括高温蒸汽裂解、催化裂化以及催化裂解[39, 41, 46]。蒸汽裂解以轻质烃（石脑油、乙烷等）为主要原料，产物以乙烯为主，副产丙烯，是目前低碳烯烃生产的主要途径；其能耗较高（反应温度一般在 800℃ 以上），丙烯等 C_2 以上的烯烃产率低。催化裂化以重质油（减压馏分油、常压渣油、焦化蜡油等）为主要原料，主要用于生产汽油、煤油、柴油等轻质油品；虽然副产烯烃，但选择性低。催化裂解结合了蒸汽裂解和催化裂化，原料范围广，目标产物是低碳烯烃和轻质芳烃；其产物复杂，还有很多技术问题有待解决，因此目前工业化生产还不多。以上三种工艺都属于石化产业体系中的环节，依托并受制于整个石化产业的发展，难以单独快速扩大产能，无法满足迅速增长的烯烃需求。随着国际油价的增长，这些工艺的原料成本也会节节攀升。

合成气转化路线技术包括甲醇制烯烃（methanol to olefins，MTO）、合成气费托合成直接制烯烃（Fischer-Tropsch synthesis to olefins，FTO）和合成气双功能催化直接制烯烃 [43, 47]。MTO 是一种利用合成气通过间接法制取烯烃的技术。它以合成气转化的中间产品甲醇为原料，在分子筛（主要是 SAPO-34 和 ZSM-5）催化剂作用下制取烯烃。该技术目前已实现工业化，其低碳烯烃选择性较高。FTO 技术是以合成气为原料，在铁、钴、钌等金属催化剂作用下通过费托合成直接制取烯烃。费托合成制液体燃料技术（即煤炭、天然气的间接液化）已工业化，但费托合成反应错综复杂，产物分布宽泛，烯烃选择性受到限制。合成气双功能催化直接制烯烃技术采用金属氧化物和分子筛复合催化剂，将合成气制甲醇和甲醇制烯烃过程耦合，实现合成气一步转化为烯烃。该技术相比甲醇制烯烃技术缩短了反应工艺流程，又保持了较高的烯烃选择性，但目前仍未实现工业化。由于需要先制取合成气再进一步转化，而且在中国目前合成气主要来自煤气化，因此合成气路线技术的整个转化流程较长，投资大，煤耗、水耗、能耗和碳排放较高，对环境不够友好。

烷烃催化脱氢路线，顾名思义，是指以烷烃为原料，通过催化脱氢过程制取相同碳数的烯烃。该路线从烷烃出发直接高选择性地（可达95%以上）制取烯烃，并副产高附加值的氢气。其转化流程短，自由度高，建设周期短，投资和生产成本较低；反应过程原子经济性高，环境友好，符合绿色低碳化工的发展导向 [48]。在页岩气资源大开发和低碳烯烃需求快速增长的背景下，丙烯等低碳烯烃与相应烷烃的价格差逐渐扩大，使得烷烃脱氢制烯烃产业具有了更大的盈利空间 [46]。因此，以丙烷脱氢（PDH）为代表的烷烃催化脱氢技术成为近年来发展最快的烯烃生产技术，新增工业装置如雨后春笋不断上马和投产，有力地弥补了烯烃供需缺口，相关产业成为"明星"产业。截至 2021 年 12 月，国内已建 PDH 企业 21 家，单套产能最大为 130 万吨/年，总产能达 1090 万吨/年 [49]。

综上可见，烷烃催化脱氢反应过程及其相关产业对于社会经济发展和人们日常生活都具有难以替代的重要意义。

二、烷烃催化脱氢反应

根据反应过程中是否有氧化剂的参与，烷烃催化脱氢可以分为无氧脱氢和有氧脱氢。有氧脱氢过程反应复杂，烷烃转化率不高，烯烃选择性较低，催化剂同样存在积炭失活问题，因此目前尚无法工业应用[50]。因此，下文所述烷烃催化脱氢过程仅指无氧脱氢。以丙烷为例，其催化脱氢的主反应为：

$$C_3H_8 \rightleftharpoons C_3H_6 + H_2, \quad \Delta H^0_{298K} = 124.3 kJ/mol$$

显然这是个分子数增加的强吸热反应，因此从热力学角度分析，升高温度和降低压力有利于主反应向脱氢方向进行，正如图6-9[39, 51]所示。在500~700℃范围内，反应的平衡转化率几乎随着温度升高而线性增加。在600℃时，反应的平衡转化率随着反应压力升高而指数下降。从图6-9（a）中还可以看出，烷烃脱氢的平衡转化率总体上随着碳数的升高而升高。乙烷催化脱氢的平衡转化率在常压、700℃时只有40%左右，在常压、600℃时低于20%，而在该条件下丙烷的平衡转化率则约为50%。乙烷在600℃、接近常压的条件下脱氢，平衡转化率低，乙烷和乙烯又需要深冷分离，因而将乙烷按照催化脱氢的技术路线制乙烯，能耗高，缺乏竞争力[50]。

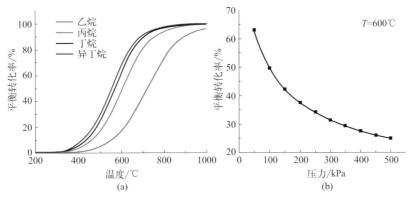

图6-9　常压下不同烷烃脱氢反应的平衡转化率随温度的变化（a）[39]以及在600℃下丙烷脱氢反应的平衡转化率随反应压力的变化（b）[51]

烷烃脱氢主反应还会伴随着裂化、氢解（在Pt等金属功能催化剂上）、异构、深度脱氢和积炭等副反应。常压下丙烷脱氢主反应及主要副反应氢解、裂化的热力学平衡常数如表6-3[52]所示。可见在400~727℃范围内，丙烷脱氢主反应的平衡常数始终远小于氢解和裂化副反应。这意味着裂化和氢解副反应对脱氢主反应的选择性造成影响；特别是当温度过高时，裂化副反应的影响会十分显著，同时可以预见深度脱氢和积炭失活也会加剧。因此，丙烷脱氢反应的温度也不宜过高，一般应不超过630℃[51]。在620℃以下，丙烷脱氢平衡转化率基本不超过50%，而丙烷氢解、裂化反应平衡转化率均接近100%，说明丙烷脱氢受到热力学限制，而丙烷氢解、裂化只受动力学限制。因此，需要合适的催化剂调控反应动力学，抑制副反应，提高丙烯选择性。

表6-3　不同温度下丙烷脱氢及主要副反应的热力学平衡常数[52]

反应	温度t—℃						
	400	500	550	580	600	620	727
$C_3H_8 \rightleftharpoons C_3H_6+H_2$	1.7×10^{-3}	3.4×10^{-2}	0.12	0.22	0.34	0.50	3.25
$C_3H_8+H_2 \rightleftharpoons CH_4+C_2H_6$	7.9×10^4	1.9×10^4	1.0×10^4	7.7×10^3	6.0×10^3	4.9×10^3	1.9×10^3
$C_3H_8 \rightleftharpoons C_2H_4+CH_4$	6.27	40.2	85.6	128	161	212	659

　　烷烃脱氢反应的过程较为简单，但其反应机理目前仍存在一些争议。以铂系催化剂上的丙烷脱氢反应为例，最广泛被认可的 Horiuti-Polanyi 反应（丙烷脱氢反应）机理（如图 6-10 所示）[39] 可简要描述如下：首先丙烷解离吸附，C—H 键断裂，形成吸附态的丙基，脱下第一个 H 原子；然后另一个碳原子发生 C—H 键断裂，形成 π 吸附构型的丙烯，脱下第二个 H 原子；最后吸附态的丙烯和 H 原子脱附形成游离态丙烯和 H$_2$。关于反应的控制步骤，目前尚无定论。两次 C—H 的活化以及烯烃脱附步骤都曾被认为是控制步骤。烷烃中的 C—H 键比 C—C 键更活泼，需要脱氢催化剂更有利于 C—H 键断裂从而生成烯烃，同时要避免 C—C 键断裂生成小分子产物的副反应。由于反应生成的烯烃比原料烷烃具有更高的反应活性，因此应使产物能够尽快离开反应位点，避免烯烃继续反应生成副产物。

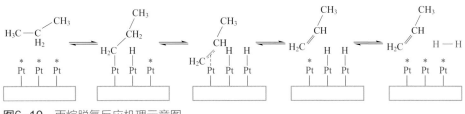

图6-10　丙烷脱氢反应机理示意图

　　研究表明，氢解、催化裂化和异构化等副反应发生所需的活性位点与脱氢反应不同。催化裂化反应需要 B 酸位点，较大的 Pt 颗粒更有利于氢解、异构等反应的发生。而对于脱氢反应，其不需要酸性位点；有的学者认为其对 Pt 的结构不敏感[39]，但也有研究表明较小的 Pt 颗粒（团簇）具有更高的脱氢活性[53, 54]。因此，通过合理设计的催化剂可以实现对烷烃脱氢反应选择性的调控。

三、烷烃脱氢催化剂

1. 催化剂组成与特性

　　虽然低碳烷烃种类多样，但是它们通过脱氢反应制烯烃的催化机理相同，可以采用同样或类似的催化体系。已经实现工业应用的低碳烷烃直接脱氢制烯烃催化剂有两种，即贵金属 Pt 基催化剂和 Cr 基催化剂。目前应用最广的两种低碳烷烃脱氢工艺，UOP 公司的 Oleflex 移动床连续再生工艺和 Lummus 公司的 Catofin 固定床循环再生工艺，即分别采用 Pt 基催化剂和 Cr 基催化剂。两者合计占据世界烷烃脱氢市场 90% 以上的份额[42, 50]。除 Pt 基催化剂和 Cr 基催化剂外，氧化铝负载的其他活性组分作为烷烃脱氢催化剂，如镓（Ga）、锌（Zn）、钒（V）、钴（Co）等，也成为了研究对象。

（1）Pt 基催化剂　几乎所有ⅧB 族贵金属均具有烷烃直接脱氢活性，但由于铂催化剂具有高的 C—H 键解离活性与低的 C—C 键裂解活性，在具备高脱氢活性的同时氢解活性较低，因此工业应用的贵金属主要是铂。1966 年，Bloch 申请了关于 $C_{10}\sim C_{18}$ 长链烷烃脱氢制烯烃的专利。在此基础上，UOP 公司于 20 世纪 60 年代末和 70 年代初先后开发了用于长直链烷烃脱氢制备长直链烯烃的 Pacol 工艺和用于丙烷、异丁烷脱氢制丙烯、异丁烯的 Oleflex 工艺[39, 46, 55]。Oleflex 是目前世界上市场占有率最高的烷烃脱氢工艺。此外，Uhde 公司的 STAR 多管式固定床循环再生工艺也采用 Pt 基催化剂。

一般认为 Pt 催化的脱氢反应是非结构敏感反应，其活性仅与表面暴露的活性位点数量有关，而受 Pt 颗粒尺寸和表面原子结构影响较小。因此，尽量提高 Pt 的分散度有利于增加催化剂活性。为了更好地分散 Pt，一方面需要采用与 Pt 相互作用较强的载体，例如氧化铝。另一方面，可以通过引入 Sn、Ga、In、Ir、Zn 等金属助剂，与 Pt 形成合金或部分包覆结构，提高 Pt 原子的分散，稳定 Pt 颗粒[51, 56-59]。这些金属助剂还能调变 Pt 的电子结构，进一步改善其催化性能。另外，烷烃脱氢反应是单功能催化过程，要求尽量降低催化剂酸性以抑制催化裂化、积炭等其他副反应。为此，可在催化剂中引入碱金属或碱土金属助剂，以进一步抑制其酸性[58, 60]。Pt 基催化剂失活的主要原因是积炭，为此需要频繁再生。长期使用过程中，Pt 颗粒的聚集长大也是一个问题。

（2）Cr 基催化剂　早在 1933 年，Huppk 和 Frey 就发现了 CrO_x 催化剂的脱氢作用。此后不久，诞生了多种以 CrO_x/Al_2O_3 为催化剂的丁烷脱氢技术。除 Catofin 工艺外，Linde-BASF 公司的 Linde 多管式固定床循环再生工艺以及 Snamprogetti 和 Yarsintez 公司的 FBD-4 循环流化床工艺也采用 Cr 基催化剂。

在 Cr 基催化剂中，Cr 的物相十分复杂，包括 Cr^{2+}、Cr^{3+}、Cr^{5+} 和 Cr^{6+} 等不同价态的物种[46]。Cr 价态分布受到很多因素影响，比如 Cr 负载量、焙烧温度和载体种类等。虽然目前关于 Cr 基烷烃脱氢催化剂活性物种的研究有很多报道，但是由于在反应过程中很难控制单一价态，因此还未有结论。研究表明催化剂中 Cr^{3+} 含量与催化活性密切相关，这说明 Cr^{3+} 物种在反应中起到重要作用。Cr^{3+} 物种的来源主要有四种：由 Cr^{6+} 和 Cr^{5+} 还原得到的 Cr^{3+}、在催化剂表面存在的孤

立 Cr^{3+}、$\alpha\text{-}Cr_2O_3$ 晶体、无定形 Cr^{3+} 簇。Cr 基催化剂中常添加碱金属离子作为助剂，它可以抑制载体表面酸性，从而减少副反应；可以提高 Cr 物种的分散度，提高催化活性；还能促进 Cr^{3+} 活性物种的生成。Cr 基催化剂失活的主要原因包括活性组分烧结、活性组分与载体形成致密结构和积炭。其中前两个过程是不可逆的，导致每次再生只能恢复催化剂部分活性。由于 Cr 会对环境造成严重污染，Cr 基催化剂技术的推广应用受到一定限制。

2．氧化铝载体

根据低碳烷烃脱氢反应适宜的条件，优良的低碳烷烃脱氢催化剂载体一般要满足四个方面条件[46, 50]：①具备较大的比表面积和丰富的孔道，并与负载的活性组分具有较强的相互作用。这样有利于提高活性组分在载体上的分散度，并减缓其在高温条件下的烧结，另外丰富的孔道还能容纳积炭。②具备高度的热稳定性和水热稳定性。低碳烷烃脱氢反应的温度一般在 600℃左右，再生温度一般为 600～700℃，而且催化剂再生过程中因积炭燃烧必然有水蒸气生成，因此载体必须能够在高温水热条件下保持结构稳定，不发生分解、烧结、相变等变化。③载体表面酸性应尽量低。高温反应条件下，载体的酸性会使烷烃发生催化裂解反应，从而降低反应的选择性。④容易成型且具有较高的抗压、耐磨等力学性能，能够满足工业固定床和移动床反应装置的要求。

通过特定方法制备的 $\gamma\text{-}Al_2O_3$ 具备较大的比表面积，可形成丰富的介孔孔道，酸性弱，具有相当高的热稳定性和水热稳定性，而且其表面丰富的羟基基团与负载的活性组分（Pt、CrO_x 等）之间相互作用强，易成型且机械强度高，价格低廉，是低碳烷烃脱氢催化剂较为理想的载体，并且在工业上已得到很好的应用。前文所述目前应用最广泛的两种低碳烷烃脱氢工艺所使用的催化剂均以 $\gamma\text{-}Al_2O_3$ 为载体。

3．催化剂研究进展

（1）Pt 基催化剂　经过多年的发展，Pt 基催化剂已经较为成熟，工业催化剂已成功实现大规模应用，但近年来有关基础和应用基础研究仍然活跃（如催化反应机理、催化剂再生过程机理、助剂的作用等），此外对于具有新结构的催化剂设计合成也是可能取得突破的重要研究方向。

① 催化剂的失活与再生机理研究　工业应用中，催化剂在使用一段时间后会出现活性降低的现象，这称为催化剂的"失活"。经过特定处理后，催化剂的活性能够完全或部分恢复到初始状态，从而实现多次的重复利用，使得生产过程能够连续化进行，这个过程称为"再生"。对于丙烷脱氢 Pt 基催化剂，失活的主要原因在于表面积炭和金属烧结两方面。表面积炭属于可逆失活，通过氧化即可除去。针对金属烧结，则需要在催化剂结构设计的基础上，通过改变再生气氛等工艺，实现

催化剂中活性组分的重新分散和充分暴露,从而恢复原有的催化活性,否则即为不可逆失活。因此,如何解决金属烧结失活是目前研究的重点和难点。

本书编著团队采用各种再生气体对 Pt-Sn/ Al_2O_3 催化剂的再生过程进行了详细的研究,并讨论了催化剂的再生机制。图 6-11 为新鲜催化剂以及用不同再生方式循环再生 10 次的丙烷脱氢催化剂性能评价。

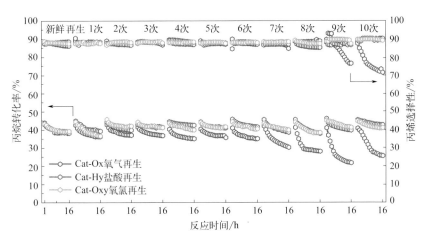

图6-11 Pt-Sn/ Al_2O_3 催化剂在各种气氛中的再生情况

为了能更直观地表示不同再生方式再生多次催化剂丙烷脱氢性能的变化,将每次的平均丙烷转化率和丙烯选择性计算出来绘制成图 6-12,从图 6-12 可以看

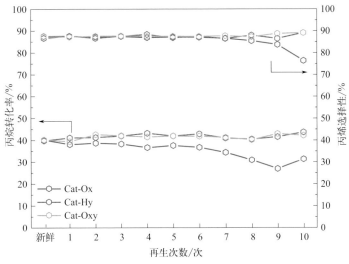

图6-12 不同方式再生后催化剂的丙烷脱氢催化性能

到使用盐酸以及氧氯再生可以使催化剂完全恢复活性，循环再生 10 次后催化剂失活率仍然为 0，且丙烯选择性一直维持在 87% 左右，而单纯使用氧气焙烧再生的催化剂前 5 次丙烷转化率还可以维持在一个较高的水准，5 次以后催化剂的丙烷转化率和稳定性就开始下降，且丙烯选择性也开始下降。这说明盐酸以及氧氯再生都可以及时补充催化剂上的 Cl，从而使催化剂在再生过程中生成可以在催化剂表面移动的 Pt 的氯氧化物，而氧气焙烧再生前 5 次催化剂表面氯含量还保持一个较高的水平，但是经过 4 次高温反应以及焙烧后，催化剂表面 Cl 慢慢流失，从而无法支持其生成 Pt 的氯氧化物，导致催化剂表面 Pt 颗粒慢慢烧结，失去活性。

进一步使用紫外-可见分光光度法（UV-Vis）表征手段可以揭示其内在的再生机理。图 6-13 为新制备（新鲜）催化剂在不同温度下焙烧后（Cat-300 和 Cat-500 为新鲜催化剂分别在 350℃和 550℃空气氛围下焙烧后的样品）以及新鲜催化剂使用不同方式再生后的 UV-Vis 谱图。可以发现新鲜催化剂在 350℃焙烧后表面 Pt 的存在形式主要为 $Pt_{IV}(OH)_xCl_y/Al_2O_3$，550℃焙烧后主要存在形式为 K_2PtCl_4。使用氧气焙烧、HCl 处理、氧氯处理三种再生方法再生 10 次后催化剂表面 Pt 的存在形式分别为 $\beta\text{-}PtO_2$、$Pt_{IV}(OH)_xCl_y$ 和 $Pt_{IV}O_xCl_y$，这与 H_2-TPR 测试结果基本一致，氧气焙烧 10 次后催化剂活性明显下降，而 HCl 处理和氧氯再生处理 10 次后催化剂活性仍然可以保持新鲜催化剂的水平，再结合 CO-脉冲以及 TEM 表征表明，$\beta\text{-}PtO_2$ 并不能在催化剂表面迁移或者迁移能力很差，而 $Pt_{IV}(OH)Cl_y$ 和 $Pt_{IV}O_xCl_y$ 均可以在 Al_2O_3 表面迁移，从而使活性组分 Pt 再分散，其中 $Pt_{IV}(OH)_xCl_y$ 再分散能力最强。使用氧气焙烧再生一次后催化剂表面也有 $Pt_{IV}O_xCl_y$ 存在，

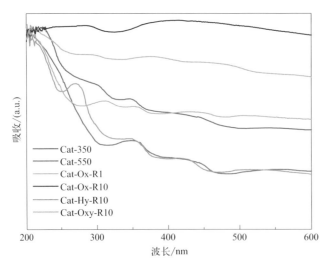

图6-13　新鲜催化剂以及不同再生方式再生后催化剂的UV-Vis谱图

这表明催化剂表面上的 Cl 也可以和 Pt 以及再生气中的 O_2 结合生成 $Pt_{IV}O_xCl_y$，使 Pt 再分散在载体表面。这说明只要可以保证催化剂中 Cl 的丰度，不论再生气氛中是否有含 Cl 组分的存在，催化剂都可以获得较好的再分散效果。值得注意的是 Al_2O_3 载体对催化剂的再生有决定性的影响，因为 Al_2O_3 与 Cl 能发生作用，保证了 Al_2O_3 有很高的持氯能力，从而使得催化剂能够再生。

基于以上的研究结果，提出了三种再生方式的机理，如图 6-14 所示。氧气再生前几次循环时，催化剂表面氯含量较高，通入氧气后和 Pt 结合生成

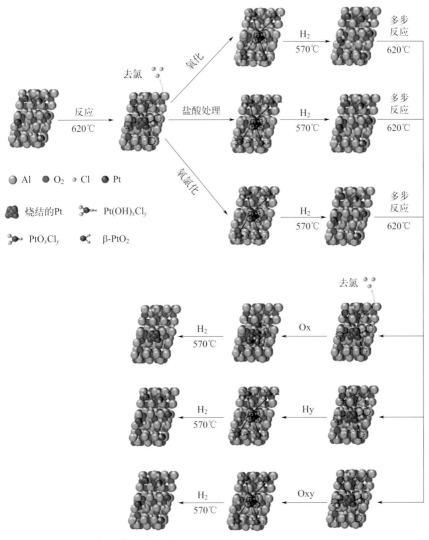

图6-14 不同再生方式再生机理

Pt$_{IV}$O$_x$Cl$_y$，使反应烧结的 Pt 重新分散在 Al$_2$O$_3$ 载体上，从而使催化剂恢复活性。但是多次再生后，Cl 大量流失，无法继续生成 Pt$_{IV}$O$_x$Cl$_y$/Al$_2$O$_3$，因此催化剂活性无法恢复。而对于 HCl 处理和氧氯再生过程，会分别生成 Pt$_{IV}$(OH)$_x$Cl$_y$/Al$_2$O$_3$ 和 Pt$_{IV}$O$_x$Cl$_y$/Al$_2$O$_3$，两者均可以在载体表面移动，从而实现 Pt 的再分散，因此在多次再生后，催化剂的活性仍然可以回到初始状态。

由此可见，氯在 Pt 的再分散过程中起到了非常重要的作用，从而解决了金属烧结失活的问题。从另一个角度考虑，如果能够增强 Pt 晶粒的热稳定性，避免 Pt 在反应过程中的烧结问题，则能够从根本上延缓催化剂的失活，延长使用寿命。金属与载体间的相互作用是决定 Pt 粒子热稳定性的重要因素，当存在强金属-载体相互作用时，催化剂表现出高分散、高稳定性以及优异的抗烧结性能。本书编著团队利用介孔 Al$_2$O$_3$ 作为载体，通过 Pt 颗粒与介孔氧化铝中五配位 Al$_{penta}^{3+}$ 的强相互作用，得到了高分散的 Pt-Sn/Al$_2$O$_3$，并实现了催化剂在无氯条件下的完全再生。

以不同氧化铝为载体制备了 Pt-Sn 催化剂，并系统研究了这些催化剂在丙烷脱氢过程中连续反应 7 个周期的催化性能，结果如图 6-15 所示。在每一个周期中，脱氢反应持续 20h，每次反应后进行再生操作，催化剂在 430℃ 空气焙烧 30min 后，在 570℃ 条件下 H$_2$ 还原 90min。从图中可以看出，催化剂 Pt-Sn$_2$/meso-Al$_2$O$_3$-600 的再生性能优于传统的 Pt-Sn$_2$/γ-Al$_2$O$_3$ 和 Pt-Sn$_2$/θ-Al$_2$O$_3$ 催化剂。Al$_{penta}^{3+}$ 位点含量低的 Pt-Sn$_2$/γ-Al$_2$O$_3$ 和 Pt-Sn$_2$/θ-Al$_2$O$_3$ 催化剂发生了不可逆失活，随着再生周期的增加，两种催化剂的丙烷转化损失越来越明显。Pt-Sn$_2$/γ-Al$_2$O$_3$ 上的丙烷初始转化率保持在 47%，但在 6 次再生后降至 12%。虽然 Pt-Sn$_2$/θ-Al$_2$O$_3$

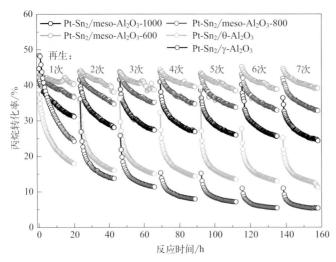

图6-15　以不同氧化铝载体的Pt-Sn催化剂的丙烷脱氢性能评价结果

的再生能力优于 Pt-Sn$_2$/γ-Al$_2$O$_3$，但丙烷的转化率在第 6 个再生周期下降到 22%。由于 meso-Al$_2$O$_3$ 结构中存在大量 Al$_{penta}^{3+}$ 位点，该位点对 Pt 具有很强的稳定作用，因此 Pt-Sn$_2$/meso-Al$_2$O$_3$ 催化剂在丙烷脱氢过程中的可再生性强，在每次再生周期中都能部分恢复活性。其中 Al$_{penta}^{3+}$ 位点含量最高的 Pt-Sn$_2$/meso-Al$_2$O$_3$-600 可完全恢复各再生周期的活性（42.0%）。该催化剂丙烷转化率在第一次运行时由 42.4%下降到 40.8%，6 个再生循环的丙烷转化率曲线与第一次反应时保持一致。由以上结果可知，介孔氧化铝不饱和五配位 Al$_{penta}^{3+}$ 与 Pt 晶粒间具有强的相互作用力，能将 Pt 晶粒锚定在载体的表面，因而能显著提高 Pt 粒子的抗烧结能力。催化剂在反应过程中主要由于积炭造成失活，失活的催化剂通过简单的氧气焙烧能够实现完全再生。

② 助催化剂的作用研究　催化剂的组成除了活性组分和载体，还有助催化剂（简称助剂）。这些组分一般不直接参与催化反应，但能够改变载体或活性组分的结构和性质，从而提升催化剂的反应性能。工业上丙烷脱氢 Pt 基催化剂的主要助剂是 Sn，除此之外，还有很多研究工作围绕着不同金属（ⅢA 族金属、过渡金属、碱土金属等）和非金属催化助剂展开。

Liu 等 [61] 在 Pt-Sn/γ-Al$_2$O$_3$ 催化剂中加入铟（In）助剂，发现 In 降低了载体酸性，在保持催化剂较高丙烷脱氢活性的同时抑制了氢解，提高了稳定性；反应53h 后，丙烷转化率仍高于 41%，而烯烃选择性高于 96%。Wang 等 [62] 在 Pt/γ-Al$_2$O$_3$催化剂中加入 Ga 和 CeO$_2$ 助剂，提高了丙烷脱氢反应中丙烯的选择性和催化剂的稳定性。Ga^{3+} 嵌入了 CeO$_2$ 晶格中，增强了 CeO$_2$ 的还原性，从而有利于积炭的清除。同时 Ga 还能与 Pt 形成合金，改变 Pt 活性位点的原子几何结构和电子结构，从而抑制结构敏感型副反应，并促进烯烃产物和积炭前身物的脱附。

Zhang 等 [63] 用稀土金属镧（La）对介孔氧化铝载体进行修饰，并以之为载体制备 PtSnNa/La-Al$_2$O$_3$ 催化剂，用于丙烷脱氢反应。当 La 添加量合适时，降低了催化剂积炭失活速率，提高了活性。研究表明添加 La 使催化剂酸性降低，金属分散度提高。同时，Sn 与载体之间的相互作用增强，更多 Sn 以氧化态形式存在，从而促进了 Pt-Sn 相互作用。同一团队的 Long 等 [64] 在载体制备阶段通过共沉淀方式在 Al$_2$O$_3$ 载体中引入稀土金属钇（Y），并以 Y 改性的 Al$_2$O$_3$ 为载体制备 PtSnIn 三金属催化剂。研究结果表明，Y 的加入显著降低了载体酸性，并调变了活性金属的电子状态及其与载体的相互作用。经 Y 改性催化剂的丙烷初始转化率和丙烯选择性分别达到 50% 和 97%。

Ma 等 [65] 研究了 Ce 助剂对 Pt/Al$_2$O$_3$ 催化剂丙烷脱氢催化性能的影响。Ce 与Pt 的相互作用提高了 Pt 的分散度和稳定性，减少了深度脱氢、积炭等副反应，从而提升了催化剂的催化活性和稳定性。Zhou 等 [66] 采用溶胶-凝胶法制备了含有 Ce 助剂的介孔 γ-Al$_2$O$_3$，并以其作为载体制备 Pt 基丙烷脱氢催化剂。Ce 的存在改变了载体的孔结构，降低了载体酸性，从而显著改善了催化性能。Kwon 等[67]深入探究了 γ-Al$_2$O$_3$ 负载的 Ga、Pt、Ce 三组分催化剂上丙烷脱氢的反应机理以及三种组分各自的作用及其相互作用。选择性毒化、原位漫反射傅里叶变换红外光谱和 H$_2$-D$_2$ 同位素交换等研究结果表明，Ga^{3+} 是丙烷 C-H 异裂的活性位点，而 Pt^0 则通过反溢流作用促进 H 原子结合为 H$_2$。在合适添加量（约 2%，质量分数）下，Ce 以原子级分散的 Ce^{3+} 位点形式存在于 γ-Al$_2$O$_3$ 表面，通过增强金属-载体相互作用稳定 Pt^0 物种，显著抑制 Pt^0 颗粒的烧结，从而同时提高催化剂的活性、烯烃选择性和寿命。而加入过量的 Ce 会生成离散的 CeO$_2$ 聚落，由其稳定的 Pt 以 Pt^{2+} 形式存在，而后者对 H 原子结合为 H$_2$ 的过程无催化活性，因此反而降低了催化剂的丙烷脱氢催化活性和烯烃选择性。

Li 等[68]在 Pt/Al$_2$O$_3$ 催化剂中加入 Zn 助剂，并用于乙烷脱氢反应研究。Zn 助剂的引入减少了催化剂表面的 Lewis 酸性位点，并通过选择性覆盖台阶位点改变了 Pt 位点的结构，这样一方面降低了它们的表面能，延缓了烧结，另一方面抑制了乙烷的深度脱氢和积炭，最终提高了催化剂的稳定性。使用该催化剂在 600℃、常压（5% C$_2$H$_6$/5% H$_2$/He）、WHSV = 1.2h^{-1} 的条件下进行乙烷脱氢反应，乙烷转化率可达 20%，乙烯选择性超过 95%，且在 70h 内失活速率低至 0.003h^{-1}。Pham 等[69]研究了 Sn 助剂对于 Pt/γ-Al$_2$O$_3$ 催化剂再生的影响。根据研究结果，作者提出反应过程中亚纳米 Pt 物种聚集长大形成大尺寸纳米颗粒是催化剂失活的主要原因。反应后的催化剂上部分 Sn 物种保持原子级分散状态，并在再生过程中通过提供成核位点助力 Pt 的再分散，从而改善了催化剂的再生效果。

Shi 等[70]在介孔氧化铝上以 Mg(OC$_3$H$_7$)$_2$ 为前驱体通过嫁接法引入 Mg 助剂，抑制了催化剂酸性，促进了 Pt 的分散，强化了 Pt、Sn 和载体之间的相互作用，从而提高了催化剂活性和稳定性。Rimaz 等[58]考察了碱土金属 Ca 助剂对于 Pt-Ge/Al$_2$O$_3$ 双金属丙烷脱氢催化剂的作用。Ca 的加入削弱了载体的酸性，并促进了 Pt 与 Ge 的合金化，虽然降低了催化剂的初始活性，但显著延缓了催化剂的积炭失活速率，从而提高了稳态下催化剂的活性和烯烃选择性。

Aly 等[71]使用 H$_3$BO$_3$ 对 γ-Al$_2$O$_3$ 进行改性，考察了 B 助剂对于 Pt/γ-Al$_2$O$_3$ 催化剂性质及其丙烷脱氢催化性能的影响。研究结果表明，B 助剂在载体及 Pt 表面形成高度分散的无定形氧化物，去除了载体表面的强酸和中强酸位点，从而抑制了积炭生成，提高了系统选择性。反应 12h 后，与参比催化剂相比，添加 B 助剂的催化剂上积炭量降低了 2/3，而丙烯选择性则从 90% 提高到 98%。Gao 等[72]使用含 S 的 Al$_2$O$_3$ 载体制备丙烷脱氢 Pt 基催化剂，发现还原过程中形成的气相 S 物种能够钝化副反应活性位点并改变 Pt 活性位点的电子密度，从而抑制副反应、促进烯烃产物脱附，进而提高丙烯选择性，减少积炭生成，改善催化剂稳定性。

③ 氧化铝载体调变对催化性能的影响研究　氧化铝是丙烷脱氢 Pt 基工业催化剂的载体，其孔隙结构、晶相及表面性质对于催化剂性能有关键性的影响。近年来，很多研究工作聚焦于氧化铝载体结构和物化性质调变，以及对于催化性能的影响研究。

Natarajan 等[73] 以 Pluronic P123 为模板剂，结合超声处理，制备了具有蠕虫状孔道的 Al_2O_3 材料，并用作正丁烷脱氢 PtSn 催化剂的载体。研究发现具有这种特殊孔道的 Al_2O_3 载体有利于金属的分散和稳定，从而使其具有较高的相对活性、烯烃选择性和稳定性。

Shi 等[60] 采用 γ-Al_2O_3 焙烧法、盐酸回流法、沉淀法和拟薄水铝石焙烧法制备了 4 种不同的 θ-Al_2O_3 材料作为 Pt-Sn-K/θ-Al_2O_3 丙烷脱氢催化剂的载体。比较研究结果表明，采用盐酸回流法制备的 θ-Al_2O_3 具有较大的孔体积和孔尺寸以及较高的酸性，因而其负载的催化剂上金属与载体有更强的相互作用，且具有更强的容炭能力，进而表现出更高的活性和稳定性。

Chen 等[74] 将 $LaAlO_3$ 钙钛矿负载于 γ-Al_2O_3 上形成"纳米岛"，再负载 Pt 和 In，形成 PtIn/$LaAlO_3$/γ-Al_2O_3 二级负载结构催化剂。这一复合结构综合利用了 γ-Al_2O_3 和 $LaAlO_3$ 两者各自的特点。γ-Al_2O_3 提供了高的比表面积，并通过 Al—O 键锚定 $LaAlO_3$，防止其烧结；$LaAlO_3$ 可将 Pt、In 容纳于晶格间隙中，提高其分散度，并阻止其聚集长大。此外，$LaAlO_3$ 的引入还能降低 γ-Al_2O_3 的酸性，降低积炭速率，并促进积炭及其前身物从活性中心转移到载体上。以上因素使得 PtIn/$LaAlO_3$/γ-Al_2O_3 催化剂在丙烷脱氢反应（600℃，常压，C_3H_8：H_2：N_2 = 8：7：35，WHSV = $3h^{-1}$）中表现出出色的性能，初始转化率达 47%，丙烯选择性高于 90%，在 5h 内几乎无失活，并在 16h 后维持 25% 的转化率。

Zhao 等[75] 以表面涂覆 γ-Al_2O_3 的蜂窝状堇青石为载体，制备了 PtSnNa/γ-Al_2O_3/堇青石二级负载结构催化剂用于丙烷脱氢反应。相比常规颗粒状催化剂，这种新型结构催化剂虽然 Pt 分散度较低、积炭量较高，但扩散传质效率较高，因而具有更高的活性和稳定性。

Liu 等[76] 以 γ-Al_2O_3 和 θ-Al_2O_3 为载体制备 Pt 催化剂，考察了 Al_2O_3 晶相对于丙烷脱氢催化性能的影响。由于酸性和孔结构的差异，θ-Al_2O_3 负载的催化剂显示出更高的催化活性和丙烯选择性，同时其上生成的积炭量更少，脱氢程度更低。作者还发现，催化剂上 Cl 的存在能抑制 Pt 的烧结并减少积炭等副反应，使催化剂具有更高的稳态活性和烯烃选择性。

Shi 等[77] 采用水热合成方法制备了具有丰富（占 27% 的比例）五配位 Al^{3+} 的 γ-Al_2O_3 纳米片并用作丙烷脱氢 Pt-Sn 催化剂载体。该载体材料与负载金属之间具有很强的相互作用，从而能够很好地分散并稳定扁平化的"筏"状 Pt-Sn 团簇，进而增强了 Pt、Sn 原子之间的电子相互作用，使 Pt 活性位点电子密度增加。同时，这种片状结构还促进了扩散传质。在 590℃、WHSV = 9.4h^{-1}（C$_3$H$_8$：H$_2$：N$_2$ = 8：7：35）、常压的反应条件下使用该催化剂进行丙烷脱氢反应，初始转化率接近平衡转化率，且在 24h 内转化率下降速率仅为 0.17%/h，且在 24h 后丙烯选择性仍达 99.1%。Yu 等[78]的研究也表明，Al$_2$O$_3$ 载体中丰富的不饱和（五配位）Al^{3+}能提高 Pt 和 Ga 助剂的分散，显著增强催化剂脱氢活性。

Jang 等[79]通过碱式碳酸铝铵中间体合成了 Lewis 酸性位点数量较少但酸强度较高的 γ-Al$_2$O$_3$ 材料，然后制备 PtSn 丙烷脱氢催化剂，并与普通商业 γ-Al$_2$O$_3$ 负载的 PtSn 催化剂进行了对比研究，以考察载体酸性对催化性能的影响。结果表明，两种不同催化剂具有相近的初始活性和丙烯选择性，但前者的稳定性明显优于后者。这是因为前者的 Lewis 酸强度高，能增强载体与 Pt 的相互作用，抑制其聚集长大；而其较少的 Lewis 酸量意味着在 Pt 负载后残留的酸性位少，从而能减少副反应和积炭。

④ 催化剂制备过程及再生工艺的优化　还有一些研究主要针对催化剂制备、再生方法的创新和优化。Wang 等[80]利用正硅酸乙酯水解法在 PtGa/Al$_2$O$_3$ 丙烷脱氢催化剂表面包覆 SiO$_2$ 层，通过固定 Ga 氧化物团簇进而锚定 Pt 活性位点。该催化剂在 450℃的反应温度下表现出很高的活性（丙烯生成速率达 0.5mol·g$_{cat}$/h，转化率接近平衡转化率）和稳定性（失活常数 0.007h^{-1}），且 Pt 负载量低至 0.1%（质量分数）。Zhao 等[81]采用球磨法将 Sn 和 Na 助剂引入 γ-Al$_2$O$_3$ 载体，并制备 PtSnNa/γ-Al$_2$O$_3$ 催化剂用于丙烷脱氢反应，经过 12h 后，丙烷转化率和丙烯选择性分别为 26.97% 和 99.18%。Prakash 等[82]考察了浸渍溶液的酸性及 Pt、Sn 金属的浸渍顺序对 PtSn/θ-Al$_2$O$_3$ 催化剂丙烷脱氢性能的影响，发现相比采用乙醇溶液浸渍，采用酸性水溶液浸渍能显著提高金属分散度，并提升催化剂活性、丙烯选择性和稳定性。另外，相比 Pt、Sn 共浸渍和优先浸渍 Pt 的方式，Sn 先于 Pt 浸渍的方式所制得的催化剂活性更高。Zangeneh 等[83]比较了使用不同溶剂进行浸渍所得到的 PtSn/θ-Al$_2$O$_3$ 丙烷脱氢催化剂性能的影响。结果显示，采用乙醇作为溶剂所制得催化剂的金属分散度最高，催化剂活性和丙烯产率也最高。这可能与溶剂的结构、沸点及金属前驱体在其中的稳定性有关。至于催化剂稳定性，则是以水为溶剂制备的催化剂稳定性最高。该团队[84]还研究了浸渍过程中竞争吸附剂（HCl-KCl）浓度和组成对于 H$_2$PtCl$_6$ 在 γ-Al$_2$O$_3$ 上吸附以及所制备的 PtSnK/γ-Al$_2$O$_3$ 催化剂催化性能的影响。研究结果表明，腐蚀性竞争吸附剂 HCl 可以用 KCl 部分替代而不会对催化剂性能造成明显影响，同时还能减轻对于载体和所负载的 Sn 侵蚀。Sun 等[85]比较了在 H$_2$、N$_2$ 及 5% O$_2$/N$_2$-10% H$_2$/N$_2$（烧炭-还原）三种不同气氛下对丙烷脱氢反应后的 PtSn/θ-Al$_2$O$_3$ 催化剂进行再生处理的效果，发现使用 H$_2$ 再生的催化剂稳定性最好。H$_2$ 和 N$_2$ 再生处理对金属活性中心尺寸和结构基本无影响，但 H$_2$ 处理清除了轻质积炭，并且通过加氢作用改变了残留

积炭的性质，增强了它们的迁移流动性，从而增加了金属活性中心的表面暴露程度。依次进行 5% O_2/ N_2 和 10% H_2/ N_2 处理虽然完全清除了催化剂上的积炭，但氧化-还原过程导致金属颗粒聚集长大，同时由于相偏析作用产生大的 Pt_3Sn 颗粒和表面富 Sn 的核壳结构，从而破坏了催化性能。

（2）Cr 基催化剂　近年来关于 Cr 基催化剂的研究相对较少，主要关注助剂改性以及载体形貌结构调变等方面。Kang 等[86]通过喷雾干燥-浸渍方法制备了 CrO_y-CeO_2-K_2O/γ-Al_2O_3 丙烷脱氢催化剂，研究了 Ce 氧化物助剂对于催化性能的影响。催化剂的晶格氧容量与 Ce 的价态密切相关，即随着 Ce^{4+}/（Ce^{3+} + Ce^{4+}）比的增加而增加。催化剂的丙烷脱氢活性、烯烃选择性和稳定性随 Ce 含量增加而呈现火山型曲线变化趋势。Gao 等[87]采用水热合成方法制备了表面粗糙、具有介孔的棒状 Al_2O_3 材料，并用作丙烷脱氢 Cr_2O_3 催化剂载体。相比普通商业 Al_2O_3，这种新 Al_2O_3 材料的低酸性和介孔结构能减少副反应和积炭，并增强容炭能力，同时其表面与负载的 Cr 具有更强的相互作用，从而提高了催化剂的活性、丙烯选择性和稳定性。Lang 等[88]采用水热合成法制备了具有多级孔结构的纺锤状 γ-Al_2O_3 材料并作为载体制备 Cr 基 Al_2O_3 催化剂。该材料的孔道和高比表面积有利于 Cr 的分散，从而提高催化剂活性。Wegrzyniak 等[89]以纳米碳材料为硬模板，通过"纳米铸造"法制备了具有窄孔径分布介孔的高比表面积（270m^2/g）Al_2O_3 材料。该材料用于 Cr 基丙烷脱氢催化剂的负载，提高了催化剂的稳定性。

（3）其他活性组分催化剂　目前已工业化的丙烷脱氢催化剂主要包括 Pt-Sn/Al_2O_3 金属催化剂和 Cr_2O_3/Al_2O_3 氧化物催化剂。Pt 基催化剂价格昂贵，成本高；Cr 基催化剂对环境潜在危害大，造成其实际应用空间受到极大的限制。为此，发展非 Pt/Cr 基的新型催化剂是丙烷脱氢催化剂实现不断迭代升级的重要研究方向。

① 氧化铝催化剂　本书编著团队以氧化铝为催化剂进行了系统研究，图 6-16 为四种 Al_2O_3 催化剂的丙烷脱氢性能评价结果。如图所示，θ-Al_2O_3-90 催化剂初始丙烷转化率为 28%，随着反应时间的延长，转化率先升至 32% 后降至 18% 左右，选择性一直稳定在 85% 左右，其催化性能均小于 γ-Al_2O_3 催化剂，原因是 γ-Al_2O_3 催化剂的 Lewis 酸性位均大于 θ-Al_2O_3。在不同比表面积的 γ-Al_2O_3 催化剂中，比表面积最大的 γ-Al_2O_3-200 催化剂催化性能最优，即催化剂表面的 Lewis 酸活性位最多，该样品的初始丙烷转化率为 40%，随着催化反应时间的延长，转化率先升至 46% 后稳定在 35% 左右，而丙烯选择性一直稳定在 83% 左右，并且催化活性与 Al_2O_3 的 Lewis 酸活性位呈正相关性，而丙烷转化率有一定的下降趋势，原因是高温反应破坏了催化剂的结构，导致其转化率降低。

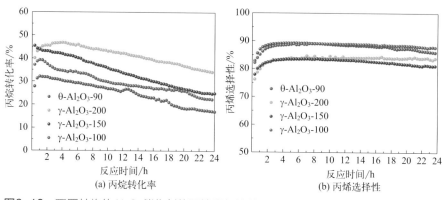

图6-16　不同结构的Al₂O₃催化剂的丙烷脱氢性能

研究中选取了活性最好的 γ-Al₂O₃-200 催化剂来考察其再生性能。图 6-17 为 γ-Al₂O₃-200 催化剂在丙烷脱氢反应中的循环再生性能。催化剂第一次再生后活性下降了 25%，但第二次和第三次再生后活性能完全恢复到第一次再生后的水平。催化剂第一次再生后活性的下降是由于在高温反应和再生过程中催化剂的结构发生了重构，导致其活性下降。第一次再生完后，催化剂的结构达到了一个稳定状态，后续的再生过程不再导致其结构的变化，因此第二次和第三次再生催化剂的活性能够保持稳定。更为重要的是，催化剂再生后丙烯选择性完全不发生变化，保持在 83% 左右。由以上再生实验可知：γ-Al₂O₃-200 具有非常好的再生性能，连续多次再生后其丙烷转化率和丙烯选择性完全保持不变。

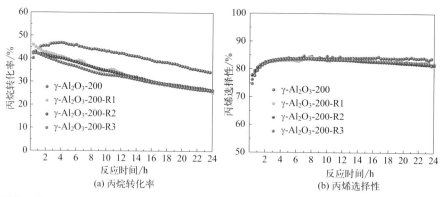

图6-17　γ-Al₂O₃-200催化剂循环再生的丙烷脱氢催化性能

Sharma 等[90] 将 H_2S 预处理的 γ-Al₂O₃ 作为催化剂用于丙烷脱氢反应（560℃、常压、WHSV = 0.32h⁻¹、1.1% C_3H_8/1% H_2/0.1% H_2S/N_2），在约 16% 的转化率下获得了 94% 的丙烯选择性。作者提出，脱氢反应的主要催化活性位点是 γ-Al₂O₃

的（110）晶面上由三配位 Al 原子构成的缺陷位点。H_2S 预处理能够不可逆地调变这些活性位点，提高其活性和烯烃选择性，并降低丙烷原料中含有的 H_2S 对其活性的抑制作用。该研究团队[91]还以原子级分散的 Sn 对这种催化剂进行了改性。使用该催化剂在前述条件下进行丙烷（含 H_2S）脱氢反应，丙烷转化率可达 16%，丙烯选择性可达 98%。表征和理论计算结果表明，活性位点是三配位 Al 原子位点。H_2S 预处理将部分 Al 位点的配位 O 原子替换为 S，从而提高了活性和烯烃选择性。Sn 原子级分散并与 Al_2O_3 上的羟基或氧原子选择性键合，从而减少了未经 S 改性的表面位点数量。在纯 H_2S 气流中进行再生可使这种催化剂的活性完全恢复。

② Ga 基催化剂　氧化铝虽然具有丙烷脱氢性能，但其 Lewis 酸性低，因此其丙烷脱氢活性低。为此，本书编著团队基于对 Lewis 酸催化丙烷脱氢机制的认识，开发了具有高活性、能够再生的 Ga_2O_3/γ-Al_2O_3 催化剂。

图 6-18 为不同负载量的 Ga_2O_3/γ-Al_2O_3 催化剂的性能评价结果。如图 6-18 可知，2%（质量分数，余同）Ga_2O_3/γ-Al_2O_3 的初始丙烷转化率低于 5% Ga_2O_3/γ-Al_2O_3，丙烯选择性均稳定在 90%，随着 Ga_2O_3 负载量的增加，丙烷催化性能呈现下降的趋势。从 Ga_2O_3/γ-Al_2O_3 催化剂整体的催化活性以及产物收率来看，当 Ga_2O_3 负载量为 5% 时催化性能最优。其初始丙烷转化率为 65%，丙烯选择性一直稳定在 90%。

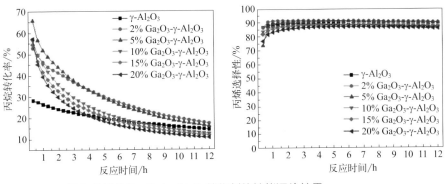

图6-18　不同负载量的Ga_2O_3/γ-Al_2O_3催化剂的性能评价结果

图 6-19 为负载量为 5% 的 Ga_2O_3/γ-Al_2O_3 催化剂循环再生的性能评价结果。从图中可知，Ga_2O_3/γ-Al_2O_3 催化剂第一次再生活性下降，初始转化率从 65% 降至 55%，是由于在高温反应中催化剂烧结使催化剂结构发生了重构，导致其活性下降。再生两次之后，催化性能趋于稳定状态。经过多次再生，丙烷转化率和丙烯选择性都基本保持稳定状态。实验结果表明，Ga_2O_3/γ-Al_2O_3 催化剂催化可实现高效的多次循环再生。同时与 SiO_2 负载的 Ga_2O_3 催化剂进行了对比，虽然

Ga₂O₃/SiO₂催化剂也具有较好的丙烷脱氢性能，但 Ga₂O₃/SiO₂催化剂第四次再生开始催化剂仅能保持前 3h 的活性，3h 后迅速下降，无法实现高效的多次循环再生。由此可见，γ-Al₂O₃载体是负载 Ga₂O₃优异的载体，能够实现催化性能的完全再生。

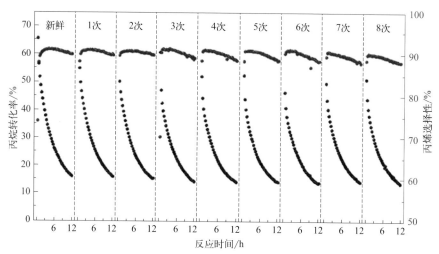

图6-19　负载量为5%的Ga₂O₃/γ-Al₂O₃催化剂循环再生的性能评价结果

Sattler 等[59]采用浸渍法制备了含微量 Pt 和 K 的 Ga/Al₂O₃催化剂，其中 Ga 和 Pt 的质量分数分别为 3% 和 0.1%。丙烷脱氢反应（620℃、常压、WHSV = 7h⁻¹）实验结果表明，该催化剂具有优越的催化活性（约43%）、丙烯选择性（约97%）、稳定性以及再生性能。综合分析一系列表征结果，该催化剂上 Ga 与 Pt 表现出协同作用和双功能特征，其中起实际脱氢催化作用的是 Ga，而 Pt 作为一种独特的催化助剂发挥作用。这一研究结果为新型烷烃脱氢催化剂的设计以及降低含 Pt 催化剂的 Pt 负载量和制备成本开拓了新思路。Szeto 等[92]以 Ga(i-Bu)₃（i-Bu 为异丁基）为前驱体在 γ-Al₂O₃载体上嫁接 Ga 活性物种，制备催化剂用于丙烷脱氢反应（550℃，常压，C₃H₈/Ar = 1/4，WHSV = 1.28h⁻¹），初始丙烷转化率达 24%，丙烯选择性可达 90%，但催化剂失活较快。Batchu 等[93]以共沉淀方法引入 Ga 对 γ-Al₂O₃进行改性，并用作乙烷脱氢催化剂。作者利用密度泛函理论计算和微观动力学模拟手段，并结合实验研究，探索了该催化剂上的乙烷脱氢反应机理和 Ga、Al 位点之间的协同作用。根据研究结果，占主导的反应机理如下：乙烷分子首先发生 C—H 异裂形成一个表面吸附的 H⁺ 和一个金属-碳负离子中间物种，然后后者发生 β-H 消除。嫁接于表面的 Ga 物种不具有催化活性。而掺杂进入 Al₂O₃表层结构中 Ga 位点的催化活性较原生态表面位点高 5 倍，这是

邻近的 Al^{3+} 和 Ga^{4+} 位点协同作用的结果。

③ Co 基催化剂　Li 等[94]考察了不同后处理条件对于 Co/Al_2O_3 催化剂上 Co 的状态及其丙烷脱氢催化性能的影响。新鲜催化剂在反应中有一个诱导期（10～30min），期间具有很强的裂解和积炭催化活性，而烯烃选择性很低。经过预还原的催化剂在反应初期甚至导致反应物完全的裂解和积炭。而经过还原-氧化预处理的催化剂在整个反应过程中表现出很高（约93%）的丙烯选择性。表征结果显示，新鲜催化剂上的 Co_3O_4 大颗粒在经过还原预处理或一段时间的反应后，会转变为大的金属 Co 颗粒，这些大颗粒的裂解和积炭催化活性很高。而经过还原-还原处理，大的金属 Co 颗粒在温和条件下被再氧化和再分散，粒径大大降低，在反应中很容易被还原为高分散的金属 Co，它们具有很高的丙烷脱氢活性和烯烃选择性。Dai 等[95]合成了片状 $\gamma\text{-}Al_2O_3$ 基体稳定的单原子 Co^{2+} 催化剂，并用于丙烷脱氢反应。该催化剂呈现出较高的活性 [16mmol/(g•h)]、丙烯选择性（>97%）和稳定性。表征结果表明，$\gamma\text{-}Al_2O_3$ 基体稳定了四配位的孤立 Co^{2+} 位点，促进了丙烯脱附，抑制了积炭等其他副反应的发生。Jeon 等[96]考察了不同预处理条件对 Co/Al_2O_3 催化剂上 Co 物相组成和结构乃至丙烷脱氢催化性能的影响。研究结果表明，相较 O_2 和 Ar 气氛预处理，H_2 气氛预处理的催化剂具有更高的 Co 表面浓度，且 $CoAl_2O_4$ 结构稳定的正四面体配位 Co^{2+} 在所有 Co 物种中占比较高，从而具有更优越的催化性能。正四面体配位 Co^{2+} 和金属态 Co 都具有丙烷脱氢活性，但前者烯烃选择性更高。

④ V 基催化剂　Bai 等[97]采用阴阳离子双水解方法制备了一种具有高比表面积、大孔容和窄孔径分布的 $\gamma\text{-}Al_2O_3$ 材料，并负载 VO_x 催化剂用于丙烷脱氢反应。该介孔 $\gamma\text{-}Al_2O_3$ 材料具有更多表面酸性位点，有利于形成多聚 VO_x 物种；而这些物种比孤立的 VO_x 具备更高的丙烷脱氢催化活性。因此，这种新型催化剂比普通商业 $\gamma\text{-}Al_2O_3$ 负载的类似催化剂表现出更高催化活性和稳定性。Liu 等[98]探究了 Al_2O_3 负载的 VO_x 丙烷脱氢催化剂的活性中心和反应机理，发现在 V^{5+}、V^{4+} 和 V^{3+} 中，V^{3+} 具有最高的催化活性。作者还提出，含有 C═C 双键的 V—C_3H_5 可能是反应中重要的中间物种。Gu 等[99]用 PH_3 对 VO_x/Al_2O_3 催化剂进行了表面改性，调变了表面酸性，促进了 VO_x 聚合物的分散，并弱化了 V 物种与氧化铝载体的相互作用。这些因素促进了烯烃产物的脱附，抑制了积炭前身物的低聚，进而显著增强了催化剂在丙烷脱氢反应中的稳定性。

⑤ Fe 基催化剂　Sun 等[85]用 $(NH_4)_2SO_4$ 对 Al_2O_3 载体进行硫酸化处理，并负载 Fe_2O_3 用于催化丙烷脱氢反应。在 560℃、常压和 WHSV = $0.7h^{-1}$ 的反应条件下，丙烯产率和选择性分别达到 20% 和 80% 以上。表征结果显示，硫酸盐物种主要以 SO_4^{2-} 的形式存在，并且通过 Fe—O—S 键的形式与 Fe 相互作用。这一方面增加了催化剂酸性位点，特别是 B 酸，另一方面使 Fe 处于乏电子状态，

更容易吸附丙烷分子，从而增强了催化剂活性。Tan 等 [100] 采用干浸渍法制备了 Al_2O_3 负载、含 P 助剂的 Fe 催化剂并用于丙烷脱氢反应，在 600℃、常压反应条件下获得了 15% 的丙烷转化率和高于 80% 的丙烯选择性。经计算，催化剂的活性可达 9.9mmol/(h•gFe)，TOF 为 $19h^{-1}$。研究表明，在反应的诱导期，还原态的 Fe 会逐渐碳化，而形成的碳化铁是活性相。另外，P 助剂对于催化性能有重要影响。

Liu 等 [101] 也研究了添加微量（0.1%，质量分数）Pt 的 ZnO/Al_2O_3 催化剂。使用该催化剂进行丙烷脱氢反应（600℃、常压、WHSV = $3h^{-1}$），丙烷转化率和丙烯选择性分别可达 35% 和 97%。在 550℃下反应 20h，仍能保持接近 100% 的丙烯选择性。作者根据研究结果提出，ZnO 提供了脱氢反应的主要活性中心；Pt 作为催化助剂，通过与 ZnO 的电子相互作用使其成为更强的 Lewis 酸，进而促进了 C—H 键断裂和 H_2 脱附。

第三节
烃类异构化

一、烃类异构化的重要意义

烃类异构化是在一定反应条件和催化剂作用下使烃分子的碳链重排，转化为同分（分子式）异构体的过程。在工业上具有重要意义的烃类异构化反应比较多，主要包括：①正丁烷异构化，用于生产烷基化的原料异丁烷；②轻石脑油（主要是 C_5、C_6 直链烷烃）异构化，用于生产高辛烷值汽油调和组分；③长链正构烷烃异构化，用于生产低凝点柴油调和组分、润滑油基础油等；④间二甲苯异构化，用于生产合成聚酯的重要原料对二甲苯；⑤正丁烯、正戊烯等低碳烯烃异构化，用于生产相应的异构烯烃，作为制造叔烷基醚、聚烯烃、合成橡胶以及农药、香料、抗氧化剂等精细化学品的原料 [102-104]。上述过程的催化体系和反应机理比较类似，因此下文以具有代表性的轻石脑油异构化作为重点进行介绍。

轻石脑油异构化过程最重要的效用是提高原料的辛烷值（反映燃料抗震爆性能的指标）。对于同碳数的烷烃，其支链化程度越高，辛烷值也越高。以正己烷为例，其在发生单支链异构化后研究法辛烷值（RON）增加 30～50，而在发生双支链异构化后 RON 更可增加 60～80，且多支链烷烃产物的辛烷值也高于其同碳数的烯烃。产业应用规模最大的烷烃异构化过程是轻石脑油的异构化，它是高辛烷值清洁汽油生产体系的一个重要组成部分。目前全世界轻石脑油异构化产能高达约 1.4 亿吨 / 年（280 万桶 / 天）[3]。

　　尽管近年来新能源汽车产业发展迅猛，但由于汽车的市场规模和存量巨大，加之各个国家、地区发展不平衡，新能源汽车在短时间内仍无法取代燃油车，因此汽油需求仍有上涨空间，并会在之后相当长一段时间内维持高位[3]。随着全社会对生态环境保护日益重视，包括中国在内的世界各国不断升级汽油等燃料油的质量标准。2019 年，国内汽油全面实行国六 A 标准，相比国五标准，苯含量由不大于 1% 降至 0.8%，芳烃含量由不大于 40% 降至 35%，烯烃含量由不大于 24% 降至 18%。于 2023 年开始全面执行的国六 B 标准进一步降低烯烃含量至 15%。同时，为了改善发动机运行工况，提高压缩比（亦即提高能效），要求汽油具有足够高的辛烷值以保证较好的燃烧（抗爆）性能。而烯烃和芳烃都具有较高的辛烷值，长期以来是汽油辛烷值的主要贡献者。在降低烯烃、芳烃含量的同时，要维持高的辛烷值，就需要在汽油中添加其他安全环保的高辛烷值调和组分。我国成品汽油池中高硫（80 ～ 2000mg/kg）、高烯烃含量（40% ～ 45%，体积分数）的 FCC 汽油约占 70%（体积分数），高辛烷值清洁调和组分还有较大的提升需求和空间[105]。

　　常用的高辛烷汽油调和组分有重整生成油、甲基叔丁基醚（MTBE）、烷基化油、异构化油等。重整生成油中含有大量芳烃（其中包括被严格研制的有毒物质苯），并且我国催化重整产能的增加也受到重整原料不足的限制，因此难以进一步增加汽油中重整生成油的调和比例。MTBE 会污染地下水且不易降解，给生态和人类健康带来风险。其在美国、大洋洲等环保标准严格的国家和地区已被禁止添加。就我国而言，除环保方面的制约外，车用汽油标准对氧含量的限制以及 E10 车用乙醇（含氧调和组分）汽油的推广导致 MTBE 等含氧添加剂的使用进一步受限。异构化油和烷基化油均具有低硫、低烯烃含量的特点，是理想的清洁汽油调和组分。两者馏程不同，前者为汽油馏分前端，后者为中端，作为应对汽油标准升级的技术手段，二者不可或缺且相互补充。但现有的 C_4 烷基化技术主要使用浓硫酸或氢氟酸作为催化剂，存在极大的环保压力，导致使其应用受到限制，而异构化过程在环境友好性方面有显著优势。另外，目前我国汽油的蒸气压偏高，前部辛烷值低，影响汽车的启动、爬坡和加速性能。异构化油沸点和蒸气压较低，作为调和组分掺入汽油中可以弥补上述不足。因此，异构化工艺已成为环保要求严格的国家、地区清洁汽油加工的必要工艺之一，C_5、C_6 正构烷烃异构化技术的提升在汽油生产技术升级方面扮演着重要角色[105-107]。

　　另一方面，随着我国进口原油加工量的增加，C_5、C_6 烷烃馏分越来越多。其中有相当大比例的低辛烷值正构烷烃（正戊烷、正己烷），不能不经加工转化直接掺入汽油中。但这部分馏分也不宜采用催化重整进行处理，因为其在催化重整过程中大部分将裂解为小分子烃类，只有少量转化为苯，导致重整油收率和重整氢纯度下降，同时有毒有害的苯含量升高。如果将这部分油品从石脑油中分离出来并进行异构化处理，可将这部分油品辛烷值提高到80以上（一次通过工艺），使炼厂在优质无铅清洁汽油的生产中具有更多的灵活性，同时优化催化重整的原料组成，降低重整装置的苛刻度，增加重整油收率和氢纯度 [3, 107, 108]。

综上所述，不论是从提升汽油品质的角度，还是从提高石油馏分转化利用率的角度，C_5、C_6 烷烃异构化都具有重要意义。

二、烃类异构化反应

烃类异构化是烃分子发生碳链重排生成同碳数异构体的过程。以烷烃异构化为例，它是正构（直链）烷烃转化为带烷基侧链的异构烷烃的过程（如图 6-20 所示）。这是一个轻度放热的可逆反应，反应热（绝对值）在 4 ～ 20kJ/mol 范围（如表 6-4 所示），其值与异构烷烃产物的侧链数和取代位置密切相关。由于热力学平衡限制，正构烷烃难以完全转化为异构烷烃，但较低的反应温度有利于异构烷烃的生成 [3, 109]。C_6 烷烃的热力学平衡组成随温度的变化如图 6-21 所示。随着温度降低，正己烷以及中等辛烷值的单甲基戊烷的浓度均下降，辛烷值最高的 2,3-二甲基丁烷（2,3-DMB）的浓度几乎不变，而辛烷值较高的 2,2-二甲基丁烷（2,2-DMB）的浓度则大幅增加。因此，要得到较高辛烷值的异构化产物，必须采用较低的反应温度，以 300℃以下为宜。同时，由于异构化过程不发生分子数的变化，所以其平衡组成不受压力的影响。为了抑制积炭等副反应，异构化一般在临氢条件下进行，氢压一般在 2.0 ～ 3.0MPa 范围 [103]。

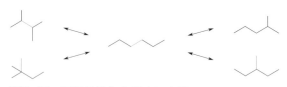

图6-20 正己烷异构化反应示意图

表6-4 正戊烷和正己烷异构化反应热[103]　　　　　　　　　　　　　　　　　　　　　　　单位：kg/mol

反应	300K	500K	700K
正戊烷——2-甲基丁烷	−8.0	−8.1	−7.8
正戊烷——2,2-二甲基丙烷	−19.5	−18.7	−17.4
正己烷——2-甲基戊烷（2-MP）	−7.1	−6.6	−6.1
正己烷——3-甲基戊烷（3-MP）	−4.4	−4.3	−4.4
正己烷——2,2-二甲基丁烷	−18.3	−18.2	−17.4
正己烷——2,3-二甲基丁烷	−10.6	−10.7	−10.5

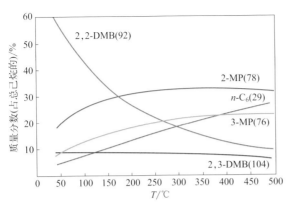

图6-21 C_6烷烃的热力学平衡组成随温度的变化（括号中标注了各物质的辛烷值）[110]

根据发挥催化作用的活性中心种类，烷烃异构化催化反应机理可分为单功能催化机理和双功能催化机理。单功能机理只需要强酸性位作为催化活性中心。烷烃分子在强酸性位上直接形成碳正离子，然后通过骨架重排形成异构碳正离子，最后通过与饱和烷烃进行氢转移形成异构烷烃产物和新的碳正离子（如图6-22所示）[111]。双功能机理需要金属活性中心和酸性中心的协同作用，其中金属活性中心主要作用于正构烷烃脱氢形成烯烃以及异构烯烃加氢饱和过程，而酸性中心主要作用于碳正离子中间体的形成、C—C 键的异构化与断裂[105]。烷烃双功能催化异构化（如图 6-23 所示）的具体过程如下：①正构烷烃在金属位上脱氢形成烯烃；②烯烃转移到酸性位上形成碳正离子；③碳正离子在酸性位上发生骨架异构（一般认为是通过质子化环丙烷历程），生成异构碳正离子；④异构碳正离子在酸性位上脱质子形成相应的异构烯烃；⑤异构烯烃转移到金属活性中心上加氢，形成相应的异构烷烃。此外，异构碳正离子还会发生裂解副反应，生成小分子烃类[112]。为获得良好的催化性能，必须对金属的脱氢/加氢功能和载体的酸功能进行调控，使二者达到更好的协同，并减少裂解副反应。

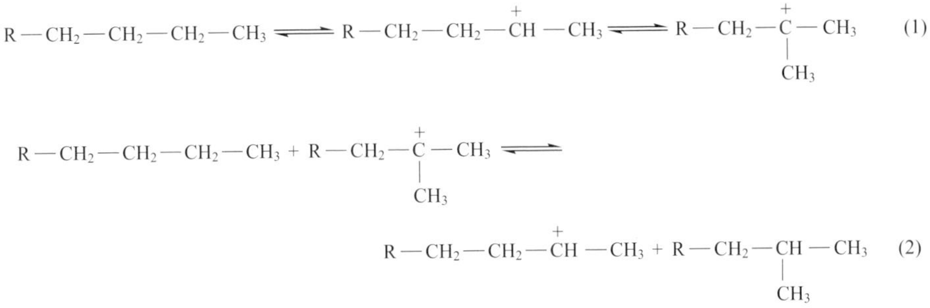

$$R\!-\!CH_2\!-\!CH_2\!-\!CH_2\!-\!CH_3 \rightleftharpoons R\!-\!CH_2\!-\!CH_2\!-\!\overset{+}{C}H\!-\!CH_3 \rightleftharpoons R\!-\!CH_2\!-\!\overset{+}{\underset{\underset{\displaystyle CH_3}{|}}{C}}\!-\!CH_3 \quad (1)$$

$$R\!-\!CH_2\!-\!CH_2\!-\!CH_2\!-\!CH_3 + R\!-\!CH_2\!-\!\overset{+}{\underset{\underset{\displaystyle CH_3}{|}}{C}}\!-\!CH_3 \rightleftharpoons$$

$$R\!-\!CH_2\!-\!CH_2\!-\!\overset{+}{C}H\!-\!CH_3 + R\!-\!CH_2\!-\!\underset{\underset{\displaystyle CH_3}{|}}{CH}\!-\!CH_3 \quad (2)$$

图6-22 正构烷烃单功能酸催化异构化机理[111]

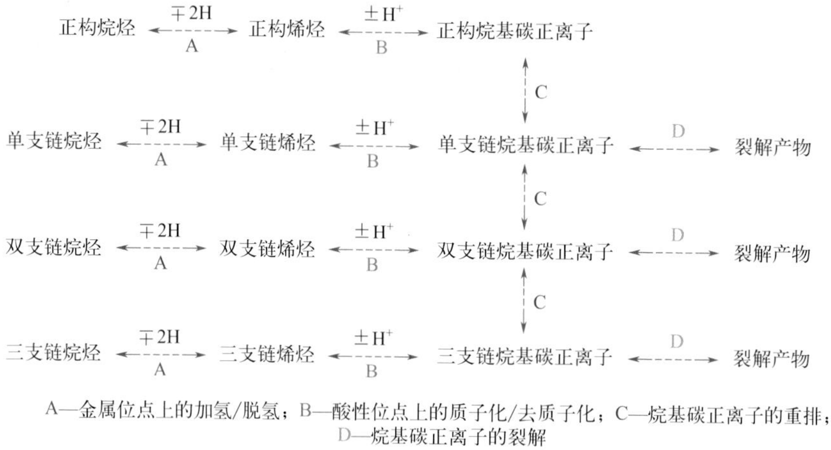
正构烷烃
∓2H
A
正构烯烃
±H+
B
正构烷基碳正离子
C
单支链烷烃
∓2H
A
单支链烯烃
±H+
B
单支链烷基碳正离子
D
裂解产物
C
双支链烷烃
∓2H
A
双支链烯烃
±H+
B
双支链烷基碳正离子
D
裂解产物
C
三支链烷烃
∓2H
A
三支链烯烃
±H+
B
三支链烷基碳正离子
D
裂解产物
A—金属位点上的加氢/脱氢；B—酸性位点上的质子化/去质子化；C—烷基碳正离子的重排；
D—烷基碳正离子的裂解

图6-23 正构烷烃双功能催化异构化反应网络示意图[112]

三、烃类异构化催化剂

1. 催化剂组成与特性

烷烃异构化催化剂是具有代表性的烃类异构化催化剂。与催化反应机理相对应，烷烃异构化催化剂也分为单功能和双功能两类。以单功能催化剂（如添加三氯化锑或氯化氢等助剂的卤化铝）选择性不高，稳定性较差，且会导致设备腐蚀和环境污染，已逐渐退出实际应用。目前工业上使用的烃类异构化催化剂基本都是双功能催化剂[102]。

双功能催化剂主要由提供加氢/脱氢功能的金属和提供酸性中心的载体构成。性能较好的金属活性组分有 Pt、Pd 等贵金属以及 Ni、Cr、Co 等非贵金属，其中尤以 Pt 的性能最佳，研究和应用最为广泛[102, 113]。常用于烷烃异构化催化剂的酸性载体主要有氯化 Al_2O_3（Al_2O_3-Cl）、固体超强酸以及分子筛。其中，Al_2O_3-Cl 和 ZrO_2-SO_4 酸性较强，活性较高，适用于低温（＜200℃）异构化工艺；而分子筛酸性较弱，适用于中温（230 ～ 300℃）异构化工艺[3, 113]。

在实际应用的双功能催化剂中，Pt/Al_2O_3-Cl 催化剂活性最高，操作温度最低，有利于提高液体产品收率和异构产物选择性，减少其他副反应。使用该类型催化剂，经一次异构化工艺即可将典型轻石脑油原料的辛烷值由 70 提升至 86，而通过循环异构化工艺更可以提升至 93。同时，该类催化剂所用的氧化铝载体较为廉价易得，其适配的反应工艺可省去加热炉和循环氢系统，从而降低了催化剂生产成本以及装置建设和运行成本。其缺点是对含硫杂质和水蒸气较敏感，为维持催化剂性能必须对原料进行脱水、脱硫（$<1\times10^{-6}$）、脱氮（$<0.1\times10^{-6}$）。另外，催化剂上的氯容易流失，需要不断进行"补氯"操作，造成设备腐蚀和环境污染。由于其优越的综合技术经济性，目前异构化工业装置中有大约85%使用该类催化剂[109, 114]。表6-5列出了典型的工业化烷烃异构化催化剂及其操作条件和性能。

表6-5　典型工业化烷烃异构化催化剂及其操作条件和性能[109]

项目	Pt/zeolite（沸石）		Pt/Cl-Al₂O₃		Pt/ZrO₂-SO₄
	UOP HS-10	Axens IP-632	UOP I-122,I-82,I-84	Axens IS614A(ATIS-2L)	UOP PI-242
温度/℃	260～280	250～270	120～180	120～180（110～170）	140～190
压力/MPa	1.5～3.0	1.5～3.0	3.0～4.0	2	3.2
液时空速（LHSV）/h⁻¹	2	1～2	1.5	2	2.5
H₂/HC摩尔比	4:1	（3～4）:1	（0.3～0.5）:1	<1	2:1
压缩机	需要		不需要		需要
氯化物	不需要		需要		不需要
加热炉	需要		不需要		不需要
原料干燥器	不需要		需要		不需要
原料杂质					
H₂O/（μg/g）	50	50	0.1	0.1	<20
氮/（μg/g）	1	1	0.1	0.1	1
硫/（μg/g）	50	50	0.1～0.5	0.1～0.5	1～5
苯/%	5	5	<1	<1	<10
C₇₊（质量分数）/%	2～3	2～3	<1	<1	<5
周期（寿命）	2～3年（10年）		—	可再生	2～3年（8～10年）
RON					
一次通过	78～80	80	83～86	83（84～85）	81～83
异构化率（体积分数）/%	97～98	—	>99	—	>97
（i-C₅/ΣC₅）（体积分数）/%	53～62		70～78		68～72
（2,2-二甲基丁烷/ΣC₆）（体积分数）/%	10～16		30～36		20～27

2．氧化铝载体

常用于烷烃异构化催化剂的酸性载体主要有卤素改性的 Al₂O₃（如 Al₂O₃-Cl）、固体超强酸（如硫酸化氧化锆 ZrO₂-SO₄）以及分子筛（如丝光沸石）。其中，Al₂O₃-Cl 是低温（<200℃）异构化工艺最常用的载体。Cl 改性使 Al₂O₃ 载体具

有了足够的强酸位点，与金属协同作用实现异构化催化功能。

Al₂O₃-Cl 负载的催化剂低温异构化催化剂具有活性高、稳定性好、结焦少和产品辛烷值高等优点，但在使用中要不断补氯，维持催化活性，而 Cl 会导致装置腐蚀，并且催化剂易受原料中 CO、水、含氧化物等影响"中毒"，永久失活。因此，有关工艺对原料杂质的要求极其严格，硫、氧和水的含量均需小于 1×10^{-6}。一般需进行加氢精制及分子筛干燥等预处理过程。

3. 催化剂研究进展

如前文所述，按照载体材料分类，实际应用的烃类异构化双功能催化剂主要有氧化铝负载型、固体超强酸负载型和分子筛负载型。以下介绍的催化剂研究进展只涉及氧化铝负载型。

Genest 等[115]通过超高真空（UHV）条件下的物理气相沉积法在 Al₂O₃ 薄膜表面精准制备了平均颗粒尺寸 2～8nm 的 Pd 模型催化剂，进行了催化活性和选择性评价，并针对 Pd 的（111）、（100）、（110）、（211）表面的反应进行了 DFT 计算和微观动力学模拟，以探究 Pd 金属纳米颗粒（NP）尺寸对 1-丁烯加氢/异构反应的影响机理。所有四个表面都表现出低的异构化能垒，这解释了异构化反应相较于加氢反应的优先性和其较弱的颗粒尺寸依赖性。相反，加氢反应更高的能垒显示出其较强的结构敏感性，其中（111）表面（或 NP 上的这种暴露面）显示出最低的能垒。通过这些模拟结果，能够完全解释 1-丁烯异构化与氢化的颗粒尺寸依赖性。小而粗糙的 NP 表面没有暴露大量的（111）面，有利于异构化反应，而较大的 Pd 纳米颗粒 [其表面由（111）晶面主导] 表现出更高的加氢速率。事实上，较大颗粒的（111）暴露面的大小和数量能够使 1-丁烯完全加氢为丁烷。微观动力学模拟表明，异构化通常在加氢之前发生，2-丁烯在重新吸附并转化为丁烷之前释放到气相中。

García-Pérez 等[116]研究了载体和制备方法对 PtW 催化剂物化性质及其催化正十二烷异构化反应性能的影响。γ-Al₂O₃ 相较 ZrO₂ 具有更高的比表面积和零电荷点，能够提高 WOₓ 物种的分散度，进而使 γ-Al₂O₃ 负载的催化剂具有了更高的酸性和催化活性。相比分步浸渍 WOₓ，一步法浸渍得到的催化剂上形成的孤立 WOₓ 物种较少，催化活性更高。

García-Pérez 等[117]以氧化铝为载体通过浸渍法制备了不同镍负载量（0.5%、1%、2%、4%、6%、8% 和 10% Ni，质量分数，下同）的钨氧化物催化剂，研究镍负载量对正十二烷加氢异构化反应的影响。NH₃-TPD 结果表明，中强酸位是反应主要的酸性催化位点。XRD 和 XPS 结果表明高镍负载（10% Ni）催化剂中镍物种形成了大尺寸晶体结构，其具有最大的裂解活性。n-C₁₂ 的转化率和支链 C₁₂ 烃的选择性随着镍负载量的增加而增加，直至 Ni 负载量达到 6%，此时获得 28% 的 n-C₁₂ 转化率和 94% 的支链 C₁₂ 烃选择性。进一步提高镍负载量导致异构选择性降低，这是由金属催化裂解反应造成的。作者指出需要在金属和酸性中心之间取得最佳平衡，以实现转化率和选择性之间的折中，避免或最小化裂解反应。

Garcia-Perez 等[118]制备了氧化锆和氧化铝负载的钨氧化物催化剂（15% W），并加入少量铂（0.3% Pt），来研究还原温度和载体性质对正十二烷加氢异构化反应的影响。还原温度对金属分散度产生重大影响，进而影响催化活性。此外，氧化铝和氧化锆载体表现出不同的物化性质（主要是酸强度和比表面积）和催化性能，对转化率有显著影响。NH₃-TPD 分析结果表明，氧化铝催化剂的酸度明显高于氧化锆催化剂；这种酸性可以归因于 WOₓ 物种与氧化铝的更强相互作用。钨铂/氧化铝催化剂显示出最佳的加氢异构化反应催化性能，其更高的酸度被归因于其比氧化锆催化剂具有更大的表面积。

Yu 等[119]开展了液相 1-丁烯加氢异构化生成 2-丁烯反应动力学实验研究，以了解商业 Pd/Al₂O₃ 催化剂上液相 1-丁烯加氢异构化的特性，并提出了三个内在动力学模型来描述加氢异构化和氢化反应的速率。结果显示，2-丁烯的选择性随温度升高而增加，表明由于高温下氢分压低，加氢反应被抑制。反应物中氢的比例显著影响 1-丁烯转化和 2-丁烯选择性，因此，这种影响应包含在动力学模型中。将提出的幂律、双位点 Langmuir-Hinshelwood 模型和单位点 Langmuir-Hinshelwood 模型进行比较，单位点 Langmuir-Hinshelwood 模型最能准确预测实验结果，表明在该反应条件下，加氢异构化和氢化反应可能发生在同一类型的活性位点上。加氢异构化反应的活化能低于氢化反应，丁烯的吸附焓小于氢气。

Radlik 等[120]研究了长时间高温还原（H₂/Ar 混合气氛）处理对 Pd/γ-Al₂O₃ 催化剂活性位结构和烷烃异构化性能的影响。随着还原温度和时间由 300℃ 和 1h 分别增至 600℃ 和 17h，Pd/γ-Al₂O₃ 催化剂催化正己烷反应（291℃）的活化能由约 170kJ/mol 降至约 100kJ/mol，总体催化活性（TOF）提高了 5 倍，异构化催化活性提高了约 20 倍，异构选择性由约 20% 提高到约 80%，异构化产物中 2-甲基戊烷/3-甲基戊烷之比降低，同时正己烷分子的氢解更倾向于发生在内部 C—C 键上（相对于端位 C—C 键而言）。这意味着长时间高温还原处理的 Pd/γ-Al₂O₃ 催化剂表现出类似 Pt 基催化剂的异构化催化性能。根据 XRD 表征结果和前人的相关研究，作者认为长时间高温还原处理使 Pd/γ-Al₂O₃ 催化剂上形成了 Pd-Al 双金属（合金）表面活性位点，这些位点具有不同于金属 Pd 的电子性质，对烷基的吸附较弱，具有较高的烷烃异构化催化活性。

Radlik 等[121]制备并研究了采用不同金属前驱体制备的两系列高金属分散度的 Pd-Pt/Al₂O₃ 催化剂在低于 300℃ 的正己烷转化反应中的性能。使用 Pd(acac)₂

和 Pt(acac)$_2$ 进行初湿浸渍可得到 Pd-Pt 高度合金化的催化剂。然而，使用 PdCl$_2$ 和 H$_2$PtCl$_6$ 作为前驱体得到的 Pd-Pt 双金属结构均匀程度较差，并且催化剂中残留了大量氯元素。Pd-Pt 合金的均质化显著影响其催化活性和产物选择性与 Pd-Pt 合金组成之间的关系。无氯的 Pd-Pt/Al$_2$O$_3$ 催化剂的催化活性、表面 Pd-Pt 组成与体相 Pd-Pt 组成之间的关系反映出钯在表面的富集程度较高。相比之下，在氯系列 Pd-Pt/Al$_2$O$_3$ 中，转换频率的变化直接与体相组成相关，表明未掺杂、更活性的 Pt 颗粒决定了催化行为。Pd/Al$_2$O$_3$ 比 Pt/Al$_2$O$_3$ 具有更好的异构化选择性，特别是在高于 500℃ 的温度还原处理后。当与 Pt 合金化后，对于无氯系列的双金属催化剂，几乎所有的催化剂都表现出非常高的异构化选择性，并且在 20%（原子分数）Pt 时显示出协同效应。相比之下，在含氯系列中，异构化选择性与钯含量成正比。还原温度对含氯 Pd-Pt/Al$_2$O$_3$ 催化剂的异构化倾向影响较小，这表明与氯元素存在相关的载体酸性可能不会对催化反应产生显著影响，证实了在低于 300℃ 的烷烃异构化反应中仅有金属起到催化作用。

Batalha 等 [122] 在 α-Al$_2$O$_3$ 表面上直接合成了 BEA 分子筛纳米晶体，以避免常见的分子筛晶粒聚集导致的扩散限制。合成了两种不同负载量的复合样品，并与纯 BEA 纳米晶体样品（类似的合成凝胶组成）进行了比较。表征结果表明，纯 BEA 分子筛样品和复合样品上的分子筛纳米晶体具有相似的织构性质和酸性。然而，TEM 和 SEM 表征确认了复合样品上分子筛聚集物的数量更少，还发现了完全孤立的 BEA 纳米晶体的存在。在 220℃ 和 3MPa 下进行的正十六烷加氢异构化催化试验结果表明，减少纳米晶体聚集对活性和异构体选择性都产生了积极影响。复合催化剂的活性是纯分子筛样品的 3.5 倍，最大异构体收率从 35%（质量分数）增加到 80%（质量分数）。

Duan 等 [123] 采用丝光沸石（提供酸性位点）和 Al$_2$O$_3$ 二元载体，通过离子交换法、强静电吸附法和机械混合法分别制备了金属（Pt）与酸性位点距离在纳米、微米、毫米和厘米尺度的 Pt 基异构化催化剂，研究了金属-酸性位距离对催化剂催化性能的影响。NH$_3$-TPD 的结果表明，相比金属-酸性位距离分别在纳米和微米尺度的 Pt-HM/Al$_2$O$_3$ 和 Pt-Al$_2$O$_3$/HM 催化剂，毫米级和厘米级催化剂上存在更多的酸位，导致正丁烷的选择性较低。在微米级样品上取得了最佳的正丁烷产率，因为较大的扩散距离抑制了裂解反应。与 Pt-HM/Al$_2$O$_3$ 相比，在催化反应过程中 Pt-Al$_2$O$_3$/HM 的分子筛孔道中沉积的炭较少，表现出更高的稳定性。

Kharat 等 [124] 研究了在氧化合物或巯基化合物存在的条件下氯化的氧化铝载铂催化剂在轻质石脑油加氢异构化反应中的失活。在进料中加入高浓度的甲醇或二甲基二硫化物（DMDS）分别会导致催化剂的不可逆和可逆失活。通过在轻质石脑油异构化和苯加氢反应中测量催化剂的失活程度和活性恢复情况，实验结果表明，当催化剂在甲醇等含氧化合物作用下失活时，催化剂的活性急剧损失，再生处理无法恢复其初始活性。然而，当催化剂在二甲基二硫化物作用下失活时，可以完全恢复催化剂的活性。作者发现含氧化合物影响酸性功能基团，而巯基化合物对催化剂的金属位点有显著影响。

Mukhambetov 等[125] 探讨了水热改性对 γ-Al$_2$O$_3$ 催化剂催化正丁烯骨架异构化性能的影响。作者对 γ-Al$_2$O$_3$ 催化剂进行水热处理并进行焙烧处理，随着水热处理时间的延长，催化剂对正丁烯骨架异构化反应的催化活性先增加后降低。这种行为是由于氧化铝强 Lewis 酸位点含量的类似变化所致，它们是反应的活性中心。在水热处理（150℃，时间＜3h）过程中，初始氧化铝中的无定形成分通过"溶解-沉淀"机理在颗粒外表面以及大孔（＞1μm）内形成直径 10 ~ 15nm、长度 100 ~ 300nm 的针状勃姆石颗粒。此产物经过焙烧（550℃，3h）后可形成具有高酸度的 γ- Al$_2$O$_3$。所有 γ- Al$_2$O$_3$ 的强 Lewis 酸位点都在（110）面上距离 0.5 ~ 0.6nm 成对存在。当水热处理时间＞3h 时，结晶的 γ-Al$_2$O$_3$ 在介孔中形成针状勃姆石，其粒径与初始氧化铝相当（≈20nm）。在此条件下两种勃姆石结构都会进一步生长，但 Lewis 酸位点浓度降低，导致氧化铝在正丁烯骨架异构化反应中的催化活性降低。

Mohammadrezaee 等[126] 研究了氧化铝物相对所负载的 Pt 基催化剂催化轻质烷基异构化和环烷开环反应性能的影响。结果表明，氧化铝的物相对氯化铝催化剂上 Pt 的催化性能有很大影响。使用 η-氧化铝和 γ-氧化铝比例为 70∶30 的混合物制备的载体显示出更优的比表面积、酸性和催化性能。催化剂的额外预氯化对丁烷异构化反应的催化性能有积极影响。

Kimura 等[127] 利用纳米技术制备了 H-BEA 分子筛和纳米尺寸氧化铝的复合材料作为 Pt 或 Pd 基烷烃异构催化剂载体，以改善金属物种的状态，提高多支链异构化性能。催化剂中的纳米尺寸 Al$_2$O$_3$ 增加了成型催化剂的机械强度，并使分子筛表面的酸性变得更温和，有利于烷烃骨架异构化而抑制了裂化。X 射线光电子能谱分析表明，纳米氧化铝分散并结合到 BEA 沸石的各向异性表面上，形成离子化和高度发达的表面，在氧化铝与分子筛界面形成新的酸性位点，提高了金属的分散度，从而改善了催化剂的活性和选择性。

Ullah 等[128] 采用水热方法将 Pt/Al$_2$O$_3$（Al$_2$O$_3$ 负载的 Pt，PA）引入到经硫酸化处理的氧化锆（SZ），用于正丁烷异构化反应，并与 SZ 和 Pt/SZ 催化剂进行了比较研究。结果表明，与 Pt/SZ 和 SZ 相比，PA/SZ 催化剂具有更高的异丁烷选择性、产率和催化活性。水热法引入的 Pt/Al$_2$O$_3$ 能够提高 SZ 的酸性位点密度和强度，这是双功能催化剂金属组分和酸位之间平衡良好的指示器，从而促进催化性能。PA/SZ 催化剂在正丁烷异构化反应中表现出极高的效率，在 220℃ 和 WHSV = 2h^{-1} 的条件下，异丁烷选择性（98.96%）、异丁烷产率（70.30%）和正丁烷转化率（71.04%）都非常高。此外，观察到所有合成样品在 25h 的时间内达到稳定阶段，PA/SZ 显示出更高的催化稳定性。

Solkina 等[129] 研究了 Au/Al$_2$O$_3$ 催化剂在莰烯异构化生成莰烯过程中的失活。TPO 和原位 UV-Vis-MS 实验表明，失活是由烃类吸附于金催化剂上所致。通过实验研究了异构化温度、初始 α-蒎烯浓度以及气氛对催化剂失活的影响，并将其与所提出的失活函数相联系。结果表明，进料混合物中 α-蒎烯浓度的增加导致催化剂失活更快。基于"可分离"的失活模型，发展了考虑到催化剂失活因素的反应速率方程，可以预测不同初始浓度下莰烯转化中失活动力学的情况。

Yurpalov 等[130] 采用自旋探针 EPR、固体 ^{1}H NMR 等手段对一系列 B$_2$O$_3$ 浓度在 0.9% ～ 27.5%（质量分数）之间的含硼酸盐氧化铝样品的酸性以及基于它们制备的 Pt 基催化剂进行了研究。利用蒽和 TEMPO 亚硝基自由基作为探针分子，EPR 研究发现 B$_2$O$_3$-Al$_2$O$_3$ 和 Pt/B$_2$O$_3$-Al$_2$O$_3$ 体系中 B$_2$O$_3$ 含量的增加导致中等强度 B 酸位（BAS）数量的增加和不饱和 Al 离子的数量的减少。在这种情况下，正庚烷-苯模型混合反应物的加氢异构化目标产物（异庚烷和甲基环戊烷）的收率与 BAS 的数量相关。

Bansal 等[131] 研究了 1%Pt/Al$_2$O$_3$ 催化剂在 313K 和 0.1MPa 的条件下对三种烯丙基苯异构体即烯丙基苯（AB）、反式-β-甲基苯乙烯（TBMS）和顺式-β-甲基苯乙烯（CBMS）的液相氢解和异构化反应的催化性能。当单独反应时，CBMS 的氢解速率最快，其次是 AB，而 TBMS 的速率最慢，CBMS∶AB∶TBMS 速率比为 57∶19∶1。所有异构体都高选择性地生成丙基苯，并且异构化受热力学约束控制。竞争性加氢反应表明，AB 吸附在与 CBMS 和 TBMS 不同的位点上，并且 AB 抑制了其他两个异构体的加氢。相反，异构化则不受影响。这些结果表明，AB 吸附限制了对其他异构体的氢供应，使得半加氢的烷基物种到烷烃的还原消除过程被抑制，而烷基的 β-H 消除形成烯烃的过程则不受影响。

第四节
油品加氢精制

一、加氢精制的重要意义

石油、页岩油等物质是很复杂的混合物，主要成分除了烷烃、环烷烃和芳烃外，还含有少量硫、氧、氮的化合物。其中，含硫化合物总量小于 1%，具有特殊的臭味且对设备有腐蚀性。含氮化合物的量仅为万分之几到千分之几，主要是吡啶、吡咯、喹啉和胺类等。石油炼制是一个很复杂的化工过程，它包含有加氢、脱氢、催化裂化、重整等过程，需要用到各种各样的催化剂，而这些含硫、含氮化合物往往是这些催化剂的毒物。因此，不进行脱硫、脱氮等处理，这些石油加工过程就无法稳定进行。另外这些化合物的存在也影响最终产品的质量及使用价值。例如这些化合物引起产品不稳定，使石油产品无法长期保存。同时在燃烧时，含有这些化合物就会产生氧化硫及氧化氮的污染性气体，造成环境污染。随着化石原油资源的日益减少，生物质油等非化石油品的深度加工利用越来越受到人们的重视。这些油品中也存在氧、氮、硫等杂质元素，需要精制去除。

加氢精制（hydrotreating, HDT）也称加氢处理，是在催化剂和氢气存在的条件下，对油品进行的一系列加氢提质过程的统称，包括加氢脱硫（HDS）、加氢脱氮（HDN）、加氢脱氧（HNO）、加氢脱卤素、加氢脱金属、烯烃和芳烃等不饱和烃的加氢饱和等反应。加氢精制能将原料中的硫、氮、氧或者金属元素通过氢解反应脱除，使烯烃、芳烃加氢饱和并脱除沥青等杂质，以达到精制油品并提高油品性能的目的。加氢精制可用于各种来源的油品精制，得到高品质的轻质油，或从重质馏分油中制取馏分润滑油，或从渣油中制取残渣润滑油[132]。加氢精制的主要原料和目标如下[114]：

① 直馏和焦化石脑油（催化重整原料预处理），用于去除硫、氮和污染物（例如 Si），否则会毒化下游的贵金属重整催化剂；

② 热解汽油和焦炉轻油，用于去除硫和氮，以及加氢二烯类物质，否则会使芳烃复合装置中下游设备和 / 或催化剂失效 / 污染；

③ 液化石油气（LPG），用于去除硫和氮，并加氢二烯类物质，否则会使下游的贵金属脱氢催化剂失活；

④ 煤油和柴油，用于去除硫和加氢不饱和物，从而改善流体的性质（煤油烟点、柴油十六烷值、密度），以及储存稳定性；

⑤ 页岩油，用于去除硫、氮、砷和氧，从而改善上述流体的性质；

⑥ 润滑油，用于提高黏度指数、色泽、稳定性以及储存稳定性；

⑦ 废润滑油，用于去除杂质和混合添加剂，例如可能含有的锌和磷，以至少将质量恢复到原始基础油的水平；

⑧ 植物油和动物脂肪，用于去除杂质，完成甘油酯转化为喷气燃料、煤油和柴油的步骤之一；

⑨ 催化裂化原料，用于提高催化裂化汽油和丙烯的产率，改善汽油和柴油 / 轻循环油的质量，并减少催化剂用量和废气排放；

⑩ 常压蒸馏和减压蒸馏渣油，提供低硫、低金属燃料油，以实现下游进一步转化和 / 或预处理。

近年来，由于世界各国对油气资源需求的不断攀升，各产出国不断加大开采力度，石油资源日益匮乏和重质化、劣质化，重油、渣油以及高杂质、高不饱和物质含量油品（如页岩油）深度加工利用的必要性和经济性提高。另一方面，随着全社会对于生态环境保护的重视，各国制定的油品质量标准越来越严格。例如，我国即于 2023 年 7 月 1 日正式实施的国六 B 汽油标准要求硫含量不高于 10mg/kg，氧质量含量不高于 2.7%，锰含量不高于 0.002g/L，铁含量不高于 0.01g/L；国六 B 机动车污染物排放标准规定柴油机动车的氮氧化物排放不超过 45mg/km。上述这些都对加氢精制工艺提出了更高的要求。因此，加氢精制这一油品加工工艺对于油气资源的充分有效利用以及生态环境保护都具有非常重要的意义。

二、加氢精制有关反应

加氢精制涵盖的反应主要有[114]：①脱硫或加氢脱硫（HDS），有机硫化合物转化为硫化氢；②脱氮或加氢脱氮（HDN），有机氮化合物转化为氨；③金属（有机金属）去除，也称为脱金属或加氢脱金属（HDM），有机金属化合物转化为相应的金属硫化物；④加氢脱氧（HNO），有机氧化合物转化为水；⑤烯烃加氢饱和，含双键的有机化合物转化为饱和同系物；⑥芳香族加氢饱和，也称为加氢脱芳香族，部分芳香族化合物转化为环烷烃；⑦卤素去除，也称为加氢脱卤素，在其中有机卤化物转化为氢卤酸。通常，加氢精制反应由易到难的顺序如下：金属（有机金属）去除、烯烃加氢饱和、硫去除、氮去除、氧去除和卤素去除。在渣油加氢处理中，杂质的去除涉及精确控制碳氢化合物分子正好在硫、氮或氧原子与碳原子键合处裂解。在此过程中一些芳香族饱和也会发生。

关于加氢处理反应速率、反应热和氢消耗的"一般原则"是：①加氢脱硫和烯烃加氢是最快的反应；②烯烃加氢每消耗单位氢会释放出最多的热量；③加氢脱氮和加氢脱芳香族化合物是最困难的反应；④氢的消耗和反应热是相关的。其中最重要的反应是加氢脱硫和加氢脱氮。在上述反应中，目前最受重视的是加氢脱硫和加氢脱氮。

加氢精制装置的设计和运行取决于许多因素，如进料类型、所需周期长度和预期产品质量。一般情况下，加氢精制的操作条件范围如下：液时空速（LHSV）为 0.2 ～ 8.0h⁻¹；氢气循环量为 50 ～ 675m³/m³（标准状态）；氢气分压为 1.4 ～ 13.8MPa；初始运行（SOR）温度在 260 ～ 400℃范围，其中下限代表汽油加氢处理的最低操作条件，而上限则表示用于加氢处理常压残油的操作条件。

1. 加氢脱硫

加氢脱硫是将石脑油、煤油、柴油、减压瓦斯油（VGO）和渣油等原料中存在的有机硫化合物转化为 H_2S 的过程。在石油馏分的沸程范围内，硫以多种不同有机硫化合物的形式存在，其中在石脑油到常压渣油范围内可以将它们全部分类为以下六种硫类型：巯基、硫化物、二硫化物、噻吩、苯并噻吩和二苯并噻吩。在噻吩、苯并噻吩及二苯并噻吩的分子上，常常带有侧链，侧链的长度及数量随石油馏分的高低而变化，一般相对分子质量较低的噻吩、硫醇常在石油的低馏分中出现，而二苯并噻吩则常在高馏分中出现。在石油馏分中的硫含量随石油产品不同及馏分轻重不同而改变。通常，硫含量随石油馏分的加重而增加。

各种含硫化合物的典型反应如下所示[114]：

（1）硫醇

$$R-SH+H_2 \longrightarrow R-H+H_2S$$

（2）硫化物

$$R^1-S-R^2+2H_2 \longrightarrow R^1-H+R^2-H+H_2S$$

（3）噻吩

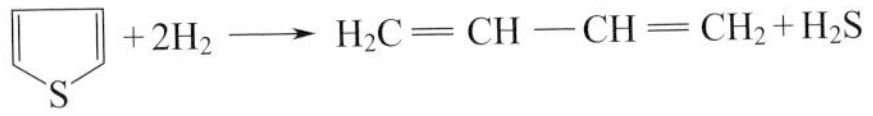

$$\text{噻吩}+2H_2 \longrightarrow H_2C=CH-CH=CH_2+H_2S$$

$$H_2C=CH-CH=CH_2+2H_2 \longrightarrow H_3C-CH_2-CH_2-CH_3$$

（4）苯并噻吩

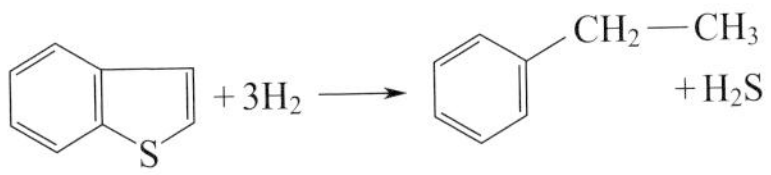

$$\text{苯并噻吩}+3H_2 \longrightarrow \text{乙苯}(CH_2-CH_3)+H_2S$$

（5）二苯并噻吩

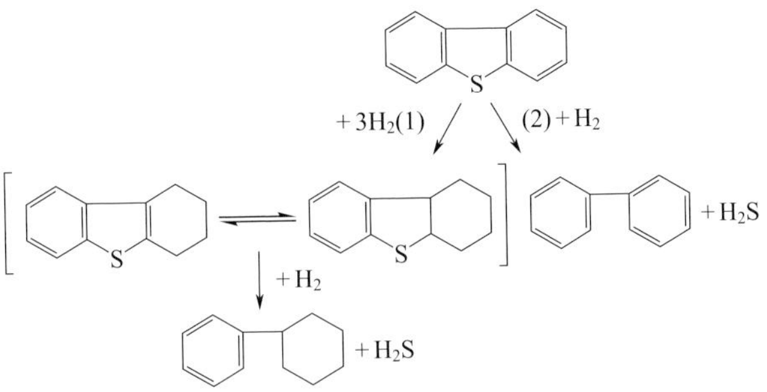

加氢脱硫反应为放热反应，反应温度一般在 200～400℃之间。除芳香族含硫化合物的加氢脱硫反应存在几种可能的途径外，大多数反应都很直接。各种硫化物加氢脱除由易到难的顺序依次为：硫醇、硫化物、二硫化物、噻吩、苯并噻吩、二苯并噻吩。在石脑油馏分中，许多硫以巯基和硫化物的形式存在，这使得硫的去除相对容易。在煤油馏分中，大部分硫以苯并噻吩、萘并苯并噻吩和二苯并噻吩的形式存在。因此，从煤油馏分中去除硫比从石脑油馏分中去除硫更加困难。而且，更难处理的硫种类存在于较重馏分中，这意味着重质煤油比轻质煤油更难处理。

2. 加氢脱氮

在石油、页岩油和由煤液化得来的液体燃料中都有含氮化合物，一般原料油中的含氮量在 0.1% 左右，其 N/S 质量比大约为 1/2（高含氮原油）～ 1/5 及 1/10（一般含氮原油）。在进行加氢脱氮时，含氮化合物转化为氨而释出。目前，加氢脱氮过程已日益受到重视，主要原因有：①石油馏分加工过程如催化裂化、重整、加氢裂解、异构化等反应所用的催化剂的活性中心都是酸性的，而含氮化合物中有一部分是强碱性的，它们能使催化剂中毒；②燃料中如有含氮化合物，则燃烧后将生成 NO_x，其对环境造成污染；③液体燃料中的含氮化合物均有毒性，所以必须除去以降低致癌毒性；④油品中含有氮的化合物时，将使产品质量及性能下降，如稳定性下降。

与加氢脱硫相比，加氢脱氮过程只是近几年才受到重视。含氮有机物主要存在于石油馏分的较重端，以五元和六元杂环化合物为主，非杂环化合物的含量很低，它们大都是脂肪胺类及腈类。随着沸点范围的增加，含氮分子的分子复杂度和数量都会增加，使其更难转化。含氮化合物的性质与含硫化合物的性质有很大的差异，因而加氢脱氮与加氢脱硫的规律不完全一样，适合脱硫的催化剂不一定适合脱氮。在加氢脱硫中，首先脱除硫，然后将产生的中间体烯烃加氢饱和；而在加氢脱氮中，首先饱和芳香环，然后去除氮。通常加氢脱硫是一个高选择性的过程，而加氢脱氮则选择性不高，因而增加了氢的消耗，并且由于脱氮的氢解反应是在含氮化合物的不饱和键被饱和之后才发生，因而耗氢量很大。

加氢脱氮的一般过程如下[114]：

（1）芳环加氢

（2）氢解

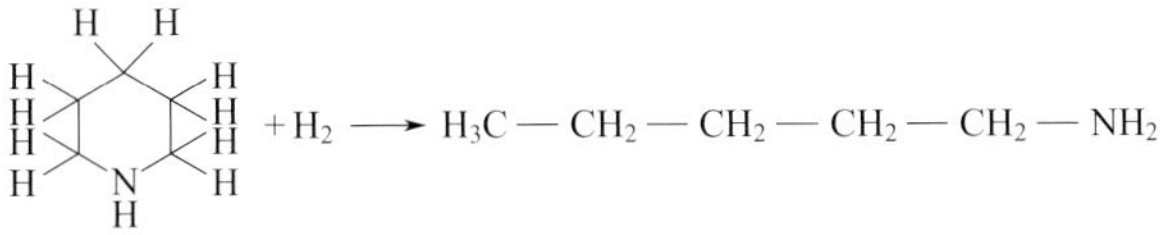

$$+H_2 \longrightarrow H_3C-CH_2-CH_2-CH_2-CH_2-NH_2$$

（3）加氢脱氮

$$H_3C-CH_2-CH_2-CH_2-CH_2-NH_2+H_2 \longrightarrow H_3C-CH_2-CH_2-CH_2-CH_3+NH_3$$

一些典型的加氢脱氮反应如下：

（1）有机胺

$$H_3C-CH_2-CH_2-CH_2-NH_2+H_2 \longrightarrow H_3C-CH_2-CH_2-CH_3+NH_3$$

（2）吡咯

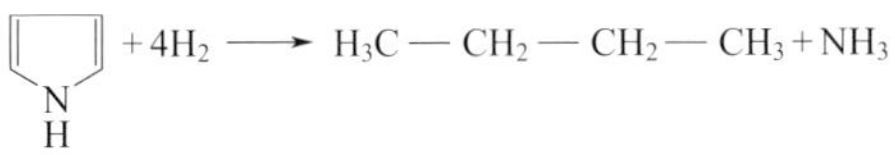

$$+4H_2 \longrightarrow H_3C-CH_2-CH_2-CH_3+NH_3$$

（3）吡啶

$$+5H_2 \longrightarrow H_3C-CH_2-CH_2-CH_2-CH_3+NH_3$$

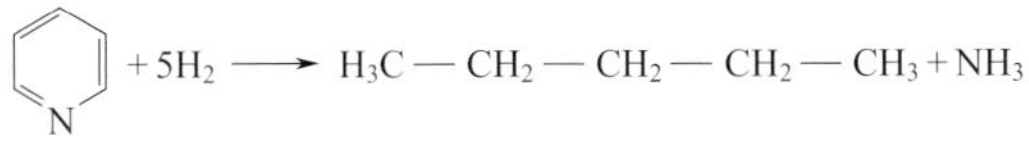

（4）喹啉

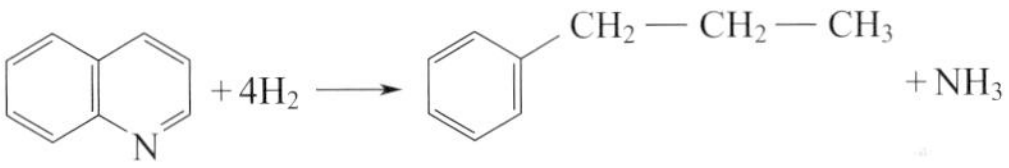

相比于脱硫，氮的去除更加困难，消耗更多的氢气，因为反应机理通常需要在去除氮之前对芳环进行加氢饱和。相关芳环结构的加氢反应非常依赖于氢分压，并且是加氢脱氮中速率限制步骤，因此氢分压对加氢脱氮反应有显著影响。

三、加氢精制催化剂

1. 组成与特性

加氢精制催化剂通常由活性组分和助催化剂组成，均匀分散在高比表面积载体上。催化剂载体最常用的是 γ-Al_2O_3，并以适当的方式制备，以提供高比表面积，使其能够承载活性金属并具有适当的孔隙结构，从而充分减轻焦炭和 / 或金属的孔道堵塞问题，以实现所需的操作周期。通常以 ⅥB 族金属 Mo、W 为主活性组分，以 Ⅷ族金属 Ni、Co 为助剂，常采用 Ni-Mo、Co-Mo、Co-Ni-Mo

等过渡金属硫化物的组合。助催化剂会大幅增加（约 100 倍）活性金属硫化物的活性。商业可得的催化剂根据所需的应用有不同比例的助催化剂和活性组分，但通常最高可含有约 25%（质量分数，下同）的助催化剂和约 25% 的氧化物作为活性组分。另外，可以通过增加载体的酸性（例如加入添加剂）以提高催化剂的加氢裂化和异构化反应活性。加氢处理催化剂有不同的尺寸和形状，取决于制造商，主要有柱状、三叶草形、四叶草形、球形、圆环形、车轮状等。通常，催化剂颗粒的大小和形状是在最小化催化剂颗粒中的孔扩散效应（需要较小的尺寸）和反应器中的压降（需要较大的颗粒尺寸）之间进行折中的结果[114, 133]。

过渡金属硫化物催化作用机理有 Topsoe 等提出的 Co-Mo-S 相模型与 Daage 等提出的 Rim-edge 理论等。以氧化铝负载 Co-Mo 催化剂为例，Co-Mo-S 相模型提出 Co-Mo-S 相中存在单层（Ⅰ型）和多层（Ⅱ型）MoS_2 棱边位。在Ⅰ型中，由于 Mo—O—Al 键的存在，Mo 与载体相互作用较强，MoS_2 呈现单层分布，且分散度较高，但 Mo 难以完全硫化。Ⅱ型中，MoS_2 呈堆垛状态，分散度较低，但 Mo 与载体之间的作用力较弱，使其具有较高的硫化度。Rim-edge 理论认为在过渡金属硫化物上位于 MoS_2 底层和顶层的边缘位（辐缘，Rim）和内层的边缘（棱边，edge）是催化的活性中心。

另外，一些新型的活性相，如过渡金属磷化物、过渡金属氮化物和过渡金属碳化物也表现出优异的加氢性能，是潜在的加氢处理催化剂。贵金属（如 Pt、Pd 等）也可以替代传统的活性组分，但其对硫化物吸附较强，很容易中毒失活，所以对其载体有进一步要求，需要增加载体酸性，提高催化剂氢溢流的程度，弱化其对硫化物的吸附[133]。

下文以加氢脱硫催化剂和加氢脱氮催化剂作为代表对加氢精制催化剂进行介绍。

（1）加氢脱硫催化剂　加氢脱硫催化剂最初是由第二次世界大战前德国为煤和煤衍生物加氢开发的催化剂发展而来的，由 Al_2O_3 负载 Co 和 Mo 的氧化物而成，称为钼酸钴催化剂。工业催化剂中 Co 和 Mo 含量可高达 10% ~ 20%，此类催化剂表面常在反应前或操作时被硫化。目前，加氢脱硫工艺的催化剂牌号有上百种，但大部分为 Co、Mo、Ni、W 的不同组合，工业用载体大多数为 γ-Al_2O_3，工作状态均为硫化物。如前所述，在加氢脱硫过程中过渡金属氧化物被还原并部分或完全地转化成硫化物，某些催化剂商品以预硫化形态出售。Mo 和 W 似乎是加氢脱硫催化剂的必要组分，Co（或 Ni）和 Mo（或 W）结合后比单独的 Mo 或 W 活泼，因此通常把 Co 和 Ni 称为助催化剂。

Co-Mo 催化剂主要被设计用于在低氢气分压条件下脱硫，也可以在一定程度上去除部分氮和金属。这些催化剂可以处理各种性质不同的原料。Co-Mo 催化剂具有最低的加氢活性，因此每摩尔去除硫所需的氢气消耗最低。该催化剂的 H_2 消耗对操作压力的敏感性也最低。Co-Mo 催化剂在低操作压力（＜4MPa）下具有足够的脱硫性能。但因其加氢活性较低，去除氮的性能也相对较弱[114]。

加氢脱硫催化剂通常呈多孔颗粒状或条状，典型尺寸是 1.5～3mm。颗粒大小和孔的几何形状显著地影响催化剂的性能，尤其对于重质油，因为颗粒内部的传质对反应速率有重要影响。为满足工业催化过程需要，具有特殊形状的催化剂得到越来越多的使用，这类催化剂的外表面与体积之比很高。这些催化剂的主要优点为：耐压强度高、耐金属污染性高、扩散速度大、催化剂床层压力降小。

近年来由于石油资源的迅速稀少和重质化问题的日益严重，重油和渣油的深度加工变得越来越重要，对加氢脱硫、脱氮提出了更高的要求。尽管上述的加氢脱硫催化剂能有效地脱除重油、渣油中的有机硫、氮化物，但仍存在催化活性、寿命方面的问题。

（2）加氢脱氮催化剂　工业上用的加氢脱氮催化剂常用 γ-Al$_2$O$_3$ 或加入少量的 SiO$_2$ 稳定的 γ-Al$_2$O$_3$ 为载体，最常用的金属氧化物组合是 Ni-Mo、Ni-W、Co-Mo 等。通常随活性金属浓度增加，催化剂的活性也提高，经过一个极大值，然后下降。但金属含量增加，催化剂价格也上升，因此总是在活性与价格间寻找一个最佳点。典型的加氢精制催化剂中，钴为 2%～4%，镍为 2%～4%，钼为 8%～15%。工业催化剂中 Co/Mo 原子比在（0.1/1.0）～（1.0/1.0）之间，而以 0.3/1.0 附近活性最高。对于 Ni-Mo 催化剂来说，则 Ni/Mo 原子比在 0.6/1.0 附近活性最高。从这些催化剂的活性和选择性来看，对含氮化合物的氢解作用 Ni 作为助催化剂比 Co 要好，因为镍可促进加氢作用。

Ni-Mo 催化剂特别适用于加氢和加氢脱氮，同时也具有加氢脱硫和脱金属能力。该类催化剂可以处理各种性质不同的原料。相比 Co-Mo 催化剂，Ni-Mo 催化剂具有更高的去氮活性，因此可用于裂化原料或其他脱氮和／或饱和反应与脱硫同等重要的情形。Ni-Mo 催化剂具有较高的加氢活性，因此可以设置于催化剂床层顶部以饱和烯烃和其他胶质前体物，从而减轻催化剂床结垢问题，避免压力降和对催化剂床的液流分布影响。Ni-Mo 催化剂在高压下表现出非常好的性能。相比 Co-Mo 催化剂，Ni-Mo 催化剂脱氮和脱硫性能对 H_2 分压的变化更为敏感。因此，在 FCC 和加氢裂化原料预处理等高压操作中，Ni-Mo 催化剂更受青睐。当今的重整催化剂对原料中氮含量非常敏感，因此在重整催化装置上游的汽油加氢处理器中，也更倾向于使用 Ni-Mo 催化剂[114]。

催化剂的比表面积、孔结构和孔体积都应满足一定的要求。减小孔径增加了扩散的阻力，但也阻止大分子进出孔道与活性中心接触。在 HDS 过程中，减小孔径将使反应活性降低。但是在 HDN 过程中，由于整个反应速率比 HDS 慢，减小孔径并没有观察到会使催化活性下降的趋势。所以在对活性无影响的情况下，在一定范围内允许孔径有所减小，此时催化活性正比于催化剂的比表面积。但是孔径降低到一定程度以下对大分子含氮化合物来说，进入内孔就受到限制，这时活性就要降低。此外，对含有无机物杂质的原料来说，大孔催化剂是有利的，因为这些无机物往往沉积在催化剂毛细孔口上，严重时可以将毛细孔堵塞而使催化剂失活，大孔可以容纳更多的杂质，从而延长了催化剂的寿命。催化剂是否容易失活，与该催化剂能否用于工业化有直接的关系，对加氢脱氮催化剂来说，失活既与原料有关，也与反应条件有关。通常所用原料沸点愈高，则愈易失活，而增加氢压降低反应温度可以减轻失活程度。轻馏分的原料不易使催化剂失活，即使失活了也容易再生，使用寿命可以长达 10 年。但是对重馏分来说，则失活要快得多，而且往往不能再生，寿命甚至不到 6 个月，最短只有几百小时，这样的催化剂就不宜用于固定床装置。催化剂失活原因大致可以分为两类：一类是暂时性失活，这是由于分子量高的烃类，含氮、含氧、含硫等化合物在催化剂表面裂解，形成积炭而引起的，因此容易再生，并且可以使活性恢复到接近原来的水平；另一类是一些无机物沉积在催化剂表面，堵塞了孔径，特别是孔口，使反应物无法与催化剂内表面接触，它是由于原料中微量的金属杂质引起的，这种失活是永久性的，很难再生。

2．氧化铝载体

对于负载型催化剂而言，载体不仅起到支撑、分散活性组分的作用，而且其结构和理化性质会直接影响催化活性，如热稳定性、酸性、颗粒尺寸和孔结构性质等，因而选择适宜的载体对提高加氢精制催化剂的催化性能非常重要。在加氢精制催化剂中，催化剂载体也起到不可替代的重要作用：①使催化剂满足工艺要求的力学性能，包括抗压和抗磨损强度；②提供足够的比表面积，促进活性组分的良好分散，并使催化剂具有一定的容纳积炭能力，提高催化剂的稳定性；③提供一定的酸性，提高催化剂的加氢裂化和异构化反应活性。新型载体材料的研究是新型高活性加氢催化剂开发的重要一环。

目前工业上加氢精制催化剂的载体有 γ-Al_2O_3、SiO_2、活性炭、TiO_2 等单一组分材料，也包括 SiO_2-Al_2O_3、ZrO_2-Al_2O_3 等复合型材料。其中，γ-Al_2O_3 具有孔结构可调、比表面积大、吸附性能好、表面具有一定酸性、已加工成型、力学性能好、热稳定性高等优点，被广泛用作重质油加氢精制催化剂的载体。有时在其中掺入少量二氧化硅、磷酸盐、氟化物和／或硼元素。由于渣油等重质油中的胶质分子量很大，一般在 500～10000，沥青质比胶质更为复杂，是胶质的缩合物，两者的分子直径都接近 10nm；并且经过加氢处理后，金属杂质和硫化合物直接沉积在催化剂内部，这就要求氧化铝载体要具备较大的孔径（通常在 8～25nm

之间）的同时，还需具备较高的比表面积[133]。

3．催化剂研究进展

Badoga 等[134] 以异丙醇铝为铝源、Pluronic P-123 为结构导向剂（SDA），合成了具有不同织构性质的介孔氧化铝载体材料并制备 Ni-Mo 催化剂。作者以重油为原料进行加氢精制，评价了该系列催化剂的 HDS 和 HDN 催化性能，并与传统 Ni-Mo/γ-Al$_2$O$_3$ 催化剂进行比较。作者从 0 到 2 调变了合成体系的 HNO$_3$/H$_2$O 比，观察到随着含水量的增加，介孔氧化铝的比表面积、孔体积和孔径增加，结构从有序的六方形变成蠕虫状 / 海绵状和纤维状，然后变成波浪板块 / 棒状结构。然而，在负载活性金属后，结构的形态发生了变化，并且催化活性的顺序为 Ni-Mo/Meso-Al-0.6＞Ni-Mo/Meso-Al-0.4＞Ni-Mo/Meso-Al-2 ≈ Ni-Mo/Meso-Al-0.2＞Ni-Mo/Meso-Al-0＞Ni-Mo/γ-Al$_2$O$_3$＞Ni-Mo/Meso-Al-1.25。催化剂 Ni-Mo/Meso-Al-0.6 表现出的最高活性可以归因于其更高的孔体积和比表面积、最高的金属分散度、更多的弱酸性位点和较低的 Mo 还原温度。

de Castro 等[135] 提出了一种表面科学方法，用于解释单晶 α-Al$_2$O$_3$ 负载的 P 掺杂 MoS$_2$ 加氢处理模型催化剂中活性相（硫化物）的形成机理。将 Mo-P 前驱体溶液采用旋涂法负载于四种具有不同晶体取向 [C（0001）、A（1120）、M（1010）和 R（1102）] 和表面—OH 种类的 α-Al$_2$O$_3$ 表面上，制备了四种模型磷掺杂催化剂。XPS 测定的表面 P/Mo 比揭示了一种因 α-Al$_2$O$_3$ 表面结构而异的表面磷酸盐物种聚合过程，这种聚合过程由溶液中游离磷酸盐的浓度驱动。各不同取向表面的磷酸盐聚合度按照 C ≫ M ＞ A, R 的顺序逐渐降低。这种演变可能是由于从 C 到 R 的不同 α-Al$_2$O$_3$ 表面取向上磷酸盐 / 表面相互作用增强。在具有表面最高磷酸盐分散度的模型催化剂（A 和 R）中，Mo 的硫化受到抑制，这表明磷酸盐和钼酸盐之间的密切接触强烈干预了活性硫化物相的形成。表面 P/Mo 比率似乎是量化这种抑制作用的关键指标。作者指出，对硫化过程的抑制作用受两种因素的驱动：①通过形成难以还原的混合钼磷酸盐结构的化学抑制；②由于磷酸盐团簇抑制 MoS$_2$ 生长所致的物理抑制。

Funkenbusch 等[136] 采用一种高通量浆态床催化反应器系统，在类似于石油加氢精制反应器的条件和高转化率下，对热解油模型化合物进行了加氢脱氧（HDO）反应研究。以苯甲醚、间甲酚和苯酚单组分或二元混合物来代表热解油中的木质素馏分。实验使用 Parr 反应器，以 Pt/Al$_2$O$_3$ 或 Pd/C 为催化剂，在 5MPa 压力和 250 ～ 350℃温度下进行。Pt/Al$_2$O$_3$ 催化剂上发生环饱和、去甲基化和加氢脱氧反应，且反应路径随温度变化。混合物测试未观察到二次反应，但观察到了催化剂活性位点上的竞争吸附。Pd/C 催化剂上发生了环饱以及随后的脱甲醇反应。采用 Langmuir-Hinshelwood 模型拟合了每一种反应体系（催化剂和反应物）的速率常数和吸附参数，然后计算了这些速率常数和表面吸附参数的阿伦尼乌斯关系。当在一个包含特定催化剂反应数据的浆态床反应器模型中使用时，对于已知的进料和一组反应器条件，可以很好地预测产物组成、氢气消耗和能耗。

Horacek 等 [137] 在反应温度为 350 ~ 390℃、压力为 5.5MPa 的条件下，利用连续固定床反应器比较了由 Al_2O_3 负载的钼的碳化物（MoC_x）、氮化物（MoN_x）和磷化物（MoP_x）对油菜籽油加氢精制的催化活性。加氢脱氧活性的顺序为：$MoC_x > MoN_x > MoP_x$。对于 MoC_x，随着温度升高，由于加氢裂化反应的竞争，脱氧活性降低。MoN_x 在 350℃时表现出最高的加氢裂化倾向，且受到 WHSV 的强烈影响，但在更高的反应温度下这种影响就变得不那么显著了。而 MoP_x 的活性则受到传质限制的显著影响。

Ishutenko 等 [138] 使用合成了钾改性的 $Ni(Co)-P-W/Al_2O_3$ 催化剂，以含有 1-己烯和少量硫的 FCC 汽油模型混合物为反应物进行加氢精制催化研究，发现碱金属的改性影响了催化剂活性相特性和 $(K)-Ni(Co)-P-W/Al_2O_3$ 样品的催化性质。钾的引入导致活性相晶粒的长度增长，反应性和活性位点数量的下降，Co-W-S 和 Ni-W-S 颗粒的大幅减少以及孤立的 CoS_x 和 NiS_x 物种的增加。钾的添加还导致加氢脱硫反应（HDS）和加氢反应（HYDO）活性的急剧下降，含 Ni 和 Co 助剂催化体系 HDS/HYDO 选择性的下降，以及未改性 $P-W/Al_2O_3$ 体系选择性因子的显著增加。添加 Ni 助剂的催化剂比添加 Co 助剂的催化剂更容易受到钾改性的影响。因此，可将改性催化剂按照活性排序为：KWS < KNiWS ≪ CoS_x + KWS。选择催化剂的关键因素是 FCC 汽油的化学组成：高硫含量的馏分需要 NiWS 体系，而低硫含量但含有大量烯烃的馏分应该采用 K-Co-Mo-S 体系进行加氢精制。

Klimov 等 [139] 研究了 Al_2O_3 负载的不同 Co 和 Ni 含量（Co_3Ni_0、$Co_{1.8}Ni_{1.2}$、$Co_{1.5}Ni_{1.5}$、$Co_{1.2}Ni_{1.8}$ 和 Co_0Ni_3）的三元金属 Co-Ni-Mo 催化剂的活性位和加氢精制性能。采用 HRTEM、XPS、EXAFS 和 XANES 方法对催化剂进行了表征，结果表明，所有催化剂上的金属均主要存在于硫化物活性组分中，呈现类 Co-Mo-S 相结构。Co-Mo 和 Ni-Mo 催化剂分别包含 Co-Mo-S 和 Ni-Mo-S 相的活性组分。三元金属催化剂显示出混合 Ni-Co-Mo-S 相。催化测试显示，具有 1.8% Co、1.2% Ni 和 10% Mo 的催化剂在 VGO 加氢精制中具有最高活性。该催化剂的最高活性可能是由混合 Ni-Co-Mo-S 相提供的。

Mendes 等 [140] 评估了碳覆盖氧化铝（CCA）材料负载的镍磷化物在商业生物油加氢精制中的性能。结果表明，镍、磷的化学计量比可以通过合成中所用的蔗糖 /Al_2O_3 质量比来控制，从而生产出两种不同的催化剂：$Ni_{12}P_5$/CCA-0.7（质量比为 0.7）和 Ni_2P/CC-1.4（质量比为 1.4）。在间歇式反应器中于 250℃和 7.5MPa 条件下进行了催化评价。使用两步 HDO（150 ~ 250℃）可产生更高的 H/C 比的生物油，表明加氢机理占主导。此外，由于酮类、乙酸和糠醛等化合物的显著减少，生成了更具热稳定性的生物油。CCA 负载的镍磷化物体系在脱氧程度（DOD）和生物油 O/C 比方面表现出与商业 Ru/C 催化剂类似的性能。

Minaev 等 [141] 以三嵌段共聚物 Pluronic P123 为造孔剂，通过异丁醇铝水解制备了介孔拟薄水铝石 [m-AlO(OH)]，并利用 m-AlO(OH)、商业拟薄水铝石 [TH-AlO(OH)] 以及 m-AlO(OH)∶TH-AlO(OH) 比例为 5∶95 的混合凝胶来制备 Al_2O_3 载体。将合成载体浸渍 $H_3PW_{12}O_{40}$ 杂多酸和柠檬酸镍制备了 Ni-W/Al_2O_3 催化剂。采用低温氮气吸附、XRD、NH_3-TPD、XPS 和 HRTEM 等方法对载体和催化剂的物理化学性质进行了研究，并在流动装置上测试了催化剂的直馏汽油和真空气油加氢精制催化性能。结果显示，相比传统氧化铝载体，混合载体具有更高的平均孔径（7.5nm）和比表面积（307m^2/g），所负载的 Ni-W-S 活性相具有更佳的形貌（3.8nm 比 6.6nm，堆叠层数相同）以及更高的钨硫化程度（68% 比 54%）和 Ni含量（44% 比 26%）。因此，采用混合载体制备的催化剂在石油馏分的脱硫、脱氮和加氢反应中表现出更高的活性，以及更低的失活程度和积炭量。

Mochizuki 等 [142] 在温和条件下（100℃和 0.5MPa）使用负载在氧化铝上的钯催化剂 Pd/γ-Al_2O_3，成功地对具有高度不饱和脂肪酸端部基团的桐油衍生生物柴油燃料（BDF）进行了部分加氢反应，生产出富含单不饱和成分的加氢脂肪酸甲酯（H-FAMEs）。油料中微量的过氧化物或适量分子氧 [（$400 \sim 1500$）$\times 10^{-6}$]的共进料可以提高 Pd/γ-Al_2O_3 的活性和稳定性。生产的 H-FAMEs 表现出明显改善的氧化稳定性，并且低温流动性能未受损失，它们可以作为高品质 BDF 特别是高混合燃料的理想来源。

Papageridis 等 [143] 研究了 γ-Al_2O_3、ZrO_2 和 SiO_2 负载 Ni 催化剂的物化性质，并使用连续流固定床反应器比较了它们在棕榈油脱氧制备绿色柴油过程中的催化性能。虽然所有催化剂上的 Ni 纳米颗粒尺寸 [Ni/Al_2O_3、Ni/ZrO_2 和 Ni/SiO_2催化剂分别为（4.3±1.6）nm、（6.1±1.8）nm 和 (6.0±1.8)nm] 均较小，但 NiO 在Ni/ZrO_2 催化剂上分散更好，而 Ni/SiO_2 样品则较差。在 Ni/Al_2O_3 催化剂中，部分 Ni 嵌入到 $NiAl_2O_4$ 尖晶石相中，无法参与反应。关于性能，虽然增加 H_2 压力可提高链烷烃转化率，但提高温度的效应只有在特定催化体系的临界值（对于Ni/Al_2O_3、Ni/ZrO_2 和 Ni/SiO_2 催化剂分别为 375℃、300℃和 350℃）以下才是有利的。不管测试条件如何，在所有催化剂上脱羧基和脱羰基途径都比 HDO 更具有优势。稳定性实验表明，所有催化剂都在约 6h 后失活，这归因于 Ni 颗粒的焙烧和/或其被一层薄的石墨碳壳覆盖。

Parkhomchuk 等 [144] 设计制备了负载在介孔/大孔多级孔氧化铝上的 Co-Mo催化剂，用于重油加氢处理。采用拟薄水铝石和聚苯乙烯胶体晶体制备了氧化铝载体颗粒，然后负载 Co-Mo 化合物以制备催化剂。通过压碎试验、X 射线衍射、扫描和高分辨率透射电子显微镜、N_2 吸附和比重瓶法、压汞法以及不同的元素分析方法对载体、新鲜和失活催化剂进行了表征。在 380～420℃ 和 7MPa 的条件下，对催化剂进行了加氢精制反应测试。测定了反应产物的黏度、脱硫程度、微量碳残留和沥青质含量。在反应介质的影响下，负载在介孔/大孔多级孔 Al_2O_3 上的 Co-Mo 化合物转化为层状硫化物，而作为参比的介孔催化剂负载的化合物则未见明显变化。介孔/大孔多级孔催化剂在脱金属和脱硫反应中的活性比介孔催化剂更高。

Pimerzin 等[145]以 $H_3PMo_{12}O_{40}$ 和 Co 络合物为前驱体，并加入柠檬酸（CA）或乙二醇（EG）、二甘醇、三甘醇（TEG）、甘油、EG 和 CA 混合物等非配体有机添加剂，制备了 Co-P-Mo/Al_2O_3 催化剂。对催化剂进行了低温 N_2 吸附、拉曼光谱、热重分析、程序升温还原、X 射线光电子能谱和高分辨率透射电子显微镜等表征。制备的样品在二苯并噻吩（DBT）的加氢脱硫（HDS）反应中进行了测试。添加 CA 或甘醇产生了多种有益效果，如减弱 Co-Mo-S 层叠结构-载体相互作用，增强 Co-Mo-S 物种的促进程度、分散度和堆积数。结果显示，浸渍添加剂的催化剂在硫化后的孔体积增加会提高 Co-Mo-S 边缘的促进程度。具有 CA、TEG 或 EG-CA 混合物的催化剂表现出更高的 DBT HDS 活性。

Pimerzin 等[146]研究了工业 Co-Mo/Al_2O_3 加氢精制催化剂的再活化。通过有机酸（柠檬酸和巯基乙酸）、甘醇（乙二醇和三乙二醇）和二甲基亚砜溶液进行氧化再生和再活化。通过元素分析、N_2 吸附、X 射线衍射、热重分析、高分辨率透射电子显微镜和 X 射线光电子能谱对所有固体进行了表征，揭示了 Co-Mo/Al_2O_3 HDT 催化剂在运行、再生和再活化过程中活性相组成和形态的变化。将再活化的催化剂用于二苯并噻吩的加氢脱硫（HDS）和萘的加氢反应（HYD）测试。发现氧化再生可以恢复大约 70%～85% 的初始活性，而利用有机物进行再活化可使 HDS 和 HYD 活性完全恢复。再活化后催化剂的最终催化活性取决于所形成活性相物种的性质。

Rayo 等[147]采用两种方式，即用磷酸提前浸渍改性 Al_2O_3 载体以及磷酸与活性组分前驱体共浸渍，将 3.4%（质量分数）的 P_2O_5 加入到 Ni-Mo/Al_2O_3 催化剂中，分别制备了 Ni-Mo/P-Al_2O_3 和 Ni-Mo-P/Al_2O_3 两种磷改性催化剂，并考察了磷改性对于催化剂在 Maya 原油加氢裂化、脱硫化、脱沥青和脱金属等反应中催化性能的变化。使用 N_2 物理吸附、XRD、HRTEM、SEM 和吸附 CO 的 FTIR 光谱对催化剂进行了表征。此外，为了更深入地了解反应体系，还测试了催化剂在 4,6-DMDBT 的 HDS 和双异丙苯的加氢裂化反应中的性能。Ni-Mo/P-Al_2O_3 对于 4,6-DMDBT 的 HDS 活性最高，具有更好的加氢性能，并在处理 Maya 原油的所有反应中表现最佳。催化剂的酸度和孔隙率是决定常压渣油转化的关键因素。在相似的酸度下，孔隙率定义了最佳催化剂，相反，在相似的孔隙率下，酸性将定义催化剂的活性。然而，催化剂过高的酸性会导致快速失活。Ni-Mo/P-Al$_2$O$_3$ 相比 Ni-Mo/Al$_2$O$_3$ 和 Ni-Mo-P/Al$_2$O$_3$ 表现出更优秀的性能，因为它具有最佳的酸性、孔隙率和硫化 Ni 和 Mo 相分布的组合。

Salimi 等[148]首先尝试深入筛选 γ-Al$_2$O$_3$ 的合成过程，从沉淀的角度分析这个过程的主要参数，如温度、反应物浓度、混合速率和老化时间，并首次使用响应面方法（RSM）进行了全面分析。考虑到这些变量之间的一些新的重要交互作用，在不使用任何表面活性剂或其他额外有机化合物的情况下，可以调整最终材料的孔隙率，包括比表面积（SSA）、总孔体积（TPV）和平均孔径（MPD）。例如，通过调整之前从未报道过的处理条件参数，可以实现 SSA、TPV 和 MPD 的同时提高，分别达到 334.5m^2/g、1.93cm^3/g 和 23.01nm，同时获得窄的孔径分布。采用中心组合设计（CCD）优化得到了两种最优材料，并通过 XRD、FTIR、BET、SEM 和 TG 分析等技术进行了分析，然后用于制备最终的适用于滴流床连续加氢反应器的 HDT 催化剂。

Stolyarova 等[149]研究了载体氧化铝前体对 Co-Mo-P/Al$_2$O$_3$ 加氢精制催化剂催化活性的影响。氧化铝前体采用环保技术制备，包括对经过快速焙烧的铝土矿进行不同稳定时间的水热处理。其中一个样品合成过程中添加了硼酸。采用 XRD、氮气吸附/脱附、XPS 和 HRTEM 对氧化铝前体、载体和催化剂进行了研究。Co-Mo-P/Al$_2$O$_3$ 催化剂在模型原料和燃料混合物的加氢精制中进行了测试。结果显示，从快速焙烧铝土矿的产物中获得的样品除拟薄水铝石外，还包括无定形相，而通过沉淀法合成的参考样品则是纯拟薄水铝石。硼的引入可以阻止拟薄水铝石的晶化。催化剂的孔隙性质取决于载体：通过水热处理制备的氧化铝样品具有双峰孔分布，在 6～7nm 和 15～20nm 处具有峰值；通过再沉淀法合成的载体具有单峰分布，在 8nm 处有最大值。作为催化剂载体的初始氧化铝对Ⅱ型 Co-Mo-S 相的占比有重要影响。在模型原料（十一烷中的二苯并噻吩、喹啉和萘）和燃料混合物的加氢精制中，采用快速焙烧铝土矿水热处理制备、不添加硼酸且稳定时间较短的催化剂表现出最高的活性。

Sun 等[150]在连续固定床反应器中，研究了 γ-Al$_2$O$_3$ 和 η-Al$_2$O$_3$ 负载的 Ni-Mo 和 Co-Mo 催化剂对于煤化工行业副产品煤焦油轻油（CTLO）的加氢转化效果和适用性。该研究致力于去除原料中的硫、氮和含氧杂环并减少辛烷值损失，以生产高价值的高辛烷值汽油调和组分（HOGB）。相比 Co-Mo 催化剂，Ni-Mo 催化剂表现出更好的脱硫和脱氮活性。除了活性金属组分外，催化剂的整体性能还与载体类型密切相关。中等强度酸位密度更高、活性组分分散更好、金属-载体相互作用更弱的特点共同促成了 η-Al$_2$O$_3$ 负载催化剂更高的活性。与 γ-Al$_2$O$_3$ 相比，η-Al$_2$O$_3$ 负载催化剂具有更多的八面体配位的 Mo 物种，因此形成了更高活性的Ⅱ型 Co(Ni)-Mo-S 相。在实验条件下，Ni-Mo/η-Al$_2$O$_3$ 催化加氢精制产品的硫含量（8.3×10⁻⁶）和溴含量（0.24%，质量分数）符合欧五标准。此外，尽管在加氢处理 CTLO 过程中辛烷值的损失较大，但产品的辛烷值仍达到了 100.7。

Villasana 等[151]通过程序控温反应使用反应气体制备了氧化铝负载并添加镍助剂 [Ni/(Ni+W) 原子比从 0.00 到 1.00 变化] 的钨氧化物、碳化物和氮化物催化剂，经预硫化后用于超重质原油的催化改质，以降低污染物含量，提高油品质量。使用常压 HDS 反应测试研究了 Ni/(Ni+W) 原子比对模型分子噻吩转化率的影响，随后以筛选出的性能最佳的催化剂对高沥青质、S 和 N 含量的委内瑞拉超重质原油进行了催化改质测试，并将这些结果与商业 Ni-Mo 催化剂进行比较。Ni/(Ni+W) 为 0.50 的 Ni-W 催化剂在噻吩 HDS 和重油加氢精制过程中表现出卓越的性能，提高了 API（美国石油学会）相对密度并降低了 S 含量，改变了原油和沥青质的化学性质。然而，原油和沥青质中的 N 含量没有发现显著变化，表明其 HDN 性能较差，这可能是由于 W 前体中痕量的 Na 残留在最终的 Ni-W 催化剂中。

Yuan 等[152]通过共沉淀法制备了 60%Fe/Al₂O₃ 催化剂并用氢气还原产生金属铁催化剂 Fe/Al₂O₃，然后被 CS₂ 硫化成 Fe₀.₉₆S 和 Fe₃S₄，或者在液相中由三苯基膦（PPh₃）磷化成 Fe₂P 和 FeP。研究发现，铁硫化物（Fe₀.₉₆S 和 Fe₃S₄）的加氢脱硫（HDS）反应活性较低。Fe/Al₂O₃ 和 Fe₂P/Al₂O₃ 催化剂的 HDS 活性也很低，因为它们在 HDS 反应中转化为 Fe₀.₉₆S 和 Fe₃S₄。相反，FeP/Al₂O₃ 催化剂很稳定且对 HDS 反应具有活性。特别是 FeP/Al₂O₃ 具有比 FeP/C 更小的 FeP 颗粒，使得 FeP/Al₂O₃ 的 HDS 活性显著高于 FeP/C。

Zhang 等[153]通过不同的水热温度对传统 γ-Al₂O₃ 进行再水合-脱水处理，制备了一系列的氧化铝载体。在负载 Co-Mo 物种后，发现随着氧化铝载体水热处理温度的增加，相应的 Co-Mo/Al₂O₃ 催化剂在模型流化 FCC 石脑油的加氢脱硫（HDS）反应中的选择性因子从 1.21 提高到 2.51。HDS 选择性的提高归因于金属-载体相互作用的减弱和 MoS₂ 颗粒分散度的降低，使催化剂上的板状 Co-Mo-S 结构具有更大的边 / 角比。此外，在仅使用选择性 HDS 催化剂（一单元工艺）的情况下，HDS 产生的 H₂S 和烯烃反应形成重组硫醇是实现高 HDS 转化率（S＜10×10⁻⁶）的巨大障碍。因此，作者开发了一个二单元工艺，通过首先使用选择性 HDS 催化剂去除大部分难处理的硫化物，然后使用另一个巯基去除催化剂专门处理重组硫醇。催化反应测试结果表明，在将重 FCC 馏分的硫含量降至小于 10×10⁻⁶ 时，二单元工艺具有比一单元工艺更小的烯烃损失（4.38% 比 7.08%，体积分数）。本文表明，通过优化选择性 HDS 催化剂和整个工艺的设计，可以实现 FCC 汽油 HDS 过程的高 HDS 转化率和低烯烃加氢转化率。

Zhang 等[154]制备了 Ni-Mo/Al₂O₃ 催化剂，并应用于固定床反应器中的页岩油温和加氢精制反应。在最佳的 HDS 条件下，即 LHSV 为 4h⁻¹、温度为 380℃、

H$_2$/油体积比为 600∶1、压力为 4MPa 时，可以除去页岩油中 84.6% 的硫，并实现高达 96.2% 提质油收率。提质后的页岩油符合中国国家标准《船用燃料油》（GB 17411—2015）的质量要求（硫含量低于 0.5%，质量分数）。通过 HDS，页岩油的热值和黏度也得到了明显的改善。在空气中进行原位高温处理可以有效地去除催化剂表面的焦炭，并使其在再次硫化后具有高活性。作者提出了一个概念性工艺，通过耦合高压操作的甲醇重整装置和经过测试的高压 HDS 提质反应器，为页岩油加氢提质过程提供低成本的氢气。

第五节
烃类水蒸气转化

一、烃类水蒸气转化的重要意义

随着社会经济高速发展，化石能源供应日趋紧张，其所带来的环境污染和气候变化问题亟待解决，从重污染的化石能源向清洁的、可再生的、有利于社会可持续发展的绿色新型能源转变，是当今能源发展的主要方向，其中氢能因具有热效率高、清洁无污染、低碳环保等特点，成为未来能源绿色转型发展的重要载体之一[155]。

自然界中并没有发现以单质形式存在的氢能，所以安全环保且高效的制氢技术是现阶段氢能实现良好发展的先决条件。目前，制氢方法主要有化学重整法、水电解法和生物法等，其中化学重整制氢法因其工艺成熟、成本低和产率高等优势，相比其他制氢方法起步较早，逐渐形成了较为完善的制氢工艺系统，水蒸气重整、水相重整、部分氧化重整和吸附强化重整等多种化学重整制氢工艺优势互补，共同发展[156]。

烃类水蒸气重整技术在现代化工、石化、天然气加工和化肥制造等行业中占据重要地位。作为一种广泛应用的氢气生产方法，其已成为全球氢气市场的核心组成部分，在不同的领域均有重要应用：

（1）传统化工生产　在传统化工产品生产中，氢气是许多化学反应的关键原料，例如，甲醇生产过程中，氢气与一氧化碳在高压和催化剂的作用下生成甲醇；在石油裂解过程中，氢气有助于破坏烃类分子链，提高产物的附加值。此外，氢气还在其他化学品的生产中发挥关键作用，如聚合物、溶剂、界面活性剂等。而水蒸气转化技术提供了一种高效、可靠的氢气来源，满足了化工生产对氢气的大量需求。目前天然气水蒸气重整凭借其优越的性能和成熟的技术，已经成为化工产业中氢气生产的主要途径[157]。

（2）化肥制造　烃类水蒸气重整技术在合成氨化肥领域扮演重要角色。合成氨生产是在一定温度、压力和催化剂条件下，氢气和氮气发生哈柏-博世法反应，生成氨气，进而转化为尿素、硝酸铵、硫酸铵等多种氮肥。早在20世纪40～50年代，随着石油和天然气资源的发现和开发，烃类水蒸气重整技术取代了水煤气制氢法，成为合成氨领域的主要氢气来源，为氮肥生产提供关键支持[158]。

高纯度氢气有助于提高合成氨效率与氮肥质量，满足全球不断增长的粮食需求。实际应用中，技术优化涉及改进催化剂、优化反应条件、采用新型反应器设计等，以提高氢气产率、纯度，降低能耗及成本。对副产品二氧化碳的封闭回收处理降低环境影响[159]。

（3）绿色能源领域　随着全球对可持续能源的关注不断加强，氢逐渐成为绿色能源领域的重要组成部分。在燃料电池等清洁能源应用中，氢气发挥着关键作用。烃类水蒸气重整技术在绿色能源领域的应用有助于推动氢气经济的发展，为全球能源转型提供可靠支持[160]。

氢气具有高能量密度和环保特性。燃料电池作为一种清洁能源技术，将氢气和氧气转化为电能和水，具有零排放的优点。在交通领域，燃料电池汽车和氢气燃料的发展将带来清洁的交通方式，有助于减少交通领域的碳排放。在电力行业，氢气可以作为一种储能介质，平衡可再生能源的波动性。

燃料电池是一种高效、清洁的能源转换技术，可以直接将氢气和氧气转化为电能和水。作为燃料电池的核心燃料，氢气的高纯度、可持续性及经济性成为关键因素。烃类水蒸气重整技术可以提供高纯度的氢气，满足燃料电池对氢气品质的要求[161]。

烃类水蒸气重整技术在燃料电池领域的应用可以分为两类。一类是固定式燃料电池系统，主要用于分布式发电、储能、家庭供暖等领域。这类系统通常使用较大规模的重整装置进行氢气生产，以保证系统的连续运行[162]。另一类是移动式燃料电池系统，主要应用于交通运输领域，如燃料电池汽车、船舶和无人机等。这类系统需要较小规模的重整装置，以满足携带和实时氢气生成的需求[163]。

烃类水蒸气重整技术在燃料电池应用方面的挑战主要包括能效、成本和环境因素。优化反应条件、改进催化剂和采用新型反应器设计等手段可以提高烃类水蒸气重整技术的能效和氢气产量。此外，结合燃料电池系统的实际需求，开发定制化的重整解决方案可以降低成本，提高系统性能[164]。在环保方面，通过捕集和处理重整过程中产生的副产物，如二氧化碳，可以降低燃料电池应用的环境影响[158]。同时，发展可再生能源驱动的水解制氢技术作为烃类水蒸气重整技术的补充，可以进一步减少碳排放和实现可持续氢气供应。

总之，烃类水蒸气重整技术在新能源领域，特别是燃料电池应用中具有重要价值。它为燃料电池提供了高纯度的氢气，助力固定式和移动式燃料电池系统在分布式发电、储能、家庭供暖、交通运输等领域的广泛应用。优化烃类水蒸气重整技术的能效、成本和环保性能，结合可再生能源制氢技术，有望推动燃料电池在全球能源市场中发挥更加关键的作用。

综上所述，烃类水蒸气重整技术在化工领域具有重要意义。作为一种高效、可靠的氢气生产方法，烃类水蒸气重整技术将继续在全球能源市场发挥关键作用。随着技术创新和氢气市场的持续发展，烃类水蒸气重整技术将在更多领域展示其潜力，为推动全球能源转型和可持续发展做出重要贡献。

二、烃类水蒸气转化反应

烃类水蒸气转化反应主要是将烃类和水蒸气混合后在催化剂的作用下发生的水蒸气转化反应。在这个过程中，烃类被转化为 CO、H_2、CO_2 等主要成分的转化气。

1. 反应原料

（1）天然气 自 20 世纪 20 年代烃类水蒸气重整技术开始发展到 50 年代广泛用于合成氨生产以来，天然气一直是工业上重整制氢的主要原料[165]，天然气按地下的贮藏状态和集聚方式可分为常规天然气和非常规天然气。

常规天然气开采于常规油气藏，通常为无色、无味、无毒的气体，密度小于空气，易发散，对水蒸气重整制氢过程的操作安全性具有较好的保障，目前广泛应用于大规模工业制氢的天然气水蒸气重整制氢，具有制氢效率较高和工艺流程较成熟等优点，但其反应温度高，耗能较大且对设备要求较高，不仅导致制氢成本和 CO_2 排放量增加，还易使催化剂积炭导致活性下降[166]。

非常规天然气通常包括煤层气、页岩气、可燃冰等，我国煤储量高，煤层气资源极其丰富且含大量 CH_4 气体，因此，合理开发利用煤层气是减少环境污染、避免煤矿事故、保障良好能源供应的有效途径。但煤层气中一般含有 O_2 和 H_2S 等杂气，导致高温重整过程对操作环境与仪器设备均有较高的要求，杂气虽然可以通过多种精制方式除去，但操作烦琐，除气不全。煤层气中 O_2 的存在致使高温重整过程存在爆炸的安全隐患，操作危险性较高[167]，故其在工业的应用受到很大限制。

（2）石油 石油是一种由多种烃类化合物组成的复杂混合物。石油经过分馏和裂解后，可以得到不同碳数的烃类原料。其中，重整过程常使用的石油原料包括石脑油（naphtha）[168]、汽油[169]、柴油[170]等。这些原料作为水蒸气重整的原料处理过程较为复杂，能耗和环境影响也相对较高，但是其在车载等小规模制氢方面有着重要的应用价值。

（3）煤炭 严格来说煤炭不作为水蒸气重整的原料来使用，但其热解过程可以和烃类水蒸气转化工艺进行耦合，在烷烃催化转化过程中，存在活性中间体（如CH_x、H等自由基），如果这些生成的自由基与煤热解过程中产生的自由基结合，则可显著提高自由基的稳定速率和效率，从而提高煤热解过程的焦油产率。与传统加氢热解提高煤焦油产率工艺相比，煤热解和烃类水蒸气重整耦合技术尚在研究阶段，在正式应用于工业前仍有许多工作需要进一步开展，如热解过程连续性设计、耦合反应器的设计、耐硫催化剂的进一步开发等等[171-173]。

（4）生物质 相较于储量有限且不可再生的化石能源，生物质能源在自然生态循环中利用太阳能可实现碳循环再生和碳中和，其来源包含动植物、微生物以及由这些生命体排泄和代谢的所有有机物质，以秸秆、柴薪、禽畜粪便、林业废弃物、城市生活垃圾、废弃油脂等形式广泛存在。但大部分生物质被当作燃料直接燃烧处理，从而造成环境污染和资源浪费，因此，利用生物质重整制氢是能源清洁转型发展的重要方向之一。目前，生物质重整制氢大部分还处于实验阶段，想要实现大规模发展需攻克许多理论难题和实际问题，如催化剂的选择，原料组分的预处理，反应过程的特性以及催化作用机理等[174]。

综上所述，烃类水蒸气重整技术的原料来源较为丰富。不同原料的选择取决于资源条件、成本、技术限制等因素。在实际生产中，天然气是最常用的原料，因为它具有较高的经济性和相对较低的环境负荷。然而，在制氢技术的发展过程中，研究人员一直在探索更为环保、可持续的原料选择和处理方法。

例如，在生物质作为原料方面，尽管其氢气产率和经济性相对较低，但生物质来源广泛、可再生性好，有望减少对化石燃料的依赖。因此，研究人员正努力改进生物质制氢技术，提高氢气产率和降低成本，以实现更加环保、可持续的制氢。

烃类水蒸气重整技术的发展和应用，不仅要考虑原料的选择，还需要关注整个制氢过程的环境影响和经济性。因此，在原料选择和处理方法上，需要持续探索和优化，以实现更高效、环保的制氢。同时，结合其他制氢技术，如电解水制氢、光解水制氢等，可以提供更多元化的制氢途径，满足不同应用场景的需求。

2. 反应机理

甲烷水蒸气重整反应机理早在20世纪30年代末就已开始研究。在整个重整反应过程中，烷烃和水在高温下通过负载型金属催化剂的催化作用生成H_2和CO。通常烷烃水蒸气重整可以概括为以下两个反应[175]：

$$C_nH_m + nH_2O \longrightarrow nCO + (m/2+n)H_2 \qquad \Delta H^0 > 0 (n \geq 2)$$

$$C_nH_m + 2nH_2O \longrightarrow nCO_2 + (m/2+2n)H_2 \qquad \Delta H^0 > 0 (n \geq 2)$$

烃类水蒸气重整整体反应虽然较为简单，但其转化过程本身比较复杂，不仅涉及反应物和产物在催化剂表面和体相的转移和扩散，而且包括了几个平行的或连串的同步发生的反应。另外，催化剂的制备方法不同、活性组分组成不同、粒径大小有差异，并且反应温度，压力也不尽相同，因此不同的研究方法、实验条件和实验结果提出了一系列基于不同反应机理的动力学方程[176]，以下以甲烷水蒸气转化为例，简要介绍烃类水蒸气重整机理。

目前对于反应机理的认识主要分为两类：一部分学者认为 CH_4 分子和 H_2O 分子同在催化剂表面吸附，CH_4 解离为 CH_x，H_2O 解离为 O 物种，然后中间产物和反应物之间再相互进行反应，最终生成 H_2、CO。如 Froment 等以 $Ni/MgAlO_4$ 为催化剂对甲烷水蒸气重整反应机理进行研究，在消除内扩散影响的前提下，提出以下反应机理[177]：

$$H_2O + {}^* \rightleftharpoons H_2 + O^*$$
$$CH_4 + 2^* \rightleftharpoons CH_3^* + H^*$$
$$CH_3^* + {}^* \rightleftharpoons CH_2^* + H^*$$
$$CH^* + O^* \rightleftharpoons CO^* + H^*$$
$$CO^* \rightleftharpoons CO + {}^*$$
$$2H^* \rightleftharpoons H_2 + 2^*$$

式中，* 代表镍表面活性中心。根据这一机理，水分子和表面活性镍原子反应生成氢气和氧原子；而甲烷分子在催化剂的作用下解离，所形成的 CH^* 分子片与吸附氧反应生成气态的氢气和一氧化碳。

还有一些研究认为 CH_4 和水在气相中进行反应，反应过程中产生一系列自由基，最后生成 H_2 和 CO，如 Benjamin T S 等[176]针对 Ni/Al_2O_3 催化剂上的丙烷水蒸气重整反应，提出如下反应机理：

$$CH_4 + OH \cdot \longrightarrow CH_3 \cdot + H_2O$$
$$CH_3 \cdot + OH \cdot \longrightarrow CH_2OH \cdot + H \cdot$$
$$CH_2OH \cdot \longrightarrow CHO \cdot + 2H \cdot$$
$$CHO \cdot + OH \cdot \longrightarrow CO \cdot + H_2O$$
$$CO \cdot + 2H \cdot \longrightarrow CO + H_2$$

式中，· 表示自由基。在该机理中，甲烷和水分子在气相中直接发生反应，并不需要经过催化剂表面上的吸附解离等步骤。

总之，虽然目前关于烃类水蒸气重整的一系列机理研究给人们提供了宝贵的信息，但它们均存在一定程度的不足。目前的反应机理描述尚不足以对反应的各个步骤提供足够的细节，因此，在催化剂性能优化方面的指导意义仍然有限。为了更好地理解甲烷水蒸气重整反应，需要开展更多的实验研究和理论计算工作，以揭示反应过程中各个中间物的结构和动力学特性，从而指导催化剂的设计和优化。

3. 反应条件

在烃类水蒸气重整过程中主要工艺操作参数包括温度、压力、水碳比、空速等。工艺操作不能孤立考虑，不能只估算它们本身对反应的影响，还要考虑到催化剂、经济成本、材料等因素。以下以甲烷水蒸气重整工艺为例，简要介绍不同反应条件的选择[178]：

（1）温度　无论是从化学平衡还是从反应速率考虑，提高温度都对转化率有利，但温度对炉管的寿命影响严重，因此工业上 SMR 反应温度一般维持在 $700 \sim 900℃$。

（2）压力　甲烷水蒸气转化的主要反应是生成 CO、CO_2 和 H_2 的反应，是物质量增加的反应。从平衡角度来看，增加压力对反应不利。压力越高，出口气体平衡组成中甲烷含量越高，在温度较低时，影响较为显著。为减少出口气体中甲烷含量，在加压的同时，采取的措施是提高水碳比及温度。只要温度与水碳比均提高，即使压力较高，也可以使出口气体平衡组成中甲烷含量降低。

（3）水碳比　从化学平衡角度而言，水碳比的提高对于甲烷转化是有利的，而且对抑制积炭也是有利的。但水碳比的提高就意味着蒸气耗量的增加，多余的水蒸气同样也使炉管中温度上升，致使能耗增加。因此在满足工艺的前提下，要尽可能减少水碳比。工业过程中的水蒸气和甲烷的摩尔比一般为 $3 \sim 5$，生成的 H_2 与 CO 之比大于等于 3。

（4）空速　空速的提高意味着生产强度的提高，因此在可能的条件下，要用高空速。但是空速过高，气体在反应器中停留的时间过少，甲烷转化率降低。出口气体中甲烷残余量的增加一般需要提高操作温度与水碳比来弥补。

综上所述，烃类水蒸气重整工艺作为一种成熟且广泛应用的氢气生产方法，在高温高压条件下使用基于镍或贵金属的催化剂将烃类原料转化为氢气和一氧化碳。催化剂在该过程中起到了至关重要的作用。然而，面临高能耗、催化剂中毒与积炭等挑战，该工艺仍需持续优化和改进，尤其是催化剂的性能和稳定性方面。

在未来，通过综合利用多种技术手段并克服各种挑战，特别是催化剂的优化和创新，烃类水蒸气重整工艺有望在氢能经济中继续发挥重要作用。

三、烃类水蒸气转化催化剂

1. 组成与特性

第Ⅷ族过渡金属具备较好的解离 C—H 键和 O—H 键的能力，理论上均可作为烃类重整反应的催化剂[179]。这些催化剂可以分为以活性组分 Ru、Pt、Pd、Rh、Ir 为主的贵金属催化剂和以活性组分 Ni、Co、Fe 为主的非贵金属催化剂。

（1）非贵金属催化剂　非贵金属催化剂因其活性好、价格低廉，在工业生产中广泛应用。但其抗积炭性能差，一般通过添加一些碱土金属氧化物、稀土金属作为助剂或对载体进行改性来抑制炭的沉积，提高催化剂的稳定性。下面简单介绍一下这几种非贵金属催化剂。

① Ni 基催化剂　Ni 基催化剂作为目前水蒸气重整工业中应用最广泛的金属催化剂，其具有制备成本低廉、活性高的优势。早在 20 世纪 50 年代，Ni 基催化剂在甲烷水蒸气重整中就得到广泛应用。最初，使用简单的氧化铝载体负载镍，制备出简单的 Ni 基催化剂。这些催化剂虽然具有相当高的活性，但尚存在抗积炭性能较差等缺陷。而后通过改进制备方法、优化载体材料、引入助剂等方法，Ni 基催化剂发展已较为成熟，在各种水蒸气重整工艺中广泛使用[180]。如丹麦的 Haldor Topsoe 公司、英国的 Johnson Matthey 公司、德国的 BASF 公司、美国的 UOP（Honeywell 旗下子公司）以及法国的 Air Liquide 公司。这些全球知名的化工催化剂制造商，在各自的水蒸气重整技术中，如甲烷水蒸气重整、甲醇水蒸气重整、乙醇水蒸气重整等，都大量采用了 Ni 基催化剂以实现高效甲烷、甲醇、乙醇等原料的转化。

Ni 基烃类水蒸气重整催化剂的发展虽然较为成熟，但是其催化性能尚有很大的改进空间，还保持较高的研究热度。目前对催化剂性能的改进主要包括添加助剂、增强载体材料和改变制备方法等。

添加助剂是较为常用的 Ni 基催化剂改性方法，如通过添加其他过渡金属（如 Fe、Co、Cu、Mn 等）可以改善 Ni 基催化剂的氧吸附能力，从而促进碳气化反应和抑制焦炭生成，通过添加贵金属（如 Pt、Pd、Rh、Ru、Ir、Au 等）可以增加 Ni 粒子的分散度，并提高其还原性。同时这些助剂的添加可以提高 Ni 基催化剂的比表面积和孔隙率，从而增加其对反应物分子的吸附能力和转移能力，进而提高催化活性[181-184]。

增强载体性能也是一种有效的 Ni 基催化剂改进方法，如提高载体的机械强度可以显著增强 Ni 基催化剂的耐磨性和热稳定性，从而减少其在反应过程中的失活。增加载体比表面积和孔隙率可以增加 Ni 基催化剂对重油分子的吸附能力和转移能力。调节载体酸碱特性可以调控水蒸气重整反应的副反应速率，减少焦炭生成，增强催化剂稳定性[185-187]。

改进催化剂的制备方法也可以提高 Ni 基催化剂的性能，如使用电化学沉积法可以较精准调控 Ni 基催化剂的晶体结构和粒径分布，使用气相沉积法可以在载体材料表面上形成高分散度的 Ni 粒子，使用聚合物模板法可以在载体内部形成 Ni 基催化剂，并控制其晶体结构和孔隙率。各种较为创新的催化剂制备方法都可以不同程度提升催化剂的使用效果，但其稳定性和经济性尚存在一些问题，需要进一步研究探索[185, 188]。

② 其他非贵金属催化剂　除 Ni 基催化剂外，其他在烃类水蒸气重整中研究较为充分的非贵金属催化剂主要为 Fe、Co、Cu 催化剂，但大量研究表明这三种催化剂催化活性均要差于 Ni 基催化剂，这使得这些金属在成本不具备明显优势的情况下很难在实际工业生产中得到广泛应用[189]。但是随着氢能的发展，移动式燃料电池方面的研究越来越广泛，Fe、Co、Cu 在非烃类生物质、醇类水蒸气重整制氢方面表现出了较优秀的催化性能，有望在液体原料制氢方面得到重要应用[190]。

（2）贵金属催化剂　相比于非金属催化剂，贵金属催化剂具备更高的反应活性和稳定性，且贵金属催化剂具有高抗积炭能力，其能在较低的反应温度时具有较高的初始活性，但是高昂的成本限制了其在工业中的大规模应用。未来随着氢能应用场景的发展，其有望在小型制氢领域得到实际应用。

烃类水蒸气转化催化剂的研究已经取得了显著的进展。通过改进催化剂的活性组分、载体和制备方法，研究人员已经开发出了许多高效、稳定的催化剂。当前研究的重点包括提高催化剂的活性、选择性和稳定性，减少催化剂失活，以及降低贵金属催化剂的成本。为了实现这些目标，研究者们正在探索新的催化剂设计策略，如多金属催化剂、纳米结构催化剂和分子筛催化剂等。在氧化铝载体方面，通过改变其组成、孔结构和表面性质等，也有望进一步优化烃类水蒸气转化催化剂的性能。

2. 氧化铝载体

由于烃类水蒸气重整反应具有反应温度高、反应压力大、有水蒸气参与等特点，一般所选用的载体需要具备以下特征[191]：

① 比表面积大：选择比表面积大的载体有助于提高催化剂活性组分的分散度。这样可以增加活性组分与反应物接触的机会，从而提高反应速率和效率。

② 良好的热稳定性：良好的热稳定性是载体在水蒸气重整过程中的高温条件下保持其结构和性能的关键因素。这对于确保催化剂的长期稳定性和可靠性至关重要。

③ 与活性金属可以产生较好的相互作用：载体与活性金属形成较强相互作用可以固定催化剂活性组分，防止其在反应过程中的烧结或游离，从而延长催化剂的使用寿命。

④ 良好的力学性能：高温高压反应需要载体具备足够的抗压和抗磨损能力。

目前满足以上要求，研究较为广泛的水蒸气重整制氢催化剂载体有 SiO_2 和 Al_2O_3 载体，它们孔隙结构均匀有序、吸附传输性好且比表面积大，能够筛分金属颗粒尺寸使金属颗粒定向稳定组装且高度分散于载体表面，这可有效防止金属催化剂迁移聚集、烧结。但目前 SiO_2 的硅基多孔分子筛载体仍存在结构坍塌等现象，而介孔 Al_2O_3 结构、强度较为稳定，是目前使用最广泛的烃类水蒸气重整载体[192]。

3. 催化剂研究进展

如前文所述，烃类水蒸气重整技术在实现高效转化烃类原料为高纯度氢气方面具有显著价值。在长期发展过程中，针对催化剂的活性、选择性和稳定性，研究者们开展了广泛的探讨，不断优化和改进催化剂的性能。包括金属基催化剂、非金属基催化剂在内的各种催化剂类型已经取得显著成果，推动烃类水蒸气重整过程在效率和经济性方面取得突破。

You 等[193]采用共浸渍法制备了一系列不同 Co 负载量的 Ni-Co/γ-Al_2O_3 双金属催化剂，实验结果显示 Co 的添加能显著提升 Ni/Al_2O_3 催化剂的抗积炭性能，并在相对较低的温度下维持良好的反应稳定性。在 800℃ 的反应条件下，改性催化剂依然可以维持较高的反应活性。

Silvester 等[194]研究了在 Al_2O_3 和 ZrO_2 载体上负载 NiO 进行循环水蒸气甲烷重整反应的可行性。实验结果表明，两种载体可以和 NiO 发生反应生成 $NiAl_2O_4$ 和 $NiZrO_3$ 等晶体，两种催化剂均在重整实验中均表现出较好的催化活性，使用 Ni/Al_2O_3 作为催化剂，CH_4 转化率为 96.5%，而使用 Ni/ZrO_2 催化剂，CH_4 转化率为 98.3%。

Sepehri 等[195]采用一种简单、环保、低成本的固态反应法成功制备出高比表面积（>220m^2/g）的介孔纳米晶氧化铝，并将其作为镍基催化剂载体用于自热重整反应。实验发现，该氧化铝载体可显著提高镍基催化剂的活性和稳定性。在自热重整反应中，甲烷转化率可达到 90% 以上。进一步稳定性测试显示，在 500℃ 的反应条件下，催化剂仍能保持约 85% 的甲烷转化率，且无明显失活现象。这表明该研究制备的高比表面积介孔纳米晶氧化铝作为镍基催化剂载体具有优良的催化性能。

Oh 等[196]研究了 Ni/Ru-Mn/Al_2O_3 催化剂对模拟生物质焦油成分之一的甲苯进行催化水蒸气重整的效果。在 673K 的温度下，商业石脑油重整催化剂（46-5Q）和 Ni/Ru-Mn/Al_2O_3 催化剂均表现出较高的甲苯重整性能。而将反应温度升高至 873K 以上时，两者转化率开始出现差别，Ni/Ru-Mn/Al_2O_3 催化剂反应活性明显高于 46-5Q，这表明其具有更好的热稳定性。

Mihai 等[197]研究了含水量对 Pd/Al_2O_3 催化剂在不同条件下甲烷氧化反应的影响。结果表明，水的存在显著降低催化剂的甲烷氧化活性。在富油气中加入水后，甲烷转化率分别从 100% 降至约 50%；在贫油气中加入水后，甲烷转化率从 100% 降至约 20%。进一步研究表明导致催化剂在含水条件下失活的原因是水的存在可以使活性组分 Pd 逐渐转变为 PdO，最终失去活性。

Li 等[198] 在 Al_2O_3 载体中掺杂了 CeO_2，制备出 Rh/CeO_2-Al_2O_3 复合载体催化剂，并考察了其在低温水蒸气重整丙烷反应中的催化活性。研究结果显示，添加 CeO_2 后，催化剂在最佳反应条件下（500℃、H_2O/C_3H_8 比 4∶1）的丙烷转化率达到了 97.5%，显著高于 Rh/Al_2O_3 催化剂的 68.6%。进一步研究发现 Rh 与 Ce 之间存在较强相互作用，抑制了 Rh 在高温下的团聚以及积炭失活速率。

Khzouz 等[199] 制备了 $Ni-Cu/Al_2O_3$ 双金属催化剂，并将其与商业 Ni/Al_2O_3、$Cu/ZnO/Al_2O_3$ 催化剂在甲烷和甲醇水蒸气重整反应中的性能进行对比。结果显示 $Ni-Cu/Al_2O_3$ 催化剂展现出更高的活性和选择性，其甲烷转化率达到 96.5%，甲醇转化率为 99.8%，且具有更高的 CO 吸附能力（0.28mol/g）和抗积炭能力。这表明 $Ni-Cu/Al_2O_3$ 双金属催化剂是一种有前途的工业氢气制备催化剂。

Jiménez-González 等[200] 使用镍铝酸盐作为 Ni/Al_2O_3 催化剂前驱体，通过共沉淀法制备了不同镍含量（17% 和 24%，质量分数）的 $NiAl_2O_4/Al_2O_3$ 催化剂，并将其用于低温甲烷水蒸气重整反应中。研究结果表明，24%（质量分数）$NiAl_2O_4/Al_2O_3$ 催化剂在 550℃时具有最高的甲烷转化率（96.5%）和最高的 CO 产率（98.5%）。同时，其在 10h 内未观察到明显失活。研究结果证实了镍铝酸盐作为催化剂前驱体制备 Ni/Al_2O_3 催化剂是一种有效的提升催化剂在低温下甲烷水蒸气重整反应活性的方法，为低温甲烷水蒸气重整提供了新的催化剂设计思路。

Hu 等[201] 研究了铁元素掺杂对 Ni/Al_2O_3 在甲苯水蒸气重整反应中催化剂催化性能的影响。实验结果显示，Fe 掺杂可以显著提高催化剂活性，Fe/Ni 比例为 0.5 时，催化剂具有最佳活性和稳定性，甲苯转化率达到 96.3%，H_2 选择性达到 99.8%。进一步研究表明添加适量铁元素可增加催化剂表面吸附氧物种含量，从而促进 H_2 的生成。

Hafizi 等[202] 使用 Ca 作为第二助剂对 Fe/Al_2O_3 催化剂在循环水蒸气甲烷重整反应中催化性能的影响。结果表明，浸渍法合成的 15%（质量分数）Fe/Al_2O_3 氧载体具有最佳活性。添加钙促进剂可以显著提升催化剂在循环重整过程中的稳定性，其中 15%（质量分数）Fe 和 5%（质量分数）Ca 负载量的催化剂氧在 17 次循环反应后，甲烷转化率仍然可以维持 100%，氢气产率在 83% 以上。这表明钙作为第二助剂可以显著提高 Fe/Al_2O_3 催化剂的稳定性。

Faria 等[203] 制备了 $Ni/Ce_xZr_{1-x}O_2/Al_2O_3$ 复合载体催化剂，并将其与商业 Ni/Al_2O_3 催化剂在液化石油气水蒸气重整中的性能进行对比。结果显示，$Ni/Ce_xZr_{1-x}O_2/Al_2O_3$ 催化剂具有更高的催化活性和稳定性，其初始转化率达 96.5%，相比而言 Ni/Al_2O_3 催化剂只有 87.4% 的初始转化率。同时 $Ni/Ce_xZr_{1-x}O_2/Al_2O_3$ 催化剂还表现出更高的选择性。

Duarte 等[204] 研究了 Sm_2O_3 掺杂对 Rh/Al_2O_3- CeO_2 催化剂在甲烷水蒸气重

整反应催化活性的影响。结果显示，Sm_2O_3 掺杂可以显著提高 Rh/Al_2O_3-CeO_2 的催化活性。进一步研究表明，在反应气氛（CH_4/H_2O/He）下，Ce^{4+} 会被还原为 Ce^{3+}，从而使催化剂的活性降低，而掺杂 Sm_2O_3 可以抑制 Ce^{4+} 的还原，从而提高催化剂的稳定性。

Cherif 等[205]使用数学模型建立了活性组分 Ni 以多层同心环的形式负载在 Al_2O_3 载体上的催化剂模型，并与传统均匀分散的 Ni/Al_2O_3 催化剂对甲烷水蒸气重整反应中的催化性能进行对比。模拟结果显示多层同心环式负载的 Ni/Al_2O_3 具有更优异的催化活性和稳定性，相较于传统均匀分布 Ni/Al_2O_3 催化剂模式，其甲烷转化率和 CO 选择性更高。在不同反应条件下，该模式展现出良好的性能，特别是在温度为 900℃、压力为 1.4MPa、空速为 $1.5h^{-1}$ 时，甲烷转化率达到 96.7%，CO 选择性为 99.8%。尽管该研究未进行实验验证，但为甲烷水蒸气重整反应催化剂的制备提供了新的设计思路。

Boukha 等[206]详细研究了 Ni/Al_2O_3 催化剂在甲烷水蒸气重整和部分氧化甲烷重整反应中的性能。发现在部分氧化甲烷重整反应中，800℃下，催化剂甲烷转化率为 96.5%，CO 选择性为 98.7%；而在甲烷水蒸气重整反应中，相同温度下催化剂甲烷转化率为 93.8%，CO 选择性为 99.1%。这表明水蒸气的存在影响了催化剂的催化性能。

Ashraf 等[207]使用原位合成方法制备了 La-Al_2O_3 载体，并将 Ru 负载在载体上制成 Ru/La-Al_2O_3 催化剂，将其用于甲烷水蒸气重整反应中，发现催化剂在较为苛刻的 800℃反应温度、30000mL/(g·h) 空速、水蒸气/甲烷比为 3 的条件下，催化剂仍然表现出较为优秀的催化性能。进一步调节 Ru 的负载量显示，10%（质量分数）负载量下的催化剂具有较高比表面积（约 $150m^2$/g）和较小的晶粒尺寸（约 5nm），在该负载量下催化剂表现出最高的催化活性。

Arslan Bozdag 等[208]使用共沉淀法制备了 Ni/Al_2O_3-CeO_2 催化剂，然后通过浸渍法将 W 负载在催化剂上，制备出了 W-Ni/Al_2O_3-CeO_2 复合催化剂，并将其应用于柴油水蒸气重整反应中。结果表明该催化剂具有非常优异的催化性能，相比于单 Ni/Al_2O_3 催化剂，其转化率和抗积炭性能均有较大提升。进一步研究发现 W 可以提高 Ni/Al_2O_3 催化剂的抗积炭性能，而 CeO_2K 可以促进水-气变换反应。

Abbas S 等[209]研究了在 0.1MPa 下，18%（质量分数）NiO/α-Al_2O_3 催化剂上的甲烷水蒸气重整（SMR）和水煤气变换（WGS）反应的动力学数据。结果表明，温度范围 300～700℃内，SMR 和 WGS 反应速率随温度升高而增加，分别在 500℃与 600℃时达到最高值。甲烷转化率随温度升高而增加，最高达到 80%；而 CO 转化率随温度升高降低，最低为 20%。同时该论文建立了一维非等温催化床反应器的动力学模型，并用 PROMS ModelBuilder 4.1.0 进行模拟，结果较好地预测了 SMR 和 WGS 反应的动力学行为。

第六节
其他

一、烃类加氢裂化催化剂

1. 烃类加氢裂化的重要意义

烃类加氢裂化技术是一项可处理劣质原料、直接生产清洁车用燃料的炼油技术。该技术可以将重油原料转化为具有较高附加值的石化产品，如汽油、石脑油、液化石油气（LPG）等，其具备较高的目标产品选择性、灵活的生产方案和较强的原料适应性[210]。

自从20世纪60年代雪佛龙公司（Chevron）建立第一套现代工业化的加氢裂化装置以来，加氢裂化技术已经经历了50年的发展，在世界范围内获得了广泛应用，UOP公司、CLG（Chevron Lummus Global）公司、Criterion公司、Axens公司、Topsoe公司、中国石化大连（抚顺）石油化工研究院（FRIPP）、中国石化石油化工科学研究院（RIPP）等公司或机构都拥有自己的加氢裂化专利并已推向实际生产[211]。

烃类加氢裂化过程是在加氢条件下，通过催化剂的作用，使烃类原料在一定的温度、压力和空速下发生裂化、异构化和加氢脱硫等反应，从而产生具有较高附加值的石化产品。这一过程具有较高的热效率、选择性和产率，为石油炼制和石化产品生产提供了重要途径。

烃类加氢裂化应用广泛，包括[212]：

① 重油加氢裂化，用于提高重油的附加值，降低炼油厂的能耗；

② 轻烃加氢裂化，用于生产高附加值的中间产物，如异构烯烃、芳香烃等；

③ 气体烃加氢裂化，用于生产液化石油气、异构烷烃等。

综上所述，烃类加氢裂化技术在石油化工领域具有广泛的应用和重要的战略地位。而近30年来，随着环保法规的日益严格和发动机燃料规格指标的日趋苛刻，加氢裂化技术作为清洁燃料油和优质化工原料的关键加工技术在世界范围内备受关注，获得了更为广泛的应用。加氢裂化技术的核心是催化剂，其水平的进步依赖于高性能加氢裂化催化剂的开发，而新材料的开发和应用则是加氢裂化催化剂性能提升的源泉。当前，世界大部分炼油厂加工硫、氮以及芳烃含量较高的劣质原油，炼油厂需要选择一个高性能的加氢裂化催化剂体系解决当前所面临的技术和经济方面的问题。所以需要持续加强研究与创新，使烃类加氢裂化技术在未来实现更高效、环保和可持续的发展，为全球能源安全和石化产业的繁荣作出更大贡献。

2．烃类加氢裂化反应

加氢裂化一般以 VGO（馏程 $350 \sim 550\,℃$）为原料，VGO 组成一般包括：饱和烃（石蜡烃、环烷烃）、芳烃（单环芳烃、多环芳烃）以及胶质等。在加氢裂化催化剂上的反应可以分为两类：

在活性金属上主要发生氮硫化合物的氢解反应、烯烃加氢以及稠环及单环芳烃加氢饱和反应；

在酸性载体上主要发生开环、正构烷烃加氢裂化、脱烷基化以及异构化反应。

原料中不同组分的反应机理有一定差别，以正构烷烃反应为例，其在加氢裂化催化剂上的反应历程为：

① 正构烷烃在加脱氢中心上脱氢生成正构烯烃。

② 正构烯烃从酸中心获得质子形成直链碳正离子，吸附在催化剂表面。

③ 直链碳正离子在酸中心上发生异构化，形成单支链碳正离子。

④ 单支链碳正离子有两条反应路线：

a. 通过氢转移将质子转移给另外一个反应物或酸中心，自己变成烯烃，然后在加氢中心上加氢，从而离开反应体系；

b. 在酸中心上进一步异构为多支链碳正离子。

⑤ 多支链碳正离子也具有两条反应路线：

a. 通过氢转移将质子转移给另外一个反应物或酸中心，自己变成烯烃，然后在加氢中心上加氢，从而离开反应体系；

b. 裂解成一个小分子碳正离子和一个小分子烯烃。

⑥ 形成的小分子烯烃有两条反应路线：

a. 形成的小分子烯烃在加氢中心上加氢，离开反应体系；

b. 在酸中心上重新形成碳正离子，进行二次裂化反应。

⑦ 形成的小分子碳正离子也具有两条反应路线：

a. 小分子碳正离子可以通过氢转移将质子转移给另外一个反应物，同时本身反应为烯烃；

b. 进一步进行二次裂解。

由以上反应历程可知，若加氢功能超过酸功能，则从第一步脱氢生成的正构烯烃将沿整个催化剂床层聚集到一定数量，达到热力学平衡，从而使酸中心上碳正离子的连续反应成为速控步骤；如果加氢/脱氢功能不超过酸功能，则脱氢速率对整个反应的速率也有一定的影响；如果催化剂的酸功能大于加氢功能，则脱氢后的碳正离子将沿着酸性中心作用的方向发生进一步裂化，生成小分子离去，导致收率的降低。

因此，如果提高加氢功能与酸功能的相对比例，则碳正离子就会更多地在加氢中心上加氢饱和向异构化方向进行，可以减少裂解产物的二次裂解，提高中间馏分油选择性。

从反应历程分析，加氢裂化的产物分布由三个因素所决定：催化剂酸功能与加氢功能的平和、酸中心的性质和裂解产物的反应方向。这无疑对催化剂及其载体的酸性设计提出较高的要求。而氧化铝载体催化剂因其良好的热稳定性、可调节的酸性和较高强度，被广泛应用于烃类加氢裂化反应中。

3. 烃类加氢裂化催化剂及研究进展

催化剂是加氢裂化技术的核心和关键，一般为双功能催化剂，主要由金属和酸性中心组成。催化剂的加氢活性主要来源于活性金属组分，金属组分一般可分为贵金属和非贵金属两类。酸性组分是加氢裂化催化剂裂化和异构化活性的来源[213]，主要是由载体提供，助剂在催化剂中虽然只占很少一部分，但却极大地提高了催化剂的催化活性。

加氢活性组分主要包括贵金属和非贵金属，与非贵金属催化剂相比，贵金属具有优异的低温加氢性能，常用的贵金属有 Pd、Pt、Ru、Rh、Ir 等，由于贵金属价格昂贵、耐硫性差，目前研究的主要方向为保持贵金属催化剂活性较高的情况下，尽量降低贵金属用量以及提高其耐硫性能[214, 215]。

非贵金属催化剂主要包括负载型硫化物、氮化物、碳化物、磷化物及非负载型催化剂，过渡金属硫化物是加氢裂化催化剂的主要活性组分，常用的金属有 Ni、Mo、W 及其混合物等。非贵金属加氢裂化催化剂加氢活性略差，但是有较高的耐硫性能[216]。

因为加氢裂化的酸性组分需要载体来提供，所以载体的选择显得尤为重要。而氧化铝具有高热稳定性、高比表面积、良好酸性、优异力学性能、可调孔结构以及成本低廉等优点。成为加氢裂化工艺中广泛应用的载体材料。

综上所述，加氢裂化催化剂是提高加氢裂化处理效率的关键环节，甚至其直接决定了其在石油炼化中的地位。加氢裂化催化剂也一直保持着较高的研究热度。

Hamidi R 等[217]的研究提出了一种用于制备高效的 Ni-Mo/Al$_2$O$_3$-Y 混合纳米催化剂的方法。该研究以廉价的膨润土和稻壳灰作为原料，采用两步法合成 Y 型沸石、并通过溶液燃烧法成功地制备出了高效的 Ni-Mo/Al$_2$O$_3$-Y 混合纳米催化剂，其在重质油的加氢裂化反应中展现出较高的脱硫活性、结构稳定性和环保性。

Radlik M 等[218]研究了铝负载钯/铂催化剂在正己烷加氢裂化反应中的活性表现和机理。发现铝负载单金属铂催化剂相比于钯以及钯铂复合催化剂，展现出更好的催化性能，并且在双金属Pd-Pt/Al₂O₃催化剂中，Pd和Pt的分布呈"凹形"，即Pb会在载体表面发生富集现象，而Pt会较为均匀地分散在载体上。此外，该研究探讨了催化剂还原温度对$C_1 \sim C_5$产物分布的影响。为实际工业反应的温度选择提供了理论指导。

Zhao 等[219]探讨了沥青中沥青质分子的催化加氢裂化反应机理和动力学。详细研究了沥青质在不同温度和反应时间等条件下的加氢裂化行为。研究发现，沥青烷在623～703K范围内，通过NiMo/γ-Al₂O₃催化剂进行加氢裂化的反应为一阶反应，其活化能为134.8kJ/mol，显著低于相同温度下沥青烷非催化裂化的活化能。这表明，NiMo/γ-Al₂O₃催化剂在提高沥青烷反应活性方面具有显著的作用。同时该研究通过对气体和液体产物的PFP（产物生成概率）数据分析，发现在623～648K温度范围内，C—S键断裂在整个沥青烷分解过程中起主导作用；而在673～688K温度范围内，C—C键断裂占据主导地位。总体来讲，该研究认为催化加氢裂化是一种比较适合的沥青质品质升级方法。

Celis 等[220]研究了深度加氢处理的真空气体油中弱碱性含氮化合物的存在形式，并评估了其对Ni-MoS₂/Y-zeolite-alumina催化剂在苯并芘加氢裂解过程中性能的影响。研究发现，即使在加氢处理后，含氮物种总浓度降至低于20×10^{-6}以下时，弱碱性含氮化合物咔唑和其部分氢化的衍生物四氢咔唑仍然展现出较高的稳定性，且其对苯并芘加氢裂解反应中催化剂的活性和选择性有较大的负面影响。

Puron H 等[221]使用介孔氧化铝和介孔二氧化硅-氧化铝作为载体制备了NiMo双金属催化剂，并将其用于玛雅原油的真空残渣加氢裂化反应。研究结果显示，其制备的NiMo双金属催化剂在加氢裂解玛雅原油真空残渣方面表现较好的催化效果，且具有较高的稳定性。

Rayo P 等[147]使用3.4%（质量分数）的P₂O₅作为助剂，负载在NiMo/Al₂O₃催化剂上，并将其用于玛雅原油的加氢裂化、加氢脱硫、加氢脱沥青和加氢脱金属等反应过程中。研究结果表明，P₂O₅作为助剂可以显著提高催化剂的活性和选择性，同时也可以改善反应产物的组分配比。

Danilova 等[222]先使用稀土元素对高硅Y沸石进行改性调节酸性，然后合成了NiMo/Y+Al₂O₃催化剂。将其用于直馏VGO、重型焦炉汽油、芳香类提取物和凡士林混合原料的加氢裂化反应中。结果表明，稀土离子可以显著修饰催化剂酸性，提高催化活性和选择性。

Amirmoghadam H 等[223]研究了M/Cs₁.₅H₁.₅PW₁₂O₄₀/Al₂O₃（M = Ni/ Mo）纳米催化剂在正癸烷加氢裂化反应中的催化性能。研究结果表明，相比于单金属纳米催化剂NiMo/Cs₁.₅H₁.₅PW₁₂O₄₀/Al₂O₃双金属催化剂具有更高的反应活性。

Kim H[224]对比了大孔NiMo/ 氧化铝和介孔NiMo/ 氧化铝催化剂在重油加氢裂化反应中的催化活性。研究发现，相对于介孔催化剂，大孔催化剂可以显著提

高液态产物 / 气态产物的比值，这表明大孔催化剂内的 NiMo 活性位点更易让重油分子进入，从而促进了加氢反应，增加了加氢裂化反应的液态产物产率。

二、克劳斯尾气处理催化剂

1. 克劳斯尾气处理的重要意义

石油和天然气中的硫含量是人们关注的重要问题，因为硫含量的高低与油品的质量及炼油工艺密切相关。石油是由烃类物质和非烃类物质组成，在石油炼制和石油化学工业中，烃类物质是加工利用的主要对象，非烃类物质是要尽量除去，其含量虽然不多，但危害性很大。随着全球含硫原油和天然气资源的大量开发，采用克劳斯（Claus）法从酸性气中回收元素硫的工艺已成为天然气或炼厂气加工的一个重要组成部分[225, 226]。

克劳斯硫黄回收工艺自从 20 世纪 30 年代实现工业化以后，已经广泛用于合成氨和甲醇原料气生产、炼厂气加工、天然气净化等煤、石油、天然气的加工过程中。在脱硫过程中产生的含 H_2S 气体中回收硫，既可获得良好的经济效益，又可解决工业废气对大气的污染问题。克劳斯工艺特点是流程简单、操作灵活、回收硫黄纯度高、投资费用低、环境及规模效益显著，克劳斯工艺回收硫黄的纯度可达到 99.8%，可作为生产硫酸的一种硫资源，也可作其他部门的化工原料，在炼油厂、天然气净化厂、焦化厂、化肥厂、发电厂、煤气化厂得到了广泛的应用。而在传统克劳斯工艺基础上开发的超级克劳斯工艺在硫黄回收率、尾气环保达标、装置投资费用等方面具有更多的优势。目前，已在德国、荷兰、美国、加拿大和日本等国推广应用，我国也已引进该工艺并投入生产运行[226, 227]。

近年来随着我国进口原油加工量的不断增大，含硫原油尤其是高含硫原油所占的比重越来越大，主要装置的原料含硫大多超过设计值，在加工高含硫原油过程中产生大量的硫化氢和二氧化硫等有害物质，特别是硫化氢对设备、管线腐蚀严重，严重威胁企业的安全生产。根据发达国家的不完全统计，用于防腐蚀的费用占国民经济总产值的 2% ～ 4.2%。对环境也有严重的影响，一个年加工原油能力为 25 万吨的炼油厂，每年排出的各种废气的量多达数百万立方米，造成大气污染的物质以非烃物质最为严重，燃料燃烧生成的 SO_x，是形成酸雨的主要原因[226, 227]。因此，硫黄回收装置已成为大型天然气净化厂、炼油厂、石油化工厂加工含硫天然气、含硫原油时不可缺少的配套装置。

2. 克劳斯尾气处理反应

克劳斯尾气处理反应主要将富含氢硫化物（H_2S）的尾气转化为硫黄。该过程包括热解反应和催化反应两个阶段[228]：

（1）热解反应　反应机理：热解阶段，含硫尾气在高温条件下与氧气反应。主要反应如下：

$$2H_2S + O_2 \longrightarrow 2S + 2H_2O \qquad (6\text{-}1)$$

$$2H_2S + 3O_2 \longrightarrow 2SO_2 + 2H_2O \qquad (6\text{-}2)$$

其中，反应（6-1）表示氢硫化物直接被氧化为硫黄，反应（6-2）表示部分氢硫化物被氧化为 SO_2。

热解阶段反应的主要影响因素包括温度、氧气比（尾气中氧气与氢硫化物的摩尔比）和反应器类型。适当的温度（850～950℃）有助于提高硫黄生成率。氧气比的调整可以优化反应条件，过高的氧气比可能导致副反应和催化剂中毒。此外，不同类型的反应器如固定床反应器、流化床反应器和旋转床反应器也会对热解反应产生影响。

（2）催化反应　反应机理：催化阶段主要包括两个子步骤：氢化和氧化。

① 氢化：SO_2 与氢气在催化剂存在下发生还原反应，生成 H_2S：

$$SO_2 + 3H_2 \longrightarrow H_2S + 2H_2O \qquad (6\text{-}3)$$

② 氧化：H_2S 与 SO_2 在催化剂存在下进行氧化还原反应，生成硫黄和水：

$$2H_2S + SO_2 \longrightarrow 3S + 2H_2O \qquad (6\text{-}4)$$

较低的温度（200～350℃）有助于提高催化剂的寿命。压力对克劳斯工艺的影响主要体现在反应平衡和气体流速方面。催化剂性能和活性物种负载量直接影响反应的速率和硫黄收率。合适的催化剂选择能够提高克劳斯工艺的效率。

综上所述，克劳斯尾气处理反应包括热解反应和催化反应两个阶段。热解阶段的影响因素主要包括温度、氧气比和反应器类型；催化反应的影响因素主要包括温度、压力、催化剂性能和活性物种负载量等。通过优化这些影响因素，可以实现更高效的硫黄收率，降低有害废气排放。

3．克劳斯尾气处理催化剂及研究进展

高效选择性氧化催化剂的开发与应用是超克劳斯法工艺最重要的关键技术。20 世纪 90 年代中期以前使用的催化剂是以 $\alpha\text{-}Al_2O_3$ 为载体，其上浸渍活性金属氧化物（如 Fe_2O_3、Cr_2O_3）等。它们的比表面积一般不超过 $20m^2/g$，孔径小于 500nm 的孔体积不足总体积的 10%。此类催化剂的表面结构决定了它们能选择性地直接氧化 H_2S 为元素 S，即使有过量空气存在时，SO_2 的生成量也极少；同时，$\alpha\text{-}Al_2O_3$ 对克劳斯反应几乎没有催化活性。中国石油西南油气田公司天然气研究院研制的 CT6-6 和中国石化齐鲁研究院研制的 LS-941 皆属此类型催化剂。以 $\alpha\text{-}Al_2O_3$ 为载体的超克劳斯催化剂具有极佳的热稳定性，但由于催化剂的比表面

积很低，故反应器要求相对较高的入口温度，通常为 240～250℃。同时，H_2S 直接氧化为元素 S 是强烈放热反应，过程气中每 1% 的 H_2S 约可产生 60℃ 的升温。因此，铝基超克劳斯催化剂往往需要限制进超克劳斯反应器的过程气中 H_2S 含量不能超过 0.7～0.8，从而保证反应器温度落在"最佳"范围内。因此铝基催化剂存在反应活性不太理想，催化剂寿命较短的问题。而研究者也针对目前存在的问题进行了持续的探索，取得了一些成果。

Bose 等[229] 通过将金属前体浸渍于氧化铝载体上，然后进行干燥（120℃）和焙烧（350℃、400℃ 和 600℃），制备了活性 γ-氧化铝负载的一系列不同 Mo 负载量（8%～20%，质量分数）的 Mo/Co 膜状结构催化剂。对活性和低表面积 γ-Al_2O_3 进行了比较研究，以认识金属-载体相互作用，并依据金属分散度（MD）和金属表面积（MSA）选择合适的载体以实现更佳的催化活性。使用多种表征技术验证 Mo 和活性 γ-氧化铝之间的相互作用。根据表征结果，对 400℃ 焙烧的 16%Mo-Co/ 活性 γ-Al_2O_3 催化剂进行优化和 Claus 反应活性测试，测定了整体转化率、H_2S 和 SO_2 各自的转化率以及产物选择性和产率。优化的催化剂在 300min 时观察到最高的转换频率（TOF）3.80min^{-1}。

Ge 等[230] 以 Ni、Co 和 Ce 为金属助剂（M），开发了一系列改性的 γ-Al_2O_3 负载铁基催化剂（M-Fe/γ-Al_2O_3），以 CO-H_2 气体混合物作为还原剂，对工业冶炼废气中的 SO_2 进行脱除并生产硫。其中，14%（质量分数，下同）Fe-2% Co/ γ-Al_2O_3 催化剂显示出卓越的催化效果。在使用 CO 还原气和 GHSV 为 5000h^{-1} 的情况下，该催化剂在反应温度为 400℃ 时表现出 99% 的 SO_2 转化率和 99% 的单质硫选择性。该催化剂无需复杂的预硫化步骤，只需要在反应器中进行短时间的预反应即可达到高催化活性。当 H_2 用作还原气时，催化效果特别差。此外，使用不同比例的 H_2 和 CO 混合气体作为还原气来研究催化活性，评估结果表明，H_2 和 CO 在还原中和反应过程中均独立发挥作用，没有竞争或协同作用。经过 200h 的长周期运行后，14% Fe-2% Co/γ-Al_2O_3 催化剂的 SO_2 转化率和硫选择性没有明显降低。作者提出并验证了 SO_2 还原成硫的模拟氧化还原机制。

Hu 等[231] 进行了以 Fe_2O_3/γ-Al_2O_3 为催化剂、以 CO 为还原剂在 H_2O 存在下将 SO_2 催化还原为单质硫的实验和机理研究。在不同温度下，研究了催化还原中间体的种类和浓度。在 400℃ 以下形成羰基硫（COS）和 H_2S 中间体，而在 400℃ 及以上只观察到 H_2S。在 H_2O 存在下，H_2S 来自于 COS 在 Fe_2O_3/γ-Al_2O_3 上的水解。当温度低于 400℃ 时，COS 部分水解，SO_2 被 CO 还原遵循 COS 中间体机理和 H_2S 的 Claus 反应机理。然而，当温度高于或等于 400℃ 时，COS 完全水解，催化反应仅遵循 H_2S 的 Claus 反应机理。此外，XRD 分析表明，在 Fe_2O_3/ γ-Al_2O_3 催化剂催化还原 SO_2 为单质硫的过程中，Fe_2O_3 首先被 CO 还原为 Fe_3O_4，之后 SO_2 的氧被 Fe_3O_4 的氧空位所接受，导致硫的形成；最后，活性物质 FeS_2

形成，这表明 Fe_3O_4 的形成在初始反应中起关键作用。

Palma 等[232]首次采用拟薄水铝石热解所得 Al_2O_3 作为催化剂进行了 H_2S 氧化分解，以同时获得硫和氢。研究了反应温度（在 700～1100℃ 范围内）和接触时间（在 17～33ms 范围内）对 H_2S 转化率、H_2 产率和 SO_2 选择性的影响。在 1000℃ 和 1100℃ 获得了良好的催化性能，实验值非常接近于热力学平衡的预期值。在 1000℃ 时，H_2S 转化率和 H_2 产率分别约为 50% 和 17%；特别是，与均相情况下观察到的值（4%）相比，SO_2 选择性降低了大约 1 个数量级，接近热力学平衡值 0.5%。通过识别系统中发生的主要反应，开发了催化剂存在条件下的 H_2S 氧化分解的数学预测模型。动力学研究的结果表明，催化剂除了促进 H_2S 分解反应和生成硫的部分氧化反应外，还能够通过 Claus 反应促进 SO_2 的转化，从而使反应器尾气中不再含有 SO_2。

Platonov 等[233]为了评估克劳斯催化剂在生产条件下的失活情况，分析了克劳斯反应器中两种氧化铝催化剂在 PAO Magnitogorskiy Metallurgicheskiy Kombinat（MMK）焦炉气脱硫过程中的监测数据。床层平均温度（输入/输出）分别为 251℃ 和 254℃，体积空速为 $800h^{-1}$ 和 $1100h^{-1}$。对三年内羰基硫转化速率常数 K^*_{cos} 的统计分析表明，对于两种催化剂而言，一个月至两年操作周期内的老化过程对应于催化活性不可逆的指数级损失：$K^*_{cos} \sim \exp(-\lambda t)$。参数 λ 随时间 t 恒定，这是水热老化的典型特征。因此，克劳斯反应器中的氧化铝催化剂在基本操作期间的活性是可能预测的，这是最具有实际益处的。氧化铝催化剂在羰基硫水解（在反应初期占主导地位）中的快速失活也与时间呈指数关系。然而，由于较大的 λ 值，催化剂快速失活的时间周期仅限于开始运行的前两三周。

Sui 等[234]探讨了通过添加 1%（质量分数）的 CuO、TiO_2、Fe_2O_3、Co_2O_3、Sc_2O_3 或 Na_2O 来促进克劳斯氧化铝催化剂上的 CS_2 水解。这些改性催化剂使用第一催化转化器条件进行测试。虽然将上述大多数金属通过浸渍引入催化剂中仅仅略微提高了 CS_2 转化率，但引入 Cu^{2+} 和 Ti^{4+} 两种离子的催化活性分别提高了 22.6% 和 33.7%。结果表明，催化活性的增强是由于催化剂表面亲水性（羟基分散性增加）的降低和碱性的略微增加。

Zhang 等[235]通过浸渍法制备了不同钾盐改性的 γ-Al_2O_3 吸附剂，并研究了其性质和脱硫性能。采用静态吸附方法，$1200\mu g/mL$ 硫含量的 C_5 馏分在经过 24h 处理后，硫含量降至 $10\mu g/mL$ 以下。在固定床反应器中，在优化条件下，即在温度 30℃、原油中硫含量为 $50\mu g/mL$，液时空速 $1h^{-1}$ 时，K_2CO_3 改性的 γ-Al_2O_3 达到了突破性的硫容量——0.76%（质量分数）。使用过的吸附剂可以在再生后恢复其脱硫活性。对 CS_2 的选择性吸附包括三个过程：吸附、水解和氧化。CS_2 首先被吸附在吸附剂上并水解成 H_2S。H_2S 进一步氧化成 S/SO_4^{2-}，然后沉积在吸附剂表面上。吸附、水解和氧化在去除 CS_2 的过程中都起着重要作用。

参考文献

[1] Rahimpour M, Jafari M, Iranshahi D. Progress in catalytic naphtha reforming process: A review [J]. Applied Energy, 2013, 109: 79-93.

[2] 周红军. 芳烃型连续重整集总反应动力学模型研究 [D]. 上海：华东理工大学，2011.

[3] Velazquez H, Ceron-Camacho R, Mosqueira-Mondragon M, et al. Recent progress on catalyst technologies for high quality gasoline production [J]. Catalysis Reviews-Science and Engineering, 2022: 1-221.

[4] 马爱增. 中国催化重整技术进展 [J]. 中国科学：化学，2014, 44(01): 25-39.

[5] Guisnet M, Gnep N, Alario F. Aromatization of short chain alkanes on zeolite catalysts [J]. Applied Catalysis A: General, 1992, 89(1): 1-30.

[6] Dieterle M, Schwab E. Raw material change in the chemical industry [J]. Topics in Catalysis, 2016, 59(8): 817-822.

[7] 熊志建. 我国芳烃产业发展战略研究 [J]. 广东化工，2016, 43(08): 86-87.

[8] 米多，王涛，朱玉. 2017 年国内外芳烃供需分析 [J]. 化学工业，2018, 36(03): 16-22+41.

[9] 卢俊典，刘晓杰，燕晓宇. 2020 年国内芳烃产品市场分析及预测 [J]. 化学工业，2021, 39(03): 51-59+80.

[10] 戴厚良. 芳烃技术 [M]. 北京：中国石化出版社，2014.

[11] 徐承恩. 催化重整工艺与工程 [M]. 北京：中国石化出版社，2006.

[12] Antos G, Aitani A. Catalytic naphtha reforming, revised and expanded [M]. 2nd ed. Boca Raton: CRC Press, 2004.

[13] Paál Z. On the possible reaction scheme of aromatization in catalytic reforming [J]. Journal of Catalysis, 1987, 105(2): 540-542.

[14] Dautzenb F, Platteeu J. Isomerization and dehydrocyclization of hexanes over monofunctional supported platinum catalysts [J]. Journal of Catalysis, 1970, 19(1): 41-48.

[15] Arcoya A, Seoane X, Grau J. Dehydrocyclization of n-heptane over a PtBa/KL catalyst: reaction mechanism [J]. Applied Catalysis A: General, 2005, 284(1-2): 85-95.

[16] Antos G，Aitani A. 石脑油催化重整 [M]. 第 2 版. 北京：中国石化出版社，2009.

[17] Lapinski M, Metro S, Pujadó P, et al. Catalytic reforming in petroleum processing//Treese S A, Pujadó P R, Jones D S J. Handbook of Petroleum Processing[M]. Cham: Springer International Publishing, 2015: 229-260.

[18] Lieske H, Lietz G, Spindler H, et al. Reactions of platinum in oxygen- and hydrogen-treated Pt/γ-Al$_2$O$_3$ catalysts: I. Temperature-programmed reduction, adsorption, and redispersion of platinum [J]. Journal of Catalysis, 1983, 81(1): 8-16.

[19] Morgan K, Goguet A, Hardacre C. Metal redispersion strategies for recycling of supported metal catalysts: a perspective [J]. ACS Catalysis, 2015, 5(6): 3430-3445.

[20] Franck H-G, Stadelhofer JW. Industrial aromatic chemistry [M]. Berlin, Heidelberg: Springer Berlin Heidelberg, 1988.

[21] 王嘉欣，姜石，臧高山，贾翌明，郭梦龙. 重整催化剂 SR-1000 在哈萨克斯坦炼油厂的应用 [J]. 石油炼制与化工，2020: 51(03)，27-31.

[22] 沈本贤，程丽华，王海彦，等. 石油炼制工艺学 [M]. 北京：中国石化出版社，2009.

[23] 张阳. 催化重整研究进展 [J]. 当代化工，2016, 45(04): 863-864.

[24] Kianpoor Z, Falamaki C, Parvizi M. Exceptional catalytic performance of Au-Pt/γ-Al$_2$O$_3$ in naphtha reforming at very low Au dosing levels [J]. Reaction Kinetics Mechanisms and Catalysis, 2019, 128(1): 427-441.

[25] Tregubenko V, Veretelnikov K, Vinichenko N, et al. Effect of the indium precursor nature on Pt/Al$_2$O$_3$In-Cl reforming catalysts [J]. Catalysis Today, 2019, 329: 102-107.

[26] Lin C, Pan H, Yang Z, et al. Effects of Cerium Doping on Pt-Sn/Al$_2$O$_3$ Catalysts for n-Heptane Reforming [J]. Industrial & Engineering Chemistry Research, 2020, 59(14): 6424-6434.

[27] Elfghi F, Amin N. Influence of tin content on the texture properties and catalytic performance of bi-metallic Pt-Re and *tri*-metallic Pt-Re-Sn catalyst for *n*-octane reforming [J]. Reaction Kinetics Mechanisms and Catalysis, 2015, 114(1): 229-249.

[28] Tregubenko V, Veretelnikov K, Belyi A. Trimetallic Pt-Sn-Zr/γ-Al$_2$O$_3$ naphtha-reforming catalysts [J]. Kinetics and Catalysis, 2019, 60(5): 612-617.

[29] Tregubenko V, Vinichenko N, Talzi V, et al. Catalytic properties of the platinum catalyst supported on alumina modified by oxalic acid in *n*-heptane reforming [J]. Russian Chemical Bulletin, 2020, 69(9): 1719-1723.

[30] Belopukhov E, Kir'yanov D, Smolikov M, et al. Investigation of fluorine-promoted Pt-Re/Al$_2$O$_3$ catalysts in reforming of *n*-heptane [J]. Catalysis Today, 2021, 378: 113-118.

[31] Carvalho L, Conceicao K, Mazzieri V, et al. Pt-Re-Ge/Al$_2$O$_3$ catalysts for *n*-octane reforming: Influence of the order of addition of the metal precursors [J]. Applied Catalysis A: General, 2012, 419: 156-163.

[32] Lin C, Yang Z, Pan H, et al. Ce-introduced effects on modification of acidity and Pt electronic states on Pt-Sn/gamma-Al$_2$O$_3$ catalysts for catalytic reforming [J]. Applied Catalysis A: General, 2021, 617: 1-12.

[33] Batista A, Baaziz W, Taleb A, et al. Atomic scale insight into the formation, size, and location of platinum nanoparticles supported on γ-alumina [J]. ACS Catalysis, 2020, 10(7): 4193-4204.

[34] Batista A, Chizallet C, Diehl F, et al. Evaluating acid and metallic site proximity in Pt/γ-Al$_2$O$_3$-Cl bifunctional catalysts through an atomic scale geometrical model [J]. Nanoscale, 2022, 14(24): 8753-8765.

[35] Yang E, Jang E, Lee J, et al. Acidic effect of porous alumina as supports for Pt nanoparticle catalysts in *n*-hexane reforming [J]. Catalysis Science & Technology, 2018, 8(13): 3295-3303.

[36] Said-Aizpuru O, Batista A, Bouchy C, et al. Non monotonous product distribution dependence on Pt/γ-Al$_2$O$_3$-Cl catalysts formulation in *n*-heptane reforming [J]. ChemCatChem, 2020, 12(8): 2262-2270.

[37] Gorczyca A, Raybaud P, Moizan V, et al. Atomistic models for highly-dispersed PtSn/γ-Al$_2$O$_3$ catalysts: Ductility and dilution affect the affinity for hydrogen [J]. ChemCatChem, 2019, 11(16): 3941-3951.

[38] Moroz E, Zyuzin D, Tregubenko V, et al. Effect of structural defects in alumina supports on the formation and catalytic properties of the active component of reforming catalysts [J]. Reaction Kinetics Mechanisms and Catalysis, 2013, 110(2): 459-470.

[39] Sattler J, Ruiz-Martinez J, Santillan-Jimenez E, et al. Catalytic dehydrogenation of light alkanes on metals and metal oxides [J]. Chemical Reviews, 2014, 114(20): 10613-10653.

[40] 张征湃. 合成气直接制低碳烯烃铁基催化剂构-效关系研究 [D]. 上海：华东理工大学，2018.

[41] 钟家伟. 金属离子改性 SAPO 分子筛催化甲醇制烯烃反应的研究 [D]. 大连：大连理工大学，2019.

[42] 刘乔，董秀芹，余英哲，等. 丙烷无氧脱氢制丙烯工艺和催化剂的研究进展 [J]. 石油化工，2014，43(06): 713-720.

[43] 李正甲. 高选择性合成气直接制低碳烯烃 Co$_2$C 基纳米催化研究 [D]. 上海：华东师范大学，2018.

[44] 崔韶东. 新型长链烷烃脱氢催化剂及反应工艺研究 [D]. 北京：北京化工大学，2019.

[45] 张健. 我国丙烯下游产业发展现状及趋势分析 [J]. 石化技术与应用，2022，40(01): 66-71.

[46] 叶陈良. Pt、Pd 基纳米合金的制备及其催化丙烷脱氢研究 [D]. 北京：天津大学，2019.

[47] 吴勇. 丙烷化学链脱氢制丙烯实验研究及烷 / 烯分离的分子模拟 [D]. 银川：宁夏大学，2021.

[48] 章轩语. 低碳烷烃氧化脱氢催化反应机理和高效催化剂研究 [D]. 合肥：中国科学技术大学，2021.

[49] 欧阳素芳，方志平. 丙烷脱氢技术发展现状 [J]. 石油化工，2022，51(07): 823-830.

[50] 李春义，王国玮. 丙烷和丁烷气固相催化脱氢制烯烃 [J]. 中国科学：化学，2018，48(04): 342-361.

[51] Li CY, Wang GW. Dehydrogenation of light alkanes to mono-olefins [J]. Chem Soc Rev, 2021, 50(7): 4359-4381.

[52] 朱彦儒. 基于层状前体构筑高分散 Pt 催化剂及其选择性加氢 / 脱氢性能研究 [D]. 北京：北京化工大学，2018.

[53] Zhu J, Yang M, Yu Y, et al. Size-dependent reaction mechanism and kinetics for propane dehydrogenation over Pt catalysts [J]. ACS Catalysis, 2015, 5(11): 6310-6319.

[54] Kumar M, Chen D, Walmsley J, et al. Dehydrogenation of propane over Pt-SBA-15: Effect of Pt particle size [J]. Catalysis Communications, 2008, 9(5): 747-750.

[55] 李晓云，胡远明，蔡奇，等. 铂系低碳烷烃脱氢催化剂研究进展 [J]. 无机盐工业，2021, 53(05): 1-6.

[56] Nagaraja B, Shin C, Jung K. Selective and stable bimetallic PtSn/theta-Al₂O₃ catalyst for dehydrogenation of *n*-butane to *n*-butenes [J]. Applied Catalysis A: General, 2013, 467: 211-223.

[57] Jablonski E, Castro A, Scelza O, et al. Effect of Ga addition to Pt/Al₂O₃ on the activity, selectivity and deactivation in the propane dehydrogenation [J]. Applied Catalysis A: General, 1999, 183(1): 189-198.

[58] Rimaz S, Chen L, Monzon A, et al. Enhanced selectivity and stability of Pt-Ge/Al₂O₃ catalysts by Ca promotion in propane dehydrogenation [J]. Chemical Engineering Journal, 2021, 405: 1-10.

[59] Sattler J, Gonzalez-Jimenez I, Luo L, et al. Platinum-promoted Ga/Al₂O₃ as highly active, selective, and stable catalyst for the dehydrogenation of propane [J]. Angewandte Chemie-International Edition, 2014, 53(35): 9251-9256.

[60] Shi Y, Li X, Rong X, et al. Influence of support on the catalytic properties of Pt-Sn-K/θ-Al₂O₃ for propane dehydrogenation [J]. Rsc Advances, 2017, 7(32): 19841-19848.

[61] Liu X, Lang W, Long L, et al. Improved catalytic performance in propane dehydrogenation of PtSn/γ-Al₂O₃ catalysts by doping indium [J]. Chemical Engineering Journal, 2014, 247: 183-192.

[62] Wang T, Jiang F, Liu G, et al. Effects of Ga doping on Pt/CeO₂-Al₂O₃ catalysts for propane dehydrogenation [J]. Aiche Journal, 2016, 62(12): 4365-4376.

[63] Zhang Y, Zhou Y, Shi J, et al. Propane dehydrogenation over PtSnNa/La-doped Al₂O₃ catalyst: Effect of La content [J]. Fuel Processing Technology, 2013, 111: 94-104.

[64] Long L, Lang W, Yan X, et al. Yttrium-modified alumina as support for trimetallic PtSnIn catalysts with improved catalytic performance in propane dehydrogenation [J]. Fuel Processing Technology, 2016, 146: 48-55.

[65] Ma Z, Wang J, Li J, et al. Propane dehydrogenation over Al₂O₃ supported Pt nanoparticles: Effect of cerium addition [J]. Fuel Processing Technology, 2014, 128: 283-288.

[66] Zhou S, Zhou Y, Shi J, et al. Synthesis of Ce-doped mesoporous gamma-alumina with enhanced catalytic performance for propane dehydrogenation [J]. Journal of Materials Science, 2015, 50(11): 3984-3993.

[67] Kwon H, Park Y, Park J, et al. Catalytic interplay of Ga, Pt, and Ce on the alumina surface enabling high activity, selectivity, and stability in propane dehydrogenation [J]. ACS Catalysis, 2021, 11(17): 10767-10777.

[68] Li X, Zhou Y, Qiao B, et al. Enhanced stability of Pt/Al₂O₃ modified by Zn promoter for catalytic dehydrogenation of ethane [J]. Journal of Energy Chemistry, 2020, 51: 14-20.

[69] Pham H N, Sattler J J, Weckhuysen B M, et al. Role of Sn in the regeneration of Pt/γ-Al₂O₃ light alkane dehydrogenation catalysts [J]. ACS Catalysis, 2016, 6(4): 2257-2264.

[70] Shi J, Zhou Y, Zhang Y, et al. Synthesis of magnesium-modified mesoporous Al₂O₃ with enhanced catalytic performance for propane dehydrogenation [J]. Journal of Materials Science, 2014, 49(16): 5772-5781.

[71] Aly M, Fornero E L, Leon-Garzon A R, et al. Effect of boron promotion on coke formation during propane dehydrogenation over Pt/γ-Al₂O₃ catalysts [J]. ACS Catalysis, 2020, 10(9): 5208-5216.

[72] Gao X, Li W, Qiu B, et al. Promotion effect of sulfur impurity in alumina support on propane dehydrogenation [J]. Journal of Energy Chemistry, 2022, 70: 332-339.

[73] Natarajan P, Khan H, Yoon S, et al. One-pot synthesis of Pt-Sn bimetallic mesoporous alumina catalysts with worm-like pore structure for *n*-butane dehydrogenation [J]. Journal of Industrial and Engineering Chemistry, 2018, 63: 380-390.

[74] Chen X, Ge M, Li Y, et al. Fabrication of highly dispersed Pt-based catalysts on γ-Al₂O₃ supported perovskite nano islands: High durability and tolerance to coke deposition in propane dehydrogenation [J]. Applied Surface Science, 2019, 490: 611-621.

[75] Zhao S, Xu B, Yu L, et al. Honeycomb-shaped PtSnNa/γ-Al₂O₃/cordierite monolithic catalyst with improved stability and selectivity for propane dehydrogenation [J]. Chinese Chemical Letters, 2018, 29(6): 884-886.

[76] Liu J, Liu C, Ma A, et al. Effects of Al₂O₃ phase and Cl component on dehydrogenation propane [J]. Applied Surface Science, 2016, 368: 233-240.

[77] Shi L, Deng G, Li W, et al. Al₂O₃ nanosheets rich in pentacoordinate Al³⁺ ions stabilize Pt-Sn clusters for propane dehydrogenation [J]. Angewandte Chemie-International Edition, 2015, 54(47): 13994-13998.

[78] Yu Q, Yu T, Chen H, et al. The effect of Al³⁺ coordination structure on the propane dehydrogenation activity of Pt/Ga/Al₂O₃ catalysts [J]. Journal of Energy Chemistry, 2020, 41: 93-99.

[79] Jang E, Lee J, Jeong H, et al. Controlling the acid-base properties of alumina for stable PtSn-based propane dehydrogenation catalysts [J]. Applied Catalysis A: General, 2019, 572: 1-8.

[80] Wang P, Yao J, Jiang Q, et al. Stabilizing the isolated Pt sites on PtGa/Al₂O₃ catalyst via silica coating layers for propane dehydrogenation at low temperature [J]. Applied Catalysis B-Environmental, 2022, 300: 1-12.

[81] Zhao S, Xu B, Yu L, et al. Catalytic dehydrogenation of propane to propylene over highly active PtSnNa/γ-Al₂O₃ catalyst [J]. Chinese Chemical Letters, 2018, 29(3): 475-478.

[82] Prakash N, Lee M, Yoon S, et al. Role of acid solvent to prepare highly active PtSn/theta-Al₂O₃ catalysts in dehydrogenation of propane to propylene [J]. Catalysis Today, 2017, 293: 33-41.

[83] Zangeneh F, Mehrazma S, Sahebdelfar S. The influence of solvent on the performance of Pt-Sn/theta-Al₂O₃ propane dehydrogenation catalyst prepared by co-impregnation method [J]. Fuel Processing Technology, 2013, 109: 118-123.

[84] Zangeneh F, Taeb A, Gholivand K, et al. The effect of mixed HCl-KCl competitive adsorbate on Pt adsorption and catalytic properties of Pt-Sn/Al₂O₃ catalysts in propane dehydrogenation [J]. Applied Surface Science, 2015, 357: 172-178.

[85] Sun C, Luo J, Cao M, et al. A comparative study on different regeneration processes of Pt-Sn/γ-Al₂O₃ catalysts for propane dehydrogenation [J]. Journal of Energy Chemistry, 2018, 27(1): 311-318.

[86] Kang K, Kim T, Choi W, et al. Dehydrogenation of propane to propylene over CrOₓ-CeO₂-K₂O/γ-Al₂O₃ catalysts: Effect of cerium content [J]. Catalysis Communications, 2015, 72: 68-72.

[87] Gao X, Lu W, Hu S, et al. Rod-shaped porous alumina-supported Cr₂O₃ catalyst with low acidity for propane dehydrogenation [J]. Chinese Journal of Catalysis, 2019, 40(2): 184-191.

[88] Lang W, Hu C, Chu L, et al. Hydrothermally prepared chromia-alumina (*x*Cr/Al₂O₃) catalysts with hierarchical structure for propane dehydrogenation [J]. Rsc Advances, 2014, 4(70): 37107-37113.

[89] Wegrzyniak A, Jarczewski S, Wegrzynowicz A, et al. Catalytic behavior of chromium oxide supported on nanocasting-prepared mesoporous alumina in dehydrogenation of propane [J]. Nanomaterials, 2017, 7(9): 1-16.

[90] Sharma L, Jiang X, Wu Z, et al. Elucidating the origin of selective dehydrogenation of propane on γ-alumina under H₂S treatment and co-feed [J]. Journal of Catalysis, 2021, 394: 142-156.

[91] Sharma L, Jiang X, Wu Z, et al. Atomically dispersed tin-modified γ-alumina for selective propane dehydrogenation under H₂S co-feed [J]. ACS Catalysis, 2021, 11(21): 13472-13482.

[92] Szeto K, Jones Z, Merle N, et al. A strong support effect in selective propane dehydrogenation catalyzed by Ga (*i*-Bu)₃ grafted onto γ-alumina and silica [J]. ACS Catalysis, 2018, 8(8): 7566-7577.

[93] Batchu S, Wang H, Chen W, et al. Ethane dehydrogenation on single and dual centers of Ga-modified γ-Al₂O₃ [J]. ACS Catalysis, 2021, 11(3): 1380-1391.

[94] Li X, Wang P, Wang H, et al. Effects of the state of Co species in Co/Al₂O₃ catalysts on the catalytic performance of propane dehydrogenation [J]. Applied Surface Science, 2018, 441: 688-693.

[95] Dai Y, Gu J, Tian S, et al. γ-Al₂O₃ sheet-stabilized isolate Co²⁺ for catalytic propane dehydrogenation [J]. Journal of Catalysis, 2020, 381: 482-492.

[96] Jeon N, Oh J, Tayal A, et al. Effects of heat-treatment atmosphere and temperature on cobalt species in Co/Al₂O₃ catalyst for propane dehydrogenation [J]. Journal of Catalysis, 2021, 404: 1007-1016.

[97] Bai P, Ma Z, Li T, et al. Relationship between surface chemistry and catalytic performance of mesoporous γ-Al₂O₃ supported VOₓ catalyst in catalytic dehydrogenation of propane [J]. Acs Applied Materials & Interfaces, 2016, 8(39): 25979-25990.

[98] Liu G, Zhao Z, Wu T, et al. Nature of the active sites of VOₓ/Al₂O₃ catalysts for propane dehydrogenation [J]. ACS Catalysis, 2016, 6(8): 5207-5214.

[99] Gu Y, Liu H, Yang M, et al. Highly stable phosphine modified VOₓ/Al₂O₃ catalyst in propane dehydrogenation [J]. Applied Catalysis B: Environmental, 2020, 274: 1-9.

[100] Tan S, Hu B, Kim W, et al. Propane dehydrogenation over alumina-supported iron/phosphorus catalysts: Structural evolution of iron species leading to high activity and propylene selectivity [J]. ACS Catalysis, 2016, 6(9): 5673-5683.

[101] Liu G, Zeng L, Zhao Z, et al. Platinum-modified ZnO/Al₂O₃ for propane dehydrogenation: minimized platinum usage and improved catalytic stability [J]. ACS Catalysis, 2016, 6(4): 2158-2162.

[102] 王磊. 离子热合成磷酸铝分子筛及其催化烃类异构化反应的研究 [D]. 大连：中国科学院研究生院（大连化学物理研究所），2007.

[103] 梁文杰，阙国和，刘晨光，等. 石油化学 [M]. 第2版. 东营：中国石油大学出版社，2009.

[104] 曹中扬. 改性 Al₂O₃ 异构化催化剂制备及其反应性能研究 [D]. 北京：中国石油大学（北京），2018.

[105] 张萍. 烃类异构化催化剂的制备、表征及催化性能 [D]. 北京：中国石油大学（北京），2018.

[106] 陈禹霏. C₅C₆ 烷烃异构化催化剂研究进展 [J]. 当代化工，2019, 48(03): 623-627.

[107] 韩松. 载钯 C₅/C₆ 烷烃异构化催化剂研究及工业应用 [D]. 南京：南京工业大学，2003.

[108] 马爱增，王杰广，王春明，等. 轻烃及石脑油综合利用技术开发及工业应用 [J]. 石油炼制与化工，2021, 52(10): 144-149.

[109] 徐铁钢，吴显军，王刚，等. 轻质烷烃异构化催化剂研究进展 [J]. 化工进展，2015, 34(02): 397-401.

[110] 吴越. 应用催化基础 [M]. 北京：化学工业出版社，2009.

[111] 所艳华. 铈改性载镍固体酸催化剂的制备及其正庚烷异构催化作用 [D]. 哈尔滨：哈尔滨工业大学，2014.

[112] 高荔. Beta-X 介微孔载体的制备与 Pt/Beta-X 上正庚烷临氢异构化反应 [D]. 青岛：中国石油大学（华东），2019.

[113] 刘强，冯丰，陈超，等. 烷烃异构铂催化剂及其在燃油制取中的研究现状 [J]. 贵金属，2017, 38(03): 72-80.

[114] Treese S A, Pujadó P R, Jones D S J. Handbook of Petroleum Processing [M]. Cham: Springer International Publishing, 2015.

[115] Genest A, Silvestre-Albero J, Li W, et al. The origin of the particle-size-dependent selectivity in 1-butene isomerization and hydrogenation on Pd/Al₂O₃ catalysts [J]. Nature Communications, 2021, 12(1): 1-8.

[116] García-Pérez D, Blanco-Brieva G, Alvarez-Galvan M, et al. Influence of W loading, support type, and preparation method on the performance of zirconia or alumina-supported Pt catalysts for *n*-dodecane hydroisomerization [J].

Fuel, 2022, 319: 13.

[117] García-Pérez D, Lopez-Garcia A, Renones P, et al. Influence of nickel loading on the hydroisomerization of *n*-dodecane with nickel-tungsten oxide-alumina supported catalysts [J]. Molecular Catalysis, 2022, 529: 1-8.

[118] García-Pérez D, Alvarez-Galvan M, Campos-Martin J, et al. Influence of the reduction temperature and the nature of the support on the performance of zirconia and alumina-supported Pt catalysts for *n*-dodecane hydroisomerization [J]. Catalysts, 2021, 11(1): 1-16.

[119] Yu Q, Zhao D, Lv Y, et al. Kinetics of liquid-phase 1-butene hydroisomerization over Pd/Al$_2$O$_3$ catalysts [J]. Industrial & Engineering Chemistry Research, 2023, 62: 3873-3881.

[120] Radlik M, Malolepszy A, Matus K, et al. Alkane isomerization on highly reduced Pd/Al$_2$O$_3$ catalysts. The crucial role of Pd-Al species [J]. Catalysis Communications, 2019, 123: 17-22.

[121] Radlik M, Srebowata A, Juszczyk W, et al. *n*-Hexane conversion on gamma-alumina supported palladium-platinum catalysts [J]. Adsorption-Journal of the International Adsorption Society, 2019, 25(4): 843-853.

[122] Batalha N, Morisset S, Pinard L, et al. BEA zeolite nanocrystals dispersed over alumina for *n*-hexadecane hydroisomerization [J]. Microporous and Mesoporous Materials, 2013, 166: 161-166.

[123] Duan Y, Jiang H, Wang H. Bifunctional catalyst of mordenite- and alumina-supported platinum for isobutane hydroisomerization to *n*-butane [J]. Canadian Journal of Chemical Engineering, 2022, 100(5): 1038-1049.

[124] Kharat A, Mohammadrezaee A, Aliahmadi M. Deactivation of platinum on chlorinated alumina catalyst in the light naphtha isomerization process [J]. Reaction Kinetics Mechanisms and Catalysis, 2021, 133(1): 327-339.

[125] Mukhambetov I, Egorova S, Mukhamed'yarova A, et al. Hydrothermal modification of the alumina catalyst for the skeletal isomerization of *n*-butenes [J]. Applied Catalysis A: General, 2018, 554: 64-70.

[126] Mohammadrezaee A, Kharat A. Combined light naphtha isomerization and naphthenic ring opening reaction on modified platinum on chlorinated alumina catalyst [J]. Reaction Kinetics Mechanisms and Catalysis, 2019, 126(1): 513-528.

[127] Kimura T, Gao J, Sakashita K, et al. Catalyst of Palladium Supported on H-Beta Zeolite with Nanosized Al$_2$O$_3$ for Isomerization of *n*-Hexane [J]. Journal of the Japan Petroleum Institute, 2012, 55(1): 40-50.

[128] Ullah I, Taha T, Alenad A, et al. Platinum-alumina modified SO$_4^{2-}$-ZrO$_2$/Al$_2$O$_3$ based bifunctional catalyst for significantly improved *n*-butane isomerization performance [J]. Surfaces and Interfaces, 2021, 25: 1-7.

[129] Solkina Y, Reshetnikov S, Estrada M, et al. Evaluation of gold on alumina catalyst deactivation dynamics during alpha-pinene isomerization [J]. Chemical Engineering Journal, 2011, 176: 42-48.

[130] Yurpalov V, Fedorova E, Drozdov V, et al. Evaluation of the acidic properties of the B$_2$O$_3$-Al$_2$O$_3$ and Pt/B$_2$O$_3$-Al$_2$O$_3$ systems by spin probe EPR spectroscopy and their correlation with the occurrence of the joint hydroisomerization of heptane and benzene [J]. Kinetics and Catalysis, 2016, 57(4): 540-545.

[131] Bansal A, Jackson S. Hydrogenation and isomerization of propenylbenzene isomers over Pt/alumina [J]. Reaction Kinetics Mechanisms and Catalysis, 2022, 135(3): 1457-1468.

[132] 赫倚风. 基于负载型贵金属催化剂的生物油加氢精制及反应机理研究 [D]. 上海：上海交通大学，2020.

[133] 董云芸. 多级孔氧化铝的研制及其在加氢处理催化剂中的应用 [D]. 厦门：厦门大学，2018.

[134] Badoga S, Sharma R, Dalai A, et al. Synthesis and characterization of mesoporous aluminas with different pore sizes: Application in NiMo supported catalyst for hydrotreating of heavy gas oil [J]. Applied Catalysis A: General, 2015, 489: 86-97.

[135] de Castro R, Bertrand J, Rigaud B, et al. Surface-dependent activation of model alpha-Al$_2$O$_3$-supported P-doped hydrotreating catalysts prepared by spin coating [J]. Chemistry-A European Journal, 2020, 26(64): 14623-14638.

[136] Funkenbusch L, Mullins M, Salam M, et al. Catalytic hydrotreatment of pyrolysis oil phenolic compounds over Pt/Al$_2$O$_3$ and Pd/C [J]. Fuel, 2019, 243: 441-448.

[137] Horacek J, Akhmetzyanova U, Skuhrovcova L, et al. Alumina-supported MoN_x, MoC_x and MoP_x catalysts for the hydrotreatment of rapeseed oil [J]. Applied Catalysis B-Environmental, 2020, 263: 1-11.

[138] Ishutenko D, Minaev P, Anashkin Y, et al. Potassium effect in K-Ni(Co)PW/ Al_2O_3 catalysts for selective hydrotreating of model FCC gasoline [J]. Applied Catalysis B-Environmental, 2017, 203: 237-246.

[139] Klimov O, Nadeina K, Dik P, et al. CoNiMo/Al_2O_3 catalysts for deep hydrotreatment of vacuum gasoil [J]. Catalysis Today, 2016, 271: 56-63.

[140] Mendes F, da Silva V, Pacheco M, et al. Bio-oil hydrotreating using nickel phosphides supported on carbon-covered alumina [J]. Fuel, 2019, 241: 686-694.

[141] Minaev P, Nikulshina M, Mozhaev A, et al. Influence of mesostructured alumina on the morphology of the active phase in NiWS/Al_2O_3 catalysts and their activity in hydrotreating of SRGO and VGO [J]. Fuel Processing Technology, 2018, 181: 44-52.

[142] Mochizuki T, Abe Y, Chen SY, et al. Oxygen-assisted hydrogenation of jatropha-oil-derived biodiesel fuel over an alumina-supported palladium catalyst to produce hydrotreated fatty acid methyl esters for high-blend fuels [J]. ChemCatChem, 2017, 9(14): 2633-2637.

[143] Papageridis K, Charisiou N, Douvartzides S, et al. Effect of operating parameters on the selective catalytic deoxygenation of palm oil to produce renewable diesel over Ni supported on Al_2O_3, ZrO_2 and SiO_2 catalysts [J]. Fuel Processing Technology, 2020, 209: 1-22.

[144] Parkhomchuk E, Lysikov A, Okunev A, et al. Meso/macroporous CoMo alumina pellets for hydrotreating of heavy oil [J]. Industrial & Engineering Chemistry Research, 2013, 52(48): 17117-17125.

[145] Pimerzin A, Mozhaev A, Varakin A, et al. Comparison of citric acid and glycol effects on the state of active phase species and catalytic properties of CoPMo/ Al_2O_3 hydrotreating catalysts [J]. Applied Catalysis B-Environmental, 2017, 205: 93-103.

[146] Pimerzin A, Roganov A, Mozhaev A, et al. Active phase transformation in industrial CoMo/Al_2O_3 hydrotreating catalyst during its deactivation and rejuvenation with organic chemicals treatment [J]. Fuel Processing Technology, 2018, 173: 56-65.

[147] Rayo P, Ramirez J, Torres-Mancera P, et al. Hydrodesulfurization and hydrocracking of Maya crude with P-modified NiMo/Al_2O_3 catalysts [J]. Fuel, 2012, 100: 34-42.

[148] Salimi M, Tavasoli A, Rosendahl L. Optimization of gamma-alumina porosity via response Surface methodology: The influence of engineering support on the performance of a residual oil hydrotreating catalyst [J]. Microporous and Mesoporous Materials, 2020, 299: 1-17.

[149] Stolyarova EA, Danilevich VV, Klimov OV, et al. Comparison of alumina supports and catalytic activity of CoMoP/gamma-Al_2O_3 hydrotreating catalysts obtained using flash calcination of gibbsite and precipitation method [J]. Catalysis Today, 2020, 353: 88-98.

[150] Sun R, Shen S, Zhang D, et al. Hydrofining of coal tar light oil to produce high octane gasoline blending components over gamma- Al_2O_3- and eta- Al_2O_3-supported catalysts [J]. Energy & Fuels, 2015, 29(11): 7005-7013.

[151] Villasana Y, Mendez F, Luis-Luis M, et al. Pollutant reduction and catalytic upgrading of a Venezuelan extra-heavy crude oil with Al_2O_3-supported NiW catalysts: Effect of carburization, nitridation and sulfurization [J]. Fuel, 2019, 235: 577-588.

[152] Yuan Y, Zhang J, Chen H, et al. Preparation of Fe_2P/Al_2O_3 and FeP/Al_2O_3 catalysts for the hydrotreating reactions [J]. Journal of Energy Chemistry, 2019, 29: 116-121.

[153] Zhang C, Liu X, Liu T, et al. Optimizing both the CoMo/Al_2O_3 catalyst and the technology for selectivity

enhancement in the hydrodesulfurization of FCC gasoline [J]. Applied Catalysis a-General, 2019, 575: 187-197.

[154] Zhang M, Wang C, Wang K, et al. Gentle hydrotreatment of shale oil in fixed bed over Ni-Mo/Al₂O₃ for upgrading [J]. Fuel, 2020, 281: 1-10.

[155] 单明玄、王坤、杨美玲、等. 蒸气重整轻质生物油催化制氢研究进展 [J]. 洁净煤技术, 2022, 28(07): 120-133.

[156] 何盛宝、李庆勋、王奕然、等. 世界氢能产业与技术发展现状及趋势分析 [J]. 石油科技论坛, 2020, 39(03): 17-24.

[157] Bolívar Caballero J, Zaini I, Yang W. Reforming processes for syngas production: A mini-review on the current status, challenges, and prospects for biomass conversion to fuels [J]. Applications in Energy and Combustion Science, 2022, 10: 1-20.

[158] Fowles M, Carlsson M. Steam Reforming of hydrocarbons for synthesis gas production [J]. Topics in Catalysis, 2021, 64(17): 856-875.

[159] Khademi M, Lotfi-Varnoosfaderani M. Sustainable ammonia production from steam reforming of biomass-derived glycerol in a heat-integrated intensified process: Modeling and feasibility study [J]. Journal of Cleaner Production, 2021, 324: 1-16.

[160] Yue M, Lambert H, Pahon E, et al. Hydrogen energy systems: A critical review of technologies, applications, trends and challenges [J]. Renewable and Sustainable Energy Reviews, 2021, 146: 1-21.

[161] 王仙体、翁惠新、李文儒、等. 车用燃料电池的燃料选择及燃料转化制氢研究进展 [J]. 天然气化工, 2006(02): 59-64.

[162] Cigolotti V, Genovese M, Fragiacomo P. Comprehensive review on fuel cell technology for stationary applications as sustainable and efficient poly-generation energy systems [J]. Energies, 2021, 14(16): 1-28.

[163] Lai J, Ellis M. Fuel cell power systems and applications [J]. Proceedings of the IEEE, 2017, 105(11): 2166-2190.

[164] Oh K, Kim D, Lim K, et al. Multidimensional modeling of steam-methane-reforming-based fuel processor for hydrogen production [J]. Fusion Science and Technology, 2020, 76(4): 415-423.

[165] Lundqvist J, Teleman A, Junel L, et al. Isolation and characterization of galactoglucomannan from spruce (Picea abies) [J]. Carbohydrate Polymers, 2002, 48(1): 29-39.

[166] Yoo J, Park S, Song J, et al. Hydrogen production by steam reforming of natural gas over butyric acid-assisted nickel/alumina catalyst [J]. International Journal of Hydrogen Energy, 2017, 42(47): 28377-28385.

[167] 陈彬、谢和平、刘涛、等. 碳中和背景下先进制氢原理与技术研究进展 [J]. 工程科学与技术, 2022, 54(01): 106-116.

[168] Melo F, Morlanés N. Naphtha steam reforming for hydrogen production [J]. Catalysis Today, 2005, 107-108: 458-466.

[169] 高立达、陈金春、薛青松、等. Pt/CeGdO 上汽油蒸气重整和自热重整制氢 [C]// 中国石油大学（华东）化学化工学院. 中国化学会催化委员会第十一届全国青年催化学术会议论文集（上）. 青岛: 2007.

[170] 孙道安、李春迎、张伟、等. 典型碳氢化合物水蒸气重整制氢研究进展 [J]. 化工进展, 2012, 31(04): 801-806.

[171] 狄敏娜. 煤热解焦油原位催化裂解和乙烷水蒸气重整耦合过程研究 [D]. 大连: 大连理工大学, 2020.

[172] 姜会秀. 丙烷水蒸气重整与煤热解耦合提高焦油产率 [D]. 大连: 大连理工大学, 2020.

[173] 王浩源. 乙烷水蒸气重整与煤热解耦合制油过程研究 [D]. 大连: 大连理工大学, 2017.

[174] Santamaria L, Lopez G, Fernandez E, et al. Progress on catalyst development for the steam reforming of biomass and waste plastics pyrolysis volatiles: A review [J]. Energy & Fuels, 2021, 35(21): 17051-17084.

[175] 谭明务. 介孔氧化铝负载镍催化剂制备及其催化液化石油气预重整反应的性能 [D]. 上海：上海大学，2016.

[176] Schädel B T, Duisberg M, Deutschmann O. Steam reforming of methane, ethane, propane, butane, and natural gas over a rhodium-based catalyst [J]. Catalysis Today, 2009, 142(1): 42-51.

[177] Xu J, Froment GF. Methane steam reforming, methanation and water-gas shift: Ⅰ. Intrinsic kinetics [J]. Aiche Journal, 1989, 35(1): 88-96.

[178] 孙杰，孙春文，李吉刚，等. 甲烷水蒸气重整反应研究进展 [J]. 中国工程科学，2013, 15(02): 98-106.

[179] Qin T, Yuan S. Research progress of catalysts for catalytic steam reforming of high temperature tar:A review [J]. Fuel, 2023, 331: 125790.

[180] Meloni E, Martino M, Palma V. A Short review on Ni based catalysts and related engineering issues for methane steam reforming [J]. Catalysts, 2020, 10(3): 1-38.

[181] Liu H, Chen T, Chang D, et al. Effect of preparation method of palygorskite-supported Fe and Ni catalysts on catalytic cracking of biomass tar [J]. Chemical Engineering Journal, 2012, 188: 108-112.

[182] Li D, Lu M, Aragaki K, et al. Characterization and catalytic performance of hydrotalcite-derived Ni-Cu alloy nanoparticles catalysts for steam reforming of 1-methylnaphthalene [J]. Applied Catalysis B: Environmental, 2016, 192: 171-181.

[183] Li D, Koike M, Wang L, et al. Regenerability of Hydrotalcite-Derived Nickel-Iron Alloy Nanoparticles for Syngas Production from Biomass Tar [J]. Chemsuschem, 2014, 7(2): 510-522.

[184] Li D, Koike M, Chen J, et al. Preparation of Ni-Cu/Mg/Al catalysts from hydrotalcite-like compounds for hydrogen production by steam reforming of biomass tar [J]. International Journal of Hydrogen Energy, 2014, 39(21): 10959-10970.

[185] Sun Y, Liu L, Wang Q, et al. Pyrolysis products from industrial waste biomass based on a neural network model [J]. Journal of Analytical and Applied Pyrolysis, 2016, 120: 94-102.

[186] Palma A, Schwarz A, Fariña J. Experimental evidence of the tolerance to chlorate of the aquatic macrophyte Egeria densa in a Ramsar wetland in southern Chile [J]. Wetlands, 2013, 33(1): 129-140.

[187] Anis S, Zainal Z. Tar reduction in biomass producer gas via mechanical, catalytic and thermal methods: A review [J]. Renewable and Sustainable Energy Reviews, 2011, 15(5): 2355-2377.

[188] Zhang Z, Liu L, Shen B, et al. Preparation, modification and development of Ni-based catalysts for catalytic reforming of tar produced from biomass gasification [J]. Renewable and Sustainable Energy Reviews, 2018, 94: 1086-1109.

[189] 陈曦. 镍基催化剂制备及在甲烷水蒸气重整反应中的应用 [D]. 大连：大连理工大学，2014.

[190] 李城. Ni 基重整制氢催化剂的制备及催化性能研究 [D]. 大连：大连理工大学，2012.

[191] 李亮荣，刘艳，孙戊辰，等. 稀土改性非贵金属重整制氢催化剂载体的研究进展 [J/OL]. 应用化工，2023[2023-10-1]. https://doi.org/10.16581/j.cnki.issn1671-3206.20230320.001.

[192] Zhang H, Sun Z, Hu Y. Steam reforming of methane: Current states of catalyst design and process upgrading [J]. Renewable and Sustainable Energy Reviews, 2021, 149: 1-23.

[193] You X, Wang X, Ma Y, et al. Ni-Co/Al$_2$O$_3$ Bimetallic Catalysts for CH$_4$ Steam Reforming: Elucidating the Role of Co for Improving Coke Resistance [J]. ChemCatChem, 2014, 6(12): 3377-3386.

[194] Silvester L, Antzara A, Boskovic G, et al. NiO supported on Al$_2$O$_3$ and ZrO$_2$ oxygen carriers for chemical looping steam methane reforming [J]. International Journal of Hydrogen Energy, 2015, 40(24): 7490-7501.

[195] Sepehri S, Rezaei M, Garbarino G, et al. Facile synthesis of a mesoporous alumina and its application as a support of Ni-based autothermal reforming catalysts [J]. International Journal of Hydrogen Energy, 2016, 41(5): 3456-3464.

[196] Oh G, Park S, Seo M, et al. Ni/Ru-Mn/Al₂O₃ catalysts for steam reforming of toluene as model biomass tar [J]. Renewable Energy, 2016, 86: 841-847.

[197] Mihai O, Smedler G, Nylen U, et al. The effect of water on methane oxidation over Pd/Al₂O₃ under lean, stoichiometric and rich conditions [J]. Catalysis Science & Technology, 2017, 7(14): 3084-3096.

[198] Li Y, Wang X, Song C. Spectroscopic characterization and catalytic activity of Rh supported on CeO₂-modified Al₂O₃ for low-temperature steam reforming of propane [J]. Catalysis Today, 2016, 263: 22-34.

[199] Khzouz M, Wood J, Pollet B, et al. Characterization and activity test of commercial Ni/Al₂O₃, Cu/ZnO/Al₂O₃ and prepared Ni-Cu/Al₂O₃ catalysts for hydrogen production from methane and methanol fuels [J]. International Journal of Hydrogen Energy, 2013, 38(3): 1664-1675.

[200] Jiménez-González C, Boukha Z, de Rivas B, et al. Behavior of Coprecipitated NiAl₂P₄/Al₂O₃ Catalysts for Low-Temperature Methane Steam Reforming [J]. Energy & Fuels, 2014, 28(11): 7109-7121.

[201] Hu S, He LM, Wang Y, et al. Effects of oxygen species from Fe addition on promoting steam reforming of toluene over Fe-Ni/Al₂O₃ catalysts [J]. International Journal of Hydrogen Energy, 2016, 41(40): 17967-17975.

[202] Hafizi A, Rahimpour M, Hassanajili S. Calcium promoted Fe/Al₂O₃ oxygen carrier for hydrogen production via cyclic chemical looping steam methane reforming process [J]. International Journal of Hydrogen Energy, 2015, 40(46): 16159-16168.

[203] Faria E, Rabelo-Neto R, Colman R, et al. Steam Reforming of LPG over Ni/Al₂O₃ and Ni/CeₓZr₁₋ₐEuroexO₂/Al₂O₃ Catalysts [J]. Catalysis Letters, 2016, 146(11): 2229-2241.

[204] Duarte R, Safonova O, Krumeich F, et al. Oxidation State of Ce in CeO₂-Promoted Rh/Al₂O₃ Catalysts during Methane Steam Reforming: H₂O Activation and Alumina Stabilization [J]. ACS Catalysis, 2013, 3(9): 1956-1964.

[205] Cherif A, Nebbali R, Lee CJ. Numerical analysis of steam methane reforming over a novel multi-concentric rings Ni/Al₂O₃ catalyst pattern [J]. International Journal of Energy Research, 2021, 45(13): 18722-18734.

[206] Boukha Z, Jimenez-Gonzalez C, de Rivas B, et al. Synthesis, characterisation and performance evaluation of spinel-derived Ni/Al₂O₃ catalysts for various methane reforming reactions [J]. Applied Catalysis B-Environmental, 2014, 158: 190-201.

[207] Ashraf M, Sanz O, Italiano C, et al. Analysis of Ru/La-Al₂O₃ catalyst loading on alumina monoliths and controlling regimes in methane steam reforming [J]. Chemical Engineering Journal, 2018, 334: 1792-1807.

[208] Bozdag A, Kaynar A, Dogu T, et al. Development of ceria and tungsten promoted nickel/alumina catalysts for steam reforming of diesel [J]. Chemical Engineering Journal, 2019, 377: 1-10.

[209] Abbas S, Dupont V, Mahmud T. Kinetics study and modelling of steam methane reforming process over a NiO/Al₂O₃ catalyst in an adiabatic packed bed reactor [J]. International Journal of Hydrogen Energy, 2017, 42(5): 2889-2903.

[210] 田新堂，张玉峰，胡书敏，等. 石油炼制工业中加氢技术和加氢催化剂的发展现状 [J]. 石油化工应用，2021, 40(01): 14-17+23.

[211] 郝文月，刘昶，曹均丰，等. 加氢裂化催化剂研发新进展 [J]. 当代石油石化，2018, 26(07): 29-34.

[212] 杜艳泽，王凤来，孙晓艳，等. FRIPP加氢裂化催化剂研发新进展 [J]. 当代化工，2011, 40(10): 1029-1033.

[213] 姬宝艳，吴彤彤，周可，等. 稠环芳烃加氢裂化机理和催化剂研究进展 [J]. 石油化工，2016, 45(10): 1263-1271.

[214] Jacquin M, Jones D, Rozière J, et al. Novel supported Rh, Pt, Ir and Ru mesoporous aluminosilicates as catalysts for the hydrogenation of naphthalene [J]. Applied Catalysis A: General, 2003, 251(1): 131-141.

[215] Du M, Qin Z, Ge H, et al. Enhancement of Pd-Pt/Al₂O₃ catalyst performance in naphthalene hydrogenation by mixing different molecular sieves in the support [J]. Fuel Processing Technology, 2010, 91(11): 1655-1661.

[216] Fu W, Zhang L, Wu D, et al. Mesoporous zeolite-supported metal sulfide catalysts with high activities in the deep hydrogenation of phenanthrene [J]. Journal of Catalysis, 2015, 330: 423-433.

[217] Hamidi R, Khoshbin R, Karimzadeh R. A new approach for synthesis of well-crystallized Y zeolite from bentonite and rice husk ash used in Ni-Mo/Al₂O₃-Y hybrid nanocatalyst for hydrocracking of heavy oil [J]. Advanced Powder Technology, 2021, 32(2): 524-534.

[218] Radlik M, Matus K, Karpinski Z. n-Hexane hydrogenolysis behavior of alumina-supported palladium-platinum alloys [J]. Catalysis Letters, 2019, 149(11): 3176-3183.

[219] Zhao YX, Lin X, Li D. Catalytic Hydrocracking of a bitumen-derived asphaltene over NiMo/gamma-Al₂O₃ at various temperatures [J]. Chemical Engineering & Technology, 2015, 38(2): 297-303.

[220] Celis-Cornejo CM, Perez-Martinez DJ, Orrego-Ruiz JA, et al. Identification of refractory weakly basic nitrogen compounds in a deeply hydrotreated vacuum gas oil and assessment of the effect of some representative species over the performance of a Ni-MoS₂/Y-Zeolite-Alumina catalyst in phenanthrene hydrocracking [J]. Energy & Fuels, 2018, 32(8): 8715-8726.

[221] Puron H, Pinilla JL, Berrueco C, et al. Hydrocracking of Maya vacuum residue with NiMo catalysts supported on mesoporous alumina and silica-alumina [J]. Energy & Fuels, 2013, 27(7): 3952-3960.

[222] Danilova IG, Dik PP, Sorokina TP, et al. Effect of rare earths on acidity of high-silica ultrastable REY zeolites and catalytic performance of NiMo/REY+Al₂O₃ catalysts in vacuum gas oil hydrocracking [J]. Microporous and Mesoporous Materials, 2022, 329: 1-12.

[223] Amirmoghadam H, Sadr M, Aghabozorg H, et al. The effect of molybdenum on the characteristics and catalytic properties of M/Cs₁.₅H₁.₅PW₁₂O₄₀/Al₂O₃ (M = Ni or/and Mo) nanocatalysts in the hydrocracking of n-decane [J]. Reaction Kinetics Mechanisms and Catalysis, 2018, 125(2): 983-994.

[224] Kim H, Chinh N, Shin E. Macroporous NiMo/alumina catalyst for the hydrocracking of vacuum residue [J]. Reaction Kinetics Mechanisms and Catalysis, 2014, 113(2): 431-443.

[225] 雷家珩, 陈凯, 杨鹏, 等. 克劳斯尾气加氢脱硫催化剂及其作用机理研究进展 [J]. 工业催化, 2012, 20(06): 10-14.

[226] 陈赓良. 克劳斯法硫磺回收工艺技术进展 [J]. 石油炼制与化工, 2007(09): 32-37.

[227] 陈赓良. 超克劳斯法硫黄回收工艺的技术进展 [J]. 天然气与石油, 2017, 35(06): 30-35+65.

[228] 冀刚. 克劳斯硫磺回收过程工艺的研究 [D]. 青岛: 青岛科技大学, 2009.

[229] Bose S, Das C. Preparation, characterization, and activity of gamma-alumina-supported molybdenum/cobalt catalyst for the removal of elemental sulfur [J]. Applied Catalysis A: General, 2016, 512: 15-26.

[230] Ge T, Zuo C, Wei L, et al. Sulfur production from smelter off-gas using CO-H₂ gas mixture as the reducing agent over modified Fe/γ-Al₂O₃ catalysts [J]. Chinese Journal of Chemical Engineering, 2018, 26(9): 1920-1927.

[231] Hu H, Zhang J, Wang W, et al. Experimental and mechanism studies on the catalytic reduction of SO₂ by CO over Fe₂O₃/gamma-Al₂O₃ in the presence of H₂O [J]. Reaction Kinetics Mechanisms and Catalysis, 2013, 110(2): 359-371.

[232] Palma V, Vaiano V, Barba D, et al. Oxidative decomposition of H₂S over alumina-based catalyst [J]. Industrial & Engineering Chemistry Research, 2017, 56(32): 9072-9078.

[233] Platonov O. Lifetime of alumina catalysts in the Claus reactor during sulfur removal from coke-oven gas [J]. Coke and Chemistry, 2019, 62(3): 103-106.

[234] Sui R, Lavery C, Deering C, et al. Improved carbon disulfide conversion: Modification of an alumina Claus catalyst by deposition of transition metal oxides [J]. Applied Catalysis A: General, 2020, 604: 1-9.

[235] Zhang X, Zhou G, Wang M, et al. Performance of gamma-Al₂O₃ decorated with potassium salts in the removal of CS₂ from C₅ cracked distillate [J]. Rsc Advances, 2021, 11(25): 15351-15359.

索引